流量测量仪表应用技巧

LIULIANG CELIANG YIBIAO YINGYONG JIQIAO

第二版

纪纲 编著

化学工业出版社
·北京·

图书在版编目（CIP）数据

流量测量仪表应用技巧/纪纲编著．—2版．—北京：化学工业出版社，2009.5（2024.5重印）
ISBN 978-7-122-05224-7

Ⅰ．流…　Ⅱ．纪…　Ⅲ．流量仪表-应用　Ⅳ．TH814

中国版本图书馆CIP数据核字（2009）第057723号

责任编辑：刘　哲　　装帧设计：史利平
责任校对：王素芹

出版发行：化学工业出版社（北京市东城区青年湖南街13号　邮政编码100011）
印　　装：北京七彩京通数码快印有限公司
787mm×1092mm　1/16　印张23¾　字数602千字　2024年5月北京第2版第6次印刷

购书咨询：010-64518888　　售后服务：010-64518899
网　　址：http://www.cip.com.cn
凡购买本书，如有缺损质量问题，本社销售中心负责调换。

定　　价：58.00元

序

20 世纪 90 年代世界进入信息化、智能化、网络化的时代。回顾近年来仪器仪表技术发展的主流，就是计算机技术、微电子技术、网络技术、新材料技术等在仪器仪表领域的广泛应用。在市场迫切需求和知识、物质基础更新优化双重推动下，一场牵动着仪器仪表更新换代的变迁已经到来。

新颖仪器仪表的知识结构和技术内涵已超过传统仪器仪表的学科和框架，有人断言："软件就是仪器"。这说明仪器仪表本身的硬件、软件界线已经模糊化，传统仪器仪表由精密机械零部件加工，电子器件、电路质量决定仪器仪表水平和质量的时代已经过去，仪器仪表软件（包括操作软件和应用软件）已经成为仪器仪表总体设计的主要基础和决定仪器仪表水平和应用的主要因素。进入信息时代后，网络已铺天盖地，无处不在，作为信息源头的仪器仪表，若不能以现代信息手段快速多方位采集、处理、传送信息，就不可能满足新世纪科技产业发展的需要。

信息时代的到来，使新技术得到迅猛发展，世界正面临从工业大生产向知识经济转变的重大历史时期，仪器仪表科技工作者从观念到知识素质都应该适应新技术发展潮流，要以信息技术和网络思想指导仪器仪表的设计和应用，将构成仪器仪表的传感、数据采集、处理、传输和控制等功能，通过计算机专用或公用平台，配上功能强大的软件，通过局域网或远程网来实现，从而使仪器仪表功能更强、效率更高、适用性更好。

随着国民经济的发展和现代生产过程自动化程度的不断提高，在流程工业中多种物料的流量作为主要的过程参数，已成为判断生产过程的效率、工作状况和经济性能的重要指标。近年来，各工业部门对流量测量仪表的重视程度日趋突出，提出了精确测量、稳定可靠、多功能、智能化等要求。

流量测量技术是一门迅速发展着的技术，流量测量仪表的应用更是一项复杂程度较高的工作，有待解决的问题很多。流量测量和当前新技术的应用是相互促进的。一方面应用新技术正有力地促进探索新方法，开发新颖流量仪表，以满足生产需求；另一方面新技术本身和工业设计使用单位也开发出许多仪表测量系统和应用技术，双方共同推动着流量仪表的技术进展。

本书是一本新颖的流量测量仪表专业技术书籍，立足于应用，从用户的角度和特定的测量任务出发，根据具体的要求和条件选好、用好仪表。本书也是作者长期对流量测量仪表和应用技术方面积累的丰富实践经验总结。

本书除叙述各种不同原理的流量仪表外，还通过许多实例对以下内容作了重点分析和介绍，便于读者理解掌握应用要点。

① 微小流量测量、大流量测量、腐蚀介质流量测量及多相流测量。

② 热量及冷量测量和流量批量控制系统。

③ 脉动流的流量测量和流量测量系统的现场校验。

④ 提高流量测量精确度的实用方法。

⑤ 流量测量系统误差生成与处理。

⑥ 通用流量演算器的数字通信和数据采集监控系统。

本书对流量测量在继承传统技术和采用信息网络新技术方面，具有很多创新意义，值得我们学习、借鉴和参考。应该说取得这些技术创新，离不开作者一点一滴的实践累积和长期不懈的努力。本书的部分文章曾在石化总公司《医药工程设计》杂志上连续刊登六期，得到读者的良好评价，认为作者在熟悉掌握流量测量理论的基础上，对流量仪表应用技术的国外设计规范和国内工程实际、传统测量技术与高新技术的采用，都完全结合起来，思路新颖，现场实例通俗易懂。

我们知道，创新是一个相对的概念，创新既有质的飞跃，也有量的变化；既有大的突破，也有小的改进；既有内容的更新，也有形式的改变。社会实践是不断发展的，人的认识是不断深化的，创新活动是永无止境的。我们应该认真向本书作者学习，学习他勇于和善于根据实践要求进行技术创新的可贵精神，把我国自动化测量仪表应用技术推向新水平。

中国自动化学会仪表与装置专业委员会主任委员
中国仪器仪表学会过程检测控制仪表学会前理事长　吴钦炜

第二版前言

《流量测量仪表应用技巧》第一版于2003年出版，从那时至今的五年多时间里，流量测量方法有了新的发展，流量测量仪表有了很多改进，与流量测量仪表有关的标准、规范也发生了很大的变化。与变化了的形势相比，第一版中的部分内容已显得陈旧落后，因此有必要与时俱进，删除部分陈旧落后的内容，增补一些新鲜内容，以满足广大读者的期望与要求。

过去的五六年，适逢我国经济建设高速发展阶段，这为仪表应用技术的发展注入了强大的动力。要建设资源节约型、环境友好型社会，节能减排和加强能源与物料的计量工作得到各行各业的重视，同时也对流量测量仪表的应用提出了更高的要求。

与第一版相比，第二版内容主要有以下变化。

1.“7.3智能流量积算仪”一节中删除双路流量指示积算仪一段。

2.“8.4孔板流量计变更量程与不确定度的变化”一节中删除了简便计算方法一段。

3.差压式流量计中增补了双量程节流式差压流量计和内锥型差压流量计，并采用了ISO 5167∶2003（E）的最新计算公式。

4.空气流量测量部分增补了负压条件下的空气流量测量。

5.流量测量准确度的现场验证部分增补了流量增量验证法。

6.通信技术的应用部分增补了以GPRS为介质和以无线HVB为介质组成的SCADA系统。

7.流量显示仪表检定部分改用国家计量检定规程。

在第二版的编写过程中，斯派莎克工程（上海）有限公司徐华东高级工程师，艾默生过程控制有限公司王隽高级工程师，上海同欣自动化仪表有限公司总经理王建忠高级工程师、陈杰工程师给予大力支持与帮助，在此表示衷心的感谢。

由于水平有限，书中还会存在不足，敬希读者批评指正。

编著者

第一版前言

流量参数是流程工业中温度、流量、压力、液位等主要参数中难度较高、有待解决的问题最多的一个参数。

流量测量技术是一门迅速发展的技术，据称现已有百余种的流量计投向市场，几乎每年还有新型流量仪表问世。

流量测量仪表的应用是一项复杂程度较高的工作，即使是长期从事流量测量的人员有时也会感到困难。

迄今为止已经出版的流量方面的技术书籍大多以流量计为中心，分别叙述各种不同原理的流量计，然后再介绍该种流量计可以用来测量哪些流量。本书试图站在用户的立场，从特定的测量任务出发，根据具体的要求、具体的工况、使用环境和其他条件，在可选的范围内选择那些精确度满足要求，工作可靠，使用安全，维修方便，价格合适的流量计产品。要将这些仪表用好，还须合理安装，精心调试，认真做好维护和校准工作。

本书的第 1、第 2 章为基础知识，第 3 章以量大面广的蒸汽、空气、煤气、天然气、组分变化的气体、水、油品、高饱和蒸汽压液体等流体为主线，介绍仪表选型、应用，并对相关的流量测量仪表工作原理作简要介绍。对于流量测量专业难度较高的微小流量测量、大流量测量、腐蚀性介质流量测量以及多相流测量也作了较详细的分析，并介绍了一些新进展。

第 4 章和第 5 章介绍建立在流量测量基础上的热量（冷量）测量和流量批量控制，第 6 章介绍脉动流和流量准确度的现场验证，第 7 章介绍典型的流量显示仪表功能、软件结构及检查校验，第 8 章介绍提高系统精确度问题，第 9 章介绍误差生成问题，第 10 章介绍流量仪表的数字通信和所组成的流量数据采集监控系统。在附录中，列举了常用流量显示仪表检定规程和精确到 5 位小数的水和蒸汽性质表等参考资料。

本书以实用为出发点，尽量减少数学推导，而以大量的实例说明道理，以便做到通俗易懂。这些实例均来自现场，有借鉴和参考价值。

本书主要供从事仪表工程设计的设计院、工程公司技术人员阅读，也适合使用单位从事仪表安装、维修和管理工作的工程技术人员及高级技术工人参考，也可作为培训班教材和有关专业教学参考书。本书是在编著者为几次培训班编写的幻灯片和讲稿的基础上经补充修改和重新编排而成，是流量测量仪表应用经验的总结。

一本技术书籍的问世有很多环节，其中管理部门的支持、技术上的协助和书稿的打印绘图是必不可少的三个条件。对于本书来说，上海宝科自动化仪表研究所陈少华所长提供了具有决定意义的支持，上海同欣自动化仪表有限公司王建忠总经理给予精神上的鼓励和许多具体的帮助，在此深表谢意。

中国自动化学会仪表与装置专业委员会秘书长吴斌昌高级工程师对本书的出版作了策划并提供宝贵意见。中石化上海医药工业设计院邱宣振教授级高级工程师对部分内容提出建设性意见。烟台经济技术开发区热力总公司臧立波高级工程师审阅了本书第 4 章和第 3 章的部分内容。华东理工大学吴勤勤教授审阅了本书的第 10 章，在此特致谢意。

特别要感谢上海光华仪表厂蔡武昌教授级高级工程师，审阅了全书，并提出了不少修改意见。

费希尔-罗斯蒙特公司毛雅芳工程师，Endress ＋ Hauser 公司季建华副教授，上海光华·爱而美特公司沈海津高级工程师，Panametrics 驻华代表处刘毅首席代表，上海横河电机有限公司韦国胜高级工程师，Spirax-Sarco 工程（中国）有限公司冷小军高级工程师，上海计量测试研究院朱家良高级工程师为本书提供了有关技术资料，他们的技术支持是极其宝贵的。为此，致以衷心的感谢。

还要感谢上海同欣自动化仪表有限公司陈洪飞工程师，为本书的第 10 章提供了详细资料；冯宏生工程师、顾耀明工程师校阅了部分书稿并提供宝贵意见。最后我想对姜璐同志和吴玉华同志致以特别的感谢，他们以忘我的精神打印最终的文本，绘制图表，他们坚定的毅力和熟练的技巧使本书得以按时出版。

由于水平有限，书中不足在所难免，敬希读者批评指正。

编著者

目　　录

第1章　绪　论

1.1　流量测量的意义

流量测量是研究物质量变的科学，质与量的互变规律是事物联系与发展的基本规律，因此，其测量对象已不限于传统意义上的管道流体，凡是需要掌握流体流动的地方都有流量测量的问题。

工业生产过程是流量测量与仪表应用的一大领域，流量与温度、压力和物位一起统称为过程控制中的四大参数，人们通过这些参数对生产过程进行监视与控制。对流体流量进行正确测量和调节是保证生产过程安全经济运行、提高产品质量、降低物质消耗、提高经济效益、实现科学管理的基础。在整个过程检测仪表中，流量仪表的产值约占1/5～1/4。

在能源计量中，使用了大量的流量计，例如石油工业，从石油开采、储运、炼制直到贸易销售，任何一个环节都离不开流量计。

在天然气工业蓬勃发展的现在，天然气的计量引起了人们的特别关注，因为在天然气的采集、处理、储存、运输和分配过程中，需要数以百万计的流量计，其中有些流量计涉及到的结算金额数字巨大，对测量准确度和可靠性要求特别高。除此之外，在煤气、成品油、液化石油气、蒸汽、压缩空气、氧气、氮气、水的计量中，也要使用大量的流量计，其中很大一部分用于贸易结算，计量准确度需满足国家的有关标准，这对流量测量提出了很高的要求。

能源计量用流量计往往跟企业的效益有直接的联系，是进行贸易结算的依据，进行能源的科学管理、提高经济效益的重要手段。

在环境保护领域，流量测量仪表也扮演着重要角色。人们为了控制大气污染，必须对污染大气的烟气以及其他温室气体排放量进行监测；废液和污水的排放，使地表水源和地下水源受到污染，人们必须对废液和污水进行处理，对排放量进行控制。于是数以百万计的烟气排放点和污水排放口都成了流量测量对象。

废气和污水流量的测量具有较高的难度。其中烟气的难度在于脏污，含尘，有腐蚀性，流速范围宽广，流通截面不规则，直管段长度难以保证；而污水的难度在于介质脏污、压头低、口径大、流通截面特殊和非满管。

在科学实验领域，种类繁多的流量计提供了大量的实验数据。这一领域中使用的流量计特殊性更多，其中流体的高温、高压、高黏度以及变组分、脉动流和微小流量等都是经常要面对的测量对象。

除了上述的应用领域之外，流量计在现代农业、水利建设、生物工程、管道输送、航天航空、军事领域等也都有广泛的应用。

流量测量是一门复杂、多样的技术，这不仅由于测量精确度的要求越来越高，而且测量对象复杂多样。如流体种类有气体、液体、混相流体，流体工况有从高温到极低温的温度范围，从高压到低压的压力范围，既有低黏度的液体，也有黏度非常高的液体，而流量范围更是悬殊，微小流量只有每小时数毫升，而大流量可能每秒就达数万立方米。而脉动流、多相流更增加了流量测量的复杂性。另一方面，这种复杂性和多样性促进了人们对流量测量仪表的应用研究。

1.2 流量测量仪表应用研究的意义

流量测量技术和仪表类型繁多，测量对象复杂多样，决定了流量测量仪表在应用技术上的复杂性。它与传统意义上度量衡计量器具的应用有很大差别，它不是简单地将流量计安装好，开表投运就一定能达到测量目的。有两位专家对现场装用着的千余台流量仪表进行调查，发现约有60%所选择的测量方法不是最合适或不正确，其余的40%中，约有一半虽然测量方法合适，却存在现场布置和安装的不合理现象，这些不合适、不正确和不合理，带来了相应的测量误差。因此流量测量是一种强烈依赖于使用条件的测量，在实验室，流量计可以得到极高的精确度，但是在使用现场，一旦流体条件或环境条件有大的变化，不仅精确度无法保证，甚至无法进行正常测量。

一台流量计出厂校验其误差优于±0.5%，但是新的仪表安装到现场开表后误差可能增至±5%～±10%并不罕见。造成这种情况的原因多种多样，如选型不合理，量程不合适，上下游直管段长度不足，安装不正确，流体物性偏离设计状态太大，工况条件超过允许值，脉动流影响，振动等环境条件太严酷等。因此流量测量是一个系统问题，包括检测装置、显示装置、前后直管段、辅助设备。而应用技术的研究，还包括测量对象本身，仅仅流量计本体性能好并不能保证获得要求的测量效果。

流量测量仪表应用技术研究的目标是正确的使用，主要有下面几个具体内容。

(1) 提高开表率　在仪表设备管理中，开表率的定义是：(仪表总台数－未正常使用的仪表台数)/仪表总台数。因此，提高开表率就是要减少无法投入正常使用的仪表。在设计院中，自控专业所设计的测量系统，开表率是反映设计人员工作质量和技术熟练程度的重要指标之一，经验丰富和认真负责的设计人员，能使开表率达到95%以上，或通过整改达到95%以上。但是在市场经济的条件下，工程公司往往对业主实行交钥匙承包做法，要求做到的开表率就不是95%，而是100%，所设计的仪表系统如果不能正常投入使用，若为工程公司责任，那就得进行整改或更换仪表，这就意味着经济损失。因此，仪表应用技术的研究具有现实的经济意义。

开表率是仪表应用技术水平和仪表本身品质的综合表现。测量方法和仪表对测量对象、使用环境的匹配、协调、优化，以及在此之前的设计选型和安装调试等环节都是影响开表率的重要因素。

(2) 保证测量精确度　流量测量精确度指的是流量测量系统所获得的精确度，它同流量计本身的精确度是有区别的。仅仅流量计本身性能好，精确度高，并不一定能获得较高的测量精确度。

要保证流量测量系统的精确度，除了合理的选型、正确安装与调试、及时的维护和保养之外，应用智能化技术对测量部分可能引入的误差进行恰到好处的补偿和校正也是一项有效的方法。例如对液体的温度膨胀系数进行补偿，对气体的温度、压力和压缩系数进行补偿，对差压式流量计的雷诺数影响和流束膨胀系数进行补偿，对各种流量计流量系数的非线性进行补偿，对容积式流量计、涡街流量计的温度影响进行补偿，对超声流量计的速度分布进行补偿等。这种补偿和校正是用系统的方法将检测部分所固有的、依靠其本身无法得到克服的误差进行处理，使之消除或得到基本消除。实践表明这一方法简单有效，很有发展前途。这一方法将在本书第8章作详细介绍。

在保证测量精确度诸多的方法中，在线实流校准占有重要地位。以前大多采用离线方法校准流量计，使用该方法检定的流量计经误差修正后虽然精确度较高，但因其检定时管路的参比条件与实际使用时不同，检定时流体性质与实际使用的流体有差异，检定时的环境条件与仪表使用场所的实际环境不相同，从而造成附加的使用误差，降低了测量精确度。在线实流校准法是解决这一问题的有效方法。例如，油品计量站在建设阶段就预留标准体积管连接口，接入标准体积管后，通过阀门切换可以实现对计量站中各台流量计实现在线实流校准。现在，在天然气的分配站也要求采用在线实流校准的方法。

(3) 提高流量测量系统的可靠性　用于安全联锁报警的流量仪表如果不可靠，应该联锁动作时不动作，容易酿成事故，不该动作时乱动作，容易导致不应有的停车，造成损失。工业炉窑中的燃料流量计如果不可靠，造成流路堵塞，容易导致炉子熄火，酿成事故。用于过程控制的流量仪表如果不可靠，容易为调节系统发出错误信息，导致调节系统失调，破坏生产过程的稳定，影响产品的质量、产量和物耗，造成损失。用于财务结算计量的流量计如果不可靠，容易引起计量失准，引发计量纠纷和为企业带来损失。可以看出，流量仪表的可靠性是极为重要的。

提高流量测量可靠性的途径主要是提高仪表本身的可靠性，选用可靠性高的仪表和进行可靠性设计。近年来，流量测量仪表的可靠性获得了显著的提高，主要表现在以下几方面。

① 仪表本身的可靠性有了显著提高。

② 通过改进仪表的结构设计，使系统可靠性获得提高。例如采用不断流插入式结构，可在不影响工艺操作的情况下更换流量计。

超声流量传感器的夹装式结构，电磁流量传感器电极的带压更换结构，涡街流量传感器采用管外安装超声探头的结构等，都能在仪表损坏后的修理过程中大大缩短修复时间。

③ 引入冗余技术。如采用双传感器，并对传感器的正常与否进行自动判断，将发生故障的那路信号予以剔除。

④ 引入自诊断技术，并通过现场总线将诊断结果送到操作站或专用的设备管理系统(AMS) 予以显示报警，以及时发现故障，及早采取措施。

(4) 节省费用　这里所说的费用除了仪表购置费之外，还应计入附件购置费、安装调试费、运行费、备品备件费、维护和定期校准（检定）费，而仪表的平均寿命摊入的折旧费也是不可忽视的。

有些类型的流量计虽然购置费较低，但必须增设上下游切断阀和旁通阀等辅助设备，有时辅助设备的费用大大超过流量计本身的购置费。

在仪表选型中应避免片面追求高性能、高精确度，因为这样做不仅增加了购置费，而且往往备品备件费也相应增加。最优的设计选型是在满足使用要求的前提下，仪表的可靠性最高，维修方便，费用最省的那个方案。

(5) 安全性　有些被测流体属易燃易爆介质，有些仪表安装场所属易燃易爆场所，仪表的选型、系统设计和安装都应符合防爆规程。

除了上述目标之外，还应满足使用的其他要求，如压损要求、卫生要求、防护要求等，还应注意维修方便，有的还应考虑便于实施强制检定。

第2章 流量测量的行业特点及其对仪表的要求

2.1 流量测量的术语

2.1.1 封闭管道中流体流量的测量术语和符号

本书所使用的术语和相应的符号符合 GB/T 17611—1998《封闭管道中流体流量的测量 术语和符号》(idt ISO 4006：1991)，其中下列术语和相应符号的意义如下。

(1) 流量 (flow-rate) 流经管道横截面的流体数量与该量通过该截面所花费的时间之商。

① 质量流量 q_m (mass flow-rate)。流体数量用质量来表示的流量。

② 体积流量 q_v (volume flow-rate)。流体数量用体积来表示的流量。

(2) 平均流量 (mean flow-rate) 在一段时间内流量的平均值。

(3) 速度分布 (velocity distribution) 在管道横截面上流体速度轴向矢量的分布模式。

① 充分发展的速度分布 (fully developed velocity distribution)。一种一经形成则从流体流动的一个横截面到另一个横截面不会发生变化的速度分布。它通常是在足够长的管道直管段末端形成。

② 规则速度分布 (regular velocity distribution)。非常近似于充分发展的速度分布的速度分布，便于进行精确的流量测量。

(4) 雷诺数 Re (Reynolds number) 表示惯性力与黏性力之比的无量纲参数。它由下式给出，即

$$Re=\frac{ul}{\nu}$$

式中 u——通过规定面积的平均轴向流速；

l——产生流动的系统的特征尺寸；

ν——流体的运动黏度。

当规定雷诺数时，应指明一个作为依据特征尺寸（例如管道的直径、差压装置中孔板的直径、皮托管测量头的直径等）。

(5) 斯特罗哈尔数 Sr (Strohal number) 使具有特征尺寸 l 的某物体所产生的旋涡分离频率 f 与流体速度 v 相联系的无量纲参数。它由下式给出，即

$$Sr=\frac{fl}{v}$$

(6) 真值 (true value) 表征在研究一个量时在它所处的条件下严格定义的值。

真值是一个理想值，只有排除了所有的测量误差的起因才能得到。

(7) 测量的（绝对）误差［(absolute) error of measurement］ 测量结果减去被测量的（约定）真值。

① 该术语同等地用于示值、未修正结果及已修正结果。

② 测量的误差已知部分可以采用适当的修正值进行补偿。已修正结果的误差只能用不确定度来表征。

③“绝对误差”是有符号的，不应把它与误差的绝对值相混淆，后者是误差的模。

(8) 疏忽误差（spurious errors） 使测量值无效的误差。通常这些误差起因于诸如记录的一个或多个有效数字不正确或者仪表的误动作。

(9) 随机误差（random error） 同一测量值在多次测量过程中以不可预计的方式变化的测量误差的一个分量。随机误差是不可能修正的。

(10) 系统误差（systematic error） 同一测量值在多次测量过程中保持不变或以可预计的方式变化的测量误差的一个分量。

① 系统误差及其起因可以是已知的也可以是未知的。

② 系统误差的已知部分不包含在已校准仪表所预计的不确定度中（作为一种偏移误差，应预先扣除掉）。

(11) 不确定度 U（uncertainty） 表征被测量的真值处在某个量值范围内的一种估计。

符号 e 有时用来代替 U 表示不确定度。

测量不确定度一般包括多个分量，其中一些分量可在测量结果列统计分布的基础上进行估计，并可用标准偏差表征。其他分量只能基于经验或其他信息做估计。

① 随机不确定度 U_r（random uncertainty） 与随机误差有关的不确定度分量。它对平均值的影响可以多次通过测量予以减小。

② 系统不确定度 U_s（systematic uncertainty） 与系统误差有关的不确定度分量。它对平均值的影响不能通过多次测量来减小。

图 2.1 所示为与误差和不确定度有关术语的说明。

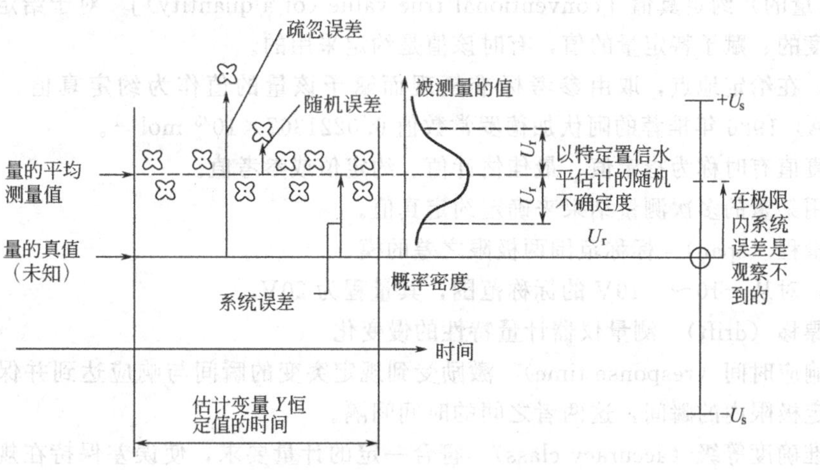

图 2.1 与误差和不确定度有关术语的说明

(12) 精确度（accuracy） 被测量的测量结果与（约定）真值间的一致程度。精确度的定量表示应采用不确定度。好的精确度意味着小的随机误差和系统误差。

注意，应避免用术语精密度代替精确度。

(13) 被测量（measured） 受到测量的量。它可以是测得的量或待测的量。

(14) 最大流量（maximum flow-rate） 对应于流量范围上限的流量值。这是在某个限定的和预定的时间间隔内要求装置给出信息的最高流量值，而该信息误差不超过最大容许误差。

对于水表，最大流量称之为过载流量。

(15) 最小流量 (minimum flow-rate) 对应于流量范围下限的流量值。

(16) 流量范围 (flow-rate range) 由最大流量和最小流量所限定的范围，在该范围内仪表的示值误差不超过最大允许误差。

(17) 满标度流量 (full scale flow-rate) 对应于最大输出信号的流量。

(18) (一次装置引起的) 压力损失 [pressure loss (caused by a primary device)] 由于管道中存在一次装置而产生的不可恢复的压力损失。

(19) 流动调整器 (整直器) [flow conditioner (straightener)] 安装在管道中以减少为达到规则速度分布所需直管段的装置。

2.1.2 关于范围度的术语

国际标准化组织 (ISO) 于 1998 年颁发国际标准 ISO 11631《流体流动测量——规定流量仪表性能的方法》，对术语范围度作了重新定义[2]。

(1) 范围度 (turn down，turn down ratio) 测量范围的最大流量被最小流量除的值。

(2) 上限 (值) 范围度 (rangeability) 最大“范围上限值”与最小“范围上限值”之间的比。

2.1.3 通用计量术语及定义

本书所使用的下列计量术语及定义符合国家计量技术规范 JJF 1001—1998《通用计量术语及定义》。

(1) 相对误差 (relative error) 测量 (绝对) 误差除以被测量的真值。由于真值不能确定，实际上用的是约定真值。

(2) (量的) 约定真值 [conventional true value (of a quantity)] 对于给定目的具有适当不确定度的、赋予特定量的值，有时该值是约定采用的。

例如，在给定地点，取由参考标准复现而赋予该量的值作为约定真值。常数委员会 (CODATA) 1986 年推荐的阿伏加德罗常数值 $6.0221367\times10^{23}\ mol^{-1}$。

约定真值有时称为指定值、最佳估计值、约定值或参考值。

常常用某量的多次测量结果来确定约定真值。

(3) 量程 (span) 标称范围两极限之差的模。

例如，对从 −10～+10V 的标称范围，其量程为 20V。

(4) 漂移 (drift) 测量仪器计量特性的慢变化。

(5) 响应时间 (response time) 激励受到规定突变的瞬间与响应达到并保持其最终稳定值在规定极限内的瞬间，这两者之间的时间间隔。

(6) 准确度等级 (accuracy class) 符合一定的计量要求，使误差保持在规定极限以内的测量仪器的等别、级别。

准确度等级通常按约定注以数字或符号，并称为等级指标。

(7) 影响量 (influence quantity) 不是被测量但对测量结果有影响的量。

例如，用来测量长度的千分尺的温度；交流电位差幅值测量中的频率；测量人体血液样品血红蛋白浓度时的胆红素的浓度。

2.2 流量测量的行业特点及其对仪表的要求

2.2.1 钢铁行业流量测量的特点

钢铁行业是耗能大户，大量燃料在各种炉窑内燃烧，还需要助燃空气，有的属富氧燃烧，需要吹入氧气。有的炉子燃烧产生大量的荒煤气，经洗涤除尘等处理后，送到另一些炉窑作燃料。因此，助燃气体流量、煤气流量、烟道气流量等占了很大比例。这些测量对象流体压力低、流速低、密度低、管径大，要准确测量有一定难度，尤其是煤气，往往含水量、含尘量较高，有的还含有焦油，有的煤气管道内有排不尽的水，这些都要求仪表有适应能力，不能因凝液析出而影响测量，不能因灰尘而发生故障。

厂制水流量测量对象也有其特点，测量结果多半用于过程监视与控制，精确度要求不高，但稳定性、可靠性要求高。有时口径较大，常常选用均速管差压式流量计和夹装式超声流量计。

2.2.2 电力行业中的流量测量特点

提到电力行业自然就联想到火电厂中的大型锅炉和高温高压蒸汽，联想到热电厂的大口径管网将蒸汽供给各个用户。因此火电和热电行业中蒸汽流量测量对象是大量的。按其用途和特点分，大致可分为与发电有关的流量测量和供热网中的流量测量。

（1）与发电有关的蒸汽流量测量　此类流量测量的特点是流体温度高，压力高，连数兆瓦的小机组蒸汽温度都要高达420℃以上。尽管经常有新型流量计推出，但多数原理流量计承受不了如此严酷的工作条件。目前还是节流式差压流量计稳稳地占据着这块传统领地。

由于此类测量对象流量变化范围不大，经常是满载满发，所以差压式流量计范围度较小的弱点不会带来实际影响。

（2）供热网中的蒸汽流量测量　热电厂供热网中所用的流量计，由于流体温度和压力均大大降低，所以可以选择的空间大大扩展，但由于沿袭电厂仪表选型的传统，多数对象仍选用节流式差压流量计，部分选用涡街流量计。

2.2.3 石油和化工行业中流量测量的特点

石化、化工行业流量测量对象由于被测介质的多样性，测量范围的要求也异常广阔，从测量添加剂和小试验装置使用的微小流量，到测量原料气流量的大流量，流体从最常见的水蒸气、空气、煤气等，到各类化工成品和半成品，以及渣油、液氨、液态烃之类测量难度较高的对象，应有尽有。

石化行业资金实力较雄厚，是品质优、价格贵的高端产品的重要市场。除了上面所述的一些基本特点之外，还有下面的两个鲜明的特点。

① 多数石化和化工企业有防爆要求，即使被测流体本身不是易燃易爆物质，但整个区域属易燃易爆场所，因此仪表选型时应符合防爆规程。

② 有腐蚀性。有很多被测流体有腐蚀性，仪表选型时必须考虑与腐蚀性介质接触的部分耐腐蚀问题。除了被测介质腐蚀之外还有大气腐蚀，例如氯碱厂、氮肥厂、硫酸厂厂区的雨水对仪表外露部分都有一定的腐蚀作用，这就需要考虑室外仪表的防护，以免过早损坏。

2.2.4 石油储运行业的流量测量特点与要求

石油储运行业也是流量仪表的一大用户，每年数以亿吨计的成品油从油库经计量后转运到加油站或下一级油库，然后再经计量发送到最终用户。数以万计的加油站遍布各地，每个加油站都装有数量不等的加油机。

成品油主要有汽油、柴油、煤油、润滑油、航空汽油等品种。由于接收油品的槽车、槽船或车辆的油箱等都是装在可移动的设备上，因此油品经流量计计量后通过鹤管、挠管之类的柔性管道发送到接收方。因为油品属易燃易爆物质，安全是人们关注的首要问题。由于高速流动的油品与管件及管道内壁摩擦易产生静电，因此，管路设计中都应有静电接地措施，将所产生的静电电荷导入大地。静电接地系统还要求与发油控制系统联锁，一旦静电接地失灵，立即停止发油。除此之外，石油储运行业流量测量还有下面的特点与要求。

① 被测介质昂贵，对计量精确度要求高，一般要求达到±0.5%R。

② 除重油、渣油之外的其他成品油都较清洁。发油时管道中的油品流速较高而且较稳定，因此容易得到较高的计量精确度。

③ 计量数据用于贸易结算，因而要求计量结果的显示供需双方都便于观察，从而体现公平和透明。

有些计量表如加油机，除了显示发油总量外，还应同时显示单价和总价。

④ 流量测量仪表大多与批量控制设备配合使用，可以按预先设定的发油量进行自动控制，如本书第5章所讨论的批量控制系统。新型的加油机还配有读卡设备和打印机，以便读出用户预先购买的IC卡中剩余金额，并在此金额即将用完时通知控制系统，关闭阀门。加油完毕自动打印加油报告。

2.2.5 供水行业的流量测量特点

水厂从河流、湖泊或水库抽取原水，需根据原水计量结果向国家支付费用。水厂的成品是自来水，自来水的管理和分配网上需大量大口径流量计。这些测量对象有下列特点。

① 计量数据用于贸易结算，测量精确度要求高，按照GB/T 17167的规定应达到±2.5%R的精确度（见表2.3）。对于大口径计量表，有些用户要求高达±0.5%R。

② 设置在原水和自来水主管道上的流量计，口径大，为减少泵送费用，要求阻力小。

③ 对测量范围度要求高。家庭用户均为间歇使用，即使是大的企事业机构，日夜之间、不同季节之间、生产、经营、管理或服务的各个不同阶段，耗水量也差异很大。

④ 环境恶劣，大口径管道通常为埋地敷设，因此流量计大多数被安装在仪表井中，稍有不慎就会出现雨水淹没仪表的事件，所以流量计应有IP68的环境防护能力。

⑤ 原水洁净程度较差，压力不高，在大口径管道中低速流动的条件下，管壁上易积淤泥，所以仪表设计选型应考虑淤泥的影响，工程设计和安装时应考虑淤泥的清理。

目前的仪表选型意见趋于一致，用于贸易结算的大口径流量计，选用电磁流量计，它能全面满足上述各项要求，小口径水流量测量选用旋翼式水表。

2.2.6 天然气流量测量的特点及其对仪表的要求

天然气作为一次能源，在世界一次能源结构中的比重逐年上升，天然气贸易交接计量所涉及的金额是巨大的，引起国际上的广泛重视。为了保证天然气生产及利用企业的贸易计量公正合理，维护贸易双方的正当权益，欧洲最早制订了EN 1776：1998《天然气测量系统基本要求》。我国在这一标准基础上也制订了相应的标准GB/T 18603—2001《天然气计量系统技术要求》。

天然气计量系统具有下列主要特点和基本要求。

(1) 防爆要求　流体易燃易爆，可能的危险区域应按GB 3836.1进行分级，在危险区域内，任何仪表和电器设备选型和安装都应符合GB 3836的规定。

(2) 不中断供气要求　为了保证连续输气，不能因计量仪表维修等中断供气，计量站和计量回路宜设置旁通，对于重要的大流量用户，推荐采用并联双计量回路。旁通阀和并联双计量回路上游阀（或下游阀）应选择关闭性能好、耐用、有检漏装置的截断阀，避免非计量流失。

(3) 工况的多样性　天然气从采集、处理、运输到分配的各个环节都需要计量，采集环节流体脏污，气体带液甚至混有固相。不同的气井压力差异大。运输环节流体压力也较高，但分配到最终用户处，压力可能降得很低。因此，不同环节的流量测量应了解清楚流体工况和具体条件，不能一概而论。

(4) 不同的准确度要求 天然气计量属大宗能源计量，而且流量值越大，涉及到的结算金额越大。而所配置的计量仪表的价格与准确度有关，准确度越高，价格也越高，计量值相对较小的计量系统，一般承担不起价格昂贵得多的高准确度仪表，因此，只能降低要求，但仍应达到有关标准的要求。表 2.1 所列是不同等级的天然气计量系统仪器仪表配备指南。表 2.2 是不同等级的计量系统配套仪表准确度要求[4]。

表 2.1 不同等级的天然气计量系统仪器仪表配备指南

设计能力 $q_{nv}/(m^3/h)$（标准参比条件）	$q_{nv} \geqslant 500$	$5000 \leqslant q_{nv} \leqslant 50000$	$q_{nv} \geqslant 50000$
1. 用于测量的校验用系统 例如串联标准流量计			√
2. 温度转换	√	√	√
3. 压力转换	√	√	√
4. Z 转换	√	√	√
5. 发热量和气体质量的确定			√
6. 每一时间周期的流量记录		√	√
7. 密度测量(代替 2、3、4)			√
准确度等级	C 级(3.0)	B 级(2.0)	A 级(1.0)

注：1. 规模较小的计量系统使用上述功能不受限制。

2. "√"建议配套内容。

表 2.2 不同等级的计量系统配套仪表准确度要求

参 数 测 量	计量系统配套仪表准确度等级		
	A 级(1.0%)	B 级(2.0%)	C 级(3.0%)
温 度	0.5℃	0.5℃	1℃
压 力	0.2%	0.5%	1.0%
密 度	0.25%	0.75%	1.0%
压缩因子	0.25%	0.5%	0.5%
发热量①	0.5%	1.0%	1.0%
工作条件下体积流量	0.75%	1.0%	1.5%

① 当供用气双方用能量流量交接时需要配套的项目。

(5) 计量系统不同的输出量类型和计量单位 计量系统由天然气流量计和进行不同参数测量的变送器、流量计算及确定各输出参数的转换装置组成。根据系统的组成和需要，输出量可以是标准体积流量、质量流量和能量流量。标准状态体积流量以 m^3/s 为单位；工作状态体积流量以 m^3/s 为单位；质量流量以 kg/s 为单位；能量流量以 MJ/s 为单位[4]。

(6) 天然气组分变化 由天然气组分变化引起的标准状态密度变化、压缩因子变化，都将影响流量测量准确度，因此在计量值大的计量系统中，应根据天然气组分稳定度定时取样，进行全组分分析。

(7) 超压缩因子变化 天然气超压缩因子 F_Z 是因天然气特性偏离理想气体定律而导入的修正系数。超压缩因子不仅受流体温度、压力影响，而且随天然气组分变化。因此应实时计算其数值。

(8) 实流校准 天然气干线流量计的主要特点为高压（2MPa 以上）、大口径（*DN* 150 以上）、高精确度（0.5 级以上）。我国从塔里木到上海的输气干线总长为 4000 多千米，压力为 10MPa，管径为 *DN*1000，这些特点要求输气干线流量计应具有高精确度、稳定可靠的计量系统和配备相应的校准装置。

实流校准应在与实际操作条件相近的条件下进行，然而，如果将条件差异所引起的不确定度估算考虑在内，在不同条件下校准也是可行的。

在计量值大的计量站，应在计量管道上串联安装一套校准用附加流量计，以便定期进行实流校准。

2.2.7 楼宇中的流量测量特点

城市高楼大厦也需要很多流量仪表。按照其用途可分成两类，其一是楼宇自动化（BA）系统使用的流量计，其二是能源费用结算用计量仪表。

(1) 楼宇自动化系统中的流量测量　在楼宇自动化系统中，对进出重点设备或装置的流体流量进行测量，测量结果用于设备运行状态监视、控制和设备管理。测量结果一般不用于贸易结算，所以对测量精确度要求不高。仪表一般由楼宇自动化工程公司选型，主要考虑的是安装方便、价格和仪表故障后不影响系统运行。

(2) 以能源计量为目的的流量测量　楼宇中的自来水、燃气、燃油等要靠外部供给，空调冷冻水、热水、冷却水等要供给用户使用，自己发生的蒸汽有时还外供到其他单位，因此，需对这些流体进行计量，计量精确度必须满足贸易结算的要求，计量结果用于对外收费的表计，还应按规定进行强制检定。

冷冻水、热水等流体供给用户，其实用户并未将冷冻水、热水等消耗掉，仅仅是取走了冷冻水中的冷量和热水中的热量，所以测量的参数确切地说应是冷量和热量，相应的表计是冷量表和热量表。另外对自来水、燃气和蒸汽进行计量需水表、气表和蒸汽流量计。

空调用冷冻水温度不是很低，一般为5～6℃的淡水；空调用热水主要用于采暖、洗澡、洗漱等，所以温度不很高，大多在90℃以下。这样的使用要求和流体条件，合理的选型是电磁流量计。

2.2.8 企业能源计量器具性能要求

GB 17167 规定了用能单位能源计量器具性能要求，其中不同用途流量计准确度要求如表 2.3 所示。

表 2.3　用能单位能源计量器具准确度等级要求[7]（流量计部分）

计量器具类别	计量目的		准确度等级要求
油流量表（装置）	进出用能单位的液体能源计量		成品油 0.5
			重油、渣油 1.0
气体流量表（装置）	进出用能单位的气体能源计量		煤气 2.0
			天然气 2.0
			蒸汽 2.5
水流量表（装置）	进出用能单位水量计量	管径不大于 250mm	2.5
		管径大于 250mm	1.5
温度仪表	用于液态、气态能源的温度计量		2.0
	与气体、蒸汽质量计算相关的温度计量		1.0
压力仪表	用于气态、液态能源的压力计量		2.0
	与气体、蒸汽质量计算相关的压力计量		1.0

注：1. 当计量器具是由传感器（变送器）、二次仪表组成的测量装置或系统时，表中给出的准确度等级应是装置或系统的准确度等级。装置或系统未明确给出其准确度等级时，可用传感器与二次仪表的准确度等级按误差合成方法合成。

2. 用于成品油贸易结算的计量器具的准确度等级应不低于 0.2。

3. 用于天然气贸易结算的计量器具的准确度等级应符合 GB/T 18603—2001 附录 A 和附录 B 的要求。

能源作为生产原料使用时，其计量器具的准确度应满足相应的生产工艺要求。

能源计量器具的性能必须满足相应的生产工艺特点及使用环境要求，如抗腐蚀、耐高温、耐振动、防粉尘、抗电磁干扰等。

2.3 贸易结算对流量仪表的计量要求[5]

与过程控制、环境保护以及医疗卫生中的流量测量相比，贸易结算中的流量测量仪表具有鲜明的特点，而且不同流体的贸易结算对流量测量仪表的要求也有差异。下面以目前使用量较大的热能贸易结算为例，说明流体贸易结算对流量测量仪表的要求，其中有一部分要求是热能贸易结算所特有的，而另一些则是共同的。

在区域集中供热中，热力公司将热能卖给众多的用户，并按热能计量结果及双方协议结算费用，由于这种计量是热力公司结算费用的主要依据，因此受到结算双方的普遍重视，它是热力公司经营的基础，如果处理得不得当，往往会使热力公司的效益大大流失。这种以贸易结算为主要目的的计量，除了需满足流量测量仪表的一般要求之外，还需满足贸易结算所需的专门要求。在测量精确度和范围度方面与过程控制相比，还有一些其他要求，现归纳如下。

(1) 对测量精确度要求方面　热能贸易结算费用是依据系统计量结果，因此，流量仪表的精确度比过程控制用要求高。对于差压式流量计，当差压测量选用0.2级精确度差压变送器，流量演算器选用0.2级，压力变送器选用0.2级，测温元件选用A级Pt100铂热电阻，仪表安装使用也符合规程要求，按照方和根的误差合成法[6,7]，30%FS以上各测量点一般能得到±2.5%的系统精确度。对于涡街流量计组成的系统，流量变送器在制造厂推荐的测量范围之内，有±1%R的准确度，与上述测温测压元件及流量演算器配合之后，能得到约±2%的系统精确度。

如果无大的干扰进入，系统长时期稳定运行，上述两种测量方法所能达到的系统精确度，供需双方是比较满意的。

(2) 对范围度方面要求　在热网中，各类用户对热能计量系统的范围度要求差异很大，有的用户连续生产，终年热负荷都很稳定；有的用户负荷随季节变化较明显，如以采暖设备为主要负荷的用户，夏季流量与冬季流量相差较大；而另有一类用户，仅单班生产，多数时间热负荷为零。但总的来说，范围度是这种用途的仪表须考虑的重要问题。

在常用的热能计量仪表中，涡街流量计的范围度是较大的，以0.8MPa饱和蒸汽为例，不同口径的仪表保证精确度的下限流速略有差异，但测量管中的流体流速在2.5～5.5 m/s以上就已进入“正常测量范围”，设计时只要合理选定其口径，一般都能得到满意的范围度。

差压式流量计范围度没有涡街流量计那么大。在使用1.5级差压计的发展阶段，一般公认其范围度只能达到3∶1。

制约差压式流量计范围度的因素还不仅仅是差压计精确度，因为相对流量很小时，流出系数C和可膨胀性系数ε都发生了明显的变化，如果仍将它们当作常数来处理，就将产生额外误差。

自从计算机技术引入仪表后，差压式流量计的测量性能有了新的提高。差压变送器的精确度已从以前的0.5级提高到0.1级，甚至更高。被测流量在全量程范围内变化所引起流出系数的变化，在可编程流量演算器中能得到修正[8]。可膨胀性系数ε的变化也同时得到自动修正，相应增大了范围度。有不少研究者认为可以做到10∶1。

(3) 下限流量计费功能要求　如果流量远远低于保证精确度的最小流量，将导致无输出（如涡街流量计）或输出信号被当作小信号予以切除（如差压式流量计），这对供方来说都是不利的，有失公正。为了防止效益的流失，对于一套具体的热能计量设备，供需双方往往根据流量测量范围和能够达到的范围度，约定某一流量值为“约定下限流量”，而且约定若实际流量小于该约定值，按照下限收费流量收费。这一功能通常在流量显示仪表中实现。

(4) 停汽判断功能要求　有些用户在休息天将蒸汽完全关闭，停止用汽，如果采用二部计费法，这时不能再按“下限收费流量”计费，方法是由仪表根据停汽后流体温度、压力参数的变化作出判断，判断结果一旦为“停汽”，即停止积算。

由仪表对停汽作出灵敏而正确的判断，以流体温度或压力为标志信号具有相同的效果。当供汽总阀关闭后，管道内温度很快降低到饱和温度，随着管内流体的进一步冷却，温度和压力同步降低，当低于“标志值”时，仪表即作出停汽的判断。从现场运行情况来看，为了加快温压降低的速度，还可在总阀关闭后开一下其后的排汽阀。

运用这一功能的供需双方必须协商设置一个合适的“标志值”。

(5) 超计划耗用计费功能要求　流量计如果超过设定范围运行，一般均导致计量值偏低。除此之外，在热网中如果超计划耗能，还将影响热网的供热品质。这不仅损害供方利益，而且损害其他用户利益。遇此情况，热力公司为了保证供热品质，需要启动调峰机组而相应增加运行成本。为了鼓励用户计划用能，热力公司一般同需方约定最大用能量，如果超过此量，一般约定超过部分加 1 倍或数倍收费。这一功能通常也在流量显示仪表中实现。

(6) 分时段计费功能要求　热力公司为了鼓励夜间用能，促使负荷的日夜平衡，往往规定夜间用能按 0.8 系数计费，日间用能按 1.2 系数计费。

对于单班用汽的用户，如果要在计划的时段外用汽，则必须支付计划外的计费系数。分时段计费功能也应能满足这一需求。

(7) 掉电记录功能要求　用于热能计量的表计一般都为电动式，当其电源中断后，仪表停止工作，累积值虽能保持，但不会继续增加。有时需方为了少付热费，就将仪表电源拉掉一段时间，显然这是不允许的。流量演算器的掉电记录功能就是要将这种有意拉电和无意掉电事件一次不漏地记录下来。

掉电记录数据应可通过仪表面板上的操作键调阅，但无法擦掉。使用者可按供需双方的约定，依一定的计算方法对掉电期间少计的累积值进行处理。

(8) 定时抄表功能要求　定时抄表功能就是仪表在抄表员所指定的抄表时刻（在菜单中预先设置），读取流量累积值并存放在仪表的一个单元中，当抄表人员按下抄表键时，仪表显示抄表符号和该单元中的数据。该单元中的累积值一直保持到下一天的抄表时间才被刷新。如果全厂流量演算器设置同一抄表时间，那么，抄表人员巡回路线和时间的差异都不影响抄录结果，因此有利于分表和总表的平衡计算。

(9) 31 天累积值和 12 个月累积值存储功能　将最近 31 天抄表时刻的累积值和最近 12 个月的月累积值存储在规定的单元中，可通过面板上的操作键调阅，但不能修改。

该功能可为供需双方核对抄表记录提供方便。

(10) 断电保护功能要求　断电保护功能是可编程流量演算器的重要功能，它指的是在主电源中断时，对设定数据和累积值进行保护，使之不丢失和不被修改。

(11) 密码设置功能要求　密码设置功能是可编程仪表防止未被授权的人员修改关键数据的重要手段。

(12) 打印功能要求　有些用户提出，用于贸易结算的数据应以仪表自动打印数据为准，因为这样更客观，不会因人工抄表而引入人为因素。打印内容一般包括设备号、打印日期和时间、瞬时流量、累积流量、流体压力、流体温度等。

打印方式应有定时打印、召唤打印和越限加速打印。召唤打印只需按照仪表说明书规定的方法按一下面板上有关按键就可实现。越限加速打印是某个变量满足指定的表达式的要求时，自动将打印间隔时间缩短为“加速打印间隔时间”。

（13）面板清零有效性选择功能要求　选择“面板清零有效”时，按一下面板上的复位键就可将流量累积值复零，以便为仪表校验带来方便。

选择“面板清零无效”时，按复位键则不能实现流量累积值的复零，但当打入的密码相符时，仍可按规定的操作方法实现清零。这就相当于给流量累积数据加上一把电子锁。

（14）通信功能要求　随着通信技术的发展和PC机越来越便宜，计算机在热网中的应用越来越普遍。常见的用法是数据自动采集和远程自动抄表，这都要求流量二次表或流量变送器需具有数据通信能力。

制造厂应可提供RS-232和RS-485（可选）串行通信口。

（15）无纸记录功能要求　有许多流量测量系统都希望具备记录功能，记下重要数据和信息，但是传统的记录仪不仅体积大，价格高，维修工作量大，而且能够记入的数据和信息通道不够多，因此，人们渴望有新型的记录仪充当这一角色。

在智能流量显示仪表中加上一片海量存储器，在软件的支持下，使仪表具有无纸记录功能，从而可收到简单、可靠、价廉、存储的信息量大的效果。例如在一片Flash海量存储器中可存入11520组与流量测量有关的重要数据和信息，每一组数据除了日期和时间数据之外还可以包含其他重要数据和信息。这样，如果每分钟存储一组最新数据，则一片海量存储器中可存放8天的最新数据；如果每10min存储一组数据，则可存放80天的最新数据。

这些数据存放在具有无纸记录功能的流量二次表中，便于查询和抄录。

海量存储器存入的数据，第二个用途是通过二次表的通信口传送到计算机中，从而用于历史曲线和报表制作、事件登录等。

对于具体的一台流量显示仪表，上述各项要求不一定每一项都需要，由于功能的增多，不仅软件相应丰富，有时硬件也相应增多，因而仪表价格升高。所以应根据实际需要选用。

2.4　过程控制用流量测量仪表的特点

过程控制是使用流量仪表（不包括家用水表、燃气表）最多的领域，流量仪表在过程控制中的作用是对封闭管道中的流体流量进行监测，有些部位还将流量测量仪表同调节仪表、执行器等组成调节系统，将流量稳定在合适的数值，从而实现过程的稳定化。对这样一个特定任务，流量测量仪表就要有以下一些要求。

（1）可靠性要求

① 仪表应具有高度的可靠性。现代工业装置趋向于大型化的连续过程，仪表故障容易导致过程的不稳定，而对安装在管道上的流量计一旦发生故障，又不可能为了修理特地将流程停下来，因此仪表制造和系统设计都要首先考虑可靠性，包括用于温度补偿的热电阻的可靠性。

有些仪表制造商对相比之下容易发生故障不便维修的部件实行双重化，如8800C型涡街流量计有双传感器的产品，在CPU的控制下，可以自动判别两只传感器的信号，一旦其中一只发生故障，则将其舍弃，从而提高变送器的可靠性。也有一些制造商设计了在不断流条件下更换传感器的方法。有的电磁流量计制造商提供了不断流更换电极的方法和工具，这些都为提高可靠性创造了良好的条件。

② 故障诊断。仪表一旦发生故障，故障诊断部分应能自动提示发生故障的部位和故障

性质，以便维修者缩短排除故障的时间。

在仪表用数字通信的方法将诊断信息送入计算机后，计算机可对仪表的运行状况进行监视，在仪表故障时发出报警信号，并显示故障内容，甚至采取必要的安全措施。

(2) 稳定性要求

① 流量测量仪表的输出应具有良好的稳定性，如果流量信号本身有噪声，应可通过表内的阻尼调整，使示值稳定到便于读数。在与调节器组成调节系统时，应使调节器输出无明显振荡。

② 流量测量仪表示值的环境温度影响应在规定的技术指标范围内。

③ 仪表应有良好的长期稳定性。现在多数仪表公司对智能差压变送器已有这方面的指标，例如 EJA-110A 型变送器承诺，其长期稳定性为每 24 个月示值漂移不大于±0.1%FS，2010 TD 型变送器承诺每 12 个月示值漂移不大于±0.05%FS。

(3) 响应时间要求　有许多流量测量仪表与调节器等一起组成调节系统，要求流量测量仪表的响应时间在 1s 以内。在流量定值调节系统中，流量测量环节的总时间常数如果大于 1s，就可能对调节品质产生明显影响，严重时导致系统振荡，无法工作。

(4) 抗干扰能力要求

① 抗振动干扰能力。流量传感器大多安装在管道上，现场环境条件较恶劣，其中振动是一大干扰，所以流量传感器、转换器等都应有较强的抗干扰能力。有些型号的涡街流量计和科里奥利质量流量计就是因为抗振动干扰能力不够理想，在现场用不好，出现“无中生有”和示值偏高等现象。

② 抗射频干扰能力。在安装流量计的工业现场有多种干扰源，例如厂房内的行车开过、铲车开过或附近有人使用对讲机，都会引起某些流量测量仪表示值升高，这是因为行车中的电器、铲车的火花塞发出的射频电磁波，对讲机天线发出的射频电磁波，经某些途径进入仪表，干扰其工作。

近几年来，人们对射频干扰影响开始重视起来，测量仪表增设射频干扰影响指标，并采取很多措施提高抗干扰能力。

(5) 输出信号的多样性

① 模拟输出。流量测量仪表应有 4～20mA 的模拟输出，而且应有恒流特性。

② 频率输出。流量变送器（转换器）用频率将流量信号传送到显示仪表或调节器，可以基本不损失精确度。这是这种方法的突出优点。

③ 数字量输出。流量测量仪表 RS-232、RS-485 之类的通信口与计算机连接，在专用软件的支持下，不仅可将流量测量仪表测量到的各种参数传送到计算机，将故障信息和有关组态数据、表征仪表状况的有关数据传送到计算机，而且可以通过计算机在控制室参改现场仪表的组态，进行检查、校验、维护和管理等各项工作（详见本书第 10 章）。

(6) 输出信号的隔离要求　流量测量仪表信号输出端应与地端以及交流电源相隔离，以免为后续仪表引入干扰以及由于共地引发故障。

(7) 准确度和范围度要求　对于仪表准确度的要求，用于贸易结算的流量计有明确的规定，用于过程控制的流量计没有明确规定。但总的来说要求没有贸易结算用流量计那样严格。这是因为在过程控制中，操作控制是否适当的最终指标是成分量等所表明的品质指标。例如燃烧过程中的空气燃料比有可能因流量测量精确度不够高而偏离最佳值，但可通过氧含量、烟色等指标进行判断，修改空气燃料比，使其保持在合理范围内。

对于测量上限的要求也不像贸易结算那样高，30～40 年前许多新型流量计还未问世时，过程控制中的流量测量绝大多数还是靠节流式差压流量计，当时的技术水平一般只能达到 3∶1 的范围度，基本上能满足需要。现在市场上销售的流量计大多已实现智能化，当系统设计时所选定的测量上限被实践证明属太大或太小时，通过手持终端予以修改，使之合理化，这是流量测量技术的一大进步，这一进步使过程控制中的流量测量仪表的范围度极少出现问题。

参 考 文 献

[1] ISO 4006∶1991 Measurement of fluid flow in closed conduits——Vocabulary and symbols.

[2] ISO 11631 Measurement of fluid flow——Method of specifying flowmeter performance.

[3] JJF 1001—1998 通用计量术语及定义.

[4] GB/T 18603—2001 天然气计量系统技术要求.

[5] 余小寅，纪纲. 热能贸易结算中的计量要求及表计功能. 医药工程设计，2001 (2)：33～36.

[6] GB/T 2624—2006 用安装在圆形截面管道中的差压装置测量满管流体流量.

[7] GB 17167—2006 用能单位能源计量器具配备和管理通则.

[8] 纪纲，章小风，郝建庆. 孔板流量计扩大范围度的一种方法. 自动化仪表，1998 (6)：7～10.

第3章 几种典型流体的流量测量

本章讨论的常见典型流体有蒸汽、气体（含空气、煤气、天然气、组分变化的气体）、液体［水、油品、高饱和蒸气（汽）压液体］、腐蚀性介质以及多相流体，另外还讨论了微小流量和大流量的测量，并对相关的流量计工作原理进行介绍。

3.1 蒸汽流量的测量

蒸汽流量测量方法如果按工作原理细分，可分为直接式质量流量计和推导式(也称间接式）质量流量计两大类。前者直接检测与质量流量成函数关系的变量求得质量流量；后者用体积流量计和其他变量测量仪表，或两种不同测量原理流量计组合成的仪表，经计算求得质量流量。

现在人们广泛使用的蒸汽质量流量计绝大多数仍为推导式。其中，以节流式差压流量计和涡街流量计为核心组成的蒸汽质量流量计是主流，这两种方法有各自的优点和缺点，而且具有良好的互补性。在差压式流量计中，线性孔板以其范围度广、稳定性好的优势占有一定市场份额，除此之外，科利奥里质量流量计、均速管流量计、超声流量计等在蒸汽流量测量中也有应用。

3.1.1 用节流式差压流量计测量蒸汽质量流量

节流式差压流量计的一般表达式为[1]

$$q_m=\frac{\pi}{4}\times\frac{C}{\sqrt{1-\beta^4}}\varepsilon_1 d^2\sqrt{2\Delta p\rho_1} \tag{3.1}$$

式中 q_m——质量流量，kg/s；

C——流出系数；

ε_1——节流件正端取压口平面上的可膨胀性系数；

d——工作条件下节流件的开孔直径，m；

Δp——差压，Pa；

ρ_1——节流件正端取压口平面上的流体密度，kg/m^3；

β——直径比，$\beta=d/D$；

D——管道内径，m。

在式(3.1) 中，β 和 d 为常数，C 和 ε_1 在一定的流量范围之内也可看作常数，因此式(3.1) 可简化为

$$q_m=k\sqrt{\rho_1}\sqrt{\Delta p} \tag{3.2}$$

从式(3.2) 可清楚看出，仪表示值同 ρ_1 密切相关。而蒸汽工况（温度 t，压力 p）的变化，必然使 ρ_1 产生相应的变化。因此，差压式流量计必须与用以求取蒸汽密度的工况测量仪表配合，并同计算部分一起组成推导式质量流量计，才能保证测量精确度。

在实际应用系统中，常用测量点附近的流体温度、压力，经计算后求得相应的密度，再经演算求得瞬时质量流量，通常称作温度、压力补偿。根据水蒸气的性质和特点，在过热状态和饱和状态时可有不同的补偿方法。

(1) 过热蒸汽质量流量测量　当流体为过热蒸汽时，ρ_1 取决于流体压力 p_1 和流体温度

t_1。图 3.1 所示为测量系统。

(2) 饱和蒸汽质量流量测量　饱和蒸汽的压力和温度是密切相关的，临界饱和状态的蒸汽从其压力查得的密度同从其温度查得的密度是相等的，所以推导式质量流量计测量其流量时，既可采用压力补偿也可采用温度补偿。采用压力补偿时，是利用 $\rho_1=f(p_1)$ 的关系获得 ρ_1；采用温度补偿时，是利用 $\rho_1=f(t_1)$ 的关系获得 ρ_1。两种方法中以压力补偿较宜，详见 3.1.5 节分析。

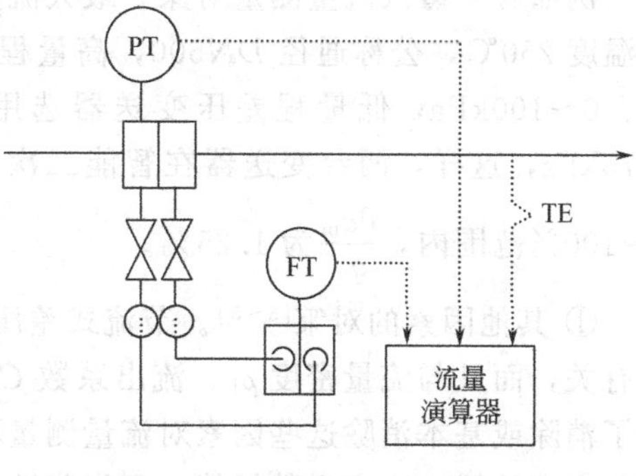

图 3.1　节流式差压流量计测量过热蒸汽质量流量系统

图 3.2(a) 所示为压力补偿法，图 3.2(b) 所示为温度补偿法。

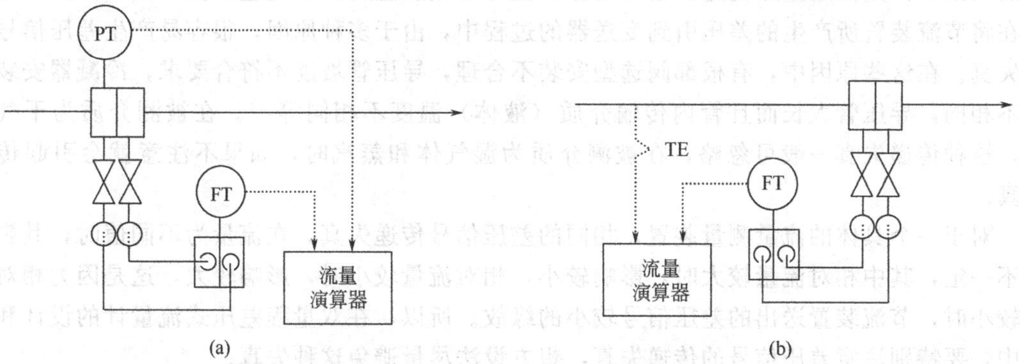

图 3.2　差压式流量计测量饱和蒸汽质量流量系统

3.1.2　用双量程差压流量计测量蒸汽质量流量

差压式流量计有它固有的缺陷，即范围度不理想，这主要是由其测量原理决定的。对流量不确定度影响最大（也是流量测量范围度影响最大）的因素是差压测量不确定度：

$$\frac{\partial q_{\mathrm{m}}}{q_{\mathrm{m}}}=\frac{1}{2}\times\frac{\delta\Delta p}{\Delta p} \tag{3.3}$$

例如，对于 0.075 级精确度等级的变送器，在 $\Delta p=100\%\mathrm{FS}$ 时，$\frac{\delta\Delta p}{\Delta p}=0.075\%$；在 $\Delta p=3.75\%\mathrm{FS}$ 时，$\frac{\delta\Delta p}{\Delta p}=2\%$。由式(3.3) 可知，在后一种情况下，对流量测量不确定度的影响为 1%。即为了获得±1%的流量测量精度，如果选用的是 0.075 精度等级的差压变送器，只有在差压大于 3.75%FS，即流量大于 19.36%FS 时，才能保证精确度。

为了提高流量量程低端的测量精确度，必须大大提高低差压段的差压测量精确度，其中最省力、最有效的方法是增设一个低量程差压变送器，组成双量程差压流量计[2]。

(1) 增设一个低量程差压变送器　一台差压变送器，其差压低端的示值误差无法进一步减小的原因是其精确度并非可以任意确定，而且受膜盒面积等因素制约，其实膜盒面积制约的不仅仅是精确度等级所对应的差压值，还有环境温度影响以及长期漂移影响所对应的差压值。

为了提高相对流量较小时的差压测量精确度，另外增设一台低量程差压变送器是一个行之有效的方法。

例如有一蒸汽流量测量对象，最大流量100t/h，最小流量3t/h，常用压力1.1MPa，常用温度250℃，公称通径 $DN500$，高量程差压变送器选用0.075级中差压变送器，测量范围：0～100kPa，低量程差压变送器选用0.075级低差压变送器，测量范围设定为0～3.75kPa，这样，两台变送器在智能二次表的指挥下，自动切换，相互配合，在流量量程3～100%范围内，$\frac{\partial q_m}{q_m}$为1.25%。

① 其他因素的对策[3～5]。节流式差压流量计的测量不确定度不仅与差压测量的不确定度有关，而且与流量密度 ρ_1、流出系数 C 的非线性以及可膨胀性系数 ε_1 的不确定度有关，为了消除或基本消除这些因素对流量测量不确定度的影响，可在二次表内按规定的数学模型进行密度补偿、流出系数补偿、可膨胀性系数校正等[3]。具体方法将在本书的第8章讨论。

② 防止差压信号的传递失真。在式(3.3)所示的差压测量不确定度同流量测量不确定度的关系中，是假定差压变送器输入的差压值与节流装置所产生的差压值一致，但是，导压管在将节流装置所产生的差压引到变送器的过程中，由于多种原因，很容易产生差压信号传递失真。在这些原因中，有根部阀选型安装不合理，导压管坡度不符合要求，冷凝器安装高度不相同，导压管太长而且管内传输介质（液体）温度不相同等[4]。在被测介质为干气体时，这种传递失真一般可忽略，在被测介质为湿气体和蒸汽时，如果不注意就会引起传递失真。

对于一个具体的流量测量装置，相同的差压信号传递失真，在流量为不同值时，其影响也不一定，其中相对流量较大时，影响较小，相对流量较小时，影响较大，这是因为相对流量较小时，节流装置送出的差压信号较小的缘故。所以，在双量程差压式流量计的设计和安装中，要特别注意差压信号的传递失真，想方设法尽量避免这种失真。

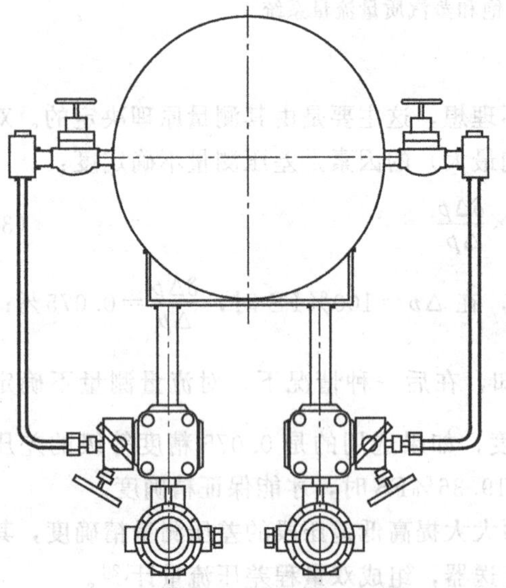

图3.3 典型双量程一体化节流式流量计结构图

图3.3所示是采用一体化方法来避免差压信号传递失真的一个实例。图中用冷凝管代替冷凝器，导压管也很短，在节流装置和差压变送器之间没有引起传递失真的零部件，只要工艺管道的水平度较好，差压信号的传递失真就可忽略。

(2) 高低量程的选定　对于一套双量程差压流量计，高低量程切换点的选定是设计的重要内容，不仅受范围度要求的制约、允许压损的制约、系统不确定度的制约，而且受差压变送器规格的制约。

具体设计计算时需遵循下面的原则。

① 在压损允许的前提下，将高量程的差压上限尽量选得大一些。这样，最小流量所对应的差压值可相应大一些，以减小各种干扰因素对小流量测量精确度的影响。

② 系统不确定度能满足用户的要求。尤其要保证大流量时的系统不确定度。

③ 不必强调节流装置的不确定度，因此流量在很大的范围内变化，流出系数相应的变化和可膨胀性系数相应的变化都较大，但是，这些变化都可以在二次表内得到补偿和校正。最终对系统不确定度的影响仍可忽略。

遵循这些原则，在上面的例子中，高量程差压上限取100kPa，选用中差压变送器。而低量程差压上限选3kPa，选用低差压变送器，相应的流量切换点为17.326t/h。这样，在切换点处，高量程变送器的差压不确定度为2.5%，对流量测量系统不确定的影响为1.25%。而低量程时，差压测量不确定度为2.5%所对应的差压值为0.09kPa，对应的流量值为3t/h。

(3) 讨论

① 过范围运行问题。在双量程差压流量计中，低量程差压变送器很多时候是在过范围的条件下工作的，过范围的差压值尽管不是很可观，但毕竟已使变送器内的膜盒进入过载保护状态。由于现代新型的差压变送器内的传感器特殊设计的过载保护结构，使得它具有优秀的单向过压性能，即使过压16MPa，也能完全恢复而不留痕迹[5]。

② 开平方运算放在差压变送器内进行较有利。在变送器和二次表中，开平方运算都是由单片机完成的，开平方运算本身都不增加误差，因为都是数字量运算。但是，差压变送器测得的差压值（数字量）经D/A转换成4～20mA，送入流量二次表后再经A/D转换成数字量的过程中，要损失二次精度。例如1%FS的流量值幅值放大了10倍，而较大幅值的模拟信号在转换和传送过程中，损失的精度相对要小些，因此，在用模拟信号传送此信号时，开平方运算放在差压变送器中完成较合理。

如果采用数字信号传送此信号，则无上述差异。

③ 用数字信号传送差压信号。现在市场上销售的差压变送器，大多数已实现智能化。在差压变送器中，膜盒感知的未经处理的差压信号，由数字运算部分进行温度补偿、静压补偿、非线性补偿等处理之后，可以数字通信的方式输出，也可经D/A转换将此数字信号转换成4～20mA信号，然后输出。

后级仪表流量演算器如果以数字通信的方法接受差压信号，则完全不损失精度。而如果以其模拟输入口接受差压信号，则由于D/A和A/D的两次转换，损失相应的精度。这种精度的损失，在相对流量高的区间，影响约为0.3%，但在相对流量低的区间，影响显著增大，相对流量越小，影响越小。所以推荐用数字量传送差压信号。

3.1.3 用线性孔板差压流量计测量蒸汽质量流量

传统的孔板流量计最大的不足是在被测流量相对于满量程流量较小时，差压信号很小，这一缺点大大影响其范围度和测量精确度。人们针对其不足在传统的孔板式差压流量计基础上开发了可变面积可变压头孔板流量计。因为其输出的差压信号与被测流量之间有线性关系，所以也称线性孔板差压流量计。

(1) 线性孔板流量计工作原理　线性孔板又称弹性加载可变面积可变压头孔板，其环隙面积随流量大小而自动变化，曲面圆锥形塞子在差压弹簧力的作用下来回移动，环隙变化使输出信号（差压）与流量成线性关系，并大大地扩大范围度，其结构如图3.4所示。

在孔板流量计中，当流体流过开孔面积为A的孔板时，流量q与孔板前后产生的差压之间有如下关系，即[6]

$$q=K_1 A\sqrt{\Delta p} \tag{3.4}$$

式中　q——流量；

K_1——常数；

A——孔板开孔面积；

Δp——差压。

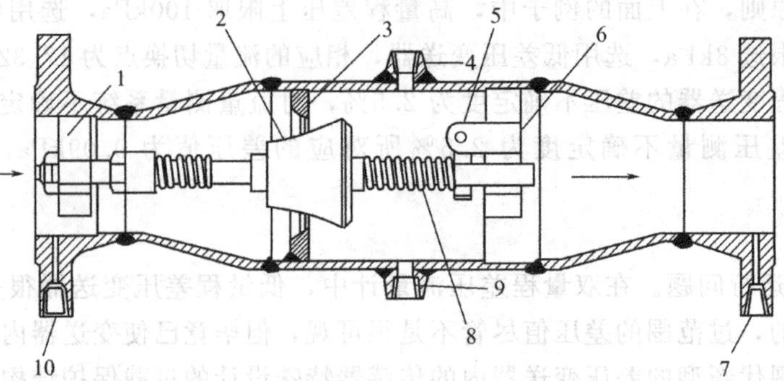

图 3.4 线性孔板（GILFLO型节流装置）

1—稳定装置；2—纺锤形活塞；3—固定孔板；4—排气孔；5—标定和锁定蜗杆装置；6—轴支撑；7—低压侧差压检出接头；8—高张力精密弹簧；9—排水孔；10—高压侧差压检出接头

在如图 3.4 所示的线性孔板中，于孔板处插入一个纺锤形活塞，由差压引起的活塞-弹簧组件的压缩量（活塞的移动距离）为 X，则式(3.5) 成立[6]，即

$$\Delta p = K_2 X \tag{3.5}$$

式中 K_2——弹簧系数。

当活塞向前移动时，流通面积受活塞形状的影响而发生变化，其关系为

$$A = K_3 \sqrt{X} \tag{3.6}$$

式中 K_3——常数。

由式(3.5) 和式(3.6) 得

$$A = K_3 \sqrt{\Delta p / K_2} \tag{3.7}$$

将式(3.7) 代入式(3.4) 得

$$\begin{aligned} q &= K_1 K_3 \sqrt{\Delta p / K_2} \sqrt{\Delta p} \\ &= K \Delta p \end{aligned} \tag{3.8}$$

式中 K——常数（$K = K_1 K_3 \sqrt{1/K_2}$）。

由式(3.8) 可知，流量与差压成线性关系，所以取出差压信号即可得到流量。

(2) 特点

① 范围度宽。在使用 0.1%精确度的差压变送器时典型的线性孔板差压式流量计可测范围为 1%～100%FS，保证精确度的范围为 5%～100%FS（若使用更高精确度的差压变送器，如 0.05%精确度，范围度可进一步提高），因此，对于流量变化大的测量对象，一台流量计就可解决。能适应蒸汽、燃油测量的夏季、冬季负荷变化。

② 线性差压输出。差压信号与流量成线性关系，被测流量相对于满量程流量较小时，差压信号幅值也较大，有利于提高测量精确度。

③ 直管段要求低。由于孔板的变面积设计，使其成为在高雷诺数条件下工作的测量机构，可在紧靠弯管、三通下游的部位进行测量（为了保证测量精确度，制造厂还是要求上游直管段≥6 倍管径，下游直管段≥3 倍管径）。

(3) 保证测量精确度的措施　典型的线性孔板流量计 GILFLO 承诺具有±1%精确度，为了达到这一指标，采取了几项重要措施，其中包括如下几项。

① 对线性孔板逐台用水标定。

从式(3.5) 和式(3.6) 可知，只要线性孔板中的弹簧线性好，而且活塞被加工成理想形状，使得流通面积 A 与位移 X 的 1/2 次方成线性关系，就能使差压与流量之间的线性关系成立，但是，活塞的曲面加工得很理想是困难的，最终不得不用逐台标定的方法来弥补这一不足。

Spirax-sarco 公司对线性孔板进行逐台标定是以水为介质，不同口径的线性孔板均选择 14 个标定点，其中流量较小时，标定点排得较密，图 3.5 所示为一台 $DN200$ 线性孔板的标定曲线。图中的差压单位为 inH_2O，($1in\ H_2O=249.0889Pa$)，表 3.1 所列是一台 $DN200$ 的线性孔板的实际标定数据，其中从体积流量换算到质量流量是建立在水的密度 $\rho=998.29\ kg/m^3$ 基础上的。

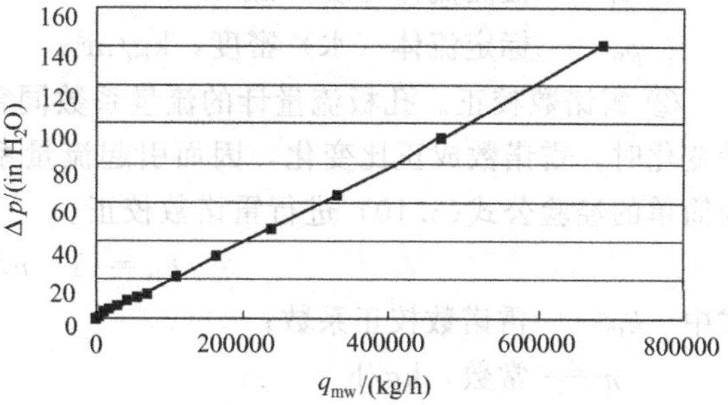

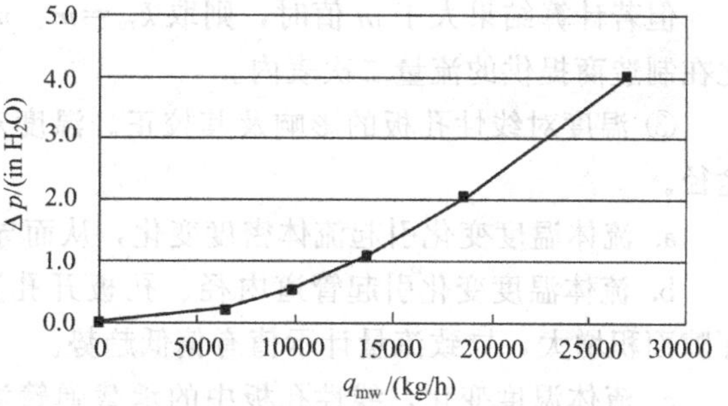

图 3.5 线性孔板标定曲线（介质：水）例

而利用标定数据对线性孔板的非线性误差进行校正还需借助于流量二次表。具体做法是将标定数据写入二次表中的折线表，然后二次表根据输入的差压信号（电流值）用查表和线性内插的方法求得水流量值 q_{mw}。

表 3.1 GILFLO 线性孔板水标定例（$DN200$）

标定数据		查表数据	
水的实际流量(20℃) /(kg/h)	差压 /in H_2O	差压变送器输出电流 /mA	工作流体流量 /(L/min)
0.0000	0.0000	4.0000	0.0000
6247.4055	0.2450	4.0280	104.3018
9475.9305	0.5425	4.0620	158.2027
13543.0335	1.0938	4.1250	226.1039
18556.5315	2.0300	4.2320	309.8053
26804.5443	3.9813	4.4550	447.5076
40256.9694	6.8250	4.7800	672.0988
55856.3351	10.2988	5.1770	932.5336
78318.6682	14.7263	5.6830	1307.5470
111950.1528	21.5600	6.4640	1869.0319
163394.0063	31.7363	7.6270	2727.8981
235423.2212	45.7363	9.2270	3930.4414
327416.7604	63.7175	11.2820	5466.2934
469675.5153	92.8900	14.6160	7841.3340
693845.3638	141.3038	20.1490	11583.8979

注：$1in\ H_2O=249.0889Pa$。

得到水流量值还不是最终目的，因为被测流体不一定是水，当被测流体为其他流体时，用式(3.9) 进行密度校正。

$$q_m=q_{mw}\sqrt{\rho_f/\rho_w} \tag{3.9}$$

式中 q_m——被测流体质量流量，kg/h；

q_{mw}——标定流体（水）流量，kg/h；

ρ_f——被测流体密度，kg/m³；

ρ_w——标定流体（水）密度，kg/m³。

② 雷诺数校正。孔板流量计的流量系数同雷诺数之间有确定的函数关系[1]，当质量流量变化时，雷诺数成正比变化，因而引起流量系数的变化。在 GILFLO 型流量计中，采用较简单的经验公式(3.10) 进行雷诺数校正。

$$k_{re}=(1-n/q_{mw})^{-1} \tag{3.10}$$

式中 k_{re}——雷诺数校正系数；

n——常数，kg/h。

但若计算结果大于 m 值时，则取 $k_{re}=m$。n 和 m 数值同孔板的口径 DN 有关，已经固化在制造商提供的流量二次表内。

③ 温度对线性孔板的影响及其校正。温度对线性孔板影响使之产生误差主要通过三条途径。

a. 流体温度变化引起流体密度变化，从而导致差压与流量之间的关系变化。

b. 流体温度变化引起管道内径、孔板开孔直径以及活塞几何尺寸的变化，温度升高，环隙面积增大，导致流量计示值有偏低趋势。

c. 流体温度变化，线性孔板中的承载弹簧温度相应变化，引起式(3.5) 中的弹簧常数 K_2 发生变化。温度升高，K_2 减小，活塞位移 X 增大，用通俗的话来说就是温度升高，弹簧变软，在相同的差压条件下，活塞位移增大。因此，环隙面积相应增大，流量计示值也有偏低趋势。

上述三条途径对流量示值的影响都可以进行校正，其中途径 a 可由式(3.13) 中的流体密度进行补偿。在线性孔板用来测量蒸汽流量时，流体温度作为自变量，参与查蒸汽密度表，从而可由二次表自动进行此项补偿。途径 b 和 c 流量示值的影响关系较复杂，在 GILFLO 型流量计中，采用式(3.11) 所示的经验公式进行校正。

$$k_t=1+B(t-t_c) \tag{3.11}$$

式中 k_t——温度校正系数；

B——系数，℃$^{-1}$（取 $B=0.000189$℃$^{-1}$）；

t——流体温度，℃；

t_c——标定时流体温度，℃（t_c 常为 20℃）。

此项校正也是在流量二次表中完成的，其中 t 为来自温度传感器（变送器）的流体温度信号。

④ 可膨胀性校正。节流式差压流量计用来测量蒸汽、气体流量时，必须进行流体的可膨胀性（expansibility）校正，线性孔板也不例外。传统孔板的可膨胀性系数修正请参阅本书第 8 章 8.2 节。在 GILFLO 型流量计中用式(3.12) 进行校正。

$$k_\varepsilon=1-(0.41+0.35\beta^4)\frac{\Delta p}{\kappa p_1} \tag{3.12}$$

式中 k_ε——可膨胀性系数；

β——直径比（孔板开孔直径与管道内径之比）；

Δp——差压，Pa；

κ——等熵指数；

p_1——节流件正端取压口绝压，Pa。

可膨胀性校正也在流量二次表中完成，由二次表进行在线计算。

⑤ 蒸汽质量流量的计算。用 GILFLO 型流量计测量蒸汽流量时，蒸汽质量流量在二次表中由式(3.13) 计算得到。

$$q_{ms}=k_{re}k_{\varepsilon}k_{t}\sqrt{\frac{\rho_f}{\rho_w}}q_{mw} \tag{3.13}$$

式中 q_{ms}——蒸汽质量流量，kg/h；

k_{re}——雷诺数校正系数；

k_{ε}——可膨胀性系数；

k_t——温度校正系数；

ρ_f——被测流体工作状态密度，kg/m^3；

ρ_w——标定流体（水）的密度，kg/m^3；

q_{mw}——水的质量流量，kg/h。

在流量二次表中，先由差压输入信号查折线表得到 q_{mw}，再由蒸汽温度、压力值查蒸汽密度表得 ρ_f，然后与校正系数 k_{re}、k_{ε}、k_t 一起（ρ_w 为设置数据）计算得到蒸汽质量流量 q_{ms}。

GILFLO 型流量计的安装如图 3.6 所示。

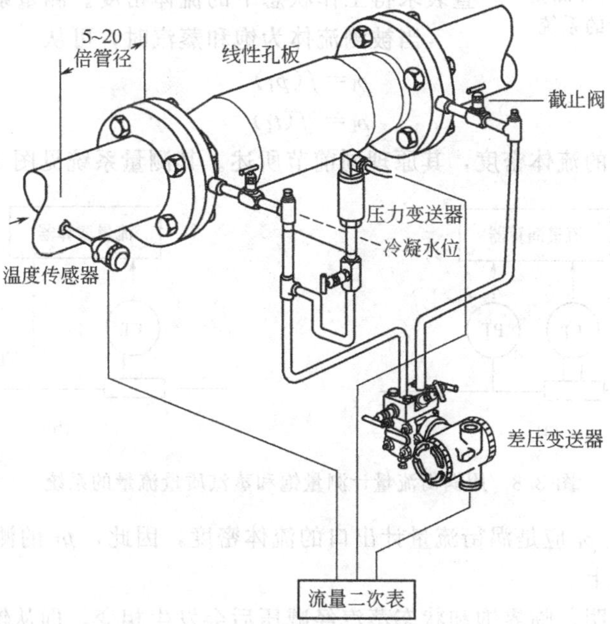

图 3.6 GILFLO 型流量计的安装

3.1.4 用涡街流量计测量蒸汽质量流量

涡街流量计是体积流量计，即流体雷诺数在一定范围内，其输出只与体积流量成正比。

涡街流量计的输出有频率信号和模拟信号两种，模拟输出是在频率输出的基础上经 f/I 转换得到的。这一转换大约要损失 0.1%精确度。所以用来测量蒸汽流量时，用户更爱选用频率输出。

频率输出涡街流量计更受热力公司等用户欢迎的另外几个原因如下。

a. 频率输出涡街流量计价格略低（非智能型）。

b. 频率输出涡街流量计满量程修改更方便，只需对可编程流量演算器面板上的按键按规定的方法进行简单的操作就可实现。

c. 由频率输出涡街流量计输出的频率信号计算蒸汽质量流量，只需知道流体当前工况，而模拟输出涡街流量计的温压补偿只是对当前工况偏离设计工况而引起的误差进行补偿，因此，不仅需知道当前工况，还需知道设计工况。后一种工况数据常常因为时间推移或人事变迁导致资料遗失而引起差错，相比之下，频率输出涡街流量计却不会有此问题。详见本书第8章8.6节分析。

频率输出涡街流量计测量质量流量的表达式为[7]

$$q_m = 3.6\frac{f}{K_t}\rho_f \tag{3.14}$$

式中 q_m——质量流量，kg/h；

f——涡街流量计输出频率，P/s；

K_t——工作状态下的流量系数，P/L；

ρ_f——流体密度，kg/m^3。

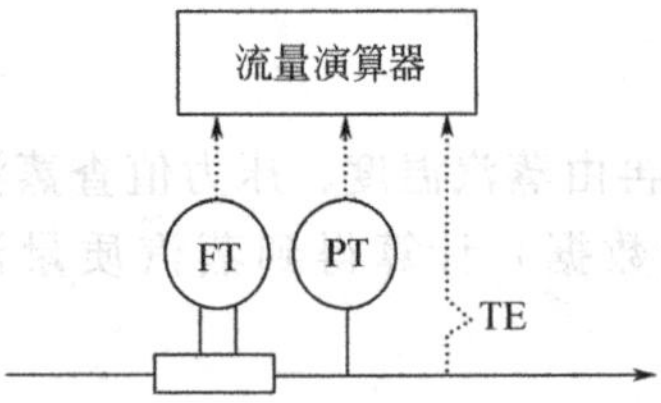

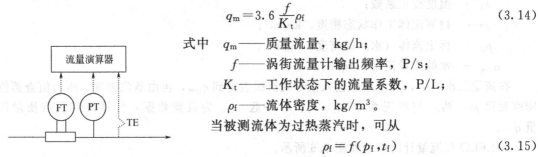

图 3.7 用涡街流量计测量过热蒸汽质量流量的系统

当被测流体为过热蒸汽时，可从

$$\rho_f = f(p_f, t_f) \tag{3.15}$$

查表求得工作状态下的流体密度。测量系统见图 3.7。

当被测流体为饱和蒸汽时，可从

$$\rho_f = f(p_f) \tag{3.16}$$

或

$$\rho_f = f(t_f) \tag{3.17}$$

查表求得工作状态下的流体密度，其原理同前节所述。其测量系统见图 3.8。

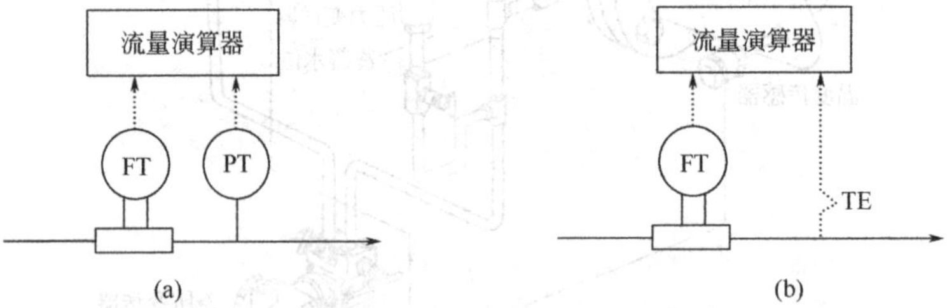

图 3.8 用涡街流量计测量饱和蒸汽质量流量的系统

在式(3.14)中，ρ_f 应是涡街流量计出口的流体密度，因此，p_f 的测压点应取在涡街流量计出口的规定管段上。

有些研究成果表明，临界饱和状态蒸汽经减压后会发生相变，即从饱和状态变为过热状态，这时，将其仍作为饱和蒸汽从式(3.16)或式(3.17)的关系求取 ρ_f，必将引入较大误差[2]。如果出现这种情况，应进行温度压力补偿。

3.1.5 蒸汽密度求取方法比较

从上面的分析可知，工程上普遍使用的推导式蒸汽质量流量测量系统，关键是求取蒸汽密度。归纳起来主要是采用数学模拟法和查表法两类方法。

(1) 用数学模型求取蒸汽密度　在工程设计和计算中，工程师们经常需要求取蒸汽密度数据，采用的传统方法是由蒸汽的状态数据查蒸汽密度表。但是未采用微处理器前，这种人工查表的方法还无法移植进仪表，而仍采用数学模型的方法。人们建立了多种的数学模型以满足不同的需要，下面列举使用最广泛的几种。

① 一次函数法。这种方法的显著特点是简单，适用于饱和蒸汽，其表达式为

$$\rho=Ap+B \tag{3.18}$$

式中 ρ——蒸汽密度，kg/m^3；

p——流体绝对压力，MPa；

A、B——系数和常数。

式(3.18)不足之处是仅在较小的压力范围内变化适用，压力变化范围较大时，由于误差太大，就不适用了。因为对于饱和蒸汽来说，$\rho=f(p)$是一条曲线，用一条直线拟合它，范围越大，当然误差越大。

解决这个矛盾的方法是分段拟合，即在不同的压力段采用不同的系数和常数。表3.2所示为不同压力段对应的不同密度计算式。

表 3.2 不同压力段对应的密度计算式

压力范围/MPa	密度计算式 $\rho/(kg/m^3)$	压力范围/MPa	密度计算式 $\rho/(kg/m^3)$
0.1～0.32	$\rho_1=5.2353p+0.0816$	1.00～2.00	$\rho_4=4.9008p+0.2465$
0.32～0.70	$\rho_2=5.0221p+0.1517$	2.00～2.60	$\rho_5=4.9262p+0.1992$
0.70～1.00	$\rho_3=4.9283p+0.2173$		

② 用指数函数拟合密度曲线。使用较多的是

$$\rho_f=Ap^{\frac{15}{16}} \tag{3.19}$$

式(3.19)描述的是一条曲线，用它来拟合饱和蒸汽的$\rho=f(p)$曲线能得到更高的精确度，但是在压力变化范围较大的情况下，仍有千分之几的误差。

③ 状态方程法。状态方程法用于计算过热蒸汽密度，其中著名的有乌卡诺维奇状态方程：

$$\frac{pv}{RT}=1+F_1(T)p+F_2(T)p^2+F_3(T)p^3 \tag{3.20}$$

式中 p—— 压力，Pa；

v——比体积，m^3/kg；

R——气体常数，$R=461J/(kg\cdot K)$；

T——温度，K；

$F_1(T)=(b_0+b_1\phi+\cdots+b_5\phi^5)\times10^{-9}$；

$F_2(T)=(c_0+c_1\phi+\cdots+c_8\phi^8)\times10^{-16}$；

$F_3(T)=(d_0+d_1\phi+\cdots+d_8\phi^8)\times10^{-23}$；

$b_0=-5.01140$　　$c_0=-29.133164$　　$d_0=+34.551360$

$b_1=+19.6657$　　$c_1=+129.65709$　　$d_1=+230.69622$

$b_2=-20.9137$　　$c_2=-181.85576$　　$d_2=-657.21885$

$b_3=+2.32488$　　$c_3=+0.704026$　　$d_3=+1036.1870$

$b_4=+2.67376$　　$c_4=+247.96718$　　$d_4=-997.45125$

$b_5=-1.62302$　　$c_5=-264.05235$　　$d_5=+555.88940$

$c_6=+117.60724$　　$d_6=-182.09871$

$c_7=-21.276671$　　$d_7=+30.554171$

$c_8=+0.5248023$　　$d_8=-1.99178134$

$\phi=10^3/T$

（2）计算机查表法　上面所说的通过数学模型求取蒸汽密度的误差都是同人工查密度表方法相比较而言。现在智能化仪表将蒸汽密度表装入其内存中，在CPU的控制下，模仿人工查表的方法，采用计算机查表与线性内插相结合的技术，能得到与人工查表相同的精确度。

现在国际上通用的蒸汽密度表是根据“工业用1967年IFC公式”计算出来的。1963年于纽约举行的第八届国际水蒸气性质会议上，成立了国际公式委员会（IFC）。若干年后，该委员会提出了国际公认的“工业用1967年IFC公式”及“通用和科研用1968年IFC公式”。21年后在1984年于莫斯科举行的第十届国际蒸汽性质会议上，又废除了“通用和科研用1968年IFC公式”。因此，“工业用1967年IFC公式”仍是当前广泛使用的权威公式。

由于这个公式十分复杂，一般使用者很难直接使用它，研究者根据这个公式编制了蒸汽性质表格，供人们查阅。本书的附录C摘录了其中部分数据。

（3）关于IAPWS-IF97公式　IAPWS-IF97公式有很多对实际工程设计和研究很有意义的优点[8~10]。

它的适用范围更为广泛，在IFC67公式适用范围基础上，增加了在研究和生产中渐渐用到的低压高温区。IAPWS-IF97公式适用范围：$273.15\text{K} \leqslant T \leqslant 2273.15\text{K}$，$p \leqslant 100\text{MPa}$，而且在原有的水和水蒸气参数$V$，$S$，$h$，$c_p$，$c_v$基础上又增加了一个重要参数：声速$W$。

在水和水蒸气的性质计算中有个很重要的状态判断，即临界状态的判断。在IAPWS-IF97公式中，对于临界点性质有具体的规定：

$$T_c = 649.096\text{K}$$

$$p_c = 22.064\text{MPa}$$

$$\rho_c = 322\text{kg/m}^3$$

但在工业蒸汽流量测量常用范围内（温度0～600℃，压力0.1～5MPa），两个公式计算结果偏差却极小，如表3-3所示。

表3-3　IAPWS-IF97公式与IFC67公式的部分参数比较

输出参数＼输入参数	公式类别	$t=200℃$ $p=1\text{MPa}$	$t=300℃$ $p=1\text{MPa}$
$v/(\text{m}^3/\text{kg})$	IFC67	0.20592	0.25798
	IAPWS-IF97	0.20600	0.25798

由于这个原因，在蒸汽流量测量方面，人们仍然普遍使用大家比较熟悉的已使用多年的根据IFC67公式编制的蒸汽密度表（比容表）。

下面以典型智能流量演算器为例说明自动查表的实施方法。

在智能流量演算器的EPROM中写入3个蒸汽密度表，1号表是过热蒸汽密度表，另外两个是饱和蒸汽密度表（见附录C），采用的都是国际蒸汽密度表1967 IFC公式计算出来的。其中，过热蒸汽密度表有蒸汽温度和蒸汽压力两个自变量。2号表是蒸汽压力为自变量。3号表是蒸汽温度为自变量。这样，测得蒸汽温度或测得蒸汽压力都能通过查表求得蒸汽密度。究竟是选查$\rho=f(p)$表格还是$\rho=f(t)$表格，则在填写组态菜单时由用户自己选定。

① 查表的优先权问题。过热蒸汽的密度随蒸汽温度、压力变化的关系是三维空间中的一个曲面，有两个自变量，因此在查密度表时就存在一个优先权的问题。若先从压力查起，就称压力优先；若先从温度查起，就称温度优先。

而对于饱和蒸汽，若选压力补偿，则为压力优先；若选温度补偿，则为温度优先。

上述三种情况优先关系由用户在填写菜单时指定，如表 3.4 所列。

表 3.4 优先权指定表

蒸汽温度	蒸汽压力	补偿运算优先	项目代码	蒸汽温度	蒸汽压力	补偿运算优先	项目代码
测定值	测定值	压力	0	手动设定值	测定值	压力	2
测定值	手动设定值	温度	1	手动设定值	手动设定值	压力	3

② 蒸汽状态判别问题。典型流量演算器具有蒸汽状态判别功能。根据判别结果，查不同的密度表。以过热蒸汽为例，在图 3.9 所示的查表示意图中，从压力测定值 p_0 出发去查温度，如果温度测定值大于饱和温度 t_1，则判别蒸汽为“过热蒸汽”，查 1 号密度表，例如，$t=t_2$，则 $\rho=\rho_{f2}$。如果温度测定值小于 t_1，则判别蒸汽状态为“过饱和蒸汽”，查 2 号密度表，$\rho=\rho_{f1}$，此时，温度信号与压力信号不平衡，所以，仪表自诊断显示“000800”代码，表示蒸汽状态已进入饱和区。

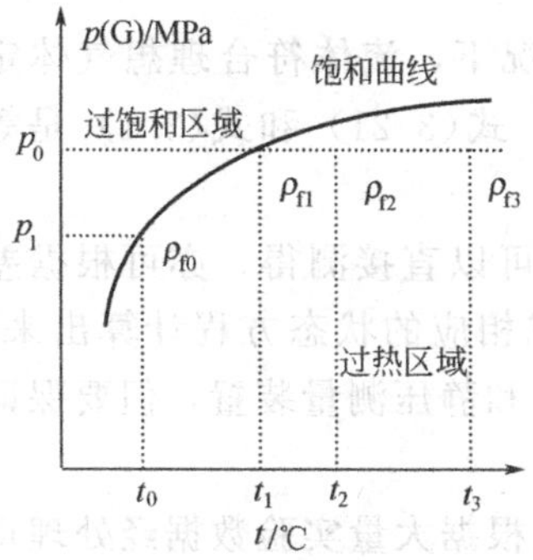

图 3.9 过热蒸汽密度查表示意

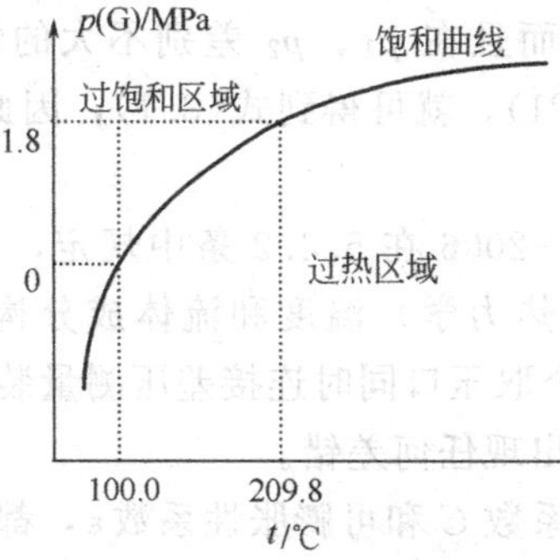

图 3.10 压力优先，求取饱和蒸汽密度

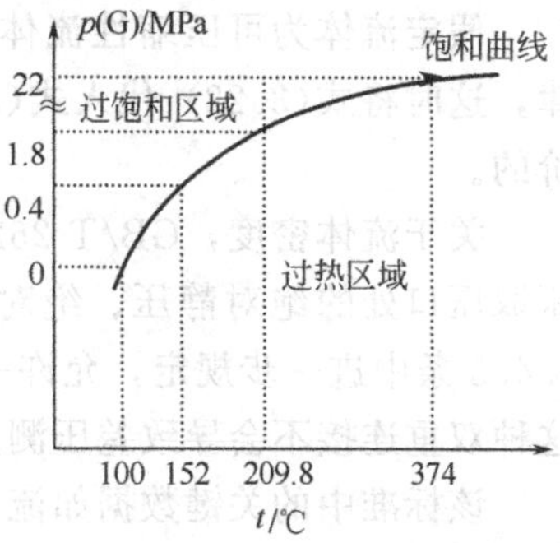

图 3.11 温度优先，求取饱和蒸汽密度

③ 饱和蒸汽密度求取方法。如果优先指定栏内填入 2（压力优先），则手动设定温度置 100℃，从压力测定值出发查出饱和温度。因为此时温度信号取手动设定值，所以判别蒸汽状态为“过饱和蒸汽”（如图 3.10 所示），查 2 号表。

如果优先指定栏内填入 1（温度优先），则手动设定压力一般置 22MPa（密度表中压力上限），从温度测定值出发查饱和压力。因为此时压力信号取手动设定值，所以判别蒸汽状态为“过饱和蒸汽”（如图 3.11 所示），查 3 号表。

上面所谈的蒸汽密度求取方法，用户不一定都要搞清楚，其原因在于用户只须根据自己所用的流体参数选择合适的补偿方法，并在菜单中填入有关数据即可。但是对于饱和蒸汽究竟是采用压力补偿还是温度补偿倒是很重要的。

④ 直接查表法。有的仪表制造商采用的是直接查表法，即仪表内存放的三张蒸汽密度表由编码开关指定其选用：采用压力补偿的饱和蒸汽，经编码开关选择直接查以压力为自变量的饱和蒸汽密度表；采用温度补偿的饱和蒸汽，经编码开关选择直接查以温度为自变量的饱和蒸汽密度表；对于过热蒸汽，经编码开关选择直接查以温度和压力为自变量的过热蒸汽密度表。编码开关设置完毕，长期使用。

3.1.6 温度压力测口位置的合理选择

实施流体温度、压力补偿时，应合理选择温度、压力测口的位置，因为蒸汽以一定流速流过流量测量仪表时，测压口选在不同的位置得到的测量值是不同的。测温口也有类似的情况。

从流量计使用现场的实际情况来看，用于温压补偿的测温口、测压口位置虽然多种多样，但大多数是测压口在前，测温口居后。即测压口开在流量计上游的管道上，测温口开在流量计下游的管道上。

(1) 孔板流量计的测温测压口位置

① 质量流量与各自变量的关系，除了前面所述的式(3.1) 之外，也可用式(3.21) 表达。

$$q_m=\frac{C}{\sqrt{1-\beta^4}}\varepsilon_2\frac{\pi}{4}d^2\sqrt{2\Delta p\rho_2} \tag{3.21}$$

$$\varepsilon_2=\varepsilon_1\sqrt{1+\Delta p/p_2} \tag{3.22}$$

式中 ε_2——节流件负端取压口平面上的流体可膨胀性系数；

ρ_2——节流件负端取压口平面上的流体密度，kg/m^3；

p_2——节流件负端取压口平面上的流体压力，Pa。

假定流体为可压缩性流体，而且在 p_1、p_2 差别不大的情况下，流体符合理想气体定律，这时将式(3.22) 代入式(3.21)，就可得到式(3.1)，因此，式(3.21) 和式(3.1) 是等价的。

关于流体密度，GB/T 2624—2006 在 5.4.2 条中规定，它可以直接测得，亦可根据差压取压口处的绝对静压、绝对（热力学）温度和流体成分构成相应的状态方程计算出来。5.4.3 条中进一步规定，允许一个取压口同时连接差压测量装置和静压测量装置，但要保证这种双重连接不会导致差压测量出现任何差错。

该标准中的关键数据如流出系数 C 和可膨胀性系数 ε，都是根据大量实验数据经处理得到的，因此在采用这些实验结果进行节流装置的设计和由此设计的节流装置测量流量时，实际上是实验方法的“逆过程”。

至于将取压口开在节流装置前一定距离的管段上测得的压力比标准规定的方法测得的压力差多少，照理可以按伯努利方程、连续性方程和热力学过程方程[4]计算出来，但具体计算时还有一些困难，而如果在现场实测，却是不困难的。

② 测温问题 流体温度最好在一次装置下游测量。温度计套管所占空间应尽可能小。如果套管位于下游，其与一次装置之间的距离应至少为 $5D$。

一般可以假设差压装置上游和下游处的流体温度是相同的。然而，如果流体是非理想气体，而又需要最高的精确度，且上游取压口和一次装置下游测温处又存在较大压力损失，则假设两点之间是等焓膨胀，必须根据下游温度（距一次装置 $5D$～$15D$ 处测量）计算上游温度。计算时，应根据一次装置相应地按照 GB/T 2624 计算压力损失 $\Delta\omega$，然后采用焦耳-汤姆逊系数 μ_{JT} 计算上游取压口到下游测温处的相应的温度下降 ΔT：

$$\Delta T=\mu_{JT}\Delta\omega$$

焦耳-汤姆逊系数（Joule Thomson Coefficent）又称等焓温度-压力系数（isenthalpic temperature-pressure coefficent)，等焓下相对于压力的温度变化速率：

$$\mu_{JT}=\frac{\partial T}{\partial p}\Big|_H \tag{3.23}$$

或

$$\mu_{JT}=\frac{R\mu T^2}{pc_{m\cdot p}}\times\frac{\partial Z}{\partial T}\Big|_p \tag{3.24}$$

式中 T——热力学温度；

p——流经管线的流体静压；

H——焓；

R——通用气体常数；

$c_{m \cdot p}$——定压摩尔热容；

Z——压缩系数。

（2）涡街流量计测温测压口位置　涡街流量计是利用流体流过旋涡发生体时产生的稳定旋涡，通过测量其旋涡产生频率，得到体积流量。

实验指出，流过旋涡发生体的流体不论是液体、气体还是蒸气，只要雷诺数 Re_D 在 $2\times10^4\sim7\times10^6$ 范围内，就能得到稳定的流量系数。

实验同时指出，旋涡产生的频率反映了旋涡发生体处的流体平均流速，此流速与流通截面积的乘积即为体积流量。要将蒸汽的这种体积流量换算成质量流量，必不可少的是测量出旋涡发生体处的流体静压力。此处静压力由于流体流速较高，比涡街流量计上游管道内的流体压力低一些。若在此处准确地测量静压力，由于多种原因有一定困难，但在流量计下游一定距离的管道上，测量到能与发生体后面传感器处的静压相等或接近的静压，则是一个可行的方法。横河公司要求，这个合适的距离为 3.5 ～ 7.5 倍管道内径。E+H 公司要求，这个合适的距离为从流量传感器下游法兰算起 3.5 倍管道内径。

若用上游压力代替下游压力会引入误差，其估算方法如下例所述。

例如有一台 DY 型旋涡流量计，用来测量过热蒸汽流量，从流量二次表可读出

上游流体压力　　$p_1=0.9\text{MPa}$（表面值）

流体温度　　$t_f=250℃$

瞬时流量显示值　　$q_m=3.0\text{t/h}$

从温度、压力数据查表得到流体密度为 $\rho_1=4.3060\text{kg/m}^3$（当地大气压以 0.101325MPa 计），进一步计算得到此时体积流量为 $696.7\text{m}^3/\text{h}$，从横河公司说明书中数据可计算得到管道中流体流速约为 48.8m/s，按说明书中提供仪表的压力损失公式计算可得

$$\Delta p=1.1\rho v^2=0.0113\text{MPa}$$

令流量计上游管道内的压力与仪表下游 $3.5D\sim7.5D$ 处的压力相差即为仪表的压力损失，则下游压力为 $p_1-\Delta p$，据此查得下游流体密度 $\rho_2=4.2554\text{kg/m}^3$，根据质量流量与流体密度的关系，可计算由于压力测点位置选择不当引入的误差为

$$\delta_{qm}=\frac{\rho_1-\rho_2}{\rho_2}=1.19\%$$

从上面的分析可清楚地看出，流速越高，由此引入的误差越大。

3.1.7　饱和蒸汽应采用何种补偿

（1）查表法求取密度的一致性　饱和蒸汽采用温度补偿和压力补偿，在本质上是一样的。其原因在于饱和状态的蒸汽，其压力和温度之间呈单值函数关系，从蒸汽温度查出的密度同与此温度对应的压力查出的密度是一致的。因此，采用温度补偿和压力补偿在原理上都是可行的。

（2）投资的差异　从节约投资和减少安装工作量的角度考虑，因为一支铂热电阻的价格只及压力变送器的几十分之一到几分之一，所以采用温度补偿较经济。

（3）补偿精确度的差异　采用温度补偿和压力补偿分别能得到多少补偿精确度，不仅同温度传感器和压力变送器的准确度有关，而且同流量计类型、具体测量对象的工况和压力变送器的量程选择有关。总体来说测温对补偿精确度影响较大，具体分析如下。

① 测温误差对流量测量结果的影响。温度测量误差同流量测量结果的关系，对于过热蒸汽来说影响并不大，例如温度为250℃的过热蒸汽，若测温误差为1℃，在作温度补偿时引起流量测量结果不确定度约为0.096%R（差压式流量计）到0.19%R（涡街流量计）。影响较大的是温度信号用于饱和蒸汽流量测量中的补偿，例如压力为0.7MPa的饱和蒸汽，其平衡温度为170.5℃，对应密度为4.132kg/m³，如果测温误差为 -1℃，并据此查饱和蒸汽密度表，则查得密度为4.038kg/m³，引起流量测量误差约为 -1.14%R（差压式流量计）到 -2.27%R（涡街流量计）。

② 温度传感器精确度等级的考虑。测温误差同温度传感器的精确度等级和被测温度数值有关，例如压力为0.7MPa的饱和蒸汽，用A级铂热电阻测温，其误差限为±0.49℃[13]，如果用此测量结果查蒸汽密度表，以进行补偿，则流量补偿不确定度约为±0.56%R（差压式流量计）到±1.11%R（涡街流量计）。而若用B级铂热电阻测温，其误差限就增为±1.15℃，则流量补偿不确定度就增为±1.31%R（差压式流量计）到±2.61%R（涡街流量计）。显然，B级铂热电阻用于此类用途可能引起的误差是可观的，所以一般不宜采用。这里仅就不同精确度等级的测温元件作相对比较。当然，这里所说的误差还仅为测温元件这一环节，至于流量测量系统的不确定度，还须计入流量二次表、流量传感器、流量变送器等的影响。

③ 压力变送器精确度等级、测压误差及其影响。压力测量误差同压力变送器的精确度等级和量程有关，例如，选用0.2级精确度、0～1MPa测量范围的压力变送器测量0.7MPa饱和蒸汽压力，其误差限为±2kPa。如果用此结果查蒸汽密度表，以进行补偿，则此误差限引起的流量补偿不确定度约为±0.13%R（差压式流量计）到±0.25%R（涡街流量计）。显然，压力补偿能得到的补偿精确度比温度补偿高。

（4）具体实施时的困难　上面所述的两种补偿方法都是可行的这一观点，仅仅是从原理上所作的讨论，在具体实施时还会出现其他问题。

① 安装困难。如前面3.1.6节中所述，用来测量饱和蒸汽质量流量的差压式流量计，若选择温度补偿，常因测温套管距节流件太近而对流动状态造成干扰或根本就无法安装到理想部位而修改方案。

② 由于相变而进入过热状态。对于干饱和蒸汽，以较高的流速流过涡街流量计时，由于压损引起的绝热膨胀往往使蒸汽进入过热状态，这时仍旧将它看作饱和蒸汽，并根据蒸汽温度去查饱和蒸汽密度表，得到的数值明显偏高。

由于上述种种原因，使得在测量饱和蒸汽质量流量时，仅仅测量温度，并据此查密度表，进而计算质量流量，在实践中应用的并不多。

3.1.8 液柱高度的影响及其消除

在蒸汽计量系统中，由于流体容易被压缩，为了保证计量精确度，一般引入流体压力补偿（饱和蒸汽）或流体温度压力补偿（过热蒸汽）。那么，流体压力就成为蒸汽计量的重要变量。在蒸汽压力的测量中，由于引压管内冷凝水的重力作用会使压力变送器测量到的压力同蒸汽压力之间出现一定的差值。

（1）引压管中液柱高度对压力测量的影响　在压力变送器安装现场，为了维修的方便，压力变送器安装地点与取压点往往不在同一高度，这样，引压管中的冷凝液就会对压力测量带来影响。图3.12所示为4种常见的情况。其中，p_s 为蒸汽压力；p_0 为变送器压力输入口处实际压力；h 为高度差，m；g 为重力加速度，m/s²；ρ_w 为冷凝液密度，kg/m³。

在图3.12(b)中因变送器在取压点下方，如果引压管中充满冷凝液，则变送器示值偏

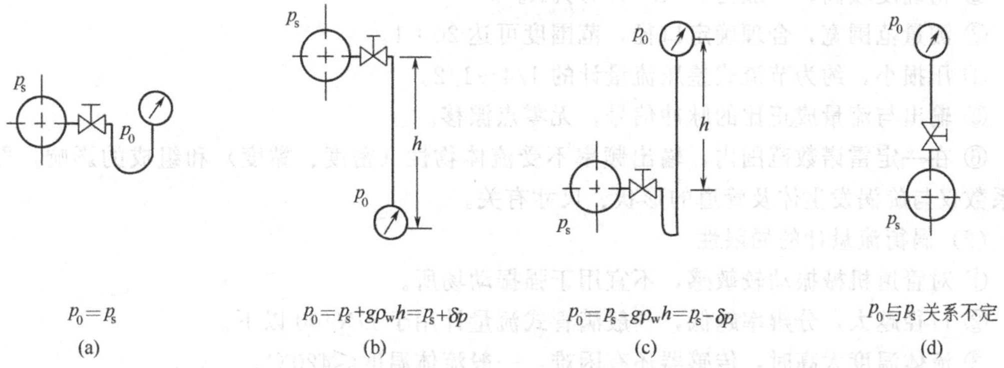

图 3.12　压力变送器和取压口的相互位置

高 $g\rho_w h$，在 $h=6\text{m}$，g 以 9.80665m/s^2 计，ρ_w 以 998.2kg/m^3（假定液温为 20℃）计，对变送器的影响值为 58.7kPa。图 3.12(c) 因变送器在取压点上方，如果引压管充分排气，引压管中充满冷凝液，则对变送器的影响值为 $-g\rho_w h$。而图 3.12(d) 因引压管中冷凝液高度难以确定，所以变送器输出低多少也就难以确定，故不宜采用。

（2）测压误差对流量示值的影响　测压误差如果不予校正，对流量测量系统精确度一般都有影响。而影响程度不仅同流体的常用工况有关，而且同流量计的类型有关。

以上面所举的例子为例，在流体常用压力等于 0.7MPa（表面值），常用温度等于 250℃的工况条件下（即为过热蒸汽），压力测量偏高 58.7kPa，对于差压式流量计将引入 3.69％ R 的误差，对于涡街流量计将引入 7.52％ R 的误差。

在流体的常用压力等于 0.7MPa 的饱和蒸汽条件下，压力测量偏高 58.7kPa，对于差压式流量计将引入 3.42％ R 的误差，对于涡街流量计将引入 6.95％ R 的误差。

因此，引压管中液柱高度对压力测量影响必须予以校正。

（3）液柱高度影响的校正　压力变送器引压管中冷凝液液柱高度对压力测量的影响通常可用两种方法校正，即在变送器中校正和在二次表中校正。

① 在压力变送器中校正。这种校正方法的实质是对变送器的零点作迁移。在上面的例子中，如果变送器的测量范围为 0～1.0MPa，零点作 －58.7kPa 迁移后其测量范围就变为－58.7～941.3kPa。在现场操作中，就是用手持终端将测量范围设置为 －58.7～941.3 kPa。对于非智能型变送器，就是变送器压力输入口通大气的条件下，将输出迁移到 3.0608mA。

这种方法仪表人员往往不喜欢使用，因为要对变送器零点作迁移，需要对设计文件和设备卡片作相应的修改，手续繁琐。而且如果迁移量较大，对于非智能型变送器根本就无法实现，相比之下，在二次表中作校正就成为受欢迎的方法。

② 在二次表中校正。这里说的二次表是广义的，不仅包括普通的二次表，也包括 DCS、智能调节器等，其校正方法是相同的。以 FC 6000 型智能流量演算器为例，对上面的情况作校正就是将菜单的第 23 条（测量起始点）写入 －58.7kPa（或 －0.0587MPa），而将第 24 条（测量满度）写入 941.3kPa（或 0.9413MPa）即可，因此省力、省时又准确。

3.1.9　涡街流量计与节流式差压流量计性能比较

（1）涡街流量计的优点　与节流式差压流量计相比，涡街流量计有如下优点。

① 结构简单、牢固、安装维护方便。无需导压管和三阀组等，减少泄漏、堵塞和冻结等。

② 精确度较高，一般为±(1～1.5)%R。

③ 测量范围宽，合理确定口径，范围度可达 20：1。

④ 压损小，约为节流式差压流量计的 1/4～1/2。

⑤ 输出与流量成正比的脉冲信号，无零点漂移。

⑥ 在一定雷诺数范围内，输出频率不受流体物性（密度、黏度）和组成的影响，即仪表系数仅与旋涡发生体及管道的形状、尺寸有关。

(2) 涡街流量计的局限性

① 对管道机械振动较敏感，不宜用于强振动场所。

② 口径越大，分辨率越低，一般满管式流量计用于 *DN*400 以下。

③ 流体温度太高时，传感器还有困难，一般流体温度≤420℃。

④ 当流体有压力脉动或流量脉动时，示值大幅度偏高，影响较大，因此不适用于脉动流。

(3) 节流式差压流量计优点

① 节流式差压流量计中的标准孔板结构易于复制，简单牢固，性能稳定可靠，价格低廉。无需实流校准就可使用，这在流量计中是少有的。

② 适用范围广泛。既适用于全部单相流体，也可测量部分混相流，如气固、气液、固液等。

③ 高温高压大口径和小流量均适用。

④ 对振动不敏感，抗干扰能力特别优越。

(4) 节流式差压流量计局限性

① 测量精确度在流量计中属中等水平。由于众多因素的影响错综复杂，精确度难以提高。

② 范围度窄，由于仪表信号（差压）与流量为平方关系，一般范围度仅 3：1～4：1。

③ 现场安装条件要求较高，如需较长的直管段（指孔板、喷嘴），一般难以满足。

④ 节流装置与差压显示仪表之间引压管线为薄弱环节，易产生泄漏、堵塞及冻结、信号失真等故障。

新发展起来的一体型节流式差压流量计，虽然仍有引压管线，但长度不足 1m，因而减小了这方面的缺陷。

⑤ 压损大（指孔板、喷嘴）。

3.1.10 蒸汽相变对流量测量的影响

水蒸气顾名思义是气相，但在一定条件下会变成液相；饱和水蒸气中的水滴本是液相，但在一定条件会被蒸发变成气相。这是蒸汽质量流量测量中常常碰到的汽水相变。

在推导式质量流量计中，关键环节是蒸汽密度的求取，蒸汽相变发生后，就使得通常由蒸汽温度压力求取其密度的关系发生变化，因此必须认真对待。

(1) 气相变液相　过热蒸汽在经过长距离输送后，往往会因为热量损失、温度降低，使其从过热状态进入饱和状态，甚至部分蒸汽冷凝出现相变而变成水滴。这些水滴对流量测量结果究竟有多大影响，下面举例说明。

有一常用压力为 1.0MPa 的过热蒸汽，其流量为 q_m，假设经长距离输送后有 $10\%q_m$ 冷凝成水滴，令其为 q_{ml}，而保持气态的部分为 q_{ms}，从定义知，此时湿蒸汽的干度为

$$X=\frac{q_{ms}}{q_m}=\frac{q_m-q_{ml}}{q_m}=90\% \quad (3.25)$$

由于采用温压补偿，所以按照临界饱和状态查表，得到此时的蒸汽（干部分）密度为 $\rho_s=5.6808\text{kg/m}^3$，查水密度表知此时水滴的密度为 $\rho_L=882.47\text{kg/m}^3$，显然水滴与蒸汽干部分的体积流量为

$$q_{vl}=q_{ml}/\rho_l \tag{3.26}$$

$$q_{vs}=q_{ms}/\rho_s \tag{3.27}$$

式中 q_{vl}——水滴的体积流量，m^3/s；

q_{vs}——蒸汽干部分的体积流量，m^3/s。

由定义知，蒸汽干部分体积流量占湿蒸汽总体积流量 q_v 之比 R_v 为

$$R_v=\frac{q_{vs}}{q_v}=\frac{q_{vs}}{q_{vs}+q_{vl}}=\frac{1}{\dfrac{\rho_s}{\rho_L}\times\dfrac{q_{ml}}{q_{ms}}+1} \tag{3.28}$$

因为

$$\frac{q_{ml}}{q_{ms}}=\frac{q_m-q_{ms}}{q_{ms}}=\frac{1}{q_{ms}/q_m}-1 \tag{3.29}$$

所以

$$R_v=\frac{1}{\dfrac{\rho_s}{\rho_l}\left(\dfrac{1}{X}-1\right)+1} \tag{3.30}$$

在该例中，$R_v=99.93\%$，由此可见，在湿蒸汽中，水滴所占的体积比可忽略不计。

① 选用涡街流量计时湿度对测量结果的影响。涡街流量计的输出仅与流过测量管的流体流速成正比，在测量湿饱和蒸汽时，水滴对涡街流量计输出的影响可忽略，故可认为涡街流量计的输出完全是由湿蒸汽的干部分所引起。而干部分的密度，无论是压力补偿或温度补偿，都可较精确地查出。

蒸汽计量的结果往往作为供需双方经济结算的依据，如果双方约定按蒸汽干部分结算费用，冷凝水不收费，则在本例中相变对测量的影响微不足道，可以忽略。如果冷凝水也按照蒸汽一样收费，则涡街流量计的计量结果偏低值为 $1-X$。

② 选用孔板流量计时湿度对测量结果的影响。从 GB/T 2624—2006 标准知[1]，孔板流量计测量蒸汽质量流量时有式(3.1)。

当过热蒸汽热量损失而脱离过热状态后，只可能出现两种情况。一种是进入临界饱和状态，另一种是进入过饱和状态。如果进入临界饱和状态，从理论上讲，流量计不会因此而增大误差，因为在式(3.1) 中，根据蒸汽压力查出的 ρ_1 与实际密度是相符的。如果进入过饱和状态，情况就复杂了。

一般认为，蒸汽干度较高（$X\geqslant95\%$）时流体表现为均相流动。温压补偿可按通常方法进行；但出现一定误差。在式(3.1) 中，ρ_1 是实际流体湿饱和蒸汽的密度，其值比临界饱和状态的大，而且干度越低密度越大。而人们根据压力查出的是临界饱和状态的密度，比实际密度小，所以质量流量计算结果出现负误差。在湿度不进行测量的情况下，X 是未知数，因此，测量结果偏低多少是个未知数。

在蒸汽干度较低（$X\leqslant95\%$）时，管道中的流体出现分层流动，产生误差更大。

(2) 湿饱和蒸汽变成过热蒸汽　湿饱和蒸汽变成过热蒸汽，一般发生在湿饱和蒸汽突然较大幅度减压，流体出现绝热膨胀时。

① 相变过程。湿饱和蒸汽中的蒸汽和水滴，处于气液相平衡状态，在压力突然降低而低于平衡压力时，水滴部分蒸发，同时从液相和气相中吸收汽化热，使气液相温度降低。如果温度降低得不多或蒸发前湿度较高，都会使温度迅速降低到与新的压力所对应的饱和温度，建立新的平衡。这时蒸汽仍为湿饱和蒸汽。如果压力降低得很多或蒸发前湿度较低，则

因水滴蒸发而使温度降低后仍高于新的压力所对应的饱和温度，则蒸汽变为过热状态[5]。

② 蒸发对流量测量的影响

a. 上述蒸发发生后得到的两种结果，前一种对补偿无影响，仅仅是蒸汽中的干部分增加，干度相应增大。

b. 如果蒸发发生后，蒸汽变为过热状态，而流量计又恰巧安装在减压之后的管道上。这时对流量计的影响分以下三种情况。

设计时已经考虑到蒸汽变为过热状态，或处于何种状态难以确定，或有时是过热状态有时是饱和状态，所以采用温压补偿，则上述相变对测量结果无影响。

设计时按饱和蒸汽考虑，而且采用压力补偿，则上述相变将带来较小的误差，即过热蒸汽温度同饱和温度之差所对应的密度差造成的补偿误差。

设计时按饱和蒸汽考虑，但采用温度补偿，则将过热蒸汽温度当作饱和温度去查密度表。一般会引起较大的误差。

③ 举例。有一化工厂[14]，锅炉房供饱和蒸汽，并根据各用户中蒸汽压力要求值最高的一个决定锅炉供汽压力为 1.0MPa，多数用户在蒸汽总管进装置时先经减压阀减压。现从图 3.13 所示的一个实例着手进行分析。

用作进入装置蒸汽计量的涡街流量计安装在减压（稳压）阀之后。原设计按饱和蒸汽考虑，采用温度补偿。经减压，蒸汽总管带入的水滴蒸发完后汽温仍高于饱和温度，呈过热状态，现场采集到的数据如图所示。

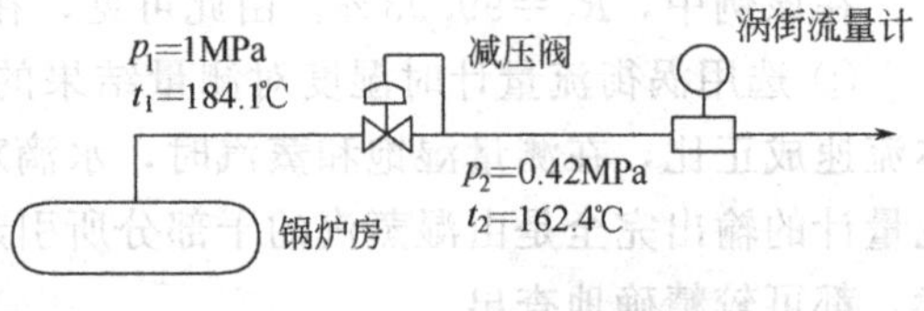

图 3.13　蒸汽减压和流量测量示意

这时流量二次表按照所测量到的温度 $t_2=162.4$℃查饱和蒸汽密度表，得 $\rho_2=3.4528\text{kg/m}^3$，而按照 t_2 和 p_2 两个测量值查过热蒸汽密度表，得密度 $\rho_2'=2.6897\text{kg/m}^3$，所以质量流量计算结果出现 28.37%的误差，即

$$\delta_{\text{mt}}=\frac{\rho_2-\rho_2'}{\rho_2'}=28.37\%$$

在本例中，如果采用压力补偿，则根据 $p_2=0.42\text{MPa}$ 的信号查饱和蒸汽密度表，应得到 $\rho_2''=2.7761\text{kg/m}^3$，则补偿误差为

$$\delta_{\text{mp}}=\frac{\rho_2''-\rho_2'}{\rho_2'}=3.2\%$$

④ 解决办法

a. 将总蒸汽流量计安装在减压阀之前。由于上述蒸汽未经减压时，确属饱和蒸汽，所以，将流量计安装在减压阀之前，按饱和蒸汽补偿方法处理，可保证测量精确度。

b. 如果流量计只能安装在减压阀后面，则可增装一台压力变送器，进行温压补偿。

3.2　气体流量的测量

需要测量流量的气体种类繁多，本节讨论其中最常见的空气、城市煤气、天然气和组分变化的气体。可用来测量气体流量的仪表种类繁多，本节结合四种典型气体重点讨论差压式（含均速管）、涡街式、旋进旋涡式、超声式、气体涡轮、气体腰轮式流量计的应用。

3.2.1　压缩空气流量测量

压缩空气是企事业单位重要的二次能源，大多由电能或热能经压缩机转化而来。当空气压力值要求较低时，则由鼓风机产生。

在化工等生产过程中，有一种重要的工艺过程——氧化反应，它是以空气作原料，和另外某种原料在规定的条件下进行化学反应。空气质量流量过大和过小，都会对安全生产、产品质量和贵重原料的消耗产生关键影响。在这种情况下，空气流量测量精确度要求特别高，多半还配有自动调节。

锅炉和各种工业炉窑中的燃烧过程，其本质也是氧化反应，对助燃空气流量的测量，虽然准确度要求不像化工生产中的氧化反应那样高，但对环境保护和经济燃烧、节约燃料也有重要意义。

(1) 压缩空气流量测量的特点

① 振动大。安装在压缩厂房和鼓风机房的空气流量计都得考虑振动问题。这种振动主要来自压缩机和鼓风机，机器的振动通过空气管道或风管可以传到很远的地方。其中振动最大的要数往复式压缩机，大型往复式压缩机运行时产生的振动往往带动厂房和周围地面一起振动，对相关空气流量计的准确而可靠的运行带来威胁。它引发杠杆式差压变送器支点移动而使仪表产生示值漂移。振动导致涡街流量传感器产生同振动频率相对应的干扰信号，引起流量示值大幅度偏高。

② 气体带水。压缩空气取自大气，而大气中总是含有一定数量的水蒸气。水蒸气的含量用水蒸气分压 p_s 表示。大气中的水蒸气饱和分压是大气温度的函数（见表 3.5）。在雨天和雾天，室外大气中的水蒸气分压达到饱和程度，即相对湿度达到 100%，这时将大气压缩就如同压迫吸足水的海绵，随着体积的缩小，就有相应数量的水析出。这是压缩空气所以带水的简单原理。在晴好的天气，大气相对湿度较低，但随着其被压缩，体积缩小到原来的几分之一后，水蒸气分压会相应升高，也有可能进入饱和状态而析出水滴。

表 3.5 空气中水分饱和含量

空气温度 t/℃	0	10	20	30	40	50
饱和水蒸气压力 p_s/kPa	0.6080	1.2258	2.3340	4.2463	7.3746	12.337
饱和水蒸气密度 ρ/(kg/m³)	0.0048	0.0094	0.0173	0.0304	0.0512	0.083

用来测量压缩空气流量的较大口径孔板流量计，孔板前常有积水，要影响测量准确度。引压管线中常有一段水，导致差压变送器测到的差压同节流装置所产生的差压不一致。这些都是空气带水引起误差的常见原因。除此之外，由于城区大气中氮氧化物含量较高，使得压缩空气所含水滴呈酸性，引起环室表面腐蚀、管道内壁腐蚀，使其表面变得粗糙。腐蚀产生的氧化铁在一定条件下变干燥时，很容易从管内壁脱落而被气流带到孔板前，这也会对流量示值产生影响。所以在停车检修时，应将这些粉状和块状的垃圾予以清除。

③ 脉动流。压缩机和鼓风机出口流体多数包含一定的脉动。例如往复式压缩机，表现为半波脉动，如图 3.14 所示。在现场可观察到压缩机和鼓风机的出口压力有明显摆动。其中正（定）排量鼓风机出口脉动频率较高，一般有几十赫兹，而往复式压缩机出口脉动频率较低，一般为几赫兹。流动脉动引起差压式流量计、涡街流量计等多种流量计示值偏高，引起浮子式流量计中的浮子上下跳动。消除和减弱流动脉动对流量计示值影响的常用方法有两个：一是在压缩机出口设置一只缓冲罐滤除脉动，而将流量计安装在缓冲器后面，实际上往复式压缩机的系统都是这样设计的；二是将流量计安装在远离脉动源的地方，这样可利用工艺管道的气容同其管阻构成低通滤波器衰减脉动。

(2) 仪表选型　能够用来测量空气流量的仪表有多种，但是在现场实际使用的空气流量计，按其原理分，种类并不多。最主要的有玻璃浮子流量计、节流式差压流量计、涡街流量

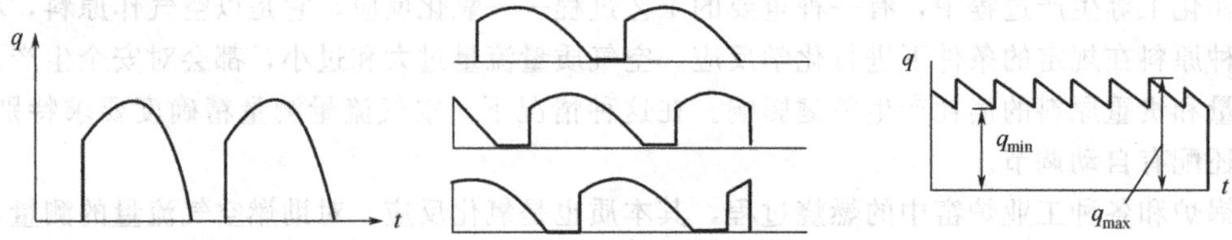

(a) 双作用单缸压缩机　　(b) 双作用三缸压缩机　　(c) 三缸压缩机合成曲线

图 3.14　流动脉动典型波形

计和均速管流量计等。

① 浮子流量计。浮子流量计在中型和小型实验装置上使用很广泛，这是因为浮子式流量计简单、直观、价格低廉，适合作一般指示。浮子流量计有玻璃锥管型和金属锥管型两大类，玻璃锥管型的不足之处是耐压不高和玻璃锥管易碎，另外，流体温度压力对示值影响大。一般可根据流体实际温度和压力按式(3.31)进行人工换算。式中由于引入 ρ_n，在被测气体不为空气时，也可利用该公式进行换算。

$$q_v = q_{vf}\sqrt{\frac{\rho_n}{\rho_{an}}} \times \sqrt{\frac{p_f T_n}{p_n T_f}} \tag{3.31}$$

式中　q_v——实际体积流量，m^3/h；

q_{vf}——仪表示值，m^3/h；

ρ_n——被测气体在标准状态下的密度，kg/m^3；

ρ_{an}——空气在标准状态下的密度，kg/m^3；

T_n、p_n——气体在标准状态下的绝对温度、绝对压力；

T_f、p_f——气体在工作状态下的绝对温度、绝对压力。

② 节流式差压流量计。节流式差压流量计在空气流量测量中有着悠久的历史。节流式差压流量计尽管有范围度窄、安装维护麻烦以及压力损失大等重大缺点，但在振动较明显的压缩机房、鼓风机房，它仍然是可靠性高、稳定性好、抗干扰能力强的首选仪表。

用节流式差压流量计测量空气流量最重要的是要处理好节流件前积水、变送器高低压室内积水以及引压管线中积水问题。

a. 节流件前积水问题。解决节流件前积水最简单的方法是在节流件的下部开疏液孔。但是空气管道不像蒸汽管道那样清洁。在蒸汽管道中因为与管道内壁接触的是水蒸气，而水蒸气在发生过程中一般都经过除氧工序，因此蒸汽中基本不含氧，经长期使用的蒸汽管，其内壁可能仅沉积微量的灰色粉末，除此之外不会有铁锈。而空气管道内则全然不同，灰尘和氧化铁难以避免，有时疏液孔被堵死。在停车检修时拆下节流装置，发现节流件正端平面上有积水的痕迹，就是证据。

彻底消除节流件前积水的方法是将节流装置安装在垂直工艺管上，或改用圆缺孔板或偏心孔板。其中，偏心孔板不确定度较小，优于圆缺孔板。

b. 差压变送器高低压室内积水问题。图 3.15(a) 所示是典型的节流式差压流量计信号管路安装图，在被测流体为湿气体时，冷凝液理应不会进入差压变送器高低压室，但从现场反馈信息来看，实际情况是有时还会有微量水滴进入高低压室。变送器差压范围较低时，此微量水滴会引起仪表零点的明显漂移。有些差压变送器设计有两个排放口，打开下排放口就可将凝液顺利排出。但是早期变送器只有中部的一只排放口，打开此口无法将高低压室内的凝液排净，最后只得将变送器拆下，将凝液从信号输入口中倾倒出来。

高低压室内积液的现象，经进一步分析，应该是变送器上方的一段管路由于环境温度变化将信号管中的水蒸气冷凝而沿着信号管往下流入高低压室。

防止冷凝液流入高低压室最简单易行的方法是消除变送器上方的一段信号管路，将信号管路从下方引入变送器，如图 3.15(b) 所示，这样，即使高低压室内有微量冷凝液，也能依靠其自身重力沿着管路自动流回母管或沉降器。实践证明，这一方法是有效的。

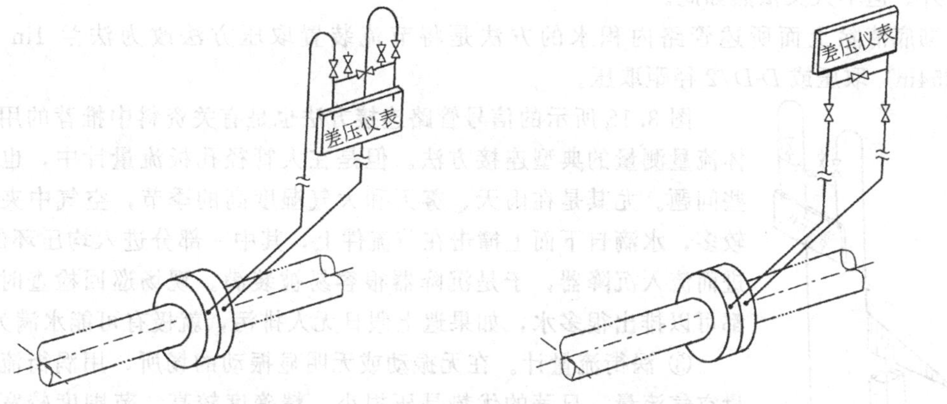

(a) 典型安装方法　　(b) 防止高低压室积液的安装方法

图 3.15　被测流体为湿气体时信号管路安装示意

c. 引压管路内积水问题。在测量湿气体时，虽然安装信号管路已按照规程的要求保持坡度，可以避免冷凝液在信号管路内聚集，但在某些情况下，积水现象仍难以避免，其原因如下所述。

图 3.16 是环室取压节流装置安装在垂直工艺管道上时信号管路的规定安装方法。假定工艺管道中气体自下而上流动，那么负压信号管路中可以保证没有凝液，因为信号管路内的凝液能畅通无阻地流回工艺管道，而正压信号管情况就不同了。因为正压信号是从均压环

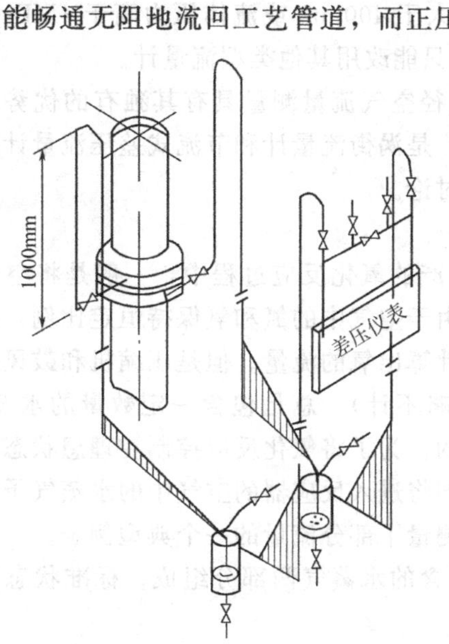

图 3.16　垂直管道信号管路连接

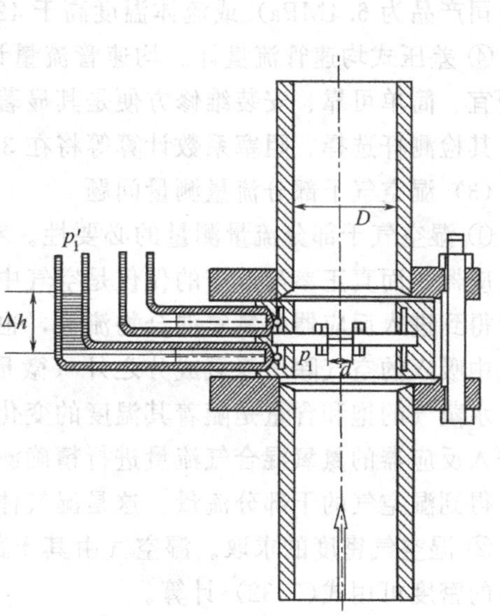

图 3.17　正压管内积水对压力信号传递的影响

引出的，被测湿气体中的凝液充满节流装置的正端均压环空腔是毫无问题的（如图 3.17 所示），在正压管内气体压力同节流件正压端完全相等时，U 形管两边液位高度相等。在此基础上，如果节流件正端压力上升，则将均压环空腔中的水压向信号管路，按照流体力学关系式可知，正压管内的压力比节流件正端压力低一些，其数值同 U 形管两边液位高度差相等，从而引起差压信号的传递失真。

清除信号管内积水的临时方法是扫线，依靠工艺管中的压力足够高的气体将积水冲走排到管外。但不久又依然如此。

彻底清除上面所述管路内积水的方法是将节流装置取压方法改为法兰 1in（1in＝0.0254m）取压或 *D-D*/2 径距取压。

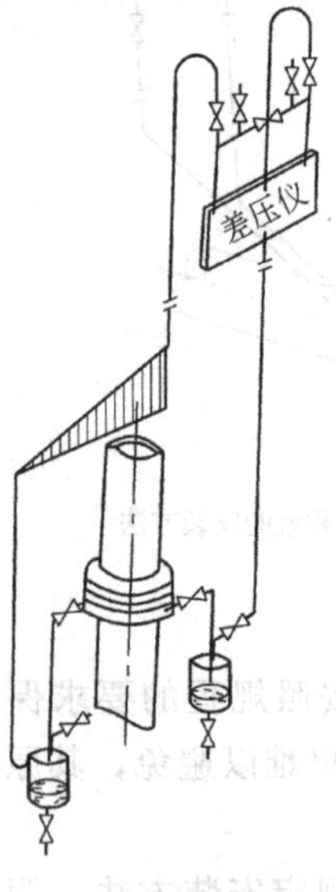

图 3.18　垂直管道信号管路连接

图 3.18 所示的信号管路连接方法也是有关资料中推荐的用于湿气体流量测量的典型连接方法。但是在大管径孔板流量计中，也存在一些问题。尤其是在雨天、雾天和大气湿度高的季节，空气中夹带的水较多，水滴自下而上撞击在节流件上，其中一部分进入均压环的空腔，进而流入沉降器，于是沉降器很容易被装满。现场巡回检查时，每天都可以排出很多水，如果遇上假日无人排污，就极有可能水满为患。

③ 涡街流量计。在无振动或无明显振动的场所，用涡街流量计测量空气流量，显著的优势是压损小、精确度较高、范围度较宽、维修工作量小。压电式涡街流量计能耐受 0.2g 的振动。在常压条件下，可测流速下限为 6m/s。电容式涡街流量计，能耐受(0.5～1)g 振动，在常压条件下，可测流速下限为 4m/s。因此在振动大的场所两种涡街流量计都不适用。近几年来，一些公司在涡街流量计制造中引入了数字信号处理（DSP）技术，使仪表的抗振动性能有了大幅度提高，可测流速下限也有了显著改善。但应用中仍需注意现场的振动问题。

与蒸汽流量测量一样，受涡街流量计最大口径、最大工作压力和最高工作温度的制约，当口径大于 400mm 或流体压力高于 4MPa（有的公司产品为 6.4MPa）或流体温度高于 420℃时，只能改用其他类型流量计。

④ 差压式均速管流量计。均速管流量计对大口径空气流量测量具有其独有的优势，价格便宜、简单可靠、安装维修方便是其显著的优点，是涡街流量计和节流式差压流量计的补充。其检测杆选择、阻塞系数计算等将在 3.5 节中讨论。

(3) 湿空气干部分流量测量问题

① 湿空气干部分流量测量的必要性。在化工生产的氧化反应过程中，一般是将空气送入反应器，而真正参与反应的仅仅是空气中的氧。由于空气中的氮和氧保持恒定比例，所以测量得到进入反应器的氮氧混合物流量，也就可以计算出氧的流量。但是压缩机和鼓风机从大气中吸入的空气除了氮氧成分之外（微量成分忽略不计），总是包含一定数量的水蒸气，而且水蒸气的饱和含量是随着其温度的变化而变化的。为了将氧化反应控制在理想状态，须对进入反应器的氮氧混合气流量进行精确测量，也即将进入反应器的空气中的水蒸气予以扣除，得到湿空气的干部分流量。这是湿气体中需要测量干部分流量的一个典型例子。

② 湿空气密度的求取。湿空气由其干部分和所含的水蒸气两部分组成。标准状态下湿气体的密度可用式(3.32) 计算。

$$\rho_n = \rho_{gn} + \rho_{sn} \tag{3.32}$$

式中　ρ_n——湿空气在标准状态下（101.325kPa，20℃）的密度，kg/m^3；

ρ_{gn}——湿空气在标准状态下干部分的密度，kg/m³；

ρ_{sn}——湿空气在标准状态下湿部分的密度，kg/m³。

工作状态下湿空气的密度可按式(3.33) 计算。

$$\rho_f = \rho_{gf} + \rho_{sf} \tag{3.33}$$

式中 ρ_f——湿空气在工作状态下的密度，kg/m³；

ρ_{gf}——湿空气在工作状态下干部分的密度，kg/m³；

ρ_{sf}——湿空气在工作状态下湿部分的密度，kg/m³。

ρ_{gf}和 ρ_{sf}分别按式(3.34) 和式(3.35) 计算。

$$\rho_{gf} = \rho_{gn} \frac{p_f - \varphi_f p_{sfmax}}{p_n} \times \frac{T_n}{T_f} \times \frac{Z_n}{Z_f} \tag{3.34}$$

$$\rho_{sf} = \varphi_f \rho_{sfmax} \tag{3.35}$$

式中 φ_f——工作状态下湿气体相对湿度，0～100%；

p_{sfmax}——工作状态下饱和水蒸气压力；

ρ_{sf}——工作状态下水蒸气密度，kg/m³；

ρ_{sfmax}——工作状态下饱和水蒸气密度，kg/m³；

Z_f——干空气在工作状态下的压缩系数；

Z_n——干空气在标准状态下的压缩系数；

其余符号意义同式(3.31)。

③ 不同原理流量计测量湿空气干部分流量时的计算公式

a. 频率输出的涡街流量计。频率输出的涡街流量计用来测量湿空气流量时，其输出的每一个脉冲信号都代表湿空气在工作状态下的一个确定的体积值。这时，要计算湿空气中的干部分，只需在从工作状态下的体积流量换算到标准状态（101.325 kPa，20℃）下体积流量时，从总压中扣除水蒸气压力，如式(3.36) 所示。

$$q_{vg} = q_{vf} \frac{p_f - \varphi_f p_{sfmax}}{p_n} \times \frac{T_n}{T_f} \times \frac{Z_n}{Z_f} = 3.6 \frac{f}{K_t} \times \frac{p_f - \varphi_f p_{sfmax}}{p_n} \times \frac{T_n}{T_f} \times \frac{Z_n}{Z_f} \tag{3.36}$$

式中 q_{vg}——湿空气干部分体积流量，m³/h；

q_{vf}——湿空气工作状态下体积流量，m³/h；

f——涡街流量计输出频率，P/s（每秒脉冲数）；

K_t——工作状态下流量系数，P/L。

b. 模拟输出的涡街流量计。模拟输出的涡街流量计用来测量湿空气的干部分流量时，只有工作状态（p_f、φ_f、T_f、Z_f）与设计状态（p_d、φ_d、T_d、Z_d）一致时，无需补偿就能得到准确结果。如果有一个或一个以上变量不一致，可用式(3.37) 进行补偿。

$$q_v = A_i q_{max} \frac{p_f - \varphi_f p_{sfmax}}{p_d - \varphi_d p_{sdmax}} \times \frac{T_d}{T_f} \times \frac{Z_d}{Z_f} \tag{3.37}$$

式中 A_i——涡街流量计模拟输出，%；

q_{max}——流量测量上限，m³/h；

p_d——设计状态湿空气绝压，kPa（MPa）；

φ_d——设计状态湿空气相对湿度；

p_{sdmax}——设计状态湿空气中饱和水蒸气压力，与 p_d 单位一致；

T_d——设计状态湿空气温度，K；

Z_d——设计状态湿空气压缩系数。

c. 差压式流量计。用差压式流量计测量湿空气的干部分流量要进行两方面的计算。一个是工况变化引起的工作状态下湿气体密度的变化对测量结果的影响，另一个是扣除湿空气中的水蒸气并换算到标准状态下的体积流量。将式(3.34) 和式(3.35) 代入式(3.33) 得

$$\rho_f=\rho_{gn}\frac{p_f-\varphi_f p_{sfmax}}{p_n}\times\frac{T_n}{T_f}\times\frac{Z_n}{Z_f}+\varphi_f\rho_{sfmax} \tag{3.38}$$

式中，符号意义同式(3.32) ～式(3.35)。

湿空气的干部分流量可用式(3.39) 计算

$$q_v'=q_v\frac{p_f-\varphi_f p_{sfmax}}{p_d-\varphi_d p_{sdmax}}\times\frac{T_d Z_d}{T_f Z_f}\times\sqrt{\frac{\rho_d}{\rho_f}} \tag{3.39}$$

式中 q_v'——湿空气的干部分流量实际值，m^3/h；

q_v——湿空气的干部分流量计算值，m^3/h；

其余符号意义同式(3.38)。

其中 ρ_f 由式(3.38) 计算得到。

3.2.2 负压空气流量的测量

负压空气流量测量对象并不太多，常见于需要负压空气的生产流程，如卷烟的生产过程中。

负压空气同样是含能工质，对负压空气的耗量进行计量，以便进行能耗考核。

(1) 负压空气流量测量的特点

① 不允许流量测量引入明显的压力损失。负压空气的负压来自真空泵，很多台功率很大的真空泵所生成的负压只有负几十千帕，例如进口绝压为 30kPa 的真空泵，由强大动力转换成的负压只有－70kPa，如果负压管道上安装流量计后增大了阻力，产生较大的压损，将使动力损耗大大增加，这是与节能的宗旨背道而驰的。

② 流量密度小，为仪表选型带来困难。

③ 流量计在负压管道上安装后，如果存在泄漏，很难察觉，在不知不觉之中，浪费了动力。

(2) 流量计选型　由于上述第一个特点的约束，孔板流量计、涡轮流量计、容积式流量计等被否定掉。

由于上述第二个特点的约束，涡街流量计的选择也被否定掉了。因为在安装流量计处的管道内，绝压为 30kPa 的流体，其密度只有常压条件下空气密度的 1/3，流体旋涡对传感器的推力相应变小，因此无法测量。

超声流量计，就第一个约束条件而言，是个很理想的选择，但需经过声阻抗校核，由于第二个特点的存在，具体测量点的声阻抗变得很小，以致产生阻抗匹配困难的问题。

所谓声阻抗 (acoustic impedamce) 是指介质对声波传递的阻尼和抵抗作用，它等于声压与介质容积位移速度之比。在超声流量测量中，声阻抗与声速成正比，与流体密度成正比，所以被测介质的绝压越低，声阻抗越小。

均速管差压流量计，其原理和结构将在 3.5 节讨论。对于负压空气流量测量的特点，均速管流量计是个很好的选择[1]，但常用工况条件下的差压值需要计算，因为在流体密度较小工况条件下，差压值往往较小，如果在 50Pa 以下，仪表的稳定性将会变得不理想。

在均速管差压流量计中，有一种检测杆截面形状为“T”形的设计，其输出差压值约为普通菱形截面检测杆的 2 倍，能很好地解决这一问题[16]。

图 3-19 所示是第三代 T 形均速管差压流量计的原理。其跨越整个管道的高压取压槽的设计，使得它有很好的抗堵性。一些杂质的吸附，不会带来大的测量误差。

在应用 T 形均速管测量负压空气流量时，往往配用 3095MV 多参数流量变送器（或其他型号的多变量变送器），这种变送器内置了 0.065％精确度的差压变送器，0.065％精确度的绝压变送器、温度变送器、高速 CPU 和大容量数据存储器，对流体流量进行实时、动态的完全补偿计算。

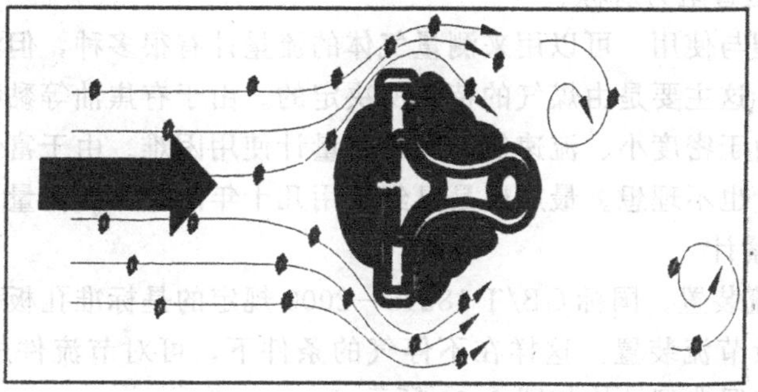

图 3.19　T 形均速管差压流量计原理图

3.2.3　煤气流量的测量

在煤气生产、输送和分配各个环节有大量的煤气表，有的用于一般监视，有的用于贸易结算，其中用于贸易结算的计量系统，国家标准 GB 17167 规定了其精确度要求。

（1）煤气流量测量的特点

a. 流体静压低、流速低，允许压损小，一般不允许用缩小管径的方法提高流速。

b. 流体湿度高，有的测量对象还带少量水，在管道底部作分层流动。

c. 有的测量对象氢含量高，流体密度小，用涡街流量计测量时，信号较弱。

d. 煤气发生炉、焦炉等产出的煤气一般带焦油之类黏稠物，有的还带一定数量尘埃。

e. 测量点位于压气机出口时，存在一定的流动脉动。

f. 流体属易燃易爆介质，仪表有防爆要求。

g. 从小到大各种管径都有。

h. 最小流量与最大流量差异悬殊。

i. 用于贸易结算的系统，计量精确度要求高；作为一般监视和过程控制的系统，精确度要求则低一些。

（2）国家标准规定的主要内容　2000 年国家质量技术监督局发布了 GB/T 18215.1《城镇人工煤气主要管道流量测量》第一部分采用标准孔板节流装置的方法，对煤气流量测量中的有关技术问题做了规定，其中：

① 对流体的要求："应是均匀的和单相（或可以认为是单相）的流体"。

② 煤气在净化过程中都经过洗涤，因此一般水分含量都呈饱和状态，相对湿度为 100％。

③ 用于贸易结算的测量系统准确度一般应优于 2.5 级。基本误差限以示值的百分比表示。

④ 煤气流量定义为湿气体中的干部分。

⑤ 测量结果以体积流量表示，并换算到标准状态。标准状态的定义除了一般取 101.325kPa、20℃之外，还兼顾煤气行业的传统，也可取供需双方协商的其他温压和湿度。

⑥ 节流装置采用多管并联形式。

⑦ 在存在流动脉动的情况下，对测量平均流量提出了以下措施。

a. 在管线上采用衰减措施，安装滤波器（由容器及管阻组成）。

b. 仪表检测件尽量远离脉动源。

c. 采用尽量大的 β 和 Δp，在测量处减小管道直径。

d. 管线、仪表支架安装牢固。

e. 两根差压引压管阻力对称。

(3) 仪表的类型与使用　可以用来测量气体的流量计有很多种，但测量煤气流量的理想仪表却几乎找不到，这主要是由煤气的特点所决定的。由于有焦油等黏稠物存在，旋转型的流量计使用困难。由于密度小、流速低，涡街流量计使用困难。由于富含水气以及气体组分有变化，热式流量计也不理想。最后还是已经使用几十年的差压式流量计唱主角。

① 孔板差压流量计

a. 可换孔板节流装置。国标 GB/T 18215—2000 规定的是标准孔板。如果测量点流体较脏，需采用可换孔板节流装置。这样在不停气的条件下，可对节流件进行清洗、检修、更换。可换孔板节流装置典型结构如图 3.20 所示。

b. 圆缺孔板。圆缺孔板是专为脏污流体流量测量而设计的特殊孔板。其开孔是一个圆的一部分（圆缺部分），这个圆的直径为管道内径的 98%。开孔的圆弧部分应精确定位，使其与管道同心，如图 3.21 所示。

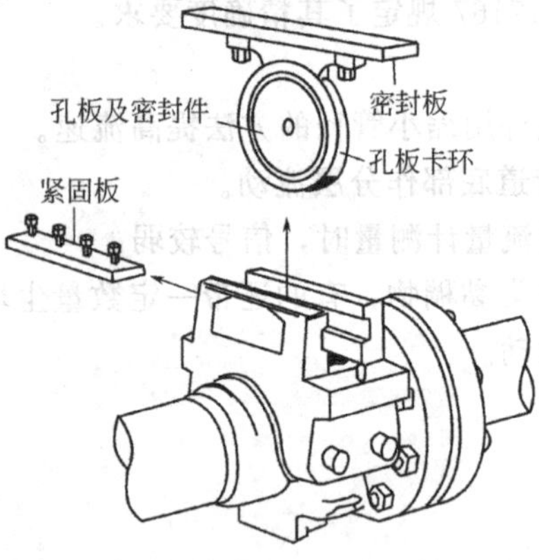

图 3.20　可换孔板节流装置典型结构

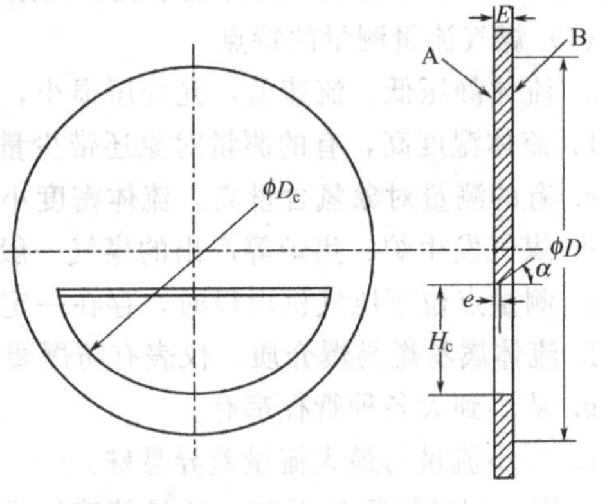

图 3.21　圆缺孔板结构

当被测介质为湿气体而且管道水平布置时，管道底部有可能存在微量分层流动的液体，这时选用圆缺孔板能使液体从下半部的圆缺部分顺利通过节流件，而不会像标准孔板那样将液体阻挡在节流件前，以致积液，影响测量精确度。同样道理，当被测气体中含有粉尘时，由于粉尘密度比气体大得多，其中有些颗粒容易贴近管道底部被气流带走，选用圆缺孔板，颗粒也能顺利通过节流件，而不会像标准孔板那样颗粒在节流件前堆积。

在冶金行业，煤气流量测量对象较多，而且因为煤气含粉尘和水滴的情况也很普遍，所以圆缺孔板使用得十分普遍。

c. 多管并联形式。多管（两管、三管或四管）并联形式的作用有三个，其一是扩大测量系统的范围度。由于管道中煤气流速一般都很低，因此，一台孔板流量计的范围度能达到 3∶1，那么，用一台大口径孔板与一台小口径孔板相配合，就能将范围度扩大为 10∶1。其二是实现在总管不停气的情况下拆洗节流装置，从而避开价格昂贵的可换孔板节流装置。当然，节流装置上下游必须装切断阀。其三是解决 $DN>1000$ 管道的流量测量问题。例如用 4 副 $DN1000$ 的节流装置并联使用，解决 $DN2000$ 总管的流量测量。多管并联形式的缺点是设备数量和投资成倍增加。

d. 煤气管排水和防冻。水平敷设的煤气管道，有时发现管道底部有水流动，必须在节流装置前装排水设施。简单又可靠的方法是利用水封实现自动排水，如图 3.22 所示。图中的液位差与压力有如下关系。

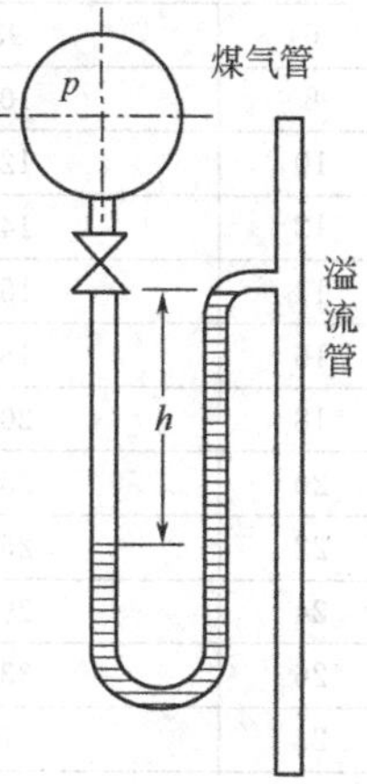

图 3.22 水封排水示意

$$h=p/(g\rho) \tag{3.40}$$

式中 h——液位差，m；

p——煤气压力，Pa；

g——重力加速度，m/s^2；

ρ——水的密度，kg/m^3。

在寒冷季节，排水设施内甚至地上敷设的煤气管道的水都有可能会结冰，为防冻害，应采取防冻措施。

② 均速管差压流量计。标准孔板差压流量计在煤气流量测量中有极为重要的地位，有悠久的使用历史。由于这一方法有丰富的实验数据，设计加工已经标准化，只要按标准进行设计、加工、安装、检验和使用，无需进行实流标定，就能达到规定的准确度，因而非常方便，并获得广泛应用。但是在管径较大时，一套可换孔板式节流装置价格相当可观，所以如果测量数据仅用于过程监测，精确度要求也不高，那么就可选用均速管差压流量计。

均速管差压式流量计在气体流量测量中应用成败的关键是引压管不要被水滴堵住。由于定型的均速管产品所带的切断阀多半为针型阀，通径较小而流体中的水气经冷凝变成水滴，如果针型阀处理得不好或引压管坡度欠合理，此液滴极易将通路封死。

差压式均速管输出的差压信号一般都很小。当流体为常温常压的空气时，如果流速为 10m/s，只能达到 62.5Pa 的差压[15]。这样，一滴水滴将差压传送通道封住，就足以将此差压全部抵消掉。有的制造商将正负压切断阀改为通径较大的直通闸阀，为保证仪表的可靠使用创造了条件。均速管典型安装位置以及同差压计的连接如图 3.23 所示。

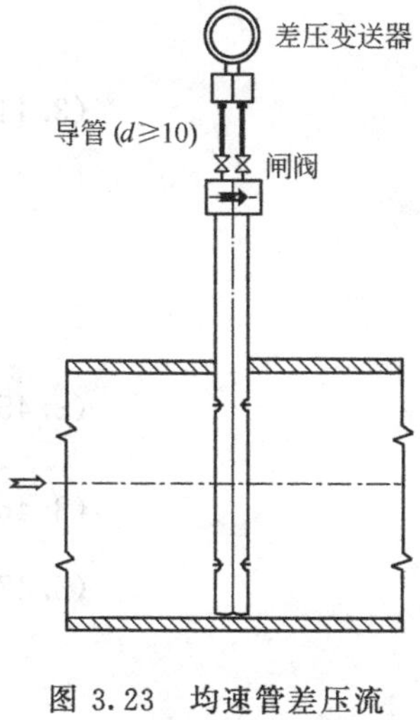

图 3.23 均速管差压流量计测量煤气流量的安装方法

(4) 用差压式流量计测量湿煤气干部分所用的公式

式(3.1) 和图 3.1 所示的方法同样适用于煤气流量的测量。只是由于流体的性质不同，基本公式中 ρ_1 的求法不同。由于测量任务的不同，要从基本公式中的质量流量 q_m 进一步计算湿煤气的干部分流量还必须补充其他公式[17]。

① 煤气密度计算公式

a. 标准状态下湿煤气的密度 ρ_N 按式(3.41) 计算。

$$\rho_N=\rho_{gN}+\rho_{sN} \tag{3.41}$$

$$\rho_{sN}=f(t_N) \tag{3.42}$$

式中 ρ_{gN}——湿煤气在标准状态下干部分的密度，kg/m^3；

ρ_{sN}——湿煤气在标准状态下湿部分的密度，kg/m^3（由查表 3.6 得）；

t_N——标准状态温度，℃。

表 3.6 饱和水蒸气的压力和密度表[19]

t/℃	p(绝对压力)/Pa	ρ/(kg/m³)	t/℃	p(绝对压力)/Pa	ρ/(kg/m³)
0	611	0.004847	32	4758	0.03382
2	706	0.005558	34	5323	0.03759
4	813	0.006358	36	5945	0.04172
6	935	0.007258	38	6630	0.04624
8	1073	0.008267	40	7381	0.05116
10	1228	0.009396	42	8198.1	0.05652
12	1403	0.01066	44	9099.6	0.06236
14	1599	0.01206	46	1008.6	0.06869
16	1818	0.01363	48	11161.9	0.07551
18	2064	0.01536	50	12334.8	0.08302
20	2339	0.01729	52	13612.6	0.09108
22	2644	0.01942	54	15002.2	0.09979
24	2985	0.02177	56	16510	0.1044
26	3363	0.02437	58	18147.2	0.1142
28	3782	0.02723	60	19920.2	0.1247
30	4245	0.03037			

b. 煤气在标准状态下干部分的密度 ρ_{gN} 用式(3.43) 计算。

$$\rho_{gN}=\sum_{i=1}^{n}X_i\rho_{gNi} \tag{3.43}$$

式中 X_i——煤气各组分的体积分数，%；

ρ_{gN}——煤气各组分在标准状态下的密度，kg/m³（由查表 3.7 得[2]）。

表 3.7 煤气各组分干气体的密度（0℃，101.325kPa）

组 分	CO_2	CO	H_2	CH_4	N_2
ρ_{gN}/(kg/m³)	1.977	1.2504	0.08988	0.7167	1.2506

c. 工作状态下湿煤气的密度按式(3.44) 计算。

$$\rho_1=\rho_{g1}+\rho_{s1} \tag{3.44}$$

式中 ρ_{g1}——湿煤气在工作状态下干部分的密度，kg/m³；

ρ_{s1}——湿煤气在工作状态下湿部分的密度，kg/m³。

ρ_{g1} 和 ρ_{s1} 分别按式(3.45) 和式(3.46) 计算。

$$\rho_{g1}=\frac{p_1-\varphi_1 p_{s1\max}}{p_N}\times\frac{T_N}{T_1}\times\frac{Z_N}{Z_1}\times\rho_{gN} \tag{3.45}$$

$$\rho_{s1}=\varphi_1\rho_{s1\max} \tag{3.46}$$

$$\rho_{s1\max}=f(t_1) \tag{3.47}$$

式中 p_N、p_1——标准状态和工作状态下气体绝对压力，Pa；

Z_N、Z_1——标准状态和工作状态下气体压缩系数；

T_N、T_1——标准状态和工作状态下气体温度，K；

p_{s1max}——工作状态下饱和水蒸气压力［$p_{s1max}=f(t_1)$由T_1查表3.5得］，Pa；

ρ_{s1max}——工作状态下饱和水蒸气密度，kg/m³（$\rho_{s1max}=f(t_1)$由T_1查表3.5得）；

φ_1——工作状态下湿煤气的相对湿度（一般取100%）[4]；

t_1——节流件正端取压口平面处的流体温度，℃。

将式(3.45)和式(3.46)代入式(3.44)得

$$\rho_1=\frac{p_1-\varphi_1 p_{s1max}}{p_N}\times\frac{T_N}{T_1}\times\frac{Z_N}{Z_1}\times\rho_{gN}+\varphi_1\rho_{s1max} \tag{3.48}$$

② 湿煤气工作状态下体积流量的计算

$$q_{V1}=q_{VN}\frac{p_N}{p_1-p_{s1max}}\times\frac{T_1}{T_N}\times\frac{Z_1}{Z_N} \tag{3.49}$$

式中的符号与式(3.45)～式(3.47)相同。

③ 湿煤气工作状态质量流量的计算

$$q_m=q_{V1}\rho_1 \tag{3.50}$$

求得q_m和ρ_1后，就可利用式(3.1)计算节流装置。

④ 温度压力及ε_1的补偿。气体温度和压力变化后，湿气体干部分在标准状态下的流量可用式(3.51)进行补偿[17]。

$$q'_{VN}=q_{VN}\frac{p'_1-p'_{s1max}}{p_1-p_{s1max}}\times\frac{\varepsilon'_1}{\varepsilon_1}\times\frac{T_1}{T'_1}\times\frac{Z_1}{Z'_1}\sqrt{\frac{\rho_1}{\rho'_1}} \tag{3.51}$$

式中，带“′”者为实际使用工况条件下的参数，不带“′”者为设计工况所对应的参数，在节流装置计算书中都能找到。

式(3.51)由于工况变化，ρ_1已经从式(3.48)所表示的值变成式(3.52)所表示的值。

$$\rho'_1\frac{p'_1-\varphi'_1 p'_{s1max}}{p_N}\times\frac{T_N}{T'_1}\times\frac{Z_N}{Z'_1}\rho_{gN}+\rho'_{s1max} \tag{3.52}$$

$$\rho'_{s1max}=f(T'_1) \tag{3.53}$$

因此，将式(3.52)代入式(3.51)就可得到完整的补偿公式。

$$q'_{VN}=q_{VN}\frac{p'_1-p'_{s1max}}{p_1-p_{s1max}}\times\frac{\varepsilon'_1}{\varepsilon_1}\times\frac{T_1}{T'_1}\times\frac{Z_1}{Z'_1}\left(\rho_1\Big/\left(\frac{p'_1-p'_{s1max}}{p_N}\times\frac{T_N}{T'_1}\times\frac{Z_N}{Z'_1}\rho_{gN}+\rho'_{s1max}\right)\right)^{\frac{1}{2}} \tag{3.54}$$

式中 q'_{VN}——经过补偿的湿气体干部分体积流量，m³/h；

q_{VN}——设计状态湿气体干部分体积流量，m³/h；

P'_1——设计状态节流件正端取压口气体压力，MPa（实测值）；

p'_{s1max}——设计状态下饱和水蒸气压力，kPa（由T'_1查表得）；

p_1——设计状态节流件正端取压口气体压力，MPa（查孔板计算书得）；

p_{s1max}——设计状态下饱和水蒸气压力，kPa（由T_1查表得）；

ε'_1——工作状态流体可膨胀性系数［按式(8.3)计算得］；

ε_1——设计状态流体可膨胀性系数（查孔板计算书得）；

T_1——设计状态气体热力学温度，K($T_1=t_1+273.16$，查孔板计算书得)；

T_1'——工作状态气体热力学温度，K（由气体温度实测值换算得）；

Z_1——设计状态气体压缩系数（查孔板计算书得）；

Z_1'——工作状态气体压缩系数（设置或自动计算[17]）；

ρ_1——设计状态节流件正端取压口气体密度，kg/m^3（查孔板计算书得）；

p_N——标准状态气体压力，101.302kPa；

T_N——标准状态气体热力学温度，K($T_N=293.16$K)；

Z_N——标准状态气体压缩系数（$Z_N=1.0000$）；

ρ_{gN}——标准状态干煤气密度，kg/m^3。

（5）孔板设计计算举例（节流件为标准孔板）详见本章3.8节。

（6）管道内壁积灰及其对测量的影响

① 积灰普遍存在

a. 上海某钢厂采用孔板流量计测量煤气发生炉出口煤气流量，由于煤气中粉尘含量较高，数年后，管道内壁生成一层沉积物，结垢如同沥青路面，质地坚韧、不易清理，是煤气中的煤焦油和粉尘在管道内壁日积月累形成的。

b. 上海的另一家钢厂用差压式流量计测量煤气流量，由于担心孔板积灰后影响测量精确度，所以节流装置选用文丘里管，使用半年多后，发现流量示值逐渐偏高，于是在停车检修时对文丘里管拆开检查，发现文丘里管内壁积了一层含灰尘的焦油，就连流速最高的喉部也未幸免。但每年一次停车检修时，用溶液清洗干净后仍可继续使用。

c. 重庆钢铁集团公司采用圆缺孔板测量高炉煤气流量，在使用数年将节流装置拆下清洗时发现，孔板圆缺部分高度的1/8～1/6被堆积物占据[18]。

d. 徐州某化工厂用均速管差压流量计测量煤气发生炉出口管（$DN700$）流量，使用一段时间后，发现流量示值逐渐升高，比物料平衡计算结果高百分之几。经检查发现，管道内壁结了一层厚度不等的沥青砂，水平管道下部内壁结得较厚，约30mm厚，管道上部内壁结得较薄，约10mm厚。

② 处理方法之一。清除沉积物或更新管道能将沉积在流量计前后一定长度的管段内的沉积物和节流件表面的沉积物清除掉而又不损坏仪表，当然能恢复仪表的应有测量精确度。但是沉积物往往既硬又韧，不易清理，因此，如果有停车机会可将节流件前$30D$、节流件后$15D$的管道局部更新，当然是个好办法。

③ 处理方法之二。对沉积物引入的误差进行修正。

a. 标准孔板差压式流量计。煤气中的焦油和粉尘在标准孔板表面及管道内壁的沉积可分两种情况。第一种情况是煤气中粉尘经彻底洗涤过滤的测量对象，孔板端面和管道内壁只薄薄地结了一层焦油。第二种情况是煤气中含有较多粉尘的测量对象，管道内壁结了一层厚度达数厘米的“沥青砂”。

对于前一种情况，钢管内壁被焦油玷污后，对流动的煤气有一定的黏附作用，此作用引入多大的误差尚无标准规定，很难做出估算，但影响值肯定微小，以致可以忽略不计。管道内壁上的一层焦油虽然可能有2mm厚，但因煤气管道直径一般较大，例如公称直径为1000mm，因此对测量影响也很微小。

对于后一种情况，影响稍大些，它是通过直径比β变大导致流出系数C变化以及$C/\sqrt{1-\beta^4}$变化[1]，进而引起流量示值相应变化的。例如有一副$DN1000$标准孔板，β为0.7，在雷诺数Re_D为2×10^5时

$$C=0.5961+0.0261\beta^2-0.216\beta^8+0.000521\left(\frac{10^6\beta}{Re_D}\right)^{0.7}+$$

$$\left[0.0188+0.0063\left(\frac{19000\beta}{Re_D}\right)^{0.8}\right]\beta^{3.5}\left(\frac{10^6}{Re_D}\right)^{0.3}$$

$$=0.5961+0.0261\times0.7^2-0.216\times0.7^8+0.000521\left(\frac{10^6\times0.7}{2\times10^5}\right)^{0.7}+$$

$$\left[0.0188+0.0063\left(\frac{19000\times0.7}{2\times10^5}\right)^{0.8}\times0.7^{3.5}\left(\frac{10^6}{2\times10^5}\right)^{0.7}\right]$$

$$=0.60677\text{（以角接取压为例）}$$

在管道内壁被均匀结了一层 20mm 厚的沉积物后，β 增大为 0.7365，令 Re_D 仍为 2×10^5，按相同的公式计算，C 为 0.60372，

所以结垢前流量系数

$$\alpha=C/\sqrt{l-\beta^4}=0.60677/\sqrt{1-0.7^4}=0.69606$$

结垢后流量系数

$$\alpha'=C/\sqrt{1-\beta^4}=0.60372/\sqrt{1-0.7365^4}=0.71863$$

结垢流量系数变化率为

$$\delta_\beta=\frac{\alpha'-\alpha}{\alpha}=3.2\%$$

由此引起的流量示值变化为－3.2%R。

b. 文丘里管差压式流量计。文丘里管前后直管段内壁结沉积物，可以认为对测量结果无影响，因为其流出系数可看作与直径比无关，但喉部结垢引起的误差要比标准孔板大。例如有一副文丘里管，其 DN 为 1000mm，喉部直径为 700mm，喉部内壁结垢 5mm 后，其流通截面积约比原来减小 2/70，则流量示值增大约 2.86%R。

c. 圆缺孔板差压式流量计。圆缺孔板前后直管段内壁沉积物对流量测量的影响主要包括两个部分，其一是使节流件开孔面积与管道截面积之比 m 发生变化对流量测量的影响，其二是圆缺孔有效面积变小对流量测量的影响。前者影响与标准孔板相似。但在管道截面积缩小的同时，圆缺孔有效面积也缩小一些。因此 m 变化不大。例如有一副 DN1000 的圆缺孔板，m 为 0.49，管道内壁被均匀结了一层 20mm 厚的沉积物后，管道截面积减小为 0.7238m^2，而圆缺孔面积约减小为 0.3547m^2（将圆缺孔圆弧看作与管道圆弧相切），所以，β^2 仍为 0.49。后者的影响较大，因为无沉积物时，开孔面积为 0.3848m^2，而沉积物厚度为 20mm 时，开孔有效面积为 0.3547m^2，约为无沉积物时的 92.18%，因此仪表示值约偏高 8.5%R。

实际计算时，因为圆缺孔半径为管道半径的 0.98，20mm 厚的沉积层仅有 10mm 阻挡了圆缺孔，所以实际影响只有 8.5%的一半。

d. 均速管差压式流量计

均速管流量计是由均速管测量管道内的平均流速，然后乘流通截面积，并扣除均速管插入管道部分的阻塞影响。均速管前后直管段内壁沉积物对流量测量的影响，如果忽略阻塞系数的微小变化，就可简单地看作流通截面积减小对流量示值的影响。

例如有一副均速管，管道内径为 1000mm，管道内壁被均匀结了一层厚度为 20mm 的沉积物后，流通截面积从 0.7854m^2 减小为 0.7238m^2，在实际流量不变的情况下，流速增大，

因而仪表显示值相应增大，增大值为(0.7854－0.7238)/0.7238＝8.5%R。

以上的分析和计算都是理想化的，实际情况要复杂得多，管内壁沉积物厚度不可能是均匀一致的，总是上面薄下面厚。但方法可以使用。

④ 对沉积物影响进行预测。由于大口径流量计拆开检查修理周期较长，如果第一次拆开检查时发现沉积物结得比较严重，而且未清除，可根据沉积物厚度计算流量影响值。如果流体条件不变，则未来一段时间沉积物继续增厚，流量影响值相应增大是必然的，于是就可从拆开检查时测得的沉积层厚度和沉积时间计算沉积速率，并令以后以相同的速率继续沉积，从而对未来的流量影响值进行预测。

3.2.4 天然气流量的测量

(1) 天然气计量的发展趋势和主要方法　目前，国际天然气贸易计量分为体积计量、质量计量和能量计量三种。工业发达国家质量计量和能量计量两种方法都在使用。我国天然气贸易计量是在法定要求的质量指标下以体积或能量的方法进行交接计量，目前基本上以体积计量为主。

按有关标准规定[21]，天然气的标准状态体积流量 q_{vn} 以 m^3/s 为单位，工作状态体积流量 q_{vf} 以 m^3/s 为单位；质量流量 q_m 以 kg/s 为单位；能量流量以 MJ/s 为单位。

① 天然气标准体积流量计算。标准状态体积流量 q_{vn} 计算式为

$$q_{vn}=q_{vf}\frac{\rho_f}{\rho_n} \tag{3.55}$$

或

$$q_{vn}=q_m/\rho_n \tag{3.56}$$

式中　q_{vn}——标准状态体积流量，m^3/s；

q_{vf}——工作状态体积流量，m^3/s，体积流量计实测值；

q_m——质量流量，kg/s，质量流量计实测值；

ρ_f——工作状态下的密度，kg/m^3，实测或计算；

ρ_n——标准状态下的密度，kg/m^3，实测或计算。

天然气在工作状态下的密度 ρ_f 按式(3.57) 计算。

$$\rho_f=\frac{M_a Z_n}{R Z_a}\times\frac{G_r p_f}{Z_f T_f} \tag{3.57}$$

式中　M_a——干空气的摩尔质量，其值为 28.9626kg/kmol；

R——通用气体常数，其值为 0.00831451MPa·m^3 (kmol·K)；

Z_a——标准状态下干空气的压缩因子，其值为 0.99963；

Z_n——标准状态下天然气的压缩因子，按 GB/T 17747.1～3 标准计算；

p_f——工作状态下天然气的绝对静压，MPa，压力实测值；

T_f——工作状态下天然气的热力学温度，K，温度实测值；

Z_f——工作状态下天然气的压缩因子，按 GB/T 17747.1～3 标准计算；

G_r——天然气的真实相对密度。

天然气在标准状态下的密度 ρ_n 的实用公式与式(3.57) 相似，其中 p_f、T_f、Z_f 用标准状态的 p_n、T_n、Z_n 替代即可。

因此，天然气标准体积流量 q_n 的计算式还可写成

$$q_{vn}=q_{vf}\frac{p_f T_n Z_n}{p_n T_f Z_f} \tag{3.58}$$

式中　q_{vf}——含义同式(3.55)；

p_f——工作状态绝对压力，MPa，压力实测值；

T_f——工作状态热力学温度，K，温度实测值；

Z_f——工作状态下天然气的压缩因子，按 GB/T 17747.1～3 标准计算；

p_n——标准状态绝对压力，MPa，其值为 0.101325；

T_n——标准状态热力学温度，K，其值为 293.15；

Z_n——标准状态下天然气的压缩因子，按 GB/T 17747.1～3 标准计算。

② 天然气质量流量计算。天然气的质量流量计算式为

$$q_m = q_{vf}\rho_f \tag{3.59}$$

式中 q_m——天然气的质量流量，kg/s，除由式(3.59) 计算外，也可由质量流量计直接测量；

q_{vf}——含义同式(3.55)；

ρ_f——含义同式(3.55)。

工作状态下的天然气密度 ρ_f 可用气体密度计在线进行天然气气流密度的实测，用实测值参与流量计算。如果用式(3.57) 计算 ρ_f 值，应有工作状态下的绝对静压 p_f、热力学温度 T_f 和天然气组分分析数据 y_i（组分摩尔分数），按相应的标准计算天然气的摩尔质量 M_m 和压缩系数 Z_f，最后才能计算出 ρ_f 的值来。

③ 天然气能量流量计算。天然气的能量流量可以由标准体积流量或质量流量乘以发热量 H_s 来计算。

以标准体积流量计算能量流量的计算式为

$$E_n = q_{vn}H_{snv} \tag{3.60}$$

式中 E_n——天然气的能量流量，MJ/s；

q_{vn}——天然气的标准体积流量，由式(3.55) 或式(3.58) 所得结果；

H_{snv}——单位标准体积的高位发热量，MJ/m^3，实测或计算。

以质量流量计算能量流量的计算式为

$$E_n = q_m H_{snm} \tag{3.61}$$

式中 E_n——含义同式(3.60)；

q_m——天然气的质量流量，由式(3.59) 所得结果；

H_{snm}——单位质量的高位发热量，MJ/s，实测或计算。

④ 发热量测量。天然气发热量可采用直接或间接的测量方法获得。对于管网系统，当使用直接测量不经济时，其结算用的发热量也可以用计算方法获得。两种方法都有在线和离线两种方式。

a. 直接测量法。直接测量法可按 GB 12206 标准的要求进行。采用水流式热量计，由水流量稳定调节、天然气流量稳定调节和测量、水温气温测量、气体燃烧和水计量五部分组成。仪器的具体操作方法修正系数计算请参阅 GB 12206—1998《天然气发热量、密度、相对密度和沃泊指数的计算方法》。

b. 间接测量法。间接测量法是采用 GB/T 11062 标准规定的方法测量天然气的发热量，它是基于对天然气组分进行全分析，然后进行计算，各组分含量同各自发热量的乘积之代数和即为天然气的发热量。组分分析一般采用气相色谱法，具体操作方法请参阅 GB/T 13610—1992《天然气的组成分析——气相色谱法》。

⑤ 密度测量。天然气密度可以用天然气密度计在线直接测量，也可离线间接测量。

a. 在线密度测量。在线密度测量是为了求得流过流量计的天然气质量流量。如果要求

得到天然气的标准体积流量，还需得到标准状态下的天然气密度。

对于孔板流量计而言，若在线密度计的样气从上游取压孔取出，样气流入在线密度计，它应以特别低的流速流入，并保证对压力和差压的测量没有影响。

除旋转式容积流量计以外的其他流量计，在线密度计宜安装在流量计下游，以避免流量计入口速度分布被干扰。

从取样口到在线密度计之间的连接管线应尽量短，连接件、管线应绝热保温，以减小环境温度对取样气的影响。

为确保在线密度计所测密度值与流经流量计的密度值相同，应将密度传感器的露出部分和流量计的上、下游适当长度的管路进行隔热。

在线密度计应有样气温度测量，当样气温度同主管道中天然气温度有差异时，应该用修正值进行补偿。

b. 离线密度计算。在计量站取样口取出有代表性的样气，采用气相色谱仪分析出天然气的全组分分析数据，测量出主管道内天然气静压力和流体温度，然后按式(3.57) 计算工作状态下的流体密度。其中摩尔质量 M_m 按标准 GB/T 11062 计算得到；工作状态下压缩系数 Z_f 按 GB/T 17747.1～3 标准计算。

⑥ 几种天然气常用流量计选型指南。不同的准确度要求和不同的使用条件，天然气流量测量可有多种仪表可选，应综合考虑其准确性、可靠性、安全性及经济性等因素后确定，过分追求高准确度会增加不合理的费用。表 3.8 所列是几种天然气常用流量计选型指南。

(2) 标准孔板差压式流量计方法　标准孔板差压式流量计已经成为全世界最主要的天然气流量计。几十年来 AGA Report No. 8 总结了几十项针对天然气计量的专项研究和实践应用，在量的基础上产生了质的飞跃，其标志就是标准化，即使用标准孔板流量计，可以无须实流校准而确定信号（差压）与流量的关系，并估算其测量误差，目前在全部流量计中是惟一达到此标准的。为了消除自身存在的输出信号为模拟信号、重复性不高、范围度窄、压损大等重大缺点，采用了微电子技术、计算机技术、定值节流件和标准喷嘴等技术装置，使其技术水平有了进一步提高。

① 流量计算方法。用来测量天然气流量的标准孔板流量计，就其结构和基本计算公式来说，同测量一般气体的孔板流量计并无二致，有差异的仅仅是计算基本公式中的关键变量工作状态下流体密度 ρ 时，针对天然气的特性有一些专用的方法。AGA Report No. 3 (1990～1992 年第 3 版)《天然气流体计量同心直角边孔板流量计》提供了实用方法。我国在 ISO 5167：2003 的基础上，参考了 AGA 报告了制订了行业标准 SY/T 6143—2004《用标准孔板流量计测量天然气流量》。

GB/T 2624—2006 中给出的质量流量同差压的关系如式(3.1) 所示，由于标准孔板计量方法中规定，采用标准状态的体积流量 q_{vn} 计量天然气，其计算式为

$$q_{vn}=\frac{q_m}{\rho_n} \tag{3.62}$$

式中　ρ_n——天然气在标准状态下的密度，kg/m³。

将式(3.62) 整理后代入式(3.1) 得出标准体积流量 q_{vn} 计算的基本公式为

$$q_{vn}=\frac{C}{\sqrt{1-\beta^4}}\varepsilon_1\times\frac{\pi}{4}d^2\ \frac{\sqrt{2\Delta p\rho_1}}{\rho_n} \tag{3.63}$$

式中　ρ_1——天然气在流动状态下上游取压口处的密度，kg/m³。

表 3.8 天然气常用流量计选型指南

应用因素	旋转式容积流量计	涡轮流量计	涡街流量计	超声流量计	孔板流量计
操作条件下的气体密度	危险增大	最小流量随密度增加而变得更低	最小流量随密度增加而变得更低	在规定密度范围内不受影响	决定测量结果
气中夹带固体	可能堵塞叶轮，需要过滤器	可能有沉积物，叶片可能受损可能影响旋转，需要过滤器	可能有沉积物，非流线体可能受侵蚀，需要过滤器	一般不受影响，如果传感器孔被污垢阻塞，流量计功能会受到影响，建议增加过滤器	可能有侵蚀和沉积物，需加过滤器
气中夹带液体	可能有腐蚀、结垢，结构材料会受影响	可能有腐蚀、结垢，润滑油被稀释，转子出现不平衡	测量导管内可能有液体沉积物，这会影响计量值	可能变坏的信噪比会影响功能，如果传感器孔受阻，流量计功能会受影响	由流量计腐蚀引起的磨损会造成流量误差，孔板端面和孔板取压孔内有沉积物会影响准确度
压力和流量变化	突然变化会造成损坏，因为叶轮的惯性，流量的突变会致使上游或下游管道内压力时高时低	压力突变可能造成损坏	不会造成损坏，但可能造成计量误差	压力突变会造成超声换能器损坏	压力突变会造成损坏
脉动流	不受影响	流量快速的周期变化会使测量结果过高，影响取决于流量变化的频率和幅度，气体的密度和叶轮的惯性	准确度受影响。影响的程度取决于流量变化的频率和幅度	只要脉动的周期大于流量计的采样周期，就不会受影响	准确度取决于仪表响应速度。准确度要受影响
允许误差范围内典型的量程比	30∶1	30∶1，密度越高，流量比越大	30∶1，密度越高，流量比越大	30∶1	10∶1，如果采用双量程差压计
过载流动	可短时间过载	可短时间过载	可过载	可过载	可过载至孔板上的允许压差
增大公称设计能力	增大最大流量需要加大流量计，或增加气路，或提高压力				增大最大流量需要加大孔板流量计内径，或增加气路，或提高压力
供气安全性	流量计故障可能中断供气	流量计故障不造成影响			
流量计及其管道所需配管设置要求	对上下游管道无特殊要求，遵照制造厂的说明，为保证连续供气需加旁通	上下游需直管段长度，长度根据适用标准的安装说明而定		根据GB/T 18604，上下游需直管段长度	依据SY/T 6143，上下游需直管段长度
典型直管长度： 上游 下游	 $4D$ $2D$	 $5D$ $2D$	 $20D$ $5D$	(依据配置) $10D$ $3D$	(依据配置) $30D$ $7D$

注：1. 流量计最初用的型号过大会影响小流量的测量准确度。

2. D 为流量计内径。

根据[21]

$$\rho_1 = \frac{M_a Z_n G_r p_1}{R Z_a Z_1 T} \tag{3.64}$$

$$\rho_n = \frac{M_a G_r p_n}{R Z_a T_n} \tag{3.65}$$

式中　G_r——标准状态下的天然气真实相对密度；

Z_1——天然气在流动状态下上游取压口处的压缩系数；

p_1——天然气在流动状态下上游取压口处的绝对压力，MPa；

T_1——天然气在流动状态下上游取压口处的热力学温度，K；

p_n——标准状态绝对压力，MPa，其值为 0.101325；

T_n——标准状态热力学温度，K，其值为 293.15；

Z_a——干空气在标准状态下的压缩因子；

Z_n——天然气在标准状态下的压缩因子；

M_a——干空气的摩尔质量；

R——通用气体常数。

联解式(3.63)、式(3.64) 和式(3.65)，整理得到天然气标准体积流量计算的实用公式：

$$q_{vn} = A_s C E d^2 F_G \varepsilon_1 F_Z F_T \sqrt{p_1 \Delta p} \tag{3.66}$$

式中　q_{vn}——标准状态下天然气体积流量，m^3/s；

A_s——秒计量系数，视计量单位而定，此式 $A_s = 3.1795 \times 10^{-6}$；

C——流出系数；

E——渐近速度系数，$E = 1/\sqrt{1-\beta^4}$；

d——孔板开孔直径，mm；

F_G——相对密度系数；

ε_1——可膨胀性系数；

F_Z——超压缩系数；

F_T——流动温度系数；

p_1——孔板上游取压口流体绝对静压，MPa；

Δp——气流流经孔板时产生的差压，Pa。

②系数参数确定

a. 相对密度系数 F_G。该系数是在天然气流量实用方程推导过程中定义的一个系数，其值按下式计算

$$F_G = \sqrt{1/G_r} \tag{3.67}$$

真实相对密度 G_r 按 SY/T 6143 式(A.7) 确定。

b. 天然气超压缩系数 F_Z。天然气超压缩系数是因天然气特性偏离理想气体定律而导出的修正系数，其定义式为

$$F_Z = \sqrt{Z_n/Z_f} \tag{3.68}$$

式中　Z_n——天然气在标准状态下的压缩因子；

Z_f——天然气在流动状态下的压缩因子。

F_Z 值按 SY/T 6143 表 A.2.1 或 A.2.2 确定。

c. 流动温度系数 F_T。流动温度系数 F_T 是因天然气流经节流装置时，气流的平均热力学温度 T 偏离标准状态热力学温度（293.15K）而导出的修正系数，其值按下式计算：

$$F_T = \sqrt{\frac{293.15}{T_f}} \tag{3.69}$$

式中　$T_f = t_f + 273.15$；

t_f——为天然气流过节流装置时实测的气流温度，℃。

③ 天然气流量计算实例（孔板开孔直径设计计算）详见 3.8 节。

(3) 气体涡轮流量计方法　气体涡轮流量计是仅次于孔板流量计的被广泛用于天然气流量测量的仪表。

气体涡轮流量计的优点是结构简单，安装方便；外形尺寸相对较小；精确度高；重复性好；范围度宽，可达到 15∶1～25∶1，在高压输气的情况下，范围度还可增大；其输出为脉冲频率信号，因此在同可编程流量显示表配用时，容易得到较低的系统不确定度。近几年来，国内已有不少仪表厂生产这种仪表，并在油气田推广应用。

其不足之处是涡轮高速转动，轴承与轴之间机械摩擦，寿命不很长，因此应注意润滑，可利用制造厂所提供的润滑手段，定期补给润滑油。

另外，高速流动的气体中如果含有较大的固体颗粒，很容易将涡轮叶片打坏，因此，涡轮流量计前的管道上应加装过滤器。

仪表投运步骤：如果计量回路装有旁通阀，应先开足旁通阀，然后开足上游切断阀，再缓慢开启下游切断阀，最后缓慢关闭旁通阀；如果计量回路没有安装旁通阀，则应先开足上游切断阀，然后缓慢开启下游切断阀，防止涡轮受高速气流冲击而损坏。

(4) 气体超声流量计方法　用声学测量技术测量流体流量已有约 40 年的历史，特别是 20 世纪 90 年代以来，随着高速数字信号处理技术和先进的压电陶瓷技术的发展，用气体超声流量计测量天然气流量的技术取得了突破性发展。由于具有高技术的气体超声流量计具有测量范围宽、测量准确度高、无压损及可动部件、安装使用费用低等诸多优点，它已被欧美等国几百家用户用于天然气贸易计量。至今已有美国、荷兰、英国、德国等 12 个国家的政府批准气体超声流量计作为法定计量器具。美国煤气协会已于 1998 年 6 月发布了 AGA Report No. 9《用多声道超声流量计测量天然气流量》。我国主要参考了该报告，并参考了 ISO/TR 12765《用时间传播法超声流量计测量封闭管道内的流体流量》，制订了相应的标准 GB/T 18604—2001《用气体超声流量计测量天然气流量》。

① 基本原理。用来测量天然气流量的超声流量计一般是自带测量管段的由超声换能器等构成的时差法流量计量器具，换能器一般沿管壁安装，且直接同流体接触，由一个换能器发射的超声波脉冲被另一个换能器所接收，反之亦然。图 3.24 所示为 Tx1 和 Tx2 两个换能器的简化几何关系，声道与管道线间的夹角为 φ，管径为 D。在某些仪表中采用了反射声道，此时声波脉冲在管壁上经一次或多次反射。

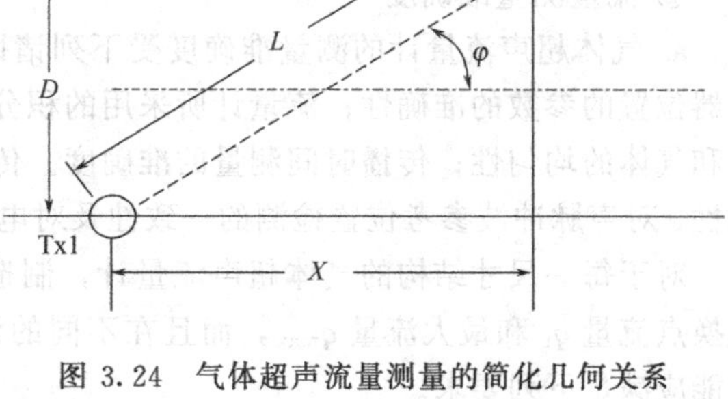

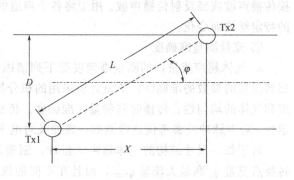

图 3.24　气体超声流量测量的简化几何关系

超声脉冲穿过管道如同渡船河流。如果没有流动，声波将以相同速度向两个方向传播，当管道中的气体流速不为零时，沿气流方向顺流传播的脉冲将加快速度，而逆流传播的脉冲速度缓慢。因此，相对于没有气流的情况，顺流传播的时间 t_D 将缩短，逆流传播的时间 t_U 会增长，根据这两个传播时间，就可以计算测得流速。这就是时差法超声流量的基本原理。

在图 3.24 中，有下面的关系式成立，即

$$t_D=\frac{L}{c+v_m\dfrac{X}{L}} \tag{3.70}$$

$$t_U=\frac{L}{c-v_m\dfrac{X}{L}} \tag{3.71}$$

将式(3.70) 和式(3.71) 联立并解之得

$$v_m=\frac{L^2}{2X}\left(\frac{1}{t_D}-\frac{1}{t_U}\right) \tag{3.72}$$

式中 L——超声在换能器之间传播路径长度，m；

X——声道长度在管轴线的平行线上的投影长度，m；

t_D、t_U——超声顺流传播时间和逆流传播时间，s；

c——超声在静止流体中的传播速度，m/s；

v_m——流体通过换能器之间声道上平均流速，m/s。

其实，式(3.72) 计算得到的流速还只是沿声道方向流体速度的平均值。而用户想知道的是管道横截面上的平均流速 v，由 v_m 计算 v 一般引入一个速度分布校准系数 k_c，即

$$v=k_c v_m \tag{3.73}$$

式中 v——管道横截面上的平均流速；

k_c——速度分布校准系数；

v_m——含义同式(3.72)。

k_c 的数值主要取决于流体的雷诺数。如果声道在通过管道轴线的平面内，则由下式给出 k_c 的一个近似值[22]，即

$$k_c\approx\frac{1}{1.12-0.011\ \lg Re_D} \tag{3.74}$$

对于充分发展的紊流，如果声道不在通过管道轴线的平面内（即倾斜的弦线），则 k_c 系数及它与雷诺数的关系都将不同。在多声道流量计中，这种情况是常见的，因为换能器有多种布置形式，声道可以相互平行，也可能是其他取向。流量计可以沿两个或多个倾斜弦线直接传播声波或经反射传播声波。用于将各个声道的测量值合成为平均流速的方法也随流量计的特定结构而变化。

② 流量测量准确度

a. 气体超声流量计的测量准确度受下列诸因素的影响：流量计壳体几何尺寸和超声传感器位置的参数的准确性；流量计所采用的积分技术；速度分布剖面的质量、气流的脉动程度和气体的均匀性；传播时间测量的准确度。传播时间测量的准确度又取决于电子时钟的稳定性、对声脉冲波参考位置检测的一致性及对电子元件和传感器信号滞后的适当补偿。

对于每一尺寸结构的气体超声流量计，制造厂家应规定流量界限值，即最小流量 q_{min}、转换点流量 q_t 和最大流量 q_{max}，而且在不同的流量区间进行任何校准系数调整之前，测量性能应满足下列要求。

重复性：±0.2%　　$q_t\leqslant q\leqslant q_{max}$　（q 为被测流量，下同。）

±0.4%　　$q_{min}\leqslant q\leqslant q_t$

分辨率：0.001m/s

速率采样间隔：≤1s

最大峰间误差（见图 3.25）：0.7%，$q_t \leqslant q \leqslant q_{max}$

零流量读数（对于每一声道）：<12mm/s

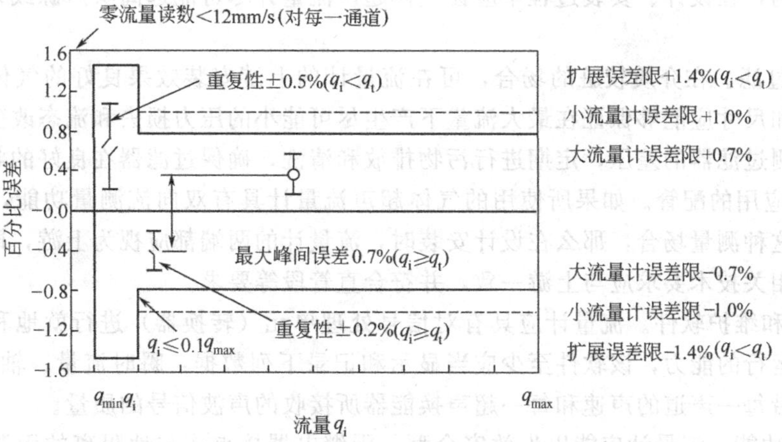

图 3.25 多声道气体超声流量计测量性能要求汇总

气体超声流量计的准确度不仅同流速有关，而且同仪表口径有关。对于小口径仪表，由于声道长度较短，在紊流气体中测量声波传播时间比较困难，因此小口径气体超声流量计的准确度较难提高。

b. 大口径流量计的准确度。在进行任何校准系数调整之前，口径等于或大于 300mm 的多声道气体超声流量计应当满足下列测量准确度要求（见图 3.25）。

最大误差：±0.7%　　$q_t \leqslant q \leqslant q_{max}$

　　　　　±1.4%　　$q_{min} \leqslant q \leqslant q_t$

c. 小口径流量计的准确度。在进行任何校准系数调整之前，口径小于 300mm 的多声道气体超声流量计应满足下列测量准确度要求（见图 3.25）。

最大误差：±1.0%　　$q_t \leqslant q \leqslant q_{max}$

　　　　　±1.4%　　$q_{min} \leqslant q \leqslant q_t$

d. 双向测量的准确度。气体超声流量计具有双向测量能力，而且双向测量的准确度相同。

③ 仪表的使用

a. 适用范围。气体超声流量计适用于 $DN \geqslant 100$mm、$p \geqslant 0.3$MPa（表压）的生产装置、输气管线、储藏设施、配气系统和大用户终端计量站中的天然气计量。

b. 天然气气质要求。流量计所测量的天然气组分一般应在 GB/T 17747 和 GB 17820 所规定的范围内；天然气的真实相对密度为 0.55～0.8。

在可衰减声波的 CO_2 含量超过 10%，或在接近天然气混合物临界密度的条件下工作，或总含硫量超过 460mg/m^3（包括硫醇、H_2S 和元素硫）的情况下，用户应向制造厂提出相应的专门要求。

c. 测量管内附着物的处理。正常输气工况下在流量计测量管内的附着物（如凝析液或带有加工杂质的油品残留物、灰和砂等）会减少流量计的流通面积，影响计量准确度。同时附着物还会阻碍或衰减超声传感器发射和接收超声信号，或者影响超声信号在流量计测量管内壁的反射，因此流量计测量管应定期检查、清洗。

④ 仪表的安装

a. 避开振动环境。气体超声流量计的安装应尽可能避开振动环境，特别要避开可能引起信号处理单元、超声换能器等部件发生共振的环境。

b. 避免声学噪声干扰。来自被测介质内部的噪声可能会对气体超声流量计的准确测量带来不利影响，在设计、安装过程中应让气体超声流量计尽可能远离噪声源或采取措施消除噪声干扰。

c. 气体过滤。在介质较脏的场合，可在流量计的上游安装效果良好的气体过滤器。过滤器的结构和尺寸应能够保证在最大流量下产生尽可能小的压力损失和流态改变。在使用过程中，应监测过滤器的差压，定期进行污物排放和清洗，确保过滤器在良好的状态下工作。

d. 双向应用的配管。如果所使用的气体超声流量计具有双向流测量功能，并且也准备将其应用于这种测量场合，那么在设计安装时，流量计的两端都应视为上游，即下游的管道配置形式及相关技术要求应与上游一致，并符合直管段等要求。

⑤ 组态和维护软件。流量计应具有对信号处理单元（转换器）进行就地和遥控组态及监控流量计运行的能力，该软件至少应当显示和记录下列数据：瞬时流量、轴向平均流速、平均声速、沿每一声道的声速和每一超声换能器所接收的声波信号的质量。

⑥ 报警功能。流量计应能以失效安全型、干继电器接点或与地隔离的无源固态开关的形式提供下述报警状态输出，以便及时采取应急措施。

a. 输出失效：当在管输条件下指示的流量无效时。

b. 故障状态：当若干个监视参数中的任一个在相当的一段时间内超出了正常工作范围。

c. 部分失效：当多路声道的一个或多个无法使用时。

⑦ 零流量检验测试。每台流量计都应进行零流量检验测试，并遵循以下步骤。

a. 在流量计两端装上盲板后，用抽吸或置换的方法将流量测量管内的所有空气排出，压进声速已知的纯气体（通常为氮气）或混合气体，在这个测量腔内保持零流量。

b. 从测试开始，气体的压力和温度应保持稳定。在零流量时，信号的顺流传播时间 t_D 和逆流传播时间 t_U 应是相等的，即

$$t_D = t_U = L/c \tag{3.75}$$

⑧ 实流校准

a. 校准应测试下列流量点：q_{min}、$0.10q_{max}$、$0.25q_{max}$、$0.40q_{max}$、$0.70q_{max}$和 q_{max}。

b. 实流校准应在用户平均操作条件的气体温度、压力和密度下进行。校准时应考虑标准装置的不确定度对测试结果不确定度的合成。

c. 在实流校准测试时，每个流量点至少测试 3 次，每次数据采集时间不得小于 100s，一般为 200s，并取 3 次平均值，在流量下限部分，测试可增加到 5～10 次。

d. 校准完毕，可根据各流量实验点的误差计算校正值，并采用合适的误差修正方法予以修正。

⑨ 现场验证测试要求。气体超声流量计一般都有丰富的自诊断功能，在仪表工作异常时，调阅诊断信息，可获得重要线索。除此以外，还可通过下面的测试和分析，对仪表工作情况作出判断。

a. 零流量测试。在无流动介质的情况下，检查流量计的读数是否为零或在流量计本身规定的允许范围内。

b. 声速测试及分析。首先测出某一工况条件下的实际声速，再计算出相同条件下的理论声速，两者之间的差值应在仪表本身规定的允许范围内。

c. 声道长度测试及分析。首先测量出实际声道长度，然后在零流量条件下，由理论声速和测量出的传播时间计算出声道长度，两者之间的差值应在仪表本身规定的允许范围内。

d. 声道间读数差异检查。对于多声道超声流量计，应检查不同声道在零流量条件下的读数，其读数差异应在仪表本身规定的允许范围内。

(5) 城市天然气流量计的选型　城市是天然气使用的最终用户，城市普遍使用天然气是现代化的标志之一。面对系统繁杂、需求多样的用户群体，要处理许多同输气计量站不同的问题，其显著的特点是：流体压力较低（1.6MPa 以下）；口径较小（DN300 以下）；安装条件差（直管长度不足）；管道维护力量薄弱；要求计量仪表功能简明易懂、操作方便、免维修、价格适中等。在作计量仪表选型时，不仅要考虑用户的经济承受能力，还要兼顾用户单位仪表选型的传统习惯。在众多的流量计类型中，除了上面三种，常见的还有下面几种。

① 旋转式容积流量计。用作天然气计量的旋转式容积流量计主要是气体腰轮流量计，不仅可用来计量干气，也可用来计量湿气（即伴生气）。由于孔板流量计和涡轮流量计不适应测量含有液滴的伴生气，气体腰轮流量计因没有严格要求，所以相对具有一定的优越性。容积式流量计的另一优点是对流动脉动不敏感。

气体腰轮流量计在使用中应注意以下几个问题。

a. 为防卡、堵，流量计前应加装网目数恰到好处的过滤器，并注意排污、检查和清洗过滤网。

b. 仪表投运前应先走旁通，并确保仪表前、过滤器后的管段内没有焊渣等垃圾。投运步骤与前面所述的气体涡轮流量计相同。防止腰轮在超速条件下运行。

c. 应防止计量腔积液，为此，仪表应垂直安装，流量计应高出工艺管线，以便定期排出积液。

d. 容积式流量计运行出现问题时，其上下游压差可能产生相应变化，因此维修人员应经常留心观察此压差，从而对故障是否存在作出判断。

e. 冲洗管道的蒸汽禁止通过流量计。

f. 定期拆洗保养和润滑。

容积式流量计的不足之处是高速转动时噪声较大。转动部分一旦被垃圾卡死就会影响天然气的供应。其另一个特殊的地方是有降压脉动。根据测量原理，腰轮转动时会产生小的压力脉动。通常情况下，此脉动对自身测量无影响，但在用标准表同腰轮流量计串联起来校准时，就有可能对标准流量计的准确度产生影响。

② 旋进旋涡流量计

a. 仪表结构与工作原理。旋进旋涡流量计的结构如图 3.26 所示，它由壳体、旋涡发生器、检测元件和转换显示系统组成。旋涡发生器使气流旋转并产生旋涡流，壳体内的文丘里管及扩散段使涡流发生进动，检测元件将进动频率检测出来。转换和显示系统将检测到的信号放大和转换后经运算在显示器上显示并将信号送二次表处理。

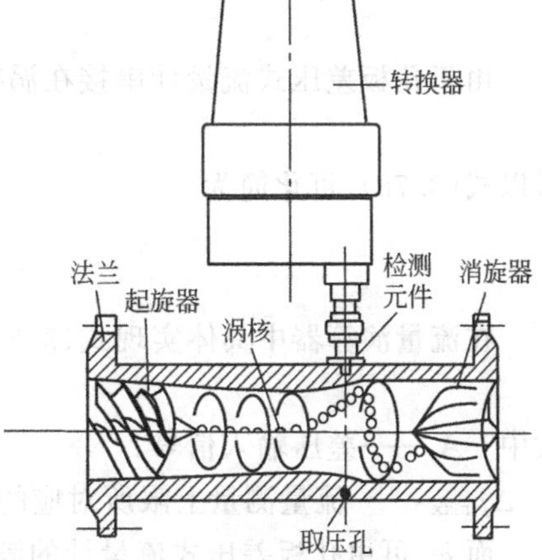

图 3.26　旋进旋涡流量计结构

b. 仪表的特点：工作温度范围宽；范围度大；雷诺数在一定范围内，不受流体温度、压力、密度和黏度影响；适应性强，除含有较大颗粒或较长纤维杂质外，一般不需装过滤器；对上下游直管段要求较低，取上游 $4D$ 和下游 $2D$ 直管段即可；输出频率同体积流量成线性关系。

其不足之处是压损较大，其次，旋进旋涡流量计属流体振动式流量计，对于管道振动和电磁干扰较敏感，所以只能在振动较小、无电磁干扰的环境中使用。

3.2.5 间接法测量组分变化气体的质量流量

众所周知，采用温度、压力和压缩系数补偿的方法可以用来测量气体质量流量，但这仅限于组成稳定或组成只有很小变化的一般气体，这时，组成对流体密度的影响可予忽略，因此对测量示值的影响也可忽略。

对于组成变化较大的气体，组成对流体密度的影响就不能忽略了。例如在炼油厂、石化厂，有些石油加工过程中的石油气组成变化很大，流体标准状态密度在较大的范围内变化。有的可燃气体系统变化范围可达 0.1554～2.0321kg/m³[27]，这时，如果仍然将流体标准状态密度当作常数来处理，最大测量误差就将达百分之几十，这是不允许的。

采用涡街流量计与孔板差压式流量计串联并同流量演算器一起组合而成的测量系统能很好地解决这个问题，其原理框图如图 3.27 所示。

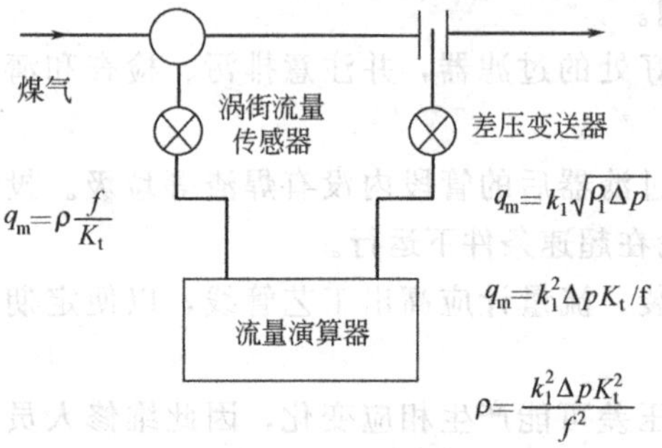

图 3.27 测量组分变化气体的质量流量框图

在该系统中有下面的关系式[27]。

涡街流量传感器数学模型为

$$q_m=\rho\frac{f}{K_t} \tag{3.76}$$

式中 q_m——质量流量；

ρ——涡街流量传感器出口端流体密度；

f——涡街流量传感器输出频率；

K_t——涡街流量传感器工作状态下流量系数。

孔板式差压流量计数学模型为

$$q_m=k_1\sqrt{\rho_1\Delta p} \tag{3.77}$$

式中 k_1——系数；

ρ_1——节流体正端取压口处流体密度；

Δp——差压。

将式(3.77) 平方后除以式(3.76) 得

$$q_m=\frac{k_1^2\rho_1\Delta pK_t}{\rho f} \tag{3.78}$$

由于孔板差压式流量计串接在涡街流量计后面，ρ_1 与 ρ 近似相等，即

$$\rho_1=\rho \tag{3.79}$$

所以式(3.78) 可化简为

$$q_m=\frac{k_1^2\Delta pK_t}{f} \tag{3.80}$$

在流量演算器中具体实现式(3.80) 时，Δp 可由式(3.81) 求得。

$$\Delta p=A_i\Delta p_{max} \tag{3.81}$$

式中 A_i——差压输入信号；

Δp_{max}—— 流量测量上限所对应的差压。

而 k_1 可由孔板差压式流量计的满度条件求得。

从式(3.77) 得

$$q_{mmax}=k_1\sqrt{\rho_{1d}\Delta p_{max}} \tag{3.82}$$

式中 $q_{\rm mmax}$——流量测量上限；

$\rho_{\rm 1d}$——设计状态下孔板正端取压口流体密度。

所以

$$k_1 = q_{\rm mmax} / \sqrt{\rho_{\rm 1d} \Delta p_{\rm max}}$$

因此，将 $K_{\rm t}$、$\Delta p_{\rm max}$、$q_{\rm mmax}$和 $\rho_{\rm 1d}$置入演算器，仪表就能从输入信号 $A_{\rm i}$ 和 f 计算 $q_{\rm m}$。

演算器不仅能计算和显示质量流量，而且能计算和显示密度 ρ。

将式(3.76)、式(3.80) 和式(3.79) 联立解之得

$$\rho = \frac{k_1^2 \Delta p K_{\rm t}^2}{f^2} \tag{3.83}$$

仪表显示的流体密度值可用成分分析仪器测得的混合气体组分值，与经下式计算得到的理论密度进行比较，求得示值误差。

$$\rho_{\rm n} = X_1 \rho_1 + X_2 \rho_2 + \cdots + X_{m-1} \rho_{m-1} + X_m \rho_m \tag{3.84}$$

式中 $\rho_{\rm n}$——标准状态混合气体密度；

X_1，…，X_m——各组分的含量（V/V）；

$$X_1 + X_2 + \cdots + X_{m-1} + X_m = 100\%$$

ρ_1，…，ρ_m——标准状态条件下各组分密度。

工作状态下混合气体理论密度 $\rho_{\rm f}$ 为

$$\rho_{\rm f} = \frac{p_{\rm f} t_{\rm n}}{p_{\rm n} t_{\rm f}} \rho_{\rm n} \tag{3.85}$$

求得理论密度后，还可用式(3.76) 计算理论质量流量，用以校验仪表的质量流量示值。

这一方法尤其适合流体组分变化频繁、变化幅度大的对象，但需两台流量计，对于管径较大的对象，投资略大些。所以，对于组分变化不频繁、变化幅度也不很大的对象，例如天然气流量测量，可用温度、压力补偿，再配上组分修正的方法，更可节约投资。

使用这个方法进行组分补偿时，选择几个变化幅度较大的组分定期用仪器进行分析，并用人工方法修改流量演算器中相应窗口的组分设置值，用新的分析值取代原有的设置值。仪表运行后就可按式(3.84) 和式(3.85) 计算流体密度，进而计算质量流量或标准状态体积流量。

智能流量演算器是工业仪表，采用演算器完成上述演算不仅精确度高，可靠性好，而且安装使用方便。

3.2.6 用科氏力流量计测量组分变化气体的质量流量

近年来，科氏力流量计的制造技术获得了快速发展，例如 CMF100 传感器与 2400S 变送器配用，测量液体时，流体的质量流量精确度可达流量值的±0.05%，而且已延伸到气体流量的测量。应用上述配置的流量计测量气体质量流量，精确度可达流量值的±0.35%。因为它能直接显示质量流量，所以比 3.2.5 节所述的方法更简单、更准确，但因气体管道直径一般比较大，选用科氏力流量计去测量投资很高，所以具体选型时应根据必要性决定取舍。

应用科氏力流量计测量气体流量时还要考虑一个重要问题，即可行性。因为现有的产品测量压力很低的气体流量，目前还有困难，所以选型时应列出具体测量点的工况条件及物性数据，向供应商咨询，确认是否落在可测范围内。

3.3 液体流量的测量

本节以常见的液体水、黏度范围宽广的液体油品和（易蒸发）高饱和蒸气压液体液氨为例，讨论液体流量测量问题，并介绍容积式(椭圆齿轮、腰轮、旋转活塞、刮板、螺杆等)

流量计、多普勒超声流量计、科氏力质量流量计等的工作原理及其在液体流量测量中的应用。

3.3.1 水流量的测量

(1) 水流量测量的特点　水流量的测量难度并不高，不同原理的流量计大多数都可用来测量水的流量，但也不是随便装一台就肯定能用得好的。这是因为同样是水流量测量命题，由于水的洁净程度不同，流体工况条件各异，流量测量范围悬殊，可靠性要求差异，测量精确度要求有高有低以及费用承受能力不一样，仪表的选型也不一样。严格地说，在可供选择的种类众多的仪表中选定一种既好又省的仪表不是一件容易的事。这不仅要求工程师们对各种流量计的特性有充分的认识，对其价格有充分的调查研究，更重要的是对测量对象的具体要求，工况参数和使用环境有足够的了解。

居民用水表可以使用几年甚至十几年不出故障，但是工业生产中使用的相同原理的水表，故障多，寿命也不长。这是因为居民家庭用水是间歇的，水质也较好，而工业生产中的用水一般是连续的，而且水质也可能要差一些。在仪表选型时不能忽视这些差异，不能片面认为普通水表既然在家庭使用可以长命百岁，换到工厂使用也应可长命百岁。

另外，水中的杂物易将仪表卡滞、堵塞，水中的泥沙易在仪表测量管内壁沉积，易将排污阀堵死，这也是系统设计时应予注意的。

(2) 仪表选型

① 用于贸易结算的测量对象。用于贸易结算的测量对象包括自来水流量、原水流量和企业内部自制水流量，计量精确度应达到±2.5%R。若流体为自来水，由于比较洁净，适用的仪表种类很多，但最便宜的应数旋翼式水表；*DN*＞200 后，选用电磁流量计是适宜的，其计量精确度可达±(0.3～1)%R。可根据费用的额度选择合适的型号，一般来说，精确度越高价格越贵。

旋翼式水表有的型号带远传发讯器，所发出的脉冲信号经转换器或二次表也可显示瞬时流量，或与DCS、数据采集系统相连，但这样的配置在使用现场并不多见，这一方面是因旋翼式水表靠旋翼和齿轮系不停地旋转来计量，在连续运行的场合寿命并不长，另一方面是因其耐压等级和温度等级都有一定的局限性。

对于水质不够洁净的测量对象，选用旋翼式水表、容积式仪表和涡轮之类靠旋转部件不停地转动来计量的仪表都是不适宜的，因为转动部分易堵易卡。此类流体有时还难免夹带一些长纤维之类的物体，如麻丝、聚四氟乙烯生料带等，长纤维易挂在涡街流量计的旋涡发生体上，导致仪表失准。这时选用涡街流量计应谨慎。

② 用于过程监视与控制的测量对象。过程监视与控制用的水流量仪表，对测量精确度要求一般不像贸易结算用的那样高，主要考虑的是可靠性、价格和输出信号的种类等。在工矿企业的老装置上，使用最多的仍然是节流式差压流量计。新建装置中，人们更喜欢使用涡街流量计，这是因为节流式差压流量计安装复杂，维护工作量大，压力损失大，露天安装的仪表还需考虑防冻等，而涡街流量计安装和维护都非常简单，因而节流式差压流量计在水流量测量中大有被挤出市场之势。但是涡街流量计只能解决部分水流量测量问题，因为口径较大的涡街流量计价格比同口径的电磁流量计贵，而且口径最大的涡街流量计也只能做到 *DN*300～*DN*400。最小口径的涡街流量计现在是做到 *DN*15，其最小可测水流量为 0.32m^3/h，而电磁流量计的口径从 *DN*2.5～*DN*3000，可测流量从 0.0053～305000m^3/h，因而覆盖范围比涡街流量计宽得多。在能够测量的最低流速方面涡街只能达到约 0.4m/s，而电磁流量计在 0.1m/s 时已能正常测量[28]。

更小的流量值测量属微小流量，请参阅 3.4 节。

大口径电磁流量计价格也很贵，节约的方案是选用插入式流量计，其中常用的有均速管、插入式涡街流量计和插入式电磁流量计等，插入式涡街流量计可测流速下限为0.32m/s，而电磁流量探头可测流量下限无限制，只是误差略大些，约为±(0.2%R+1mm/s)

③ 泥沙含量较高的测量对象。泥沙含量较高的水流量测量对象常见于原水，如果选用的是节流式差压流量计或均速管差压流量计，取压阀和排污阀常被泥沙堵死，影响使用，相比之下，插入式涡街流量计和插入式电磁流量计不会出现此类情况。

大口径水流量计往往流速较低，水中泥沙易在测量管内壁沉积而使流通截面积减小，导致流量示值偏高，所以应定期清理。详见3.5节。

④ 去离子水的流量测量。去离子水和高纯蒸馏水是纯度极高的水，其电导率约比通用型电磁流量计能够测量的电导率小3个数量级，因此不能用电磁流量计测量。

⑤ 污水流量的测量。污水的特点是脏污，有些还有一定的腐蚀性。以管道输送的污水可用电磁流量计测量，通过明渠排放的污水，适合用明渠流量计测量，请参阅3.5节。

⑥ 处于气液相平衡状态的测量对象。处于气液相平衡状态的水，例如锅炉除氧器水箱出口水，若要测其流量，流量计应安装在增压泵之后，如果安装在增压泵之前，由于流体流过流量计总是有一定的压损，处于气液相平衡状态的水由于压力降低而导致部分液体汽化，引起流量计示值偏高。

(3) 电磁流量计的安装

① 直管段长度要求。电磁流量传感器的直管段要求比大部分其他流量计的直管段要求低。90°弯头、T形管、同心异径管、全开闸阀后通常认为只要离电极中心线（不是传感器进口端连接面）5倍直径（5*D*）长度的直管段，不同开度的阀则需10*D*；下游直管段为(2～3)*D*或无要求；但要防止蝶阀阀片伸入到传感器测量管内。

如果阀不能全开使用，应按阀截流方向和电极轴成45°角度安装，附加误差可大为减小。

② 安装位置和流动方向。传感器安装方向水平、垂直或倾斜均可，不受限制。但测量固液两相流体最好垂直安装，自下而上流动，这样能避免水平安装时衬里下半部局部磨损严重，低流速时固相沉淀等缺点。

水平安装时要使电极轴线平行于地平线，不要处于垂直于地平线，因为处于底部的电极易被沉积物覆盖，顶部电极易被液体中可能存在的气泡擦过，遮住电极表面，使输出信号波动。图3.28所示管系中，c、d为适宜位置；a、b、e为不宜位置。b处可能会出现液体不充满的情况，a、e处易积聚气体，且e处传感器后管段也有可能不充满，排放口最好适当翻高。对于固液两相流c处也不适宜。

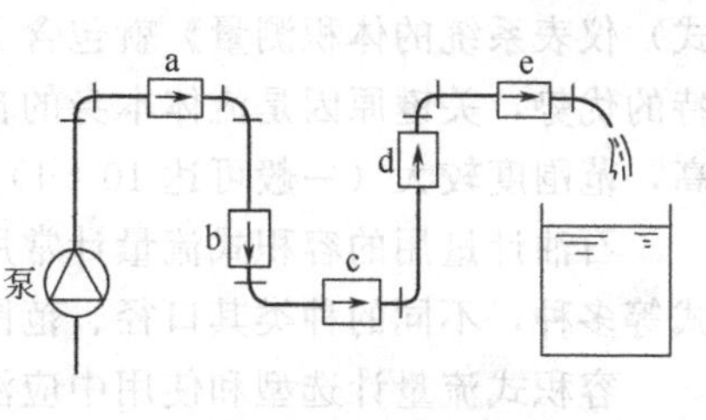

图 3.28　传感器安装位置
a、b、e—不良；c、d—良好

图3.28的要求不仅适用于电磁流量计，也适用于测量液体流量的其他流量计。

③ 转换器安装和连接电缆。分体式电磁流量计的转换器应安装在传感器附近便于读数和维修的地点，也可安装在仪表室，其环境条件可比传感器好得多。

转换器和传感器之间的距离受制于被测介质电导率和信号电缆型号，即电缆的分布电容、导线截面和屏蔽层数等。要用制造厂随仪表所附（或规定型号）的信号电缆。电导率较低的液体和传输距离较长时，也有规定用三层屏蔽电缆的。一般仪表“使用说明书”对不同电导率液体给出相应传输距离范围。单层屏蔽电缆用于工业用水或酸碱液体时，通常可传送距离为 100m。

为了避免信号受干扰，信号电缆必须单独穿在经良好接地的钢质保护管内，绝对不能将信号电缆与电源线穿在同一根钢管内。

3.3.2 石油流量的测量

(1) 石油流量测量的特点 石油是国民经济的血液，一年数亿吨的石油在采集、输送、储存、加工及分配等各个环节需要用大量的流量测量仪表。由于石油在各个不同环节所表现出来的特性差别很大，计量数据用途也有不同，所以仪表选型、使用等也有很大差异。

与其他液体计量相比，石油流量测量有下列主要特点。

① 石油品种较多，不同品种之间差异较大。

a. 中低黏度石油产品如煤油、柴油，黏度不高，温度不高，流体洁净，对测量无苛刻的要求。

b. 高黏度油品如原油、重油、渣油等，黏度较高，为了便于输送，往往被加热到较高温度。流体中含有固态杂质，流量测量前须严格过滤。

c. 低黏度油品如汽油、液化石油气，黏度很低。

② 计量精确度要求高。用于贸易结算的油品计量，必须达到规定的精确度，以保证供需双方的利益。GB 17167 规定，分厂（车间）和重点用能设备能耗考核用汽油、柴油、原油计量应达到 0.5%R 精确度；进出企业结算用汽油、柴油、原油计量应达到 0.35%R 精确度，而在大宗油品计量中，计量精确度的要求更高，意义更大。例如经原油交接计量站计量的原油，一个站每年约为数百万吨，千分之一的误差就将引起每年 100 万元的结算差额。

③ 应考虑在线实流校准。用于石油计量的流量计，一般口径较大，拆下送检极不方便，一般应有实流校准设施或留有连接标准表的接口，以便进行在线实流校准。

④ 质量流量测量。大多数情况下以质量流量结算。

⑤ 流体易燃易爆。

(2) 仪表的选型和使用

① 容积式仪表的使用。容积式流量计在石油产品的计量方面有悠久的使用历史，石油行业积累了丰富的经验，其中 ISO 2714：1980《液态烃——用除计量泵以外的定排量（容积式）仪表系统的体积测量》就包含了很多实践经验[29]。容积式流量计在石油计量中具有独特的优势，关键原因是流体本身的自润滑作用，使这种仪表能长期、稳定运行，而且精确度高，范围度较大（一般可达 10：1）。

石油计量用的容积式流量计常用的有椭圆齿轮式、腰轮式、螺杆式、旋转活塞式、刮板式等多种，不同的种类其口径、范围和适用的流体黏度也不同。

容积式流量计选型和使用中应注意如下几点。

a. 精确度与流量范围度有关。同一台仪表如果额定精确度等级较高，只能在较低的范围度内得到，如果想得到较大的范围度则必须要降低精确度等级。例如，各类转子式液体仪表范围度为 5：1 时，基本误差为±0.2%R；范围度为 10：1 时，则降为±0.5%R。表 3.9 是不同口径 0.2 级腰轮流量计在不同油品条件下应用能获得的流量范围。

b. 流体黏度对测量误差有一定影响。与涡轮流量计等其他流量计相比，黏度影响较小，此外，还与许多其他流量计随黏度增大而误差增大不同，黏度增大因间隙间泄漏减小而性能改善。图 3.29 所示是液体黏度对一台腰轮流量计基本误差的影响。

表 3.9 腰轮流量计测量范围（精确度：±0.2%，流量单位：m^3/h）

容量形式	口径/mm	使用条件 \ 通用流体	石油类					
			汽 油	煤 油	轻 油	A重油	B重油	C重油
		黏度/mPa·s	0.5～	2～	5～	10～	50～	150～
35	25	间 断	1.5～3.4	1～3.4	0.5～4	0.5～4	0.15～4	0.08～4
		最 高	4	4	4.5	4.5	4.5	4.5
38	25 40	间 断	2～6	1.5～6	0.7～6.5	0.4～6.5	0.2～6.5	0.1～6.5
		最 高	7	7	8	8	8	8
41	40 50	间 断	3～12.5	2.6～12.5	1.5～14	0.6～14	0.4～14	0.2～14
		最 高	15	15	17	17	17	17
45	50	间 断	8～34	5～34	3～38	2～38	1～38	0.5～40
		最 高	40	40	45	45	45	45
47	80	间 断	12～46	8～46	6～50	4～50	2～50	1～50
		最 高	55	55	60	60	60	60
51	80 100	间 断	25～110	20～110	15～115	10～115	5～115	3～115
		最 高	130	130	140	140	140	140
52	100 150	间 断	40～135	30～135	18～145	13～145	7～145	4～145
		最 高	160	160	175	175	175	175
54	100 150	间 断	45～165	40～165	20～180	15～180	8～180	5～180
		最 高	200	200	220	220	220	220
57	200	间 断	50～280	40～280	30～310	20～310	12～310	10～310
		最 高	310	310	350	350	350	350
59	250	间 断	90～400	50～400	40～450	30～450	20～450	12～450
		最 高	450	450	500	500	500	500
保证精确度的范围度			1∶2.5	1∶3.6	1∶5			

注：1. 连续——可连续工作 8h 以上的流量范围。
2. 间断——仅能工作 8h 以内的流量范围。
3. 最高——只能瞬时工作（不保证精确度）的最大流量。

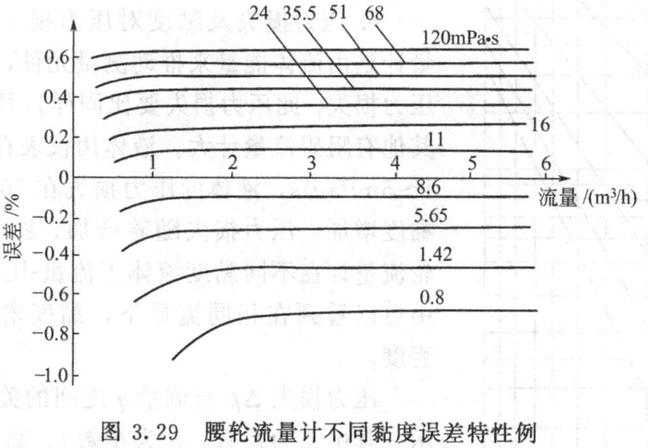

图 3.29 腰轮流量计不同黏度误差特性例

从图中可看出，在 0.8～11mPa·s 黏度范围内，黏度影响较大，黏度从 5.65mPa·s 下降到 0.8mPa·s，误差负向增大约 0.5%；在 11～51mPa·s 时，黏度对仪表误差仍有明显影响；黏度大于 51mPa·s 时，黏度对误差影响已不明显[15]。上述只是实验一例，间隙不同，黏度影响程度也不同。由此可见，精确度要求越高的测量，越要注意黏度带来的误差影响。

对于 0.2 级精确度容积式流量计，测量过程中黏度不能有很大变化，才能保证精确度。

图 3.29 所示的是流体黏度在一个较宽广的范围内变化时被试仪表所表现出来的误差，而在实际应用中，一个具体的测量对象其流体黏度变化范围是比较窄的，用户在订货的时候要向制造厂提供具体黏度数据，制造厂对产品校准时，设法将常用黏度条件下的误差校正到最小。

容积式流量计校准时的液体黏度与实际使用的液体黏度应尽量接近，但往往做不到这一点，因为一套标准装置要为各方面的用户服务，要用来校准多种类型的流量计。此时可用两种黏度上下相邻的液体校准，再按下式用线性内插方法求得误差。

$$E=E_2+(E_1-E_2)\frac{\mu_1(\mu-\mu_2)}{\mu(\mu_1-\mu_2)} \tag{3.86}$$

式中 E——实测液体黏度的误差，%；

E_1、E_2——分别为用比实测液体黏度大、小的液体校准的误差，%；

μ——实测液体的黏度，mPa・s；

μ_1、μ_2——分别为比实测液体黏度大、小的液体黏度，mPa・s。

c. 不同型式的仪表适用黏度范围有较大差异。用于油品测量的容积流量计常用的有椭圆齿轮式、腰轮式、螺杆式、刮板式、旋转活塞式等，其中螺杆式对高黏度流体的适应性最佳。

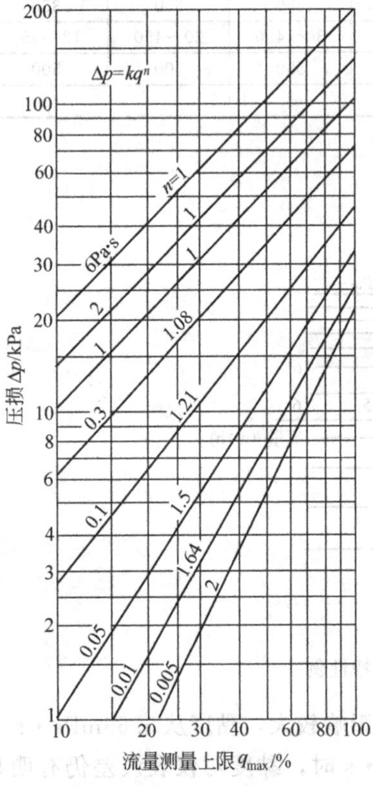

图 3.30 椭圆齿轮流量计压力损失与黏度关系例

d. 流体温度对测量误差的影响。容积式流量计的测量误差同仪表计量室容积和间隙大小密切相关。流体温度升高时，计量室容积增大。转动部件每转一周，通过仪表的液体量相应增大。例如椭圆齿轮流量计计量室和齿轮均为铸钢时，测量值变化+0.36%/10℃[30]；均为铸铁时，测量值变化+0.33%/10℃；计量室为铸铁，齿轮为铸铝时，则为+0.14%/10℃[15]。

e. 压力损失及黏度对压力损失的影响。容积式流量计是由流体能量来推动测量元件，因此带来相当高的压力损失。此压力损失要比同样口径和流量的涡轮式或其他有阻碍流量计大。液体用仪表在最大流量时黏度为 1～5mPa・s，液体的压力损失在 20～100kPa 之间。若黏度增加，压力损失随着增加。图 3.30 所示为椭圆齿轮流量计在不同黏度液体下流量-压力损失曲线[15]，从中可以看到在相同流量下，黏度增加造成压损增加的程度。

压力损失 Δp 与流量 q 之间的关系可用 $\Delta p=kq^n$ 表示（其中 k 为系数，n 为指数）。黏度在 5mPa・s 以下时 $n=2$，在 500mPa・s 以上时 $n=1$；在两者之间时，$n=1.9$～1.1。

f. 间隙对压力损失的影响。在转子式容积流量计中，转子同壳体之间的间隙直接影响压力损失。在测量高黏度介质时，有时采用加大转子与壳体之间间隙的方法，以减小由黏性而引起的剪切力，降低压力损失。图 3.31 所示为同一种黏度、同一口径、不同间隙的腰轮流量计的 $\Delta p=f(q)$ 曲线[31]。

g. 用于测量液化石油气时需特殊处理。液化石油气（LPG）槽车发送，加油站加液常用容积式流量计（如螺杆式）计量。石油气的组成以丁烷为主，常处于气液平衡状态，环境温度变化引起 LPG 温度相应变化，从而使得其压力相应变化，夏季压力常高于 2MPa，此压力还受其组成影响。LPG 的密度较小，介于 0.51～0.58g/cm^3 之间，是其组成、温度和压力的函数。

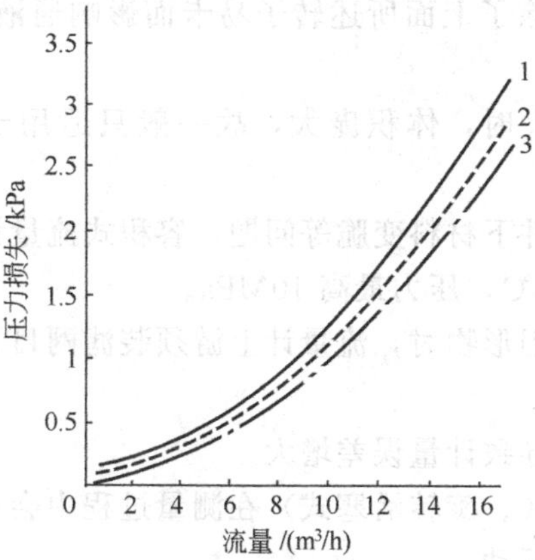

实测项目	间隙/mm		
	端　面	侧　面	转子间
1	0.05	0.02	0.08
2	0.11	0.13	0.24
3	0.35	0.32	0.68

图 3.31　间隙与压力损失的关系（重油 $\eta=18.4\times10^{-6}m^2/s$）

LPG 的黏度很低，低于汽油的黏度 0.7mPa·s 很多，仅为 0.10～0.17mPa·s[6]。用水（黏度约 1mPa·s）校准的容积式流量计用于测量 LPG，仅黏度影响就可能带来－0.5%左右示值偏差和最小流量值升高；此外，还有润滑性差带来的影响。为了改善这种影响，仪表必须有外加润滑剂的润滑系统。

由于 LPG 处于气液平衡状态，故压缩系数较大，压力升高体积压缩达（0.44～0.73)%/MPa，常用适当的方法予以补偿。

LPG 系统在任何时候即使停止运行，仪表、泵等也需充满液体，尽量避免空管或半空。因为未充满时液体蒸发，在仪表等器件表面析出沉积物，沉积垢屑将磨损仪表，缩短使用寿命。

h. 预防转子卡死。转子式容积流量计转子一旦卡死，液体就无法通过，因此在设计、操作和维护时都应注意，预防转子卡死。

在设计阶段应考虑在仪表前加装过滤器，如果液体中固体较多，可分多级过滤，前级滤网目数少，后级滤网目数逐级增多。在维护时应注意过滤器的定期排放清理。如果没有停车排放的机会，可并联设置过滤器，用阀门切换轮换清理。

仪表投运时应谨慎操作，切换速度不能太快，防止热冲击对机械部件的损伤。还应防止因操作不慎引起流量计两端过大的压差，导致仪表损伤。正常的操作顺序应是先打开旁通阀（如图 3.32 所示），冲走管道内可能存在的焊渣、铁锈等，然后缓慢开启上游切断阀，让仪表温度缓慢升高（如果流体是经预热的），待温度平衡后，缓慢开大下游切断阀，最后徐徐关闭旁通阀，并注意观察流量示值，不让流量超过上限值太多。

对于锅炉等设备燃油计量用的容积式流量计，为了防止断油带来严重后果，往往采用两路供油，并分别测其流量，也可采用两台流量计并联使用。

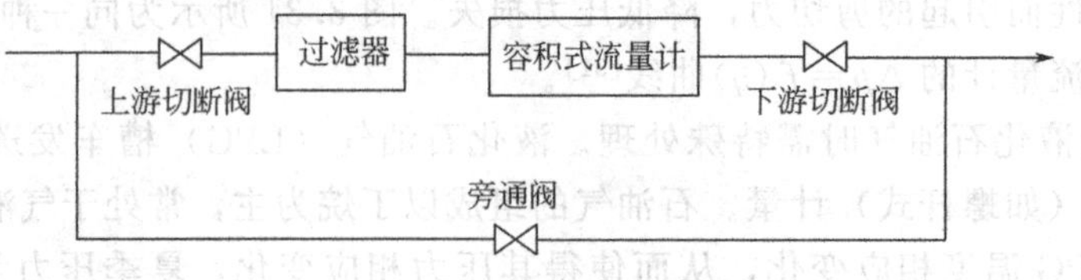

图 3.32　管道连接图

用蒸汽冲洗管道时，禁止蒸汽通过流量计。

i. 容积式流量计的缺点。容积式流量计的缺点除了上面所述转子易卡而影响通液之外，主要还有下面几点。

- 结构复杂，体积大，笨重，尤其是口径较大时，体积庞大，故一般只适用于中小口径。
- 由于高温条件下零件热膨胀、变形，低温条件下材料变脆等问题，容积式流量计不适用于高低温场合，流体温度范围只能达到－30～160℃，压力最高 10MPa。
- 对流体洁净程度要求高，当含有颗粒等各种固形物时，流量计上游须装滤网目数足够多的过滤器，并要经常清理，维护工作量大。
- 转动部分长期运转，引起机械磨损，一般都导致计量误差增大。
- 部分型式容积流量计（如椭圆齿轮式、腰轮式、旋转活塞式）在测量过程中会引起流动脉动，较大口径仪表噪声较大，甚至使管道产生振动。

② 不同类型容积式仪表的特点

a. 椭圆齿轮流量计。安装在计量腔内的一对相互啮合的椭圆齿轮，在流体的作用下交替相互驱动，各自绕轴旋转。齿轮与壳体之间有一新月形计量室，齿轮每转一周就排出 4 份固定的容积，因此由齿轮的转动次数就可计出流体流过的总量。其原理如图 3.33 所示。

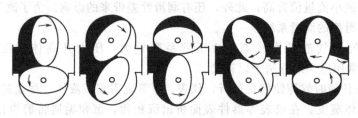

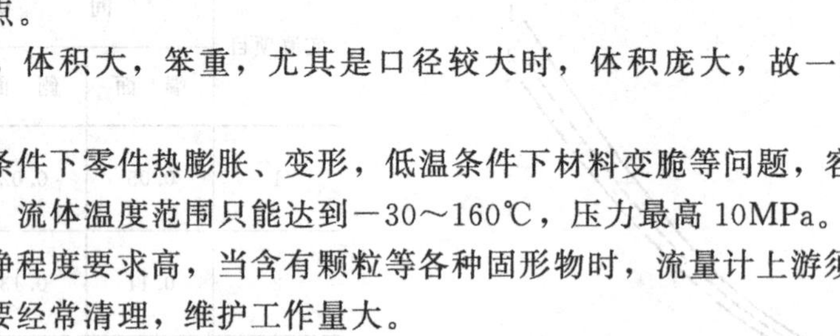
图 3.33　椭圆齿轮流量计工作原理

椭圆齿轮流量计对流体的清洁度要求较高，如果被测介质过滤不清，齿轮很容易被固体异物卡死而停止测量。其另一不足之处是齿轮既作计量之用又作驱动之用，使用日久齿轮磨损后，齿轮与壳体之间所构成的新月形计量室容积相应增大，齿轮与壳体之间的间隙也相应增大（导致泄漏增大），这两个因素都使得仪表示值偏低。在仪表超负荷运行时，磨损加速，上述情况变得更加严重。

对于高黏度液体，仪表的活动测量元件负荷增加。椭圆齿轮流量计为了减少液体在齿隙间挤压负荷，有时在齿轮上开若干沟槽卸荷（≥150mPa・s 时），大于 500mPa・s 时，则采用缺齿的椭圆齿轮。

b. 腰轮流量计。在腰轮流量计中，由腰轮同壳体所组成的计量室和腰轮转数实现计量，其原理如图 3.34 所示。

由于同计量精确度密切相关的是腰轮，而驱动由专门的驱动齿轮担任，因此，驱动齿轮的磨损不影响计量精确度。另外，根据力学关系分析，主动轮对从动轮的驱动，驱动力由驱动轮传递，两个腰轮之间无明显摩擦，所以腰轮磨损极微小，这一特点使得腰轮流量计能长期保持较高的测量精确度。

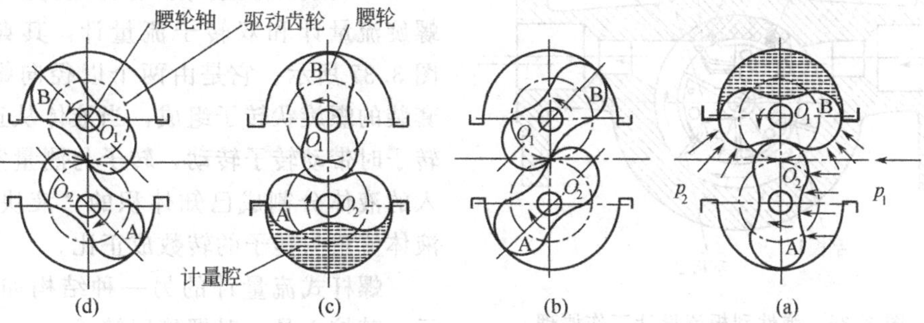

图 3.34　腰轮流量计工作原理

c. 旋转活塞式流量计。旋转活塞式流量计工作原理如图 3.35 所示。其显著的特点是其最大、最小流量比相同口径的其他容积式流量计都小，如表 3.10 所示，主要用于各种工业炉窑燃油计量。由于结构关系，该原理仪表必须水平安装。投入使用前必须利用所设的排气螺塞进行排气，才能保证计量精确度。

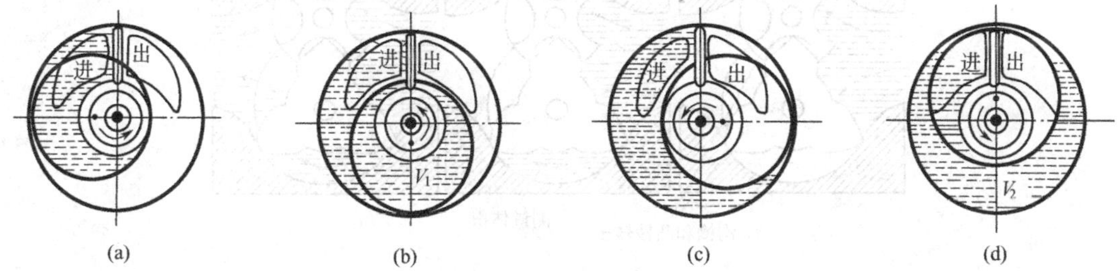

图 3.35　旋转活塞流量计工作原理

表 3.10　几种容积式流量计的允许流量值

通径/mm	流量/(L/h)	旋转活塞流量计	腰轮流量计	椭圆齿轮流量计
*DN*15	最大流量	250	2500	1800
	最小流量	25	250	180
*DN*25	最大流量	1600	6000	6000
	最小流量	160	600	600

d. 弹性刮板式流量计。前面所述的几种容积式流量计虽然具有较高的计量精确度，但有一个共同的弱点，即要求流经流量计的介质相当清洁，介质中固体颗粒不得大于转子与壳体之间所存在的最小间隙，否则会造成流量计卡死或因磨损而误差显著增大。故要求在流量计的上游安装过滤器，过滤网的目数必须根据所采用的流量计合理选择。但在杂质量较多的场合，过滤器极易堵塞，需进行频繁的清洗，使管线无法正常输液，例如未经处理的井口原油。

弹性刮板流量计是一种结构独特的容积式流量计，其结构如图 3.36 所示。作为计量部件的转子和刮板与计量腔为弹性接触，刮板具有很大的回弹余地。所以，即使介质中含有较多杂质、固体粒度较大，也可正常工作，不会发生卡死和严重的磨损现象。与腰轮流量计相

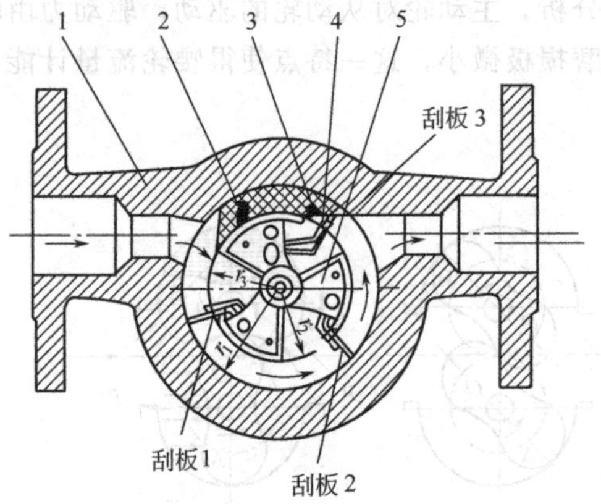

图 3.36 弹性刮板流量计工作原理

1—壳体；2—嵌条；3—挡块；4—刮板；5—转子

比，具有运行无脉动和噪声小的优点。但计量精确度不如腰轮高，一般能做到±1%R；使用氟橡胶作弹性材料时，使用温度可达130℃。

e. 螺杆式流量计。螺杆式流量计也有称双螺旋流量计和双转子流量计，其典型结构如图 3.37 所示。它是由两个以径向螺旋线间隔套装的螺旋状转子组成，当液体从正方向流经转子时带动转子转动，转子与测量室壳体将流入的液体分割成已知体积的“液块”并排出，液体流量与转子的转数成正比。

螺杆式流量计的另一种结构如图 3.38 所示，其核心是一对螺旋回转子。

螺杆式流量计具有椭圆齿轮、腰轮流量计等高精确度的优点，但消除了椭圆齿轮、腰轮流量计等所固有的流量脉动和噪声大的缺点。

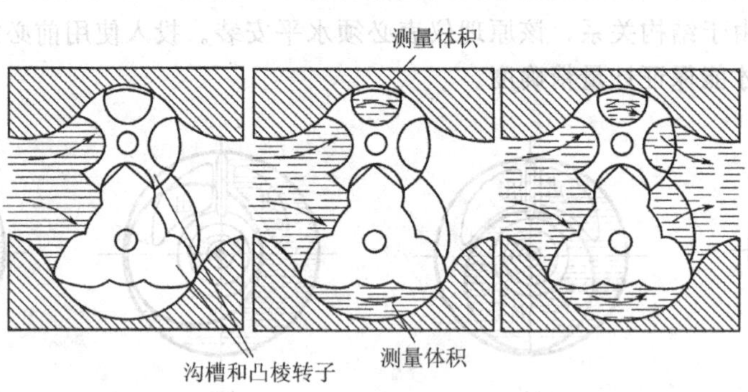

图 3.37 螺杆式流量计工作原理

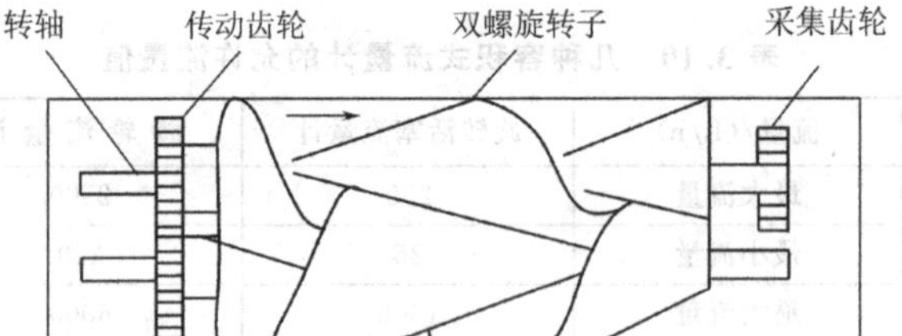

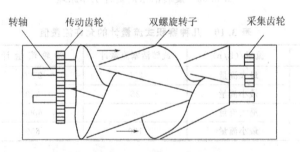

图 3.38 双螺旋回转子螺杆流量计工作原理

由于特殊设计的螺旋转子，使得转子转矩一定，等速回转，等流量，无脉动，无噪声。

由于一对转子排量大，所以相同流量上限的仪表，螺杆式流量计体积小得多，重量也轻。

范围度宽，最大可达 300∶1。但当液体黏度很高（>100mPa·s）时，因流量上限受仪表两端压差制约，范围度有一定程度下降。

表 3.11 所示为典型的螺杆式流量计测量范围[32]。

表 3.11 双螺旋流量计的量程范围（液体黏度≤100mPa·s）

型号	口径/mm	最小流量/(m^3/h)	最大流量/(m^3/h)	型号	口径/mm	最小流量/(m^3/h)	最大流量/(m^3/h)
PDH-15	38.1	0.0249	11.4	PDH-60	152.4	0.906	306.6
PDH-25	63.5	0.1134	34.08	PDH-100	254.0	2.952	908.4
PDH-40	101.6	0.3408	102.18	PDH-120	304.8	4.542	1249.08

③ 涡轮流量计的使用。涡轮流量计在石油成品流量测量中应用得也很广，这主要是因为石油本身是良好的润滑剂，在流量测量过程中能对轴和轴承进行良好的润滑，有利于仪表的长时期可靠运转。轴和轴承经特殊设计的涡轮流量计甚至在难度较高的液化石油气流量测量中，也能获得成功应用。

a. 优点

● 精确度高，对于液体，国内产品能做到±(0.2～0.5)%R，国外产品有的可达到±0.15%R。

● 重复性好，短期重复性可达 0.05%，如经常校准，可得到非常高的准确度，在定量发料、定量装桶操作中都能获得理想效果。

● 输出脉冲频率信号，在与批量控制仪、流量显示表连接进行信号处理中，可基本做到不增加误差。

● 范围度较宽，最大和最小流量比可达 6∶1～10∶1，中大口径甚至可达 40∶1。

● 惯性小，响应快，时间常数为 1～50ms，变化速率较低的脉动流量引入的误差可忽略[21]。

● 结构简单、紧凑、轻巧，安装维护方便，流通能力大。如果发生故障，不影响管道内液体的输送。

● 耐高压，可用于高压流体的测量。

● 耐腐蚀，传感器采用耐腐蚀材料制造，能耐一般腐蚀性介质腐蚀。

b. 缺点

● 涡轮轴承与轴之间的摩擦导致磨损，使仪表准确度发生变化，所以用于贸易结算的表计须定期校准。现在有的产品采用宝石轴承和镍基碳化钨轴，使耐磨性得到根本改进，准确度可保持 3～4 年不变。

● 一般涡轮流量计不适用于高黏度流体，随着黏度的增大，流量计测量下限值提高，范围度缩小，线性度变差。

● 对流体的洁净程度要求较高，流量计前应加装过滤器，滤网目数与仪表口径有关，小口径目数多些，大口径目数少些。

c. 仪表精确度与其范围度有关，这一点同容积式流量计相似。仪表的误差随相对流量变化的典型曲线如图 3.39 所示，即在 20%～30%FS 处仪表出现误差的“高峰”，其原因人们尚在讨论之中[31]。在实际应用中，要避开误差大的区间才能获得高的精确度，因而引起范围度的缩小。在批量发料和定量装桶操作中，仪表运行在非常狭小的流量范围内，这时能得到极高的准确度。

d. 仪表精确度与黏度的关系。对于同一台涡轮流量计，当所测流体的黏度变化时，其测量精确度和范围度都会有明显的变化。黏度升高，范围度缩小，误差向负方向移动，如图 3.40 所示。因此，黏度和温度都较高的场合不宜使用涡轮流量计。

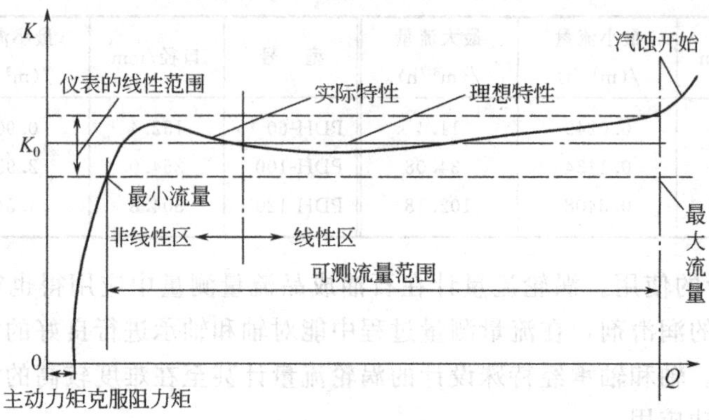

图 3.39 涡轮流量计特性

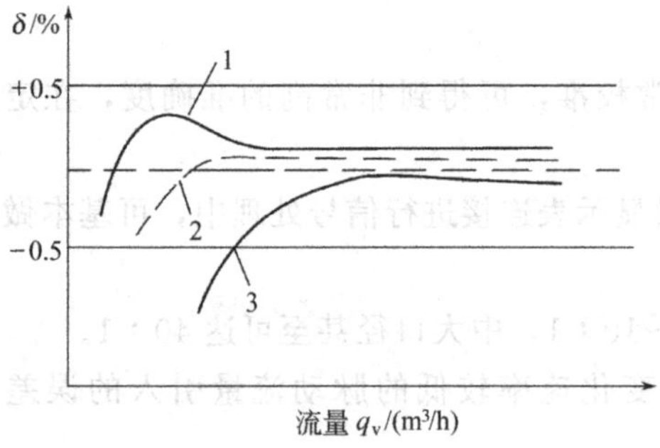

图 3.40 流体黏度的影响
1—水 ($1\times10^{-6}m^2/s$)；2—煤油 ($2\times10^{-6}m^2/s$)；
3—重油 ($25\times10^{-6}m^2/s$)

e. 材料的热膨胀引入误差的修正。当实际使用流体温度同校准时有很大差别时，就需按下式对仪表常数进行修正。

$$K_t = K_0[1-(\beta_R+2\beta_H)(t-t_0)] \quad (3.87)$$

式中 K_0——校准时的仪表常数，P/L；

K_t——使用时的仪表常数，P/L；

t_0——校准时的流体温度，℃；

t——使用时的流体温度，℃；

β_R——叶轮材料的温度膨胀系数，$℃^{-1}$；

β_H——壳体材料的温度膨胀系数，$℃^{-1}$。

f. 防止产生气穴。流体流过涡轮流量计总是有一定的压力损失，如果被测流体为易汽化的液体或干脆就处于气液平衡状态，则在流量计叶轮处很容易出现液体的部分汽化，并在叶轮的出口侧产生气穴。由于液体汽化时体积膨胀，导致仪表示值显著偏高。遇到这种情况，应设法使流量传感器出口端压力高于式(3.88)计算的最低压力。

$$p_{min} = 2\Delta p + 1.25p_0 \quad (3.88)$$

式中 p_{min}——最低压力，Pa；

Δp——传感器最大流量时压力损失，Pa；

p_0——被测液体最高使用温度时饱和蒸气压，Pa。

g. 能测量双向流的涡轮流量计。这种流量计至少有两个信号检测器，流量显示仪表同这两个检测器配合能鉴别信号的相位，从而对流向作出判断。仪表分别累积“正”向流量总量、“逆”向流量总量，并计算“正”“逆”向总量之差，最后予以显示。瞬时流量显示不仅有数值，而且有代表流动方向的符号。

④ 差压式流量计。前面所述的容积式流量计、涡轮流量计主要是因精确度高，在油品计量中获得广泛应用，但寿命和可靠性不尽如人意，尤其是转子式容积流量计安全性不高，因此在过程控制油品流量测量中，因精确度要求不高，首先满足可靠性，常优先选择差压流量计。例如石油炼制过程中的油品流量测量，各种工业炉窑、锅炉等燃油流量测量。

差压式流量计在油品流量测量中的应用同在水流量测量中的差异主要是黏度和冷却后易堵两个问题，有些牌号的油品黏度较高，为了不使流量测量下限被抬高，常常选用喷嘴节流装置。原油、重油、渣油等被加热后才能在管道中正常输送的流体，为了防止因冷却而堵塞引压管线，常采用冲洗油隔离和干脆取消引压管线而采用带隔离膜片的法兰式差压变送器直接装在取压口上。有些测量对象，流体中杂质含量较高，标准节流装置易因固形物沉积和对锐缘的磨损而失准，常采用楔形节流件[34]，如图 3.41 所示。图中的冲洗油经恒节流孔对取压口连同短管进行连续冲洗，高低压管冲洗流量近似相等，对仪表零点的影响可以忽略。这一措施一方面可防止黏稠物堵塞取压管，另一方面在流体温度很高时，可以降低与差压变送器测量头接触的流体温度。

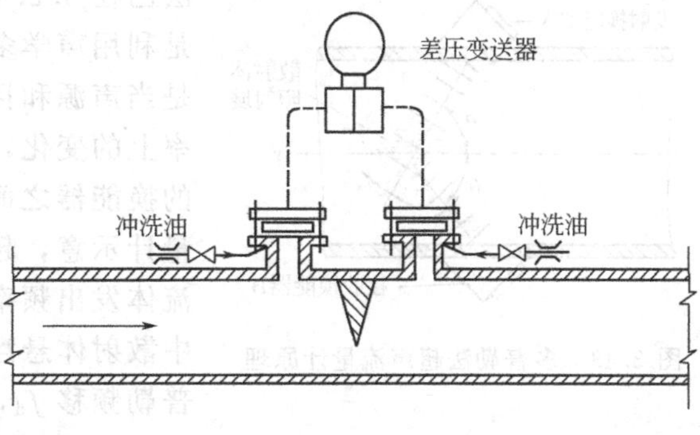

图 3.41　带冲洗楔形流量计示意

⑤ 内锥式流量计。内锥式流量计（V-Cone flowmeter）是美国 MCCROMETER 公司于 20 世纪 80 年代研制推向市场的一种新型差压式流量计。其结构如图 3.42 所示。

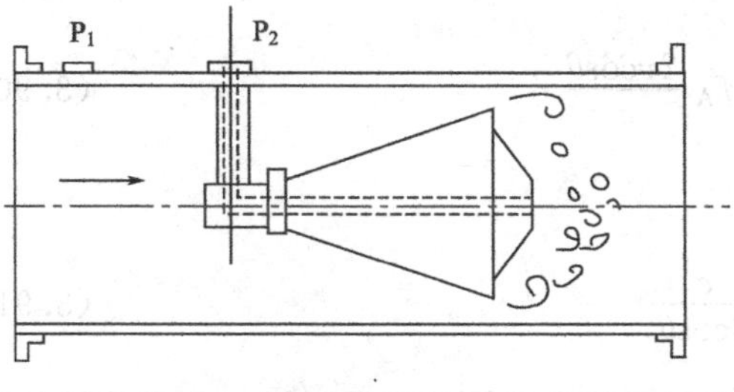

图 3.42　内锥式(V-Cone) 流量计

由于它用悬挂于管道中央的一个锥形桶来节流，因此耐磨性好，在测量含有固体颗粒的液体时，有显著的优越性。由于流体在内锥与管壁之间所构成的环缝中流过，所以在测量湿气体和饱和蒸汽时，不会积液。由于流体在由内锥与管壁所构成的环形通道中流过时，流通截面积逐渐缩小，流速加大，因而具有整流作用，所以对上游阻流件不敏感。由于它须在流量标准装置上逐台标定，而且可以将标定点误差在二次表中进行校正，所以精度可以提高。在测量气液、气固两相流方面有明显的优势。

在仪表口径较小、环形通道宽度较窄时，建议在内锥流量计前面安装过滤器，以防直径较大的固形物卡在通道内，引起示值偏高。

⑥ 超声流量计。近几年来，超声流量测量技术已发展得相当成熟，价格也在降低，其突出的优势和应用领域主要体现在以下方面。

流量换能器可不与被测介质直接接触，流体的高压、含有较多杂质以及易凝固、易结晶等恶劣条件都不对流量测量构成威胁。近几年来，超声流量计应用于重油、燃油流量测量的实例逐渐多起来。

夹装式超声流量计虽然精确度不高，但安装方便，常用于流量监视和过程控制，尤其适合无停车机会的场合。还常用来作其他流量计的比对手段，即在怀疑已经装设的液体流量计失准时，将其夹装在相应的管段，同被校表进行比对。这一用途在本书第 6 章中作了介绍。

近几年有的公司推出的多声道超声流量计精确度达到±0.5%R。有的适用于气体，有的适用于清洁的液体，可用于贸易交接。

在超声流量计应用中，以下几方面需正确处理。

a. 正确选型。超声流量计按工作原理分有传播时间法和多普勒（效应）法。前一方

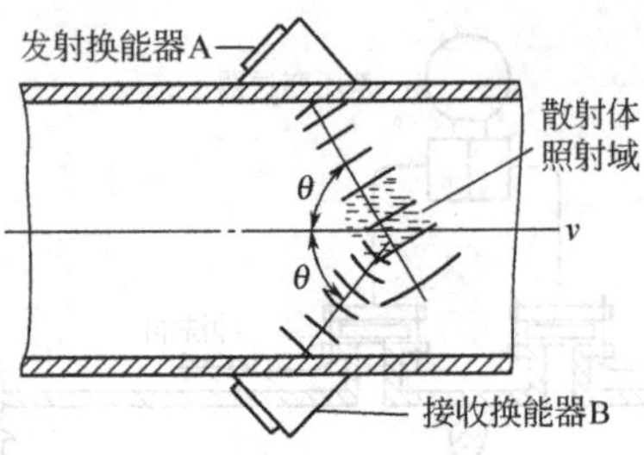

图 3.43 多普勒法超声流量计原理

法已在 3.2.4 节作了扼要介绍，而多普勒（效应）法是利用声学多普勒原理确定流体流量的。多普勒效应是当声源和目标之间有相对运动时，会引起声波在频率上的变化，这种频率变化正比于运动的目标和静止的换能器之间的相对速度。图 3.43 所示是多普勒流量计示意，超声换能器安装在管外，超声换能器 A 向流体发出频率为 f_A 的连续超声波，经照射域内液体中散射体悬浮颗粒或气泡散射，散射的超声波产生多普勒频移 f_d，接收换能器 B 收到频率为 f_B 的超声波，其值为

$$f_B = f_A \frac{c + v\cos\theta}{c - v\cos\theta} \tag{3.89}$$

式中 v——散射体运动速度，m/s；

c——超声波在静止流体中的传播速度，m/s；

θ——声道角。

多普勒频移 f_d 正比于散射体流动速度，即

$$f_d = f_B - f_A = f_A \frac{2v\cos\theta}{c} \tag{3.90}$$

移项整理得

$$v = \frac{f_d}{f_A} \times \frac{c}{2\cos\theta} \tag{3.91}$$

在液体流量测量中，传播时间法超声流量计适用于洁净流体的流量测量，而多普勒超声流量计适用于固相含量较多或含有气泡的液体。

超声流量计的精确度差异很大。在传播时间法超声流量计中，大管径的带测量管的多声道流量计，精确度较高，基本误差一般可达到±(0.5～1)%R，也有高达±0.15%R，夹装式可达到±(1～3)%R。而多普勒法超声流量计一般可达到±(3～10)%FS，但当固体粒子含量基本不变时，可达±(0.5～3)%FS。

b. 黏度对仪表示值的影响。式(3.91) 所示的流体流速其实只是换能器声道上的流体平均流速，而人们要测量的是整个流通截面上的平均流速，由于整个截面上流速分布的不均匀，由式(3.91) 测得的流速 v 计算平均流速时还得进行流速分布系数修正，此系数是流体雷诺数的函数。图 3.44 示出此修正系数同雷诺数的关系。从图中可以看出，流体在从层流向紊流过渡的区间修正系数 K 存在明显的突变[35]，这对仪表示值影响较大，而且带有一定的随机性，因为当被测流体为黏度较高的油品时，黏度随温度有大幅度的变化，很难准确计算流体的雷诺数以进行恰到好处的修正。所以在流速较低、$Re_D<5000$ 时，流量测量精确度难以提高，具体应用时应尽量避开这一段。

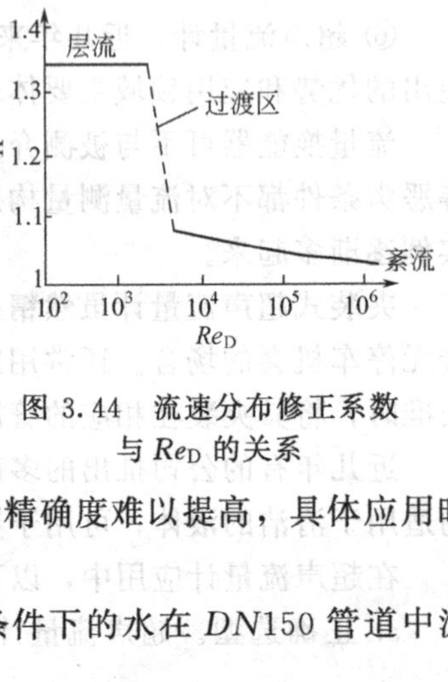

图 3.44 流速分布修正系数与 Re_D 的关系

对于黏度较低的液体，这个问题却不用担心，例如常温条件下的水在 $DN150$ 管道中流

动，$Re_D=5000$ 所对应的流速低于 0.05m/s，在流速如此低的条件下，超声流量计精确度指标原本就定得很低，所以用户不会计较。

c. 注意换能器的耐温等级。换能器的耐温等级一般有低、中、高温三种，其中高温换能器适用的流体温度可达 210℃，当被测流体为重油、渣油时，由于流体温度较高，换能器连同耦合剂都应选高温型。

⑦ 科氏力质量流量计

a. 工作原理。科里奥利质量流量计（Coriolis mass flowmeter）简称科氏力质量流量计，它是基于下述原理工作的。

当一个位于一旋转体内的质点作向心或背离旋转中心的运动时，将产生一惯性力，如图 3.45 所示。当质量为 δ_m 的质点以匀速 v 在一个围绕固定点 P 并以角速度 ω 旋转的管道 T 内移动时，这个质量将获得两个加速度分量：其一是轴向加速度 a_r（向心加速度），其量值等于 ωr^2，方向朝向 P；其二是横向加速度 a_t（科里奥利加速度），其量值等于 $2\omega v$，方向如图 3.45 所示，与 a_r 垂直。

为了使质点具有科里奥利加速度，需在 a_t 的方向施加一个大小等于 $2\omega v\delta_m$ 的力，这个力来自管道。反向作用于管道上的反作用力就是科里奥利力 $F_c=2\omega v\delta_m$。

从图 3.45 可看出，当密度为 ρ 的流体以恒定流速 v 沿图中所示的旋转管道流动时，任何一段长度为 Δx 的管道都将受到一个大小为 ΔF_c 的横向科里奥利力：

$$\Delta F_c=2\omega v\rho A\Delta x \tag{3.92}$$

式中 A——管道的内截面积。

由于质量流量 δq_m 可表示为

$$\delta q_m=\rho vA \tag{3.93}$$

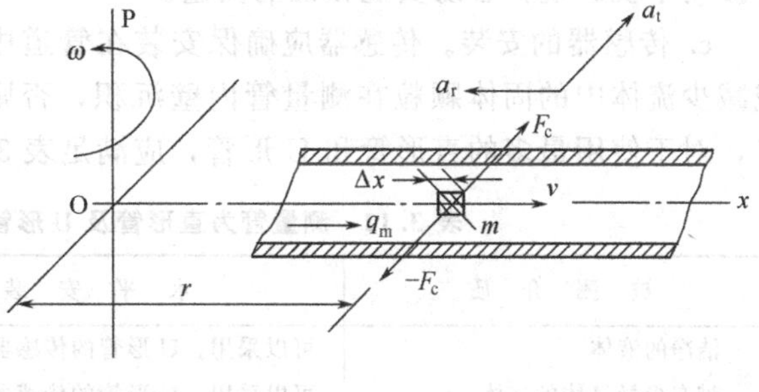

图 3.45 科里奥利力

因此

$$\Delta F_c=2\omega\delta q_m\Delta x \tag{3.94}$$

由此可以看出，通过（直接或间接）测量在旋转管道中流动的流体施加的科氏力就能测得质量流量。

b. 优点。科氏力质量流量计投入工业应用之后，尽管售价高，但仍以其不可替代的许多优点取代部分容积式流量计、速度式流量计、差压式流量计等，稳定地占领市场。其优点主要如下。

- 直接测量质量流量，有很高的测量精确度。
- 可测量流体范围广泛，包括高黏度流体、液固两相流体、含有微量气体的液气两相流体以及密度足够高的中高压气体。
- 上、下游管路引起的旋涡流和非均匀流速分布对仪表性能无影响，通常不要求配置专门长度的直管段。
- 流体黏度变化对测量值影响不显著，流体密度变化对测量值影响也极微小。
- 有多路输出，可同时分别输出瞬时质量流量或体积流量、流体密度、流体温度等信号。还带有若干开关量输入输出口，某些型号仪表能实现批量操作。
- 有双向流量测量功能。

c. 缺点

- 零点稳定性差，影响其精确度的进一步提高。
- 不能用于测量密度较低的介质，如低压气体。
- 液体中含气量稍高一些就会使测量误差显著增大。
- 对外界振动干扰较为敏感。
- 不能用于较大管径，目前只能做到 $DN150 \sim DN300$。
- 测量管内壁磨损、腐蚀、沉积结垢会影响测量精确度。
- 压力损失大，尤其是测量饱和蒸气压较高的液体时，压损很易导致液体汽化，出现气穴，导致误差增大甚至无法测量。

d. 测量管结构特点。各个制造商所设计的科氏力质量流量计的测量管形状各不相同，可分成两类，即弯曲形和直形，设计成弯曲形是为了降低刚度，因而可比直形管管壁取得厚一些，仪表性能受磨蚀、腐蚀影响减小，但易积存气体和残渣，引起附加误差。此外，弯形管组成的传感器重量和体积都比直形管大。

直形管不易积存气体，也便于清洗。垂直安装时，流体中的固体颗粒不易沉积在管壁上。传感器尺寸小，重量轻，但刚度大，管壁相对较薄，测量值受磨蚀、腐蚀影响大。

测量管段数又有单管和双管之分。其中单管型易受外界振动干扰影响；双管型可降低外界振动干扰影响，容易实现相位的测量。

e. 传感器的安装。传感器应确保安装在管道中充满被测流体的位置上，并应尽量消除或减少流体中的固体颗粒在测量管内壁沉积，否则仪表的测量性能将下降。为了做到这两点，对于使用最多的直形管和U形管，应满足表 3.12 所列的要求。

表 3.12 测量管为直形管及 U 形管的传感器安装方式指南

被测介质	水平安装	垂直安装(旗式)
洁净的液体	可以采用。U形管的传感器箱体在下	可以采用。流向为自下而上通过传感器
带有少量气体的液体	可以采用。U形管的传感器箱体在下	可以采用。流向为自下而上通过传感器
气体	可以采用。U形管的传感器箱体在上	可以采用。流向为自上而下通过传感器
浆液(含有固体颗粒)	可以采用。U形管的传感器箱体在上	可以采用。流向为自上而下通过传感器

科氏力质量流量计的原理和结构都决定了外界振动对它会造成影响，因此流量传感器的安装场所应尽量远离大功率泵、电机等振动干扰源。

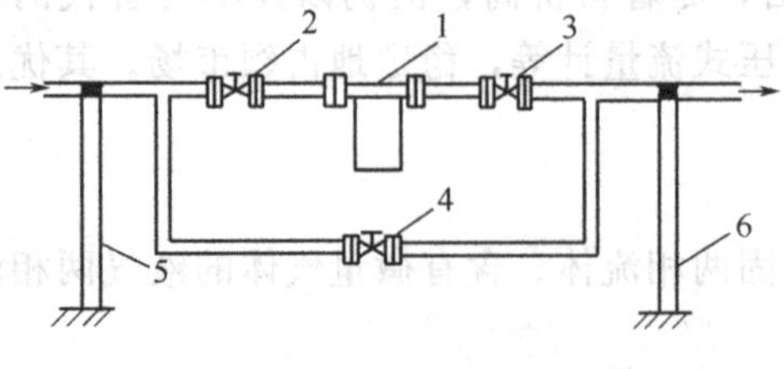

图 3.46 流量传感器在水平管道上的安装
1—传感器；2～4—阀门；5、6—支架

在传感器与管道的连接中，做到“无应力”是至关重要的，这对减小整机零点漂移起决定性作用。所谓“无应力”是指要力求避免或减少因安装因素造成的应力，为此，传感器的安装应采用坚固的支架，支架支撑的部位如图 3.46 和图 3.47 所示。在相连接的管道振动无法避免时，传感器与管道之间应采用挠性连接或通过膨胀节减小振动。

传感器如需串联（或并联）使用，不但传感器之间要保持适当的距离，而且串联（或并联）传感器之间的工艺管道上应安装牢固的支架，因为传感器之间的工艺管道能将每一个传感器测量管的振动在传感器之间作不同程度的传送，从而产生一定的相互干扰，这些干扰振动会造成流量计零点不稳定，并对流量计的调整造成困难。在这种场合，也可要求制造厂错开两传感器的振动频率。

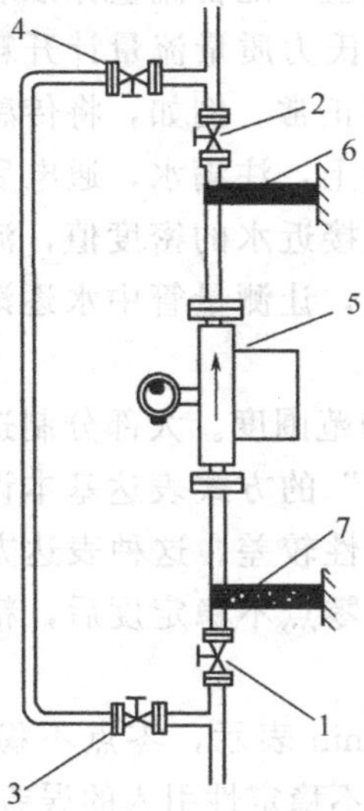

图 3.47 流量计“旗式”安装

1～4—阀门；5—传感器；6、7—支架

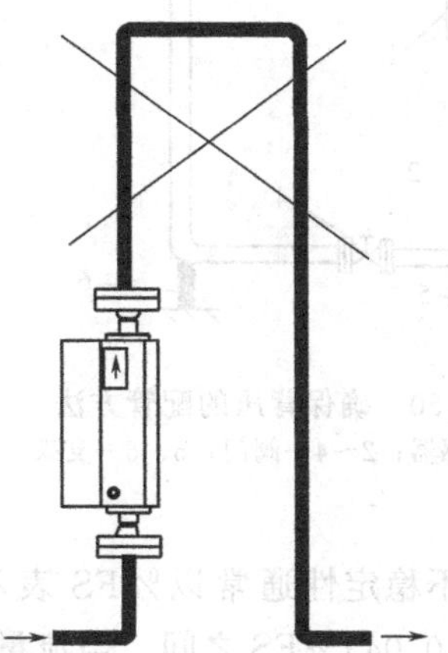

图 3.48 静压被抵消的配管

图 3.48 所示的配管方法，虽然流量计出口管也有 2m 的高度，但因此管道升高后又降低，静压被抵消，所以背压仍无保证。

图 3.49 所示的配管方法也是容易犯的错误。由于出口端无液封，空气易从出口窜入管道，并逐渐上升，不仅流量计背压保证不了，而且管道内不能保证充满液体，所以仪表往往无法正常工作。

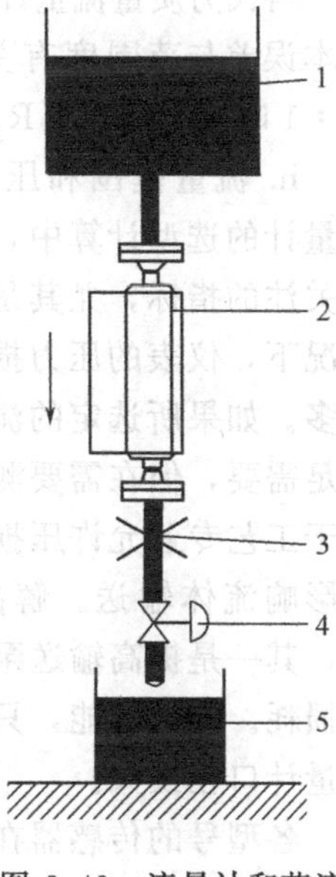

图 3.49 流量计和节流孔安装位置示意

1—储液槽；2—传感器；3—节流孔；4—截止阀；5—计量槽

流量计的使用必须满足背压要求。在测量液化的气体或热溶剂，以及有析出气体趋向的介质时，为防止汽蚀的产生，必须保证安装在管路中的传感器有足够的背压。背压是指传感器下游端口处流体的压力，一般常在距传感器下游端口 3L（L 为传感器长度）之内的管道处测量。最小背压指标为 $p \geqslant A\Delta p + Bp_0$，式中，$\Delta p$ 为流量计压损；p_0 为最高工作温度下介质的饱和蒸气压；A、B 为系数，视流量传感器的结构及介质的性质而定，一般由实验得出。目标是避免管路系统中任何一处的压力不低于管内液体的饱和蒸气压，以防液体汽化。

直管型流量计测量管刚度大，谐振频率高，由于上述的各种原因，当背压不足时，对测量管的振动稳定性会造成一定影响。实验表明，零流量时，流量测量管内至少要保持 0.02MPa（表压）的静压力。要做到这一点，将传感器装在上升管的较低部位，而且传感器下游上升管道的高度应不低于 2m（视介质密度而定），如图 3.50 所示。

零漂的检查与调整零点不稳定性会对仪表输出引入系统误差。仪表零点应在初次安装或安装有所改变后进行调整，有些仪表的零点要在工作温度、压力和密度下调整。对振动管弹性温度补偿的不当可导致零点偏移误差。在仪表运行的第 1 个月内建议每周检查一次零点，

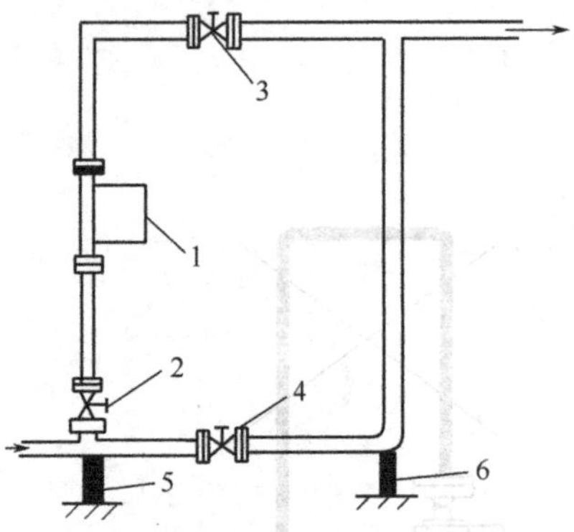

图 3.50　确保背压的配管方法

1—传感器；2～4—阀门；5、6—支架

如零点变化小，可减少检查次数。

f. 仪表的开箱检验。配备流量标准装置的单位是极个别的，因此，科氏力质量流量计开箱后多采用简易的方法判别其是否正常。例如，将传感器的一端用盲板封住，另一端朝上，注满水，通电后检查变送器输出，其密度示值应接近水的密度值，流量示值应接近零。打开下端盲板，让测量管中水逐渐流出，密度显示值应下降。

g. 测量精确度与范围度。大部分制造商以“量程误差加零点不稳定度”的方式表达基本误差，这是因为这种仪表零点稳定性较差。这种表达方式初看上去精确度很高，但计入零点不稳定度后，精确度并不怎么高。

零点不稳定性通常以%FS 表示，也有以流量值 kg/min 表示，零点不稳定度一般在 ±(0.01～0.04)%FS 之间。当流量为下限流量时，因零点不稳定性引入的误差是很可观的，所以仪表选用时，应将口径选得尽可能小一些，这样可将零点不稳定度的数值减小，提高实际得到的测量精确度，但压力损失增加。

科氏力质量流量计的范围度大部分在 10：1～50：1 之间，有些则高达 100：1～150：1。基本误差与范围度有关，例如 Micro Motion 公司 D 系列产品在 10：1 时为 ±0.36%R，20：1 时为 ±0.58%R。

h. 流量范围和压力损失。在科氏力质量流量计的选型计算中，压力损失是需要给予特别关注的指标，尤其是在被测流体黏度较高的情况下，仪表的压力损失比其他原理流量计高得多。如果所选定的流量计其流量测量范围能满足需要，但在需要测量的最大流量附近压损大于工艺专业允许压损，就会导致因阻力过大而影响流体输送。解决这一矛盾的方法有两个，其一是提高输送泵的扬程，这必将增加动力损耗。如无可能，只得牺牲测量精确度，将流量计口径换大。

各型号的传感器在其技术指标中，都会给出传感器的压损与流体质量流量、流体黏度之间的对应曲线图，这些压损曲线是根据理论计算与实验数据相结合而绘制的。图中所有曲线都是在介质密度为 1000kg/m^3 的条件下得出的，而且都给出了几种黏度参数在全流量范围内的传感器压损。图 3.51 是流量传感器的一张典型压损曲线图。图中 μ=1mPa·s 相当于常温下水的黏度，μ=0.01mPa·s 相当于大部分气体的黏度。这两根曲线是斜率较大的直

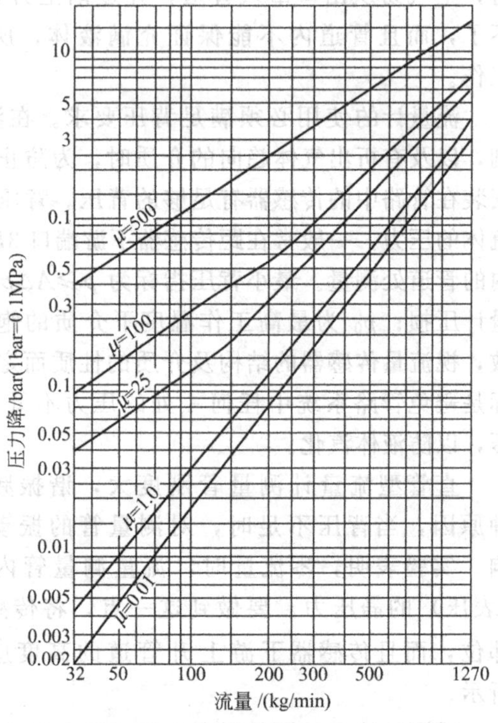

图 3.51　D150 流量传感器压损线列图

(μ 为动力黏度，单位为 mPa·s)

线，表示在图示的流量范围内，流动处于紊流状态，压损 Δp 同流量 q_m 之间基本为平方关系。$\mu=500\text{mPa}\cdot\text{s}$ 是高黏度流体，相应的曲线是斜率较小的直线，表示在图示的流量范围内，流动处于层流状态，压降同流量之间呈线性关系。$\mu=25\text{mPa}\cdot\text{s}$ 和 $\mu=100\text{mPa}\cdot\text{s}$ 是中等黏度曲线，分别由斜率不同的两段直线组成，每条折线的节点表示层流与紊流的临界流量点。

当实际介质密度不为 1000kg/m^3 或实际黏度与图中标注黏度不相同时，就要进行换算，具体换算方法可参阅文献［37］第 104 页。

i. 液固混合流的测量。科氏力质量流量计测量含有少量固体的液体流量时，一般都能取得很好的成绩，但当流体中的固体具有强磨蚀作用或为软固体时，就应按流体的特点选用合适类型的测量管。

固体含量较高或含有软固体的流体，很容易在测量管中堵塞。对于双管型测量管，测量管的内径一般不到仪表名义口径的一半，是易堵的原因之一，其次是测量管的形状，在各种形状的测量管中，直形管最不容易堵塞。另外，流体的特性也很重要，有些流体中的固形物由于外形尺寸较大，相互之间摩擦系数大，非常容易堵塞。

测量管一旦被堵塞，如果测量管形状是弯曲的，则疏通非常困难，因此最好的办法是选用直形测量管。

有文献报道[38]，用科氏力质量流量计测量沥青石墨糊流量，也工作得很好，但缺少经长时间运行后测量管磨蚀情况数据和仪表精确度变化数据。有的文献介绍用垂直安装的直形测量管测量磨蚀作用强的流体，效果最好。

j. 高黏度流体的测量。原油、重油、渣油等具有较高黏度的液体，以前大多采用容积式流量计、靶式流量计等测量流量，现在已有很多改用科氏力质量流量计，可靠性好，准确度高。流量计配以伴热保温，即使仪表为间歇使用也不致凝结堵塞。但也存在一些需注意的问题，如介质黏度较高，容易在测量管管壁上黏结，形成“挂壁”现象，从而对测量管的振动频率产生影响，降低测量准确度。当工艺条件为间歇进料时，这一问题更要予以注意。“挂壁”问题主要通过管线吹扫和良好的伴热保温来解决，因此在安装时就得配置适当的清扫系统和伴热保温系统。

高黏度流量测量的另一个问题是在黏度较高时仪表压力损失大，在同一个流量条件下，黏度越高压损越大。此黏度高到一定程度就要影响流体输送，为了防止此有害情况的出现，需要监视流体温度。简单的办法是将流量计输出通道中的一个经组态用于流体温度显示报警。

伴热保温的方法常用的有电热带和蒸汽。有的文献建议不要采用电热带，因为电热带伴热易因供热过多导致传感器线圈过热，而用蒸汽伴热，因伴热管中蒸汽已进入饱和状态，在采用中低压蒸汽伴热的情况下，即使传感器箱体内温度升到与饱和蒸汽温度一样高，也不致达到烧毁线圈的温度。

k. 含气液体的测量。制造商通常声称含有百分之几体积比游离气体的液体对流量示值影响不大，但其影响值无具体数据。然而有关文献提供的信息表明，液体中含有游离气体对流量示值的影响，不同设计的仪表差异很大，流体的压力、流速、黏度、气体在液体中的分布状态等不同，带来的影响也不一样。因此，最好在流量计上游加装消气器。

l. 温度对流量示值的影响。流体温度和环境温度的变化都会对仪表的示值产生影响，尽管流量计中已对测量管温度作了测量，并已对此影响作了补偿，但补偿无法做到恰到好处，这种影响是通过测量管的弹性模数起作用的。有的制造商做过温度影响试验，所以能够提出影响量指标，还有不少制造商提不出影响量指标。表 3.13 列出了部分产品的介质温度影响量。由于出厂检验所用介质是常温条件下的水，如果实际使用时介质温度较高，则造成的实际影响是可观的。

表 3.13　介质压力、温度变化对流量示值的影响

传感器型号	介质压力变化影响量/%实际流量·psi^{-1}	介质温度变化影响量/%额定流量·$℃^{-1}$
DS300S,DS300H	−0.009	±0.004
DS600S	−0.005	±0.004
DS300Z	−0.009	±0.004
DL100	−0.005	±0.002
DL200	−0.009	±0.004

注：1psi=6894.76Pa。

m. 压力对流量示值的影响。早期仪表制造商的样本和使用说明书等技术文件通常声称科氏力质量流量计的流量示值不受流体温度、压力、密度和黏度变化的影响，然而使用实践证明并非如此。这种流量计因为测量精确度较高，有很大部分用于贸易交接。一根管道将交接双方连接起来，在供需双方各装一套流量计，而且往往是同一制造厂的同一型号规格产品。由于输送距离较远，流体的温度、压力、密度、黏度等参数都会有一定变化，于是引发计量差量[38,39]，制造厂处于非常被动的地位，只得投入人力、财力作进一步研究，并收到一定效果。例如 Micro Motion 公司在其新的样本中对其不同型号的产品的流体静压影响作了表述。表 3.13 所列是部分产品介质压力变化影响和介质温度变化影响。由于出厂检验时所用的压力是 0.1～0.2MPa，所以在实际使用压力较高时，造成的实际影响也是可观的。对压力影响进行补偿的常用方法有两个。一是在线补偿，适用于流量变送器中带有压力补偿功能的产品，另装一台压力变送器，并将信号送入流量转换器，然后在转换器组态时指定补偿功能和压力信号对应的上下限压力值[40]。另一方法是离线补偿，适用于压力较稳定的对象，从常用压力值计算出流量校正值，然后在转换器组态中将流量标定系数予以校正。温度变化因其影响值是正负双向，还不能予以校正。

n. 密度对流量示值的影响。流体密度变化对流量示值的影响虽不很大，但在精密计量中仍需引起注意。Danfoss 公司对自己的科氏力质量流量计产品所做的试验也证明存在密度影响。10mm 口径仪表，介质密度为 2kg/L 的流量示值与 1kg/L 相比，相差−0.1%；0.5kg/L 介质与 1kg/L 相比，相差+0.06%。

对密度影响进行补偿的前提条件是制造商提供密度影响量的数据，其次是掌握具体测量对象的流体密度，然后计算校正值予以校正。

o. 密度输出信号用于判断流体品质或类别。经科氏力质量流量计测量的流体有时品质会发生变化，这种品质的变化往往表现为流体密度的变化，于是利用流量计的密度测量功能同具有逻辑判断功能的显示、控制仪表（计算机）配合，可对此品质进行监视。例如待测流体存放在储罐中，料液和料中所含水分在罐中分层，罐中料液经流量计计量发往另一设备或工序时，在料液即将抽尽前，先是料液和水的过渡层进入流量计，这时仪表的密度示值会有明显变化，从而关闭阀门，确保料液品质。

p. 在液体双组分流测量中的应用。对于互不相溶的双组分液体，设 ρ、ρ_1、ρ_2 分别为双组分流体的密度及两种组分各自的密度；x_1、x_2 分别为两组分的体积流量百分含量；r_1、r_2 分别为两种组分的质量流量百分含量。于是

$$\rho=\rho_1 x_1+\rho_2 x_2$$

$$x_2=1-x_1$$

$$r_1=\frac{\rho_1}{\rho}x_1$$

$$r_2=\frac{\rho_2}{\rho}x_2$$

实际应用中，ρ 值可由质量流量计测得，ρ_1、ρ_2 是已知的或经化验可得到的。于是可导出

$$x_1=\frac{\rho-\rho_2}{\rho_1-\rho_2} \tag{3.95}$$

$$x_2=\frac{\rho_1-\rho}{\rho_1-\rho_2} \tag{3.96}$$

$$r_1=\frac{\rho_1}{\rho}\times\frac{\rho-\rho_2}{\rho_1-\rho_2} \tag{3.97}$$

$$r_2=\frac{\rho_2}{\rho}\times\frac{\rho_1-\rho}{\rho_1-\rho_2} \tag{3.98}$$

设双组分流体的总质量流量为 q_{m}，两种组分的质量流量分别为 q_{m1} 和 q_{m2}，则

$$q_{\mathrm{m1}}=q_{\mathrm{m}}r_1 \tag{3.99}$$

$$q_{\mathrm{m2}}=q_{\mathrm{m}}r_2 \tag{3.100}$$

q. 水锤现象及对策。在批量操作过程中，若调节阀安装在流量计下游，这时要注意防止当阀门快速切断时在管路中出现强烈的“液压撞击”（即“水锤”）现象，以免损坏流量计或影响流量计的正常工作。这一情况在科氏力质量流量计中尤为突出，因为液体在测量管中流过时流速高，因而具有很高的动能。为此，流量计下游阀门的设置应有分段（多级）关闭能力，避免下游阀门突然关闭时，造成“水锤”现象。

r. 密度切除功能的应用。密度切除功能是科氏力质量流量计所特有的功能，利用这一功能可以有效地防止“虚量”，确保流量的准确性。

所谓密度切除功能就是根据具体被测流体可能达到的密度范围，确定密度下限值和上限值，当测量管内被测介质的密度不在这个范围之内时，变送器就“认为”被测介质流动异常而置流量输出为零。例如，某种轻质油在工况下的密度为 0.85kg/L，工况变化造成的介质密度正常波动范围为±0.05kg/L，这样可将密度测量范围设定在 0.75～0.95 kg/L。这样的设定既可保证在测量管内充满介质时流量计有正确的输出，又可有效地防止易汽化的介质在停输时来回涌动而产生错误的流量指示。

s. 典型故障及其处理。下面是文献 [37] 提供的几个实例，有启发和参考价值。

例 1 某公路发油站采用科氏力质量流量计作为定量控制计量表，在给汽车槽车发油的过程中常出现忽多忽少的现象，但流量计的检定结果是合格的。经过现场仔细的分析后发现，位于流量计下游的电磁阀的快速关闭造成了强烈的流体液压撞击，对传感器工作的影响很大。若将流量计和电磁阀换位（即让电磁阀在前，流量计在后），就隔断了电磁阀关闭对流量计的影响，从而使流量计的工作情况恢复正常。

例 2 某台科氏力质量流量计在使用过程中经常出现虚计量现象，即管道中没有流量时，流量计的累积数会发生变化。经过现场仔细检查后发现，传感器两端的安装支撑不符合要求，一是两端支撑不等距，二是支撑的底部与地面悬空，没有牢固连接。在采取措施使传

感器两端支撑的安装符合要求后，流量计计量情况恢复正常。

例 3 某台科氏力质量流量计测量液化石油气，其正常密度在 0.52～0.56kg/L 之间，但在测量过程中，时常出现密度显示值低于 0.5kg/L。此时，即使管道中无流体流过，流量计也可能出现正负方向虚流量，累积值有增有减。造成这种现象的主要原因是流量计背压不足，液化气汽化，介质气液两相比例超过了规定范围，以致不符合流量计正常使用的要求。目前解决的办法一般有两个：一是提高工艺管线的压力及流量计的背压，避免工艺介质产生汽化；二是采用小流量、低密度切除功能，即让流量计在低于指定的流量时不进行计量，或利用科氏力质量流量计具有能根据被测介质的密度范围进行选择计量的功能，使流量计在介质密度低于某一范围时不进行计量。

例 4 某台科氏力质量流量计在运行期间，其计量值与油罐检测计量结果偏差较大。经检查发现，传感器安装位置与泵房距离太近，当两台泵同时工作时，振动过大，影响了传感器的稳定工作。当将传感器移到远离振源的地方以后，情况恢复了正常。

例 5 某台科氏力质量流量计测量 90# 汽油，当流量上升到 60t/h 以上时，流量计显示的密度值为 1～3g/cm^3 并显示“Dens Overing”、“Sensor Error”故障指示，一旦流量降下来后，一切又恢复正常。经过现场仔细检查，认为传感器的安装以及现场应用环境等均没有问题。在将流量计拆回检定过程中发现，传感器“Y”型流量分配器的入口处卡进了两块鹅卵石，估计是由工艺管线施工时带进的，取出后，流量计检定合格，现场使用良好。

由上述实例可见，正确的安装、合理的工艺管线配置、良好的应用环境等对质量流量计的正常工作是十分重要的。

3.3.3 （易蒸发）高饱和蒸气压液体流量的测量

本节以液氨为例讨论乙烯、丙烯、氯乙烯等高饱和蒸气压液体流量的测量。

液氨流量测量同前面讨论过的水流量测量、油流量测量有以下两个重大的差别。一是液氨的饱和蒸气压高，在标准大气压条件下，其沸点为－33.4℃，因此必须在压力条件下输送和储存。二是这种流体的流量测量中容易因仪表的压力损失而在流量计的出口处产生气穴和伴随而来的汽蚀现象，引起流量计示值偏高和流量一次装置受损。液态乙烯、丙烯等流量测量中遇到的情况也相同。本节分析液氨流量测量中遇到的问题及其处理方法，对其他饱和蒸气压较高液体的流量测量也有参考价值。

（1）液氨流量测量的特点

① 储存在储槽中液氨的气液分界面处一般处于气液平衡状态。图 3.52 所示为氨厂入库液氨流量测量的典型流程。来自氨冷凝器的合成气、气态氨、液态氨混合物在氨分离器中进行分离，液氨经流量计和液位调节阀送低压氨中间槽。显然图中氨分离器和中间槽的气液分界面处，气液两相均处于平衡状态。

液氨流量测量应尽量避免出现两相流。然而接近气液平衡状态的液氨，在流过流量计时，如果压头损失较大，则很容易引起部分汽化，影响测量精确度。

② 流体密度的温度系数较大。从液氨的 $\rho=f(t)$ 函数表可知，在常温条件下，液氨温度每变化 1℃，其密度变化 0.2%以上。因此，液氨计量必须进行温度补偿。

③ 精确度要求高。原化工部有关文件要求，液氨计量应达到 1 级精确度。如果不采取有效措施，是很难达到这个要求的。

④ 流体易燃易爆。仪表选型时应选用防爆型仪表，仪表安装、使用和维修中，都应遵守防爆规程。

⑤ 被测介质有腐蚀性。氨对铜等材料有强烈的腐蚀作用，因此，仪表与被测介质直接

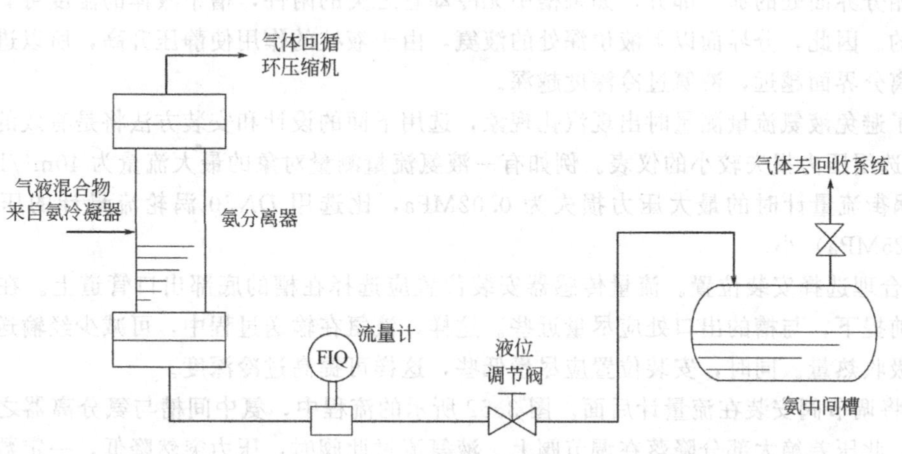

图 3.52 液氨流量测量典型流程

接触的部分应能耐受氨的腐蚀，仪表的电子学部分应有 IP67 及以上的防护能力，以防周围环境中腐蚀性气体对电子学部分的气体腐蚀。

(2) 气穴和汽蚀及防止流体汽化问题　在液体流动的管路中，如果某一区域的压力降低到液体饱和蒸气压力之下，那么在这个区域内液体将会产生气泡，这种气泡聚集在低压区域附近，就会形成气穴，发生气穴现象。在装有透明管道的试验装置上，能观察到气穴的存在，它表现为在管道内一个基本不变的区域出现一个气团。

在水流管路中，这种气泡所包含的主要是水蒸气，但是由于水中溶解有一定量的气体，所以气泡中还夹带有少量从水中析出的气体。这种气泡随着水流达到压强高的区域时，气泡中的蒸气会重新凝结为液体，此时气泡会变形破裂，四周液体流向气泡中心，发生剧烈的撞击，压力急剧增高，其值可达几百个大气压，不断破裂的气泡会使流道壁面的材料受到不断的冲击，从而使材料受到侵蚀。如果管路上装有流量计，则汽蚀现象将引起测量误差增大，并能损坏一次装置。气泡从形成、增长、破裂以及造成材料侵蚀的整个过程就称为汽蚀现象。

汽蚀现象与热力学中的沸腾现象有所不同，两者虽然都有气泡产生，但是汽蚀起因是由于压强降低，而沸腾则是由于温度升高。

液氨同其他饱和蒸气压较高的流体一样，在流量测量中，流量一次装置内或出口端极易出现气穴现象。

处于汽液平衡状态的流体，在温度升高或压力降低时，必然有部分液体发生相变。例如液氨在 10℃条件下，平衡压力为 0.5951MPa，如果将压力降低一些（例如将液氨中间槽中的气态氨排掉一些），必然引起一定数量的液氨汽化，升腾到气相中。由于这一蒸发过程是从液相中吸取汽化热，所以汽化现象发生的同时，液相温度下降，一直降低到与槽中新的压力相对应的平衡温度。

同样，如果为槽中的气相提供一定的冷量，则有一部分气态氨变成液态氨，槽中气相压力相应下降。

处于汽液平衡状态的氨，在输送过程中，如果温度不变而将其压力升高（例如用泵加压），或者压力不变而将其温度降低（例如用冷却器将液氨冷却），则液氨进入过冷状态。

处于过冷状态的液氨，如果压力降低一些，只要不低于当时液氨温度相对应的平衡压力，液氨不会出现汽化现象。

液氨储槽或中间槽总有一定高度，在稳态情况下，处于汽液平衡状态的液氨，仅仅是气液两相分界面处的那一部分，如果槽中无冷却管之类的附件，槽中液体的温度可看作是均匀一致的。因此，分界面以下液位深处的液氨，由于液柱的作用使静压升高，所以进入过冷状态。离分界面越远，液氨过冷深度越深。

为了避免液氨流量测量时出现汽化现象，选用下面的设计和安装方法将是有效的。

① 选用压力损失较小的仪表。例如有一液氨流量测量对象的最大流量为 $40m^3/h$，选用 $DN50$ 涡街流量计时的最大压力损失为 0.02MPa，比选用 $DN50$ 涡轮流量计的压力损失（为 0.025MPa）小。

② 合理选择安装位置。流量传感器安装位置应选择在槽的底部出口管道上。在保证直管段的前提下，与槽的出口处应尽量近些。这样，液氨在输送过程中，可减少经输送管道从大气中吸收热量。同时，安装位置应尽量低些，这样可提高过冷深度。

③ 将调节阀安装在流量计后面。图 3.52 所示的流程中，氨中间槽与氨分离器之间有较大压差，此压差绝大部分降落在调节阀上。液氨流过此阀时，压力突然降低，一定数量的液体汽化，从而出现气液两相流。为了避免流过流量计的流体中存在两相流，节流阀必须装在流量计下游。如果氨分离器的液相出口配有切断阀，则正常测量时必须将切断阀开足。在现场曾经发生过切断阀逐渐关小的同时，流量计示值不仅不下降反而大幅度升高的情况，就是因为切断阀关小时，液氨迅速汽化，体积膨胀数十倍到数百倍，从而使输出与体积流量成正比的速度式流量计输出突然升高，出现短时间的虚假指示。

④ 提高过冷深度。横河电机公司提出了该公司生产的 YF100 型涡街流量计压力损失和不发生气穴现象的管道压力计算公式，即

$$\Delta p=1.1\rho v^2\times10^{-6} \tag{3.101}$$

$$p\geqslant2.7\Delta p+1.3p_0 \tag{3.102}$$

式中 Δp——压力损失，MPa；

ρ——液体的密度，kg/m^3；

v——流速，m/s；

p——最低管道压力（绝对压力），MPa；

p_0——流体的饱和蒸气压（绝对压力），MPa。

如果能满足式(3.102) 的要求，肯定能不产生气穴，但是在使用现场往往满足不了这一要求，幸运的是该公式的第二项提供了解决问题的另一个方法，即降低液体的饱和蒸气压。从前面分析可知，对于一种确定的液体，其饱和蒸气压 p_0 是其温度的函数，温度越低 p_0 越低。液氨在进流量计前，经适度冷却，使温度降低，从而 p_0 降低，这样，尽管流量计进口压力不变，也能收到不产生气穴的效果。

冷却进流量计的液氨在氨厂不是一件难事，只要将流量计前一定长度的管道改为夹套管，并引入少量的液氨经节流膨胀，汽化后的氨温度降低，为管中的液氨提供冷量，汽化后的氨放出冷量后进回收系统。流程示意如图 3.53 所示。

(3) 仪表的选型与使用

① 涡轮流量计。在液氨流量测量中，涡轮流量计使用最为广泛，在 3.3.2 节的油品流量测量中涡轮流量计表现出来的优点，在液氨流量测量中也都具有。尤其是其优越的重复性为提高计量精确度奠定了基础。液氨极为纯净，流量计前不一定要装过滤器。但是其轴承材质的选择很值得研究，有很多氨厂使用国产涡轮流量计，其轴承为改性石墨，据报道效果不佳，原因是液氨对改性石墨有侵蚀性，影响使用寿命。近几年来从国外引进的配有硬质合金轴和宝石轴承的涡轮流量计，既耐一般介质的侵蚀和腐蚀，又耐磨，在容易汽化的液体中使

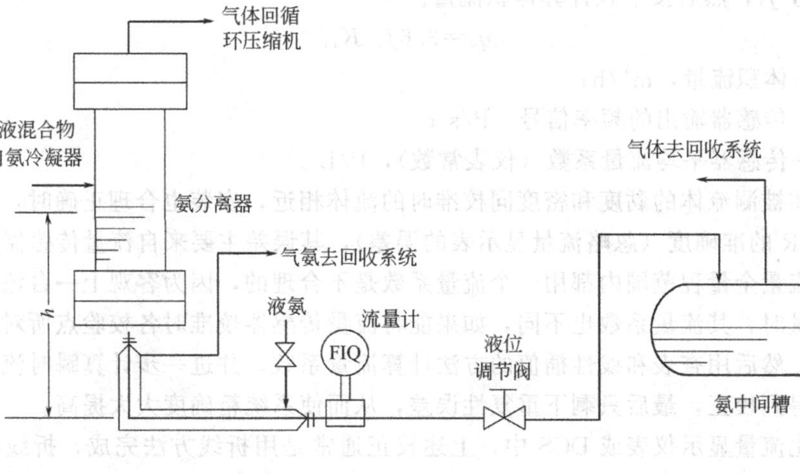

图 3.53　防止产生气穴的措施

用效果很好。

涡轮流量计的美中不足仍然是轴承的寿命，石墨轴承的正常寿命可达 2 年，宝石轴承寿命更长些。彻底解决这一薄弱环节的方法是改用涡街流量计。

② 涡街流量计。涡街流量计完全没有可动部件，液氨对旋涡发生体也无磨损，因此，可以说其寿命是无限的。除此之外，它还有下列优点：结构简单牢固，安装维护方便；精确度较高，测量液体时，一般可达±(0.5～1.0)%R，无零点漂移；范围度宽，合理选择仪表口径，范围度可达 20∶1；压损小。

在一定雷诺数范围内，输出频率信号不受流体物性（密度、黏度）和组分的影响，即流量系数仅与旋涡发生体及管道的形状尺寸有关，只需在一种典型介质（通常为水）中校验而适用于各种介质。

其局限性是不适用低雷诺数测量（Re_D 应大于 2×10^4），所以高黏度、低流速的测量对象不宜选用。

③ 容积式流量计。有些饱和蒸气压力较高的流体也有容积式流量计成功应用的实例，老式的容积式流量计只能计工作状态下的体积总量。带电脉冲（频率）信号输出的新式容积式流量计与显示仪表配合，不但可计体积总量和瞬时流量，也可进行流体温度补偿。

④ 科氏力质量流量计。用科氏力质量流量计测量高蒸气压流体流量选用时应谨慎，因为科氏力质量流量计测量管内流速高，压损大，过冷深度不足的液体流过仪表测量管时极易产生汽化而不能工作。

(4) 流量传感器非线性误差的修正

图 3.54 是某台涡轮流量传感器在全量程范围内的误差曲线，其最大误差不大于±0.5%。该流量传感器在出厂检验时通过实流（一般为水）校准，确定各规定校验点流量系数，然后取各流量系数中数值最大和最小的两个值算术平均数作为该台仪表的仪表常数，因此，所谓误差就是各校验点流量系数相对于仪表常数之间的相对误差。传统的流量显示仪表接收传感器送

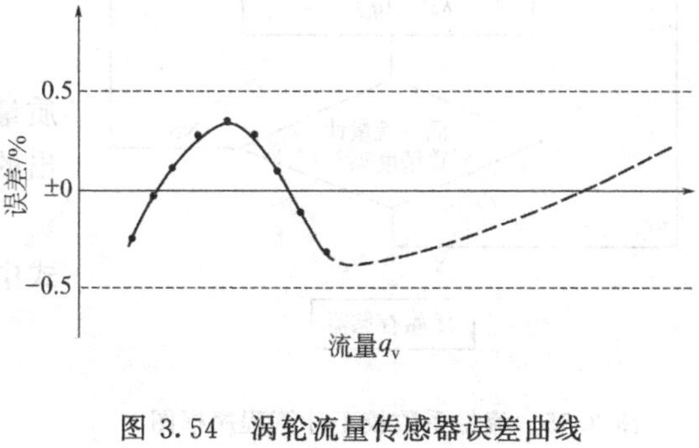

图 3.54　涡轮流量传感器误差曲线

来的频率信号 f_i，然后按下式计算体积流量。

$$q_v = 3.6 f_i / K_m \tag{3.103}$$

式中 q_v——体积流量，m^3/h；

f_i——传感器输出的频率信号，P/s；

K_m——传感器平均流量系数（仪表常数），P/L。

这样，在被测流体的黏度和密度同校准时的流体相近，安装也合理正确时，测量系统能得到±0.5%R 的准确度（忽略流量显示表的误差），其误差主要来自流量传感器。

其实在流量全量程范围内都用一个流量系数是不合理的，因为客观上一台流量传感器在不同瞬时流量时，其流量系数也不同，如果能将流量传感器校准时各校验点所对应的流量系数置入仪表，然后用查表和线性插值的方法计算流量系数，并进一步计算瞬时流量，那么各点的误差即得到校正，最后只剩下重复性误差，从而使系统精确度大大提高。

在智能化流量显示仪表或 DCS 中，上述校正通常是用折线方法完成，折线段数一般取 9 或 15 段，折线的横坐标为瞬时流量，其纵坐标为校正系数 k_α。当流量显示仪的功能指定栏选中"进行校正"时，式(3.103) 变为

$$q_v = 3.6 f_i / (k_\alpha K_m) \tag{3.104}$$

式中 k_α——流量系数校正系数。

$$k_\alpha = K_i / K_m \tag{3.105}$$

式中 K_i—— 各点实际流量系数，P/L。

k_α 随 q_v 变化的关系通常用对照表给出，由于 k_α 和 q_v 都是未知数，因此求 k_α 和 q_v 是一个迭代的过程。图 3.55 所示为某型号流量演算器实际使用的传感器误差校正计算程序框图。

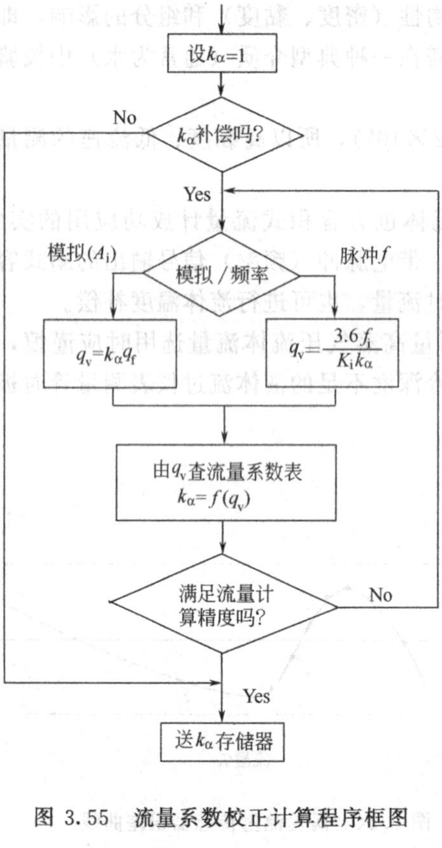

图 3.55 流量系数校正计算程序框图

工业用流量传感器出厂校准时，校验点一般只取 5 个，用这些数据只能组成 4 段折线。用 4 段折线来代表一根完整的 $K_i = f(q_v)$ 曲线，实践表明是不够理想的。如有必要可在仪表订货时要求仪表制造厂适当增加校验点，这些校验点的选取应能覆盖具体测量对象的测量上限，在流量常用点附近和流量系数变化较大的区间，校验点可取得密一些。表 3.14 所示为一台涡轮流量传感器的校验点流量值 q_v、流量系数 K_i、仪表常数 K_m、误差、流量系数校正系数 k_α 对照表。

（5）液氨密度的温度补偿

① 温度补偿模型的建立。用户要求液氨以质量流量计量，而涡轮流量计、涡街流量计等给出的仅仅是体积流量，即

$$q_v = 3.6 f_i / K_t$$

式中 q_v——体积流量，m^3/h；

f_i——流量传感器输出频率，P/s；

K_t——流量传感器在流体温度为 t 条件下的流量系数，P/L。

表 3.14　流量传感器实流校准结果及校正系数例

序　号	流量/(m^3/h)	流量系数 /(P/L)	平均流量系数 /(P/L)	误差 δ /%	校正系数 k_a
1	3.02	72.85		−0.30	1.0030
2	4.55	73.01		−0.08	1.0002
3	6.02	73.12		0.07	0.9993
4	7.45	73.24		0.23	0.9977
5	8.84	73.35	73.07	0.38	0.9962
6	10.52	73.23		0.22	0.9978
7	11.97	73.11		0.05	0.9995
8	13.54	72.94		−0.18	1.0018
9	15.07	72.79		−0.38	1.0038

由质量流量与体积流量的关系知

$$q_m = \rho_f q_v \tag{3.106}$$

式中　q_m——质量流量，kg/h；

ρ_f——工作状态下流体密度，kg/m^3。

而液氨密度又是温度的函数，即 $\rho = f(t)$。

液氨密度随温度变化的关系，在理化手册中一般都用表格的形式描述，在二次表中直接使用这种表格较麻烦，所以一般都将此表格回归成表达式的形式。

由于液氨的 $\rho = f(t)$ 函数并非直线，所以如果用一次关系式去拟合，在不同的温度段，就必须使用不同的系数和常数[41]，使用起来很不方便。在早期的二次仪表中，只能作一次关系式运算的情况下，实属不得已而为之。

现在的流量二次表运算功能已经相当丰富，将二次多项式的系数和常数项填入菜单并置入仪表，已是举手之劳。所以，用一般二次多项式去描述 $\rho = f(t)$ 的关系，不仅使用方便，而且精确度也高。

$$\rho = \rho_d [1 + \mu_1 (t - t_d) \times 10^{-2} + \mu_2 (t - t_d)^2 \times 10^{-6}] \tag{3.107}$$

式中　t——液氨温度，℃；

t_d——液氨参考温度，℃；

ρ_d——与 t_d 对应的液氨密度，kg/m^3；

μ_1——液体一次补偿系数，10^{-2}℃；

μ_2——液体二次补偿系数，10^{-6}℃$^{-2}$。

下面举例说明从表格形式变换到二次表达式的方法。

实现从表格形式到二次表达式的变换，可以用线性回归方法，但若手头没有现成的回归程序，则可列出二元一次方程组手算，后一种方法既不复杂，而且得到的表达式精确度也不低。例如有一液氨流量对象，流体常用温度为 5℃，常年可能出现的最低温度和最高温度分别为−5℃和 15℃，从手册中查到这三个温度条件下的液氨密度，如表 3.15 所示。

表 3.15　液氨密度

温度 t/℃	密度 ρ/(kg/m^3)
−5	645.3
5	631.7
15	617.6

如图 3.56，选 t_d＝5℃，则 ρ_d＝631.7kg/m^3，将这段曲线的两个端点的温度和密度数据，以及 t_d、ρ_d 数据代入式(3.107) 得到下面的方程组。

$$[1 + 10 \times 10^{-2} \mu_1 + 10^2 \times 10^{-6} \mu_2] \times 631.7 = 617.6$$

$$[1 + (-10) \times 10^{-2} \mu_1 + (-10)^2 \times 10^{-6} \mu_2] \times 631.7 = 645.3$$

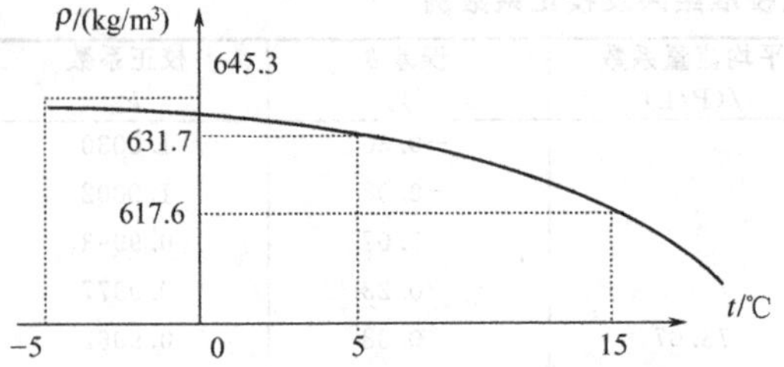

图 3.56 液氨密度与温度的关系曲线

解此方程组得 $\mu_1=-0.21925$

$\mu_2=-3.95757$

其中 μ_1 为一次项系数，μ_2 为二次项系数。于是式(3.107) 就具体化为

$$\rho=631.7[1-0.21925(t-5)\times10^{-2}-3.95757(t-5)^2\times10^{-6}]$$

经验证，这一求解结果与表 3.15 中所列的三点 $\rho=f(t)$ 数据完全吻合，而与曲线两端点之间的其他点数据比较，最大误差为±0.01%，所以是可以使用的。

② 流体温度补偿的实施。流体温度补偿的数学模型建立之后，在流量显示仪或 DCS 中实现补偿实质上是将数学模型写入仪表或 DCS，其中参考温度（流体常用温度）t_d 以及 t_d 所对应的密度 ρ_d 作为常数写入仪表。流体实际温度 t 为自变量，是仪表输入信号，仪表运行后，每一个计算周期将 t 代入式(3.107) 计算一次 ρ，进而计算质量流量。

③ 测量元件的选型。由于液氨密度的温度系数绝对值较大，相应的补偿量也较大，所以，测温元件最好选精确度较高的 A 级 Pt100 铂热电阻，在 $t=15$℃时，其误差限为 0.18℃。典型的流量二次表在 300℃以下时最大误差为±0.3℃，用方和根的方法合成后，测温系统最大误差为±0.35℃，由此给流量测量带来的不确定度 $\delta\rho/\rho$ 约为±0.08%。

铂热电阻的结构选择应考虑易燃易爆环境和被测介质的低温可能导致测温套管内结冷凝水，因此可选用隔爆型铠装结构。

3.4 微小流量的测量

小流量测量分两种情况：一种是以较高的精确度测量流过细小管道的气体、液体；另一种是测量流动非常缓慢的流体的流量。

关于微小流量的范围，目前还不能明确定量地给出，本章所说的微小流量，是人们一般认为的微小流量范围[42]。

3.4.1 几种在微小流量测量中应用的流量计

适合用来测量微小流量的常用流量计有多种，例如差压式、浮子式、容积式、热式等，其中有些流量计既适合测量中大流量，也适合测量微小流量，而另一些专门为测量微小流量而设计。

(1) 差压式流量计　由标准节流装置和差压计组成的差压式流量计，在小流量测量中受到三方面的限制[42]。

第一个限制是雷诺数下限的限制。节流装置种类不同，其雷诺数下限也不同，就一般而言，雷诺数≥10^4 是可以使用的界限。与此雷诺数下限相对应的平均流速和流量即为小流量的测量下限。雷诺数太小，流出系数会随雷诺数的变化而产生显著的变化，以致不确定度增大。

第二个限制是管径的大小。标准节流装置仅适用于 50mm 和 50mm 以上管径。管径太小时，节流装置直径相应变小，按标准中规定的形状进行相似加工发生困难。

第三个限制是差压太小。此差压同流速的平方成正比，当流速低到一定数值，差压就变得很小，以致无法分辨。

针对上述的三个限制，有些仪表公司开发了仅适合微小流量测量的内藏孔板差压式流量计。这种流量计同由标准节流装置为传感器的流量计在下面几点有显著的差别。第一个差别是结构上，前者是传感器与变送器合为一体，其典型的结构如图 3.57 所示，而后者是传感器与变送器相分离。

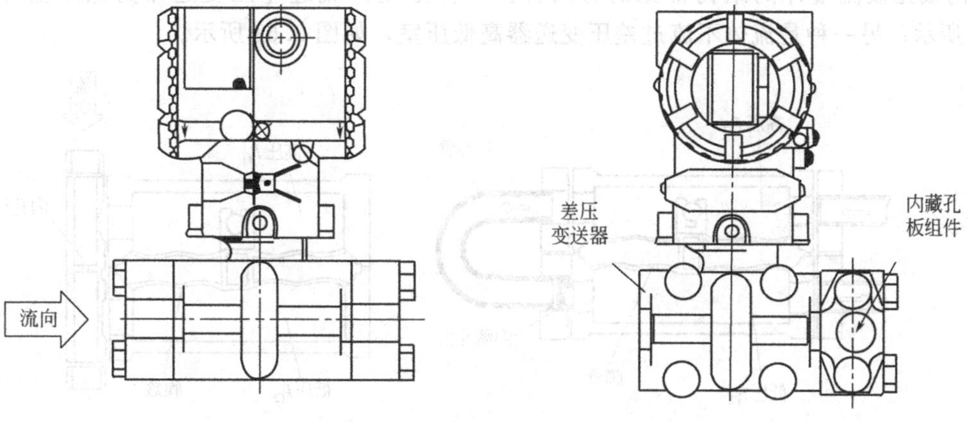

图 3.57　内藏孔板差压流量变送器

第二个差别是管径，前者适用的管径均小于 50mm，典型的管道内径为 10mm 和 20mm。由于管径缩小，流速以及同流速相关的雷诺数得以提高，因而能得到较高的差压。所以内藏孔板流量计弥补了标准节流装置型差压式流量计不适合测量小流量的不足。

第三个差别是保证精确度的手段。前者是用实流标定的方法来保证测量精确度的，经过实流标定能得到 1 级（水）或 1.5 级（空气）精确度，如果实流标定后用合适的方法对误差进行自动校正，则可得到 0.5 级（水）和 1 级（空气）精确度。如果不经实流标定，只能得到 5 级精确度。图 3.58 和图 3.59 所示是一台内藏孔板流量计标定得到的误差以及校正曲线。

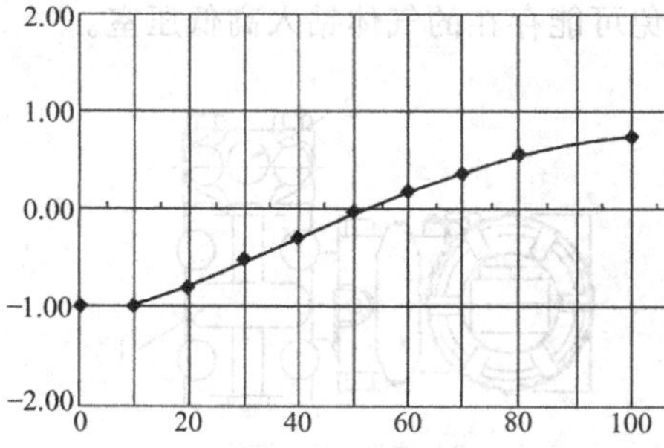

图 3.58　典型误差曲线

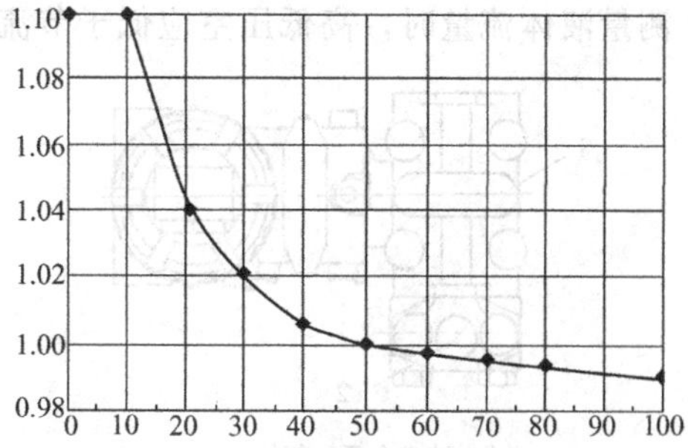

图 3.59　典型校正曲线

现在，差压变送器多数已实现智能化，这为内藏孔板流量计改变量程提供了便捷的手段。内藏孔板流量计在调试和运行中，如果发现原先确定的满度流量值不合适，可将流量满度值扩大或缩小一挡，然后按差压同流量的关系计算新的差压上限，如式(3.108) 所示。

$$\Delta p'_{max}=\left(\frac{q'_{max}}{q_{max}}\right)^2\Delta p_{max} \qquad (3.108)$$

式中　q_{max}、q'_{max}——原有流量上限和新的流量上限，kg/h；

Δp_{max}、$\Delta p'_{max}$—— 原有差压上限和新的差压上限，Pa。

用手持终端将差压变送器的差压上限重新设置后，流量计的精确度不会有明显的变化。

内藏孔板流量计只适合安装在水平管道上，因为差压变送器偏离水平位置后，其两个膜盒所受的重力变得不对称，因而出现零点漂移。好在这种流量计由于管径小，仪表前后直管段绝对长度要求相应较短，所以水平安装不会给配管带来太大的困难。

内藏孔板流量计的结构常见的有两种：一种是流体流过差压变送器高低压室，如图3.60所示；另一种是流体不流过差压变送器高低压室，如图3.61所示。

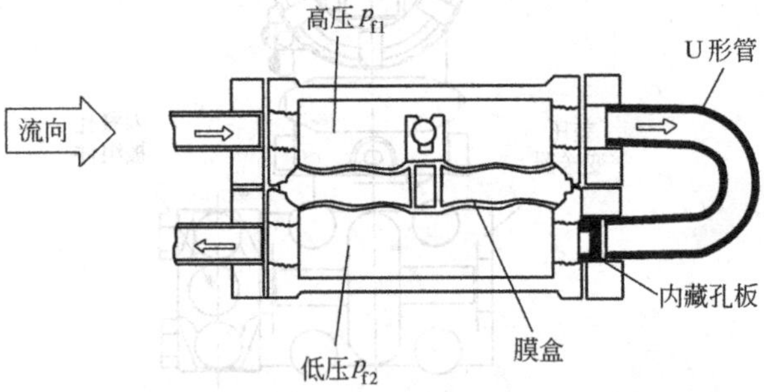

图 3.60　内藏孔板结构之一

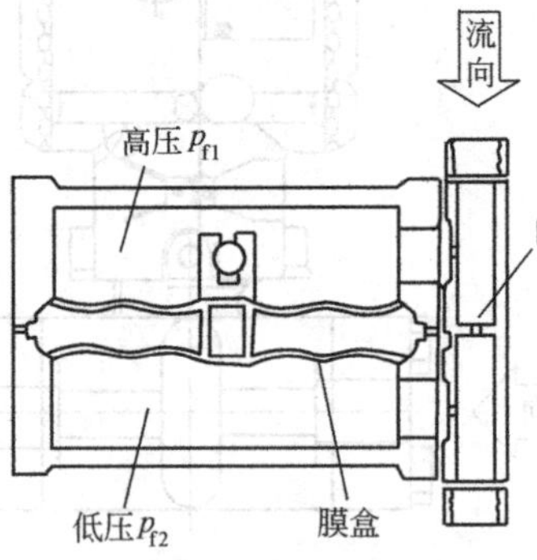

图 3.61　内藏孔板结构之二

对于前面一种结构，流过差压计高低压室的流量同流过节流件的流量相等，当流量近似等于0时，流速很低，流体流过高压室和低压室所产生的压降可忽略，因此，差压变送器测量到的差压同节流件两端的永久压降相等。但当流量增大，流速升高到一定数值时，流过高低压室的压降相应增大，差压变送器测量到的差压明显高于节流件两端压降，从而产生相应的测量误差。现在市场上的差压变送器体积做得越来越小，高低压室内膜盒与壳体之间的间隙做得更小，这就使得该结构的缺陷更为突出。而图3.61所示的结构完全不存在此问题。

内藏孔板流量计安装时应防止可能出现的冷凝液和气体在高低压室中的聚集，即测量气体流量时，高低压室应高于节流件（如图3.62所示），以免可能存在的冷凝液流入高低压室。测量液体流量时，高低压室应低于节流件，以免可能存在的气体钻入高低压室。

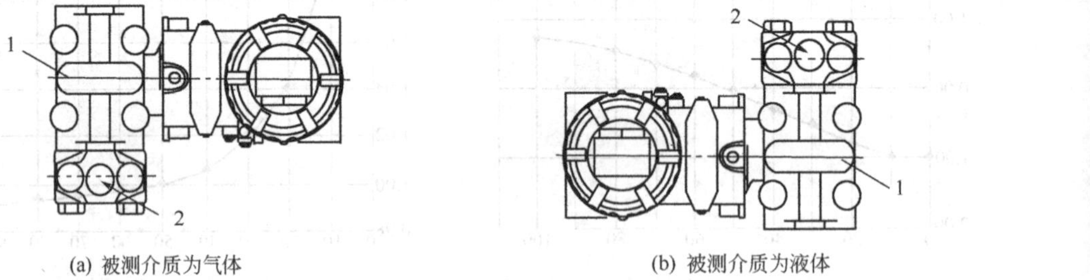

(a) 被测介质为气体　　(b) 被测介质为液体

图 3.62　内藏孔板流量计安装方位

1—差压变送器高低压室空腔；2—节流件

（2）浮子流量计　浮子流量计主要由浮子和锥形管组成。玻璃管浮子流量计中的锥管为玻璃管；金属管浮子流量计的锥形管用金属制成，流体温度可达180℃，流体压力可达13MPa。

小口径浮子流量计的流量测量范围已经可以做得很小，其中水为0.3～3L/h，空气为5～50L/h。环境保护中用得很多的大气采样器，流程在线分析仪器和实验室分析仪器等普遍使用的微型玻璃浮子流量计，其测量范围可更小。

浮子流量计属中低精确度仪表，金属管浮子流量计的基本误差，就地指示型为1%～

2.5%FS，远传型为1%～4%FS；小口径玻璃管浮子流量计为2.5%～5%FS。因此，一般只适用于流量监视，而不用于核算计量。

玻璃管浮子流量计只适用于气体和透明度较高的液体，否则浮子在锥形管中的高度不易看清。而金属管浮子流量计却无此限制。

在工业过程的液位、流量、密度测量中，被测介质如果黏度较大或有腐蚀性。常用吹气或吹液的方法进行隔离，吹气、吹液流量常用浮子流量计测量。在气（液）源压力波动较大或被测介质压力波动较大的场合，为了使吹气、吹液的流量稳定和准确地测量，有的产品将浮子流量计与调节器（恒流器）配成一套恒差压流量调节器。图3.63(a)所示的RE型用于稳定入口气体或液体压力变化，保证指示和输出流量稳定。图3.63(b)为RA型，用于稳定出口压力变化，只用于气体。图3.64(a)为RE型仪表输出流量随入口压力变化曲线；图3.64(b)为RA型仪表输出流量随出口压力变化曲线。而输出流量的大小则可通过浮子流量计所带的阀门设定。

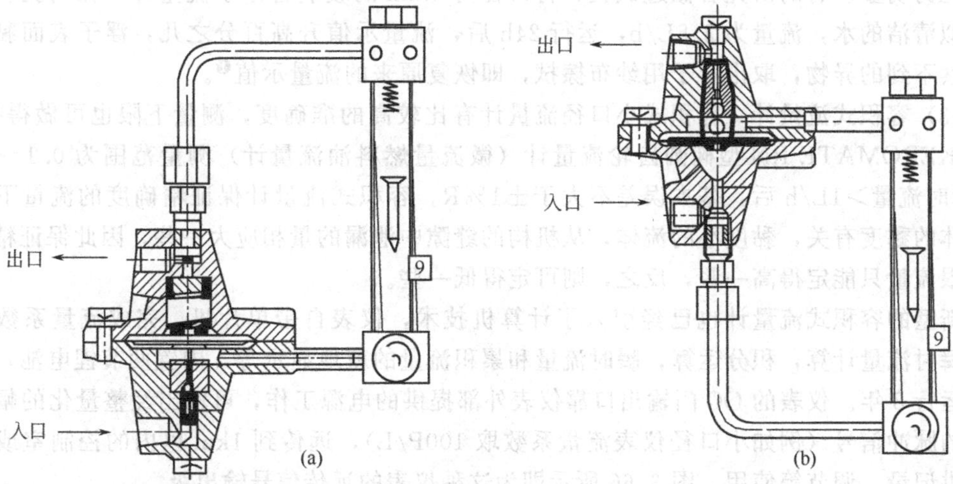

入口压力调节器 RE
例：入口压力变化≤0.5MPa
空气20℃，0.1013MPa（绝压）
q_v＝流量

出口压力调节器 RA
例：入口压力变化0.3MPa，出口压力≤0.3MPa
空气20℃，0.1013MPa（绝压）
q_v＝流量

图3.63　浮子流量计配用的压力调节器

这种稳压器压力等级为2.5MPa，特殊订货可达6.4MPa；介质最高温度为80℃，特殊订货可达100℃。

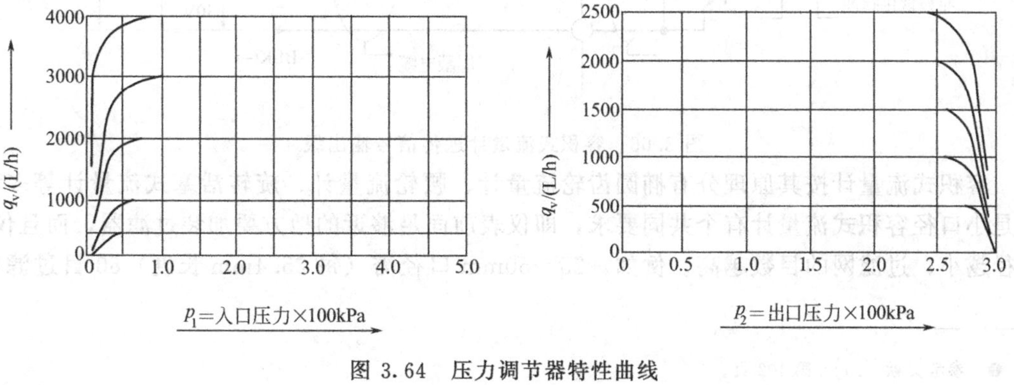

图3.64　压力调节器特性曲线

小口径浮子流量计，流体黏度对示值影响较明显，研究者以水做试验，当水温从5℃升到40℃，即水的运动黏度从 $1.52\times10^{-6}\ m^2/s$ 下降到 $0.66\times10^{-6}\ m^2/s$，$DN6$ 仪表就有1%/℃左右的影响值。对于黏度较高的液体，影响更大。

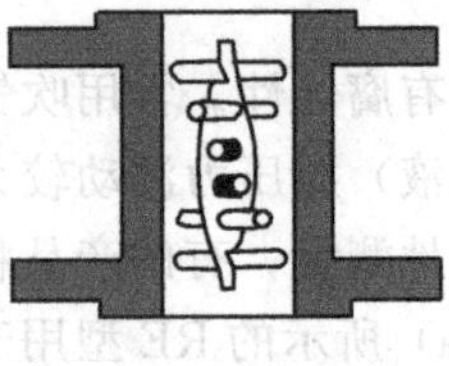

图 3.65 磁性过滤器

金属管浮子流量计的浮子多半带有磁性，经磁性耦合部分将浮子在锥形管内的高度信号传递到锥形管外。在钢管中流动的流体多少要夹带一些铁磁杂质，这些杂质在流过流量计时极易被浮子吸引，轻者导致示值变差增大，重则导致浮子卡滞，出现虚假指示。应在仪表前加装磁性过滤器。图 3.65 所示的磁性过滤器中装有以螺旋方式排列的磁棒，每根磁棒的外面均包有 PTFE 聚四氟乙烯，具有良好的耐腐蚀性。这种过滤器的压力损失很小。

浮子在锥形管中上下移动，其任意一个高度都对应一个环形流通面积，但当浮子表面和锥形管内壁粘有污垢时，这个环形流通面积就有所变小，仪表示值有偏高趋势，对于小口径仪表尤为明显。有的研究者做过试验，将口径为6mm 的玻璃管浮子流量计，在实验室中测量看似清洁的水，流量为2.5L/h，运行24h 后，流量示值升高百分之几，浮子表面黏附肉眼观察不到的异物，取出浮子用纱布擦拭，即恢复原来的流量示值❶。

(3) 容积式流量计　容积式小口径流量计有比较高的准确度，测量下限也可做得很小，例如 KEROMATE-RN 型椭圆齿轮流量计（微流量燃料油流量计）测量范围为 0.1～10L/h，瞬时流量>1L/h 后，基本误差不大于±1%R。容积式流量计保证精确度的流量下限还与流体的黏度有关，黏度小的流体，从机构的缝隙中泄漏的量相应大一些，因此保证精确度的下限流量只能定得高一些，反之，则可定得低一些。

新型的容积式流量计也已经引入了计算机技术，仪表自带单片机，完成流量系数整量化，瞬时流量计算，积分运算，瞬时流量和累积流量的就地显示等，内置两节锂电池，可供仪表运行8年。仪表的 OC 门输出口靠仪表外部提供的电源工作，可输出经整量化的幅值足够大的脉冲信号（例如小口径仪表流量系数取 100P/L)，远传到 1km 以内的控制室或操作站，供记录、调节等使用。图 3.66 所示即为这种仪表的远传信号输出级。

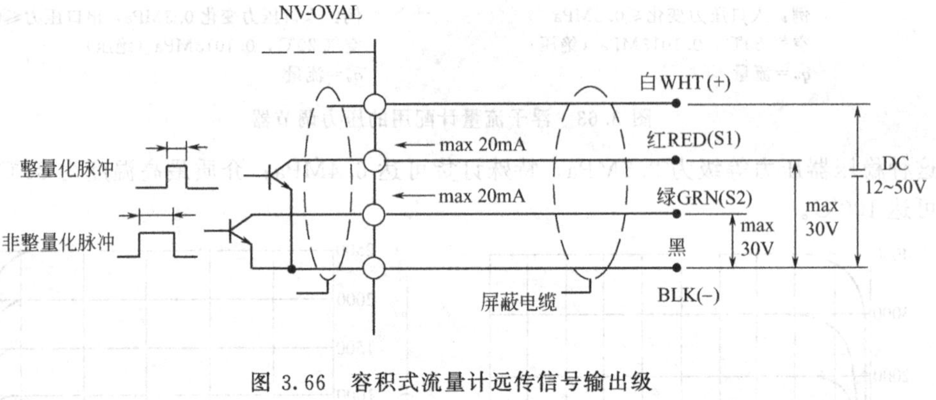

图 3.66 容积式流量计远传信号输出级

容积式流量计按其原理分有椭圆齿轮流量计、腰轮流量计、旋转活塞式流量计等多种，但是小口径容积式流量计有个共同要求，即仪表前面足够近的地方要加装过滤器，而且仪表口径越小，过滤网的目数越高。例如，25～50mm 口径需（每 25.4mm 长度）60 目过滤网，

❶ 参考文献 [15]，第102页。

20mm 口径需（每 25.4mm 长度）80 目，不大于 15mm 口径需（每 25.4mm 长度）200 目等。有的微小流量容积式流量计出厂时就配有一只过滤器，如图 3.67 所示。

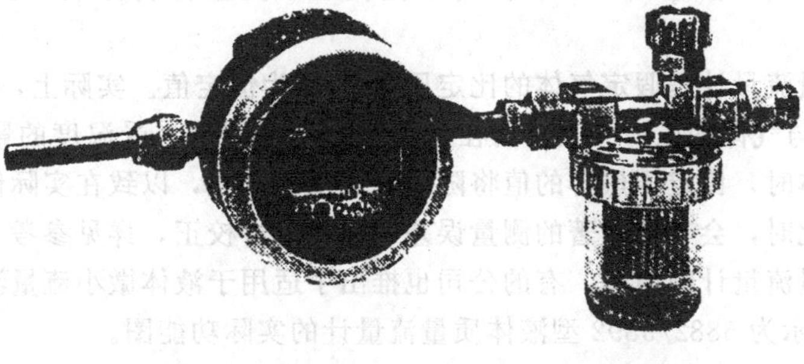

图 3.67　带过滤器的微小流量容积式流量计

(4) 热式流量计　用于微小流量测量的热式流量计是一种直接式质量流量计。是利用传热原理测量流量的仪表，即流动中的流体与热源（流体中外加热的物体或测量管外加热体）之间热量交换关系来测量流量的仪表。

热式流量计用得最多的有两类：一类是利用流动流体传递热量，改变测量管壁温度分布的热传导分布效应的热分布式流量计（thermal profile flowmeter），曾称量热式流量计；另一类是利用热消散（冷却）效应的金氏定律（King′s law）热式流量计。

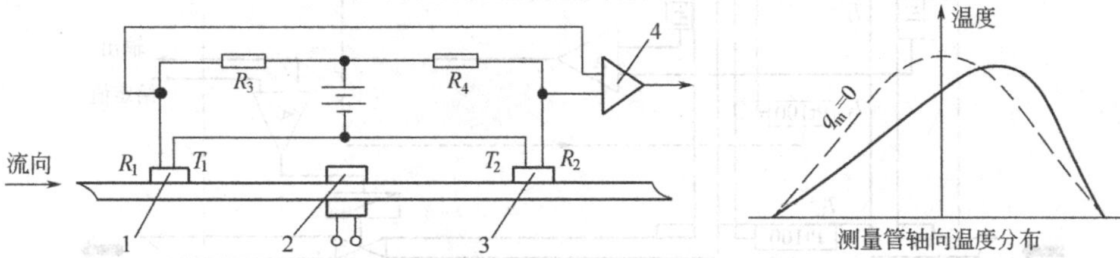

图 3.68　热分布式热式流量计工作原理

1、3—感温元件；2—加热器；4—放大器

图 3.68 所示为热分布式流量计工作原理。流量传感器由细长的测量管和绕在其外壁上的加热器及感温元件组成，加热器线圈布置在测量管的中央，它将管壁和管内的流体加热，在加热线圈两边对称位置绕有两个感温热电阻 R_1 和 R_2，测量与加热线圈对称的上、下游处管壁的温度 T_1、T_2。R_1、R_2 与另外两个电阻 R_3、R_4 组成惠斯登电桥，以测量温差 $\Delta T=T_2-T_1$。加热器提供恒定的热量，通过线圈绝缘层、管壁、流体边界层传导热量给管内流体。边界层内热量的传递可以看作热传导方式实现的。在流量为零时，测量管上的温度分布如图中的虚线所示，相对于测量管中心的上、下游是对称的，电桥处于平衡状态；当流体流动时，流体将上游的部分热量带给下游，导致温度分布变化如实线所示。由电桥测出两感温体的平均温差 ΔT，便可按式(3.109) 导出质量流量 q_m，即

$$q_m=K\frac{A}{c_p}\Delta T \tag{3.109}$$

式中　A——感温元件周围环境热交换系统间的热传导系数；

c_p——被测气体的比定压热容；

K——仪表系数。

由于测量管壁很薄且具有相对较高的热导率，因此仪表制成后 A 的变化可简化认为主

要是流体边界层热导率的变化，当使用于某一特定范围的流体时，A 和 c_p 都可视为常数，则质量流量仅与温差 ΔT 成正比。

为了获得良好的线性输出，必须保持层流流动，测量管制得细而长，即有很大的长径比。

此种气体质量流量计是假定气体的比定压热容 c_p 为恒定值。实际上，对于一定的气体，比定压热容 c_p 值与气体的压力无关，而在一定的温度范围内，受温度的影响很小。但当被测气体是混合气体时，比定压热容的值将随组分比发生变化，以致在实际使用时，当被测气体的组分发生变化时，会带来显著的测量误差，必须进行校正，详见参考文献[15]。

按照热式质量流量计的原理，有的公司也推出了适用于液体微小流量测量的热式质量流量计。图 3.69 所示为 5882/5892 型液体质量流量计的实际功能图。

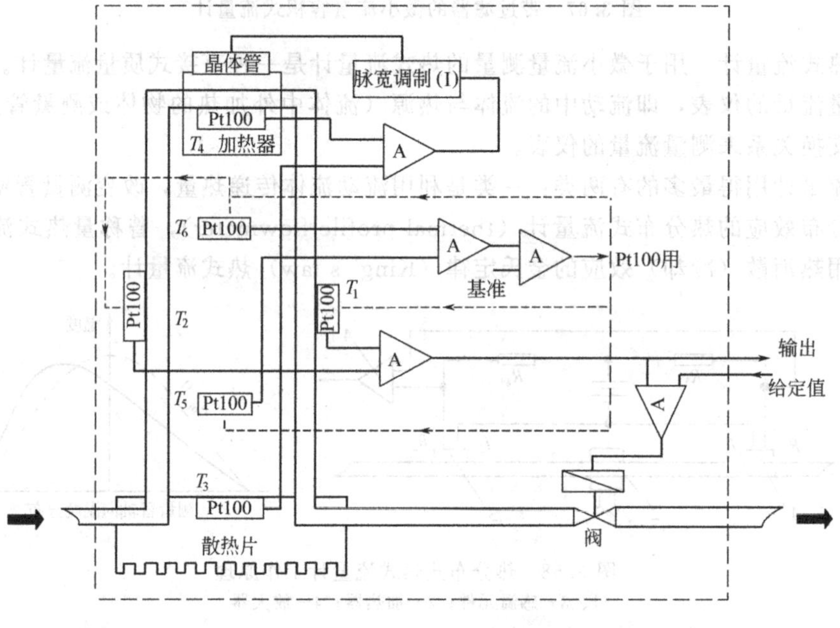

图 3.69　5882/5892 型液体质量流量计功能图

其测量范围有 0～200g/h 和 0～1000g/h（用水标定）两种。流体黏度允许高达 200mPa·s（仪表最大差压 4MPa）。流量测量精确度为±0.5%FS。在特殊设计的传感器中，流体在测量管内流动，测量管中点温度 T_4 被控制在比进口温度 T_3 高 20℃的恒定值，热量是垂直于管道轴线方向传送给流体。这一点同适用于气体的热式流量计恰恰相反。在区域 1 和区域 2，流体分别被轻微地加热和冷却，流体温度从 T_2 变化到 T_1，建立了垂直于测量管的能量流，该能量流经温度传感器测量，其温度差值 $\Delta T = T_1 - T_2$ 与质量流量呈精确的线性关系。

适用于气体的热式流量计与包含阻流件的大管道配合，可以很容易地扩大测量范围。适用于液体的热式流量计却不能，因为流体黏度变化、气泡、热对流和安装位置等都会直接影响其运行和性能。

5882/5892 型仪表还具有控制功能，在其“SETPOINT”口输入代表设定流量的 4～20mA DC，质量流量就会跟踪该路信号，从而实现流量定值调节。

3.4.2　微小流量测量的特点和选型比较

① 可以用来测量微小流量的仪表有多种，其共同的特点是因口径小容易被流体中的杂

质堵住或卡滞，因此，流量计前均需装设网目数适宜的过滤器。

② 标定容易。由于流量测量范围小，所以在实验室对流量计进行离线校准或在线校准均较容易实现。尤其是浮子流量计和热式流量计，当实际流体同出厂标定时所用的流体不一致时，如果测量精确度要求较高，一般在投运前都要用实际流体标定。仪表在使用一段时间或对仪表指示精确度有怀疑时，也常常用实际流体对仪表进行校定。

③ 对压损不计较。在微小流量测量中，用户一般不提“压损尽量小”的要求，因此，在计算内藏孔板开孔直径时，为了提高精确度，常在允许压损的范围内将差压上限值取得高一些。

④ 各种常用仪表选用比较。在前面所述的几种流量计中，玻璃管浮子流量计最便宜，但只适合测量黏度不大、洁净、透明的流体，金属管浮子流量虽不要求流体透明，但对黏度和洁净程度的要求相同。浮子式流量计常因浮子被固体杂质卡住而失灵，常用来作一般指示。

相比之下，对流体洁净程度的要求，内藏孔板要求较低，流体中的固体杂质的外径只要小于孔板孔径，就能被冲到仪表下游。而且内藏孔板结构简单，拆洗方便，不易损坏，改变量程方便，其主要部件智能差压变送器又是过程检测中量大面广的仪表，所以在过程控制中用得较多。

热式质量流量计范围度大，可测流量下限可更小，在特定的场合也获得应用。

容积式流量计的最大优点是能够测量黏度较高的流体，精确度也较高，在油品计量中应用得相当普遍。

3.5 大流量的测量

3.5.1 液体大流量的测量

液体大流量的被测对象很多，如上水管、下水管、工厂引水排水渠、污水治理工程的水管等。本节只叙述工业用水渠及直径1m以上管路的水流量测量。

3.5.1.1 明渠的流量测量

有些工厂给排水道为敞开渠道，具有自由表面自然流，采用明渠流量计测量流量。而另有一些工厂排水道和下水管渠，虽不敞开，但是在非受压非满水状态下流动，实际上还属于明渠。ISO（国际标准化组织）通常称满水管为封闭管道，流体在水泵的推动或高位槽位能的作用下作强迫流动，而明渠则是靠水路本身坡度形成的自由表面流动。

随着人们对水资源合理利用意识的增强和日益增长的污水治理的需要，渠用流量计的研究和应用越来越得到重视。国际标准化组织（ISO）设立了专门的技术委员会，即TC113明渠流体流量技术委员会。并在最近20多年时间内制定和发布了几十个明渠液体流量测量方法和仪表方面的国际标准❶。

明渠流量测量方法的种类有很多，仅ISO TC113已制定和发布标准的就有近10种，工业用明渠流量计主要分为堰式和槽式两大类。

堰槽式流量计的工作原理是在明渠中设置标准化了的量水堰槽，并在规定位置测量水位，则流过堰槽的流量与水位成单值关系。根据相应流量公式或经验公式或用查表法由测出的水位值换算出流量值。

(1) 堰式流量计　堰式流量计分薄壁堰、宽顶堰、三角形剖面堰、平坦V形堰等多种。

❶ 参考文献［15］第365～366页。

下面以薄壁堰为例叙述其特点和应用。

薄壁堰是指在明渠中垂直水流方向安装的具有一定形状的缺口，并加工成堰口的薄壁堰体，过流时其水舌表面得到充分发展的量水建筑物。其中三角形缺口薄壁堰具有最高的流量测量精确度。

① 三角形缺口薄壁堰。图 3.70 所示为三角形缺口薄壁堰示意[43]。堰板通常用金属材料或工程塑料制成。堰口顶面 e 为一平面，与堰板上游面相交处成锐缘状态。堰口表面应光洁无毛刺。堰板上游面距堰顶 20～50mm 范围内加工成光滑表面。

泄水管设于堰板最低处，管径为 50～75mm，用于检修或停水期间泄空堰体上游积水。泄水管的出口段安装阀门，流量测量过程中，阀门关闭不得漏水。

堰板上游规定距离设置静水井一只，用于测定水位。在静水井与明渠之间用连通管连通。通过静水井测量堰板上游的水位，不仅水位平稳，而且避开了堰板上游水面的漂浮物对水位测量的影响。

三角形缺口薄壁堰的流量同水位之间的关系，在 ISO 1438/1 中用函数表格的形式给

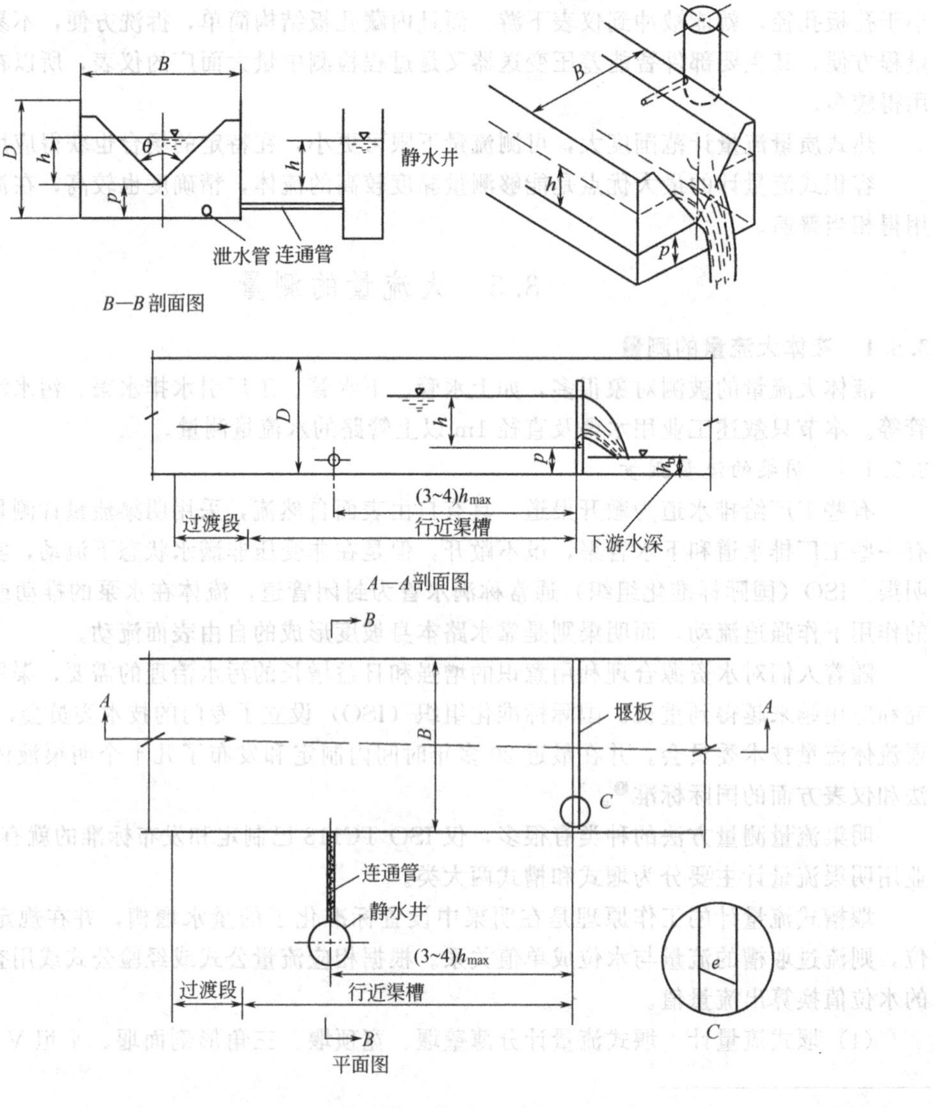

图 3.70　三角形缺口薄壁堰示意

出[44]。也有一些学者提出了一些经验公式，对于 $\theta=90°$ 的三角形缺口薄壁堰，较为著名的公式有汤姆逊公式[45]，即

$$q_v=1.4h^{5/2} \tag{3.110}$$

式中 q_v—— 流过堰板的流量；

h ——水位。

另外，还有斯特里克兰公式[45]，即

$$q_v=(1.334+0.0205/\sqrt{h})h^{5/2} \tag{3.111}$$

国内有的研究者提出了同函数表格更为接近的公式[45]，即

$$q_v=1.1741\times10^{-5}h^{-0.3672}+1.3723h^{2.4949} \tag{3.112}$$

当然，在计算机技术已广泛渗透到仪表中的今天，将 ISO 1438/1 中的函数表格装入仪表中，采用查表和线形内插的方法得到流量值，更能同标准保持一致。

② 矩形缺口薄壁堰。矩形缺口薄壁堰示意如图 3.71 所示。流量公式为[43]

$$q_v=Kbh^{3/2} \tag{3.113}$$

式中 b ——堰宽；

K——流量系数。

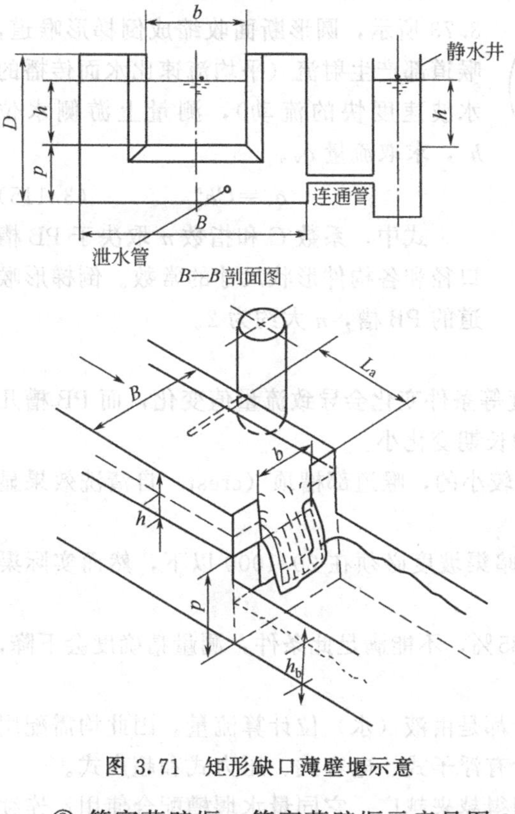

图 3.71　矩形缺口薄壁堰示意

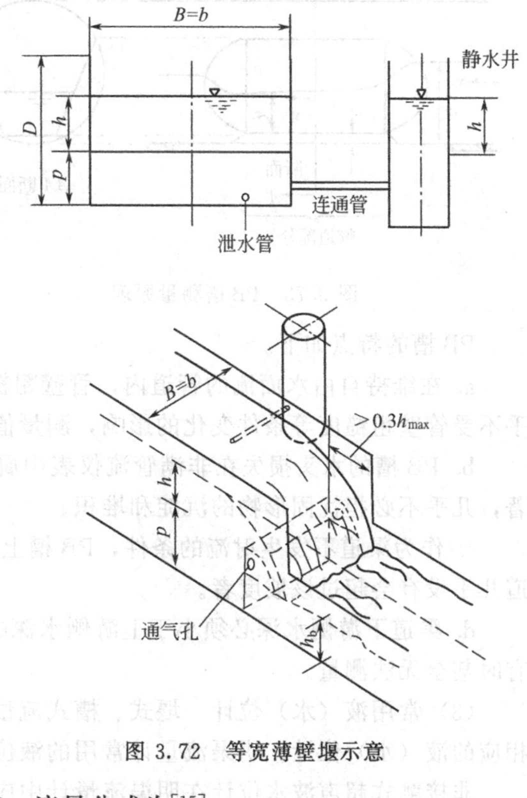

图 3.72　等宽薄壁堰示意

③ 等宽薄壁堰。等宽薄壁堰示意见图 3.72。流量公式为[15]

$$q_v=Kbh^{3/2} \tag{3.114}$$

上述薄壁堰是明渠流量计中测量精确度最高的，能达到±(1～3)% FS，范围度为(10～20)∶1，流量测量范围可达 0～40000m³/h，其中三角形缺口薄壁堰为小流量，矩形缺口薄壁堰为中流量，等宽薄壁堰为大流量。

除了薄壁堰之外，堰式流量计中还有宽顶堰、三角剖面堰、平坦 V 形堰等。它们各自的结构和技术要求请参阅文献［43］和 ISO 相应的标准。

④ 堰式流量计的特点

a. 结构简单，价格便宜，测量精确度高，可靠性好。

b. 因水头损失大，不能用于接近平坦地面的渠道。

c. 堰上游易堆积固形物，要定期清理。

(2) 槽式流量计　槽式流量计的常用测流槽有多种型式。在渠道中收缩其中一段截面积，收缩部分液位低于其上游液位，测量其液位差以求流量的测量槽，一般称作文丘里槽。1922年在文丘里槽的基础上开发适用于矩形明渠的巴歇尔槽（Parshall flume，简称P槽），1936年开发适用于圆形暗槽的帕尔默-鲍鲁斯槽（Paler Bowlus flume，简称PB槽）[15]。

① P槽。P槽流量计的特点如下。

a. 水中固态物质几乎不沉积，随水流排出。

b. 水位抬高比堰小，适用于不允许有大落差的渠道。

其结构、技术要求、安装及流量同液位差的关系，可参照JJG711明渠堰槽流量计试行检定规程7.1～7.5。

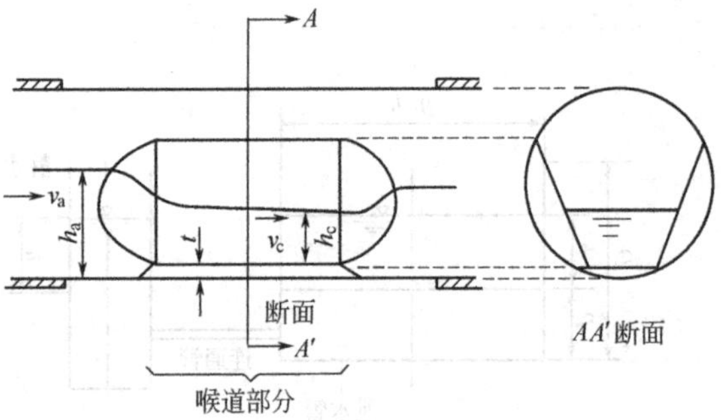

图 3.73　PB槽测量原理

② PB槽。P槽不能用于圆形暗渠，PB槽为圆形暗渠专用。PB槽原理如图3.73所示，圆形断面收缩成倒梯形喉道，喉道部产生射流（平均流速比水面传播的水波速度快的流动），测量上游侧水位h_a，求取流量q_v。

$$q_v = Ch_a^n \tag{3.115}$$

式中，系数C和指数n取决于PB槽口径和各构件形状尺寸的常数。倒梯形喉道的PB槽，n大约为2。

PB槽的特点如下。

a. 在维持自由水面流的管道内，管壁粗糙度等条件变化会导致流量值变化，而PB槽几乎不受管壁粗糙度等条件变化的影响，测量值的长期变化小。

b. PB槽的水头损失在非满管流仪表中属于较小的，喉道部槽顶（crest）自清洗效果显著，几乎不必担忧固形物的沉淀和堆积。

c. 作为渠道不发生射流的条件，PB槽上游暗渠坡度必须在20/1000以下，然而实际渠道几乎没有会超过该坡度者。

d. 渠道下游侧水深必须小于上游侧水深的85%，不能满足此条件，测量精确度会下降，有时甚至无法测量。

(3) 常用液（水）位计　堰式、槽式流量计都是由液（水）位计算流量，因此均需配用相应的液（水）位计。明渠流量计常用的液位计有浮子式、电容式、压力式和超声式。

非接触式超声波水位计在明渠流量计中应用得越来越广。它同量水堰槽配合使用，连续测量水位，并进而按指定的流量同水位的关系计算流量值，从而对明渠中的水流量实现连续测量。对于污水，难免存在沾污和腐蚀性，采用接触式水位测量仪表，容易因污垢和腐蚀性引起故障，非接触式测量则有明显的优越性，但测量点必须趋避表面有大量泡沫的场所。

其工作原理如下。

仪表探头（换能器）固定安装在量水堰槽静水井的上方，如图3.74所示，探头向水面发射超声脉冲波，声波遇水面后产生反射。探头接收反射波，成为回波。探头下方固定装有校正棒，也会产生反射，被探头接收，成为校准波。仪表内的单片机记下发射波到校准波之间的时间差 t_1 及发射波到回波之间的时间差 t_2，如图 3.75 所示，根据回声测距原理可知

$$t_1=\frac{2L_R}{c} \tag{3.116}$$

$$t_2=\frac{2l}{c} \tag{3.117}$$

式中 L_R——探头（换能器）到校准棒的距离，mm；

c——声波在空气中的传播速度，m/s；

l——探头（换能器）到液面的距离，mm。

上式中 L_R 和 l 都乘 2，是因为声波从发射到接收往返需经历 2 倍路程。由于校准棒是同探头配套供应，因此探头加工完毕 L_R 就是已知常数。于是将式(3.116) 和式(3.117) 相除并整理，即得

$$l=\frac{t_2}{t_1}L_R \tag{3.118}$$

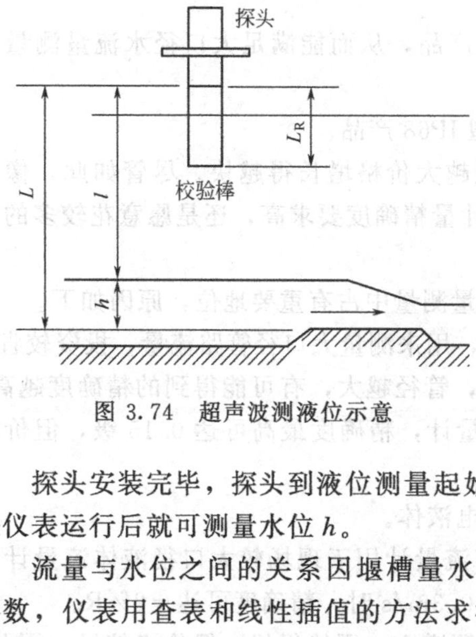

图 3.74 超声波测液位示意

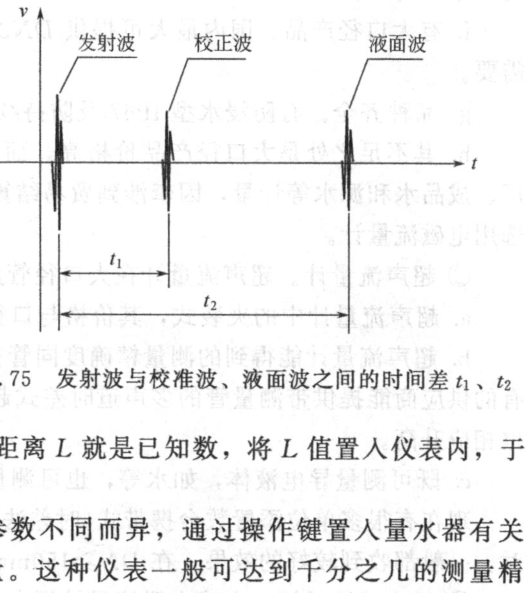

图 3.75 发射波与校准波、液面波之间的时间差 t_1、t_2

探头安装完毕，探头到液位测量起始点的距离 L 就是已知数，将 L 值置入仪表内，于是仪表运行后就可测量水位 h。

流量与水位之间的关系因堰槽量水器的参数不同而异，通过操作键置入量水器有关参数，仪表用查表和线性插值的方法求得流量。这种仪表一般可达到千分之几的测量精确度。

3.5.1.2 大口径管路液体流量测量

（1）大口径管路液体流量测量的特点

① 管路口径大要求压损越小越好。一般不允许用局部缩径的方法提高流速。

② 流速一般都不高。新设计安装的管路，一般均选择经济流速。因为流速太低，势必增加管路的投资，流速太高，会造成动力损耗大幅度增加，导致运行成本上升，都是不经济的。但有些老管路，由于增产的需要而提高了流速。

③ 由于流速较低，流体中的污垢、淤泥等极易在管道内壁沉积。作系统设计时应考虑仪表与流体接触部分的清洗。

④ 测量范围度要求大。有些水管夜间和日间、冬季和夏季流量相差悬殊，多达 10～20 倍，有些空调用水，到一定季节干脆就停用，因此，这些水的流量计就要求范围度特别大。

⑤ 防护等级要求高。大口径管路大多埋地敷设，为的是节省空间，在北方，也是防冻的需要。因此流量传感器大多被安装在仪表井内的管段上。由于雨水、井壁渗漏和管路外漏等原因常常引起井内水位上升而淹没流量传感器，所以设计时就应估计到这种情况，选用防持续浸水影响的流量传感器，例如 IP68 的防护等级。

(2) 仪表选型

① 电磁流量计。电磁流量计在大口径水流量测量中占有极其重要的地位，这是因为该种仪表具有下列特点。

a. 无可动部件，可靠性高，长期稳定性好。

b. 无附加阻力。这一点对大口径流量计有特别重要的意义。

c. 测量精确度高。典型产品在 $v \geqslant 1\mathrm{m/s}$ 时，精确度可达到±0.3%R 甚至±0.2%R。

d. 范围度大。保证精确度的范围度一般可达 40∶1，可测范围可达 200∶1，例如 IFM 系列产品，在 $v=0.06\mathrm{m/s}$ 时，基本误差仍可小于±2%R。

e. 直管段要求相对较低。对于大口径管路，这一点也很重要。有多种流量计要求前后直管达到 $30D$，对于管径 1m 以上的管路，就意味着须具备 30m 以上的直管段，这在多数情况下难以满足。

f. 有大口径产品。国内最大可提供 $DN3000$ 的产品，从而能满足大口径水流量测量的需要。

g. 品种齐全。有防浸水型 IP67 及防持续浸水型 IP68 产品。

h. 其不足之处是大口径产品价格高，而且口径越大价格增长得越快。尽管如此，像水厂、成品水和源水等计量，因牵涉到贸易结算，对计量精确度要求高，还是愿意花较多的钱选用电磁流量计。

② 超声流量计。超声流量计在大口径管路的流量测量中占有重要地位，原因如下。

a. 超声流量计中的夹装式，其价格与口径无关，用来测量大口径管路流量，投资较省。

b. 超声流量计能得到的测量精确度同管径有关，管径越大，有可能得到的精确度越高。有的供应商能提供带测量管的多声道时差式超声流量计，精确度最高可达 0.15 级，但价格也相应升高。

c. 既可测量导电液体，如水等，也可测量不导电液体。

现在有很多单位添置数台携带式(时差法) 超声流量计用于现场较大口径液体流量计比对，一般都收到较好的效果。在 $DN \geqslant 150\mathrm{mm}$、$v \geqslant 0.3\mathrm{m/s}$ 时，精确度可达±2%R。

③ 插入式流量计。上述电磁流量计用在大口径管道上，固然很好，但价格较贵，因此，在测量精确度要求不高的场合，插入式流量计就成为受欢迎的方法。

插入式流量计的价格只及满管流量计的几分之一到十几分之一，是流量计的一种补充。另外，重量轻，压损小，易于安装和维修，是这种流量计的另一优点。

在大口径管路流量计中，由于流速普遍较低，泥沙、污垢等容易在仪表表面沉积，因此，插入式流量计常常带配套球阀，实现在不断流情况下拆下仪表维护和检查，从而提高测量系统的可靠性。

a. 插入式流量计的结构。插入式仪表有点流速计型和径流速计型。其中插入式涡街、涡轮、电磁流量传感器以及皮托管等属点流速计型。差压式均速管流量传感器、热式均速管流量传感器等为径流速型。

插入式流量表的原理虽多种多样，但其结构却大同小异。图 3.76 所示为点流速计型结构。图 3.77 为径流速计型结构。

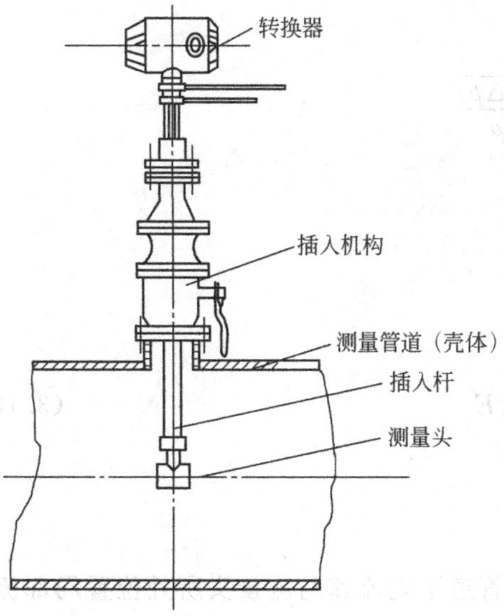

图 3.76　点流速计型插入式流量传感器

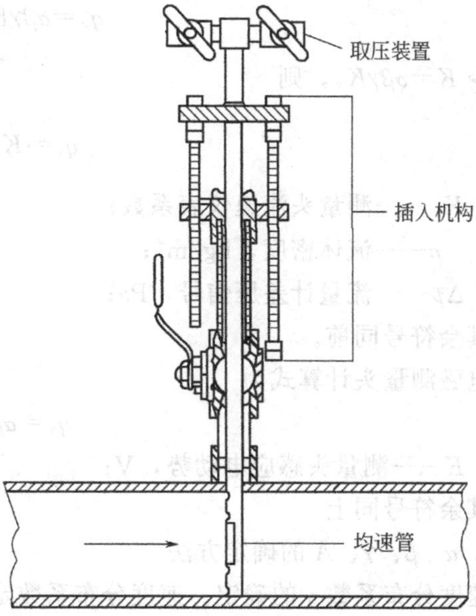

图 3.77　差压式均速管流量传感器

点流速计型传感器由测量头、插入杆、插入机构、转换器和仪表表体五部分组成。

测量头：其结构实际上就是一台流量传感器，不过这里作为局部流速测量的流速计使用。

插入杆：支撑测量头的一根支杆。支杆内可将测量头的信号电缆引至仪表表体外部。

插入机构：由连接法兰、插入杆提升机构及球阀组成。可在不断流的情况下将测量头由管道内提升到表体外，以便检查维修。

转换器：测量头信号输出转换的电子部件。

仪表表体：对于大口径一般都不带仪表表体，而是利用工艺管道的一段作为测量管。

差压式均速管流量传感器包括检测件（均速管）、阀、插入机构和取压装置等部件。

b. 点流速计型工作原理。测量头插于管道中特定位置（一般为管道轴线或管道平均流速处），测量该处局部流速，然后根据管道内流速分布和传感器的几何尺寸等推算管道内的流量。其流量计算式如下[45]。

脉冲-频率型测量头（涡轮、涡街等）计算式为

$$q_v = f/K \tag{3.119}$$

式中　q_v——体积流量，m^3/s；

f——流量计的频率信号，Hz；

K——流量计的仪表系数，P/m^3，$K=\dfrac{K_0}{\alpha\beta\gamma A}$；

K_0——测量头的仪表系数，P/m；

α——速度分布系数；

β——阻塞系数；

γ——干扰系数；

A —— 仪表表体（测量管道）横截面面积，m^2。

差压式测量头（皮托管等）计算式为

$$q_v=\alpha\beta\gamma K_v A\sqrt{\frac{2\Delta p}{\rho}} \tag{3.120}$$

令 $K=\alpha\beta\gamma K_v$，则

$$q_v=KA\sqrt{\frac{2\Delta p}{\rho}}$$

式中 K_v——测量头流速仪表系数；

ρ——流体密度，kg/m^3；

Δp——流量计差压信号，Pa；

其余符号同前。

电磁测量头计算式为

$$q_v=\alpha\beta\gamma A K_v E \tag{3.121}$$

式中 E——测量头感应电动势，V；

其余符号同上。

c. α、β、γ、A 的确定方法

速度分布系数 α 的确定。速度分布系数定义：管道平均流速与测量头所处位置局部流速的比值。

测量头插于管道轴线处

$$\alpha=\left[1-\frac{0.72}{\lg\left(0.2703\frac{\Delta}{D}+\frac{5.74}{Re_D^{0.9}}\right)}\right]^{-1} \tag{3.122}$$

式中 α——速度分布系数；

Re_D——管道雷诺数；

D——管道内径，mm；

Δ——管壁粗糙度，mm。

测量头插于管道平均流速处

$$\alpha=1 \tag{3.123}$$

管道平均流速处

$$y=(0.242\pm0.013)R \tag{3.124}$$

式中 y——平均流速处至管壁的距离；

R——管道半径。

由式(3.122) 可见，速度分布系数 α 为管壁相对粗糙度与管道雷诺数的函数，测量时流量大小的变化将引起 α 的变化。设 $\Delta/D=0.001$，Re_D 从 2×10^4 变到 3×10^5，α 约变化 2.8%；反之，设管道雷诺数为 3×10^5，而管道粗糙度从 0.001 变到 0.002，则 α 约变化 1.4%。

阻塞系数 β 的确定。阻塞系数的定义：修正由于插入杆、插入机构及测量头引起的管道流通面积减小及速度分布畸变所产生影响的系数。

测量头插于管道轴线处时

$$S=\left[\frac{\pi}{4}d^2+\frac{B}{2}(D-d)\right]\left(\frac{\pi D^2}{4}\right)^{-1} \tag{3.125}$$

式中 S——阻塞率；

B——流量计插入杆直径，mm；

d——测量头直径，mm；

D——管道内径，mm。

测量头插于深度 h 时

$$S=\left(\frac{\pi}{4}d^2+hB\right)\left(\frac{\pi D^2}{4}\right)^{-1} \tag{3.126}$$

式中　h——插入深度，mm；

其余符号同上。

流量计阻塞系数 β 的计算为

$$\left.\begin{array}{r} S<0.02\ \text{时},\ \beta=1 \\ 0.02<S\leqslant 0.06\ \text{时},\ \beta=1-0.125S \\ S>0.06\ \text{时},\ \beta=1-CS \end{array}\right\} \tag{3.127}$$

其中，C 值依管径大小而定，需经实流校验确定。

式(3.127) 阻塞系数计算式是在测量头为某种结构求得的，因此该式只能作为一种参考计算式，要得到高精确度的计算式需依据具体结构的测量头进行实验求得专用阻塞系数计算式。

干扰系数 γ 的确定。干扰系数的定义：流量计所处管段前后阻流件之间直管段长度不足所引起的仪表系数变化的修正系数。干扰系数是非充分发展管流的修正系数，目前还缺乏成熟的实验数据，一般可在现场直接校验确定。

管道横截面面积 A 的确定。管道横截面面积 A 可通过实测管道内径或管道外周长推算出，由管道外周长推算横截面面积按下式计算。

$$A=\frac{\pi}{4}\left(\frac{L-\Delta L}{\pi}-2e\right)^2\ (\text{m}^2) \tag{3.128}$$

$$\Delta L=\frac{8}{3}a\sqrt{a/D}\ (\text{m})$$

式中　L——管道外周长，m；

e——管壁厚度，m；

a——管道外表面局部突出高度，m；

D——管道内径，m。

当 $a>0.01D$ 或表面凹陷，使测量软尺不能贴紧管道表面时，不能采用此法。

d. 径流速计型工作原理。差压式均速管流量传感器（国外商品名为 Annubar）由一根横贯管道直径的中空金属杆及引压管件组成。中空金属杆迎流面有多点测量孔测量总压，背流面有一点或多点测压孔测量静压。由总压与静压的差值（差压）反映流量值。流量计算式为

$$q_{\text{m}}=\alpha\varepsilon A(2\rho\Delta p)^{1/2} \tag{3.129}$$

$$q_{\text{v}}=q_{\text{m}}/\rho \tag{3.130}$$

式中　q_{m}，q_{v}——质量流量（kg/s），体积流量（m^3/s）；

α——流量系数；

ε——可膨胀性系数；

A——管道横截面面积，m^2；

ρ——被测介质密度，kg/m^3；

Δp——流量计输出差压，Pa。

(3) 几种插入式流量计的性能比较

① 插入式涡轮流量计。价格较低，适合测量洁净液体的流量。流体中含固体颗粒或黏稠物时，极易导致涡轮卡滞。流体中夹带的纤维、四氟生料带之类的异物，极易绕在涡轮叶片上，导致流量系数改变，而大口径管路上要加装网目数满足要求的过滤器又不大现实，因而影响了人们对该种仪表的选用。

② 差压式均速管流量计。这种流量计在大口径水流量测量中用得较多。主要原因是结构简单，价格便宜，维修方便。因属径流速计型，只要仪表插入杆长度同管径相吻合，仪表示值受管内流速分布的影响较小。

均速管在安装时要特别注意引压管中不能有气体存在。

在水平管上的安装位置如图 3.78 所示。对于埋地敷设的大口径管道，均速管要安装在仪表井中，而配套的差压计为了避免浸入水中，一般均安装在地面上方。仪表投运时，分别打开差压变送器的高低压室上排气口，排尽引压管中的气体，均速管测量到的信号就能准确地传递到变送器。

有的使用者误认为管道中全是水，均速管从管道上方插入也不要紧，尤其是在大口径管道贴近地面敷设，均速管按图 3.78 安装有困难时，就采用图 3.79 所示的安装方法。于是在开表投运时，经过排气阀和变送器上的上排气口充分排气，仪表指示正常。但经数天后由于大管道内水所溶解的气体不断析出，并且聚集在引压管的最高点，影响差压信号的正常传递，以致仪表示值发生变化（一般是流量示值逐渐减小）。

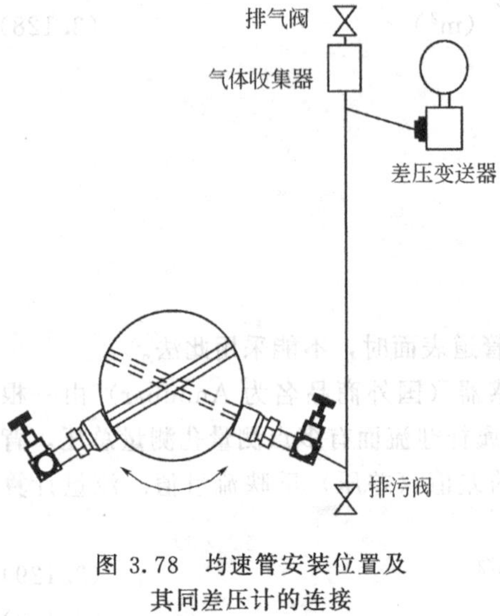

图 3.78　均速管安装位置及其同差压计的连接

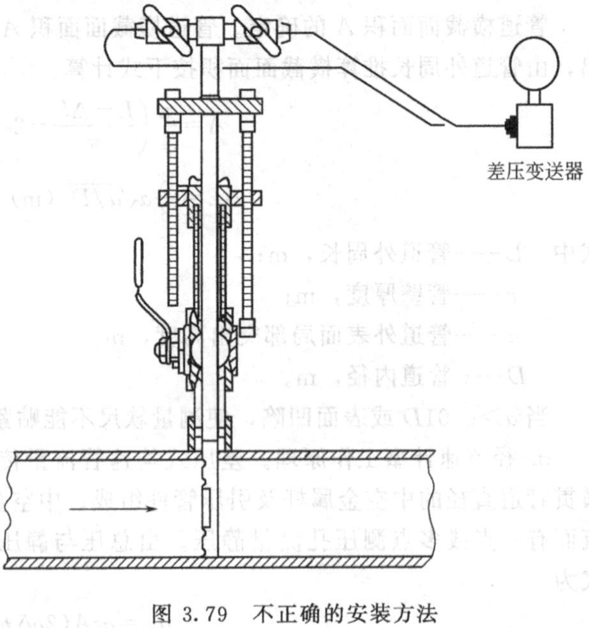

图 3.79　不正确的安装方法

管道内水所溶解的气体析出，同水的温度和压力的变化有关。水温较高或压力较低时，其气体饱和溶解度比温度较低或压力较高时的气体饱和溶解度小，所以水在输送过程中，温度升高和压力降低都易引起它所溶解的气体析出。

这种仪表的不足之处如下。

a. 水中泥沙易将取样孔堵死而引起故障，因此应视流体中泥沙含量多少决定引压管排污扫线周期。并在选阀和配管时，考虑拆卸和疏通的方便。

b. 相对流量较小时，误差增大。因此只适合一般检测和过程控制。

c. 标定困难。JJG 640 检定规程规定，差压式均速管流量计必须经过流量系数的逐台检定，所以精确度要求较高的测量对象或用于贸易结算的测量对象，一般还有赖于满管式电磁流量计。

③ 插入式涡街流量计。这种仪表测量头本身精确度可达±1%R，耐脏性比插入式涡轮流量计好，被测液体中有少量泥沙时也不会像均速管那样容易引起故障，但受其测量原理的制约，用来测量水流量时，可测流速下限只能达到 0.3m/s，因此，在测量对象的流速下限要求更低时，不能胜任。

④ 插入式电磁流量计。同其他插入式流量计相比，用插入式电磁流量计测量大口径管道水流量具有明显的优越性。

a. 范围度特别大。

b. 测量头有较高的精确度。

c. 阻塞影响可忽略。

d. 有浸没型产品，安装在仪表井中被水淹没也不影响正常测量。该型的插入式电磁流量计，励磁线圈和电极组成的测量头置于插入杆的端面内，导电流体流过其端面时，在电极和插入杆壳体之间产生相应的电动势，如图 3.80 所示。其结构如图 3.81 所示。

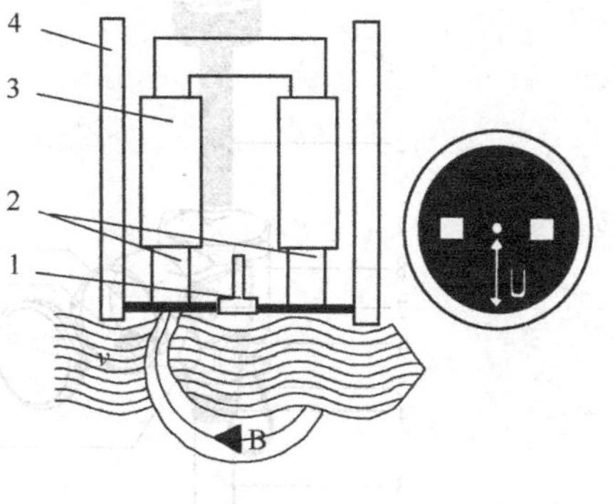

图 3.80 插入式电磁流量传感器

1—电极；2—磁极；3—线圈；4—保护管

仪表的满量程可设置为 1、2、3、4、5、6、7 或 8m/s。测量精确度在 $v \geq 1$m/s 时为±2%R；在 $v < 1$m/s 时为±3%R。插入杆上刻有与管道内径相对应的插入深度刻线，其插入深度为管道内径的 1/8。此时阻塞面积小于 2%，按式(3.127) 阻塞对示值的影响可忽略不计。

插入式流量计是基于速度面积法工作的，不论测量头是何种测量原理，管道中都必须充满液体。为了防止液体中的气体在管道中积聚，管道的最高点都应安装排气阀，实行自动排气或人工定期排气。

3.5.2 气体大流量的测量

气体大管路流量的测量常见于城市煤气、天然气、风管、锅炉和各种炉窑内的烟气、石油炼厂和石化行业的火炬气。这些流量的测量对经济燃烧、保护环境以及贸易结算有着重要意义。

(1) 气体大流量测量的特点

a. 口径大，直管段往往难以保证。

b. 静压低，流速低，只允许有很小的压力损失。

c. 流速变化范围大，要求仪表具有较大的范围度。

d. 流体含有粉尘，有时还含有焦油之类的黏稠物。

e. 有些流体有腐蚀性。

f. 气体组分变化不定。

g. 流体温度高。

h. 有些烟气温度降低后，湿度升高，甚至带液。

(2) 仪表选型 3.5.1 节中所述的插入式涡街流量计、插入式涡轮流量计、差压均速管流量计，同样适用于大口径管道的气体流量测量。但由于流体性质不同，应用时所存在的问题有明显不同。

① 插入式涡街流量计。插入式涡街流量计的测量头一般为 $DN50$，对于常温常压条件

下的空气，可测流速下限约为 6m/s。有很多测量对象，流速常常低于 6m/s，尤其是水煤气及某些驰放气，由于氢含量较高，流体密度较小，旋涡对传感器的推力相应变小，这时，能可靠测量的流速下限还要升高，所以，仪表往往满足不了测量对象的要求。

涡街流量计指示的体积流量，不会因流体组分和温度变化而产生密度变化的影响，但将压力状态下的体积流量换算到标准状态，需要进行流体温度、压力和压缩系数的补偿。

在旋涡发生体的迎流面上如果附着很厚的黏稠物和灰尘，其形状会发生变化，进而引起流量系数的变动，因此，需要定期拔出测量头清除附着物。

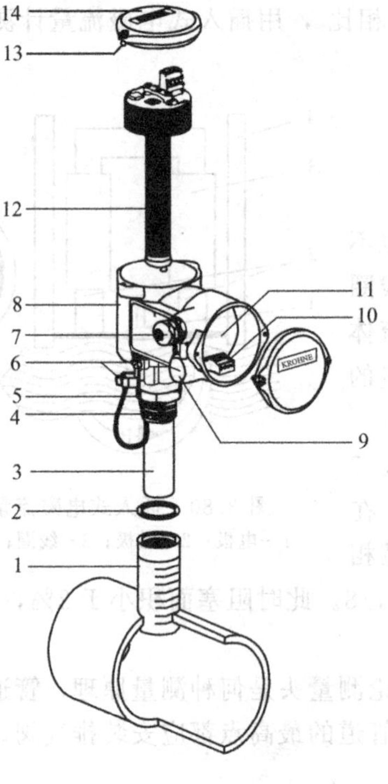

图 3.81 插入式电磁流量计

1—标尺套；2—垫圈；3—传感器外保护套；4—连接螺纹；5—接地电缆；6—接地端子；7—进线口；8—壳体；9—进线口；10—电源接线端子；11—接线盒；12—磁线圈电极部件；13—机盖紧固螺钉；14—带密封圈的机盖

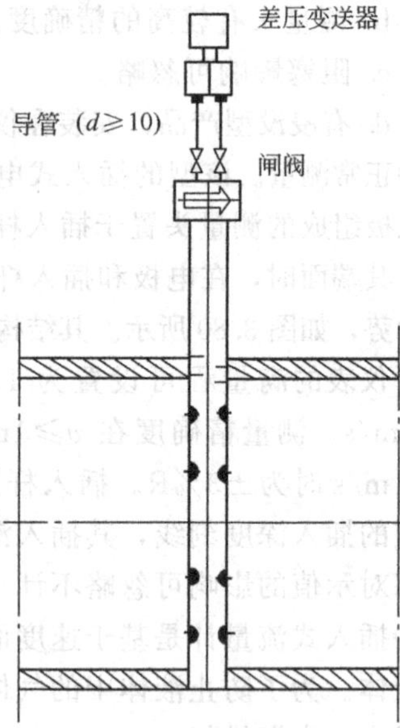

图 3.82 差压式均速管测量低压气体流量安装示意

② 差压式均速管流量计。这种流量计在大口径气体流量测量中用得很普遍，其原因同大口径水流量相似。差压式均速管流量计在气体流量测量中应用成败的关键是引压管不要被水滴堵住。由于定型的均速管产品所带的切断阀多半为针型阀，通径较小，而流体中的水汽经冷凝变成液滴，如果针型阀处理得不好或引压管坡度欠合理，此液滴极易将通路封死。

差压式均速管输出的差压信号一般都很小。当流体为常温常压的空气时，如果流速为 10m/s，只能达到 62.5Pa 的差压[42]。这样，一滴水滴将差压传输通道封住，就足以将此差压全部抵消掉。有的制造商将正负压切断阀改为通径较大的直通闸阀，为保证仪表的可靠使用创造了条件。均速管典型安装位置以及同差压计的连接如图 3.82 所示。

同均速管配用的差压变送器的选型与安装也需要给予足够的注意。因为配用的差压变送器满量程一般都只有几百帕，个别流速特别低的测量对象甚至只有几十帕，所以应选用零点稳定性好的微差压变送器。

微差压变送器安装地点应尽量避免振动。与均速管配用的微差压变送器，其差压测量范围很小，膜盒面积较大，对振动非常敏感，受振动以后膜片受到相应的作用力，因而输出信号产生相应的变化。变送器受振动而产生的零位输出表现为随机特征，但是振动越剧烈，变送器输出的代表差压的电流信号上下摆动的幅度也越大。此振动干扰信号的正值经开方后，相对值放大了若干倍，而其负值经开方后输出为零，最后使流量零点示值升高（见图3.83），这就是振动导致这种流量计零点升高的本质原因。

振动引起的这种流量零点升高容易给人以错觉，因为它同由于安装位置倾斜等因素引起的零点漂移叠加在一起。其实，振动引起的差压输出变化是双向的，其时间均值有可能为零，所以当流量为常用流量值时，这种振动的影响只表现为流量示值上下摆动，其平均值基本不变。如果急于将仪表零位调低，倒容易引起正常测量时的示值偏低。

振动引起的流量计零点示值升高与变送器安装位置倾斜等原因引起的零点漂移在流量计示值变化规律上也有明显的区别，后者表现为示值虽不为零但很稳定或只随时间缓慢地变化，而前者表现为频繁地摆动。由于难以将这两种影响共同作用的结果拆开来，所以最好的办法是选择一处振动小的地方安装差压变送器。

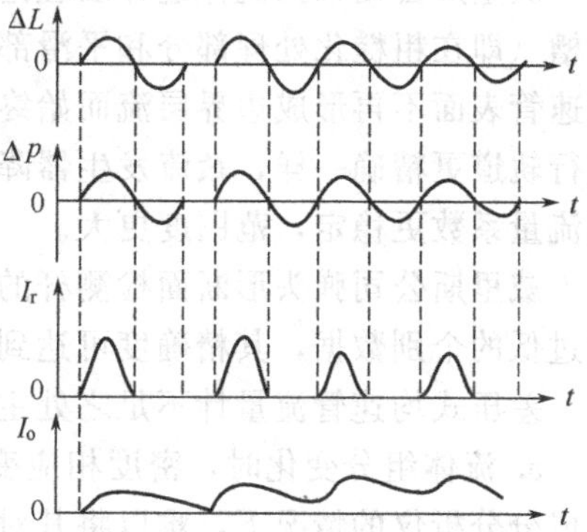

图 3.83 振动引起差压式流量计零点升高

ΔL—膜片位移；Δp—差压输出；I_r—开平方输出；I_o—流量信号输出

消除或减小振动对差压式流量计零点影响的另一个有效方法是为差压变送器选择适当的阻尼时间，也可在二次表的流量信号输入端增设阻容滤波环节。

微差压变送器还应避免阳光的直接照射。由于阳光直接照射使表体的向阳侧温度升高，而背阳侧温度却较低，这一温差引起变送器某些零部件几何尺寸及其他有关参数产生不对称变化，导致变送器零位出现明显漂移。

关于均速管检测杆断面的形状，前人已经做了不少研究。其中圆形断面现在已很少有人使用。因为这种形状的检测杆的流量系数 K 受雷诺数的影响较大。当 $Re_D<10^5$ 时，K 基本不变；而 $10^5<Re_D<10^6$ 时，K 增大，而且不稳定，离散度约为±10%。这是因为流体流过圆管时，分离点位置不固定所致。

菱形断面检测杆是对圆形断面的改进。由于流体分离点不再随 Re_D 变化而固定在菱形两侧尖锐的拐点上，所以流量系数受 Re_D 影响减小到1%。这个结论是由一些权威的流量检测机构大量试验所验证的，其中包括美国 ALDEM 研究试验室、NEL 国家工程试验室等水试验室及美国 CEESI 和科罗拉多州工程试验室气体试验站。

弹头形检测杆是近几年出现的新型器件。1993 年，美国威里斯（VERIS）公司推出弹头形（Bullet）断面检测杆，威里斯公司是一家从事均速管流量计研究、生产及应用的厂家，其公司总裁弗列德·古德（Fred Good）先生是均速管领域知名专家。

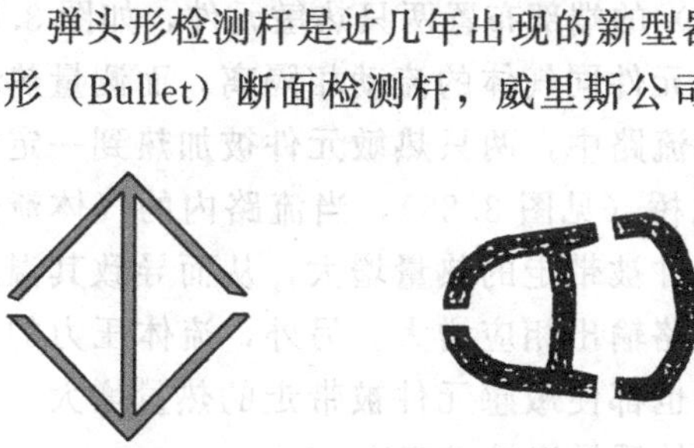
(a) 菱形断面　　(b) 弹头断面

图 3.84 不同断面检测杆

弗列德·古德先生针对钻石型检测杆信号脉动大、低压侧易堵塞等缺点，在大量实验的基础上，推出了弹头断面检测杆（见图 3.84）。弹头断面检测杆与菱形断面检测杆的相似之处是都有明显的拐点，所以流体流过均速管后的流体分离点固定，流量系数 K 的稳定性好。但弹头形断面检测杆的拐点相对平缓，不致像菱形断面检测杆那样会产生强烈的旋涡、较大的探头振动和脉动的差压输出。另一个大的改进是多个低压取压孔位于探头的两侧面，即位于流体分离点之前，流速较快，而菱形断面检测杆的低压孔位于背部，那里正好是流体中尘埃聚集的地点，流线紊乱，流速较慢，所以负压测孔易堵。弹头形断面检测杆的高压测孔因弹头形状的前部较宽阔，形成静止的高压区，将阻止流体中的固体尘粒进入，因而无论是低压测孔还是高压测孔，其防堵性能均优于其他断面的检测杆。

以往均速管表面是光滑的，当流速变化时，在均速管表面易形成边界层流与边界紊流交替出现的情况，增大了流体牵引力和涡街脱落力，这是造成流量系数不稳定的另一个重要原因。威里斯公司根据流体边界层理论研究的成果，在均速管前端表面采用粗糙化处理并加防淤槽（即在粗糙化处理部分和平滑部分交界处设一浅槽），这相当于有一个紊流发生器，使均速管表面不再形成边界层流而始终保持边界紊流，这就像高尔夫球表面上的凹痕可使球的飞行轨道更精确一样，紊流发生器降低流体牵引力和涡街脱落力，并产生稳定的流线，从而使流量系数更稳定，范围度更大。

威里斯公司弹头形断面检测杆的流量系数 K 值的精确度虽然也为1.0%，但当去掉雷诺数过低的个别数据，其精确度可达到0.5%。

差压式均速管流量计不足之处主要有下列几点。

a. 流体组分变化时，密度相应变化，引起示值变化。而这种组分变化是随机的，在没有成分分析仪的情况下，难以将其对示值的影响予以清除。

b. 相对流量较小时（一般以30%FS为界）误差增大。

c. 由于难以逐台测定其流量系数，因此难以通过JJG 640规程的检定，一般不适宜用于贸易结算。

③ 插入式涡轮流量计。用高灵敏度的插入式涡轮流量计测量洁净气体的流量，有很多明显的优势。其一是简单可靠，价格较低；其二是线性分度，可测流速下限比涡街和均速管均低。

在这种仪表中，最重要的部分是轴承和轴，如果用一般材质制成，寿命不长。有些用户选用瑞士专门技术制成的宝石轴承配上镍基碳化钨轴，寿命大大延长，换一次转子组件和轴承最长的可用到5年，精确度仍在允许范围（±0.3%R）之内（用于油品测量）。流体的清洁至关重要，黏稠的焦油和污垢会将转子粘住或转速减低。灰尘附着在涡轮上，流量系数要发生变化，因此，应定期清洗。

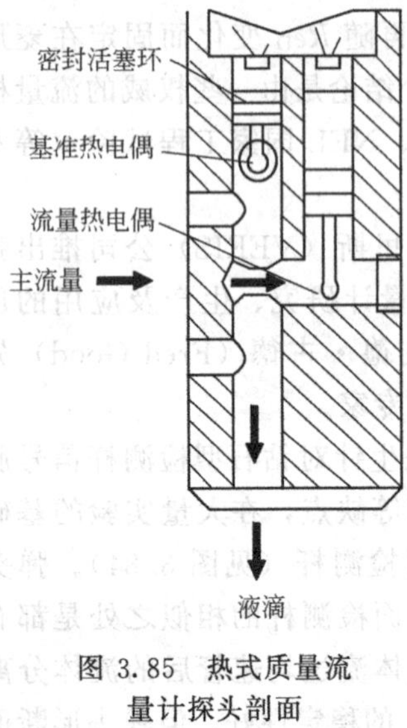

图 3.85 热式质量流量计探头剖面

④ 热式质量流量计。热式质量流量计一般是在圆形检测杆（不锈钢保护套管）的端部布置两只热敏元件，如图3.85所示，其中参比热敏元件同气体的流动相隔离，而测量热敏元件被放置在气体的流路中，两只热敏元件被加热到一定温度，并组成惠斯登电桥（见图3.86），当流路内的气体流速增大时，测量热敏元件被带走的热量增大，从而导致其温度降低，阻值变小，桥路输出相应增大。另外，流体压力的增大和流体温度的降低也都使敏感元件被带走的热量增大，最后使得桥路输出与流体质量流量成正比。

由于测量热敏元件的热量损失主要是由气体流动所引起，因此气体组分的变化对流量示值影响很小。

这种仪表的最大优点是范围度大，可达40：1。流体温度最高可达到400℃。但由于热丝与被测流体直接接触，在流体含有油污之类的物质时，热丝容易被污染而改变散热条件，影响测量精确度，因此，有的公司推出带清洗装置的产品。

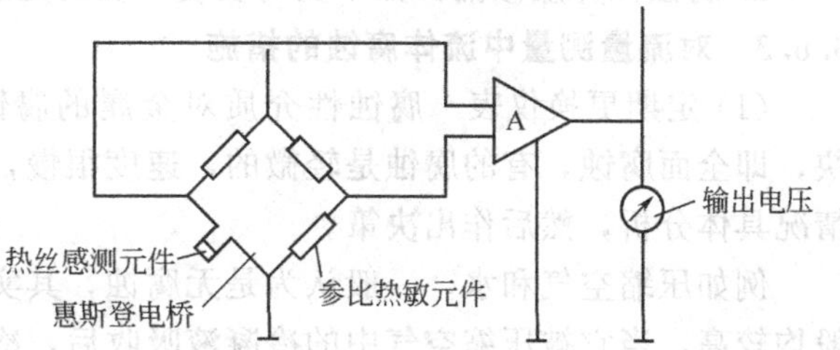

图 3.86 热线测速计原理（恒温工作方式）

⑤ 孔板流量计。插入式流量计的最大困难是校准问题，现在已经有JJG规程的只有插入式涡街流量传感器和均速管，而且必须在标准装置上标定其流量系数。否则就难以通过强制检定[36]。有些用于贸易交接的大口径气体流量计为了通过强制检定，往往仍旧回到节流式差压流量计。

有些气体有时还难免带点冷凝水在管道底部流动，为了不让这些水在节流装置前积聚，采用偏心孔板或圆缺孔板流量计较合适。

有些气体夹带尘埃，甚至还有焦油之类的黏稠物，用不了多久孔板端面就黏附一层污垢，为了解决不断流拆洗，可采用可换孔板节流装置。为了防止正负压取压孔被灰尘及污垢堵死，常常采用*D*-*D*/2径距取压法。而引压管除保证坡度外，引压管内径取上限数值和在引压管转弯处均留有活门，以便逐段疏通，也极具实用价值。

3.6 腐蚀性介质的流量测量

3.6.1 腐蚀现象

腐蚀是金属在其环境中由于化学作用而遭受破坏的现象。一切金属与合金对于某些特定环境可以是耐腐蚀的，但是在另一些环境中却对腐蚀又很敏感。一般来说，对于所有环境都耐腐蚀的工业用金属材料是不存在的。

腐蚀可以分为均匀腐蚀（uniform corrosion）或全面腐蚀（general corrosion）与局部腐蚀（localized corrosion）。全面腐蚀的腐蚀速度可用mm/a等单位来表示。通常将腐蚀速度在0.1mm/a以下的材料作为耐腐蚀材料[49]。对于腐蚀速度较此再大一个数量级，也即腐蚀速度为1mm/a的材料，对于一般设备有时可酌情定为可以使用的材料，对于流量仪表的测量元件则是不容许的。根据腐蚀速度的大小，可以预测金属的使用寿命。

3.6.2 腐蚀性介质对流量测量仪表的损害

介质的腐蚀性对流量测量仪表是个严重威胁，只有像夹装式超声波流量计等个别种类的流量计受腐蚀影响较小。

a. 腐蚀性介质将流量测量仪表与介质直接接触的关键零部件腐蚀，使之损坏，丧失功能。例如，腐蚀造成差压变送器膜片损坏，硅油外漏而完全失效。电磁流量计电极因腐蚀引起介质外泄，导致励磁线圈烧毁等。

b. 流量测量仪表的关键零部件长时间受腐蚀性介质的腐蚀而改变几何尺寸，导致仪表准确度降低。例如，转子流量计中的转子被流体腐蚀后，外形尺寸减小，导致流量示值偏低。又如涡街流量计中的旋涡发生体被流体腐蚀而宽度尺寸减小，迎流面表面变得粗糙，从而引起流量系数改变。就连受腐蚀介质影响较小的夹装式超声波流量计，也常因金属管内壁被介质腐蚀得坑坑洼洼，使发射和接收信号变弱，严重时丧失灵敏度。

c. 缩短仪表寿命。例如金属管转子流量计中的锥形管等零部件，使用几年后，其焊接处被烂穿。

d. 腐蚀性介质渗漏，如不及时发现、及时处理，还容易酿成安全和人身事故。

3.6.3 对流量测量中流体腐蚀的措施

(1) 定期更换仪表　腐蚀性介质对金属的腐蚀，情况是多种多样的。有的腐蚀速度很快，即全面腐蚀，有的腐蚀是轻微的，速度很慢，即局部腐蚀。在作仪表选型时应针对具体情况具体分析，然后作出决策。

例如压缩空气和水，一般认为是无腐蚀，其实不然。由于城区大气中氮氧化合物浓度一般均较高，当它被压缩空气中的冷凝液吸收后，冷凝液即呈酸性，从而对碳钢材料具有轻度腐蚀。这种情况在硫酸厂、硝酸厂、氯碱厂等厂区，问题更严重些。当然，这时压缩空气中所含的除了稀硝酸外，可能还有硫酸、盐酸等。水的情况也相似，尤其是河水，由于其中含有多种离子，也对碳钢产生腐蚀。在这种条件下使用的仪表，若干年后也会出现被腐蚀的痕迹。例如，停车检修发现流量节流装置中的碳钢环室与流体接触的表面被蚀，变得坑坑洼洼，严重时几何尺寸和形状都发生很大变化。而前后直管段内壁也变得高低不平。这种状况都不符合检定规程要求，难以保证原有的仪表精确度。

这时就产生一个命题，即是否设计选型要将节流装置中的环室以及前后直管段也改为不锈钢材质？当然，如果改为不锈钢材质，环室和直管段的腐蚀问题肯定迎刃而解，但同时投资增加了。而且投资增加数同管径有关，如果公称通径较大，则投资增加就是个不小的数字。所以决策时应根据具体测量点的测量精确度要求、腐蚀严重程度、预期寿命、预算承受能力等，权衡利弊得失，灵活掌握。如果测量精确度要求不高（如用于过程监视、控制），轻度腐蚀，碳钢材料预期寿命 10 年以上，改为不锈钢后投资增加较多，那么，宁可待环室等被腐蚀得无法继续使用时，再将节流装置整体或损坏部分予以更新。

(2) 避重就轻　避重就轻就是在对工艺流程和有关介质特性深入了解的基础上，合理选择测量方案，同样可达到计量或对生产过程进行控制的目的，避开腐蚀性强的部位，而选在腐蚀性较轻的部位，甚至更改被调参数种类。例如（如果可行的话）将流量定值调节系统用液位均匀调节或其他合适的变量调节代替，从而避开流量测量仪表耐腐蚀的难题。

例如，进污水处理厂的污水流量一般都要测量，以便控制污染物排放总量。而污水一般或偏酸性或偏碱性，而且相应地要加入适量的碱或酸予以中和。那么，考虑污水对流量仪表的腐蚀，当然流量检测点选在中和之后更好一些。

钢厂荒煤气的流量测量也有类似情况。荒煤气中常常含有一定数量的二氧化硫，这种气体在干燥的时候腐蚀性并不大，但荒煤气离开炉窑后，随着输送距离的增长，气体温度逐渐降低，湿度相应升高，并很快出现凝液而具有较强的腐蚀性。考虑煤气流量测量仪表安装位置时，当然应当选在气体出现凝液之前。

(3) 选择具有耐腐蚀特性的仪表

① 一般酸性介质的仪表选型。涡街流量传感器和涡轮流量传感器，与流体接触的部分为耐酸钢，一般酸性液体和气体都能使用。

用耐酸钢制成的椭圆齿轮流量计，可以满足一般酸性液体精确计量的需要。

至于某一公司的具体的某个产品是否适用于某用户的特定介质，除了查阅有关样本和资料外，还需向制造商详细咨询，能做出承诺更好。有经验的制造商积累了大量常用材料适用介质范围和腐蚀速度的数据，还有一些是某些材料不适用介质范围的数据，这非常宝贵，表 3.16 所示是上海光华·爱而美特公司提供的电磁流量计电极材料耐腐蚀特性表[15]。但因腐蚀性介质多种多样，有些介质在现成的资料中往往找不到答案，这时可与制造商联系，由用户提供腐蚀性介质，制造商提供待试材料，在规定条件下挂片试验。

表 3.16 常用电极材料及其适用范围

电极材料	特点及适用范围
耐酸钢 1Cr18Ni9Ti 含钼耐酸钢 0Cr18Ni12MoTi(相当于 316L)	主要用于生活工业用水、原水、下水、废物水及稀酸、稀碱等弱腐蚀性酸、碱盐液，价格最低
哈氏合金 B	低浓度盐酸等非氧化性酸和非氧化性盐液适用，硝酸等氧化性酸不适用
哈氏合金 C	对常温硝酸、其他氧化性酸、氧化性盐液有耐腐蚀性，盐酸等还原性酸和氯化物不适用
钛	耐腐蚀性略优于耐酸钢，对氯化物、次氯酸盐、海水有优良的耐腐蚀性，对常温硝酸等氧化性酸有耐腐蚀性，盐酸、硫酸等还原性酸不适用
钽	具有和玻璃相似的优越耐腐蚀性，除氢氟酸、发烟硫酸等少数酸(参见表 8.4)外，大部分酸液适用，氢氧化钠等碱液不适用
铂、铂铱合金	对几乎所有酸碱液耐腐蚀，王水、铵盐以及少数介质不适用，价格昂贵

② 导电液体的仪表选型。电磁流量计的测量管内衬材料有多种，其中耐腐蚀性能最好的是聚四氟乙烯。电极材料也有好几种，能满足绝大多数腐蚀性介质的需要。文献［50］列有（美）Foxboro 公司《衬里和电极材料的选用表》。在选择电极材料时，应以满足需要为原则，不要迷信贵金属，因为贵金属也不是万能的。表 3.17 所列就是铂铱合金和钽不耐腐蚀的化学介质。当然表中列入的也仅仅是示例，而非全部。

表 3.17 铂铱合金和钽不耐腐蚀的化学介质①

化学液体介质	铂铱合金	钽	其他材料
氟化铝(Aluminum fluoride)	A	×	
硝酸铝(Aluminum nitrate)	A	×	
氟化铵(Ammonium fluoride)	A	×	B(哈氏合金 C)
氢氧化钡(Barium hydroxide)	A	×	
二氧化氯(Chlorine dioxide)	×	A	
氟化铜(Copper fluoride)	A	×	
氯化铜(Copper chloride)40%	×	A	
氯氧铜(Copper oxychloride)	A	×	
氯化铁(Ferric chloride)	×	A	B(哈氏合金 C)
氯化锌(Zinc chloride)50%	A	×	
氟硅酸(Fluosilicic acid)10%～40%	A	×	
氢溴酸(Hydrobromic acid)50%	×	A	
氢氟酸(Hydrofluoric acid)10%～20%	A	×	
氢氟硅酸(Hydrofluosilicic acid)35%	A	×	B(哈氏合金 C)
次氯酸(Hypochlorous acid)10%～20%	×	A	B(哈氏合金 C)
乙酸铅(Lead acetate)	×	A	
氢氧化镁(Magnesium hydroxide)	A	×	
氢氧化钾(Potassium hydroxide)10%～40%	A	×	
氰化钠(Sodium cyanide)	×	A	
氰铁酸钠(Sodium ferrocyanide)	×	B	
氰亚铁酸钠(Sodium ferricyanide)	×	B	
氟化钠(Sodium fluoride)5%～50%	A	×	
氢氧化钠(Sodium hydroxide)5%～50%	A	×	B(哈氏合金 C)
硫酸(Sulfuric acid)10%～50%	A	A	
100%	A	×	
硫代硫酸钠(Sodium thiosulfate)	×	×	A(哈氏合金 C)

① 摘自参考文献[15]第 137 页。

注：A——优先选用的材料（实际上有极长的使用寿命）；

B——令人满意的材料（在大多数条件下有较长的使用寿命）；

×——不能使用。

其他像铂电极的触媒作用也引起人们的关注。在化工生产中，铂是一种性能很好的催化剂，某些介质在一定条件下与铂接触后就发生化学反应，已被证明的有双氧水。铂电极电磁流量计在测量双氧水时，会在电极表面生成气雾，流量为零时，输出也会波动。

选择合适的电极材料和内衬材料测量腐蚀性介质流量，如果流体温度也在允许范围之内，那是理想的选择，其测量精确度可以达到(0.3～1)%R。其口径从几毫米到3m，各种规格齐全，能满足各种测量范围的需要，但若流体不导电，电磁流量计就无能为力了。

③ 不导电液体的仪表选型。夹装式超声流量计工作时流体不与仪表直接接触，所以适用于各种腐蚀性流体。

夹装式超声流量计按其原理分类有两种，其中时差法适用于洁净单相流体，精确度与管径和流速有关，例如Panametics公司的AT系列仪表。

a. 管径＞150mm时，v＞0.3m/s，不确定度为±2%R（经标定可达±1%R）；v≤0.3m/s，不确定度为±0.01m/s。

b. 管径≤150mm时，v＞0.3m/s，不确定度为±5%；v≤0.3m/s，不确定度为±0.05m/s。

而多普勒法流量计适用于固相含量较多或含有气泡的液体，不确定度只能达到±1%～±10%，显然比电磁流量计低得多，因此只在无其他更好的办法时才采用。其价格与管道直径无关，在DN≤200时，超声波仪表比电磁流量计贵，而在DN≥250时，超声流量计比电磁流量计便宜。

④ 腐蚀性气体仪表选型

a. 超声流量计。近年来，国内外天然气工业获得了迅速发展，这大大推动了天然气计量仪表的发展，其中专门为天然气计量而开发的多声道超声流量计就是一颗耀眼的明珠，这一技术如果经移植用于腐蚀性气体流量测量，应当是可行的，因为只要对测量管内壁作防腐蚀处理即可。但具体应用实例现在还未见报道。另外这种流量计价格太高。

近年开发的配有夹装式换能器的超声流量计，若管道本身耐腐蚀，就不必考虑仪表的耐腐蚀问题。例如，管道使用耐腐蚀内衬，但此内衬与金属管之间如果存在气隙，也会为夹装式超声流量计带来麻烦。

对于无耐腐蚀内衬的金属管道，其内壁经长时间腐蚀往往变得高低不平，常会造成“V”形和“W”形安装的换能器声波反射不一致，所以信号强度变弱，严重时甚至无法正常测量。这些都是使用超声流量计时应当注意的。

b. 节流式差压流量计。现在还未见报道适用于腐蚀性介质的定型商品化节流式差压流量计，但是用户自行开发的此类仪表，在几十年前就有报道，其中有很成功的氯气流量测量。

工艺设备专业对付腐蚀性气体的技术几十年前就已很成熟，例如，各种不同直径管道衬橡胶、衬玻璃、衬聚四氟乙烯等。仪表专业借用此优势，由工艺专业将耐腐蚀性能极佳的微晶玻璃孔板，交工艺专业夹装在工艺管道上，然后在孔板前后由工艺专业各留一个管口，仪表专业将法兰式差压变送器安装在管口上。变送器的隔离膜片最初用含钼不锈钢，为了解决其耐腐蚀问题，在此膜片上再贴一层聚四氟乙烯隔离膜片（见图3.87）。

这样的防腐蚀方法有时仍不够理想，差压变送器的不锈钢膜片使用一段时间后，仍发现有针孔状腐蚀，即不锈钢膜片上出现数个直径极小的孔洞，经研究确认是流体中的离子穿透聚四氟乙烯膜片，与不锈钢膜片接触，将其腐蚀。于是仪表制造厂在膜片材质上进一步作了改进，例如，提供钽膜片双法兰差压变送器。但是，正像前面所说过的，钽膜片不能解决

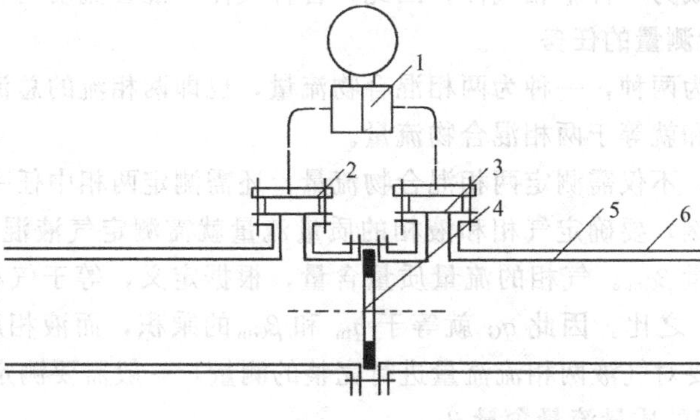

图 3.87 耐腐蚀节流式差压流量计
1—双法兰差压变送器；2—测量头；3—聚四氟乙烯膜片；
4—耐腐蚀孔板；5—工艺管道内衬；6—工艺管道

所有问题，也只是使得到解决的问题更多一些。

耐腐蚀节流式差压流量计的另一个解决方案是用隔离液将耐腐蚀能力较差的仪表同强腐蚀流体隔离开来，其典型的结构如图 3.88 所示。仪表中常用的隔离液可参阅参考文献［51］。其中，强腐蚀气体常用的有氟油（属三氟氯乙烯聚合物）[51]等。该解决方案中的差压变送器其差压测量上限可以比双法兰差压变送器小得多，但是氟油较贵，隔离容器仍要用耐腐蚀材料制造，所以也很费事。

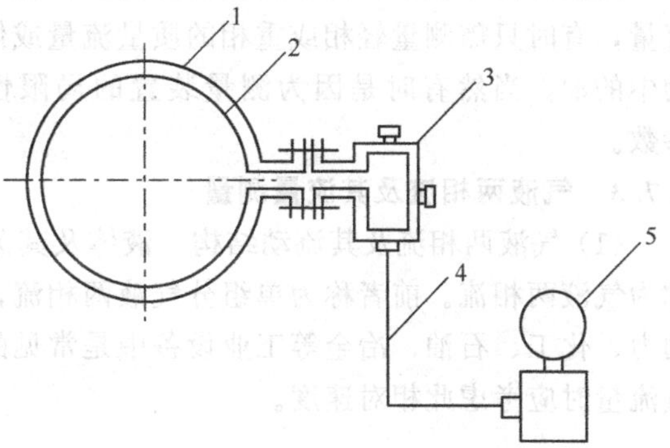

图 3.88 充隔离液的节流式差压流量计
1—工艺管道；2—工艺管道内衬；3—耐腐材料制隔离容器；4—引压管；5—差压变送器

图 3.88 中的隔离容器，在自控设计手册中有详细图纸，但不全合用，而且结构尺寸也太大。现在新型号差压变送器膜盒位移极微，因此隔离容器截面积很小就够了。为了节约隔离液，隔离容器的容积缩小到图纸推荐的 1/5 已足够。

流量测量仪表耐腐蚀是个长期的命题，新材料、新方法、新经验年年都有报道。对于一些冷门的介质，可查阅有关文献，如《腐蚀数据与选材手册》[52]。

3.7 多相流体的流量测量

3.7.1 多相流的定义

所谓“相”，就是通常所说的物质的态。每种物质在不同的温度下可以有三种不同的物理状态，即固态、液态和气态，这也就是说任何物质都有三相，即固相、液相和气相。多相流就是在流体流动中不是单相物质，而是有两种或两种以上不同相的物质同时存在的一种运动。因此，两相流动可能是液相和气相的流动，液相和固相的流动或固相和气相的流动。也有气相、液相和固相三相混合物的流动，如气井中喷出的流体以天然气为主，但也包含一定数量的液体和泥沙，这是比两相流更复杂的一种流动。

各种液体混合在一起，有时可成为一种混合均匀的流体，如水和酒精的混合物，有的则不能，例如水与水银的混合物，后一种混合物的流动具有与两相流相似的特性。各种气体混合时都能混合均匀，成为一种单相气体，因此，各种气体的混合流动均属单相流。

3.7.2 多相流体流量测量的任务

两相流流量可分为两种，一种为两相混合物流量，也即两相流的总流量，另一种为各相的流量，各相流量之和就等于两相混合物流量。

要确定各相流量，不仅需测定两相混合物流量，还需测定两相中任一相在混合物中的含量。以气液两相流为例，要确定气相和液相的质量流量就需测定气液混合物的质量流量 q_m 和气相的流量质量含量 β_{Gm}。气相的流量质量含量，根据定义，等于气相质量流量 q_G 与气液混合物质量流量 q_m 之比。因此 q_G 就等于 q_m 和 β_{Gm} 的乘积，而液相质量流量 q_L 就等于 q_m 和 q_G 之差。所以要对气液两相流流量进行完整的测量，一般需要测定两个参数，即气液混合物流量 q_m 和气相的质量流量含量 β_{Gm}。

有些流量计如电磁流量计、超声流量计，其输出信号仅仅是体积流量，在用来测量两相流时，由于种种原因又未装设密度测量仪表，若知道轻相和重相的密度和流量体积比，可利用公式[53]计算出混合物平均密度，进而计算混合物和各相质量流量。

在实际的工程中，由于测量需要的多样性，有时只需测量两相混合物的质量流量或体积流量，有时只需测量轻相或重相的质量流量或体积流量，例如，湿蒸汽中的气相，油水混合物中的油。当然有时是因为测量装置的局限性或经济上的原因，只测量两相流中的部分参数。

3.7.3 气液两相流及其流量测量

（1）气液两相流及其流动结构　液体及其蒸气或组分不同的气体及液体一起流动的现象称为气液两相流。前者称为单组分气液两相流，后者称为多组分气液两相流。气液两相流在动力、化工、石油、冶金等工业设备中是常见的，在流动时气相和液相间存在流速差，在测量流量时应考虑此相对速度。

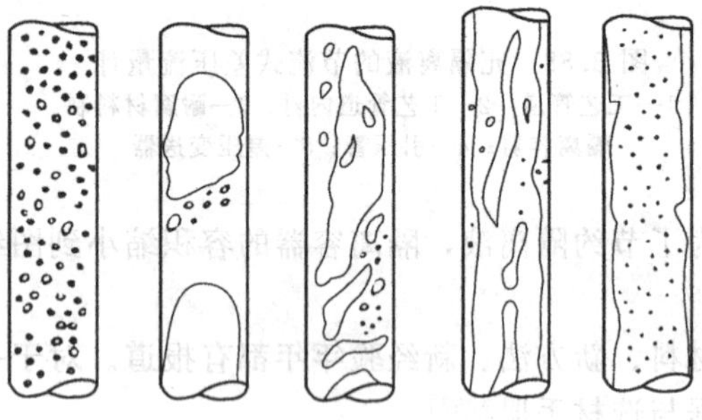

图 3.89　垂直上升气液两相流的流动结构
（a）细泡状流动结构；（b）弹状流动结构；
（c）块状流动结构；（d）带纤维的环状流动结构；
（e）环状流动结构

气液两相流按流动方向不同，存在多种流动结构。图 3.89 所示为垂直上升管中的气液两相流的流动结构；图 3.90 所示为垂直下降管中的气液两相流的流动结构；图 3.91 所示为水平管中的气液两相流的流动结构。

① 垂直上升管中的气液两相流的流动结构。实验研究证明，其基本结构有下列五种：细泡状流动结构、弹状流动结构、块状流动结构、带纤维的环状流动结构和环状流动结构。

这五种流动结构分别具有下列特点。

a. 细泡状流动结构。细泡状流动是最常见的流动结构之一，其特征为在液相中带有散布的细小气泡。直径小于 1mm 的气泡是球形的，直径大于此值的气泡，其外形是多种多样的。

b. 弹状流动结构。弹状流动结构由一系列气弹组成，气弹端部呈半球状，而尾部是平的，在两气弹之间夹有小气泡，气弹与管壁之间的液膜是往下流动的。

c. 块状流动结构。块状流动结构是由于气弹破裂而形成的，此时，气体块在液流中以混乱状态进行流动。

d. 带纤维的环状流动结构。在带纤维的环状流动结构中，管壁上液膜较厚且含有小气泡，被中心部分气核从液膜带走的液滴在气核内形成不规则的长纤维形状，这种流型常在高质量流速时出现。

e. 环状流动结构。在环状流动结构中，管壁上有一层液膜，管道中心部分为气核，在气核中带有因气流撕裂管壁液膜表面而形成的细小液滴。

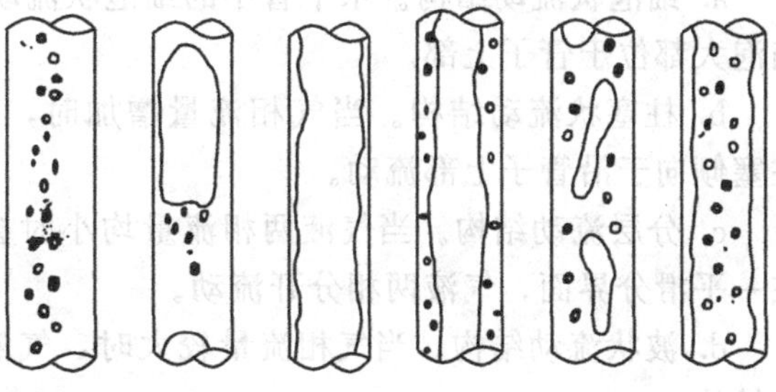

图 3.90 垂直下降气液两相流的流动结构
(a) 细泡状流动结构；(b) 弹状流动结构；(c) 带下降液膜的环状流动结构；(d) 带含泡下降液膜的环状流动结构；(e) 块状流动结构；(f) 环状流动结构

② 垂直下降管中的气液两相流的流动结构。从图 3.90 所示可以看出，气液两相作垂直下降流动时的细泡状流动结构和作垂直上升流动时的细泡状流动结构不同，前者细泡集中在管子核心部分，而后者则散布于整个管子截面上。当液相流量不变而使气相流量增大，则细泡将聚集成气弹，形成具有下降弹状流动结构的气液两相流。垂直下降气液两相流也可形成下降流动的环状流动结构。当气相及液相流量小时，管壁上有一层向下流动的液膜，管子中心部分为向下流动的气核，这种流动结构称为带下降液膜的环状流动结构。如液相流量增大，气泡将进入液膜，形成带含泡下降液膜的环状流动结构。当气液两相流量都增大时，会出现向下流动的块状流动结构。当气相流量继续增大，气液两相流可具有管壁上有下降液膜，管子中心部分为带液滴的下降气核的环状流动结构。这种环状流动结构和垂直上升气液两相流的环状结构相近，但流动方向相反。

③ 水平管中的气液两相流的流动结构。气液两相流体在水平管中的流动结构比在垂直管中的更为复杂，其主要特点为所有流动结构都不是轴对称的，这主要是由于重力的影响使较重的液相偏向于沿管道下部流动造成的。

试验研究表明，气液两相流在水平管中流动时，其基本流动结构有下列六种：细泡状流动结构、柱塞状流动结构、分层流动结构、波状流动结构、弹状流动结构和环状流动结构。

图 3.91 是这些流动结构的示意。由图可见，这些流动结构分别具有下列特点。

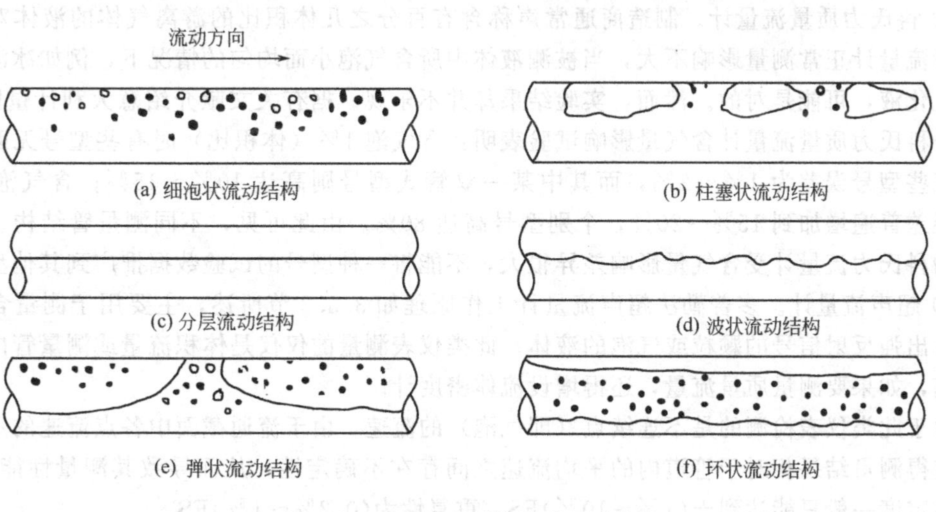

图 3-91 水平气液两相流的流动结构

a. 细泡状流动结构。水平管中的细泡状流动结构和垂直管中的不同，由于重力的影响，细泡大都位于管子上部。

b. 柱塞状流动结构。当气相流量增加时，小气泡合并成气塞，形成柱塞状流动结构。柱塞倾向于沿管子上部流动。

c. 分层流动结构。当气液两相流量均小时会发生分层流动结构。此时气液两相之间存在一平滑分界面，气液两相分开流动。

d. 波状流动结构。当气相流量较大时，气液两相分界面上会出现流动波，形成波状流动结构。

e. 弹状流动结构。当气相流量再增大时，气液两相流的流动结构可以从波状转变为弹状流动结构。此时，气液分界面由于剧烈波动而在某些部位直接和管子上部接触，将位于管子上部的气相分隔为气弹，形成弹状流动结构。在水平流动时，气液两相流的气弹都沿管子上部流动。

f. 环状流动结构。在水平流动时，气液两相流的环状流动结构出现于气相流量较高的工况。水平流动时的环状流动结构和垂直上升时的环状流动结构相近，管壁上有液膜，管子中心部分为带液滴的气核，但由于水平流动时重力的影响作用，下部管壁的液膜要比上部管壁的厚。

在油田常经分离设备将液气分离，然后分别测液相和气相流量。

(2) 气液两相流体的流量测量方法　从制造商提供的资料可看出，有几种仪表可用来测量离散相浓度不高的两相流体的流量，来自用户的报道也有一些成功应用的实例，但目前使用的流量计都是在单相流动状态下评定其测量性能，现在还没有以单相流标定的流量计用来测量两相流时系统变化的评定标准，因此这样的应用究竟带来多大的误差还不很清楚，仅有一些零星的数据和一些定性的分析。

① 电磁流量计。当液体中含有少量气体时，气体在液体中的分布呈微小气泡状，这时，电磁流量计仍能正常工作，只是所测得的为气液混合物的体积流量。当液体中所含气体数量增加后，气泡几何尺寸逐渐增大，进而向弹状结构过渡。当气泡的尺寸等于和大于流量计电极端面尺寸并从电极处掠过时，电极就有可能被气体盖住，使电路瞬时断开，出现输出晃动，甚至不能正常工作。

② 科氏力质量流量计。制造商通常声称含有百分之几体积比的游离气体的液体对科氏力质量流量计正常测量影响不大，当被测液体中所含气泡小而均匀的情况下，例如冰淇淋和相似乳化液，可能是对的。然而，实验结果却并不乐观。据有关文献介绍意大利计量院对7种型号科氏力质量流量计含气量影响试验表明：含气泡1%（体积比）时有些型号无明显影响，有些型号误差为1%～2%，而其中某一双管式型号则高达10%～15%；含气泡10%时，误差普遍增加到15%～20%，个别型号高达80%。由此可见，不同测量管结构、不同型号的科氏力流量计受含气量影响差异很大，不能将一种型号的试验数据推广到其他型号。

③ 超声流量计。多普勒法超声流量计工作原理如3.3.2节所述，主要用于测量含有适量能给出强反射信号的颗粒或气泡的液体。此类仪表测量的仅仅是体积流量或测量管内的平均流速，如果要测量质量流量，还得增设流体密度计。

由于此类仪表检测的是不连续点（即气泡）的流速，由于流通截面中各点流速的不一致性，使得测量结果相对于管道内的平均流速之间存在不确定性，从而导致其测量性能较差。其不确定度一般只能达到±(1%～10%)FS，重复性为(0.2%～1%)FS。

多普勒法超声流量计适用的气泡含量上限虽比传播时间法大得多，但也是有限的，尤其是管径较大时，气泡含量过高，超声信号衰减严重，以致不能测量。因此选用应谨慎，事先应向制造商咨询。

④ 相关流量计。应用相关法可以测量管道内流体的流速或体积流量，若要测量两相流体的质量流量，则还需增设密度计。

相关流量计工作原理如图 3.92 所示。设在测量管段取两个控制截面 A 及 B，两者相隔一小段距离 L，在管内两相流中，各相不可能混合得十分均匀，各相含量的分布在流动过程中是变化的。由于所取的两控制截面之间距离很短，可以认为在该距离内流动时，两相流中各相含量的分布是不变的，如在管道截面 A 处布置一台探测器测定两相中一相的含量随时间的变化曲线 $X(t)$，再在截面 B 处布置另一台探测器测定同一相的含量随时间的变化曲线 $Y(t)$，并将 $X(t)$和 $Y(t)$示于图 3.93 中，则由图可见，曲线 $X(t)$的最高值和曲线 $Y(t)$最高值之间距离 Δt 应代表流体由 A 截面流到 B 截面所需的时间［在图 3.93 中，横坐标为时间，纵坐标 $X(t)$和 $Y(t)$为被测一相的含量值］。测得流体流过距离为 L 这一管段长的时间 Δt 后，即可按下式计算两相流体的体积流量 q_{v}。

$$q_{\mathrm{v}}=\frac{KAL}{\Delta t} \tag{3.131}$$

式中 A——管道横截面积；

K——考虑速度偏差的系数。

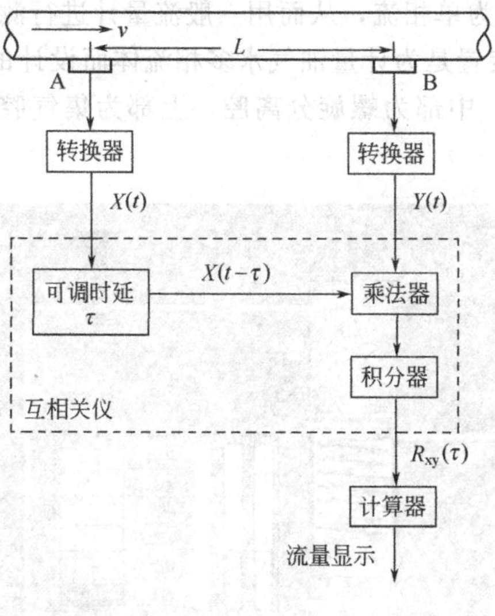

图 3.92 相关法流量测量原理

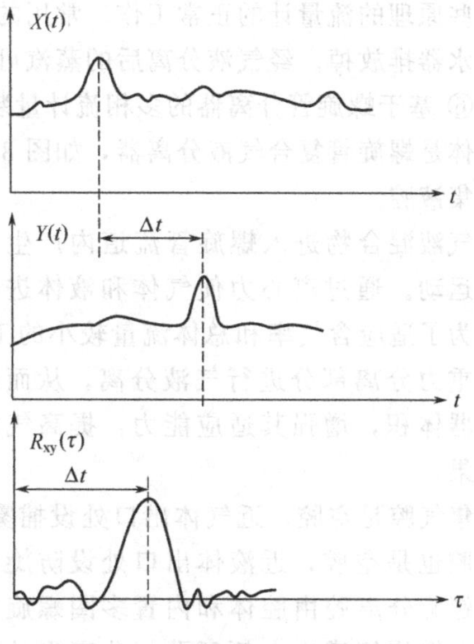

图 3.93 应用相关法测量流量的关系曲线

这一测量方法是利用两截面上测得的某相含量信号之间的相互关系而测定两相流速的，故称相关法。

应用相关法测量两相流量的优点是适应面广，既适用于气液两相流体，也适用于各种脏污流体、浆液、液固两相流，但价格昂贵，影响其推广应用。因此，现在仍处于实验阶段。

⑤ 应用变液位法测量气液两相流流量。前面所述的四种方法用来测量气液两相流流量都不够完善，因为它们能够实现的测量同 3.7.2 节所提出的测量要求还有很大差距。当然，有的测量对象如果只需知道气液混合物体积流量或质量流量，这些方法就可能投入实际应

用。但若需进一步知道各相质量流量或气相流量质量含量，那就需另想办法。其中将气液两相先进行分离，然后，用测量单相流量的方法分别测量气液两相的质量流量（如果必要）。

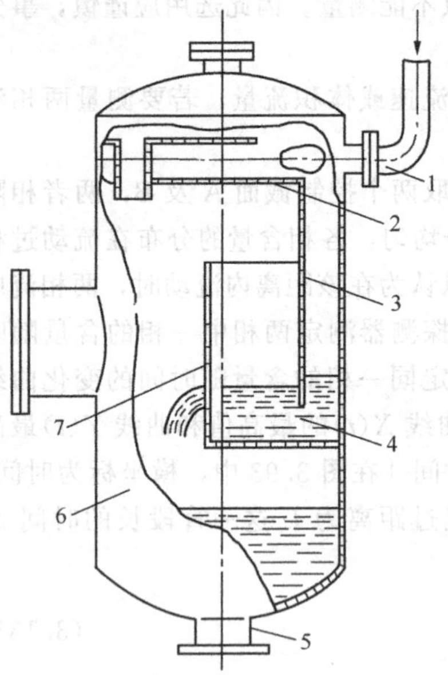

图 3.94　储液器固定的变液位流量计结构示意

图 3.94 所示为储液器固定的变液位流量计结构示意。常用来测量含气石油中的石油流量。由图可见，石油和气体的混合物由管 1 切向进入分离室 2，使气液分离。气体经分离室后流入储液器 4，再经槽缝 7 流入容器下部 6 后，和气体一起经管 5 流出。储液器中装有稳定液位用的隔板 3，储液器 4 中的液位可采用差压计测出储液器中液柱静压的方法来确定。根据读出的差压可确定液位高度 h，再根据各相应计算式（一种形状的槽缝对应一种计算式）算出液体体积流量 q_v。详情请参阅文献 [53]。

其实，将仅适用单相流的流量计与气液分离器配合用来测量气液两相流中的部分参数应用最多的是饱和蒸汽流量测量。饱和水蒸气经长距离输送，因热量损失而部分蒸汽变成冷凝水，管道中流体变成气液两相流，影响某些原理的流量计的正常工作。常用的做法是在流量计前装设一气液分离器，然后将液体经疏水器排放掉。经气液分离后的蒸汽可近似看作为单相流，从而用一般流量计进行测量。

⑥ 基于螺旋管分离器的多相流计量装置。该装置是为计量油气水多相流体而设计的[2]。其主体是螺旋管复合气液分离器，如图 3.95 所示。中部为螺旋分离腔，上部为集气腔，下部为集液腔。

气液混合物进入螺旋管流道内产生强烈旋流运动。通过离心力使气体和液体进行分离。为了适应含气率和总体流量较小的工况，采用重力分离部分进行气液分离，从而缩小分离器体积，增强其适应能力，提高气液分离效果。

集气腔是空腔，近气体出口处设捕雾网。集液腔也是空腔，近液体出口处设防旋涡挡板。螺旋分离腔由腔体和内置多圈螺旋管组成，在螺旋管道内上侧开孔，分离出的气体从开孔处排出进入集气腔。在螺旋管道外下侧开孔，分离出的液体从开孔处排出，沿腔体壁进入集液腔。当流体含气量很少或总体流量较小时，流体在螺旋管内流速较低，离心加速度较小，主要依靠分离器集气腔和集液腔进行分离。

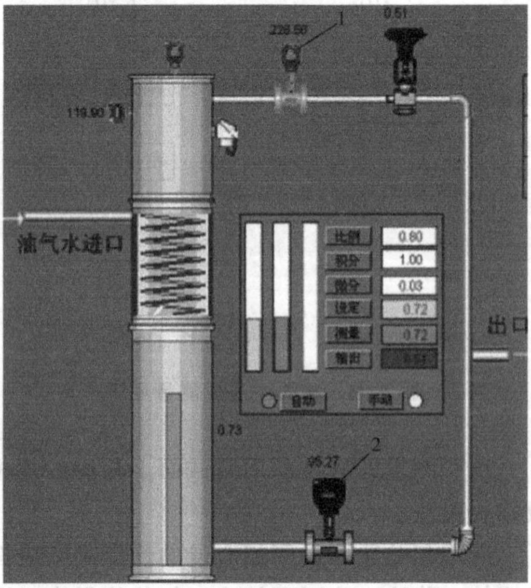

图 3.95　基于螺旋管分离器的多相流计量装置结构

在图 3.95 中，上部的气体出口管上装有气体质量流量计 1（1.0 级），下部的液体出口管口装有涡轮流量计 2，经计量的气体和液体从装置出口流出。为了将集液腔内的液位控制在理想高度，配置了液位调节系统，调节手段是气体排出量。

测试表明，该装置对油气水三相流不同气液比、不同负荷，具有较强的适应能力。其中液体流量在20～130m^3/d范围内变化，含水量在20%～85%范围内变化，气体流量在100～500m^3/d范围内变化，液流量计量最大相对误差1.5%，气流量计量最大相对误差-2.1%[54]。

3.7.4 混合不均匀的双组分液体及其流量测量

(1) 混合不均匀的双组分液体的流动结构　混合不均匀的双组分液体的流动结构和气液两相流相近，但是，由于此时两相的黏性、密度以及两相分界面上的张力和气液两相流不同，因而在流动结构上也存在一定的差别。

图3.96所示为由密度为851kg/m^3的油和水在垂直上升管中混合流动时的各种流动结构。随着油流量的增大，油水两相流逐渐由图示的细泡状流动结构、弹状流动结构、块状流动结构转变为雾状流动结构。在图中呈细泡及弹状结构的工质为油，在雾状流动结构中，雾滴的工质为水。

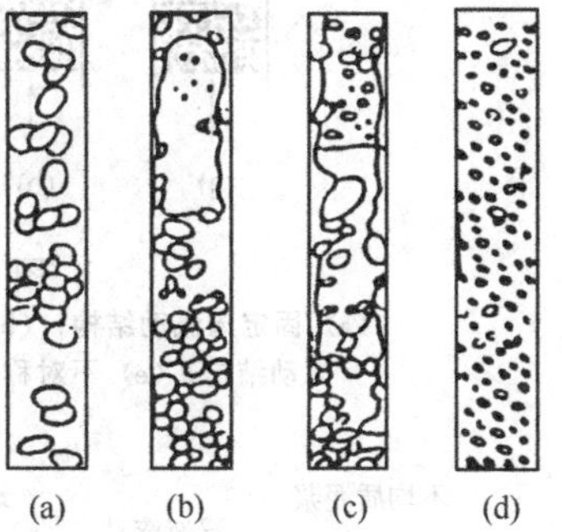

图3.96　垂直上升油水混合物的流动结构

(a) 细泡状流动结构；(b) 弹状流动结构；(c) 块状流动结构；(d) 雾状流动结构

图3.97所示是油水混合液在水平管中的各种流动结构示意。当水流量较大而油流量较小时，油和水的流动结构为细泡位于管子上部的细泡状流动结构。当水流量和油流量均小时，油和水的流动结构为油在上面水在下面的分层流动结构。当水流量及油流量增大时，油水分界面发生波动，形成波状流动结构。当水流量再增大时，形成弹状流动结构。当水及油的流量均较大时，油和水形成混合状流动结构。

图3.97所示的流动结构是油水密度相差较多时的流动结构，当两种液体的密度相近时，混合物流动结构中的油和水分布情况要比图3.97所示的均匀。

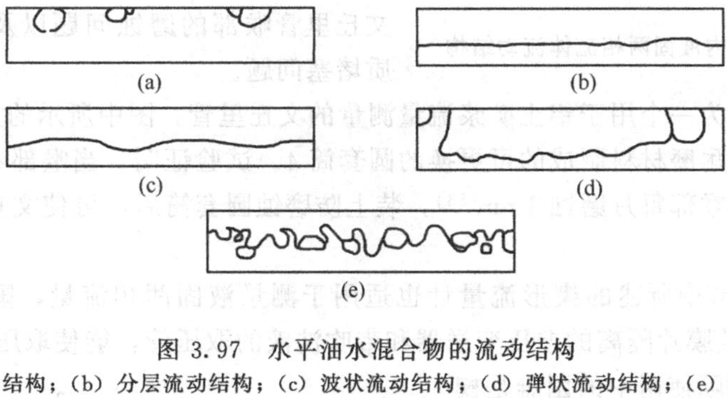

图3.97　水平油水混合物的流动结构

(a) 细泡状流动结构；(b) 分层流动结构；(c) 波状流动结构；(d) 弹状流动结构；(e) 混合状流动结构

(2) 混合不均匀的双组分液体的流量测量方法　从上面的流动结构分析可以看出，混合不均匀的双组分液体分层流动时，对流量测量影响较大，由于上层液体和下层液体之间黏度和密度存在差异，因此，流速也存在差异。于是对以流速测量为基础的流量计的测量带来误差。

从图3.96可看出，垂直上升管道中的此类混合物流动不存在分层流动的情况，而且在流速较高时，流体呈雾状结构，可将其近似看作均相流体，从而可用通用单相流量计进行测量。

3.7.5 液固两相流及其流量测量

(1) 液固两相流的流动结构　液固两相流的流动结构非常复杂，不仅受到液固两相密度、固相含量、流速变化以及管道形状和布置方式的影响，而且还受到固体颗粒尺寸的影响。它和气固两相流很相似，在表明垂直上升气固两相流流动结构的图 3.98 中，如将气体换成液体，即可变为液体流化床和液力输送固体颗粒的流动结构示意图。当然，在液固两相流中出现这些流动结构的具体工作参数上是和气固两相流不同的。

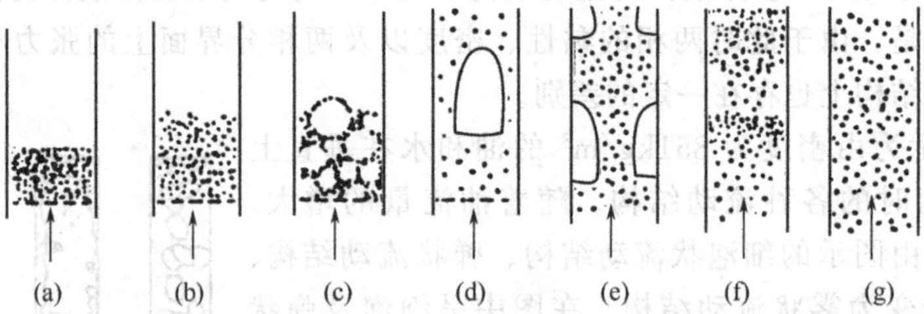

图 3.98　垂直上升气固两相流的流动结构

(a) 固定床流动结构；(b) 临界流化床流动结构；(c) 聚式流化床流动结构；(d) 对称弹状流动结构；(e) 不对称弹状流动结构；(f) 平端部弹状流动结构；(g) 散布状流动结构

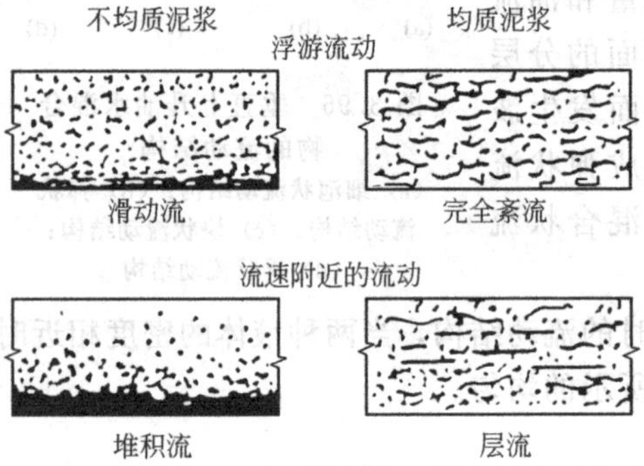

图 3.99　水平管内液固两相流体流动结构

水平管道中的液固两相流的流动结构如图 3.99 所示。当流速低于临界流速时，固相会发生沉淀，当超过临界流速时，混合物可成为浮游流动[53]。

(2) 液固两相流的流量测量方法

① 差压式流量计。差压式流量计用于测量各种浆状流体的流量，例如水煤浆、泥浆等已有几十年的历史。为了保证节流装置不沉积固相颗粒，一般都采用文丘里管。另外还需注意文丘里管喉部的磨蚀问题以及导压管被浆状物质堵塞问题。

图 3.100 所示为一个用于铝土矿浆流量测量的文丘里管，图中所示的文丘里管作水平布置，在喉部装有用耐磨材料制成的可更换的圆套筒 4。试验证明，当喉部不装设圆套筒，则由一般碳钢制成的喉部每月磨蚀 1mm[53]，装上防磨蚀圆套筒后，可使文丘里管的运行期延长好几倍。

另外，3.2.2 节中所述的楔形流量计也适用于测量液固两相流量，国内有一些应用经验[55]。采用带法兰膜片隔离的差压变送器和带吹洗液的取压管，能使取压管有效防堵。

楔形流量计实际使用中的困难是楔形节流件顶部的快速磨蚀，而且一经磨蚀就无法用文丘里管中更换套筒的方法恢复其准确度，只能整体更新，因此运行成本高。

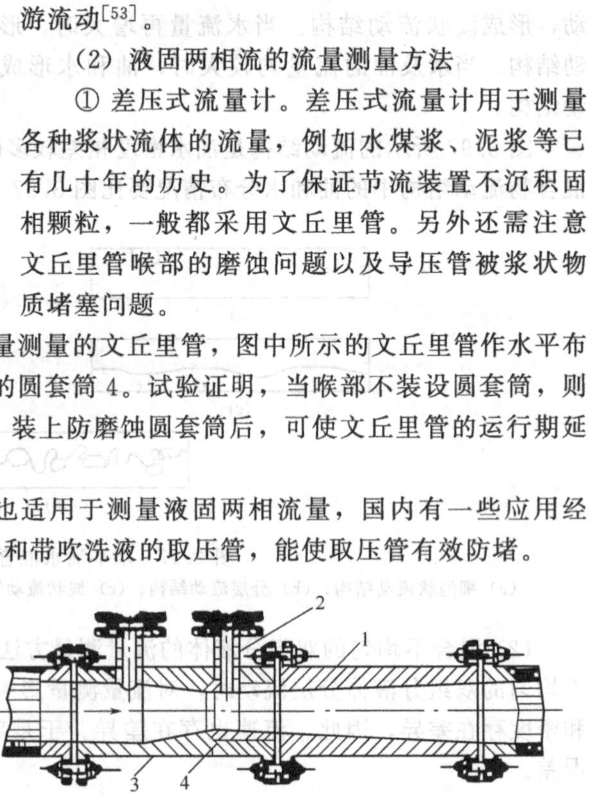

图 3.100　测矿浆流量的文丘里管结构

1、3—文丘里管段；2—连通管；4—可更换耐磨套筒

对于应用差压法测量液固两相流量的研究工作进行得还不够，由于两相流中轻相的流速要比重相流速快，此两相

之间的滑动现象引入一定的误差，所以这样的应用比测量单相流量时误差大，不确定度一般可达±5%。

② 科氏力质量流量计。科氏力质量流量计测量含有少量固体颗粒的液体流量，具有较高的信赖度，测量渣油、重油可长时间可靠运行[56]，有的甚至用来测量熔融状态的沥青石墨糊流量[38]。但当固体含量增加和固体粒度较大时，就要考虑防堵问题，尤其是仪表口径较小时。最好选用单根直管型，并将其安装在垂直管道上。

液固两相流中的固体颗粒形状多种多样，硬度差异也很大，因此对流量计同流体接触的部分产生磨蚀作用，磨蚀速度不仅与固体颗粒外形及硬度有关，还与流速有关，流速越高，磨蚀速度越快。将流量传感器安装在垂直管道上，可以防止管壁因磨损不均而缩短使用寿命。然而管壁厚度变薄会降低测量管刚度而导致误差增大。当然，最严重的情况是测量管被磨穿，因此，遇到这种情况时应加强监测。

③ 超声流量计。3.3.2 节中的多普勒超声流量计同样适用于液固两相流量测量。如果采用夹装式流量传感器，则管道磨蚀问题和防堵问题全由工艺管道承担。若将传感器安装在水平管道上，由于重相靠管底流动可能会引入较大的测量误差，因此，应尽量安装在垂直管道上。

④ 电磁流量计。测量矿浆、煤浆、泥浆、纸浆等一类电导率较高的液体，电磁流量计具有独特的优越性。首先，测量准确度高，可比差压式流量计高若干倍；其次，完全用不着考虑堵塞问题，因为选用与工艺管道等直径的流量传感器，不增加阻力；至于耐磨蚀问题，也强调将测量管安装在垂直管道上，不仅磨蚀一致，而且不易在流速低时发生重相沉积现象。

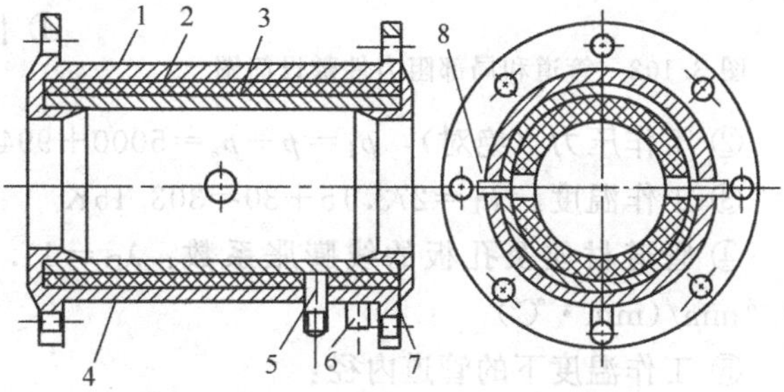

图 3.101　可换耐磨套筒式电磁流量计变送器

1—钢管；2—内衬管；3—耐磨套筒；4—板；5—报警装置接头；6—电极；7—环；8—电极端部

为了对测量管内衬的磨损进行监视，文献［53］提出了内衬磨穿报警方法，在图 3.101 所示的测量管中，件号 5、6 为报警电极，当内衬被磨穿后，两电极之间经流体导通，从而发出警报。从现场运行实践看，靠近测量管近法兰处内衬磨损最为严重，所以图 3.101 所示的测量管增设了耐磨性较强的保护环 7。

如何选择液固两相流仪表，可进一步查文献［57］。

3.8　设计计算实例

3.8.1　测量煤气流量用孔板设计计算实例❶（节流件为标准孔板）

（1）已知条件

① 被测流体：高炉煤气

组　分	CO_2	CO	H_2	CH_4	N_2
体积百分含量/%	13.0	26.0	1.0	0.1	59.9

❶ 参考文献［16］第 12～16 页。

② 流量（0℃、101.325kPa 状态、$\varphi_0=0$）：$q_{vmax}=7500m^3/h$；$q_{vcom}=6000m^3/h$；$q_{vmin}=4500m^3/h$

③ 工作压力：$p=5000Pa$（表压）

④ 工作温度：$t_1=30℃$

⑤ 工作状态下相对湿度：$\varphi_1=100\%$

⑥ 差压上限：$\Delta p=1600Pa$

⑦ 允许的压力损失：$\Delta\omega\leqslant1200Pa$

⑧ 管道内径：$D_{20}=600.0mm$

⑨ 管道材质：20 钢，轻微锈蚀，纵向焊接管（$K=0.3mm$）

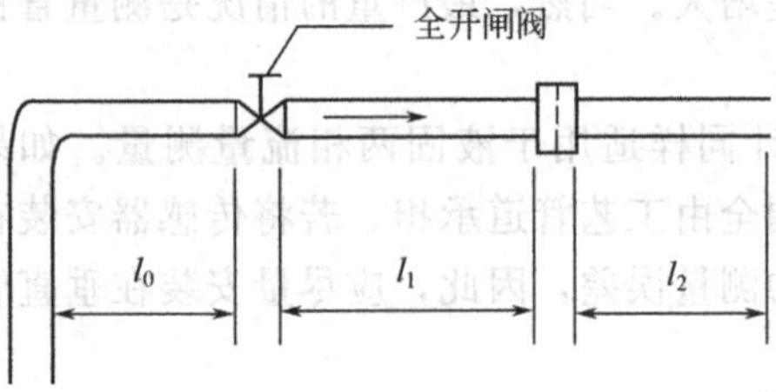

图 3.102　管道和局部阻力件敷设简图

⑩ 仪表使用地点：乌鲁木齐附近

⑪ 取压方法：D-$D/2$ 取压，配 DBC 型差压变送器，$E_e=1.0\%$

⑫ 管道和局部阻力件敷设：如图 3.102 所示，其中，l_0、l_1、l_2 按设计要求敷设

（2）辅助计算

① 仪表使用地点平均大气压：

$$p_a=0.994\times10^5Pa$$

② 工作压力（绝对）：$p_1=p+p_a=5000+99400=104400Pa$

③ 工作温度：$T_1=273.15+30=303.15K$

④ 管道材质及孔板的线膨胀系数：$\lambda_D=11.16\times10^{-6}mm/(mm\cdot℃)$，$\lambda_d=16.60\times10^{-6}mm/(mm\cdot℃)$

⑤ 工作温度下的管道内径：

$$D=D_{20}[1+\lambda_D(t_1-20)]=600.0\times[1+11.16\times10^{-6}(30-20)]=600.067mm$$

⑥ 各组分在 0℃、101.325kPa 状态下干气体的密度：见表 3.7。

⑦ 各组分在工作状态下的压缩系数

$$Z=1$$

⑧ 0℃、101.325kPa 状态下，高炉煤气干部分的密度 ρ_{g0} 的计算

$$\begin{aligned}\rho_{g0}&=\sum_{i=1}^{5}X_i\rho_{g0i}\\&=1.977\times0.13+1.2504\times0.26+0.08988\times0.01+\\&\quad 0.7167\times0.001+1.2506\times0.599\\&=1.3328kg/m^3\end{aligned}$$

⑨ 工作状态下，高炉干煤气的密度 ρ_g 计算

$$\begin{aligned}\rho_{g1}&=\rho_{g0}\frac{p_1-\varphi_1p_{s1max}}{p_0}\times\frac{T_0Z_0}{T_1Z_1}=1.3328\times\frac{104400-1\times4245}{101325}\times\frac{273.15\times1}{303.15\times1}\\&=1.18707kg/m^3\end{aligned}$$

式中，当 $t_1=30℃$ 时，由 GB/T 18215.1 附录 G 查表得 $p_{s1max}=4245Pa$

⑩ 工作状态下高炉湿煤气的密度 ρ_1 的计算

$$\rho_1=\rho_{g1}+\rho_{s1}=\rho_{g1}+\varphi_1\rho_{s1max}=1.18707+1\times0.03037=1.2174kg/m^3$$

式中，当 $t=30℃$ 时，由 GB/T 18215.1 附录 G 查表得 $\rho_{s1max}=0.03037kg/m^3$。

⑪ 工作状态下高炉煤气的动力黏度

a. 各组分的动力黏度和摩尔分子量

项　目	CO_2	CO	H_2	CH_4	N_2
μ/mPa·s	0.0151	0.0184	0.0091	0.0113	0.0180
M_i	44.00995	28.0106	2.016	16.043	28.0134
$\sqrt{M_i}$	6.6340	5.2925	1.4199	4.0054	5.2928

表中，μ 是根据 GB/T 18215.1 的式(19) 计算得到，并由 GB/T 18215.1 附录 F 查表得 M_i。

b. 高炉煤气的动力黏度 μ_m 的计算

$$\mu_m=\frac{\mu_1 X_1\sqrt{M_1}+\cdots+\mu_n X_n\sqrt{M_n}}{X_1\sqrt{M_1}+\cdots+X_n\sqrt{M_n}}$$

$$=\frac{0.0151\times0.13\times6.6340+\cdots+0.0180\times0.599\times5.2928}{0.13\times6.6340+\cdots+0.599\times5.2928}$$

$$=0.0176\text{mPa}\cdot\text{s}$$

⑫ 工作状态下高炉煤气的等熵指数

a. 各组分的等熵指数和比定压热容

项　目	CO_2	CO	H_2	CH_4	N_2
κ_i	1.295	1.395	1.412①	1.315①	1.4①
c_{pi}/[J/(kg·℃)]	845.2	1036.8	14210.5	2246.8	1035.1

① 15.6℃时的值。

b. 高炉煤气的等熵指数 κ_m 的计算

$$\kappa_m=\frac{cp_1M_1X_1+\cdots+cp_nM_nX_n}{\dfrac{cp_1M_1X_1}{\kappa_1}+\cdots+\dfrac{cp_nM_nX_n}{\kappa_n}}$$

$$=\frac{845.2\times44.00995\times0.13+\cdots+1035.1\times28.0134\times0.599}{\dfrac{845.2\times44.00995\times0.13}{1.295}+\cdots+\dfrac{1035.1\times28.0134\times0.599}{1.4}}=1.3807$$

⑬ 管道粗糙度

$$K=0.3\text{mm}$$

⑭ 求 K/D

$$K/D=0.3/600=0.5\times10^{-3}<10^{-3}$$

故可采用 D-$D/2$ 取压方式标准孔板。

⑮ 工作状态下高炉煤气的体积流量［流量状态换算按 GB/T 18215.1 中的公式(A1) 计算］

$$q_{v1}=q_{v0}\frac{p_0}{(p_1-\varphi_1 p_{s1max})}\times\frac{T_1Z_1}{T_0Z_0}=q_{v0}\frac{101325}{104400-1\times4245}\times\frac{303.15\times1}{273.15\times1}=1.1228q_{v0}$$

$$q_{v1max}=1.1228q_{vmax}=1.1228\times7500=8420.96\text{m}^3/\text{h}$$

$$q_{v1com}=1.1228q_{vcom}=1.1228\times6000=6736.77\text{m}^3/\text{h}$$

$$q_{v1min}=1.1228q_{vmin}=1.1228\times4500=5052.58\text{m}^3/\text{h}$$

⑯ 求 Re_D 值

$$Re_{Dmin}=\frac{4q_{v1min}\rho_1}{\pi\mu D}=\frac{4\times\dfrac{5052.58}{3600}\times1.2174}{\pi\times0.0176\times10^{-3}\times0.600067}=2.05\times10^5$$

$$Re_{\mathrm{Dcom}}=\frac{4q_{\mathrm{v1com}}\rho_1}{\pi\mu D}=\frac{4\times\frac{6736.77}{3600}\times1.2174}{\pi\times0.0176\times10^{-3}\times0.600067}=2.74\times10^5$$

$$Re_{\mathrm{Dmax}}=\frac{4q_{\mathrm{v1max}}\rho_1}{\pi\mu D}=\frac{4\times\frac{8420.96}{3600}\times1.2174}{\pi\times0.0176\times10^{-3}\times0.600067}=3.43\times10^5$$

⑰ 验算最小界限雷诺数

$$Re_{\mathrm{Dmin}}>1260\beta^2D=1260\times0.5^2\times600=1.9\times10^5$$

⑱ 求 Δp_{com} 值

$$\Delta p_{\mathrm{com}}=\left(\frac{q_{\mathrm{vcom}}}{q_{\mathrm{vmax}}}\right)^2\Delta p=\left(\frac{6000}{7500}\right)^2\times1600=1024\mathrm{Pa}$$

(3) 计算

① 求 A_2

$$A_2=\frac{4q_{\mathrm{v1com}}\rho_1}{\pi D^2\sqrt{2\Delta p_{\mathrm{com}}\rho_1}}=\frac{4\times\frac{6736.77}{3600}\times1.2174}{\pi\times0.600067^2\times\sqrt{2\times1024\times1.2174}}=0.16133$$

② 求 β

假设 $C=0.600$，$\varepsilon=1$

$$\beta_0=\left[1+\left(\frac{C\varepsilon}{A_2}\right)^2\right]^{-1/4}=\left[1+\left(\frac{0.600}{0.16133}\right)^2\right]^{-1/4}=0.50952$$

$$C_0=0.5959+0.0312\beta_0^{2.1}-0.1840\beta_0^8+0.0029\beta_0^{2.5}\times\left(\frac{10^6}{Re_{\mathrm{Dcom}}}\right)^{0.75}+$$

$$0.0390\beta_0^4\times(1-\beta_0^4)^{-1}-0.01584\beta_0^3=0.60478$$

$$\varepsilon_0=1-(0.41+0.35\beta_0^4)\frac{\Delta p_{\mathrm{com}}}{\kappa_{\mathrm{m}}p_1}$$

$$=1-(0.41+0.35\times0.50952^4)\frac{1024}{1.3807\times104400}=0.99692$$

$$\beta_1=\left[1+\left(\frac{C_0\varepsilon_0}{A_2}\right)^2\right]^{-1/4}=\left[1+\left(\frac{0.60478\times0.99692}{0.16133}\right)^2\right]^{-1/4}=0.50842$$

$C_1=0.60474$，　$\varepsilon_1=0.99692$

$$\beta_2=\left[1+\left(\frac{C_1\varepsilon_1}{A_2}\right)^2\right]^{-1/4}=0.50844$$

$|\beta_2-\beta_1|=0.00002<0.0001$，迭代停止

③ 求 d

$$d=\beta_2D=0.50844\times600.067=305.098\mathrm{mm}$$

④ 验算流量

$$q'_{\mathrm{vcom}}=\frac{\pi}{4}\times\frac{C_1}{\sqrt{1-\beta_2^4}}\varepsilon d^2\sqrt{2\Delta p_{\mathrm{com}}/\rho_1}\times3600$$

$$=\frac{\pi}{4}\times\frac{0.60474}{\sqrt{1-0.50844^4}}\times0.99692\times0.305098^2\times$$

$$\sqrt{2\times1024/1.2174}\times3600=6737.016\mathrm{m^3/h}$$

$$E=\left|\frac{q'_{\mathrm{vcom}}-q_{\mathrm{vcom}}}{q_{\mathrm{vcom}}}\times100\%\right|=\left|\frac{6737.016-6736.77}{6736.77}\times100\%\right|$$

$$=0.003\%<|0.02\%|$$（允许偏差值）

⑤ 求 d_{20}

$$d_{20}=\frac{d}{1+\lambda_d(t_1-20)}=\frac{305.098}{1+16.6\times10^{-6}(30-20)}=305.047\text{mm}$$

$$\Delta d_{20}=\pm d_{20}\times0.0005=\pm0.15\text{mm}$$

⑥ 最大压损 $\Delta\omega$

$$\Delta\omega=(1-\beta^{1.9})\Delta p=(1-0.50844^{1.9})\times1600=1157.4\text{Pa}$$

⑦ 确定最小直管段长度

$$l_1=14D=8400\text{mm}$$
$$l_2=6D=3600\text{mm}$$
$$l_0=10D=6000\text{mm}$$

⑧ 流量测量不确定度 E_{qv} 的计算

首先，节流装置零部件的几何精确度经检验符合本标准要求，则

$$E_C=\pm0.6\%$$

$$E_\varepsilon=\pm\left(4\frac{\Delta p}{p_1}\right)\times100\%=\pm\left(4\times\frac{1600}{104400}\right)\times100\%=\pm0.061\%$$

$$E_D=\pm0.4\%$$

$$E_d=\pm0.07\%$$

$$E_{\Delta p}=\pm\frac{\Delta p_{max}}{\Delta p_{com}}E_e=\pm\frac{1600}{1024}E_e=\pm1.56\times1.0\%=\pm1.56\%$$

（E_e 是差压变送器的精确度等级，$E_e=1.0\%$）

$$E_{\rho_1}=3.0\%\quad\left(\frac{\delta p_1}{p_1}=\pm1\%,\ \frac{\delta T_1}{T_1}=\pm1\%\right)$$

$$E_{q_v}=\pm\left[E_C^2+E_\varepsilon^2+\left(\frac{2\beta^4}{1-\beta^4}\right)^2E_D^2+\left(\frac{2}{1-\beta^4}\right)^2E_d^2+\frac{1}{4}E_{\Delta p}^2+\frac{1}{4}E_{\rho_1}^2\right]^{1/2}$$

$$=\pm\left[0.6^2+0.061^2+\left(\frac{2\times0.50844^4}{1-0.50844^4}\right)^2\times0.4^2+\left(\frac{2}{1-0.50844^4}\right)^2\times0.07^2+\frac{1}{4}\times1.56^2+\frac{1}{4}\times3.0^2\right]^{1/2}\times10^{-2}$$

$$=\pm1.80\%$$

3.8.2 天然气流量计算实例（孔板开孔直径设计计算）[❶]

孔板开孔直径设计计算以满足给定工作条件为准则。本实例按角接取压方式计算，法兰取压方式与之类似。

(1) 已知条件

① 测量管内径：$D_{20}=259.38$mm（20 钢的新无缝管）

② 气流常用流量：$q_{np}=8.15\text{m}^3/\text{s}$；最大流量：$q_{nK}=11.25\ \text{m}^3/\text{s}$；最小流量：$q_{nX}=4.00\ \text{m}^3/\text{s}$。

③ 气流常用温度：$t=15$℃

④ 气流常用差压：$\Delta p=12500$Pa

❶ 本例中所用的公式和数据表，其编号部分源自 SY/T 6143—2004，见参考文献 [21] 第 87～90 页。

⑤ 气流常用表静压：$p_1=1.48\text{MPa}$

⑥ 当地常用大气压：$p_a=0.0981\text{MPa}$

节流装置经检验符合 SY/T 6143－1996 标准有关技术规定。

⑦ 天然气组分：

组分	甲烷	乙烷	丙烷	丁烷	2-甲基丙烷	戊烷	2-甲基丁烷	己烷	氢气	氦气	氮气	二氧化碳
摩尔分数	0.8682	0.0625	0.0238	0.0072	0.0064	0.0025	0.0034	0.0027	0.0004	0.0004	0.0068	0.0157

(2) 辅助计算

① 求测量管直径 D。按式(A.4) 求出 D 值。

$$D=259.38\times[1+1.116\times10^{-5}\times(15-20)]$$
$$=259.37\text{mm}$$

② 求天然气的相对密度 G_r。按式(A.7)规定

$$G_r=G_i\frac{Z_a}{Z_n}$$

其中 $$G_i=\sum_{j=1}^{n}X_jG_{ij}$$
$$=0.4809+0.0649+0.0362+0.0144+0.0128+0.0062+0.0085+0.0080+0.0000+0.0001+0.0066+0.0239$$
$$=0.6625$$

$$Z_n=1-\left(\sum_{j=1}^{n}X_j\sqrt{b_j}\right)^2$$

其中 $$\sum_{j=1}^{n}X_j\sqrt{b_j}=0.0379+0.0056+0.0031+0.0013+0.0011+0.0006+0.0007+0.0008+0.0000+0.0000+0.0011$$
$$=0.0522$$

则 $$Z_n=1-0.0522^2$$
$$=0.9973$$

又 $$Z_a=0.99963$$

所以 $$G_r=0.6625\times\frac{0.99963}{0.9973}=0.6640$$

③ 求天然气的等熵指数 κ。按 A.1.3 规定

$$\kappa=\frac{c_p}{c_v}$$

从表 A.6 查得相应操作条件下的比定压热容 $c_p=2.324$，定容比热容 $c_v=1.713$。所以

$$\kappa=\frac{2.324}{1.713}=1.36$$

④ 求天然气的动力黏度 μ_1。按 A.1.1.3 有关规定，天然气的动力黏度 μ_1 由表 A.5 查得相应流动状态下的黏度值，即

$$\mu_1=0.01096$$

⑤ 求管径雷诺数 Re_D。

常用流量时的管径雷诺数

$$Re_{\mathrm{Dcom}}=\frac{1.53\times10^{6}\times8.15\times0.6640}{0.01096\times259.37}=2.91\times10^{6}$$

最大流量时管径雷诺数

$$Re_{\mathrm{Dmax}}=\frac{1.53\times10^{6}\times11.25\times0.6640}{0.01096\times259.37}=4.02\times10^{6}$$

最小流量时管径雷诺数

$$Re_{\mathrm{Dmin}}=\frac{1.53\times10^{6}\times4.00\times0.6640}{0.01096\times259.37}=1.43\times10^{6}$$

(3) 计算顺序

① 求β'近似值。因为

$$\beta^2=\frac{d^2}{D^2}$$

由式(3.66) 得

$$CE\beta^2=\frac{q_{\mathrm{vn}}}{A_s D^2 F_G \varepsilon F_Z F_T \sqrt{p_1 \Delta p}}$$

其中 $F_G=1.2272$ [按式(3.67) 计算]

$F_Z=1.0216$ (按 A.1.4.1 计算)

$F_T=1.0086$ [按式(3.69) 计算]

假设$\beta_0=0.6$，则

$\varepsilon=0.9975$ [按式(27) 计算]

$E=1.0719$ [按式(3.66) 计算]

$C=0.6043$ [按式(23) 计算]

因此

$$\beta'=\left(\frac{8.15}{3.1795\times10^{-6}\times0.6043\times1.0719\times259.37^2\times1.2272\times0.9975\times1.0216\times1.0086\times\sqrt{1.5781\times12500}}\right)^{0.5}$$

$=0.5763$

② 迭代计算。用β'近似值代入式(27)、式(24)、式(23)、求ε、E、C等值，再求β值，进而求出d值。此时

$\varepsilon=0.9977$

$E=1.0602$

$C=0.6043$

$\beta=0.5793$

$d=0.5793\times259.37=150.25\text{mm}$

③ 差压计刻度核算。由式(3.66) 得

$$\Delta p=\frac{\left(\dfrac{q_{\mathrm{vn}}}{A_s C E d^2 F_G \varepsilon F_Z F_T}\right)^2}{P_1}$$

a. 最大流量时差压计刻度核算。假设最大流量时差压计刻度为刻度上限的 90%（等分刻度）或 94.9%（二次方根刻度），则

$$\Delta p'_{\max}=25000\text{Pa}\times90\%=22500\text{Pa}$$

此时 $\varepsilon=0.9959$ [按式(27) 计算]

$E=1.0616$ [按式(3.66) 计算]

$$C=0.6041\ [按式(23)\ 计算]$$

$$\Delta p_{max}=\frac{\left(\dfrac{11.25}{3.1795\times10^{-6}\times0.6041\times1.0616\times150.25^2\times1.2272\times0.9959\times1.0216\times1.0086}\right)^2}{1.5781}$$

$=23873Pa$

当流量达到最大时，差压计刻度为刻度上限的百分数约为

$$e_{max}=\frac{23873Pa}{25000Pa}\approx95.5\%\ （等分刻度）或\ 97.7\%\ （二次方根刻度）$$

该值未超过差压计刻度上限，符合设计要求，无需再迭代。

b. 最小流量时差压计刻度核算。假设最小流量时差压计刻度为刻度上限的10%（等分刻度）或31.6%（二次方根刻度），则

$$\Delta p'_{min}=25000Pa\times10\%=2500Pa$$

此时

$$\varepsilon=0.9989\ [按式(27)\ 计算]$$

$$C=0.6049\ [按式(23)\ 计算]$$

$$\Delta p_{min}=\frac{\left(\dfrac{4.00}{3.1795\times10^{-6}\times0.6049\times1.0616\times150.25^2\times1.2272\times0.9989\times1.0216\times1.0086}\right)^2}{1.5781}$$

$=2990Pa$

当流量降至最小时差压计刻度为刻度上限的百分数约为

$$e_{min}=\frac{2990Pa}{25000Pa}\approx12.0\%\ （等分刻度）或\ 34.6\%\ （二次方根刻度）$$

该值未降至差压计刻度上限的10%（等分刻度）或31.6%（二次方根刻度）以下，无需再迭代。

经最大和最小流量时差压计指示刻度核算，证明孔板开孔直径 $d=150.25$mm 的设计计算合理可行。

按式(25) 计算 $d_{20}=150.26$mm。

参 考 文 献

[1] GB/T 2624—2006 用安装在圆形截面管道中的差压装置测量满管流体流量.

[2] 国家质检总局计量司等组编. 2008全国能源计量优秀论文集. 北京：中国计量出版社，2008.

[3] 王建忠，纪纲. 差压流量计范围度问题研究. 自动化仪表，2005，(8).

[4] 王建忠，纪纲. 节流式差压流量计为何仍有优势. 自动化仪表，2006，(7).

[5] 纪纲. 蒸汽流量测量的常用方法. 世界仪表与自动化，2009，(1).

[6] 于阳，纪纲，徐华东. GILFLO流量计在蒸汽计量中的应用. 上海计量测试，2008，(2).

[7] 姜仲霞，姜川涛，刘桂芳. 涡街流量计. 北京：中国石化出版社，2006.

[8] The international association for the properties of water and steam Releas on the IAPWS International Fomulation 1997 for the Thermodynamic Properties of Water and Steam，Erlangen Gemany. September 1997.

[9] 王培红，贾俊颖等. 水和水蒸气性质IAPWS-IF97计算模型动力工程，2000，20 (6).

[10] W. Wagner et al. The IAPWS Industrial Formulation 1997 for the Themodynamic Properties of water and steam，ASMEJ. Eng. Gas Turbines and Power，122 (2000)：150-182.

[11] 纪纲. 蒸汽相变对流量测量的影响（一）. 医药工程设计，2001，(1)：37-39.

[12] 黄淑清，聂宜如，申先甲编. 热学教程. 北京：高等教育出版社，1985.

[13] JB/T 8622-1997 工业铂热电阻技术条件及分度表. 1998.

[14] 汪里迈，纪纲. 蒸汽流量测量中的温压补偿实施方案. 石油化工自动化，1998，(3)：39-42.

[15] 蔡武昌，孙淮清，纪纲. 流量测量方法和仪表的选用. 北京：化学工业出版社，2001.

[16] 贺正勤．T 型阿牛巴流量计//第六届工业仪表与自动化学术会议论文集，上海：2005．
[17] GB/T 18215.1-2000 城镇人工煤气主要管道流量测量．第一部分：采用标准节流装置的方法．
[18] 戴祯建．差压式流量计在大管道煤气计量中的应用．自动化仪表，2002，20（4）：25-28.
[19] 王森，纪纲．仪表常用数据手册．第二版．北京：化学工业出版社，2006.
[20] GB 17167-2006 用能单位能源计量器具配备和管理通则．
[21] SY/T 6143-2004 用标准孔板流量计测量天然气流量．
[22] A. G. A Report NO. 9 用多声道超声流量计测量天然气流量．
[23] GB 12206-1998 天然气发热量、密度、相对密度和沃泊指数的计算方法．
[24] GB/T 13610-92 天然气的组成分析—气相色谱法．
[25] A. G. A Report NO. 8 天然气及其他烃类气体的压缩性和超压缩性．
[26] ISO/TR 12765 用时间传播法超声流量计测量封闭管道内的流体流量．
[27] 袁庆青．瓦斯质量流量及其密度测量．化工自动化及仪表，1994，2：56-57.
[28] 蔡武昌，马中元，瞿国芳．电磁流量计．北京：中国石化出版社，2004.
[29] ISO 2714：1980 Liquid hydrocarbons—Volumetric measurement by displacement meter systems other than dispensing pumps.
[30] 俞敬东．容积式流量计在使用中的温度补偿．石油化工自动化，1997，（2）：58-61.
[31] 朱德祥，张廷柱，朱福茂编著．流量仪表原理和应用．上海：华东化工学院出版社，1992.
[32] 屈敏，冯江．容积式双螺旋流量计的应用．石油化工自动化，2000，（4）：71-85.
[33] 张雯，应启戛．周期性脉动流对涡轮流量计测量精度影响的分析．自动化仪表，2001，（2）：10-12.
[34] 殷志杰．裂解急冷油流量测量系统改造．化工自动化及仪表，2001，（5）．
[35] 强发红，毛协柱．时差法超声波流量计的应用技术．石油化工自动化，2001，（1）：60-64.
[36] ISO 10790：1994（E）．Measurement of fluid flow closed Conduits—Coriolis mass flowmeters.
[37] 肖素琴，韩厚义主编．质量流量计．北京：中国石化出版社，1999.
[38] 孙丹，培福根．科里奥利质量流量计在高粘度液体流量测量中的应用．自动化仪表，1997，18（5）：20-21.
[39] 武胜林．质量流量计计量超差原因分析．石油化工自动化，1999，4：66-69.
[40] 赵晶．介质压力对罗斯蒙特质量流量计的影响及解决．化工自动化及仪表，2002，29（1）：71-72.
[41] 朱步陶．液氨计量中的温度补偿及应用．化工自动化及仪表，1994，（5）．
[42]［日］川田裕朗，小宫勤一，山崎弘郎编著．流量测量手册．罗泰，王金玉，谢纪绩，韩立德，洪启德译．北京：中国计量出版社，1982.
[43] JJG 711-90 明渠堰槽流量计试行检定规程．
[44] ISO 1438/1：1980 堰、文丘里槽明渠水流量计测量—第一部分：薄壁堰．
[45] 张涛等．采用抗沾污电容传感器的明渠流量计．自动化仪表，1997，18（8）：16-19.
[46] JB/T 68D7-93　插入式涡街流量传感器．
[47] 王京安、孙淮清．提高流量仪表准确度．世界仪表自动化，1997，2：23-27.
[48] JJG 640-94　差压式流量计检定规程．
[49]［日］小著正伦著．金属的腐蚀破坏与防腐蚀技术．袁宝林，过家驹，朱应扬译．北京：化学工业出版社，1988.
[50] R．W．米勒．流量测量工程手册．孙延祚译．北京：机械工业出版社，1990.
[51]《石油化工自动控制设计手册》编写组．石油化工自动控制设计手册．北京：化学工业出版社，1978：563.
[52] 左景伊，左禹．腐蚀数据与选材手册．北京：化学工业出版社，1995.
[53] 林宗虎编著．气液固多相流测量．北京：中国计量出版社，1988.
[54] 薛国民．基于螺旋管分离器多相流计量装置研究．2008 全国能源计量优秀论文集．北京：中国计量出版社，2008.
[55]《计量测试技术手册》编辑委员会编．计量测试技术手册：第 6 卷 力学（三）．北京：中国计量出版社，1996：261-282.
[56] 曹王钊，杨建鄂．楔形流量计及其在我厂的应用．冶金自动化，1998，（5）：52-54.
[57] 刘翠凤．符合 HART 协议的智能仪表及其应用．石油化工自动化，2001，4：65-66.
[58] 蔡武昌．液固两相流量测量方法和仪表选择．世界仪表与自动化，2001，（6）：42-44，62.

第4章　热量和冷量的计量

4.1　蒸汽热量的计量

4.1.1　蒸汽质量计量与热量计量

以往蒸汽贸易结算，由于测量手段落后，国内外都沿用质量计量法。尽管人们对这种方法的合理性早有质疑，但由于质量流量测量相对较简单，而热量计量方法在模拟式仪表中实现较为困难，因而质量计量法还是为人们所接受。

在计算机技术进入流量仪表之后，蒸汽热量计量和质量计量都变得简单了，于是人们实现热量计量的呼声就变成了具体行动。

水蒸气是使用最普遍的热载体。但是在其发生和输送过程中，状态变化难以避免，锅炉出口或减温减压站出口的蒸汽、温度和压力总是有一定幅度的变化，于是蒸汽的比焓（单位质量蒸汽所含的热量）相应变化。更严重的问题是蒸汽经过长距离输送后，由于沿途损失热量，蒸汽的品位下降，例如在减压站出口处，蒸汽的工况为 $p=0.9\text{MPa(A)}$、$t=280℃$，这时的比焓为 3012.0kJ/kg，而到末端用户处，工况就可能变成 $p=0.8\text{MPa}$ 的饱和蒸汽，这时的比焓降为 2767.5kJ/kg。而且这种工况也不是固定不变的，随着季节的变化、天气的变化、用户负荷的变化等，管道中的蒸汽压力和温度总是在变化着的。采用质量计量法最吃亏的是末端用户。

质量计量方法对供方来说也并不总是合算的，因为供方对用户承诺的蒸汽品质指标不可能恰到好处。为了确保承诺的指标，供方总是要留有裕度，此裕度对供方来说就意味着利润的流失。

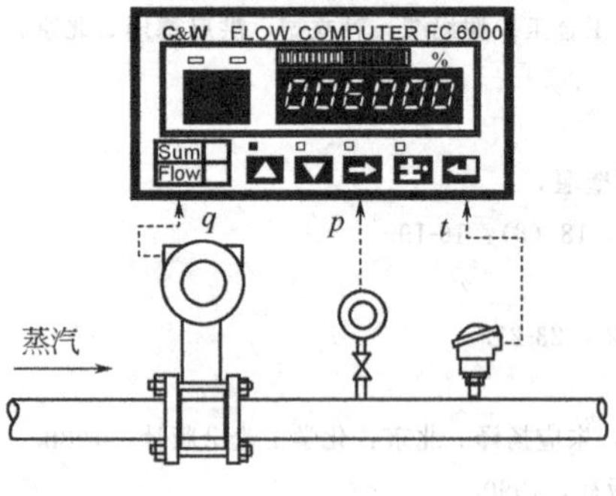

图 4.1　冷凝水不返回的蒸汽热量计量

q—流量信号；p—压力信号；t—温度信号

改用热量计量后，计量结果既包含了蒸汽的数量，也包含了蒸汽的品质，上述的几种不合理现象全被消除，因而体现了计量的公平和公正。

4.1.2　蒸汽热量的计量方法[1]

蒸汽热量计量是建立在蒸汽质量计量基础上的，它们之间的基本关系是蒸汽质量与单位质量的蒸汽所包含的热量的乘积，即为热流量。但是，随着工艺流程的差异和参考点不同，热流量计算的表达式也就不一样。

(1) 冷凝水不返回的特殊用户　对于冷凝水不返回的特殊用户，其系统图如图 4.1 所示，其热量定义为以 $t=0℃$ 的水之焓为参考点的实际使用条件下的蒸汽焓值。其表达式为

$$\Phi=q_m h \tag{4.1}$$

$$h=f(p,t)$$

式中　Φ——热流量，kJ/h；

q_m——质量流量，kg/h；

h——蒸汽的比焓，kJ/kg；

p——蒸汽压力，MPa；

t——蒸汽温度，℃。

热量表（或流量演算器、计算机等）按照测量得到的蒸汽压力、温度，查存储在仪表内的蒸汽表格（国际公式委员会蒸汽性质表见本书附录 C），得到蒸汽密度和比焓，进而计算 q_m 和 Φ。

该计量方法也可用来对蒸汽发生器输出热量进行计量。

由于该计量方法以 $t=0$℃时水的焓为参考点，用户难免提出异议，因为动力厂原料水（冷水）中所含的热量也视同蒸汽中所含热量作价卖出，似有不合理之处。若冬季水温以 10℃计，夏季水温以 25℃计，低压蒸汽比焓以 2.8MJ/kg 计，则冷水中的热量与蒸汽中总热量之比在冬季约为 1.4%，在夏季约为 3.6%。解决这一问题的合理方法是供用双方协商一个双方都能接受的协议参考点，对表计计量结果进行适当处理，作为结算热量。

(2) 蒸汽净热量计量　蒸汽净热量计量适用于冷凝水全额返回的用户，其系统如图 4.2 所示。其表达式为

$$\Phi=q_m(h_s-h_w) \tag{4.2}$$

$$h_s=f(p,t)$$

$$h_w=f(p)$$

式中　h_s——蒸汽比焓，kJ/kg；

h_w——冷凝水比焓，kJ/kg。

为了简化起见，冷凝水温度假设与热交换器上游测量到的压力所对应的饱和蒸汽温度相等。h_w 与 p 的关系见本书附录 C。

这一方法既适用于过热蒸汽，又适用于饱和蒸汽。

(3) 热量差计量方法　热量差计量方法也适用于冷凝水全部返回的用户，其系统如图 4.3 所示。其测量原理是饱和蒸汽提供的热量扣除冷凝水中残存的热量，即为热交换器从蒸汽抽取的热量。其表达式为

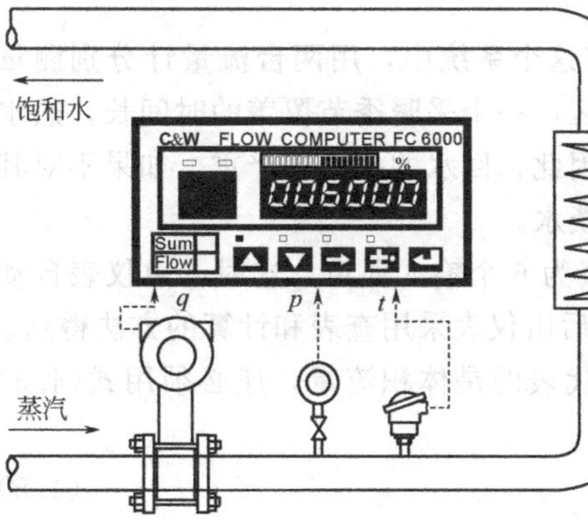

图 4.2　蒸汽净热量计量系统

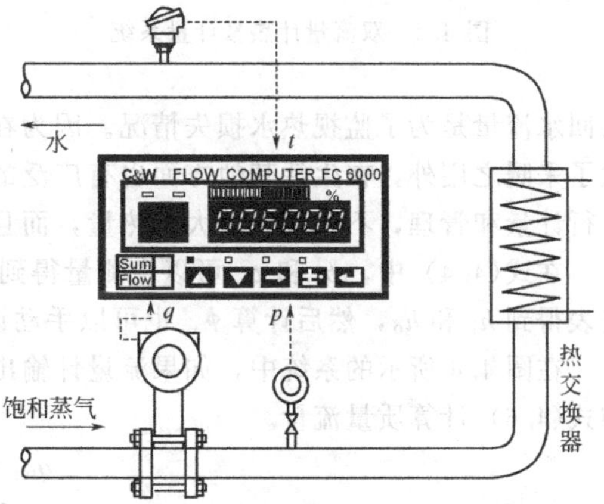

图 4.3　热量差计量方法系统

$$\Phi=q_m(h_s-h_w) \tag{4.3}$$

$$h_w=f(t)$$

式中　h_s——饱和蒸汽比焓，kJ/kg；

h_w——冷凝水比焓，kJ/kg。

这一方法仅适用于饱和蒸汽是因为目前商品化的定型的流量（热量）显示表通常只有三

个模拟输入通道，如果用于过热蒸汽，就必须增加一个输入通道用于过热蒸汽温度信号的输入。实现的方法可用计算机，也可向仪表制造厂特殊订购。

4.2 热水热量的计量

在采暖供热系统中，热水是使用最广的载热液体。由于用途的差异和设计的不同，供水温度常用的有60℃、90℃和130℃等几个等级。水的品种有淡水和地热水，其中地热水温度不能自主决定，但也要在60℃以上才有使用价值。

由于供热量的规模大小不等，测量系统的设计和仪表的选型差异也很大，其中，动力厂有时用双流量计系统，终端用户一般采用单流量计系统。

4.2.1 双流量计系统

双流量计系统如图4.4所示，其测量原理是分别计算供水热量和回水热量，其差值即为测量结果。表达式为

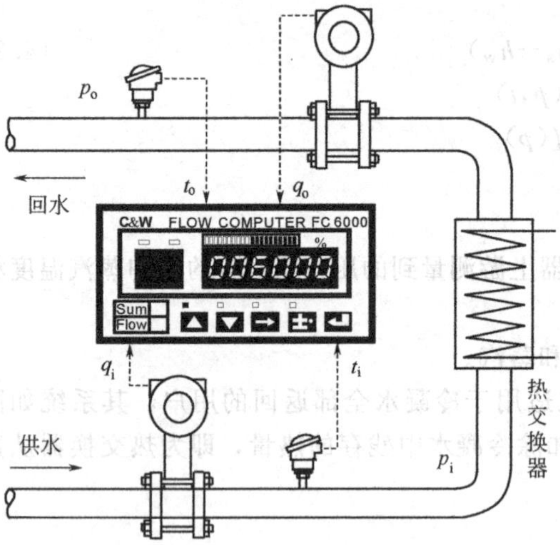

图4.4 双流量计热量计量系统

$$\Phi = q_{mi} h_i - q_{mo} h_o \tag{4.4}$$

$$h_i = f(t_i, p_i)$$

$$h_o = f(t_o, p_o)$$

式中 q_{mi}——供水质量流量，kg/h；

h_i——供水比焓，kJ/kg；

t_i——供水温度，℃；

q_{mo}——回水质量流量，kg/h；

h_o——回水比焓，kJ/kg；

t_o——回水温度，℃；

p_i——供水压力，MPa；

p_o——回水压力，MPa。

水比焓与温度及压力的关系见本书附录D。

在这个系统中，用两台流量计分别测量供回水流量是为了监视热水损失情况。因为在寒冷地区，一个采暖季节覆盖的时间长，热水除了采暖之用外，在生活其他方面也有广泛的用途，因此，回水的损失很严重。如果不对其进行计量和管理，不仅损失了大量热量，而且损失了淡水。

在式(4.4)中，p_i和p_o可以由测量得到，热量表为6个输入通道。这时，由仪表自动查表得到h_i和h_o，然后计算ϕ。也可以手动设定，然后由仪表采用查表和计算的方法得到。

在图4.4所示的系统中，如果流量计输出的信号代表的是体积流量，还必须用式(4.5)和式(4.6)计算质量流量。

$$q_{mi} = q_{vi} \rho_i \tag{4.5}$$

$$\rho_i = f(t_i, p_i)$$

$$q_{mo} = q_{vo} \rho_o \tag{4.6}$$

$$\rho_o = f(t_o, p_o)$$

式中 q_{vi}——供水体积流量，m^3/h；

ρ_i——供水流体密度，kg/h；

q_{vo}——回水体积流量，m^3/h；

ρ_o——回水流体密度，kg/m^3。

其余符号同式(4.4)。

水密度与温度及压力的关系见本书附录D。

这种系统适用于大用户。由于一个计量点需装两个流量计，因此投资比单流量计系统明显增大。

4.2.2 单流量计系统

单流量计热量计量系统是假定回水流量与供水流量相等，然后计算其热流量，或者在此基础上再以供用双方协议的方式对回水损失作补偿。

单流量计热量计量系统的热流量计算方法有两种，一种是基于载热液体的质量流量测量，另一种是基于载热液体的体积流量测量。

(1) 基于质量流量的计算公式　基于质量流量的计算公式，其系统如图 4.5 所示。

$$\Phi = q_m(h_i - h_o) \tag{4.7}$$

式中　q_m——热水质量流量，kg/h；

其余符号同式(4.4) 和 (4.5)。

其中，流量计位置既可在热交换器进口处，也可在出口处。

这种测量方法是对图 4.4 所示系统的简化，可显著节省投资。在大多数场合得到应用。

(2) 基于体积流量的计算公式　基于体积流量的计算公式，其系统如图 4.6 所示。其中，流量计位置应在热交换回路的出口处，否则应进行密度修正[2~4]。

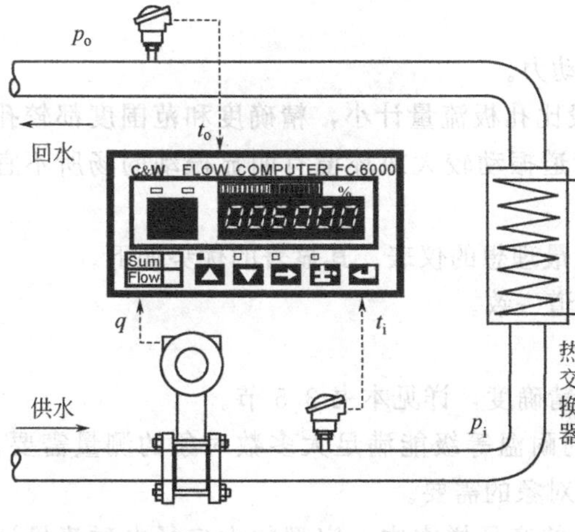

图 4.5　基于质量流量的热量计量系统

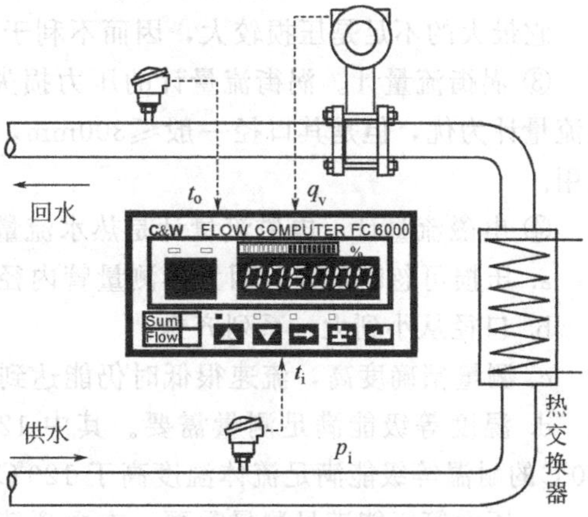

图 4.6　基于体积流量的热量计量系统

$$\Phi = k\Delta t q_v \tag{4.8}$$

式中　q_v——载热液体流过的体积流量，m^3/h；

Δt——热交换回路中载热液体入口处和出口处的温差，℃；

k——热系数，它是载热液体相应进口温度、出口温度和压力的函数，kW·h/(m^3·℃)。

水的热系数 k 值见附录 E。

4.2.3 仪表选型

(1) 热水流量测量仪表

① 热水流量测量的特点

a. 被测流体温度不很高。当流量计安装在热交换器液体入口处时，流体温度一般不高于 140℃，安装在热交换器液体出口处时，流体温度更低。

b. 被测流体压力也不很高。在楼宇供热系统中，为了将热水送到最高层，有时压力高一些；在地面管网供热系统中，压力最高也就是 1MPa 多一些。

c. 管径大小不等。最小的用户，管径仅为 *DN*20～*DN*40，而大口径流量计有时达 1m 左右。

d. 洁净程度较好。热水虽不如自来水那样洁净，但水中的固形物和它的黏度对一般流量计不会带来大的影响。

e. 腐蚀性。淡水对流量测量仪表没有腐蚀，但地热水有一定程度腐蚀，因为它含有氯离子等，能将普通不锈钢材料腐蚀，流体温度越高，腐蚀越严重。

f. 对范围度的要求不很高。动力厂（站）输送热水的泵一般大小结合，供热量最大时，一般开数台大泵，供热量最小时，一般只开一台小泵，最大流量与最小流量之比约为 5～10。单个用户热量计量用流量计，在采暖季节流量测量范围度达 10 已能满足需要，但在热水阀关断后，流量示值应为 0。

② 孔板流量计。在动力厂（站）的大口径管道上，孔板仍用来测量供水流量和回水流量，主要是取其下列优点。

a. 孔板本身可靠性高。不会因孔板原因而中断供热。

b. 检定方便。孔板只需用几何法检定，而无需像有些流量传感器、变送器那样，必须送检定中心在标准装置上实流校准。

c. 口径较大时，投资相对较省。

它最大的不足是压损较大，因而不利于节省动力。

③ 涡街流量计。涡街流量计的压力损失一般比孔板流量计小，精确度和范围度都较孔板流量计为优，但是其口径一般≤300mm，在管道振动较大或环境有明显振动的场所不宜选用。

④ 电磁流量计。电磁流量计是热水流量测量最理想的仪表。其显著的优势如下。

a. 压损可忽略不计，因为其测量管内径与管道一致。

b. 口径从小到大，系列齐全。

c. 测量精确度高，流速很低时仍能达到较高精确度，详见本书 3.5 节。

d. 温度等级能满足测量需要。其中 120℃的耐温等级能满足大多数对象的测量需要，180℃的耐温等级能满足流体温度高于 120℃测量对象的需要。

e. 压力等级能满足测量需要，在电磁流量计的产品样本中，定型的大口径电磁流量计的压力等级有的只能达到 0.6～1MPa，但可作为特殊订货，满足压力较高的使用对象的要求。

f. 有耐腐蚀的系列产品。地热热水由于产地不同，所具有的腐蚀性也不同。对于含氯离子的地热热水，电磁流量计配以聚四氟乙烯内衬和钛电极就已能满足需要。

g. 对管道及环境的振动适应性强。

h. 能测量脉动频率不高的脉动流，详见本书第 6 章。

⑤ 旋转式流量计。旋转式流量计的优点是结构简单，常与热量表结为一体，使用方便，价格低廉，适合一般家用和非连续运行的对象。

⑥ 超声流量计。超声流量计在热水流量测量中的成熟应用已有 10 多年的历史，发展速度很快。夹装式超声流量计尤其适合一年四季无停车机会的测量对象。

(2) 温度传感器的选型　用于供回水温度测量的传感器通常选铂热电阻，因为其稳定性好，精确度较高。具体选用时应注意如下方面。

① 尽量选用A级精确度。在130℃时的误差限为±0.41℃。

② 一个热量计量点所用的供回水温度传感器应配对。所谓配对就是在为数众多的可供选择的一批铂热电阻成品中，分别测出0℃阻值及100℃阻值，然后选0℃阻值和100℃阻值都最接近的两支为一对，然后做好标记，配对使用。温度传感器配对比传感器的精确度本身更重要。这是因为温度传感器的误差总是难免，但是在热水热量计量系统中，如果一个热量计量点中的温度测量虽然有误差，但供水温度误差与回水温度误差大小相等且方向相同，就不会对热量计量带来误差。

(3) 对热能表的要求[5]

① 对热能表的精确度要求。我国制订的JJG 225—2001《热能表检定规程》中，对热能表的准确度等级及最大允许误差E做了规定，按总量检定时，准确度等级及最大允许相对误差E列在表4.1中。按分量检定时，准确度等级及最大允许相对误差E列在表4.2中[5]。

表4.1 准确度等级及最大允许相对误差E（按总量检定）

1级	2级	3级
$E=\pm\left(2+4\dfrac{\Delta t_{\min}}{\Delta t}+0.01\dfrac{q_p}{q}\right)\%$ $E_q=\pm\left(1+0.01\dfrac{q_p}{q}\right)\%$且$\leqslant\pm5\%$	$E=\pm\left(3+4\dfrac{\Delta t_{\min}}{\Delta t}+0.02\dfrac{q_p}{q}\right)\%$	$E=\pm\left(4+4\dfrac{\Delta t_{\min}}{\Delta t}+0.05\dfrac{q_p}{q}\right)\%$

注：对1级表$q_p\geqslant100m^3/h$；q_p为常用流量；$\Delta t_{\min}$为最小温差；q为流量；E_q为流量传感器误差限；Δt为温差。

表4.2 准确度等级及最大允许相对误差E（按分量检定）

等级	流量传感器误差限E_q	配对温度传感器误差限E_0	计算器误差限E_G
1级	$\pm\left(1+0.01\dfrac{q_p}{q}\right)\%$且$\leqslant\pm5\%$	配对温度传感器的温差误差应满足 $\pm\left(0.5+3\dfrac{\Delta t_{\min}}{\Delta t}\right)\%$ 对单支温度传感器温度误差应满足 $\pm(0.30+0.005\lvert t\rvert)$℃	$\pm\left(0.5+\dfrac{\Delta t_{\min}}{\Delta t}\right)\%$
2级	$\pm\left(2+0.02\dfrac{q_p}{q}\right)\%$且$\leqslant\pm5\%$		
3级	$\pm\left(3+0.05\dfrac{q_p}{q}\right)\%$且$\leqslant\pm5\%$		

注：对1级表$q_p\geqslant100m^3/h$。

从两张表中可以看出，在相对温差较小和相对流量较小时，都放宽了对相对误差的要求，这是合理的。

② 对示值分辨力的要求。热量表示值显示应有适当的分辨力，分辨力太低固然不好，但分辨力太高，导致显示值末位频繁跳动也不受使用者欢迎。对于带有热流量显示的热量表，分辨力值为误差限的1/3～1/20是适宜的。近年生产的热量表基本已实现可编程，这样，只需在程序中留出一个“计量单位换算系数”的窗口，并填入适当的数值就能得到合适的分辨力值。

4.2.4 热水质量流量的计算

在图4.5所示的热水热量计量系统中，热水质量流量是热量计算的基础，热水质量流量计算通常有两项任务，其一是对实际运行温度偏离设计工况所引入的质量流量测量误差进行校正；其二是将流量传感器、变送器测量得到的体积流量信号与供水温度或回水温度所对应的热水密度相乘，得到热水质量流量。

(1) 孔板流量计的质量流量计算　用于计量热水的孔板流量计，其计量单位一般已经按质量流量设计，但是仪表安装处的流体温度必须与设计温度相等，才能得到预期的准确度。当实际温度偏离设计温度时，只有按规定的关系式进行补偿，才能得到预期的准确度。

对于孔板流量计，补偿可以在热量表中进行，因为流量信号和流体温度信号均已引入热量表，只需指定补偿所依据的自变量，并写入相应的系数，仪表运行后即可自动进行补偿。

差压式流量计补偿可用下式，即

$$k=\sqrt{1+\mu_1(t-t_d)\times10^{-2}+\mu_2(t-t_d)^2\times10^{-6}} \tag{4.9}$$

式中　k——补偿系数；

t——流体温度，℃；

t_d——参考温度（设计状态温度），℃；

μ_1——一次补偿系数，℃$^{-1}$；

μ_2——二次补偿系数，℃$^{-2}$。

其中流体温度 t 应根据流量计安装位置决定，若流量计安装在热交换回路入口处，则指定 $t=t_i$；若流量计安装在热交换回路出口处，则指定 $t=t_o$。μ_1 和 μ_2 的求取方法见本书3.3.3节。

(2) 速度式流量计质量流量计算　速度式流量计如电磁流量计、涡街流量计、涡轮流量计、超声流量计等，其输出信号同流过的体积流量成正比，此信号经热量表计算得到体积流量，然后乘流量计安装处的热水密度，即得质量流量。其表达式为

$$q_m=q_v\rho$$

$$\rho=f(t)$$

若流量计安装在热交换回路入口处，则 $t=t_i$；若流量计安装在热交换回路的出口处，则 $t=t_o$。

计算质量流量并进而计算热流量及热能的任务均由热量表来完成。

4.2.5　回收凝结水的计量

近几年来，随着人们节能减排意识的增强，余热回收利用工作得到了迅速发展。其中，蒸汽放出热量后得到的凝结水的回收利用就很普遍。

凝结水回收利用的意义有三个。其一是回收凝结水所携带的热量。其二是回收利用了水的本身。凝结水的性质属于蒸馏水，不处理就可送锅炉除氧器利用，因此，它的价值比自来水高。其三是消除热水就地排放对环境的污染。

在凝结水的回收利用工作中，大多建立了凝结水的计量手段。当然，这种计量也是能源管理的需要。回收凝结水的计量，有的单位只对回收凝结水的流量进行计量，而另一些单位对热量进行计量。

(1) 回收凝结水的流量测量　回收凝结水的流量测量所选用的方法，同回收工艺流程有密切关系。对于有泵输送的流程，流量计安装在泵的出口管上的适当位置，由于凝结水压力较高，水中不会夹带蒸汽，所以流量测量并不困难。如果安装地点的环境和管道无明显振动，涡街流量计是常用的选择。但若流量计安装地点距水泵较近，难免有振动，这时，选用氟塑料内衬电磁流量计应是更为稳妥的方案。对于无泵输送的流程，凝结水一般依靠疏水器出口压力输送，情况要复杂些。复杂的因素有三个。一是工艺要求在管道上安装流量计不能增加管道阻力，因为阻力的增加导致疏水器出口压力升高，担心疏水器的正常工作受影响。所以在直径较大的回收水管内，水平段并不充满。二是流量波动范围大，而且是阵发性的。三是凝结水从疏水器流出后，随着管道标高等条件的变化，很容易析出蒸汽而形成两相流。

根据前两个特点，可选用口径合适的电磁流量计。在流量计前，设计一个气体收集器和排气管，如图 4.7 所示。其中气体收集器就是在一根直径很大的管道上，先焊接一个等径的管段，然后再逐渐缩小到 *DN*50，这样就能将水中蒸汽有效地分离出来，然后排到水槽的上方，使之不干扰流量计的工作。实践表明，这样的设计能收到很好的效果。

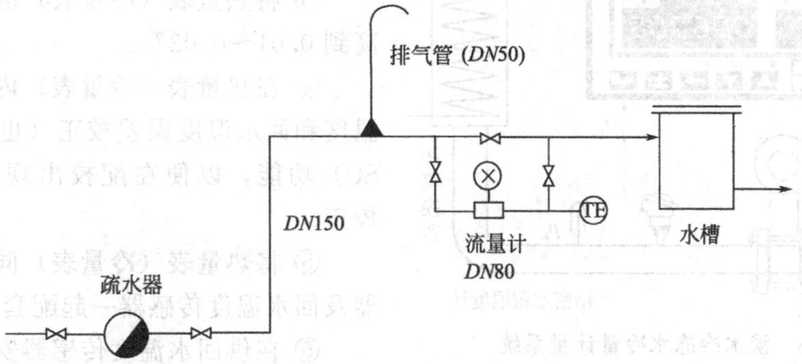

图 4.7　用电磁流量计测量凝结水流量的例子

图 4.7 中的疏水器的型式要正确选择，并非各种型式都能胜任。在各种不同原理的疏水器中，浮球式较适宜。但在排量计算中，要考虑背压升高，压差减小后，排量相应减小。具体的选型和计算可向疏水器供应商咨询。

(2) 回收凝结水的热量测量　回水凝结水的热量计量可用式(4.7)，只是表达式中只有 t_i 而没有 t_o，根据计量意图，t_o 可由工艺专业取一个参考温度，例如当地全年平均大气温度，即回收水温度高于大气温度就为除氧器提供热量。当然也可以取其他温度。

4.3　冷冻水的冷量计量

随着大型楼宇和现代化建筑物的增多，供冷系统获得了高速发展，工业以及其他行业对冷量的需要也促进了集中供冷事业的发展。集中供冷就是动力厂（站）用冷媒体（一般为淡水和盐水）将冷冻机所制冷量供给用户。为了对制冷设备的运行进行管理和核算，对用户所耗冷量进行结算，需要对有关节点进行冷量计量。

冷冻水冷量计量就其方法来说，同热水的热量计量是一样的，所供冷量可以看作是负的热量。只是由于流体温度低，导致具体做法上出现一些差异。

4.3.1　淡水冷冻水的冷量计量[6]

空调用的冷冻水，水温等级一般为 5～6℃，冷媒体为淡水。低于 5℃的供冷，则用盐水或其他冷媒体。

淡水冷冻水的冷量计量方法多采用如图 4.8 所示的基于质量流量的方法，它同图 4.5 无实质性差别。暂时还不能采用基于体积流量的方法是因为热系数表（见附录 E）中流体温度尚未覆盖冷冻水温度。

冷冻水冷量计的特点是水温低和温差小。为了解决这两个问题，就必须采取相应措施。

(1) 冷冻水测温问题　空调用冷冻水的供回水温差大多数设计为 5～6℃，但是在季节更替或调节不当时，温差小于 3℃，这就对温度测量的准确度提出了极其高的要求，这时温度测量结果如果引起温差出现 0.2℃的误差，就将导致冷量测量误差大于6.6%R，这是很可观的数字。而 0.2℃误差测温系统，又是很容易产生的，因为温差测量不仅包含两个温度传感器，而且包含热量表（冷量表）的两个温度输入通道。为了提高温差测量精确度，下面的几个实用方法可供采用。

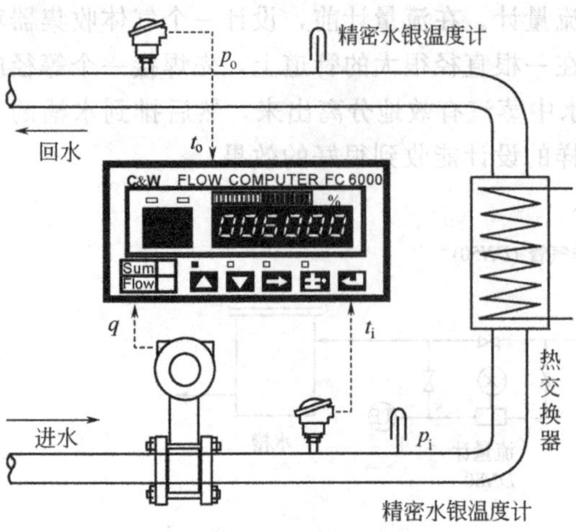

图 4.8 淡水冷冻水冷量计量系统

① 选用高精确度温度传感器。如A级铂热电阻，名义精确度可达±0.2%。

② 一个计量点的供回水温度采用配对温度传感器。

③ 将热量表（冷量表）的测温分辨率提高到0.01～0.02℃。

④ 在热量表（冷量表）内分别设置供水温度和回水温度误差校正（也称传感器校正SC）功能，以便在配校出现误差时，予以校正。

⑤ 将热量表（冷量表）同供水温度传感器及回水温度传感器一起配套校正。

⑥ 在供回水温度传感器安装点附近的管道上各开一个深度足够、管径合适的校验口，插入同一根标准水银温度计，以便对温度示值进行核查，以避免仪表安装环节及其他环节引入大的误差。

(2) 比焓与压力的关系　淡水的比焓是温度的函数，同时又受水压的影响，附录D列出了两个不同压力条件下焓值随水温变化的表格。对于流量值较大的测量对象，不应忽略压力的影响。

4.3.2 盐水冷冻水的冷量计量

盐水冷冻水的冷量计量与淡水冷冻水的冷量计量方法大致相同，其系统图与图4.8相同。但是由于盐水的几个特点，也带来了几个不同点。

(1) 盐水的密度同含盐量有关　由于盐水的温度等级有异，所以含盐量不同，导致其密度也不相同。因此，在从盐水体积流量计算质量流量的过程中，应留一个窗口，填写参考温度条件下的盐水密度。

(2) 采用比热容方法计算热流量　如果无法获得不同条件下比焓表（如工艺专业提供不出不同含盐量盐水的比焓表），无法采用式(4.7)计算冷量，只能采用平均比热容的方法计算冷量。其表达式为

$$\Phi=\Delta t c q_m \tag{4.10}$$

式中　Φ——热流量，kJ/h；

Δt——供回水温差，℃；

c——冷媒体平均比热容，kJ/(kg·℃)；

q_m——质量流量，kg/h。

(3) 仪表选型应能耐盐水腐蚀　因为盐水对不锈钢等材质都有腐蚀，所以测温套管以及流量计与盐水接触的部分都应能耐盐水腐蚀。

(4) 仪表选型应注意耐更低的温度　例如选用电磁流量计测量流量时，应考虑到零下若干度的流体，不致引起励磁线圈受潮，导致仪表损坏。

4.3.3 冷冻水冷量计量的仪表选型

(1) 铂热电阻的选型

① 防止铂热电阻套管中生成冷凝水的设计。由于热电阻套管中气体与大气之间的呼吸作用，在夏季大气中水蒸气含量高，被吸入套管冷凝成水，若选用普通铂热电阻，久而久之铂金电阻丝及其引出线极易被水淹没，引起故障。为了避免此类问题的发生，必须选用铠

装铂热电阻，其接线盒结构如图 4.9 所示。由于铠装铂热电阻的套管中空间被烧结成型的氧化镁粉填满，套管的口上一段管内又有环氧树脂封填，将套管内的残存的气体同管外完全隔绝，从而杜绝了水的侵入。

② 接线盒内接线端子的防潮问题。由于冷冻水温度可能比环境温度低 20～40℃，接线盒如果太靠近冷冻水管，由于热传导影响可能使接线盒温度大大低于环境温度，引起接线端子之间结露，导致绝缘下降甚至短路，造成温度示值偏低。为了避免这个问题的发生，接线盒至少应离开保温层 100mm。使接线盒温度与环境温度接近。

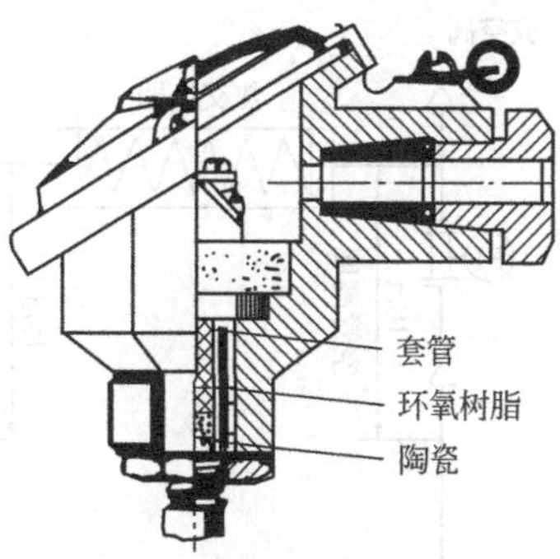

图 4.9　铠装铂热电阻接线盒结构

③ 减少测温套管热传导引起的测温误差。由于冷冻水冷量计量中对测温精确度要求特别高，所以应考虑测温套管热传导引起的测温偏高（假定环境温度高于冷冻水温度）现象。应选用铠装铂热电阻，由于其套管细，管壁薄，热传导所引起的测量误差可忽略不计。

④ 温度传感器和校验口安装位置的选定。安装在冷冻水管道上的温度传感器和校验口，安装位置选在管道的上方和侧面，都不影响测量精确度。但从使用和维修角度考虑，校验口如果安装在管道上方，容易因固形物落入套管内而影响使用，而且套管内积累的冷凝水在温度低于 0℃时要结冰，影响使用。所以，建议将校验口安装在管道侧面。温度传感器也是如此，在温度低于 0℃的盐水管道上，应将测温套管安装在盐水管道的侧面。

⑤ 管外贴装铂热电阻。有一些测量对象一年四季没有机会停车，无法在管道上开口装表，只能用管外贴装铂热电阻的测温方法。所贴铂热电阻必须有防水防潮性能，因为冷冻水管外壁上总是湿漉漉的。热电阻与管壁之间应有良好的热传导，热电阻贴装处及周围区域应强化绝热保温，经这样的处理后，铂热电阻测到的温度比管内水温偏高的数值被限制在 0.1～0.2℃以内是完全可能的。

(2) 流量计的选型

① 电磁流量计。在冷冻水的流量测量中，电磁流量计有明显的优势，4.2.3 节中所述的电磁流量计的优点，在冷冻水流量测量中也都能显露出来，其中耐腐蚀问题，对于盐水冷冻水尤为重要。在高楼大厦中，有的空调水压力较高，这时可与仪表制造厂协商，特殊制造耐压能满足要求的电磁流量计。而在具体设计时尚有下列问题需要考虑。

a. 测量管内衬的选择。如果冷冻水是淡水，则选用橡胶内衬，价格较低。如果冷冻水为盐水，则须选聚四氟乙烯内衬。如果既测淡水冷冻水又测盐水，则必须选聚四氟乙烯内衬。

b. 电磁流量计测量管励磁线圈防潮问题。电磁流量传感器中的励磁线圈密封在壳体内的方法常用的有两种，一种是用上下两半外壳，用螺丝将密封条压紧后，达到密封；另一种是用壳体焊接密封法，将线圈与外界隔绝。其中后者更可靠，可完全杜绝线圈空腔的呼吸现象，防止外界潮气侵入。但在生产过程中，线圈周围空腔内总是充满空气，而其中的水汽含量随装配时的大气温度和相对湿度的变化而变化。如果水汽含量较高，则流量计投入使用后由于导管和空腔中温度降低，很可能会出现结露现象，导致线圈受潮，绝缘被破坏。因而，在冷冻水温度较低时（有的制造厂是以 0℃为界），用氮气将空腔中的空气置换掉，而在温度更低时（如－10℃或更低），用甲基硅油（有的厂家用变压器油）充灌。不同的制造厂做法不尽相同，但总的一条是封入的干燥介质不会逃逸，而且在长期使用中，线圈绝缘不会

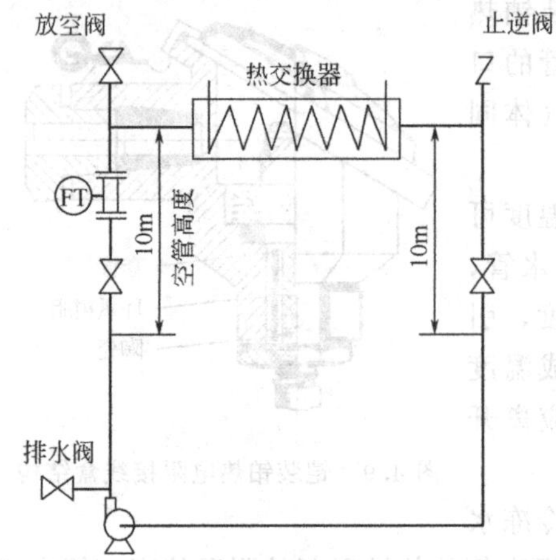

图 4.10 误操作造成管内负压示意

降低。

c. 内衬承受负压问题。冷冻水流量正常测量时，测量管本身并不承受负压，只有在将管道中的存水排放时，由于管道最高点的放空阀忘记打开，才会使管道上部出现负压，如图 4.10 所示。

由于同样的原因，热水管道内也会出现负压。

KROHNE 公司的几种内衬能够承受的管内负压如表 4.3 所列。因此，管内负压一旦超过规定值，就有可能使测量管内衬瞬间脱落，因此，应设法避免。解决这一问题的另一方法是选用能承受真空的内衬，这种内衬由于特殊设计的骨架而使其能承受绝对真空的压强，其结构如图 4.11 所示。横河等公司也有此类产品。当然，选用带骨架型内衬将会使投资明显增加。

表 4.3 IFS 4000 型传感器在不同介质温度下的负压极限值

衬 里	测量管尺寸 *DN*/mm	最低工作绝对压力/kPa							
		≤40℃	≤50℃	≤70℃	≤90℃	≤100℃	≤120℃	≤140℃	≤180℃
PFA(F46)	25～150	0(0)	0(0)	0(0)	0(0)	0(0)	0(0)	0(0)	0(0)
PTFE(Teflon)	10～20	0	0	0	0	0	0	0	0
	200～250	50	75	100	100	100	100	100	100
	300～1000	80	100	100	100	100	100	—	—
氯丁橡胶	50～300	40	40	—	—	—	—	—	—
	350～3000	60	60	—	—	—	—	—	—
Irethane	200～300	50	—	—	—	—	—	—	—
硬橡胶	200～300	25	40	—	—	—	—	—	—
	350～3000	50	60	—	—	—	—	—	—
软橡胶	200～300	50	—	—	—	—	—	—	—
	350～3000	60	—	—	—	—	—	—	—

解决负压的另一方法是将原来的放空阀改为单向阀（止逆阀），在管道出现微小负压时，止逆阀自动开启，从大气中吸入空气，从而确保安全。

② 超声流量计。有些测量对象一年四季没有机会停下来开口装表，这时只能用夹装式超声流量计测量冷冻水流量。

超声流量计从原理分有多普勒法和时差法。空调系统中的冷冻水由于较洁净，应选时差法，经合理的安装调试能达到1%～3%R 的精确度。

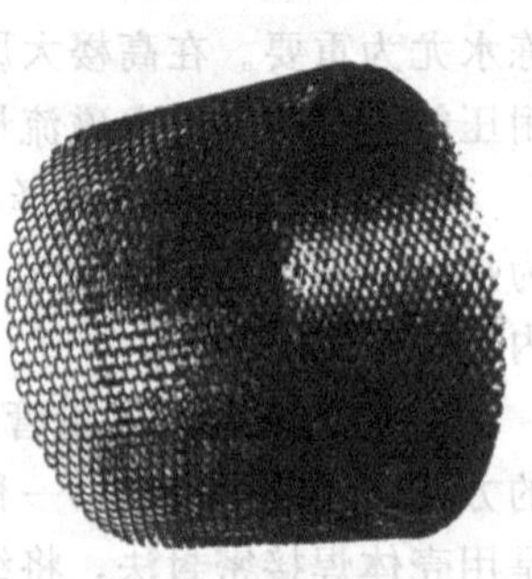

图 4.11 适用于真空的内衬骨架网

超声流量计的传感器防护等级有高有低，用来测量冷冻水流量的传感器，由于传感器连同电缆插头都有可能被包在保温层里面，所以电缆插头处结露在所难免，解决方法是选用 IP68（潜水型）防护等级。

4.4 冷量和热量计量两用的计量表

有些楼宇，暖通专业设计的空调热交换器只有一个，冬季通入热水供热，夏季通入冷冻水供冷，其系统如图 4.12 所示。从图中可看出，切换一下阀门就可从供热改为供冷。而热量计量的表计要冷热两用。

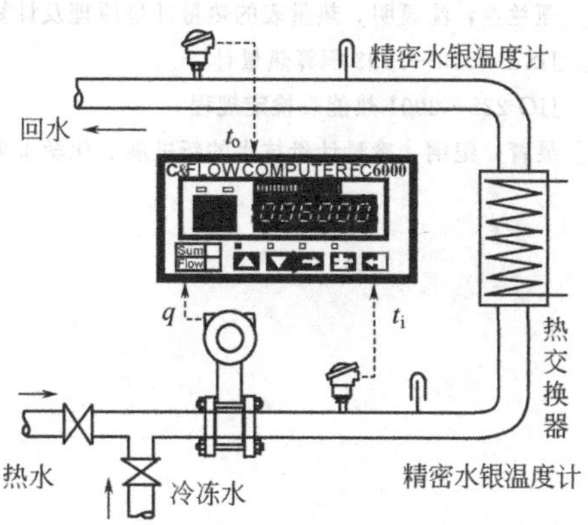

图 4.12　供热和供冷两用的系统

其实，有些热量表的设计中已经考虑到冷热两用。当供热时，供水温度高于回水温度，仪表显示的温差和热流量为正值，其单位为 kJ/h 或 MJ/h、GJ/h，其累积值为 MJ、GJ 或 kW·h。当供冷时，供水温度低于回水温度，仪表显示的温差和热流量为负值。但是热能和冷能都为正值，这是为了防止从供热改为供冷后，累积数字倒走。另外，可编程热量（冷量）表除了能显示上面的数据之外还能显示供水温度、回水温度、温差、瞬时流量、累积流量等参数。

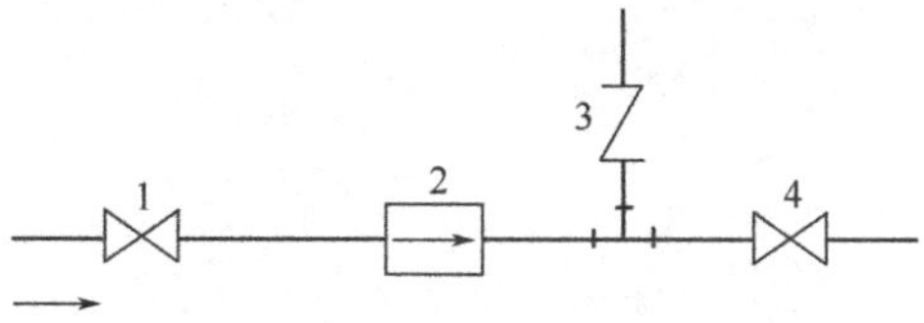

图 4.13　用止逆阀防止管内负压
1、4—截止阀；2—传感器；3—止逆阀

氟塑料内衬电磁流量传感器应用须特别防止管道负压。正压管系有时也会出现负压，例如被测液体温度高于室温的管系，关闭传感器上下游截止阀停止运行后，流体冷却收缩也会形成负压，解决此问题的简单方法是在传感器附近装设单向阀（止逆阀），如图 4.13 所示。

4.5　其他流体的热量计量

4.5.1　道生液的热量计量

在工业生产过程中，道生液供热是一种常见的高温加热手段，其简单流程如图 4.14 所示。

道生液的热量计量可按式(4.10) 计算，道生液的平均比热容 c 以及密度随温度变化的关系由工艺专业提供详细数据，处理后写入热量表。

道生液的温度较高，流量测量仪表选用孔板流量计和高温型涡街流量计较适宜，但要特别注意安全，防止泄漏。

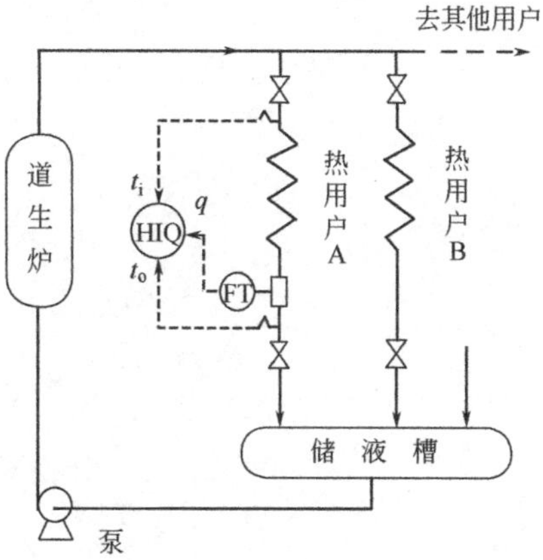

图 4.14　道生液供热及热量计量系统

4.5.2　气体热交换器热量计量

在工业生产过程中，气体热交换器常被用来回收热量，如锅炉及工业炉窑中的空气预热器是利用锅炉烟气加热一次风，硫酸生产流程中的沸腾炉余热被用来加热余热锅炉。气体的热量计量都可采用式(4.10) 计算，由流量计测出气体质量流量，由工艺专业提供平均比热容数据，然后连同进口温度和出口温度信号，由热量表计算热量值。

参考文献

[1] 叶海青，陈伟琪，纪纲．蒸汽热量计量及常用方法．区域供热，2008，(6)：15-18.
[2] EN1434 Heat meters.

[3] 甄兰兰，沈昱明．热量表的热量计量原理及计算．自动化仪表，2003，(10)：41-43.
[4] JIS B 7550—1993 积算热量计．
[5] JJG 225—2001 热能表检定规程．
[6] 吴育，纪纲．冷量计量技术的新进展．化学世界，2002 年增刊．

第5章 流量批量控制系统

在生产过程和经营管理中，人们为了提高生产效率和控制精确度，很多年以前就已开始使用定量控制的方法。例如，用柱塞定量筒向包装瓶内定量装入规定容量的液态产品；用计量槽作为液态原料计量手段，然后加入反应器等。所定的量有以容积为单位，也有以质量为单位。定量控制所完成的任务是对液体进行计量和不太复杂的逻辑控制，属于一种批量控制。

流量批量控制是以流量为基本变量的批量控制，在批量控制系统中是较简单的一种。

流量批量控制的基本要求如下。

① 按批量操作流体总量设定值进行批量发料、装桶、装车或装船等操作，并达到规定的准确度。

② 在危险情况发生时能立即快速切断放料阀，然后进行人工干预，以确保安全。

③ 重大的异常情况发生时能发出报警信号。

5.1 流量批量控制系统的功能要求

流量批量控制系统涉及到的每次发料数量差异很大，有的是装铁道槽车，而另一些却是装桶、装瓶。有的料液如果外溢并无严重后果，而另一些却会造成严重经济损失或带来安全问题、环境问题，因此，所完成的任务不同，流量批量控制系统的功能要求也有很大差异。

下面列举的功能要求有些是每个流量批量控制系统都必须具备的，而另一些只在某些系统中是必要的。

5.1.1 控制器的流量信号处理功能和显示功能

① 能对所输入当前流量模拟信号进行处理。

② 能对所输入当前流量频率（脉冲）信号进行处理。

③ 能将流量信号处理得到的当前瞬时流量值进行显示。

④ 能对本次发料的当前总量进行计算并显示。

⑤ 能对本批发料的已完成的次数进行计数并显示。

⑥ 能对本批发料的已完成的总量进行计算并显示。

5.1.2 逻辑控制功能

(1) 能通过控制器面板上的操作键或数字拨盘或用通信方法设定下列数据。

① 本批操作重复次数。

② 本批操作中每次发料量（每次发料量具有相同值）。

(2) 能通过控制器面板上的操作键和/或外接按钮或经通信方法实现下列操作。

① 批量发料启动。完成此项操作后，发料阀应打开，瞬时流量应从零开始升高到正常值。有的系统设计还要求开启阀门的动作与启动输送泵的操作关联起来。

② 紧急停止

a. 遇有紧急情况，经人工干预（如按“紧急停止”按钮），立即暂停本次操作。

b. 当表示“受槽已装满”或“容器已装满”的上限液位探测器动作时立即停止本次操作。

此项操作的后续操作是按“启动”键继续未完成的操作，还是按“复位”键结束本批操作，由预先组态决定。如果选择“结束”，则有可能最后装的一个容器未达规定装量或发料未发足，需另做记录。

③ 复位

a. 复位操作就是按一下“复位”按钮或“复位”键或其他特殊定义的功能键。进行复位操作后，上一批操作的总量显示值应清零。

b. 使控制阀返回到“关”的位置，做好重新启动的各项准备。

c. 如果下一批操作的发料次数和每次发料总量与上一批不同，则在下批操作启动前应对“本批发料次数”和“每次发料总量”重新设定。

d. 复位操作完成后应以“准备就绪”或“ready”词句或使规定的灯闪烁代表“准备就绪”，提示操作人员可以进行下一批量操作。

e. 如果阀位回信器送入的信号不具备条件或液位探头送入的信号仍为“容器满”，则复位不能完成，应对现场异常情况进行检查并使之恢复正常后再一次进行复位操作。

④ 报警功能

a. 结束报警。本批发料结束，进行声光报警，但声音报警信号只应持续数秒钟，待按下“复位”按钮后，灯光报警信号也应消除。

b. 无流量报警。按一下“启动”按钮后，瞬时流量仍为零或小于规定的流量（此规定值在组态时预先设定）进行灯光（闪烁）报警。

c. 断料报警。本批发料未结束，瞬时流量长时间低于规定值或短时间低于规定值，定义为断料。

d. 紧急停止报警。“容器已满”时，进行声光报警，按一下“紧急停止”按钮后进行闪光报警。

e. 报警输出的消除。按一下“复位”，报警信号消除，若因按“紧急停止”按钮而报警，则按“启动”按钮后，闪光报警信号消除，继续原批量操作。

5.2 流量批量控制系统的组成

由于服务对象的差异，如计量准确度的要求，资金承受能力等因素，流量批量控制系统就有多种结构，但系统结构是有共性的。例如，系统都有流量测量仪表（传感器、变送器）和执行器，不同结构的差异主要在于完成逻辑控制任务的设备。大体上可分为三种结构，即以计算机或PLC等通用设备组成的系统；在流量转换器上增设控制功能完成逻辑控制的系统；用专为批量控制设计的智能仪表完成批量控制的系统。

5.2.1 以计算机或PLC等通用设备组成的控制系统

(1) 系统组成　图5.1所示是一个完成90#、70#汽油经鹤管向铁道槽车发料的批量控制系统实例[1]，图中，ZF1和ZF2气缸闸阀完成90#、70#汽油装车的切换，ZF3为油气回收阀，ZF4控制鹤管上的气缸左右移动，实现鹤管的横向对位，鹤管的上下伸缩由鹤管上的开关控制。以上操作均通过现场的气动控制箱手动控制。

当空槽车从铁道上进入装车台位后，台位上操作工进行鹤管对位等操作，准备工作完成后，按下就地控制箱的“准备就绪”按钮，计算机接收到此信号后，就开始发料装车，当达到设定值时，立即发出信号关闭闸阀FV-253，实现定量装车。

(2) 流量计和计算机的配置　流量计选用涡轮流量计，计算机选用工控制机，配5块PCL-830与5块PCLD-880板构成50路频率输入口，供流量信号采集。开关量输入采用2块PCL-722与PCLD-782B构成288路光电隔离开关量输入，开关量输出采用2块PCL-722与PCLD-785B构成288路继电器输出。考虑以后要接收模拟输入信号，另外配置了模拟量

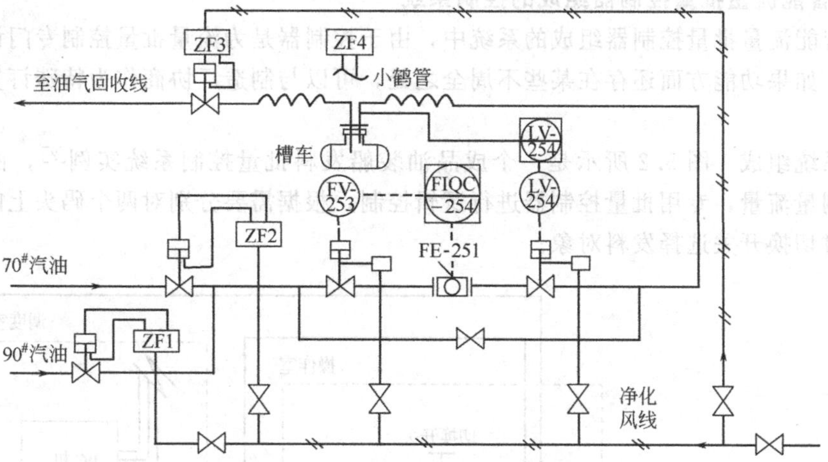

图 5.1　小鹤管汽油定量装车系统

FE—流量传感器；FV—流量调节阀；FIQC—流量指示积算控制；LV—液位调节阀

采集用的 1 块 PCL-813 和 5 块 PCLD- 880 构成光电隔离 A/D 转换输入。

（3）系统功能

① 手动/自动功能。为确保系统的可靠性，系统在具备自动控制功能的同时，还具备手动功能。在需要时，操作工可手工实现对现场阀门的启闭。

② 模拟流程图功能。操作室离装车台位较远，为使操作工准确、直观地了解现场情况，在操作室内的操作台上设置模拟流程图。通过阀门上的回信开关将现场阀门的状态及流量值在流程图上显示。

③ 参数设定功能。通过计算机可设定装车车型及装车量，并具有良好的容错功能。

④ 记录输出功能。系统自动记录每次作业的阀位状态、装车量等各种数据，并可根据需要打印出报表。

⑤ 显示画面。可显示每个鹤位的参数、操作状态、流量数值、阀门状态、报警内容等。

⑥ 密码设定功能。各个操作工都有自己的密码，键入密码后，计算机自动登录，从而有效防止未被授权的人员擅自操作，引发事故，并为追查事故原因及责任人提供了依据。

（4）系统特点

① 系统设计考虑得较全面，安全可靠性好。

② 做到管控一体化，有利于提高管理水平。

③ 适合每次发料需较长时间的对象。

④ 对于多台位相同装车对象依次操作非常适合，投资可大大节省。

⑤ 需要自行开发应用软件。

5.2.2　带逻辑控制的流量变送器组成的控制系统

科氏力质量流量计的转换器具有很强的计算能力和很快的运算速度，在完成流量信号转换等任务之外，加入逻辑运算功能，并增设若干开关量输入通道和开关量输出通道，从而能实现简单的逻辑控制，与执行器及辅助设备一起组成简单的流量批量控制系统。例如 3000 系列科氏力流量转换器与组件控制器，能接受 4 路开关量输入信号，最多可有 6 路开关量输出，每路开关量输入和输出的用途都可在组态时指定，从而可组成流量批量控制系统。

科氏力质量流量计具有很高的测量准确度，而且直接显示质量流量，因此，与逻辑控制部分结合完成流量批量控制，有可能得到较高的控制精确度。

5.2.3 由智能流量批量控制器组成的控制系统

在由智能流量批量控制器组成的系统中，由于控制器是为流量批量控制专门设计，所以功能较全，如果功能方面还存在某些不周全之处，可以与制造厂协商作为特殊订货，进行补充完善。

(1) 系统组成 图 5.2 所示是一个成品油装船发料批量控制系统实例[2]，由科氏力质量流量计测量流量，专用批量控制器进行逻辑控制，根据需要分别对两个码头上的油船进行发料，通过切换开关选择发料对象。

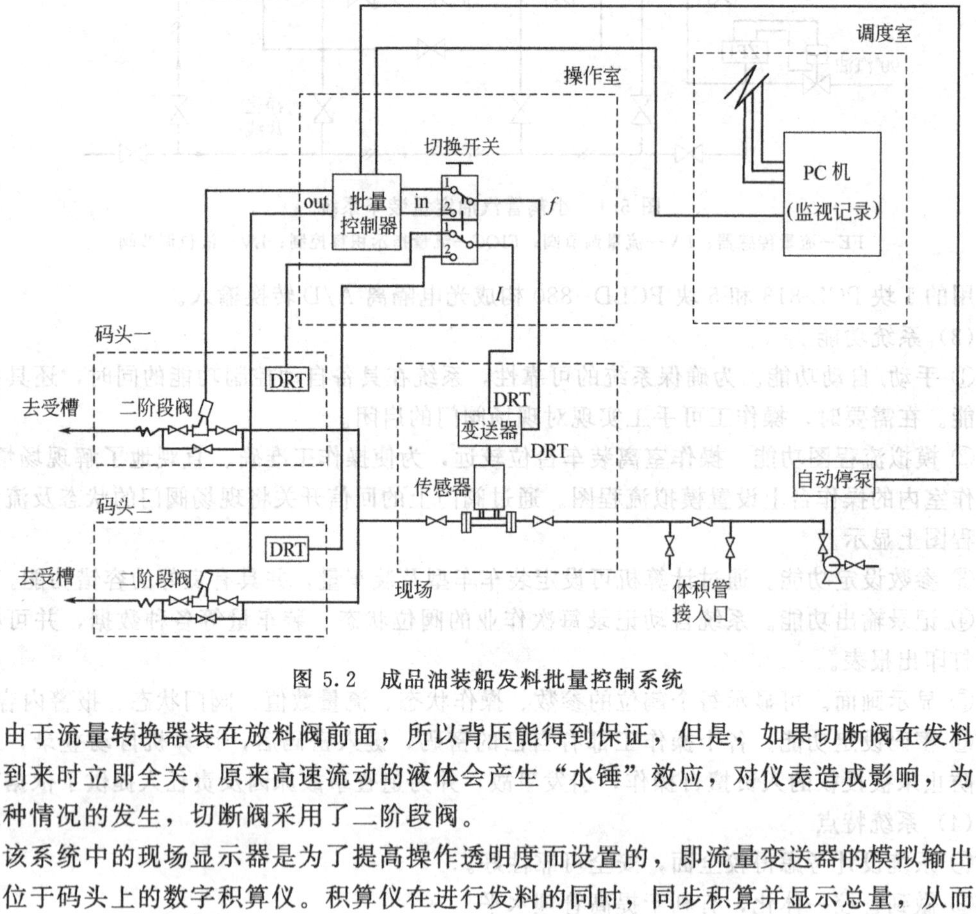

图 5.2 成品油装船发料批量控制系统

由于流量转换器装在放料阀前面，所以背压能得到保证，但是，如果切断阀在发料停止信号到来时立即全关，原来高速流动的液体会产生“水锤”效应，对仪表造成影响，为了避免这种情况的发生，切断阀采用了二阶段阀。

该系统中的现场显示器是为了提高操作透明度而设置的，即流量变送器的模拟输出信号送到位于码头上的数字积算仪。积算仪在进行发料的同时，同步积算并显示总量，从而避免黑箱操作，使客户放心。

控制器中的信息通过通信口送上位机，实现自动化装船管理，自动开票、自动生成报表等。

(2) 系统特点

① 系统的组成较简单，只需对控制器进行组态，系统即可投入使用。

② 由于系统还有在线校准装置，科氏力质量流量计可定期在线校准，所以发料精确度更有保证。

③ 该系统设计一表两用和增设现场总量指示，都是从实际需要出发，是很有实用价值的。

5.2.4 基于 PLC 的油品密闭装车系统

油品装车是炼油行业成品油出厂的重要环节。在装车期间，由于油品喷洒、搅动，不可避免地会发生油气蒸发，引起油品运输中的损耗，也污染了环境，危害操作人员的健康，而且容易因油气扩散而引起火灾事故，对生产造成很大威胁。为此，密闭装车系统很早就已成为人们的研究课题。

图 5.3 所示是一个基于 PLC 的油品发料控制和管理系统实例[3~5]，它由一个 PLC 控制站、两个装车监控操作站和安装在现场的流量计、可燃气体报警器、控制阀、油品回收阀和液位报警器、静电接地夹等组成。

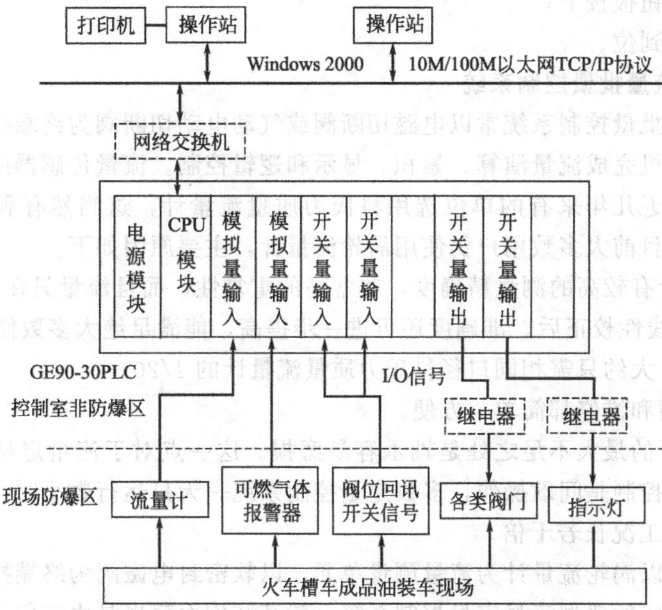

图 5.3　基于 PLC 的油品密闭发料控制和管理系统

其中，装车监控操作站（上位机）部分设置两台工控机，分别安装点数足够的 I/O 开发板和运行版监控软件，这样从软件上进一步保证操作站监控的独立性。两个操作站设置成互为备用的工作方式，如果一个出现故障，仍然可以通过另外一个操作站进行装车操作，从而提高了系统的可靠性。

该实例中，上位机监控软件使用 CIMPLICITYHMI6.0，PLC 使用 Versapro 编程软件。

系统具有下列联锁功能。

① 总管阀联锁条件：

各鹤位控制阀回讯有一个及以上为开；

各鹤位液位开关一个及以上高报警；

紧急停车按钮被按下。

② 油气阀联锁条件：

静电接地夹有一个或以上未夹或接触不良；

90# 油与 93# 油手动阀非仅开一个；

预置装车量小于车型标准量；

实装量达到预置量；

液位开关高报警发生；

紧急停车按钮被按下；

上位机无发油命令。

③ 控制阀联锁条件：

静电接地夹未夹或接触不良；

液位开关高报警发生；

$90^{\#}$ 油与 $93^{\#}$ 油手动阀非仅开一个；

预置装车量小于车型标准量；

实装量达到预置量；

紧急停车按钮被按下；

油气阀未开到位。

5.2.5 最简单的流量批量控制系统

最简单的流量批量控制系统常以电磁切断阀或气动电动切断阀为终端执行元件，以流量定量控制仪或计算机完成流量演算、累积、显示和逻辑控制。流量传感器或变送器的型号有很大的选择空间，近几年来有的单位选用科氏力质量流量计，这当然有利于提高计量精确度，但投资较高。目前大多数用户仍使用涡轮流量计，主要原因如下。

① 涡轮流量计有较高的测量精确度，非常高的重复性，而且流量只在很小范围内变化，0.2 级传感器经非线性校正后，准确度还可进一步提高，能满足绝大多数使用需要。

② 价格便宜。大约只需相同口径科氏力质量流量计的 1/20。

③ 安装、使用和维修都简单、方便。

④ 涡轮流量计的最大不足之处是轴承容易磨损。这一点对于流量定量控制来说问题并不严重，因为这种控制是间歇操作，多数定量控制系统一天只运行数小时，所以轴承的寿命可比 24h 连续运行工况长若干倍。

图 5.4 所示为以涡轮流量计为流量测量单元，以软密封电磁阀为终端控制元件，同智能批量控制仪一起组成的典型流量定量控制系统。就其结构而言也是由专用流量批量控制器组成的系统。

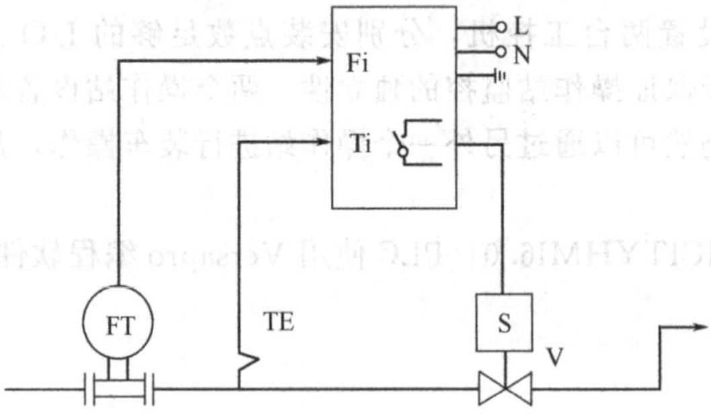

图 5.4 单阀流量定量控制系统

Fi—流量输入通道；Ti—温度输入通道；FT—流量变送器；TE—温度传感器；V—电磁阀

流量批量控制简单的动作过程如下：操作人员向控制器输入本次发料量设定值 Q_S（或保持上一次设定值）后按一下“复位”键，然后“准备就绪”指示灯闪烁，就可按启动按钮，继电器闭合，电磁阀励磁打开，以预期的瞬时流量 q_v 开始发料。控制器指示瞬时流量并累积发料量 Q（或一边累积一边做 $\Delta Q=Q_s-Q$ 的运算）并显示此累积值，当 $Q=Q_s$ 时，控制器发出关阀信号，将继电器接点断开，完成本次发料。待按一下复位（RESET）按钮，即准备下一次发料。

5.2.6 单摆式交替灌装控制系统

这种控制方式适用于在灌装台上对两个台位的容器进行交替灌装操作。图 5.5 所示是被广泛使用的一种定型系统，也属由专用控制器组成的系统，如 FBC-10 型流量批量控制器。

在这种控制系统中，操作人员通过面板上的按键设定好“本批操作发料次数”、“一次发料预定量”和“V_A 阀提前量”、“V_B 阀提前量”、“间歇时间”、“小流量监视值”、“小流量监视时间”等数据之后，就可按“复位”键、“启动”键开始发料，先是 V_A 阀开，待累积

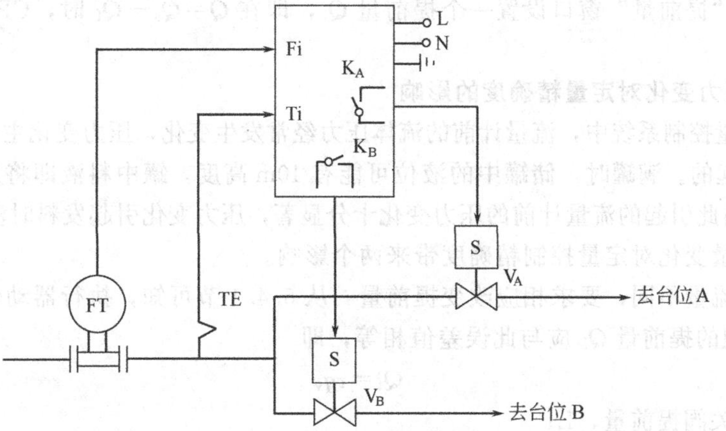

图 5.5　单摆式交替灌装控制系统

Fi—流量输入通道；Ti—温度输入通道；FT—流量变送器；TE—温度传感器；V_A、V_B—电磁阀

流量达到一次发料预定量－提前量时，V_A 阀关闭，进入间歇期，“发料次数”加 1。间歇期结束后，自动打开 V_B 阀灌装。如此交替灌装，直至实际“发料次数”与预定的“本批操作发料次数”相等，才停止循环。

交替灌装的特点是接受料液的容器容积小，发一次料所需的时间也短，稍有不慎就会发生料液外溢的事件。而忘记开泵、工艺阀门切换不当的情况又难以杜绝，所以设置有“小流量监视值”和“小流量监视时间”两个参数，当“V_A 阀控制接点”闭合（或“V_B 阀控制接点”闭合）后，如果定量控制器接收到的流量信号小于“小流量监视值”，就启动计时器，所计时间大于等于“小流量监视时间”后，组态就可以有两种选择，即“启动操作继续有效”和“发料操作暂停”。交替灌装时一般选“发料操作暂停”，若想继续发料操作，则可按“复位”键，因为进入小流量监视程序后，操作人员首先要处理为什么没有流量问题，往往无暇顾及台位上的操作。

为了应急，定量控制器上还应有“紧急停止”按钮。

在单摆交替灌装定量控制系统中，提高定量精确度需从两方面做工作，一是分别精确测定 V_A 和 V_B 执行器的滞后时间，二是寻找滞后时间短的切断阀。据报道，在现场有防爆要求的条件下，经过改进的快速气动切断阀，滞后时间可以做到 0.2s 以内[3]。

5.3　提高流量批量控制计量精确度问题

在流量批量控制系统中，计量精确度是重要的控制目标。这里所说的计量精确度就是每批实际发料总量同预期总量的一致程度。影响计量精确度的因素除了执行器动作滞后外，主要的还有流量测量误差，包括流量测量仪表的非线性误差，流体温度变化、组分变化等所引起的误差。下面详细介绍其原理和解决方法。

5.3.1　执行器动作滞后引起的误差及其补偿

从上面的动作过程可知，执行器动作滞后必然引起控制计量误差，误差值约为滞后时间 τ 与瞬时流量 q_v 的乘积 τq_v，其中滞后时间为从 CPU 发出关阀指令到切断阀关死之间的全部时间，即包括继电器的动作滞后和切断阀的动作滞后，其性质属纯滞后。具体滞后时间主要取决于阀门的型号及口径，小口径电磁阀的滞后时间约为数十毫秒，口径越大，滞后时间越长。

动作滞后引起的误差可从控制器的累积值显示中准确地读出。纠正这一误差最简单的方法是在控制器“提前量”窗口设置一个提前量 Q_f，即在 $Q=Q_s-Q_f$ 时，CPU 就发出指令，关闭切断阀。

5.3.2 表前压力变化对定量精确度的影响

在流量定量控制系统中，流量计前的流体压力经常发生变化，压力变化主要是储罐中液位高度变化所引起的。满罐时，储罐中的液位可能有 10m 高度，罐中料液即将发完时，可能只剩 1m 高度，由此引起的流量计前的压力变化十分显著，压力变化引起发料时流量变化。

发料时流量变化对定量控制精确度带来两个影响。

(1) 瞬时流量不同，要求相应改变提前量 从 5.4.1 节可知，执行器动作滞后引起的误差为 τq_v，合理的提前量 Q_f 应与此误差值相等，即

$$Q_f=\tau q_v \tag{5.1}$$

式中 Q_f——关阀提前量，L；

τ——纯滞后时间，s；

q_v——瞬时流量，L/s。

因此，提前量设置为一个常数是不合理的，它应与 q_v 成正比。但是，在实际操作中经常修改提前量又是一件很麻烦的事，如果我们舍弃提前量这个概念，而采用提前时间这个方法，就可以完全不受表前压力的影响了。这个方法是简单的，但提前关断切断阀的时间间隔 Δt 需在实际的装置上具体测定，测定方法如下。

先在控制器的对应窗口设定一个数值很小的“本次发料量”，而“提前时间”设定为 0。定量控制系统“启动”后，正常发料，读出瞬时流量，当本次发料结束后，总是会发现实发量比设定值多一些，则可按式(5.2) 计算滞后时间。

$$\tau=\frac{Q_e-Q_s}{q_v} \tag{5.2}$$

式中 τ——滞后时间，s；

Q_e——最终实际发料量，L；

Q_s——预定发料量，L；

q_v——瞬时流量，L/s。

反复测定数次，得到滞后时间平均值 τ，置入仪表，就可长时期使用。

(2) 不同流量时流量传感器流量系数不同 表前压力变化引起流量变化对定量控制精确度的影响的另一个原因是流量传感器的非线性，即流量系数的变化。

在经流量定量控制系统发出的料液属贸易实物时，往往此料液要连同装载运输工具一同称重，作为贸易结算依据。以不同的瞬时流量值所发的料装的车，往往会出现千分之几的差异，这主要是流量传感器非线性所引起的。例如 0.2 级涡轮流量传感器的各点流量系数允许偏离平均流量系数±0.2%，而 0.5 级传感器则允许偏离±0.5%。第 3 章中的表 3.14 所示为一台 *DN*40 涡轮流量传感器试验报告中的各个试验点流量系数，以及与平均流量系数相比较的相对误差。

显然，在以 8.84m^3/h 瞬时流量发料时，偏高 0.38%属必然之事，而若以 4.55m^3/h 瞬时流量发料时，偏低 0.08%也属理所当然。

对流量传感器的非线性进行恰到好处的校正，最简单的方法是将该传感器的标定数据制作成校正折线，然后写到智能流量定量控制器中。仪表运行后，用查表和线性内插相结合的方法得到流量系数校正系数，进而精确地计算瞬时流量，从而完成对传感器非线性的校正。CPU 求取流量系数校正系数的程序框图如第 3 章中的图 3.55 所示。

流量传感器的非线性经校正后，从简单的逻辑关系分析，似乎传感器的误差就不存在了，其实不然，因为流量传感器除了非线性误差之外，还有重复性误差、时间漂移等，但是经过上述校正后，精确度等级可以提高一挡是肯定的。

5.3.3 对液体热胀冷缩引起的误差进行补偿

绝大多数液体在常温条件下都有热胀冷缩的特性，这对于流量传感器以速度式为测量元件的系统会产生明显误差，即流体在工作温度条件下的总量尽管控制得很准，但换算到标准状态的总量却与预定值偏离很多。

纠正此项误差的方法是对流体温度影响进行自动补偿。最简单的补偿模型是如式(5.3)所示的一次函数式。

$$k=1+\mu_1(t_f-t_d) \tag{5.3}$$

式中 k——温度补偿系数；

μ_1——一次温度系数，℃$^{-1}$；

t_f——流体工作状态温度，℃；

t_d——流体设计状态或参比状态温度，℃。

具体实施时，重要的是求取实际流体使用温度范围之内的密度随温度变化系数平均值 μ_1。下面以常见流体酒精为例，说明 μ_1 求取方法。

表 5.1 所示是酒精、水混合物在不同酒精浓度条件下，密度与温度的关系[6]。

表 5.1 5～36℃酒精的密度/(kg/m³)

温度/℃	酒精含量/%			
	100	99	96	95
5	801.99	807.05	820.27	824.24
6	801.14	806.21	819.42	823.39
7	800.3	805.36	818.58	822.54
8	799.45	804.51	817.72	821.69
9	798.6	803.66	816.87	820.84
10	797.76	802.81	816.02	819.98
11	796.91	801.96	815.17	819.13
12	796.06	801.11	814.31	818.27
13	795.21	800.25	813.45	817.42
14	794.36	799.4	812.59	816.56
15	793.51	798.54	811.73	815.7
16	792.65	797.68	810.87	814.84
17	791.8	796.83	810.01	813.97
18	790.95	795.97	809.15	813.11
19	790.09	795.11	808.25	812.25
20	789.24	794.25	807.42	811.38
21	788.38	793.39	806.55	810.51
22	787.53	792.53	805.09	809.65
23	786.67	791.67	804.82	808.78
24	785.81	790.81	803.95	807.91
25	784.95	789.95	803.08	807.03
26	784.09	789.08	802.21	806.16
27	783.23	788.22	801.34	805.29
28	782.37	787.36	800.47	804.41
29	781.51	786.49	799.6	803.54
30	780.65	785.63	798.72	802.66
31	779.78	784.77	797.85	801.78
32	778.92	783.9	796.97	800.9
33	778.05	783.04	796.1	800.02
34	777.18	782.17	795.22	799.14
35	776.31	781.2	794.34	798.26
36	775.44	780.44	793.46	797.37

如果常用浓度为96%，温度变化范围为15～25℃，则两个点温度对应的密度分别为811.73kg/m³ 和 803.08kg/m³。先在酒精密度-温度坐标系中将这两个点找出来，然后在其间用直线连接，按解析几何的方法，则直线的斜率即为密度随温度变化的系数 μ_1。

$$\mu_1=\frac{803.08-811.73}{25-15}$$
$$=-0.865\text{kg/(m}^3\cdot℃)$$

取 $t_d=15℃$，t_d 所对应的密度（参比密度）$\rho_d=811.73\text{kg/m}^3$，连同 μ_1 数值一同经控制器面板上的操作键写入仪表，则仪表运行后就会自动进行温度补偿。

在流体温度变化范围不大，流体密度随其温度变化关系偏离线性不严重的情况下，采用一次函数补偿引入的误差并不大，但若温度变化范围较大，或流体密度随其温度变化的关系偏离线性较严重，就应考虑采用较完善的补偿公式，如一般二次多次项式。对于涡轮流量计，补偿公式为

$$k=1+\mu_1(t_f-t_d)\times10^{-2}+\mu_2(t_f-t_d)^2\times10^{-6}=\rho_f/\rho_d \tag{5.4}$$

式中 μ_1——一次温度系数，$10^{-2}℃^{-1}$；

μ_2——二次温度系数，$10^{-6}℃^{-3}$；

ρ_f、ρ_d——分别为工作状态和设计（或参比状态）流体密度，kg/m³。

μ_1 和 μ_2 的求取方法详见本书3.3.3节。

然后将 μ_1、μ_2、t_d 和 ρ_d 数值写入流量定量控制仪的菜单中，仪表运行后，就会按式(5.4)自动进行温度补偿。

5.3.4 对流体组分的变化进行补偿

在流量批量控制系统中，有时碰到组分变化的情况，而且组分变化引起液体密度显著变化，如果不对这种变化进行补偿，势必引起质量总量的较大误差，轻者影响企业效益，更重要的是影响企业声誉。

仍以酒精为例，在表5.2中，$t=20℃$时，酒精含量从95%升到96%，酒精密度就减小0.49%。在一个储罐中，料液的组分往往都是取样用化学法或仪器法测量得到的，最简单的补偿方法是测量组分的同时将参比温度条件下的液体密度一同测量出来（实际上是这样做的），然后设置到批量控制器中，仪表运行后，即完成自动补偿。

5.3.5 大小阀控制提高定量精确度

在液体人工装桶或装瓶的操作中，操作工有一条基本经验，即在即将到达控制终点时，适当减慢罐装速度，以提高控制精确度。人们在自动定量控制中吸收了这一条经验，将如图5.4所示的单阀控制改进为大小阀控制。其中，大阀用于快速发料，小阀用于精确定量，其连接示于图5.6。

为了使大小阀协调动作，在定量控制器中设置有“大流量发料提前量”和“小流量发料提前量”，当操作工通过面板上的按键设定好“本次操作发料量”等数据后，按一下“复位”键，系统就“准备就绪”，并有相应的灯闪烁，按一下“启动”键，就开始本次发料作业。这时“大阀控制接点”K_1 和“小阀控制接点”K_2 立即闭合，通过电磁阀的作用将大阀和小阀同时开足，液体经流量计流向受槽或其他容器。当本次发料累积值=本次发料预定值－大流量发料提前量时，大阀控制接点断开，大阀关闭，并保持此状态，而小阀继续发料；当本次发料累积值=本次发料预定值－小流量发料提前量时，小阀控制接点断开，小阀也关闭，

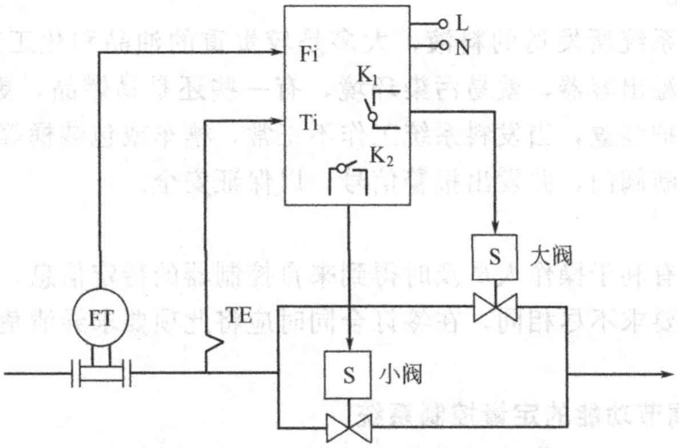

图 5.6 大小阀精确控制线路连接

FT—流量变送器（传感器）；TE—测温元件；
Fi—流量信号输入口；Ti—温度信号输入口

从而结束本次发料。

这种控制方法适用于操作周期较长的发料对象。其优点是定量准确，付出的代价是投资增加一些，发料时间也稍长一些。合理调试“大流量发料提前量”，可使发料时间趋于合理。

合理选择小阀的流通能力是重要的，兼顾经济性和流量传感器的范围度，一般可选其为大阀流通能力的 1/10 左右。

5.4 辅助逻辑功能

流量批量控制是以流量准确计量为基础的、逻辑控制功能丰富的复合控制系统，根据用户的使用要求可以有各式各样的逻辑控制功能，下面举几个实例。

5.4.1 设定值出错判别功能

有的单位管理人员为了防止操作人员误操作，要求对所设定的“本次发料预定值”进行判别，当其数值在下限值和上限值之间时，就被接受，当其数值超过此范围时，则不响应，而且相应窗口的数据显示值闪动，以示有误。为此，菜单中须有两条，分别设定下限值和上限值。

5.4.2 料液品质判断

南通某化工企业，待发料液存放在液-液分层器中，其中下层为料，上层为水，要求不能将水发到下道工序。为此，用科氏力质量流量计测量料液流量和密度，两路信号分别送到定量控制器。在分层器中，料层和水层之间有一过渡层，当料层放完后，液体密度就有显著减小，从而将阀门切断，并使面板上“累积流量值”闪动，以示终点未到。当料层增厚之后，可按面板上的“启动”按钮，继续本次发料操作。

5.4.3 阀和泵的联动

上面所说的大阀、小阀、A 阀、B 阀都应是带软密封的无泄漏阀，但有时料液密度较小，阀两端压差较大，阀门容易泄漏，为此有的用户提出阀与泵的联动，即开阀前先开泵，延迟一段时间后再开阀，而关阀后延迟一段时间再关泵。采用这种控制方式，在管路连接时应避免停泵后液体倒流，否则实发总量与仪表计量值将会出现差值。如果流量变送器（传感器）前的管道在停泵时出现空管，则重新开泵后，管道中的气体易使流量计空转，从而出现较大偏差[1]。

5.4.4 溢料保护功能

经流量定量控制系统所发送的料液，大多是较贵重的油品和化工产品，不少属易挥发品，气味浓重，一旦溢出容器，就易污染环境，有一些还是易燃品，更要加倍注意。为此，有的系统配有溢料保护装置，当发料系统工作不正常，槽车或包装桶等容器液位高于规定值后，控制系统立即切断阀门，并发出报警信号，以保证安全。

5.4.5 声光报警

适量的声光报警有利于操作人员及时得到来自控制器的特定信息，如溢料报警、断料报警等。用户对报警的要求不尽相同，在签订合同时应将此项要求弄清楚，制造厂通过软件设计以达到合同要求。

5.4.6 有流量定值调节功能的定量控制系统

在化工、制药等行业，对化学反应器或生化反应器间歇补料有时既要控制总量，又要求补料期间瞬时流量均匀。要完成这一任务，最简单的方法是用一台定量控制仪和一台通用型调节器组成复合控制系统，如图 5.7 所示。当定量控制器面板上的“启动”键按下时，K 闭合，由流量变送器、调节器和阀组成流量定值调节系统，瞬时流量值可根据要求设定。待本次补料总量到达后，K 断开，结束补料操作。

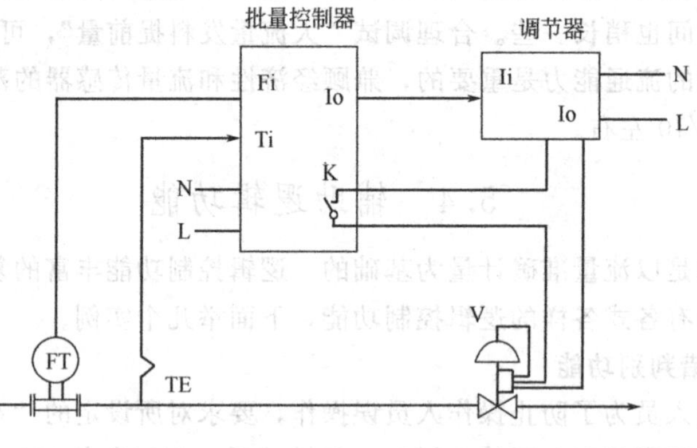

图 5.7 流量定值调节定量控制系统

FT—流量变送器；TE—温度传感器；V—快速调节切断阀；Ii—电流输入口；Io—电流输出口

5.4.7 小结

① 流量定量控制系统是集流量测量、显示、累积和逻辑控制于一体的复合控制系统。将单阀控制改为大小阀控制，将提前量控制改为提前时间控制，能大大提高定量精确度；如果流量测量采用速度式流量计，则引入流量传感器非线性校正，引入流体温度补偿，引入流体组分补偿等实用方法，也有利于提高控制精确度。

② 单摆交替灌装操作周期短，为了确保安全，须有特殊的逻辑控制功能。

③ 随着工艺控制要求的不同，流量定量控制会有许多发展变化。在不改变硬件结构的情况下，通过软件设计，绝大多数新要求都能得到满足，非常重要的是工艺专业将要求向系统设计和软件人员讲清楚，并且规定验收试验方法。

④ 流量定量控制系统如果在易燃易爆场所使用，还必须遵守防爆规程，以确保安全。

参考文献

[1] 李景玉. 定量装车计算机控制系统的实现. 石油化工自动化，2001，2：73—74.

[2] 王丹丹等. 成品油出厂计量与批量控制. 石油化工自动化，2001，4：32—33.

[3] 刘立忠．密封装车自控系统在油品装车中的应用．石油化工自动化，2004，(3)：28—30.

[4] 张越．成品油火车自动装车系统设计．石油化工自动化，2004，(6)：22—24.

[5] 黄金荣．可编程控制器在油品装车中的应用．自动化仪表，2004，(12)：65—67.

[6] 于世奇等．高精确度酒精定量发售自控系统的研究与设计．自动化仪表，1999 (12)：28—31

第 6 章　脉动流的影响和流量测量准确度的现场验证

流量计现场应用中，有时会碰到脉动流对流量计产生影响，使之出现较大误差。本章将对脉动流的发生、脉动流对几种流量计产生明显影响的幅值界限、流动脉动引起的流量测量误差的估算以及充分阻尼的条件作较详细的分析。

在流量计的现场应用中，流量测量示值的准确性往往受到怀疑，因此，仪表人员经常要为验证测量的准确性而工作。验证的常用方法有物料平衡法、热量平衡法、设备能力估算法等。在验证中一旦出现物料或热量的不平衡，一般应先找非仪表的原因，在无足够依据证明仪表示值是准确的情况下，可以创造必要的条件在现场对流量计进行校验或拆下流量计离线校验。本章结合大量实例介绍常用的验证方法和验证中应注意的事项。

6.1　脉动流对流量测量的影响

6.1.1　引言

流量计实流校准时的参比条件是流动状态必须为定常流（稳定流）。所谓定常流就是流场中各点处的流速、压力、密度和温度等诸参数不随时间变化的一种流动状态。

真正的定常流只有层流条件下才存在，大多数工业管流为紊流（也称湍流）状态，其流动参数在与时间无关的平均值附近随时间有微小的变化，只能称“统计定常流”或“平均定常流”。如果这种波动类似于充分发展的管流，而且无周期脉动，就像 ISO 5167—1 中规定的那样，则仪表显示的瞬时流量与正常测量不确定度应该无任何差异。

如果流动流体的某个参数如流速、压力、密度、温度等不断地随时间变化，就称非定常流。如果测量管段中的流量虽为时间的函数，但在足够长的时间间隔内的平均值是一个常数，则称这种流动为（具有恒定平均值的）脉动流。它是非定常流中的一种流动状态。

脉动流可分为周期性脉动流和随机波动脉动流。有关文献中讨论的通常指周期性脉动流。

6.1.2　脉动流的发生

流动脉动常见于工业管流，它可能由旋转式或往复式原动机、压气机、鼓风机、泵产生，带翼的旋转机械也能以叶片通过频率产生小的脉动。有的容积式流量计也能产生脉动。振动引起的共振，管道运行和控制系统的振荡，阀门“猎振”（hunting）、管道配件、阀门或旋转机械引起的流动分离，也是流动脉动可能的来源。流动脉动还可能由流量系统和多相流引起的流体动力学振荡所引发。例如流体流过测温保护管，如同流过涡街流量计的旋涡发生体而产生涡列；在三通连接的流路中自激引起流体振荡等。

从现场仪表指示往往看不出工业管流中脉动的存在，这是因为平常使用的流量计、压力计响应较慢，而且设有阻尼，但事实上，流动脉动可能是存在的。脉动还可以从上游传递到下游，也可以从下游回溯到上游，所以脉动源可能在流量计的上游影响其示值，也可能在流量计的下游影响其示值。然而从脉动源到流量计的距离增大能使脉动衰减，幅值变小。可以通过可压缩性效应（包括气体和液体），使之衰减到在流量计安装地点探测不到脉动幅值。

流动脉动频率范围从若干分之一赫到数百赫，脉动幅值从平均流量的百分之几到百分之一百，甚至更大，都是可能的。在脉动幅值小的时候，往往难以区别脉动流和紊流。

脉动流的主要参数有脉动幅值、脉动频率和脉动波形。其中，脉动幅值多用流速波动均方根值与时均流速之比来表示。

6.1.3 稳定流阈值

目前工业上常用流量计标准规范都指明流量计只能用于稳定流，它是流量计基本误差参比条件之一。实际上，各类流量计应用稳定流都有一个阈值，即允许的非定常流的界限值。

(1) 差压式流量计　差压式流量计在下式的流速脉动幅值可界定为稳定流。

$$U'_{\mathrm{p,rms}}/\overline{U}\leqslant 0.05$$

$$U=U'+\overline{U}$$

式中　$U'_{\mathrm{p,rms}}$——流速波动均方根值；

U——瞬时轴向流速；

U'——流速波动值；

$\overline{U}$——时均轴向流速。

等效的差压脉动阈值为

$$\Delta p_{\mathrm{p,rms}}/\overline{\Delta p_{\mathrm{p}}}\leqslant 0.10$$

$$\Delta p_{\mathrm{p}}=\overline{\Delta p_{\mathrm{p}}}+\Delta p'_{\mathrm{p}}$$

式中　$\Delta p_{\mathrm{p,rms}}$——差压波动均方根值；

$\overline{\Delta p_{\mathrm{p}}}$——时均差压；

Δp_{p}——脉动条件下瞬时差压；

$\Delta p'_{\mathrm{p}}$——差压波动值。

(2) 涡轮流量计　在给定的流速脉动幅值条件下，随着脉动频率的增高，涡轮流量计读数趋于升高。对于正弦波形脉动，产生0.1%系统误差所对应的脉动是3.5%，所以正弦脉动的阈值为

$$U_{\mathrm{rms}}/\overline{U}\leqslant 0.035$$

通常激光多普勒和热量风速表能测定流速脉动幅值。如果流量计输出脉冲频率是已知的，而且涡轮惯性也是已知的，则可由流量计显示的脉动幅值推算实际流量脉动幅值，并估算校正系数[1]。

(3) 涡街流量计　涡街流量计的旋涡剥离过程随流动脉动产生很大误差。当脉动频率接近旋涡剥离频率时，会出现严重问题。但在脉动幅值足够小的条件下，因为脉动被忽略，因此不发生测量误差。此界限幅值只有平均流速的3%[2]，类似于流速扰动幅值。

6.1.4 脉动流的流量测量

脉动流流量测量方法有三种：a. 用响应快的流量计；b. 用适当的方法将脉动衰减到足够小的幅值，然后用普通流量计进行测量；c. 对在脉动流状态下测得的流量值进行误差校正。有的系统中，b、c两种方法需结合起来才能实现测量，这是因为脉动幅值大，超出估算公式的适用范围，若仅用阻尼方法，衰减后的脉动幅值又未进入稳定流范围。

(1) 用电磁流量计测量脉动流流量　当电磁流量计选用较高的激励频率时，能对脉动流作出快速响应，因此能对脉动流流量进行测量，常用来测量往复泵、隔膜泵等的出口流量。

能用于脉动流测量的电磁流量计，通常在下列三个方面须作特殊设计，并在投运时作恰当的调试，即激励频率可调，以便得到与脉动频率相适应的激励频率；流量计的模拟信号处理部分应防止脉动峰值到来时进入饱和状态；为了读出流量平均值，应对显示部分作平滑处理。

① 激励频率的决定。以IFM型电磁流量计为例，该仪表的技术资料提出，当脉动频率低于1.33Hz时，可以采用稳定流时的激励频率；当脉动频率为1.33～3.33Hz时，激励频

率应取 25Hz（电源频率为 50Hz 时）。显然，激励频率要求虽不很严格，但必须与脉动频率相适应，太高和太低都是不利的。

② 流量信号输入通道饱和问题。脉动流的脉动幅值有时高得出奇，如果峰值出现时仪表的流量信号输入通道进入饱和状态，就如同峰值被削除，必将导致仪表示值偏低。

IFM 型电磁流量计流量信号输入通道的设计分两挡。其中，测量稳定流时，A/D 转换器只允许输入满量程信号的 150%，而测量脉动流时，允许输入满量程信号的 1000%。因此，在测量脉动流流量时，编写菜单应指定流动类型为“PULSATING”（脉动流），而不是“STEADY”（定常流）。

③ 时间常数的选定。由于电磁流量计的测量部分能快速响应脉动流流量的变化，忠实地反映实际流量，但是显示部分如果也如实地显示实际流量值，势必导致显示值上下大幅度跳动，难以读数，所以，显示应取一段时间内的平均值。其实现方法通常是串入一阶惯性环节，选定合适的时间常数后，仪表就能稳定显示。但若时间常数选得太大，则在平均流量变化时，显示部分响应迟钝，为观察者带来错觉。

IFM 仪表资料提出了计算时间常数的经验公式。

$$t(\mathrm{s})=1000/N$$

式中　N——每分钟脉动次数。

(2) 脉动流流量测量的充分阻尼条件　电磁流量计虽能测量脉动流流量，但它仅适用于电导率在合适范围内的液体，而更多的脉动流流量测量对象仍然需在测量前将脉动滤除。

1998 年国际标准化组织对 ISO/TR 3313 进行了增补参改和重新定名，颁布了 ISO/TR 3313：1998《封闭管道中流体流量测量——流量测量仪表流动脉动影响导则》，它虽不是国际标准，只是一份技术报告，却总结了几十年来国际上对脉动流流量测量主要研究成果。对脉动流流量测量有重要的参考价值。

ISO/TR 3313 对流动脉动的阻尼提供了几个有实用价值的方法，并对其设计计算给出了具体的公式。其中，充分阻尼的条件针对标准节流装置而言。

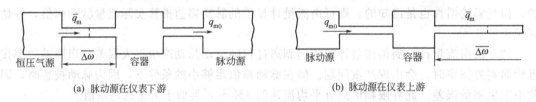

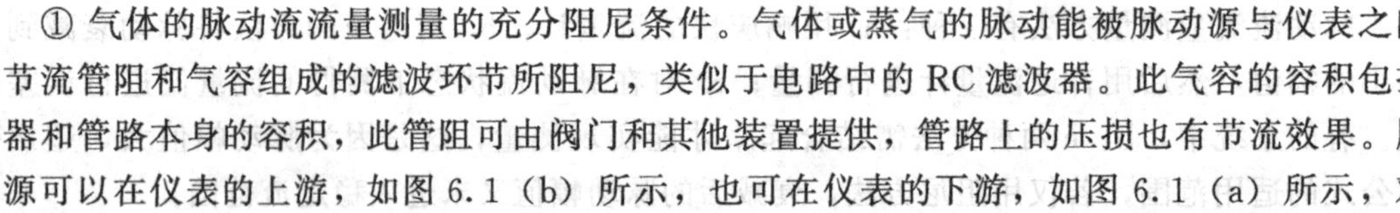

图 6.1　气体阻尼系统

① 气体的脉动流流量测量的充分阻尼条件。气体或蒸气的脉动能被脉动源与仪表之间的节流管阻和气容组成的滤波环节所阻尼，类似于电路中的 RC 滤波器。此气容的容积包括容器和管路本身的容积，此管阻可由阀门和其他装置提供，管路上的压损也有节流效果。脉动源可以在仪表的上游，如图 6.1 (b) 所示，也可在仪表的下游，如图 6.1 (a) 所示，对这种单容器的阻尼系统满足充分阻尼的条件为

$$H_0/\kappa \geqslant \frac{1}{4\pi\sqrt{2}} \times \frac{1}{\sqrt{\psi}} \times \frac{q'_{m0,\mathrm{rms}}}{\bar{q}_m} \tag{6.1}$$

式中　H_0——霍奇森数 (Hodgson number)；

$$H_0=\frac{V}{\bar{q}_V/f_p} \times \frac{\overline{\Delta\omega}}{p} \tag{6.2}$$

V——脉动源与流量计之间的阻尼器容积；

$\overline{q}_v/f_p$——一个脉动周期的时均（时间平均）体积流量；

$\overline{\Delta\omega}$——恒压下脉动源与阻尼容器之间的时均压力损失；

p——阻尼容器中的平均绝对静压；

κ——气体的等熵指数（对于理想气体，$\kappa=\gamma$，γ 为比热容比）；

$q'_{m0,rms}$——脉动源处测得的质量流量脉动分量均方根值；

$\overline{q}_m$——质量流量的时均值；

ψ——脉动流下流量计示值的最大允许不确定度。

② 带限流管的阻尼器。在单容器阻尼系统中，设计时能够变更的设备参数只有容器的容积，为了得到充分的阻尼，容器容积必须很大，为具体实施带来困难。如图 6.2 所示的带限流管的分隔容器（divided-receiver）阻尼器，在设计计算时，除了容器容积大小可供选择外，适当减小限流管截面积也能改善阻尼效果，所以总体积可比单容器阻尼系统小得多，因此更具实用性。

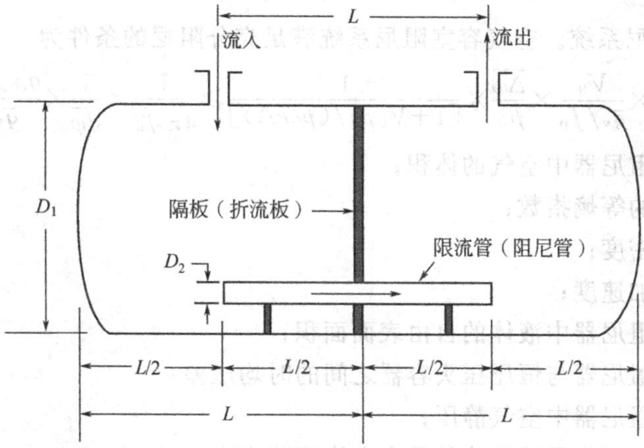

图 6.2　带限流管的分隔容器阻尼器

这种阻尼器的响应系数 μ 为

$$\mu=\frac{(U'_{rms}/\overline{U})_d}{(U'_{rms}/\overline{U})_u}$$

$$=\frac{1}{\left\{\left[1-3\left(\frac{\omega}{\omega_0}\right)^2+\left(\frac{\omega}{\omega_0}\right)^4\right]+\left(\frac{2\pi H_0}{\kappa}\right)^2\left[2-\left(\frac{\omega}{\omega_0}\right)^2\right]^2\right\}^{1/2}} \tag{6.3}$$

式中　$(U'_{rms}/\overline{U})_d$——经阻尼的脉动幅值；

$(U'_{rms}/U)_u$——未经阻尼的脉动幅值；

ω——脉动频率的角速度，$\omega=2\pi f_p$；

ω_0——分隔容器一半的共振角速度，$\omega_0=\frac{1}{(LC)^{1/2}}$，$L=\rho l_c/A_c$；

l_c——限流管长度；

A_c——限流管截面积；

C——容积，$V/2$（容器总容积的一半）。

③ 液体的充分阻尼条件。液体脉动流的阻尼有两种方法：调压室和空气阻尼器。图 6.3 和图 6.4 所示的布置，脉动源在流量计的上游，如果脉动源在仪表的下游，则须将图 6.3 中

的调压室与恒压压头容器互换位置，或将图 6.4 中的空气容室与恒压压头容器互换位置。

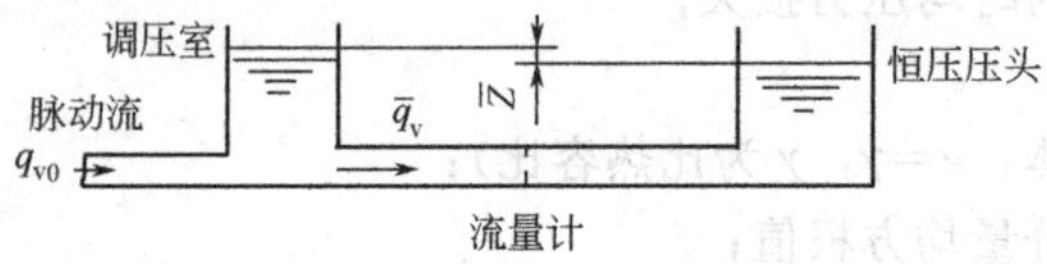

图 6.3 调压室液体阻尼系统

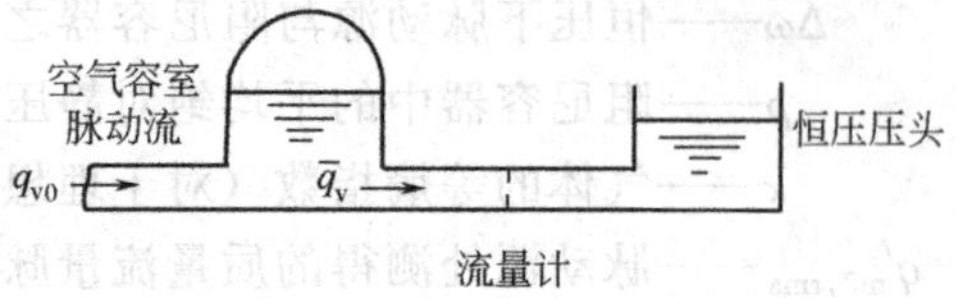

图 6.4 空气容室液体阻尼系统

a. 调压室阻尼系统。调压室液体阻尼系统满足充分阻尼的条件为

$$\frac{\bar{Z}A}{\bar{q}_v/f_p} \geqslant \frac{1}{4\pi\sqrt{2}} \times \frac{1}{\sqrt{\psi}} \times \frac{q'_{v0,rms}}{\bar{q}_v} \tag{6.4}$$

式中 $\bar{Z}$——调压室与恒压压头容器之间的时均位差；

A——调压室的横截面面积；

其余符号同上。

b. 空气容室阻尼系统。空气容室阻尼系统满足充分阻尼的条件为

$$\frac{1}{\kappa} \times \frac{V_0}{\bar{q}_v/f_p} \times \frac{\overline{\Delta\omega}}{p_0} \times \frac{1}{[1+V_0\rho g/(p_0\kappa A)]} \geqslant \frac{1}{4\pi\sqrt{2}} \times \frac{1}{\sqrt{\psi}} \times \frac{q'_{v0,rms}}{\bar{q}_v} \tag{6.5}$$

式中 V_0——空气阻尼器中空气的体积；

κ——空气的等熵指数；

ρ——液体密度；

g——重力加速度；

A——空气阻尼器中液体的自由表面面积；

$\overline{\Delta\omega}$——空气阻尼器与恒压压头容器之间的时均压差；

p_0——空气阻尼器中空气静压；

ψ——脉动流下流量计示值的最大允许不确定度。

(3) 流动脉动对流量测量仪表的影响 流量测量仪表的种类很多，在脉动流条件下，容积式流量计精确度影响极微已经很清楚，除此之外，对节流式差压流量计、涡轮流量计和涡街流量计也进行了较多的研究，而且取得了一些成果。

① 孔板、喷嘴和文丘里管。脉动流对节流式差压流量计的影响主要是平方根误差、动量惯性引起的误差和流出系数的变化。

a. 平方根误差。对于稳定流，流体流过节流装置，其流量正比于节流件正负端取压口间差压的平方根，其关系如式(3.1) 所示。

如果此关系被推广用于瞬时变化的脉动流，而且按照稳定流条件用时均差压的平方根代表时均流量，必将产生平方根误差，因为

$$(\overline{\Delta p})^{1/2} \neq \overline{\Delta p^{1/2}} \tag{6.6}$$

b. 惯性影响。当流量快速变化时，差压组件需要产生一个瞬时加速度，而流体通过节流件需要传递（convective）加速度，流量-差压关系为

$$\Delta p_p = K_1 \frac{dq_m}{dt} + K_2 q_m^2 \tag{6.7}$$

式(6.7) 的右边，第一项是动量惯性，第二项是传递惯性，其中 K_1 是节流件几何尺寸和取压口之间轴线距离的函数，K_1 和 K_2 又都跟流体的速度分布有密切的关系。在脉动流中，节流件上游和流体通过节流件的速度分布是周期变化的，所以 K_1 和 K_2 是周期变化的，

它们的时均值往往与稳定流数值不相等，除非脉动幅值很小，脉动频率很低。差压式流量计测量脉动流更准确的特性现在还不清楚。

c. 对流出系数的影响。在稳定流中，各种类型节流装置的流出系数都同入口流体的速度分布有关，比标准分布廓形平坦的速度分布，流出系数减小；比标准廓形尖锐的速度分布，则效果相反。

在脉动流中，瞬时速度分布随脉动周期而变，变化程度由速度分布脉动幅值、波形和脉动斯特罗哈尔数决定，因此，瞬时流出系数有赖于脉动频率、幅值、波形和斯特罗哈尔数。现在还不能用数学方法描述瞬时流量系数与脉动参数的关系。

d. 误差估算。现在与节流装置配用的差压变送器响应都不快（频率上限约 1Hz），输出的是平均差压$\overline{\Delta p_{p}}$，在此基础上相应的平均流量指示 $(\overline{\Delta p_{p}})^{1/2}$即包含平方根误差和动量惯性误差。

6.1.4 节（2）中所给出的充分阻尼条件如能得到满足，即可按 GB/T 2624—1993 或 ISO 5167-1 确定脉动流的平均流量，并估计流量测量总不确定度。

脉动流流量总不确定度等于按 GB/T 2624—1993 计算的测量基本误差与脉动附加不确定度的合成。

理论上脉动附加不确定度 E_{T} 总是正的，其估算公式为

$$E_{T}=\left[1+\left(\frac{U'_{rms}}{\overline{U}}\right)^{2}\right]^{1/2}-1 \tag{6.8}$$

或

$$E_{T}=\left[1+\frac{1}{4}\left(\frac{\Delta p_{p,rms}}{\Delta p_{ss}}\right)^{2}\right]^{1/2}-1 \tag{6.9}$$

或

$$E_{T}=\sqrt{\frac{1}{2}\left\{1+\left[1-\left(\frac{\Delta p_{p,rms}}{\Delta p_{p}}\right)^{2}\right]^{1/2}\right\}}-1 \tag{6.10}$$

$$U=\overline{U}+U'$$

式中 U——轴向流速；

$\overline{U}$——轴向时均流速；

U'——流速脉动分量；

U'_{rms}——流速脉动分量均方根值；

$\Delta p_{p,rms}$——差压脉动分量均方根值；

Δp_{ss}——稳定流下差压值；

Δp_{p}——脉动流时节流件取压口处差压，$\Delta p_{p}=\overline{\Delta p_{p}}+\Delta p'_{p}$；

$\Delta p'_{p}$——差压脉动分量；

$\overline{\Delta p_{p}}$——差压时均值。

公式应用条件为

$$\frac{q'_{v,rms}}{\overline{q}_{v}}=\frac{U'_{rms}}{\overline{U}}\leqslant 0.32$$

$$\frac{\Delta p'_{p,rms}}{\Delta p_{ss}}\leqslant 0.64$$

$$\frac{\Delta p'_{p,rms}}{\overline{\Delta p_{p}}}\leqslant 0.58$$

E_{T} 为实际测量的附加不确定度，它可能小于阻尼条件的允许不确定度 ψ。可以用 $(1-E_{T})$ 作为修正系数，对节流装置流出系数进行修正。

在具体实施中，以下的措施也是有益的：节流装置尽量远离脉动源；节流装置采用尽量

大的 β 和 Δp，为此可适当减小管径；两根差压引压管阻力应对称。

② 涡轮流量计

a. 非定常流运动方程。涡轮流量计输出随时间变化的关系 $f(t)$ 对于通过流量计的瞬时流量随时间变化的关系 $q_V(t)$ 可由下面的运动方程描述。

$$b\frac{df}{dt}=q_V^2-q_Vf+b\frac{J_F}{J_F+J_R}\times\frac{dq_V}{dt} \tag{6.11}$$

式中 b——流量计的动态响应参数（对于指定流体）；

f——流量计指示的瞬时流量（频率信号）；

t——时间；

q_V——实际瞬时流量；

J_R、J_F——涡轮转子转动惯量和滞留在转子中流体的转动惯量。

其中，b 代表的是流量计和液体的联合特性，而不只是流量计的特性。对于给定的平均流量，$b\sqrt{q_V}$ 有参考时间间隔或时间常数的特性。对 $DN25\sim DN100$ 的流量计，测量压力接近大气压的气体流量，典型时间常数为 1s 数量级；对 $DN20\sim DN50$ 的流量计，测量水流量时的时间常数也是 1s 数量级。显然，由于脉动产生的附加误差，流量计测量气体（在大气压条件下）比测量液体误差大。

b. 动态响应参数的获得。获得响应参数值的方法有两个：一是通过阶跃响应测试获得；另一是通过文献中许多分析公式计算。

动态响应参数不仅同具体的涡轮流量计本身有关，而且同流体的密度有关，许多研究者建议 b 与 ρ 成反比关系。而且实验已经证实流动是相似的，所以，在流体为空气时由阶跃响应测试获得的响应参数，可由空气和液体密度换算得出液体流动的响应参数。

表 6.1 是文献［2］给出的典型涡轮流量计的动态响应参数。

表 6.1　响应参数典型值

流量计			设计流体	$b/(1/m^3)$
直径/in	叶片数	叶片材质		
2	12	塑料	气体	0.0046
3	16	金属	气体	0.023
4	12	塑料	气体	0.016
4	16	塑料	气体	0.017
4	16	金属	气体	0.035
4	16	金属	气体	0.065　气体密度 0.935kg/m³
6	20	金属	气体	0.156　气体密度 0.935kg/m³
6	20	金属	气体	0.183　气体密度 0.935kg/m³
8	20	金属	气体	0.261　气体密度 1.105kg/m³
2	10	不锈钢	水	0.009
1	6	不锈钢	水	0.0012
7/8	6	金属	煤油	0.002
3/4	6	金属	水	0.001

注：1. 1in＝0.0254m。

2. b 在表中的单位是在空气、大气压条件下，特别指出情况除外。

c. 平均流量误差的估算。根据方程式(6.11)，任何瞬时的误差由下式给出。

$$\frac{f-q_V}{q_V}=\frac{b}{q_V^2}\left(-\frac{df}{dt}+\frac{J_F}{J_R+J_F}\times\frac{dq_V}{dt}\right) \tag{6.12}$$

在忽略了式(6.12) 中的 dq_V/dt 与 df/dt 的误差后，式(6.12) 可写作

$$\frac{f-q_v}{q_v}=-\frac{b}{q_v^2}\times\frac{dq_v}{dt}\left(\frac{J_R}{J_R+J_F}\right) \tag{6.13}$$

在频率为 f_p 和幅值为

$$\alpha=(q_{vmax}-q_{vmin})/(2\bar{q}_v)$$

的正弦脉动这一特殊情况下，误差可写为

$$\frac{f-q_v}{q_v}=-\frac{2\pi f_p \alpha b}{\bar{q}_v}\times\frac{J_R}{J_R+J_F}G(\alpha) \tag{6.14}$$

式中，$G(\alpha)$ 的值从 $1(\alpha=0$ 时) 到 $1.6(\alpha=0.5$ 时) 平滑地变化。

阿特辛松对流量计的响应做了大量的实验，证实了他的结果[1]。图 6.5 示出了平均流量误差 δ 与 α 和 β 的关系，其中

$$\beta=bf_p\sqrt{q_v}$$

从而使人们能比较方便地使用式(6.14) 估算误差。

③ 涡街流量计

a. 脉动频率的影响。在分析流动脉动对涡街流量计影响时，脉动频率也是重要参数，起决定性作用的是脉动频率与旋涡剥离频率之比值，当此比值较小时，具有近似的稳定流特性，旋涡剥离频率随流速变化，斯特罗哈尔数或校准常数不变。

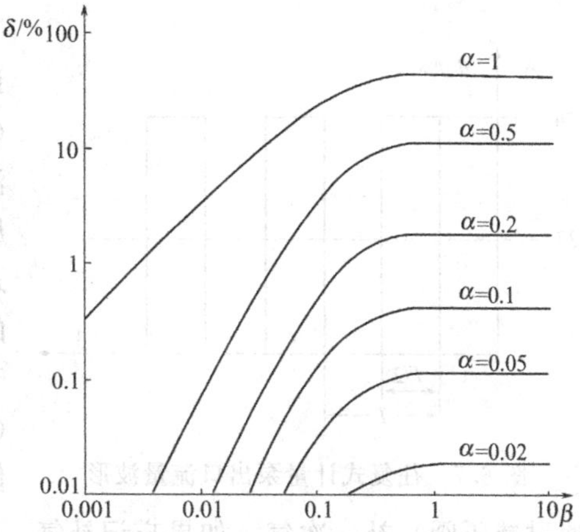

图 6.5 平均流量误差同 α、β 参数的理论关系

当脉动频率与旋涡剥离频率之比值较大时，就出现一种强烈的趋势，即旋涡剥离周期被“锁定”为与脉动周期相同 ($f_v=f_p$) 或一半 ($f_v=\frac{1}{2}f_p$)。在锁定条件下，流量计输出停顿，流量指示误差可高达±80%。当脉动频率大大高于旋涡剥离频率时，无明显的锁定现象，但斯特罗哈尔数变化，其后果是稳定流校准数据明显偏离，达到 10^{-1} 的数量级。

关于流速脉动幅值 $U'_{rms}/\bar{U}$ 的试验数据表明，此幅值不能超过 20%。关于脉动频率的限定，在最低流速时，脉动频率应小于旋涡剥离频率的 25%。

b. 用涡街流量计测量脉动流流量。采取合适的阻尼方法将脉动衰减到足够小的幅值 (通常为 3%)，是用涡街流量计测量脉动流流量的最常用也是最有效的方法。但当经过努力脉动幅值仍高于 3%，则可对测量不确定度进行估算，然后对误差进行校正。

脉动引起的锁定现象应设法避免。可行的方法有两个：其一是制造发生体较窄的涡街流量计，将仪表的输出频率提高，从而使旋涡剥离频率同脉动频率错开得远一些；其二是采用插入式涡街流量计测量大管径流量。在相同流速的条件下，小口径流量计输出频率比大口径高若干倍，因此采用插入式涡街流量计也能将旋涡剥离频率同脉动频率有效错开。

c. 测量不确定度的估算。如果 $f_v/f_p<0.25$ 而且 $U'_{rms}/\bar{U}<0.2$，测量不确定度约 1%。

如果 f_v 比 f_p 高得多，但无明显的锁定现象，流速脉动幅值在 0.1～0.2 之间，则误差可能为流量示值的 10^{-1} 的数量级。

6.1.5 脉动流流量测量的几个实例

例 1 往复泵引入的脉动及其克服

在聚甲醛连续聚合流程中，精单体、共单体、催化剂等均需保持恒定的流量，这一任务就交由往复式计量泵来完成。这种泵使用一段时间后，常因活门的卡滞、泄漏而出现流量失控现象，为生产酿成重大损失。为了对计量泵输送的流量进行监视，于是安装了流量计。图6.6所示为其中的二氧五环（共单体）流量计系统。

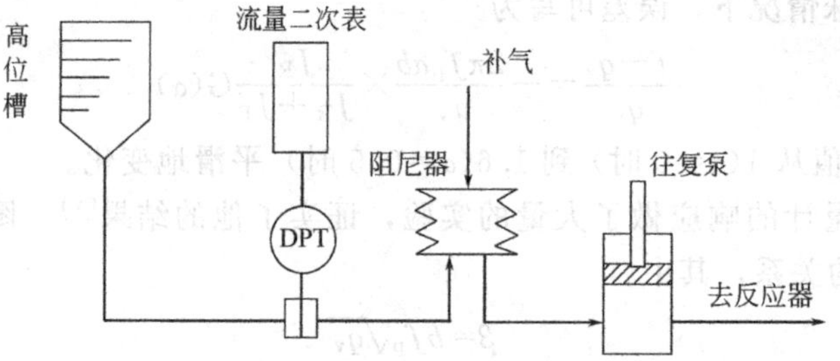

图 6.6　二氧五环流量测量系统

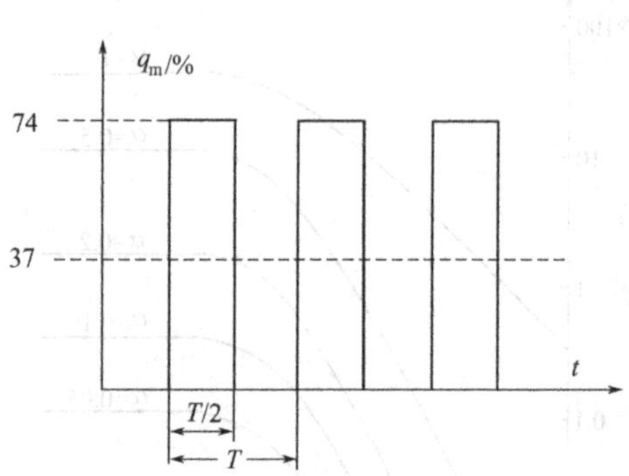

图 6.7　往复式计量泵出口流量波形

图6.6中流量计为FT 900型内藏孔板流量计，测量范围为0～25kg/h，用机械储能元件（波纹管）吸收往复泵引起的流动脉动，以减小对流量计的影响。为了改善阻尼效果，波纹管内充压缩空气。由于阻尼器设计、安装合理，系统投运后，仪表示值稳定准确。在阻尼器内充以洁净的压缩空气是保证阻尼效果的必要条件，但是由于阻尼器内压力比高位槽内液面上方的气体压力（大气压）高，所以阻尼器中的液体对其上方的气体存在吸收现象，因此，大约每隔2个星期就需（通过减压阀）补一次气。如果忘记补气，阻尼器中的气体耗尽后，脉动就会严重影响流量计的工作。例如有一段时间，阻尼器正常工作，流量二次表示值稳定在37%FS，后因波纹管卡牢和内部缺气，完全丧失阻尼作用，瞬时流量在0～74%FS之间摆动，其波形如图6.7所示。将流量二次表内阻尼时间常数加大后，二次表示值稳定在52%FS，比正常示值升高2/5。

在这个例子中，脉动流的平均流量$\overline{q_p}=37\%$FS，其方波峰值为$q_{pmax}=74\%$FS，它对应的差压$\Delta p_{pmax}=54.78\%$，则$\overline{\Delta p_p}=\Delta p_{pmax}/2=27.39\%$，$(\overline{\Delta p_p})^{1/2}=52.33\%$，与式(6.6)相符。

显然，在测量脉动流量时，合适的阻尼器是至关重要的，使阻尼器正常工作与测量本身具有同等重要性。

例2　调节系统振荡引入的脉动及其克服

上海某轮胎厂新建两台35t/h锅炉供3.9MPa饱和蒸汽，蒸汽流量用涡街流量计测量，仪表配置如图6.8所示。锅炉投入运行后，各路蒸汽分表示值之和与总表经平衡计算，差值≤1%R，发汽量与进水量平衡测试结果也令人满意。运行3个星期后出现了新情况，即去除氧器的一套蒸汽流量计示值有时突然跳高，从而使分表之和比总表示值高约20%。

在现场运行人员介绍之际，仪表人员观察到流量计示值跳高现象突然发生，从记录纸上也可清楚看出，测量范围为0～10t/h的除氧器耗汽流量，正常时在3t/h左右波动，最高时也未高于5t/h，但是异常情况发生后，流量示值突然跳到10t/h以上，并长时间维持此值。

仪表人员立即到蒸汽分配器处观察，发现去除氧器的一路蒸汽管有异常的振动，管内压

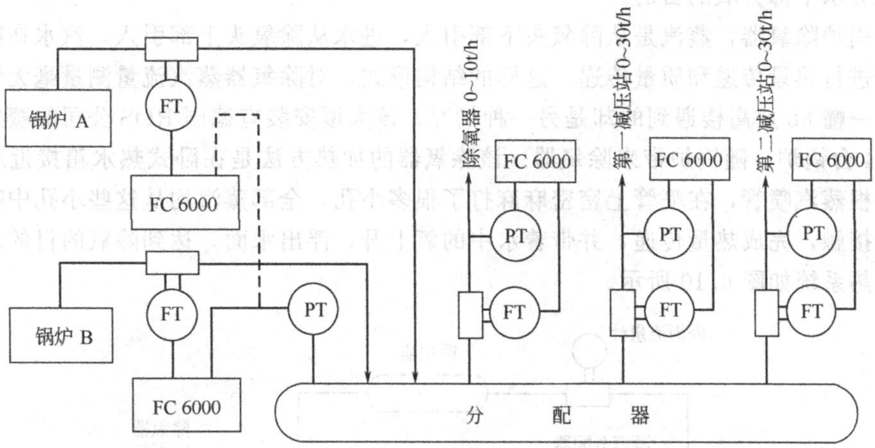

图 6.8 锅炉房蒸汽计量系统

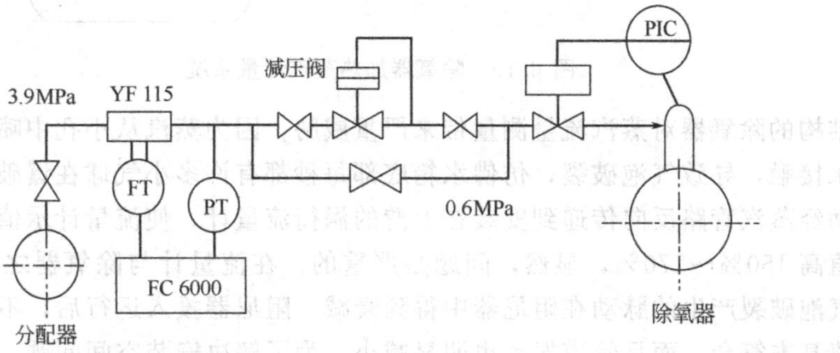

图 6.9 除氧器蒸汽系统

力有周期性地小幅度摆动。仪表人员又到除氧器处观察，其配管如图 6.9 所示。3.9MPa 蒸汽经直接作用压力调节器减压到 0.6MPa 后，再经用于除氧温度控制的偏芯旋转阀送除氧头。仪表人员发现，减压阀后蒸汽压力在 0.1～0.8MPa 之间大幅度、周期性摆动，周期约 4s，而偏芯旋转阀阀位并无明显摆动，显然，压力振荡是由直接作用式压力调节系统振荡引起的。

仪表人员建议热力工程师将减压阀前的切断阀缓慢关小，直至振荡停止，流量示值也恢复正常。

分析上述现象，归纳出以下五点。

① 流量示值突然跳高是由于流体从定常流突然变为脉动流。

② 脉动流的形成源于减压阀振荡。

③ 减压阀振荡是因其两端压差大，阀门开度小，阀芯还可能存在一定的干摩擦。

④ 关小调节阀的上游切断阀后，减压阀开度增大，振荡停止，是因为阀门开大后，减压阀两端压差减小，等效放大系数相应减小。

⑤ 减压阀应尽早拆开检查，改善干摩擦，清除卡滞，以彻底消除产生脉动的根源。

上述两例，流体不同，脉动引发的方式大不相同，所使用的流量计也不同，但是有一点是共同的，即有固定不变或基本稳定的脉动周期，下面的一个例子，脉动完全是随机的。

例 3 蒸汽喷嘴引入的脉动及其克服

锅炉的除氧器是用蒸汽将进水加热到规定温度，于是水中氧的饱和溶解度相应减小，从而达到除去水中部分氧的目的。

国产锅炉除氧器，蒸汽是从除氧头下部引入，进水从除氧头上部引入，汽水在除氧头内的筛板段进行热量传递和质量传递。这样的结构形式，对除氧器蒸汽流量测量毫无影响。但在上海的一幢88层高楼遇到的却是另一种情况。该大厦安装有德国ROS公司的蒸发量各为10t/h的4台锅炉，随锅炉带来除氧器。该除氧器的加热方法是在卧式热水箱接近底部的高度横卧一根蒸汽喷管，在喷管上密密麻麻打了很多小孔，全部蒸汽均从这些小孔中喷出，同周围的水接触，完成热量传递，并带着水中的氧上升，浮出水面，达到除氧的目的。其蒸汽计量和加热系统如图6.10所示。

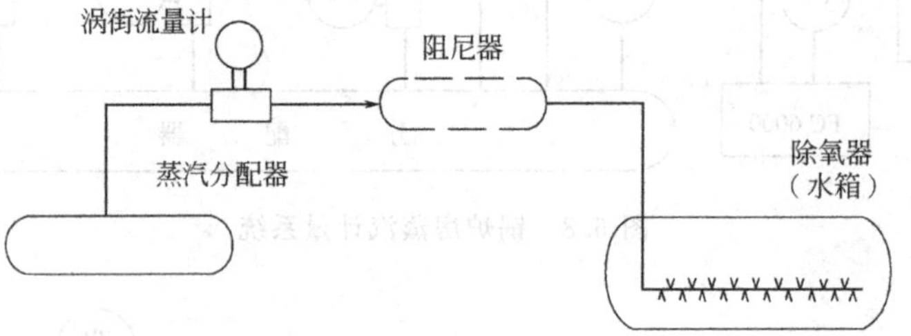

图 6.10 除氧器加热蒸汽计量系统

这种结构的除氧器对蒸汽流量测量带来严重威胁。因为蒸汽从小孔中喷出后，马上同温度较低的水接触，导致气泡破裂，仿佛水箱底部每秒都有许多小气球在爆破。这种爆破产生的流动脉动经蒸汽管路反向传递到安装在上游的涡街流量计，使流量计示值比热平衡计算得到的理论值高150%～170%，显然，问题是严重的。在流量计与除氧器之间加装了一台阻尼器，使气泡破裂产生的脉动在阻尼器中得到衰减。阻尼器投入运行后，不仅流量计示值与理论计算值基本符合，而且管道振动也明显减小。为了解决安装空间问题，阻尼器结构与图6.2略异，采用管道式，如图6.11所示。

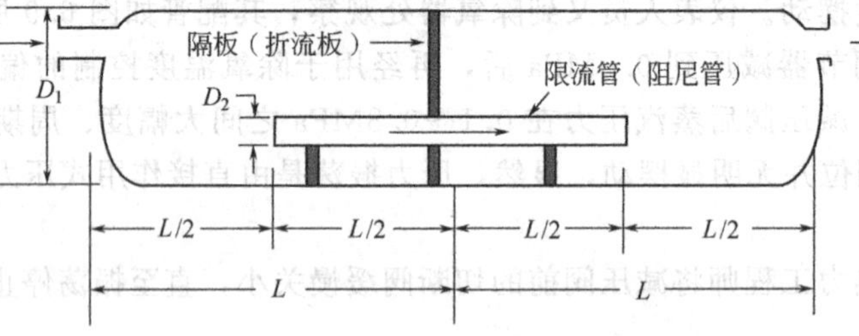

图 6.11 阻尼器结构

在设计蒸汽（气体）阻尼器时，两个气容容积大小和限流管内径的设计是关键，因为容积太小，阻尼效果不好，而容积做大，效果好了，但体积和成本均增大。限流管的内径也如此，管径取得太大，阻尼效果不佳，而管径取得太小，阻力大，压损大。因此需合理计算。

文献［3］给出了在不同流量条件下阻尼器的尺寸，如表6.2所示。该资料中计量单位为英制，表6.2中已换算成公制。

表 6.2 阻尼器尺寸

流量 q_s/×100m³/h	罐直径 D_1/mm	阻尼管直径 D_2/mm	长度 L/mm
35	400	38	950
35～127	600	50	850
127～200	750	80	1000

例 4 搅拌器桨叶旋转引起的脉动及其克服

江苏仪征某化工厂，母液如图 6.12 所示，经 FT-377 电磁流量计从前一设备送向母液罐，仪表投入运行后，流量示值以固定频率上下跳动。现场检查前后直管段长度及接地等安装条件均符合要求，未查出原因。一次偶然机会，母液罐内的搅拌器停止运转，这时流量示值稳定。经进一步检查发现，此搅拌器是侧壁安装，而且其位置距安装流量计的进料管管口仅 1m 左右，很明显是搅拌器桨叶以固定的周期翻起浪波，使得进料口处的阻力周期变化导致管内流体脉动。电磁流量计出口端到容器壁的距离 D_1 太近，仅约 1.5m，使流量计出口流速不稳，流量示值产生有规则的摇摆。后将流量计改到 B 位置，远离原安装位置约 10m，流量计示值趋稳定。

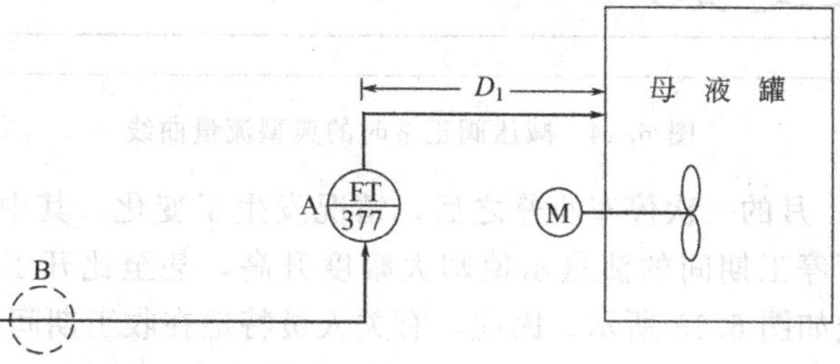

图 6.12 电磁流量计 FT-377 安装示意

本例中所说的流动脉动对仪表积算总量影响还不大，因为搅拌器桨叶引起的脉动频率较低，其数值远远低于所选电磁流量计的激励频率，所以尽管流量示值大幅度周期性摆动，但其准确度并无明显变化，其影响仅仅是示值难以读数和 DCS 中趋势曲线无法制作。

例 5 减压阀振荡对涡街流量计的影响

直接作用式压力调节阀在现场使用得很普遍。这种阀振荡时不像例 2 那样容易察觉，而且非常隐蔽，因此处理人员很容易被表象所蒙蔽。

该实例所述之事发生在上海的一幢 88 层大厦。大厦所属锅炉房经分配器向洗衣房供汽。因蒸汽压力太高，所以中间设置一个直接作用式减压系统。流量计为涡街流量计。系统图如图 6.13 所示。

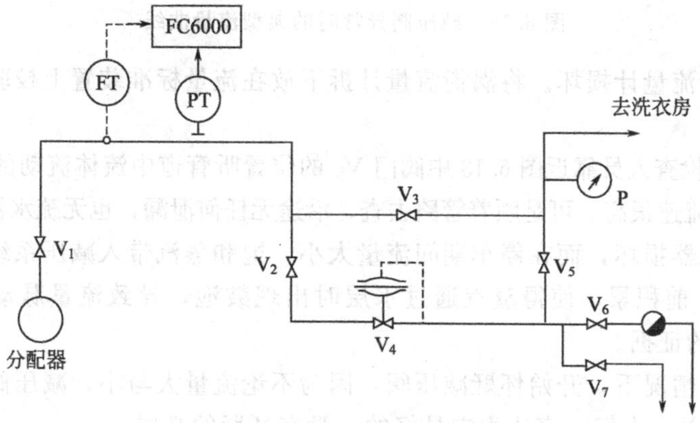

图 6.13 蒸汽减压与流量测量系统

该系统投运后的最初几年，运行一直良好。白天和上半夜洗衣房开工，蒸汽流量在 1.0～2.5t/h 之间波动。后半夜收工后，流量减为 0.2t/h 左右。典型的历史曲线如图 6.14

所示。

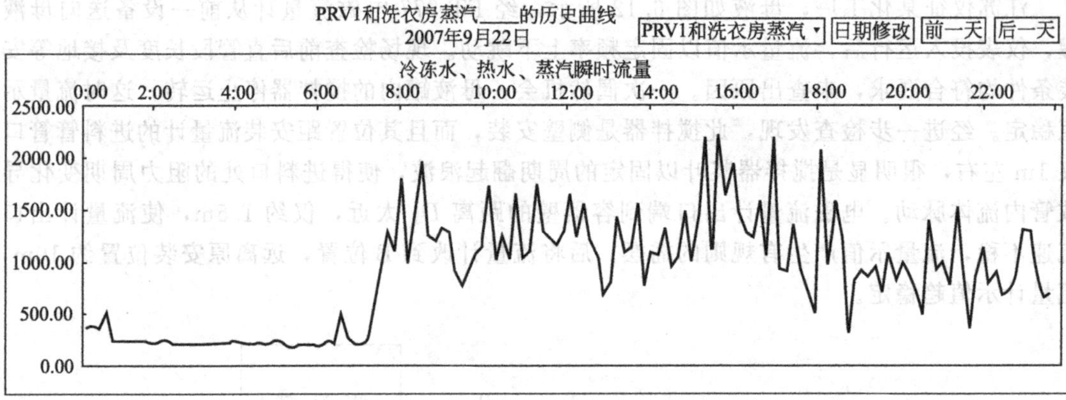

图 6.14　减压阀正常时的典型流量曲线

可是在 2007 年 1 月的一次停车小修之后，情况发生了变化。其中，开工期间的流量变化范围并无异样，而停工期间的流量示值却大幅度升高，甚至比开工期间的最大流量还要大。典型的历史曲线如图 6.15 所示。因此，有关人员特地在收工期间进行检查。

先是检查涡街流量计的零点。然而，关掉切断阀后，流量计指零。

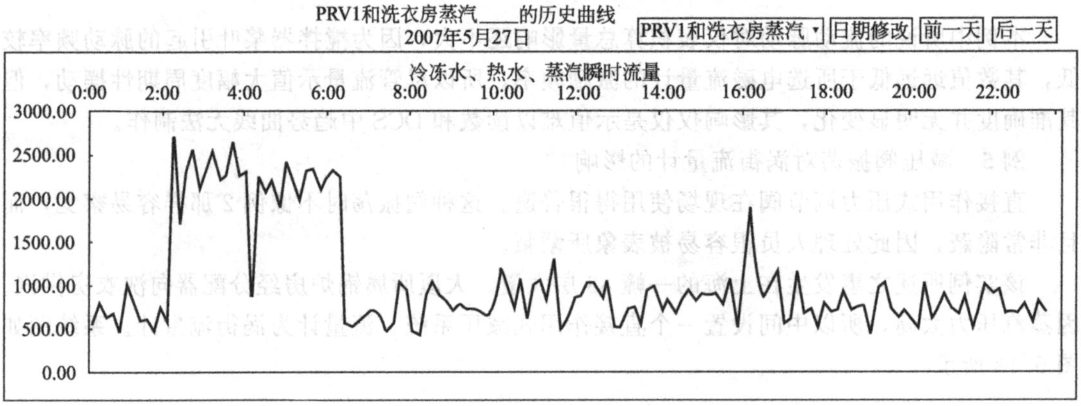

图 6.15　减压阀异常时的典型流量曲线

其次怀疑涡街流量计损坏。将涡街流量计拆下放在流量标准装置上校验，一切正常，指标合格。

在停工期间，检查人员靠近图 6.13 中阀门 V_5 的位置听管道中流体流动的声音，噪声很大，在场人员推算管内流速很高。可是顺着管路去查，沿途无任何泄漏，也无疏水器漏汽的迹象。

有人怀疑疏水器损坏，而在停车期间流量太小，饱和蒸汽带入减压系统的凝结水有可能在图 6.13 中的 V_5 前积累，使得蒸汽通过水层时出现鼓泡，导致流量脉动。可是，打开阀门 V_7，并无积水的证据。

在一筹莫展的情况下，开始怀疑减压阀，因为不论流量大与小，减压阀后的压力总是稳定在 0.4MPa，所以，人们一直认为它是好的，没有怀疑的必要。

于是，通过阀门 V_3 对出口压力进行控制，而将阀门 V_2 逐步关小，直至关死。

待切换完毕，流量示值跌到 0.2t/h 以下，从而真相大白。后来，维修人员更换了减压阀的金属膜片，最终处理了故障。

这一故障的教训如下。

a. 一台减压阀能将出口压力（或进口压力）稳定地控制在规定值，从而完成其主要任务，但不能因此而忽视其对流量测量可能存在的影响。

b. 一台减压阀在开度大的时候可能对流量测量不存在影响，但不能因此断定在开度小的时候也不存在影响，因为阀门前后的压差不同、开度不同、管网的配置不同等，都可能影响减压阀的稳定性。

c. 减压阀是否振荡，通常观察它是否存在明显的振动，阀芯存在明显的抖动，是否发出振荡叫声；但即使无振动、无抖动也无叫声，也不能作出不振荡的判断。

检验减压阀是否振荡并对涡街流量计产生干扰，最可靠和简单的办法是跳开减压阀，改由旁通阀控制。

d. 减压阀振荡（或仅在某一开度存在振荡现象）导致涡街流量计示值偏高，是由于振荡引起流动脉动，干扰涡街流量传感器的工作。

e. 解决减压阀振荡的方法是对减压阀进行维修或改善其工作条件，使振荡条件不成立。

例 6　T 形管道引起的脉动及其克服

横河公司在其旋涡流量计选型资料中介绍，由图 6.16 所示的 T 形管道而引起的脉动压力，要对旋涡流量计产生干扰。当图中的阀门 V_1 关闭时，流体循 B 方向流动，对流量计 A 来说，流量为 0，但由于该脉动压力被流量计中的传感器检测到，以致流量计产生"假流量"输出，出现所谓的"无中生有"现象。该公司建议将 V_1 的位置换到 V_1' 位置，这时，V_1' 关闭，能将脉动压力完全阻断，从而消除"无中生有"现象。而 V_1' 保持一定开度时，由于 V_1' 的节流作用，对脉动压力有一定的衰减效果。当然，流量计的安装位置如有可能，应尽量向下游移，远离脉动源，上述衰减作用会更显著。

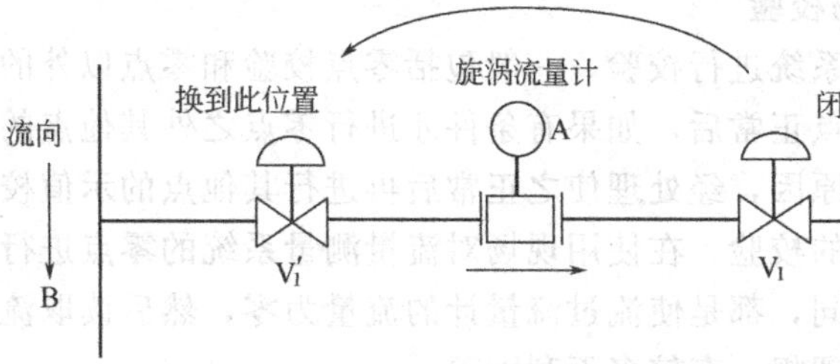

图 6.16　T 形管道引起的脉动压力

总之，脉动流体对流量测量仪表的影响是个十分复杂的问题，有时只感到流量示值误差大，并未察觉是流动脉动的影响，也未察觉脉动的存在。上述几例属于比较简单的情况，可通过阻尼或消除脉动源，使问题得到解决。另外还有一些问题需要去研究和解决。

6.2　流量计示值准确性的现场验证

6.2.1　概述

流量计在出厂之前需按检定规程进行检定。有些种类流量计，如涡街流量计、电磁流量计、涡轮流量计、科氏力质量流量计等还须在流量标准装置上通入校准流体，对被检表进行逐台校准（calibration），校准有时也称对刻度进行标定。但是出厂检定合格的流量计安装到使用现场后，一般还得经过使用环节的实践考验，才算真正"合格"，这一环节就是交工验收时对流量计示值准确性的现场验证。将这项工作称作"验证"，是因为它不同于检定。"检定"这个术语在国家标准中的定义是"查明或确认计量器具是否符合法定要求的程序，它包括检查、加标记和（或）出具检定证书”[4]。很明显，对于流量计，检定是对某台器具所进行的工作。而一台流量计安装到使用现场后，往往还要同其他相关联的仪表（如二次表）配套，连同被测对象一起组成流量测量系统，并在特定的使用环境中运行。一个流量测量系统中所包含的各台计量器具可能全部是合格的，但组成一个流量测量系统却可能不合格，因为器具选型不当，量程选择不当，器具之间匹配不合适，安装不合理，环境恶劣使器具不能适应，测量对象对器具测量范围度要求太高等原因，都会造成系统误差太大。所以，这里所说的验证是对为一个具体的对象服务的在一个特定的环境中运行的测量系统而言。一套流量计在某个特定的环境中运行可能不“合格”，而换一个环境可能是“合格”的。对这一对象服务可能不“合格”，改作为另一对象服务可能又是“合格”的。因此，验证不能脱离具体的系统、具体的对象、具体的环境。

“比对”这个术语在《计量辞典》中的定义是“在规定条件下，对相同准确度等级的同类基准、标准，或工作用计量器具之间的量值进行比较”[5]。看来用比对来代表现场的验证工作也不完全合适，因为现场验证有些是在相同准确度等级的测量系统之间进行比较，而有的却不是。“验证”一词在 GB/T 6583—1994 中定义为“通过检查和提供客观证据表明规定要求已经满足的认可”[6]。这虽是质量管理和质量保证标准中的术语，将其借用到测量系统的质量管理，基本上也合用。

但是不管叫什么名称，这项工作还是必须做的，而且是一件十分重要的事。验证时可能是供应商提出很多数据和理由，证明测量系统示值是足够准确的，而由业主单位进行验收；也可能是安装调试单位交工，而由建设单位或建设单位委派的监理单位验收；在同一个单位中，则可能是仪表计量设备部门交工，而由使用部门验收。

下面介绍常用的现场验证方法。

6.2.2 流量测量系统的现场校验

在使用现场对流量测量系统进行校验，一般包括零点校验和零点以外的示值校验，通常似乎先进行零点校验，在零点正常后，如果有条件才进行零点之外其他点的示值校验。如果零点不正常，一般应先查找原因，经处理使之正常后再进行其他点的示值校验。

(1) 流量测量系统零点的校验　在使用现场对流量测量系统的零点进行校验同在实验室中进行校验方法没有什么不同，都是使流过流量计的流量为零，然后读取流量表的示值。只是使用现场条件没有实验室理想，有较多不利因素。

经验丰富的工程监理人员或验收人员在流量计启用前对其检查验收时都要检查一下流量计的零点示值，因为此项校验最容易实施，也最为重要。

在校验时流量计既不能无中生有，也不能指向负值。校零时需注意如下各点。

① 保证流过流量计的流体流量确实为零。这是流量计校零的基础。现场使用一段时间的切断阀关闭后能做到无内泄者不是很多。所以校对零点时，需确认这一点，才能避免弄巧成拙。

② 在流量计测量通道中必须充满被测介质。这一点对于电磁流量计尤为重要。因为大多数电磁流量计在空管时都会指向满度值，这是由于测量管空管时，电极之间开路，使示值超过满度。

③ 小信号切除问题。对于以模拟信号输出的流量计，由于模拟电路难免有些漂移，导致零点出现微小的偏移。通常用小信号切除的方法予以解决，这一方法也有缺点，因为切除点以下的小流量信号也一起被切除了，所以切除点不能定得太高。在流量仪表普遍实现可编程后，切除点可根据需要任意设定，为解决这一困难提供了有效的手段。但应注意，有些变送器（例如差压变送器）由于安装位置有一定的倾斜，或因承受机械应力，导致零点漂移，

不能用小信号切除的方法解决，只能用零点校准的方法解决。

涡街流量计测量液体，管中充满着的液体，包围在传感器周围，具有良好的阻尼。若测量管中充的是气体，由于气体的密度和黏度均比液体小得多，阻尼特性较差，管道或厂房的振动，甚至周围空气较强烈的振动，都会导致仪表示值的“无中生有”。

④ 振动对涡街流量计零点的影响。涡街流量计在测量管充满被测介质时，如果零点示值偏高，也即存在“无中生有”的现象，一般都可通过噪声平衡（NB）调整和触发电平调整（TLA）使输出回零[7]。但若安装现场振动较严重，往往无法用仪表调整的方法解决问题，因为将触发电平调得太高，或将放大器增益（GAIN）调得太小，必将导致提高可测最小流量值，甚至在流量较大时涡街所产生的信号仍低于触发门槛值，而被当作噪声予以滤除。这时就得另想办法，例如减小振动，换上耐振性更佳的仪表等。

⑤ 涡街流量计在零流量时易引入干扰。涡街流量计校零时容易接受外界干扰的主要原因是因为其传感器前置放大器的变增益特性。以压电传感器为例[8]，由于传感器的输出幅值同流过测量管的流速的平方成正比，流速越高，传感器的输出幅值越大；反之，输出幅值就小。微弱的信号送入涡街流量计的前置放大器，该放大器为了将幅值悬殊的频率信号放大到幅值近似相等的信号，采用了变增益放大器，即流速高时输入频率高，增益小，流速低时输入频率低，增益大，当然，输入频率为零时，增益最大，这时，各种干扰也一视同仁被放大了很多倍数，而高于触发器的门槛值，最终被当作信号送到输出端。

(2) 流量测量系统的示值校验　流量测量系统的零点示值校验实施起来较容易，因为使流过流量计的流量为零，比较容易实现。本节所述的校验是零点之外其他点示值的校验。

① 校验前的准备工作。要对流量测量系统示值进行现场校验需具备必要的条件。如图6.17所示，要预留校验口和切断阀，在仪表安装时就已设置好。如果只设置出料校验口，则只能用流量计实际被测流体校验；如果既装设了出料校验口又装设了进料校验口，就也可用其他合适的流体校验。

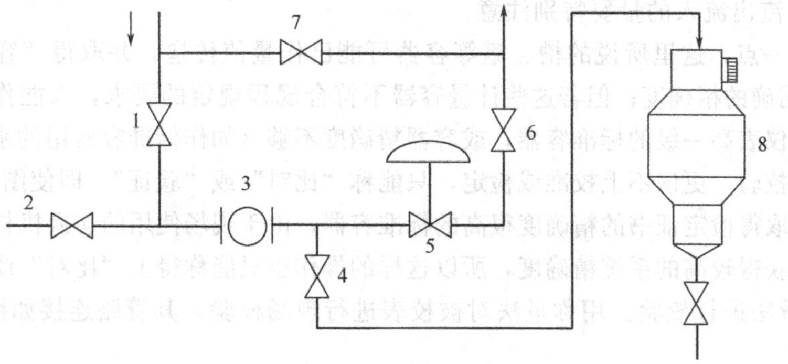

图 6.17　容积法校验系统

1—上游切断阀；2—进料校验口；3—被校表；4—出料校验口；5—调节阀；6—下游切断阀；7—旁通阀；8—标准容器

② 用容积法进行校验。用容积法对被校表进行校验，其管道连接如图6.17所示。适用于液体流量校验，流量校验点一般取被校流量计常用流量，可在不影响生产操作的情况下实施校验。标准容器的容量不应小于1min的输送量。

流量计的误差按下式计算[9]，即

$$E=\frac{V_m-V}{V}\times 100\% \tag{6.15}$$

式中　E——流量计误差（一般指累积误差），取两位有效值；

V_m——流量计测得值（即示值）；

V——经修正后，流量标准装置测得值（即实际值）。

$$V=V_sC_{ts}C_{tl}C_{pl} \tag{6.16}$$

$$C_{ts}=1+\beta_s(t_s-20)$$

$$C_{tl}=1+\beta_l(t_m-t_s)$$

$$C_{pl}=1+F_lp_m$$

式中　V_s——标准装置测得的未经修正的体积值；

C_{ts}——工作器具温度修正系数（纯数）；

C_{tl}——工作液体温度修正系数（纯数）；

C_{pl}——工作液体压力修正系数（纯数）；

β_s、β_l——分别为工作量器和工作液体的体胀系数，$℃^{-1}$；

F_l——工作液体的压缩系数，Pa^{-1}；

p_m——流量计处表压，Pa；

t_s、t_m——分别为工作量器内和流量计处液温，℃。

上面的算式是检定规程中规定的完整公式，由于现场校验受条件的限制，标准器和操作要全面达到规程的要求还有困难，因此，温度和压力的修正也往往被简化了。

用标准容器在现场对被校表进行校验，校验点（瞬时流量值）要做到高是困难的，达到 $60m^3/h$ 的例子已不多见。因为流量越大，困难越多，如动力、标准容器的搬移、场地、操作以及校准液的回收等。

当流量更大时，可利用现场现成的水池、槽、罐等代替标准容器，用一段时间内容器中液位的变化计算容积值，然后同流过流量计的总量进行比较。但是计算时，容积值的计算不能以竣工图数据为准，须实测，容器上人孔、法兰口、内件的影响都要扣除，阀门不能泄漏，旁路管道流出流入的量要特别注意。

还要说明一点，这里所说的槽、罐等容器可能已作量值传递，并取得“容量计量检定证书”，可具有明确的精确度；但若这些计量容器不符合规程规定的要求，未能作法定检定，就不能作为流量仪表高一级的标准容器，或容器精确度不够（如作标准容器用的水池精确度低），因此不能称作校验，更谈不上校准或检定，只能称“比对”或“验证”。即使图 6.17 所示的标准容器是已经取得检定证书的精确度很高的标准容器，由于现场使用的切换机构和计时系统不够完善，难以获得较高的系统精确度，所以这样的操作也只能称得上“比对”或“验证”。

③ 用称量法进行校验。用称量法对被校表进行现场校验，其管路连接如图 6.18 所示。

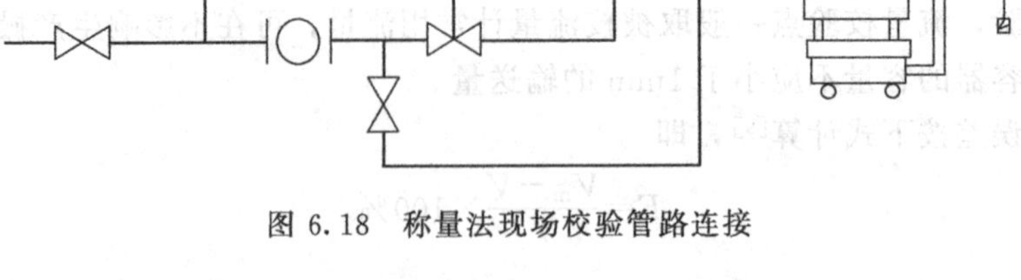

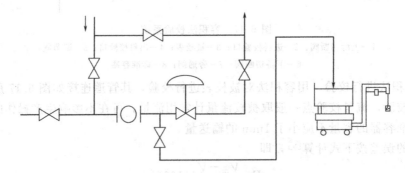

图 6.18　称量法现场校验管路连接

计算标准装置测得的体积值并进一步计算被校表误差。

$$V=V_sC_{tl}C_{pl} \tag{6.17}$$

式中

$$V_s=\frac{M}{\rho_l}C$$

$$C=1+\rho_a\left(\frac{1}{\rho_l}-\frac{1}{\rho}\right)\approx 1.00106 \tag{6.18}$$

$$C_{tl}=1+\beta_l(t_m-t_s)$$

$$C_{pl}=1-F_lp_m$$

式中 V——经换算修正得到标准装置测得的体积值，m^3；

V_s——标准装置测得的未经修正的体积值，m^3；

M——称量液体所加的标准砝码示值（$M=M_2-M_1$），kg；

C——空气浮力修正系数（纯数）；

ρ_l——工作液体的密度，kg/m^3；

ρ——标准砝码的材料密度，kg/m^3；

ρ_a——空气密度，kg/m^3；

C_{tl}——工作液体温度修正系数（纯数）；

C_{pl}——工作液体压力修正系数（纯数）；

β_l——工作液体膨胀系数，$℃^{-1}$；

F_l——工作液体压缩系数，Pa^{-1}；

t_m、t_s——分别为流量计处和称重容器内的工作液体的温度，℃；

p_m——流量计处表压，Pa。

当标准秤不用砝码时，式(6.18) 变为

$$C=1+\rho_a/\rho_l\approx 1.0012$$

称量法在现场校验中比容积法用得多，原因是标准秤比标准容器容易得到，灵活性也更大。

④ 用标准表法进行校验。上面所述的容积法和称量法只能用液体进行校验，而标准表法既适用于液体又适用于气体。用标准表法进行现场校验，流程如图 6.19 所示。

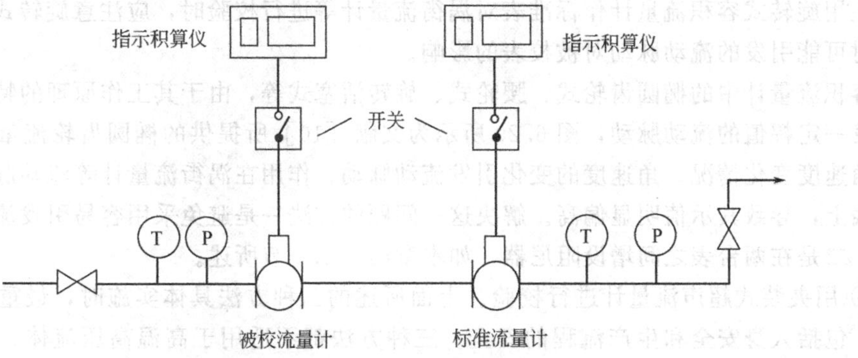

图 6.19 标准表法现场校验管路连接

标准表的选择灵活性很大，主要取决于交工单位和验收单位的资源情况，在不得已的情况下，有时也使用精确度达不到规程要求的流量计作标准表。对于液体，选精确度优于 0.2 级涡轮流量计是适宜的；对于气体，流量不大时选用煤气表，流量较大时，选用临界流流量

计。连接管道时，下面各点应注意。

a. 保证前后直管段。

b. 保证管道中充满被测流体。因此，当被测流体为液体时，常将管道末端向上翻高，如图 6.19 所示。

计算标准流量计测得的体积值，并进一步计算被校表误差。当被测流体为液体时，

$$V=V_sC_{tl}C_{pl} \tag{6.19}$$

$$C_{tl}=1+\beta_l(t_m-t_s)$$

$$C_{pl}=1-F_l(p_s-p_m)$$

式中 V——标准流量计测得的修正过的体积值，m^3；

V_s——标准流量计测得的未经修正的体积值，m^3；

C_{tl}、C_{pl}——分别为标准流量计处流体受温度和压力影响的修正系数；

β_l、F_l——分别为工作液体的体积膨胀系数（$℃^{-1}$）和液体压缩系数（Pa^{-1}）；

t_m、t_s——分别为被校流量计和标准流量计处的温度，℃；

p_m、p_s——分别为被校流量计和标准流量计处的表压力，Pa。

当被测流体为气体时，情况要复杂一些。因为气体温度膨胀系数大，又容易被压缩，当其状态偏离标准状态较远时，还需进行压缩系数修正。被校表的类型有多种，标准表的类型也可以有多种，对于直接式质量流量计，其示值不受流体状态影响，而其他类型仪表必须进行流体温度、压力、压缩系数补偿。测压点的位置要求也有很大差异，例如，涡街流量计要求装在流量传感器下游数倍管径的管道上；孔板流量计要求装在节流装置正端取压口处；其他原理流量计大多数要求装在流量计上游管道上。因此，如何处理被校表和标准表测量数据，应按相应的仪表说明书，得到被校表和标准表的示值后，按式 (6.15) 计算被校表误差。

c. 运用标准表法时应注意的事项。在用标准表法对现场流量计进行校验时，由于被校流量计和标准流量计安装在同一根管道上，而且相隔距离又很近，两台表很容易相互影响引起误差增大，甚至无法工作。例如，在用科氏力质量流量计对现场的一台科氏力质量流量计进行校验时，两台仪表都应用支架固定牢固，如果两台表的振动相互干扰难以消除，可在两台表之间用一段挠性管连接。

在用旋转式容积流量计作标准表对涡街流量计等进行校验时，应注意旋转式容积流量计工作时可能引发的流动脉动对被校表的影响。

容积流量计中的椭圆齿轮式、腰轮式、旋转活塞式等，由于其工作原理的特性，工作时会引发一定幅值的流动脉动，图 6.20 所示为文献［10］所提供的椭圆齿轮流量计和腰轮流量计角速度变化情况。角速度的变化引发流动脉动，作用在涡街流量计等流动脉动非常敏感的仪表上，导致其示值明显偏高。解决这一问题的方法一是避免采用容易引发流动脉动的标准表，二是在两台表之间增设阻尼器，如本章第 6.1.4 节所述。

⑤ 用夹装式超声流量计进行校验。上面所述的三种方法具体实施时，最重要的是注意安全，包括人身安全和生产流程的安全。三种方法都不适用于高温高压流体、易燃易爆流体、强腐蚀流体以及有毒有害流体。至于生产流程的安全，主要是校验时不要影响生产的正常进行，不要对产品产量、质量以及环境造成影响。本节所介绍的用夹装式超声流量计进行现场校验，在安全方面具有独特的优点。因为超声探头被夹装在管道外面，对管道内流体的流动毫无影响，因此对生产安全和人身安全无直接影响。

用超声流量计对流量计进行现场校验，从方法来分类仍属标准表法，但是超声流量计的

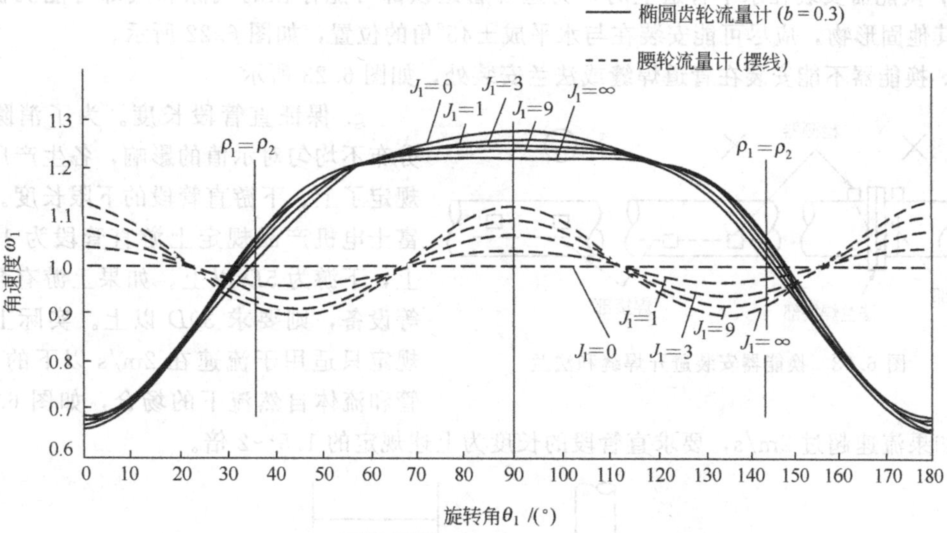

图 6.20 角速度变化

实际准确度多半达不到规程要求，例如单声道时差法超声流量计，流速精确度为读数值的 0.5%～1%，再计入流通截面积求取的误差、传感器安装距离误差等，不确定性很大，所引起的流量误差更大，所以也只能称为比对或验证。

在用超声流量计对被校流量计进行现场校验时应注意以下各点。

a. 管道中流体的雷诺数 Re_D 对超声流量计的示值有影响，在 $Re_D \geqslant 5000$ 后，仪表才能稳定指示。所以流速太低时不宜使用。

b. 管道内流体流速分布不均匀，对仪表示值影响较大。如果换能器安装位置上、下游存在弯头、异径管、阀、泵或管道内有阻流物等，流体形成横向二次流，流速分布偏离，在直管段长度不够时，测量精确度下降，在有旋涡的情况下甚至不能测量[11]。

图 6.21 所示为上游有 90°弯管，不同直管段长度的测量误差，共 3 组试验数据。

c. 管道内径和壁厚尺寸必须实际精确测量，不能用名义值代替。据富士电机公司资料介绍，管道内径误差±1%，会引起约±3%的流量误差[11]。

d. 注意管道内壁沉积结垢，因为这使得声道偏离原预设的声道，也改变了流通截面积。有的旧管道结垢严重或起皮，以致无法正常测量流量。

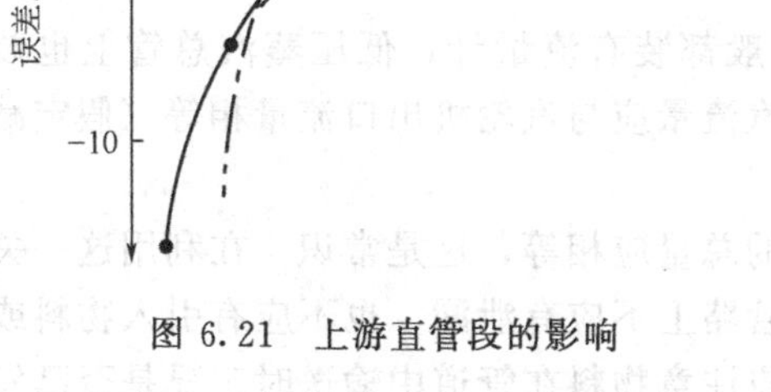

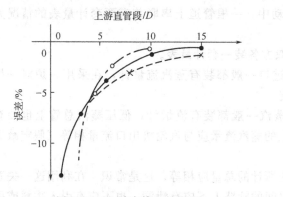

图 6.21 上游直管段的影响

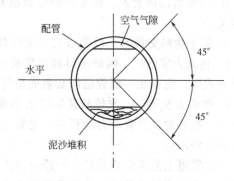

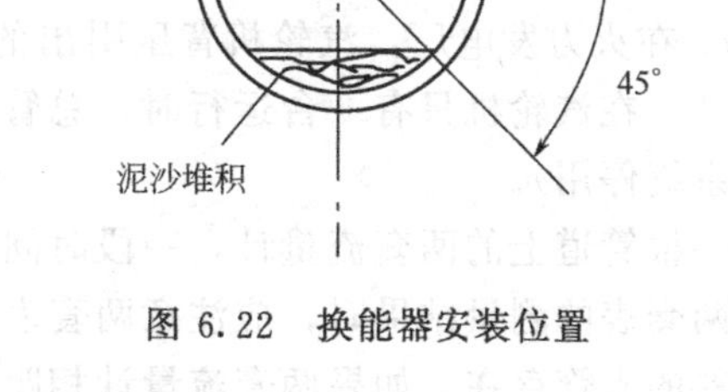

图 6.22 换能器安装位置

e. 换能器安装在水平管道上时，为避开管道顶部可能存在的气隙和底部可能沉积的泥沙或其他固形物，应尽可能安装在与水平成±45°角的位置，如图 6.22 所示。

f. 换能器不能安装在管道焊缝或法兰安装处，如图 6.23 所示。

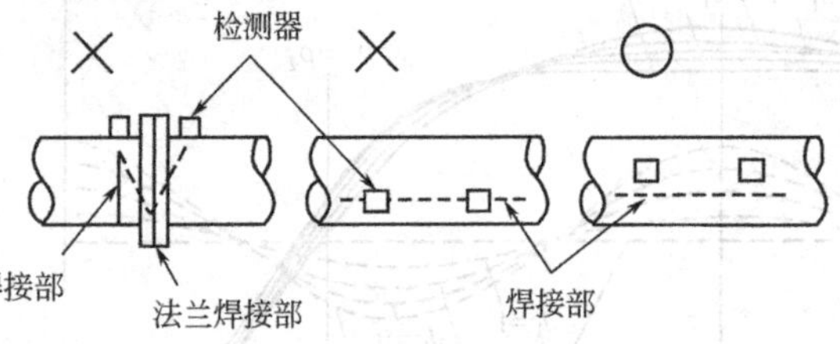

图 6.23　换能器安装避开焊缝和法兰

g. 保证直管段长度。为了消除流速分布不均匀对示值的影响，各生产厂家都规定了上、下游直管段的下限长度。例如富士电机产品规定上游直管段为 10D 以上，下游为 5D 以上。如果上游有泵、阀等设备，则要求 30D 以上。实际上这一规定只适用于流速在 2m/s 以下的 90°弯管和流体自然流下的场合，如图 6.24 所示。如果流速超过 2m/s，要求直管段的长度为上述规定的 1.5～2 倍。

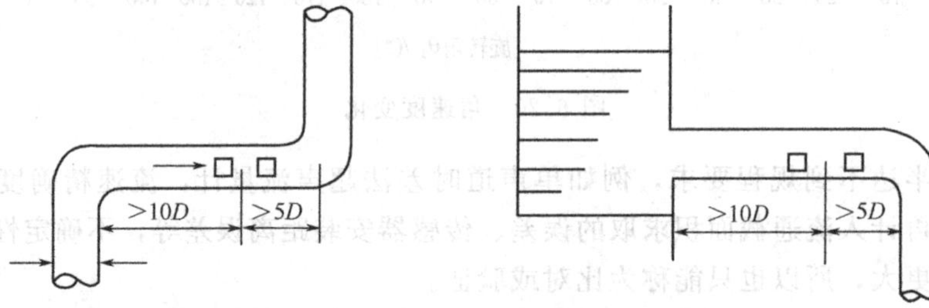

图 6.24　直管段基本要求

6.2.3　流量测量系统示值准确性的现场验证

上面所说的容积法、称量法和标准表法三种现场校验的方法，在交工验收时并不经常使用，因为费力费工，十分麻烦，实际交工验收时首先用到的是对各有关流量计的测量结果进行验证，只是在发现较大误差而用其他方法又查不出原因所在时，才对重点怀疑的流量计进行校验。

流量测量系统示值准确性的现场验证经常采用物料平衡法、热量平衡法、设备能力法等、流量增量验证法。

(1) 物料平衡法　流体从封闭管道的一端连续地流到另一端，在管道内充满被测流体而且工况稳定的条件下，可忽略管道中物料滞留量的变化，因而在管道的始端和末端所测量到的流体总量应是相等的。物料平衡的验证方法就是利用这一原理进行的。

① 一根管道两套表。在生产和经营活动中，一根管道上串联装有两套计量表的情况并不少见。

a. 用于物料交接的一根管道上，交接双方各装一套计量表。

b. 在火力发电厂，锅炉出口和汽轮机进口一般都装有蒸汽流量计，在采用一炉对一机运行方式时，也存在一根管道两套表的情况。

c. 在火力发电厂，汽轮机背压引出的蒸汽一般都装有流量计，低压蒸汽总管上也装有流量计，在汽轮机只有一台运行时，总管上的蒸汽流量应与汽轮机出口流量相等（假定减温减压系统停用）。

一根管道上的两套流量计，一段时间内所计的总量应相等，这是常识。在利用这一关系验证两套表的测量结果时，应注意两套表之间的管路上不应有泄漏，也不应有引入物料或引出物料的支管存在。如果两套流量计相距较远，应注意物料在管道中输送时工况是否已发生了变化，例如饱和蒸汽在管道中经长距离输送后，其中一部分蒸汽因损失了热量而变成水，如果下游的一台流量计是涡街流量计，因为它对水不响应，因而导致下游的一套流量计示值明显低于上游的一套流量计。

② 各分表示值之和同总表示值相等。居民家用电度表往往采用大表拖小表的做法，即一幢楼房装有一台总表，楼房中的每个家庭各装一台分表，各分表所计总和应与总表一致，否则就会有表计不准或偷电之嫌。

在流体计量方面，也普遍存在着分表与总表的关系。要做到各分表示值之和（总量）同总表示值（总量）基本相符，在许多情况下难度较高，这不仅同仪表本身的品质有关，还同设计条件的准确性、仪表选型、测量范围选定、仪表安装质量、环境条件、实际流量变化范围等密切相关，任何一个环节存在问题都会使平衡数据大相径庭。

平衡差允许值同流体类型和仪表精确度等级有关，对于蒸汽来说，如果使用的都是涡街流量计（1.5级），验收方完全有理由提出平衡差绝对值≤3%的要求。各台流量计示值与各自的满量程流量之比较高时，达到这一要求并不困难，但在流量相对较低时，达到这一要求很不容易。

在流量计选型和选定测量范围时，口径选得过大，测量上限取得过高的情况并不少见，待仪表投入运行后发现实际流量比预计的小得多，有的甚至进入“小信号切除”区间，从而导致测量误差增大。

例 1　流量测量范围选定不合理引出的问题

某仪表公司在一高楼内建立蒸汽计量网时，锅炉总共有 4 台，冬季开其中的 3 台，总蒸发量 28t/h 左右，但到了夏季，整个蒸汽网的消耗量才 2t/h。如此大的变化范围对流量计提出了非常高的要求。例如有一台分表，管道为 *DN*300，建筑设计院提供的数据是 20t/h 蒸汽，于是据此选用了 *DN*200 涡街流量计，其最小可测流量为 2.1t/h（流体为 $p=0.87$MPa 饱和蒸汽）。仪表投入运行后，冬季最大流量也只有 4t/h 多一些，不到设计院所提条件值的 1/4。夏季到来后，该路流量更小，有时甚至低于切除点 600kg/h，引起分表示值之和比总表示值小 30%左右，后来业主单位根据实际运行数据对设计条件作了调整，改用 *DN*80 的涡街流量计来测量该路流量，使计量精确度有了保证，从而使低负荷运行条件下流量计量数据平衡差≤4%R，满足了委托方的要求。

③ 根据质量平衡关系对计量数据作出判断。质量平衡是自然界的基本法则，在生产过程中也不例外，大到一个生产系统，小到一个生产设备，采出物料总量总是同投入物料总量相等。例如单一进料的精馏塔，顶底出料之和同进料量相等，锅炉发汽流量同锅炉进水流量平衡等。但在作锅炉汽水平衡计算时，应考虑汽水采样损失、泄漏损失、蒸汽带水损失以及下汽包排污损失等。还应考虑汽包压力和水位的变化引入的汽包存水量的变化。为了消除这些因素对平衡计算的影响，一般做法是在测试期间停止排污，流量累积值读数时，汽包压力和水位应在规定范围内。

在根据物料平衡关系对流量计计量数据进行平衡计算时，如果数据平衡差值为零，并不能肯定与平衡计算有关的各台流量计误差为零，但是没有理由说流量计不准，因为计量数据符合物料平衡的规律。

在用物料平衡法对相互有关系的流量计进行验证时，应注意流体工况的变化。有时候就是由于流体工况的差异引起仪表测量误差，或者流体工况已经有很大变化了，运行人员仍然按照变化之前的数量概念来估算流量值。下面就是这方面的两个实例。

例 2　流体温度变化引起流量测量误差

青岛某厂的一台220t/h锅炉，发汽流量和进水流量均用孔板流量计测量，锅炉长期以来一直满负荷运行，但有一个不解之谜，即发汽流量总是比锅炉进水流量与减温水流量之和高2%左右。照理说根据差压式流量计测量结果计算出来的平衡差能达到≤2%已属不易，但运行人员仍不满意。于是仪表人员对孔板计算书进行复算，对各台仪表进行复验，对仪表安装进行检查均未发现问题。最后要求仪表制造厂作解释。于是有关人员对这两个测量系统方方面面的情况作了较全面的调查。最后，当问及流体实际运行工况同孔板计算书中的设计工况是否偏离时，运行人员解释除氧水温度因故比设计条件低50℃，而这一偏离在进水流量表中既未作相应的修正，也未引入温度补偿。由于温度的这一偏离，使流体实际密度增大4%，进水流量计偏低2%是理所当然的事。

例3 液体温度升高，体积膨胀，体积流量相应增大

江苏某化工厂两台 *DN*100 电磁流量计分别测量两根管道的两种稀酸，汇合后进入总管，并由 *DN*200mm 电磁流量计计量总流量。使用单位向仪表制造厂反映总表流量为分表流量之和的120%～130%，认为3台仪表均不准确。经现场了解，管道压力为0.6MPa绝对压力，两分管液体温度为30℃，混合液体进入总表前经反应器热交换，温度升高到180℃。假定稀酸的温度体积膨胀系数与水相近，从30℃升高到180℃体积增加约12%，可判定总表和分表总和之间读数差主要是液体温度变化所致。此外，0.6MPa绝对压力158.5℃水已开始沸腾，流过总表的流体，在液体中夹有部分蒸汽，亦会增加总表体积流量的读数，可认为找到了总表读数多20%～30%的原因[10]。

④ 用冷凝水量验证蒸汽流量计的准确性。有许多蒸汽用户是取用蒸汽中的热量，此蒸汽经过流量表计量后送用热设备，蒸汽放出热量后变成质量相等的冷凝水，然后从疏水器排出。将一段时间内的冷凝水收集起来，测量其质量，然后与同一段时间内蒸汽表所计的总量比较，验证蒸汽表的准确性。这种方法是在流量计安装使用现场经常使用的简单而易行的方法，但应注意下面两点。

a. 冷凝水在排出疏水器时总要夹带少量的蒸汽，进行总量比较时应予考虑，最好是将疏水器排入装有适量冷水的容器底部，从而使残余的蒸汽全部变成冷凝液后再测量。

b. 如果流经流量表的是饱和蒸汽，必须考虑其中夹带的水滴对平衡计算的影响。现在使用涡街流量计测量蒸汽流量的方法应用十分普遍，而涡街流量计对蒸汽中的水滴基本不响应[12]，而在疏水器的排出液中却包含了这些水滴，因此，如果蒸汽的湿度为5%，那么冷凝水总量比蒸汽流量表所计的总量高5%则属正常。困难的是蒸汽的湿度究竟是多少难以测量。只知道在进流量计之前，如果管道上装有疏水器，则可将分层流动的水排放掉，这时蒸汽中的水滴含量约为0～5%（质量比）[12]。

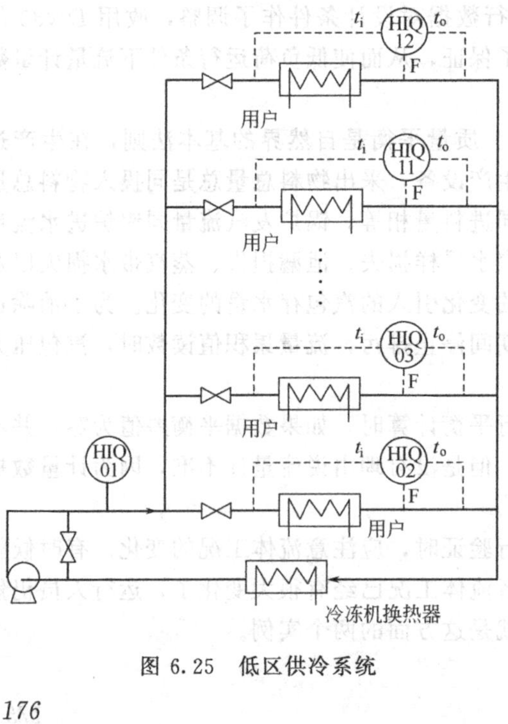

图6.25 低区供冷系统

⑤ 运用物料平衡法时应注意的问题

a. 仪表的安装应符合规程要求，如果因现场条件限制无法完全满足，则在核算时应

对由此引起的误差作出评估。

例 4 一幢大楼的低区冷冻水系统（见图 6.25）流量测量总表与各分表示值之和差 5%

该系统共有 12 台分表，管径从 $DN80$～$DN200$，均用 IFM 型电磁流量计测量流量，而总管为 $DN600$，采用 AT 868 型夹装式超声流量计测量流量。供水温度和回水温度也接入二次表，以实现对冷量的计量。总管流量计 HIQ 01 由于管径大，对直管段要求高，现场无法满足要求，前直管段只能勉强达到 $5D$，仪表投运后发现总管流量示值比各分管流量示值低 5%。

在作系统误差分析中，工作人员核对了各分表的数据设置和各台表所对应的用户的设备能力，确认流量示值可信。尤其是该型号电磁流量计精确度较高，其基本误差限为 ±0.3%R，因此初步判定 5%的量差主要是由于总管流量计误差大引起的。

在分析直管段长度不够对超声流量计示值影响的过程中，富士公司的经验起到了作用，该公司提供的三条曲线（见图 6.21）都表明夹装式单声道超声流量计在直管段不够长时示值偏低，在前直管段长度为 $5D$ 时，示值约偏低 5%。从而使总表与分表量差的矛盾找到了答案。

b. 防止流体倒流导致重复计量而引入误差。

例 5 间歇发料系统（见图 6.26）停泵期间泵出口外管内存料返回到泵的进口

上海某氯碱厂用泵将料液从一个部门打到另一个部门，输送量由一台智能电磁流量计测量。当一批料输送完毕泵即停止运转，于是泵出口外管内的料液返回泵的进口。由于外管直径大，线路长，所以每次返回量较大。一段时间只发现流量计所计总量比储槽中用容积法所计总量大，但原因不明。后来检查中调阅智能流量计所保存的总量值，才明白问题所在，该仪表中保存的总量值有三个，即正向总量 Q_D、反向总量 Q_R 以及正反总量之差 $Q=Q_D-Q_R$。结果储槽中用容积法所计总量值与 Q 基本相等，于是电磁流量计面板显示总量指定为 Q，问题得到解决。

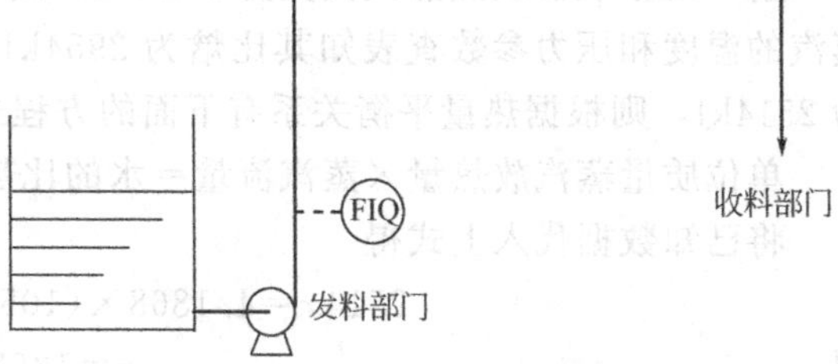

图 6.26 料液间歇输送系统

例 6 并联运行的两台锅炉产汽流量重复计量（见图 6.27）

某公司有两台并联运行的全自动燃油锅炉，其中一台 A 正常发汽，另一台 B 作热备，两台锅炉的汽包出口管上均装有涡街流量计，经计量的蒸汽送分配器。发汽总量和耗汽总量统计中发现发的量多耗的量少。经仔细观察发现处于热备状态的锅炉，其汽包所耗散的热量取自正常发汽的锅炉，不仅如此，由于分配器压力总是有些波动，在分配器压力降低时，锅炉 B 汽包对分配器供汽，流量计计出供汽量。在分配器压力升高时，分配器对锅炉 B 汽包充汽，这部分汽也是经常有变化，重复计量也经常发生，最后导致总表所计总量（FIQ01 和 FIQ02 所计总量之和）明显高于耗汽总量。而且压力波动幅值越大，越频繁，总表所计总量偏高越多。

在工厂煤气发生站也有类似的情况，煤气连通管压力升高时，系统对停用发生炉的气容充气，煤气连通管压力降低时，停用发生炉的气容对系统“供气”，仪表计出“供气”量。

(2) 热量平衡法　将与被测流量相关联的有关数据代入热量平均方程式，计算出流量理论值，用以验证流量计示值，这是仪表工程师们常用而有效的验证方法。

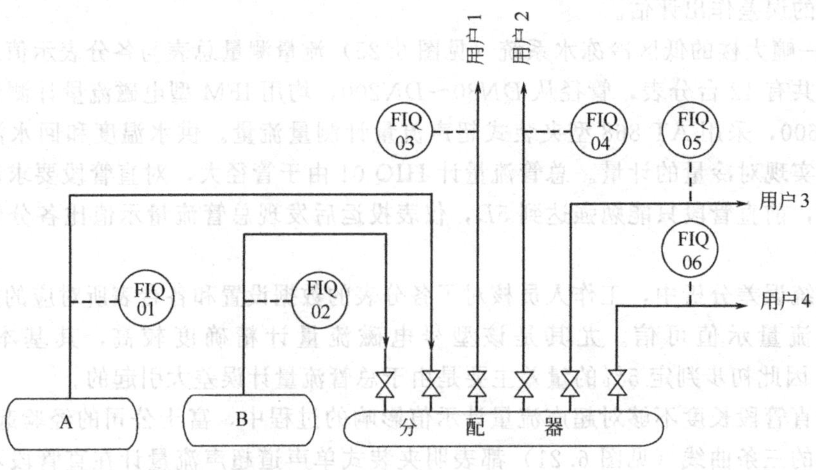

图 6.27 锅炉蒸汽计量系统

下面所举的是计算锅炉除氧器蒸汽消耗量的实例。

例 7 有一台除氧器用压力为 $p=1.2\text{MPa}$（表压力），温度为 250℃的蒸汽经减压后直接加热进水，除氧器进水温度为 45℃，出水温度为 105℃，在锅炉产汽流量为 15t/h 的条件下，除氧器消耗蒸汽应为多少？

解 设除氧器加热蒸汽流量为 x kg/h，则除氧器进水流量应为（15000－x）kg/h，从蒸汽的温度和压力参数查表知其比焓为 2954kJ/kg，1kg 蒸汽变成 105℃冷凝水放出的热量为 2514kJ，则根据热量平衡关系有下面的方程式成立：

单位质量蒸汽放热量×蒸汽流量＝水的比热容×(出水温度－进水温度)×进水流量

将已知数据代入上式得

$$2514x=4.1868\times(105-45)\times(15000-x)$$

则

$$x=1363\text{kg/h}$$

除氧器顶部排放氧气的时候还要带走少量蒸汽，排放量以加热耗汽量的 3%计，则除氧器总汽量应为 1404kg/h。

本例计算是建立在除氧器送出的除氧水全部进入锅炉并全部变成蒸汽这一基础上，因此汽水系统不能有泄漏，测试期间不能排污，而且汽水采样损失的水量作忽略不计考虑。如果采样量较大而不容忽略，则应对损耗量作一测试或估算。

(3) 设备能力估算法 根据设备能力来估算流量是个“古老”的方法，早在几十年前，煤气公司就用煤气压缩机开机台时作为输送煤气的计量手段，直到有了较先进的煤气流量计的现在，这一方法仍作为监视、核对流量计示值的手段。

运用该方法时，应注意下面各点。

a. 压缩机出口压力应为规定值，因为出口压力不同，压缩机的内泄量也相应变化。如果达不到规定值，应计入此因素对排气量的影响。

b. 设备的效率同其完好状况密切相关，在其完好状况不佳时，输出流量相应减小。

c. 压缩机毕竟不是计量器具，它没有计量准确度的概念，同一种型号同一个规格的压缩机，在规定的条件下考核，排气量也允许有－5%～＋10%的差异[13]。多年来人们沿用这一方法，一是煤气压缩机出现得早，在其投入工业应用时还没有合适的流量计可选用；二是有“定排量”(positive displacement) 的概念，即压缩机每旋转一周或每往复一次，就有固定量的气体被吸入和排出；三是因为出口压力很低，机内泄漏可以忽略，在其他类型的压缩机上，因为出口压力较高，机内泄漏受多种因素影响，仍使用这个方法不够可靠。

将这一方法引申到泵上，也应区别对待，因为泵的种类很多。对于齿轮泵，属正排量类型，用其铭牌上所标的输送流量数据作参照，意义较大，但应考虑出口压力、流体黏度和齿轮新旧程度对机内泄漏的影响。出口压力越高、流体黏度越小、齿轮磨损越严重，机内泄漏越大。对于离心泵，其铭牌上所标的输送流量数据基本上不能用作验证流量计示值的依据。下面的三个例子是仪表制造厂现场服务工程师实际碰到的有代表性的实例[10]，都是由使用单位用离心式水泵铭牌数据验证流量计示值和由于对水泵的特性认识不深而引发的误解。

例 8 两台同规格水泵由于实际性能差异引发的误解

某水厂两台同规格水泵输给两条管线，分别装有 DN600mm 电磁流量计，布置如图 6.28 所示。该水厂运行人员从泵铭牌上的额定流量来核对仪表读数，称泵 A 通 A 表（即关闭阀 C）仪表误差为＋（10～15)%，泵 B 通 B 表误差为－5%，认为两台仪表均不准确。仪表厂服务人员即利用装有阀 C 的有利条件，试测泵 A 通 B 表和泵 B 通 A 表的流量，得出与上述相近的数据。两台流量计测出同一台泵的输水量相近，证明除管网负载有些差别外，主要是两台水泵性能上的差异。

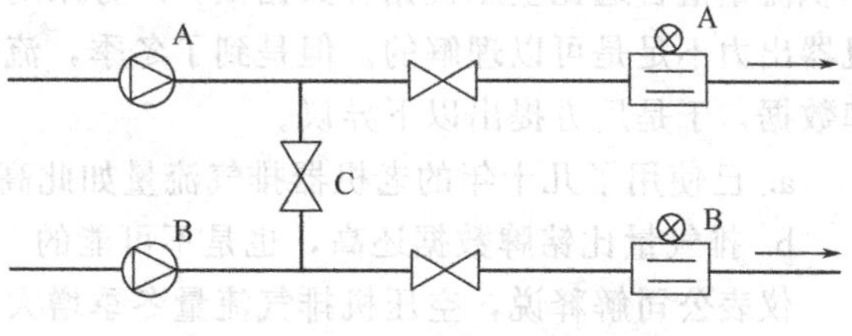

图 6.28 双泵双表交叉测试管线

例 9 扬程差别大的泵并联运行误认为流量仪表间相互干扰

吉林某厂用几台泵并联输送液体，每台泵的下游各装有电磁流量计，然后汇集总管输出。各泵单台运行（或其中几台并联）都很正常，但增开某一台泵并入管系，原来运行各泵的仪表指示流量明显减少，甚至出现指示反向流现象。运行人员认为该特定泵所装电磁流量计干扰了其他运行中的仪表。经检查确认为仪表正常，找出产生这一现象的原因是所增开泵的扬程比其他高得多，致使压抑低扬程泵的输出，使之减少，甚至倒流。

例 10 多台同规格泵并联运行输出量变化的误解

河南洛阳某水厂 A、B 两泵房如图 6.29 所示，各装有同规格水泵 7 台，各自汇集到 DN700mm 总管输出。总管上各装有一台电磁流量计，在流量计下游两总管接有连通管和闸阀，平时此闸阀全开。试开动两泵房不同台数的泵，得出如表 6.3 所示流量计上读数。将 A、B 两泵房开泵台数对调，所得读数亦相接近。水厂运行人员认为流量仪表线性不好，低流量时指示偏低，似乎开泵台数增加，出水量应按比例地增加。实际不然，这是一种误解，

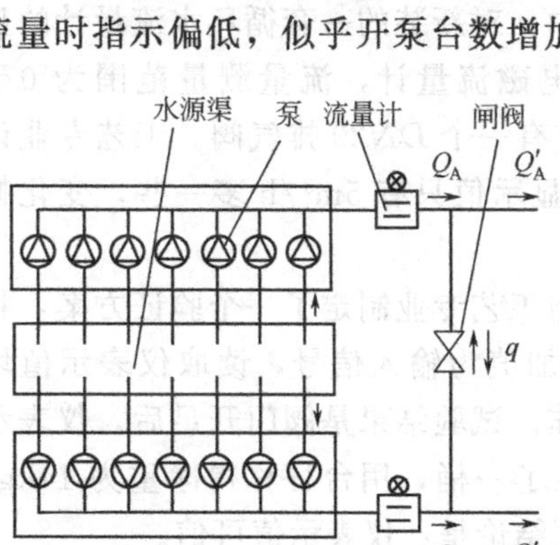

图 6.29 泵并联运行

表 6.3 泵并联运行试验数据

试验序号	A泵房 开泵台数	A泵房 流量计读数/(m³/h)	B泵房 开泵台数	B泵房 流量计读数/(m³/h)	合计 开泵台数	合计 流量计读数/(m³/h)
1	4	1800	4	1750	8	3550
2	4	1900	3	1150	7	3050
3	4	2000	2	750	6	2750
4	5	2050	1	0	6	2050

在表 6.3 所列的数据中，除了试验序号 4 中 B 泵房开了一台泵，而流量计读数却为零一项，可能是由该台泵存在问题而引起，其余各项数据同预计的一致，都是由于对离心式水泵输出特性认识有出入而引起的。其实，离心式水泵的输出流量同其出口压力有对应关系，出口压力越低，输出流量越大，反之则小。多台离心式水泵并联运行时，瞬间停掉其中的一台泵，则继续运行的各台泵出口压力下降，输出流量增大。关于此问题，文献［14］用图解法作了详细分析。

例 11 往复式空压机排气量受吸入口温度影响大

某仪表公司为上海某柴油机厂空压站配置空气流量计 14 台，用于往复式空压机出口流量和空压站出口总管流量测量。仪表在夏季投运后，带温压补偿的流量计所显示的标准状态体积流量值普遍比空压机铭牌数据低，厂方未对此提出异议。因为已使用几年到 40 年的老机器出力不足是可以理解的。但是到了冬季，流量计示值普遍大幅度升高，有一部分高于铭牌数据，于是厂方提出以下异议。

a. 已使用了几十年的老机器排气流量如此高不可能。

b. 排气量比铭牌数据还高，也是不可能的。

仪表公司解释说，空压机排气流量冬季增大是因为空压机吸入口空气温度降低、密度增大所引起，一段气缸每往复一次吸入的空气体积是常数，但其质量随空气密度成正比增加。夏季大气温度以 30℃计，按理想气体定律，大气温度降到 0℃时，空气密度增大约 11%，仅此一项，冬季的流量就有可能比夏季流量高 11%。

其次，空压机排气量考核时其吹入气体温度是以 20℃为参考点，如果吸入口温度降为 0℃，则吸入口空气密度比 20℃条件下密度增大约 7.3%，因此，排气流量高于铭牌数据也属正常。经此分析，厂方接受了这个观点。

除了压缩机和泵之外还有很多设备，其铭牌数据在验证流量计示值时可作参考，在这方面，工艺工程师和设备工程师的知识比仪表人员丰富，在利用这些数据时，应共同讨论。

（4）流量增量验证法　在仪表使用现场，流量计一旦投入运行，流过流量计的流体量就不允许按照仪表校验的需要进行调节，如果能有机会将流过流量计的流体关断几秒至十几秒，校对一下流量计零点已经算是幸运的了。但是，有些流量系统在不影响生产、不影响正常运行的前提下，采用合适的方法使流量计示值有一个显著的增量，并对引起这一示值的增量所对应的流体的增量进行较准确的测量，还是有可能的，下面的例子就是属于此种类型。

例 12 循环水流量的增量验证法

上海某药业公司在组建全厂能源计量管理网络过程中，对新装的一套循环水流量计的显示值提出异议。该计量点安装的是 KROHNE DN200 电磁流量计，流量测量范围为 0～200m^3/h。流量计安装在地面上，流量计下游的管道上方有一个 *DN*20 排气阀。工艺专业认为，该路循环水应有 100m^3/h 左右的流量，可是，仪表显示值只有 5m^3/h 多一些，变化幅值也不大。于是怀疑仪表误差大。

仪表人员在检查核对仪表的数据设置正确无误后，与工艺专业制定了一个验证方案：将排气口作为液体排放口，将 *DN*20 阀门开足后的流量增加值为输入信号，读取仪表示值增量。于是，准备了软管、秒表和容器后，进行了验证操作。试验结果是阀门开足后，仪表示值增加 5m^3/h，用塑料桶收集从阀门中排出的水，10s 装了一桶，用台秤称得净重为 14kg，经计算得阀门中排水的平均流量为 5.04 m^3/h，所以验证结论是：仪表示值可信。

这一验证方法其实还不够完美，因为仪表示值增量与实际流量增量相符，仅仅表明该台仪表分度线的斜率是对的，并不说明在整个测量范围内的示值都准确。

一台理想的流量计，其显示值与实际流量的关系可用图 6.30 中的一根直线来表示，这是一根通过原点的与横坐标夹角为 45°的直线。在例 12 中，如果仪表的零点不准，也能得到示值增量相符的结果。因此，在用增量法验证的时候，如果条件具备，最好也验证一下仪表的零点示值。

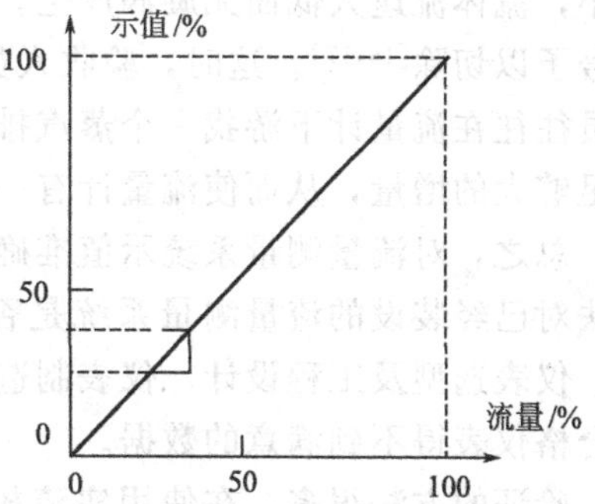

图 6.30　流量计理想示值与流量的关系

增量验证法其实是一种最简单的模型辨识，在应用这一方法时，有几条要领值得重视。

① 验证前后的一段时间内，仪表示值应平稳，以免本底信号的波动干扰验证结果。

② 验证的时间，即例 12 中从开阀到关阀的时间间隔应尽量短，以削弱验证期间的干扰影响。

③ 在工艺允许的前提下，验证时所加的信号应尽量大一些。

④ 例 12 中的阀门打开后，应注意观察仪表示值的变化，读取其平均值。如果仪表内部的阻尼时间设置得太大，应事先修改到较小的数值。

⑤ 例 12 中的阀门关闭后，应再一次读取仪表的稳定示值，如果与开阀前的示值有差异，应取其平均值计算示值增量。

⑥ 排出流体的收集和回收与否，应同工艺专业协商，以免污染环境和造成损失。对于水之类的流体，可不予回收；对于价值较贵或污染环境的流体，必须回收。

⑦ 操作时应注意安全。

例 12 所举的是一个流量计口径较大而排放口通径较小的例子，流量计下游增加 5 m^3/h 的负荷不会改变其他用户的流量。如果流量计口径不很大，而排放口排出的流量相对较大，则在排放时，流到用户的流量会有一定的减少。因此，这一验证方法有时还是属于定性的。

这一方法也可用于气体及蒸汽流量计，但须解决排放口排出物的流量测量问题。最简单的方法是用临界流流量计测量气体流量。

例 13　氧气流量的增量验证法

上海某铁合金公司的工程项目中，有两台用于氧气流量测量的 *DN*50 涡街流量计，用户要求对其准确性进行验证。于是按照 ISO 9300 标准自制了一台临界流流量计[15]。

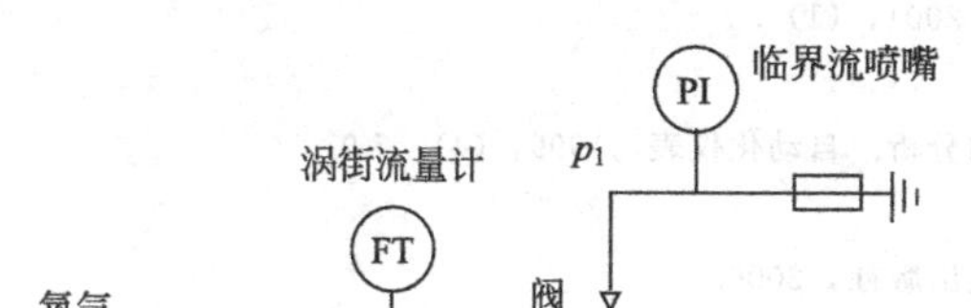

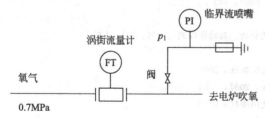

图 6.31　用临界流流量计验证气体流量计

流量计的布置如图 6.31 所示。阀门打开后，涡街流量计示值有一增量，记下压力值 p_1，并将临界流喷嘴数据和气体参数代入公式计算排放流量。结果表明，涡街流量计示值增量与排放流量基本相同。

用临界流流量计验证气体流量计的条件有两个，一是工艺专业允许气体作一定量的排放，二是管内绝压 p_1 高于 0.2MPa，能满足临界流喷嘴使用条件。

上面的两个实例是应用增量法验证流量计示值的准确性，这一方法有时也用于验证流量计是否运行正常。

例 14　涡街流量计的增量验证法

涡街流量计用于测量蒸汽流量的实例不胜枚举。流量计投入使用后，往往因为实际流量太小，流体流速太低而无旋涡产生。或虽有旋涡产生，但因流量低于最小可测量而被当作小信号予以切除[16,17]。这时，验收人员往往对流量计是否能正常工作表示担心。于是，仪表人员往往在流量计下游找一个蒸汽排放口，打开阀门，使得流过流量计的蒸汽流量有一个幅值足够大的增量，从而使流量计有一个相应的示值。

总之，对流量测量系统示值准确性进行现场验证是一项十分细致的工作。它是用系统的方法对已经装设的流量测量系统是否准确可靠并满足使用要求进行的验证。在设计条件确定、仪表选型及工程设计、仪表制造及安装、开表投运和系统调试中的每一个环节，都会导致合格仪表得不到满意的数据。

验证的方法很多，在使用实流校验法时，应特别注意安全。在使用有关数据进行验证时，需要细心周到，不要遗漏重要因素。丰富的生产流程知识和设备方面的知识有助于顺利地完成验证任务。

交工验收的实践表明，供应商或承包商在承担交钥匙工程时，如果必须对流量测量系统能够达到的准确度做承诺，适宜的做法是分段承诺，即开表后流量值落在自控条件表所提范围之内，则仪表测量系统能够达到较高准确度；如果超出自控条件表所提范围，则承诺的准确度相应降低，以免交工验收时发生不愉快的事情。

参 考 文 献

[1] Atkinson, K N. a software tool to calculate the over-registration error of a turbine meter in pulsating flow. Flow Measurement and Instrumentation, 1992, 3 (3): 167-172.

[2] ISO/TR 3313: 1998 Measurement of fluid in closed conduits——Guidelines on the effect of flow pulsations on flowmeasurement instruments.

[3] [美] R. W. 米勒编著. 流量测量工程手册. 孙延祚译. 北京：机械工业出版社，1990.

[4] JJF 1001—1998 通用计量术语及定义.

[5] 上海市计量测试学会管理专业委员会. 计量辞典. 上海：学林出版社，1986.

[6] GB/T 6583—1994 质量管理和质量保证术语.

[7] 朱德祥等. 流量仪表原理和应用. 上海：华东化工学院出版社，1992.

[8] 张学巍. 涡街流量计输入电路的设计. 自动化仪表，1998，7 (6).

[9] JJG 235—1990 椭圆齿轮流量计检定规程.

[10] 蔡武昌，孙淮清，纪纲. 流量测量方法和仪表的选用. 北京：化学工业出版社，2001.

[11] 强发红，毛协柱. 时差法超声波流量计的应用技术. 石油化工自动化，2001，(1)：60-62.

[12] 纪纲. 流体相变及其对流量测量的影响. 医药工程设计，2001，(1).

[13] ISO 1217—1986 容积式压缩机验收试验.

[14] 蔡武昌. 水泵特性排量与流量仪表测量值之间出现偏差的分析. 自动化仪表，1999，(4)：7-9

[15] ISO 9300：2005 用临界流反应里喷嘴测量气体流量.

[16] 姜仲霞，姜川涛，刘桂芳. 涡街流量计. 北京：中国石化出版社，2006.

[17] 刘政利，纪纲. 流量计小信号切除的最优化. 自动化仪表，2007，(10)：51-54.

[18] 蔡武昌，马中元，瞿国芳. 电磁流量计. 北京：中国石化出版社，2004.

[19] 蔡武昌，应启戛. 新型流量检测仪表. 北京：化学工业出版社，2006.

第 7 章 典型流量显示仪表的功能与校验

流量测量（传感）部分所得到的流量信号及其积算总量需在显示机构上显示出来，这些显示机构或与测量部分合为一体，或与测量部分（即流量传感器或变送器，亦称一次仪表）相分离，组成独立单元，称为显示仪表（习惯上称之为二次仪表）。近 10 余年流量显示仪表逐渐增加了各种计算功能，如开平方运算、积分运算、工程运算等。

自微处理器进入仪表后，流量信号处理技术发生了革命性变化，结构组成也从原需要十几台单元组合仪表才能实现的计算功能，在一台可编程的流量计算显示仪中得到完成，显示则更简化为几个数码管。人们称这类仪表为流量计算机（flow computer）或流量演算器（flow calculator），实际上它是一种以完成流量信息处理为主要任务的专用计算机，本书所述流量显示仪表主要是指这种带有微处理器或单片机的流量信号处理和显示装置。由于在流量测量中所起的作用不同，流量显示仪表所具有的功能也不同，按照用途的差异，就具有不同的名称，如智能流量积算仪、流量演算器、智能热量表、流量批量控制器等。

本章仅以上海宝科自动化仪表研究所的几个典型产品为例，对其硬件和软件结构，功能和校验作较详细的介绍。

7.1 分　类

7.1.1 按所处理的流量信号种类分

（1）模拟输入型　常与差压式流量计、电磁流量计、模拟输出涡街流量变送器等配用。如 DDZ-Ⅱ、Ⅲ电动单元组合仪表中的比例积算器、开方积算器等。模拟流量信号常见的有 0～10mA、4～20mA 和 1～5V 等。

（2）脉冲输入型　该类仪表通常由专门生产涡轮流量计等脉冲输出型流量传感器制造厂配套生产，型号众多。脉冲信号经整形，一路除以流量系数和倍率，送电磁机械计数器显示累积流量，另一路送积分电路，转换成瞬时流量模拟信号，放大后用作模拟输出和面板显示。这种显示仪表的累积流量精确度可做得很高，误差仅为±1 个脉冲，但瞬时流量信号输出和显示难以高于 0.5 级。采用计算机技术后，精确度可明显提高，瞬时流量显示精确度一般可达 0.1～0.3 级。

（3）模拟脉冲兼容输入型　以微处理器或单片机为基础的流量显示仪表，多数设计成该类型，因为单片机具有强大的计算功能，设计成兼容型比设计成只会处理一种信号的仪表所增加的成本微不足道，而却具有良好的通用性。

7.1.2 按接受流量信号的能力分

（1）单路流量演算器　只能接受并处理一路流量信号。目前在生产和使用的流量显示仪表绝大多数为该类型。

（2）多路型　能接受并处理两路或两路以上的流量信号。选用此类演算器，费用可降低些，但操作、使用和维修不如单路型仪表方便。

7.1.3 按流体种类分

（1）液体流量显示仪表　此类仪表常常与椭圆齿轮流量计、腰轮流量计等配合使用，有的还引入流体密度、温度补偿（如开封仪表厂石油制品用 XLM-663 型），有的还具有定量控制功能，应用于定量装桶、定量发料（如上海光华仪表厂的 XSK-40 型）。

(2) 气体流量显示仪表　此类仪表一般均带流体温度、压力补偿，并在表内装有按理想气体定律进行补偿的数学模型。

(3) 蒸汽流量显示仪表　此类仪表型号很多，有些适用于过热蒸汽，带温度压力补偿，有些适用于饱和蒸汽，按压力或温度进行补偿。从温度压力求取蒸汽密度的方法有用曲线拟合法，也有查表法，以查表法较准确。

(4) 固体流量显示仪　此类仪表专门与固体流量传感器配套，完成固体流量测量、积算和显示。

(5) 通用型流量显示仪表　此类仪表一般均以微处理器为基础，功能较强，可与大多数流量变送器、传感器配套，实现多种流体的流量演算、积算和显示。通用型将是流量显示仪表的发展方向。

7.1.4 按带补偿情况分

(1) 不带补偿型　此类仪表一般只有一个信号输入通道。

(2) 带补偿型　此类仪表至少有两个信号输入通道。用于补偿的输入信号常见的有流体温度、流体压力、流体密度等。在造纸厂也有将纸浆浓度引入演算器，进行纸浆质量流量计量。流量与这些自变量之间的关系则取决于流体物性和流量测量原理。

7.1.5 按可编程能力分

(1) 不可编程型　所有模拟式流量显示仪都属不可编程型，此类仪表往往利用改变电阻阻值的方法获得所需的积算速率。

有些以微处理器为基础的演算器做成固定编程型，利用编码开关来设置流量系数和积算速率等，也属不可编程型，但操作要比模拟式方便一些。

(2) 可编程型　一般以微处理器或单片机为基础，编程的目的有通道组态，功能选用，流量系数及测量范围的设置，补偿公式的选用，各种系数、常数的设置等。

7.1.6 按累积值显示方式分

(1) 机械计数器显示　气动积算仪等使用这种方法。

(2) 电磁机械计数器显示　早期的电动积算仪多使用这种方法。

机械计数器、电磁机械计数器的局限性是可观察距离短和末位齿轮容易磨损；电磁机械计数器还存在噪声较大的问题。它们的优点是简单和数据不会丢失。

(3) 电子数码显示　常用的有 LED 和 LCD，在电子数码显示中全不存在电磁机械计数器显示的局限性，但必须与数字电路匹配。

7.1.7 按动力种类分

(1) 气动式　以 0.14MPa 压缩空气为动力。

(2) 电动式　以 24V DC 或 220V AC 为动力。

7.1.8 按表体结构分

(1) 盘装式　适合安装在仪表盘上，面板尺寸常有 160mm×160mm、80mm×160mm、160mm×80mm、80mm×80mm、144mm×72mm 等。

(2) 台式　适合安放在操作台上，外形尺寸种类更多。

(3) 墙挂式　适合安装在墙壁上、仪表箱中等无仪表盘的场所。

7.1.9 按控制能力分

(1) 指示积算型　不具有任何控制能力。

(2) 带连续控制输出型　带连续控制输出功能，以实现流量定值调节。

(3) 批量控制输出型　具有批量控制输出功能。

不同类型的流量显示仪表所具有的功能也不同，在设计选型时，应从所需解决的问题出发，选择合适的二次仪表。

我国实行改革开放政策以来，国外的流量显示仪表也纷纷进入中国市场，例如横河公司的STLD*E型、YFCT型流量计算机，E+H公司的DXF351型流量计算机，Bailey-Fischer&Porter公司的52BT1000型流量累积表，Spirax-sarco公司的M200G型流量计算机，GEORGE FISCHER公司的9010型流量控制器，Foxboro公司的75LBA型液体批量积算仪和75MCA型的质量积算仪等。

7.2 智能流量积算仪

7.2.1 用途与特点

智能流量积算仪能对来自流量传感器、变送器的脉冲信号或模拟信号进行处理，得到瞬时流量值和累积流量值，然后显示。而且具有流量再发送功能和通信功能。

7.2.2 硬件结构

图7.1所示为FC 3000型智能流量积算仪，它由单片机、操作键、显示器、通信接口和过程通道组成。过程通道包括模拟流量信号输入通道、脉冲流量信号输入通道以及流量再发送信号输出通道。为了节省配电器，模拟信号和脉冲信号输入通道都带有外供直流稳压电源，每路电源均带短路保护，以免操作不慎将电源短路时引起仪表损坏。

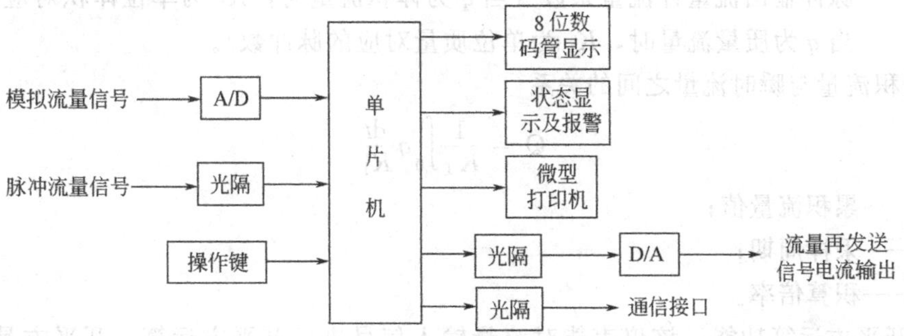

图 7.1　FC 3000型仪表硬件结构框图

7.2.3 信息流程

图7.2所示的是FC 3000型仪表实现其主要功能的信息传送关系流程，其中多处涉及到信号切换和选择则由软件实现。这一方法比编码开关、选择开关等硬件实现方法可靠性更高和成本低。

7.2.4 主要功能

(1) 瞬时流量和累积流量计算与显示功能

① 输入为差压信号

$$q=q_{\max}\sqrt{A_i} \tag{7.1}$$

式中　q——瞬时流量；

$q_{\max}$——流量测量上限；

A_i——经无量纲处理后的差压信号。

② 流量与输入信号呈线性关系

$$q=q_{\max}A_i \tag{7.2}$$

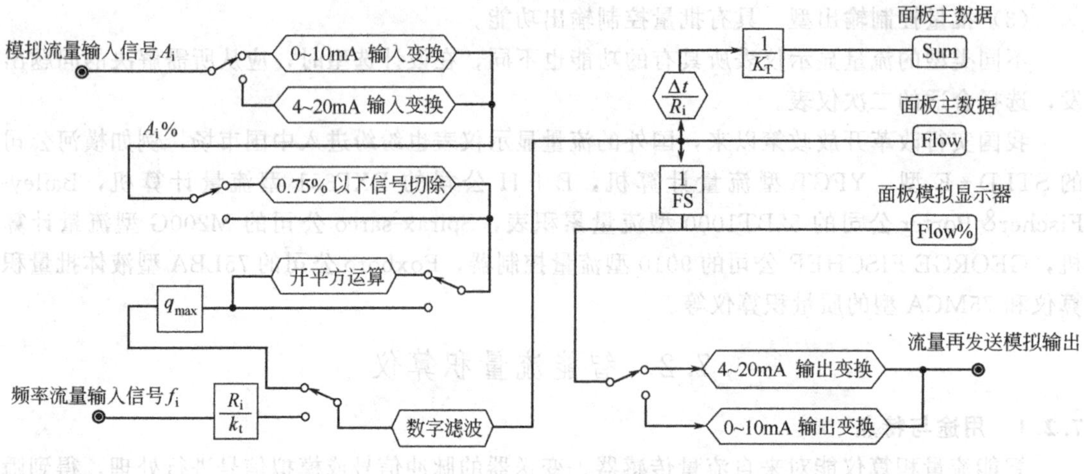

图 7.2 FC 3000 型仪表信息流程

Sum—总量显示器；Flow—(数字)流量显示器；Flow%—模拟流量显示器；FS—流量再发送满度值

③ 输入为脉冲信号

$$q = f_i R_i / K_t \tag{7.3}$$

式中 f_i——脉冲输入信号频率，Hz；

R_i——瞬时流量单位时间换算系数；

K_t——脉冲输出流量计流量系数（当 q 为体积流量时，K_t 为单位体积对应的脉冲数；当 q 为质量流量时，K_t 为单位质量对应的脉冲数）。

④ 累积流量与瞬时流量之间的关系

$$Q = \frac{1}{K_T}\int_0^t q \frac{dt}{R_i} \tag{7.4}$$

式中 Q——累积流量值；

dt——采样周期；

K_T——积算倍率。

(2) 开平方运算功能　该仪表能对流量输入信号进行开平方运算。开平方是数字量运算，采用多倍字长的浮点运算，可以认为是无误差运算。

(3) 小信号切除功能　模拟信号在转换和处理过程中难免存在零点漂移，虽然流体已无流动，但流量计仍有读数，导致缓慢地积算。为杜绝这一现象，流量显示仪表中一般均有小信号切除功能。

从图 7.2 可看出，该仪表的小信号切除可在菜单中选择：①不切除；②使用仪表制造厂规定的切除点。其中仪表制造厂规定的切除点为输入信号的 0.75%，如图 7.3 所示。

由于小信号切除是在模拟流量输入信号经无量纲处理和 A/D 转换后进行的，因此该项操作也属数字量运算，可做到准确无误。

(4) 断电保护功能　断电保护功能是可编程流量显示仪表的一项必不可少的功能，是在主电源中断时保护仪表的设定数据和累积值，使之不丢失和不被修改。

断电保护时间是这种功能的主要指标。用电池实现断电保护的传统方法，保护时间一般只能达到几天至几个月。利用电可擦不挥发存储器（EEPROM）技术实现保护，保护时间可达 10 年以上。FC 3000 型采用后一种方法。

(5) 定时抄表功能　定时抄表功能是按操作员预先设定的抄表时刻自动读取流量累积

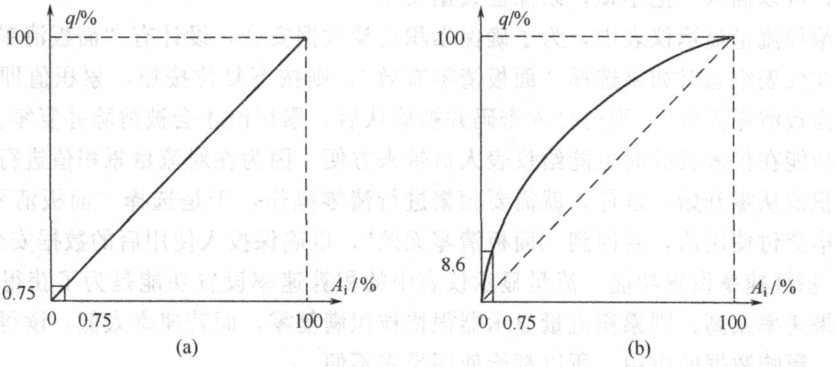

图 7.3　小信号切除点

值，并存放在仪表内的一个单元中。当抄表人员按一下抄表键后，仪表即显示抄表符号和该单元中的数据。该单元中的累积值一直保持到次日“抄表时间”才被刷新。如果整个网络所有流量显示表设置同一抄表时间，那么，抄表人员巡回路线和时间的差异就不影响抄录结果，因此有利于分表和总表的平衡计算。

（6）实时时钟　老式可编程仪表的时钟是以表内的晶振为基础的，不仅误差较大，而且依赖外部电源，当主电源中断时，时钟停走，所以需经常对时钟。新型的时钟是以自带锂电池的专用芯片为核心的实时时钟（realtime clock），走时误差很小，仪表的主电源中断后，依靠其自带锂电池可继续走 10 年。所以减少了麻烦。

（7）自诊断功能　可编程仪表的一个重要优越性是其自诊断功能，仪表按照预先设计的程序定时对有关硬件和有关数据进行检查和诊断，发现异常情况后面板上的报警灯点亮，并在一定的条目中用代码或助记符或短语显示故障类型或故障发生在何处。

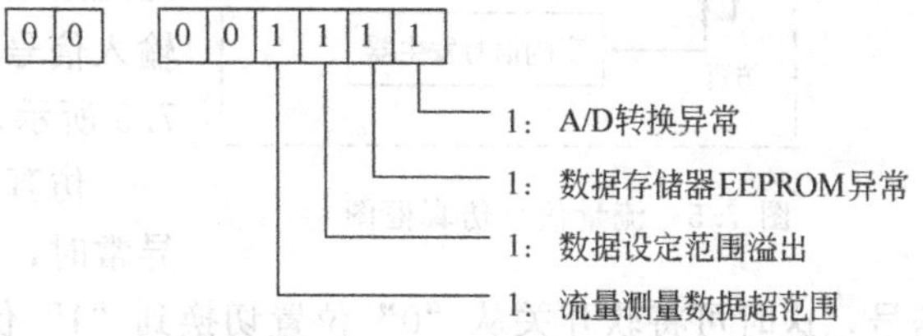

图 7.4　故障代码及意义

图 7.4 所列为 FC 3000 型仪表的故障代码。但若 CPU 发生故障，图 7.4 所列的诊断无法进行，这时面板上的“CPU 故障”灯点亮，通知有关人员进行处理。

（8）密码设置功能　密码设置功能是可编程仪表防止未被授权的人员修改关键数据的重要手段。

本章所介绍的几种流量显示仪表的初始密码均为“000000”，如果想对仪表中先前设置的关键数据作修改，须将规定的条目调出来，键入密码“000000”并得到 CPU 认可，然后数据修改才能实现。

如果想换上自己的密码，可按下面的步骤：a. 先用初始密码将锁打开；b. 将密码输入条目调出来，输入自己新的密码；c. 按回车键后并按规定操作退出数据修改状态，密码即更换成功。

密码一经更换，操作者即应记住自己设定的密码，如果经过努力还是回忆不起，可以同供应商联系，由他们提供一个“万能密码”，将锁打开，但是锁打开之后还是需要设定一个自己的密码，否则经常使用“万能密码”，被泄露次数一多，仪表就不会再有密码了。

（9）面板清零有效性选择功能　早年模拟式流量积算仪面板上都设置有累积值清零机构，操作很方便，但同时也给数据安全带来问题。所以仪表设计者在用于清零的按键上开了一个小孔，可以插入一把小锁，以保证数据安全。

在可编程流量显示仪表中，为了确保累积流量数据安全，设计有“面板清零有效性”选择功能，在仪表组态时如果选择“面板清零有效”，则按下复位按钮，累积值即被清除。如果选择“面板清零无效”，则需打入密码并被确认后，累积值才会被清除并复零。

这一功能在仪表校验时也能给仪表人员带来方便。因为在对流量累积值进行校验时，人们习惯累积值从零开始，这样，就需要频繁进行清零操作，于是选择“面板清零有效”。仪表校验完毕交付使用前，要回到“面板清零无效”，以确保投入使用后的数据安全。

(10) 积算速率设置功能　流量显示仪表中的积算速率设置功能是为了获得合适的积算速率。如果速率太高，则累积流量显示器很快被积满复零，而若速率太低，读得的累积值分辨力太低，影响数据的应用，所以都给使用带来不便。

在可编程流量显示仪表中，可通过面板按键的操作，并与窗口显示相配合，便捷而准确地设置满量程积算速率。

积算速率一般引入10的n次幂的倍率概念，在同一个区域内测量同一种流体的各台流量表，往往取相同的倍率。例如，全厂蒸汽流量计取$n=-1$，则倍率为×0.1t，抄表员在抄得累积流量的读数后，乘以0.1t，即为累积流量，这样，不会因各台表倍率各异带来麻烦和差错。

(11) 仿真功能　流量显示仪表中的仿真功能其实只是仿真（Simulation）方法在流量二次表中的一种应用，它是在仪表的单片机按菜单中设定的流量仿真值发生一个代表流量的频率值或经无量纲化的模拟信号（0～100%），然后取代流量输入信号，对流量显示仪表进行校验，其框图如图7.5所示。

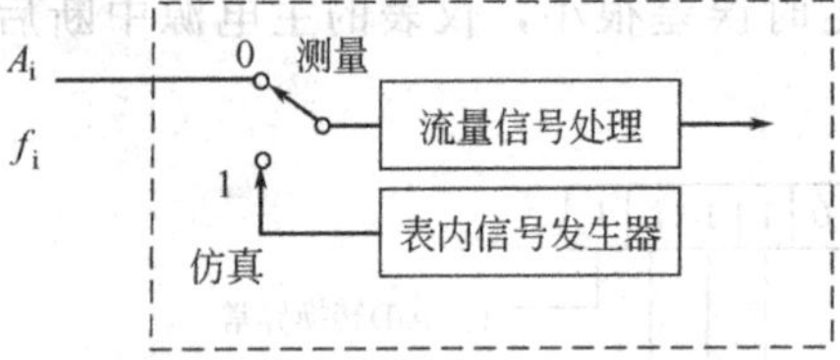

图 7.5　流量信号仿真框图

仿真功能的用途是故障查找。当仪表流量示值异常时，若想判断原因存在于二次表还是流量输入信号，这时可将软开关从“0”位置切换到“1”位置，于是“流量信号处理”部分与外部输入的流量信号断开，而接受“表内信号发生器”送出的信号。这时如果显示准确无误，则表明二次表数字运算部分正常，如果显示不正常，则表明二次表有问题。

仿真检查结束后，还需将软开关切回到“测量”位置。

(12) 远程通信功能　可编程流量显示仪表的远程通信功能可用于同上位机通信，也可用于两台可编程仪表之间的通信。通信标准常用RS-232C或RS-485。RS-232C的通信距离只能达到几十米，但可与计算机直接连接，适用于通信距离较短的场合；而RS-485的通信距离可达2km，通信速率有1200、2400、4800和9600波特率几挡可选。较低的波特率适用于通信速率要求不高的系统中，这时可以在不增装中继器的情况下，通信距离延长到数千米。

7.2.5　国内外流量指示积算仪概况

(1) 处理流量信号能力的差异　生产流量显示仪表的厂家国内有很多，在中国市场销售的外国同类产品也有不少品种，有的制造商能供应只具备指示积算功能的产品，如横河公司的STLD-101*E型流量积算仪，Foxboro公司的75RTA型流量积算仪等，有的制造商只有带温度、压力输入通道的流量显示仪表，但在不使用其温度、压力输入通道的情况下，也能用于简单的流量指示积算。有的厂家将处理模拟流量输入信号和脉冲流量输入信号的仪表分别制成两个产品。有的厂家通过8选1模拟开关使一台仪表具有处理8路流量输入信号的能力。

(2) 总量显示位数的差异　流量显示仪表的数码显示器件常用的有LED和LCD，其中LCD显示的位数一般多达十进制8位以上，而LED显示一般为6～8位。在显示总量时，有些用户希望位数更长一些，于是有的制造商设计了分段显示的方法，即总长12位（或16位）的十进制总量显示，面板上经常显示的是其低6位（或8位），按一下特殊定义的读数键即显示其高6位（或8位），同时给出高位段的标志，这样，若干年也不会积满复零，从而弥补了位数欠长的缺陷。

(3) 精确度等级的差异　国外产流量显示仪表的精确度一般都定得较高，而国产流量显示仪表以0.5级和0.2级居多，这主要同所选用的A/D转换器的精确度有关。仪表中用的A/D转换器一般为双积分型，转换速度较慢，但稳定性好，跳码小，抗干扰能力强。高精确度A/D转换器的分辨力高，精确度也高，但价格相应较贵，而精确度较低的8位A/D转换器，由于价格低，所以在0.5级精确度的产品中也采用。

国产的处理脉冲流量输入信号的流量显示仪表，总量测量精确度一般都定得较高，而瞬时流量精确度却差异较大，精确度有的定为±0.1%R，有的却定为±0.5%R甚至±1%R。经分析主要是因瞬时流量求取方法不相同，前者是采用计算机方法，即在输入信号频率较高时由单片机测定输入信号的平均频率，而在频率较低时，由单片机测定脉冲平均周期，然后与流量系数一起计算瞬时流量。而后者是以RC积分技术为基础，即将输入脉冲整形后送RC积分电路，得到与频率成正比的电压信号，经平滑处理后送A/D转换器，得到数字量，然后显示。由于转换环节多和f/V转换方法本身的缺陷，测量精确度难以提高。

(4) 通信标准的差异　国产流量显示仪表通信口一般为RS-232或RS-485现场总线标准，但国外早期产品有一些为RS-422等其他标准，近期推出的产品基本上也已统一为RS-232或RS-485标准。有的还可提供FF现场总线等接口。

(5) 电磁兼容性等指标的差异　有些国外制造商在产品的电磁兼容等环境适应性方面也做了很多工作。例如Foxboro公司的75系列流量显示仪表，其射频电磁场辐射抗扰度指标定为3V/m，27～1000MHz，而其尘密水密性指标定为IP65。这两项试验国产流量显示仪表基本上没有开展。

7.3 通用流量演算器

7.3.1 用途和特点

FC 6000型通用流量演算器是一种通用性较强、功能较丰富的多用途流量演算器。除了常规的流体温度补偿、压力补偿、密度补偿、温度压力补偿之外，该仪表还有以下功能：

① 对一般气体的压缩系数 Z 进行补偿；

② 对天然气的超压缩系数 F_{pv} 进行补偿；

③ 对流量系数非线性进行补偿；

④ 对差压式流量计的可膨胀性系数进行补偿；

⑤ 对蒸汽密度进行查表并进行相应的补偿；

⑥ 对湿气体的干部分流量进行测量。

仪表中的海量存储器能依次存储11520组最新历史数据，有利于计量管理中查阅和电话抄表。

7.3.2 硬件结构

图7.6所示的硬件结构，其过程通道除了流量信号输入通道外，还有流体温度和压力输入通道。

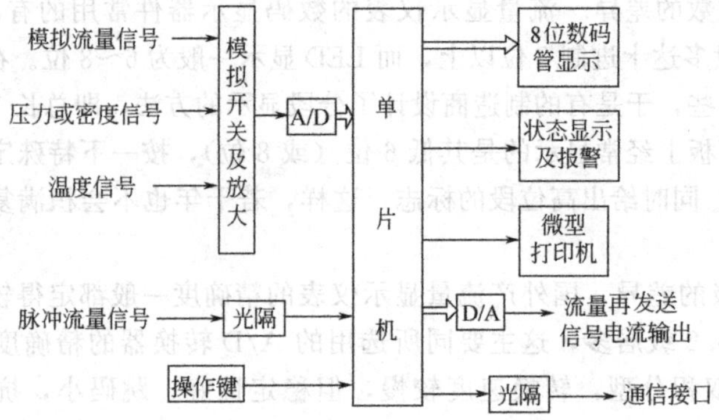

图 7.6 FC 6000 型通用流量演算器硬件结构框图

7.3.3 信息流程

图 7.7 所示的信息流程，示出了实现其主要功能的信息传送关系和信号处理顺序。

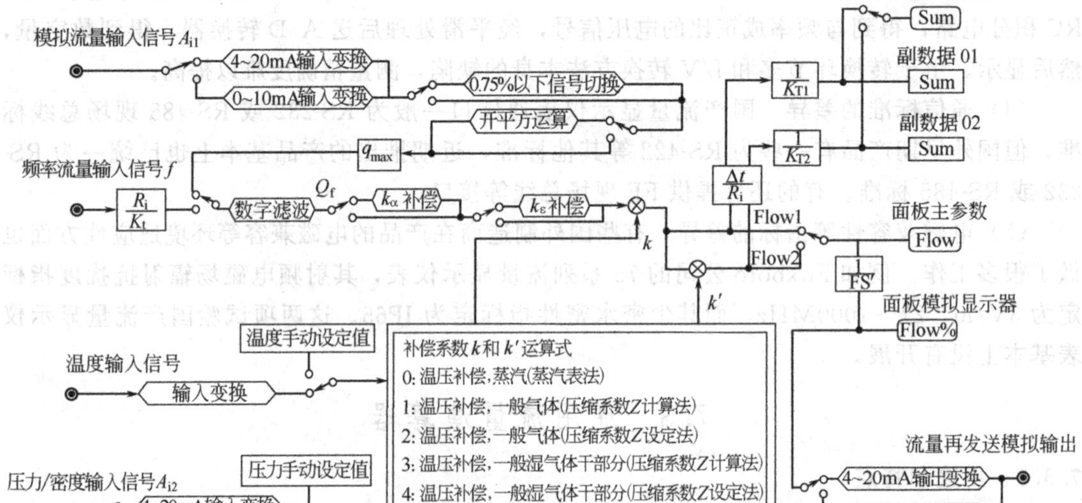

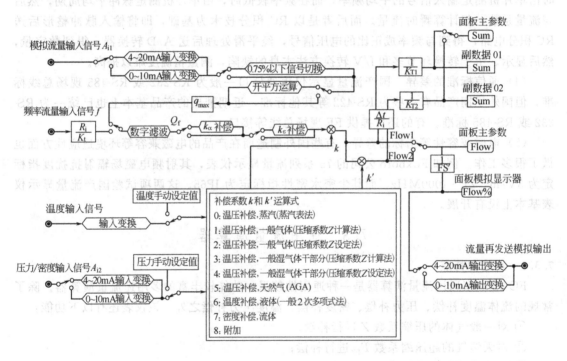

图 7.7 FC 6000 型仪表信息流程

7.3.4 主要功能

FC 6000 型仪表的功能比 FC 3000 型仪表功能更强大，它除了能完成 FC 3000 型仪表所具有的积算和各项辅助功能外，还具有下列各项演算功能。

（1）流体工况补偿功能　绝大多数流量计只有在流体工况与设计条件一致的情况下，才能保证测量精确度。有些流体如气体、蒸汽，流体工况变化对测量精确度的影响特别大，必须进行补偿。

按流量传感器类型和流体种类，可选用不同工况参数和不同补偿公式。下面叙述目前常用的补偿公式和实现方法[3,4]。

① 差压式流量计

a. 蒸汽质量流量测量按式(7.5)～式(7.7)补偿

$$k=\sqrt{\frac{\rho_f}{\rho_d}} \tag{7.5}$$

式中 k——工况补偿系数；

ρ_f——使用状态流体密度，kg/m^3；

ρ_d——设计状态流体密度，kg/m^3。

b. 模拟输出涡街流量计

$$k=\rho_f/\rho_d \tag{7.6}$$

c. 脉冲输出涡街流量计

$$k=\rho_f \tag{7.7}$$

式(7.7)与式(7.5)、式(7.6)有很大差别的原因是根据涡街流量传感器送出的脉冲频率及其流量系数所计算出来的是体积流量。同一个体积流量如果流体密度不同，所代表的蒸汽质量流量也不同。

从蒸汽的压力和温度求取蒸汽密度，在可编程流量演算器中一般采用查表法。即

$$\rho_f=f(p_f,t_f) \tag{7.8}$$

$$\rho_d=f(p_d,t_d) \tag{7.9}$$

式中 p_f、p_d——使用状态和设计状态蒸汽压力，MPa（绝对值）；

t_f、t_d——使用状态和设计状态蒸汽温度，℃。

国际蒸汽密度表共有三张，即过热蒸汽密度表、以压力为自变量的饱和蒸汽密度表和以温度为自变量的饱和蒸汽密度表。

因为饱和蒸汽的压力和温度是一一对应的，只需知道两个参数中的一个，就可查表得到其密度。

② 一般气体流量采用下式对流体压力、温度进行补偿

a. 差压式流量计

$$k=\sqrt{\frac{p_f T_d Z_d}{p_d T_f Z_f}} \tag{7.10}$$

式中 T_f、T_d——使用状态、设计状态热力学温度，K；

Z_f、Z_d——使用状态、设计状态的气体压缩系数。

b. 模拟输出涡街流量计

$$k=\frac{p_f T_d Z_d}{p_d T_f Z_f} \tag{7.11}$$

c. 脉冲输出涡街流量计

$$k=\frac{p_f T_n Z_n}{p_n T_f Z_f} \tag{7.12}$$

式中 p_n——标准状态流体压力，MPa（绝对值）；

T_n——标准状态流体热力学温度，K；

Z_n——标准状态气体压缩系数。

经式 (7.12) 补偿的流量为标准状态体积流量。式 (7.12) 中的 p_n 一般取 101.325kPa (绝对值)，T_n 可以根据对标准状态的约定取 20℃、0℃，煤气行业常取 $t_n=15$℃，然后换算到绝对温度。

式 (7.12) 中的 Z_f，可以由 p_f、T_f，根据流体名称查理化手册得到，也可由仪表自动计算得到。一旦指定仪表自动计算 Z_f，必须在演算器菜单中填入被测流体的临界压力值和临界温度值。

③ 一般气体干部分流量按式 (7.13)～式(7.17) 对流体工况进行补偿

a. 差压式流量计

$$k=\frac{p_f-\varphi_f p_{sfmax}}{p_n-\varphi_d p_{sdmax}}\times\frac{T_d}{T_f}\times\frac{Z_d}{Z_f}\sqrt{\frac{\rho_d}{\rho_f}} \tag{7.13}$$

式中 φ_f、φ_d——使用状态、设计状态湿气体相对湿度；

p_{sfmax}——使用状态 (p_f、t_f) 湿气体中饱和水蒸气压力，MPa；

p_{sdmax}——设计状态 (p_d、t_d) 湿气体中饱和水蒸气压力，MPa。

$$\rho_f=\rho_n\frac{p_f-\varphi_f p_{sfmax}}{p_n}\times\frac{T_n}{T_f}\times\frac{Z_n}{Z_f}+\varphi_f\rho_{sfmax} \tag{7.14}$$

$$\rho_d=\rho_n\frac{p_d-\varphi_d p_{sdmax}}{p_n}\times\frac{T_n}{T_d}\times\frac{Z_n}{Z_d}+\varphi_d\rho_{sdmax} \tag{7.15}$$

式中 ρ_f——使用状态 (p_f、T_f、Z_f、φ_f) 湿气体的密度，kg/m^3；

ρ_d——设计状态 (p_d、T_d、Z_d、φ_d) 湿气体的密度，kg/m^3；

p_{sfmax}——使用状态 (p_f、T_f) 湿气体中饱和水蒸气压力，MPa；

p_{sdmax}——设计状态 (p_d、T_d) 湿气体中饱和水蒸气压力，MPa。

b. 模拟输出涡街流量计

$$k=\frac{p_f-\varphi_f p_{sfmax}}{p_d-\varphi_d p_{sdmax}}\times\frac{T_d}{T_f}\times\frac{Z_d}{Z_f} \tag{7.16}$$

c. 脉冲输出涡街流量计

$$k=\frac{p_f-\varphi_f p_{sfmax}}{p_n}\times\frac{T_n}{T_f}\times\frac{Z_n}{Z_f} \tag{7.17}$$

仪表按照上面的公式计算湿气体的干部分流量时，一般顺序如下。

先从 T_d 的设置值查存储在表内的饱和水汽分压表、饱和水汽密度表，求得 p_{sdmax}、ρ_{sdmax}，再将 ρ_n、p_d、φ_d、p_n、T_n、Z_n 和 Z_d 的设置值一起代入式(7.15)，求得 ρ_d。从测量值 T_f 查表求得 p_{sfmax}、ρ_{sfmax}，再与测量值 p_f、T_f，以及 ρ_n、φ_f、p_n、T_n、Z_n 和 Z_f 一起代入式(7.14) 求得 ρ_f。

在此基础上，将有关数据代入式 (7.13) 求得 k，即完成整个计算。

在上面的式子中，φ_f 理应使用测量值，但因流体情况十分复杂，湿度的在线测量用得还不多，湿度变送器输出送入流量演算器参与计算的例子更少。具体实施时，φ_f 仍由人工输入 (设置)。这个方法在湿煤气流量测量中应用得较多，这是因为绝大多数的煤气的相对湿度等于或接近 100%[1]。从而省却了流体湿度的在线测量。

④ 液体流量测量按式 (7.18)～式(7.20) 对流体温度进行补偿

a. 差压式流量计

$$k=\sqrt{1+\mu_1(t_f-t_d)} \tag{7.18}$$

式中 μ_1——液体一次补偿系数，℃$^{-1}$。

b. 模拟输出涡街流量计

$$k=1+\mu_1\ (t_f-t_d) \tag{7.19}$$

c. 脉冲输出涡街流量计

$$k=1+\mu_1\ (t_f-t_n) \tag{7.20}$$

式（7.18）～式(7.20) 用一次表达式来补偿液体温度对液体流量测量的影响，其实质是对液体密度随温度变化而变化进行补偿。在实际液体中，$\rho_f=f(t_f)$的关系都不是一条直线，所以，有些流量演算器用一般二次多项式进行补偿，这样做比用一次式补偿更准确。

采用二次多项式进行补偿时，式（7.18）～式（7.20）分别变为式（7.21）～式（7.23）。

$$k=\sqrt{1+\mu_1(t_f-t_d)+\mu_2(t_f-t_d)^2} \tag{7.21}$$

$$k=1+\mu_1(t_f-t_d)+\mu_2(t_f-t_d)^2 \tag{7.22}$$

$$k=1+\mu_1(t_f-t_n)+\mu_2(t_f-t_n)^2 \tag{7.23}$$

式中　μ_2——二次补偿系数，℃$^{-2}$。

⑤ 使用密度变送器测量流体密度时按式（7.24）～式（7.26）进行补偿

a. 差压式流量计

$$k=\sqrt{\frac{\rho_f}{\rho_d}} \tag{7.24}$$

b. 模拟输出涡街流量计

$$k=\frac{\rho_f}{\rho_d} \tag{7.25}$$

c. 脉冲输出涡街流量计（换算到标准状态体积流量）

$$k=\frac{\rho_f}{\rho_n} \tag{7.26}$$

上面列举了几种流量计和几种流体的工况补偿公式，尚未覆盖全部，但已经相当繁复了。若包含在同一台仪表中就出现了一个选择问题，仪表厂提供的选择手段常见的有两种，其一靠编码开关由硬件选择，其二靠软开关，在菜单中指定。后一种方法更为可靠经济。

（2）流量系数修正功能　差压式流量计的流量系数与雷诺数呈一定的函数关系，当雷诺数小到一定的数值时，流量系数就有较大变化，不宜使用。为了提高系统精确度和扩大范围度，演算器中常带有流量系数修正功能，修正雷诺数变化引入的测量误差。

孔板等节流件（以角接取压为例）有下面的关系式[2]。

$$C=0.5961+0.0261\beta^2-0.216\beta^8+0.000521\left(\frac{10^6\beta}{Re_D}\right)^{0.7}$$

$$+\left[0.0188+0.0063\left(\frac{19000\beta}{Re_D}\right)\right]\beta^{3.5}\left(\frac{10^6}{Re_D}\right)^{0.3} \tag{7.27}$$

式中　C——流出系数；

β——节流装置直径比 d/D（d 为节流件孔径，D 为管道内径）；

Re_D——雷诺数。

先由满度流量 q_{max} 计量雷诺数（Re_D）$_i$，代入式（7.27）计算满度时的流出系数 C_m，再由测量点（根据差压信号计算得到的）流量 q_i 计算雷诺数（Re_D）$_i$，并代入式（7.27）计算该点流出系数 C_i。则

$$k_\alpha=\frac{C_i}{C_m} \tag{7.28}$$

$$q_i'=k_\alpha q_i \tag{7.29}$$

式中　k_α——流量系数修正系数；

q_i、q_i'——修正前、修正后的流量值。

按照原理，应以 q_i' 为起点进行迭代，求得更精确的修正系数。

采用这种方法也可用若干段折线完成修正。即 $0 \sim q_{max}$之间分成若干段（常为 9～15 段）作为横坐标，再由 q_i 计算相应的修正系数 $k_{\alpha i}$，作为纵坐标组成折线。对瞬时流量进行修正时，只需由未经修正的流量值查表和线性内插就可获得。

多段折线的修正方法不仅适用于差压式流量计，也适用于涡街流量计等通过实标法获得流量系数的仪表[3]，即以实标数据为基础计算各标定点的修正系数，制成折线表输入仪表。

(3) 可膨胀性系数修正功能　这一功能是专门配用于节流差压式流量仪表。

差压式流量计测量可压缩流体时，流体流过节流件后压力降低，并出现流束膨胀。这一现象使得 q 正比于 $\sqrt{\Delta p}$的关系产生偏差。可膨胀性系数 ε 就是补偿这一偏差。一副节流装置的 ε 并非常数，它取决于差压、静压和等熵指数。

在演算器中，常用式（7.30）[2]计算不同相对流量时的 ε，再计算 ε 的修正系数 k_ε。

$$\varepsilon_f = 1-(0.351+0.256\beta^4+0.93\beta^8)\left[1-\left(\frac{p_2}{p_1}\right)^{1/\kappa}\right] \tag{7.30}$$

式中　ε_f——使用状态下的可膨胀性系数；

p_1——使用状态下节流件前流体静压力，Pa（绝对值）；

p_2——使用状态下节流件后流体静压力，Pa（绝对值）；

κ——等熵指数。

$$p_2 = p_1 - \Delta p$$

$$\Delta p = \left(\frac{q_i}{q_{max}}\right)^2 \Delta p_{max} \tag{7.31}$$

式中　Δp——差压，Pa；

q_i——未经任何补偿的流量；

q_{max}——满量程流量；

Δp_{max}——差压上限，Pa。

$$k_\varepsilon = \varepsilon_f / \varepsilon_d \tag{7.32}$$

式中　k_ε——修正系数；

ε_d——设计状态可膨胀性系数。

这样，演算器利用两个输入变量 q、p_1，5 个置入数据 q_{max}、Δp_{max}、β、κ 和 ε_d 就可方便地计算 k_ε。

(4) 蒸汽热量计算功能　演算器与蒸汽流量计配用时，仪表可按使用者指定显示热量。热量演算是以蒸汽质量流量 q_m、蒸汽压力 p_f、蒸汽温度 t_f 为自变量的，即

$$\Phi = q_m h_f \tag{7.33}$$

$$h_f = f(p_f, t_f) \tag{7.34}$$

式中　q_m——质量流量，kg/h；

Φ——热流量，kJ/h；

h_f——使用状态下蒸汽比焓（由仪表根据 p_f、t_f 查国际蒸汽热焓表得到），kJ/kg。

(5) 天然气超压缩系数计算　天然气的性质与一般气体有很大差别，其中压缩系数最为明显，计算天然气的超压缩系数是件繁琐的事。仪表由有关自变量实时自动求取超压缩系数，也只有引进了计算机技术才可能实现。

按照第8号AGA报告或SY/T 6143—2004标准规定，天然气的超压缩因子是下列自变量的函数：

a. 流体温度 t_f；

b. 流体压力 p_f；

c. 天然气真实相对密度 G_r；

d. 天然气中二氧化碳的摩尔分数 M_c；

e. 天然气中氮气的摩尔分数 M_n。

流量演算器根据在线测量到的流体温度、流体压力以及菜单中人工设置的 G_r、M_c、M_n 等参数，采用计算和查表相结合的方法得到超压缩系数。每个计算周期对超压缩系数计算一次。

(6) 循环显示功能　按一下仪表面板上的有关按键，仪表就能显示流体温度、流体压力、瞬时流量、累积流量等示值。但是有些测量对象，操作人员想经常观察两个或两个以上变量的读数，较多的是流体压力和瞬时流量。循环显示功能就能满足这一要求。

循环显示功能能按操作者预先指定的切换时间间隔循环显示累积流量、瞬时流量、流体压力、流体温度，也可指定为定点显示。

(7) 经补偿后的流量信号再发送功能　这一功能的用途是将经补偿后的瞬时流量信号以模拟信号的方式送到调节器、记录仪或DCS等后续仪表或装置。因此，再发送信号的更新周期就成为关键参数。一般来说，更新周期为0.5s时，对流量调节系统的调节品质和记录品质均无严重影响。

经补偿后的流量满度值（4～20mA信号制为20mA所对应的流量值；0～10mA信号制为10mA所对应的流量值）有时要求与流量测量上限值不相同，因此在菜单中可以根据需要填入合适的再发送流量满度值。

(8) 打印功能　人们对流量显示仪表的打印功能要求都不高，一般只是记录某一时刻流量显示仪表所显示的当前示值。同时由于安装的原因，与流量显示仪表配用的打印机一般都是易于安装在仪表盘上的微型打印机，打印速度也不高，所以打印机同流量二次表之间用串行通信口连接已能满足需要，这为仪表的设计和安装带来了方便。FC 6000型仪表的典型打印格式如图7-8所示。其打印方式有定时打印、召唤打印和越限加速打印。

```
No.000
99/10/15 0:00
Sum:  296756
Flow: 6000.
t:    408.4
P:    1.449
```

(a) 蒸汽流量测量

```
No.001
1/9/2  00:00
SumJ:   93684
SumJg:  193938
SumJh:  1000628
SumFg:  325023
SumFh:  322057
J:      2664.0
Jg:     5515.2
Jh:     2851.5
Fg:     9646.
Fh:     9525.
Tg:     136.0
Th:     71.5
```

(b) 双流量计方法热量测量

图 7.8　流量测量典型打印格式

① 定时打印。这种打印方式须在菜单中的规定窗口指定打印起始时间（即一天中首次打印时间）和打印间隔时间（即首次打印后每隔多少时间打印一次）。

② 召唤打印。操作人员根据需要，启动一下仪表面板上约定的按键，就可实现一次打印。

③ 越限加速打印。该打印方式是仪表中某个变量满足指定的表达式的要求时，自动将打印间隔时间缩短为“加速打印间隔时间”。例如某台演算器用来处理蒸汽流量信号，设置正常打印间隔时间为8h，以满足考核和结算的需要，当流体压力低于设定压力（供方承诺的最低压力或维持正常生产的最低压力）时，每5min打印一次。于是可将“加速打印间隔之间”设置为5min，从而使打印机兼有划线记录仪的部分功能。

(9) 无纸记录功能　流量显示仪表中的无纸记录功能同打印记录和划线记录相比有下列显著的优越性。

① 记录数据存放在仪表内部，不像打印机和记录仪那样占用较大几何空间。

② 无纸记录功能所记录的内容由固化在仪表内的软件决定，可以十分丰富，使用者可以有很大的选择余地，这在划线记录仪中，是完全不可能的。

③ 存储在海量存储器中的数据数量巨大，间隔时间可以有很大的选择空间。

④ 存储在海量存储器中的大量数据，既可以人工调阅，也可由计算机用通信的方法读取，使用灵活方便。

⑤ 经济实用，无需维修。

FC 6000型仪表中的海量存储器可存放11520组数据，每组数据由时间和4个有用数据组成。有用数据可在第一瞬时流量、第一累积流量、第二瞬时流量、第二累积流量、流体温度、流体压力、故障诊断信息等7个参数中任意选取4个。存储数据的间隔时间可在1、2、5、10、30、60min中任选一种。

(10) 故障诊断代码的合成与分解　流量演算器中的故障诊断内容更丰富，除了CPU故障之外，还有如表7.1所示的13种故障。如此多种类的故障有可能同一时刻只发生一种，也有可能同时发生几种。要在00条副数据（故障诊断结果显示条目）中将可能同时发生的各种故障都显示出来，这就产生了一个代码合成与分解的问题。

表 7.1　故障代码、故障内容和仪表相应动作对照

ALM灯	显示代码	诊 断 内 容	异 常 时 动 作
灭	000000	正常	—
亮	000001	A/D转换异常	流量运算处理停止
	000002	数据存储器EEPROM异常	流量运算处理停止
	000004		
	000008		
	000010	测定温度输入信号范围溢出	用温度手动设定值运算
亮	000020	测定压力/密度输入信号范围溢出	用压力/密度手动设定值运算
	000040	温度补偿范围溢出	用温度补偿范围极限值运算
	000080	压力补偿范围溢出	用压力补偿范围极限值运算
	000100	测定流量输入信号范围溢出	用极限值运算
	000200	流量模拟显示/再发送范围溢出	用极限值运算
	000400		
	000800	过热蒸汽成为饱和蒸汽	作为饱和蒸汽运算
	001000	数据设定范围溢出	流量运算处理停止
	002000	标定点流量-补偿系数设定不合理	用 $k_a=1$ 进行运算
	004000	k_ϵ 补偿计算用副数据设定不合理	用 $k_\epsilon=1$ 进行运算
	008000	压缩系数 Z 计算用副数据设定不合理	用 $Z=1$ 进行运算

举例：诊断代码显示值为 000B30

由于代码显示为十六进制，上面的显示值可作如下分解：

000B30＝000010＋000020＋000100＋000200＋000800

表示的故障（或异常）有5个，分别是测定温度输入信号范围溢出、测定压力输入信号范围溢出、测定流量输入信号范围溢出、流量模拟显示/再发送范围溢出。过热蒸汽成为饱和蒸汽。

7.3.5 国内外流量演算器概况

(1) 通用性的差异　国外生产的流量演算器（也有的命名为流量计算机、积算仪等）大多具有较高的通用性，有的不仅适用于多种流体的流量显示，还可用作热量计算和显示，如Endress＋Hauser公司的DXF351型流量计算机，但是也有与特定流量传感器（变送器）配用的流量计算机，如本书3.1节中所述的spirax-sarco公司的M200系列流量显示计算机是专为该公司的线性孔板配套的显示仪表。国内有的制造厂为不同的流体制成不同的流量演算器，例如有分别适用于饱和蒸汽质量流量、过热蒸汽质量流量、气体流量测量的流量演算器等。

(2) 输入信号多样性的差异　国外产和国产流量演算器中有的只接受1～5V DC输入信号，因此，需另设供电箱和配电器为变送器供电，并将电流信号转换成电压信号。有的除了能接受模拟流量输入信号、脉冲流量输入信号和热电阻输入信号之外，还能接受一路开关量输入信号，用于远程复位操作。

(3) 信号处理方式的差异　不同的制造商所生产的流量演算器信号处理方式、所使用的公式也不尽相同，例如，孔板式差压流量计中的可膨胀性系数ε_1的计算，ISO 5167推荐的计算公式如式（7.30）所示，有的外国制造商采用经验公式。

$$\varepsilon_1 = 1 - 8\times10^{-4}\frac{\Delta p}{p_1}$$

式中　Δp——差压，inH_2O（$1inH_2O = 249.082Pa$）；

p_1——孔板前压力，bar（$1bar = 10^5Pa$）。

再如间接法蒸汽质量流量计中蒸汽密度的求取方法。不同的制造商所采用的蒸汽密度求取方法有较大的不同，如3.1节所述的查表法和数学模型法，而数学模型法中又有多种不同的模型，其中用得较多的是：饱和蒸汽的密度用“端点连线法”建立起来的如式（3.17）所示的一次表达式；过热蒸汽按理想气体定律处理，从而节省存储器的内存空间，但精确度比查表法差一些。

(4) 输出信号多样性的差异

① 带有继电器接点输出。继电器接点输出可用于变量越限报警。

② 流量再发送输出信号的多样性。流量再发送器（Retransmitter）有的公司也称中继器（Repeater），有的国外产品除了能提供两路4～20mA再发送信号之外，还能提供一路频率再发送信号，以满足后续仪表不同的需要。

③ 笔式记录功能。BAILEY-FISCHER&PORTER公司通用性极强的圆图形记录仪经组态后可以用于流量演算和热量计量，它最多可以有4路隔离的4～20mA再发送输出，各路再发送输出的用途可编程，因此，经补偿后的质量流量、流体温度、流体压力等信号都可经再发送输出口送到DCS或调节器。除此之外，仪表最多可带4支划线记录笔，每支笔所记录的变量可由编程决定。

④ 失效输出功能。有的流量演算器与调节器配合实现流量定值调节，即经补偿运算得

到的流量信号经再发送口送到调节器作测量信号。如果流量演算器失效，则调节器接收到的是一个虚假信号，这时调节系统处于开环状态，弄得不好就会因调节器的积分作用导致调节阀跑到极限位置，因此，流量演算器失效时应立即通知调节器，这时调节器可立即切换到“手动”位置，并发出报警信号，从而保证系统的安全。

具有失效输出功能的流量演算器，在失效后立即送一个开关信号。

7.4 同步显示器

7.4.1 用途与特点

一套流量表测量得到的瞬时流量、累积流量示值在另一个地方同步显示出来，是人们很多年以前就有的主观愿望，也是计量管理、经营管理等活动中的一项客观需要。以前有人将这种二次仪表的示值作异地显示的仪表称作“三次仪表”，曾有不少使用模拟式仪表完成此项任务的例子，但是均不够理想，其原因一是误差大，二是传送的数据容量小。一直到计算机技术和通信技术进入仪表后，这一任务才得到圆满解决。

要求将流量数据作异地同步显示的例子很多。例如贸易结算使用的流量数据，不仅供方需要掌握，而且需方也需要知道。增设一台同步显示器，将流量演算器中一切必要的数据如瞬时流量、累积流量、流体温度、流体压力甚至一些中间计算结果用通信的方法传送给同步显示器，就能满足这一要求。同步显示器具有流量演算器相同的面板，既可通过面板按键选择显示内容，又可自动循环显示。所显示的数据与流量演算器所显示的同名数据一字不差。

同步显示器与流量演算器之间的连接如图 7.9 所示。

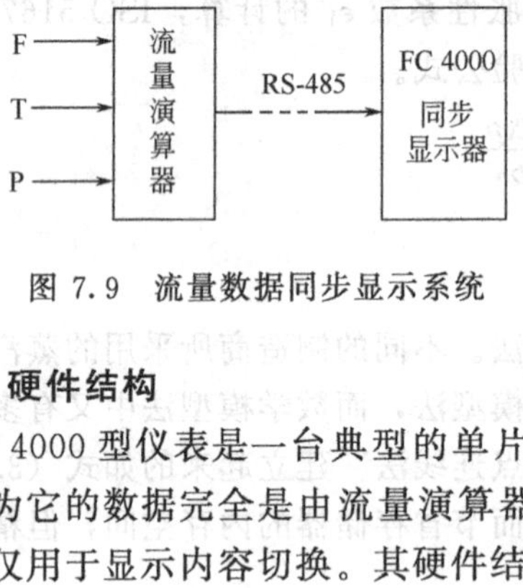

图 7.9 流量数据同步显示系统

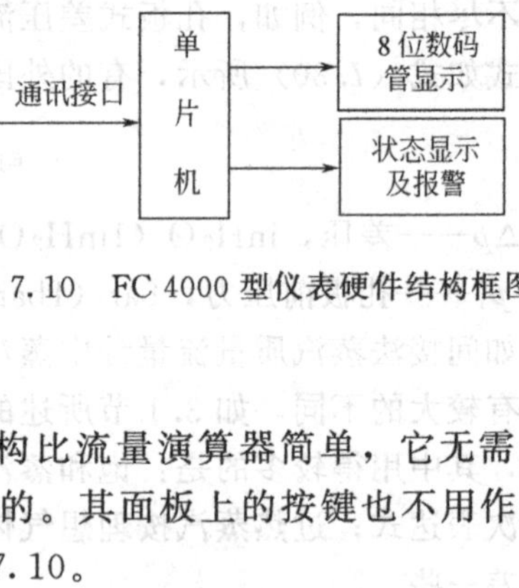

图 7.10 FC 4000 型仪表硬件结构框图

7.4.2 硬件结构

FC 4000 型仪表是一台典型的单片机，其硬件结构比流量演算器简单，它无需过程通道，因为它的数据完全是由流量演算器经通信口传来的。其面板上的按键也不用作菜单设置，而仅用于显示内容切换。其硬件结构方框图见图 7.10。

7.5 贸易结算型流量演算器

7.5.1 特点

FC 6000 PLUS 贸易结算型流量演算器是为了满足贸易结算中的流量计量而设计的。其硬件结构同 FC 6000 型仪表完全一样，只是在软件设计上增加了贸易结算专用的功能。

7.5.2 贸易结算专用功能

(1) 小流量计费功能　按照供需双方的约定，当实际流量小于“下限流量约定值”时，按照“下限收费流量”收费。所以在该流量演算器的菜单中，有一条写入“下限流量约定值”，另一条写入“下限收费流量”，仪表运行后，如果实际流量小于“下限流量约定值”，即以“下限收费流量”取代实际流量进行积算。

如果演算器虽用于贸易结算流量计量，但供需双方并无此约定，或虽有此约定但暂不执行，则可将“下限流量约定值”和“下限收费流量”都写入 0 即可。

(2) 停汽判断功能　停汽判断功能是专为蒸汽贸易结算设计的。当蒸汽总阀关闭后，阀后蒸汽管内流体温度迅速下跌，流体压力接着下跌（以过热蒸汽为例），仪表就是以这两个参数作为是否停汽的观察依据。

在仪表中有一个窗口写入“停汽温度标志值”，另一个窗口写入“停汽压力标志值”，这两个标志值由供需双方协商决定。当关闭总汽阀后，测量到的蒸汽温度和压力只要有一个低于其标志值，仪表即作出“已停汽”的判断，这时不管实测流量为多少，一律停止积算，也不按“下限收费流量”进行积算。

如果双方约定不使用这一功能，则可将相应窗口中的“温度标志值”和“压力标志值”设置得足够低，低到一般情况下不可能到达的数值。

用管道内的蒸汽温度和蒸汽压力来对停汽作出判断，必然存在一定的滞后，因为管道有一定的容积，温度和压力下跌需要有一个过程，如果想加速这一过程，可在总汽阀关闭后，打开阀后的放净阀。

有的使用现场，由于历史原因，蒸汽总阀并不设置在蒸汽流量计的上游，而是在下游，这时，总阀关闭压力变送器测得的压力信号并不下跌，温度传感器测得的信号也不下跌。对于这种情况，可在总阀下游另外安装一个温度传感器（变送器）并接入流量演算器，专门监测停汽信号。如图 7.11 所示。

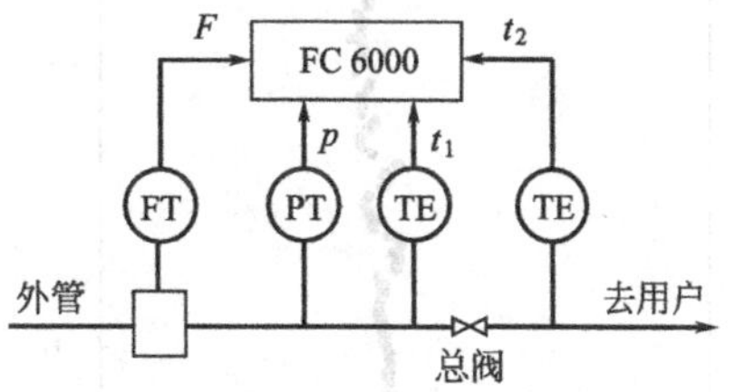

图 7.11　带停汽监测温度传感器的系统

(3) 超计划耗用收费功能　流量演算器实现这一功能需占用两条菜单，其中一条写入“最大耗用流量”，另一条写入“超用费率”。仪表运行后，按下式计算收费流量：

$$
\begin{aligned}
q_{mm} &= q_m & (q_m \leqslant q_{mp}) \\
q_{mm} &= b(q_m - q_{mp}) + q_{mp} & (q_m > q_{mp})
\end{aligned}
\qquad (7.35)
$$

式中　q_m——实际质量流量，kg/h 或 t/h；

q_{mm}——收费流量，kg/h 或 t/h；

q_{mp}——计划最大耗用流量，kg/h 或 t/h；

b——超用费率。

如果仪表中已经有此功能，但暂时不用，则可将“最大耗用流量”设置得非常大，而将“超用费率”设置为 1。

(4) 分时段计费功能　对于分两个时段收费的对象，实现这一功能占用 4 条菜单，即“日间起始时间”，“日间结束时间”，“日间收费费率”和“夜间收费费率”。仪表运行后，单片机读取实时时钟所提供的当前时间，并对落在哪一个时段作出判断，如果落在“日间”时段，则按“日间收费费率”计算累积流量。否则按“夜间收费费率”计算累积流量。

该型号仪表最多可提供 4 个时段计费功能，于是菜单中有 4 条供分别写入 4 个时段的起始时间，另有 4 条菜单，供分别写入“第一时段费率”、“第二时段费率”、“第三时段费率”和“第四时段费率”。仪表运行后，有一个窗口显示当前所处的时段号。另外定义一个按键，用以调阅各个时段的累积流量（未经时段费率计算的累积流量），按一下该键，显示第一时段累积流量 [0][1] [×][×][×][×][×][×]，再按一下该键，[0][2] [×][×][×][×][×][×]，然后是 [0][3] [×][×][×][×][×][×] 和 [0][4] [×][×][×][×][×][×]。而这 4 个时段未经费率处理的流量，分别乘上各自的费率，然后计算它们的代数和，即应同窗口显示的总计费流量相等。

在有分时段计费功能的仪表中，如果不使用这一功能，最简单的方法是将各时段的费率全部设置为1。

（5）打印曲线功能　流量演算器所具有的普通打印功能用于贸易结算，往往已不能令用户满意，因为它只能将打印时刻的数据记录下来，而不能将历史情况记录下来，而FC 6000 PLUS仪表中的打印曲线功能，就是为了满足这一要求。这一功能一般是24h定时打印一段瞬时流量曲线和一组当前仪表示值。而召唤打印和越限加速打印只打印数字，不打印曲线。图7.12所示为一幅典型的打印结果。

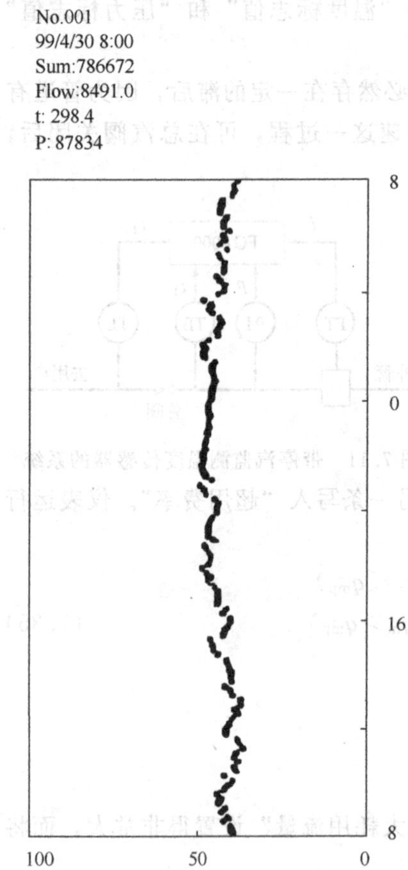

图 7.12　带 24h 瞬时流量曲线的打印结果

（6）掉电记录功能　流量演算器实现掉电记录的基础是仪表内装有实时时钟。该实时时钟集成电路自带长寿命蓄电池，可以长期使用。当主电源掉电时，仪表自动记下实时时钟所指的日期和时间，当主电源恢复供电时，仪表再一次记下实时时钟所指的日期和时间。因此，每次掉电事件，仪表的E^2PROM中都自动记下5条数据，即掉电事件序号、掉电起始日期、掉电起始时间、恢复供电日期、恢复供电时间。一台仪表最多可记录60次掉电事件，而且记满之后如果再有掉电事件发生，则自动推掉最陈旧的一次记录。

掉电记录数据可通过仪表面板上的操作键调阅，但无法擦掉，使用者可按供需双方的约定，依一定的计算方法对掉电期间少计的累积值进行处理。

7.5.3　国内外同类产品概况

上面所述的贸易结算专用功能是近几年国内区域集中供热事业蓬勃发展的产物，它是根据用户提出的要求逐步发展和完善的，而且还在继续发展，不同的用户还在提出一些其他方面的要求，例如插卡消费功能，不同类别用户区别对待功能等。

国外产同类产品中，打印功能大多数都具备。国产同类产品中，也有不少可带打印机。掉电记录功能，用户早在多年以前就提出要求，在微处理器进入流量显示仪表之前，国内有的制造商推出断电时间积分器来解决这一问题，即在一个以干电池驱动的计时器供电回路中串入一个继电器常闭触点，继电器励磁线圈并接在流量显示仪表的电源端子上，当此电源中断时，继电器释放，其常闭触点闭合，计时器计时。这一方法只能记下掉电的累计时间，未能记下掉电和恢复供电的具体时刻，显然不够完美。

7.6　双量程流量演算器

7.6.1　用途和特点

FC 6000D型双量程流量演算器是一种特殊用途的流量演算器，它与3.1.2节所述的双量程差压流量计配合，实现整个流量测量范围内量程高端的流量演算和量程低端的流量演算，从而提高量程低端的系统精确度，扩大流量测量范围度。

这种仪表具有普通 FC 6000 型通用流量演算器的功能，也可以具有 FC 6000PLUS 型流量演算器的功能。

7.6.2 硬件结构

图 7.13 所示的硬件结构，除了普通 FC 6000 型流量演算器所具有的压力信号输入通道和温度信号输入通道之外，还有两个模拟流量信号输入通道，其中一个输入低量程流量信号，另一个输入高量程流量信号。

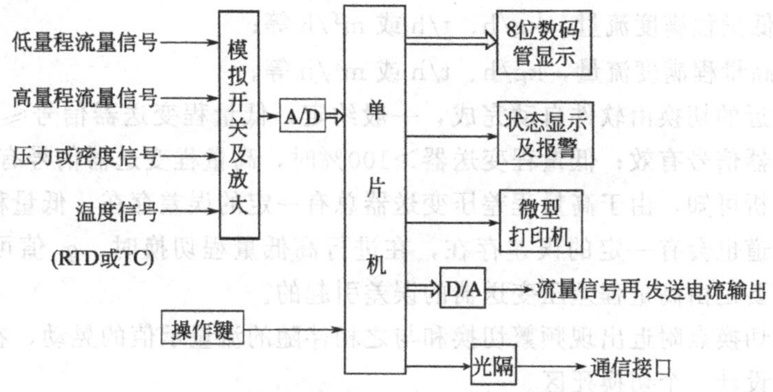

图 7.13 FC 60000D 型通用流量演算器硬件结构框图

7.6.3 信息流程图

图 7.14 所示的信息流程中，低量程流量输入信号、高量程流量输入信号以及它们所对应的量程数值 FS_L、FS_H 由软开关自动切换。其余部分同普通的 FC 6000 相同。

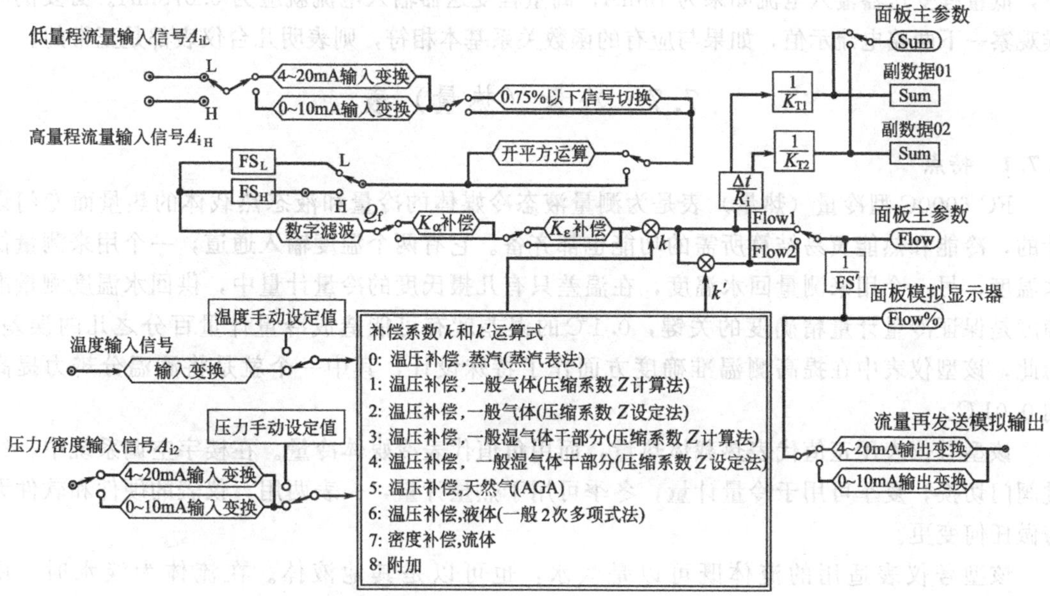

图 7.14 FC 6000D 型仪表信息流程

7.6.4 高低量程的切换

高低量程的切换是要完成下面的表达式[7]：

当开平方运算在流量二次表内完成时

$$\begin{cases} q_f = \sqrt{A_{iL}}FS_L \quad (A_{iL} \leqslant 100\%) \\ q_f = \sqrt{A_{iH}}FS_H \quad (A_{iL} > 100\%) \end{cases} \tag{7.36}$$

当开平方运算在差压变送器内完成时

$$\begin{cases} q_f = \sqrt{A_{iL}} FS_L & (A_{iL} \leqslant 100\%) \\ q_f = \sqrt{A_{iH}} FS_H & (A_{iL} > 100\%) \end{cases} \tag{7.37}$$

式中 q_f——未经补偿的流量，单位由 FS 定；

A_{iL}——低量程变送器输出信号，0～100%；

A_{iH}——高量程变送器输出信号，0～100%；

FS_L——低量程满度流量，kg/h、t/h 或 m^3/h 等；

FS_H——高量程满度流量，kg/h、t/h 或 m^3/h 等。

在切换点附近的切换由软件自动完成，一般约定，低量程变送器信号≤100%（20mA）时，低量程变送器信号有效；低量程变送器>100%时，高量程变送器信号有效。

从前面的分析可知，由于高量程差压变送器总有一定的误差存在，低量程差压变送器和二次表的输入通道也会有一定的误差存在，在进行高低量程切换时，q_f 值可能会有一定幅值的跳动，这主要是由高量程差压变送器的误差引起的。

为了防止在切换点附近出现频繁切换和与之相伴随的流量示值的晃动，在设计切换程序时，一般应考虑设计一个切换死区。

软件设计人员往往还设计一个两路流量输入电流显示功能，由于两台差压变送器输入的是同一路差压信号，两路电流信号所代表的差压值和与此差压相对应的未经补偿流量值是相同的，所以在低量程有效时，两路电流的数值有相应的函数关系，例如 3.1.2 节所举的例子中，低量程变送器输入电流如果为 16mA，高量程变送器输入电流就应为 6.078mA。必要的时候观察一下两路电流示值，如果与应有的函数关系基本相符，则表明几台仪表都是正常的。

7.7 冷量（热量）表

7.7.1 特点

FC 6000C 型冷量（热量）表是为测量液态冷媒体的冷量和液态热载体的热量而专门设计的，冷能和热能贸易结算所需的功能也都齐备。它有两个温度输入通道，一个用来测量供水温度，另一个用来测量回水温度，在温差只有几摄氏度的冷量计量中，供回水温度测量准确度是保证冷量计量精确度的关键，0.1℃的误差就有可能造成冷量计量百分之几的误差。为此，该型仪表中在提高测温准确度方面作了特殊设计，其中一个就是将测温分辨力提高到 0.01℃。

该型号仪表用正值代表热载体热量，而用负值代表冷媒体冷量。在楼宇空调系统中，经过阀门切换，夏季可用于冷量计量，冬季可用于热量计量，一表两用，仪表的硬件和软件无需做任何变更。

该型号仪表适用的流体既可以是淡水，也可以是其他液体。在流体为淡水时，用式（7.38）计算用户耗用的热量（冷量），即

$$\Phi = (h_g - h_h) q_m \tag{7.38}$$

$$h_g = f(t_g, p)$$

$$h_h = f(t_h, p)$$

式中 Φ——热流量（冷流量），kJ/h；

h_g——供水比焓，kJ/kg（由查比焓表得）；

h_h——回水比焓，kJ/kg（由查比焓表得）；

t_g——供水温度，℃；

t_h——回水温度，℃；

q_m——质量流量，kg/h；

p——流体压力，MPa。

从机理可知，式（7.38）计入了冷媒体或热载体比热容随温度变化而变化的因素，因此无理论误差。但是，冷媒体和热载体如果不是淡水，$h=f(t)$的对应关系往往难以查到，这时，可将比热容近似为一个常数，用式（7.39）计算冷流量或热流量。

$$\Phi=c(t_g-t_h)q_m \tag{7.39}$$

式中 c——平均比热容［蒸馏水为4.1868kJ/(kg·℃)］。

7.7.2 信息流程

图7.15所示为FC 6000C型冷量（热量）表的信息流程。

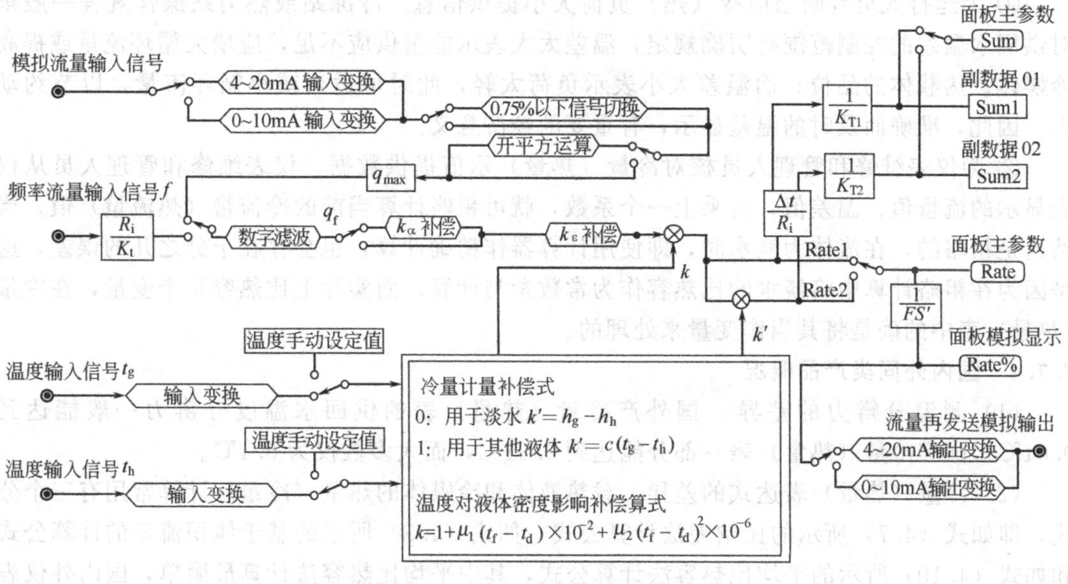

图7.15 FC 6000C型仪表信息流程

Sum—总量显示器；Rate—瞬时值数字显示器；Rate%—瞬时值模拟显示器；FS'—瞬时值再发送满度值

7.7.3 主要功能

（1）冷量和热量计算功能

（2）温度传感器误差校正（SC）功能　引入该功能的目的是提高供回水温度测量准确度。其实它校正的不仅仅是温度传感器的误差，还包含有冷量（热量）表的温度输入通道的信号处理误差。供水温度的SC窗口数值，是使冷量（热量）表的供水温度示值同相应的标准水银温度计示值一致。回水温度的SC窗口数值，是使冷量（热量）表的回水温度示值同相应的标准水银温度计示值一致。

系统投运前对SC数值进行现场调试是保证冷量（热量）测量准确度的关键。

（3）质量流量计算及温度补偿功能　从式（7.38）可看出，用户所耗用的冷量（热量）是同冷媒体或热载体的质量流量成正比的，因此，必须计算出流体的质量流量。而有些流量传感器或变送器送出的信号仅仅是体积流量，所以须用式（7.40）换算到质量流量。

$$q_m = q_{vn}\rho_n \tag{7.40}$$

式中　q_m——质量流量，kg/h；

q_{vn}——标准状态或设计状态下体积流量，m^3/h；

ρ_n——标准状态或设计状态下流体密度，kg/m^3。

由于流量传感器、变送器安装地点的流体温度一般都与标准状态温度有差异，所以应对由此引起的误差进行补偿，所用公式见式（7.21）~式（7.23）。

与流量演算器中的温度补偿所不同的是要确定参与计算的温度究竟取哪一个，按照机理。流量传感器、变送器如果安装在供水管道上，则应取 t_g；如果安装在回水管道上，则应取 t_h。因此，在冷量（热量）表组态时，应予以指定。

综上所述，为了计算流体质量流量，除了须将 ρ_n、μ_1、μ_2 写入菜单，还须指定 $t_f = t_g$ 或 $t_f = t_h$。

(4) 温差显示功能　冷量（热量）表显示温差的作用主要有两个。

① 为运行人员判断当前冷（热）负荷大小提供信息。冷冻站或热力站操作规程一般都对供回水温差的控制范围有明确规定，温差太大表示能量供应不足，应增大循环流量或提高冷媒体、热载体的品位；而温差太小表示负荷太轻，此时可适当减小循环流量，以节约动力。因此，准确而及时的温差显示，有重要的经济意义。

② 为仪表维修和管理人员核对冷量（热量）示值提供数据。仪表维修和管理人员从仪表显示的流量值、温差值，再乘上一个系数，就可粗略计算当前的冷流量（热流量）值。当然这是粗略的，在流体为淡水时，即使用计算器作精确计算，也会存在千分之几的误差，这是因为在粗略计算中将淡水的比热容作为常数参与计算，而实际上比热容是个变量，在冷量（热量）表中的确是将其当作变量来处理的。

7.7.4 国内外同类产品概况

(1) 测温分辨力的差异　国外产冷量（热量）表的供回水温度分辨力一般能达到0.01℃，国产冷量（热量）表一部分能达到0.01℃，而大多数仅为0.1℃。

(2) 冷量（热量）表达式的差异　载热液体和冷媒体的热量（冷量）计算常用有三个公式，即如式（4.7）所示的比焓差法计算公式，如式（4.8）所示的基于体积流量的计算公式和如式（4.10）所示的平均比热容法计算公式，其中平均比热容法计算最简单，国内外仪表中都有使用，例如有一家国外制造商，使用其通用记录仪中的减法和乘法等模块实现载热液体的热量（冷量）计算。但是将液体的比热容当常数处理会引入一定的理论误差，例如供水温度为6℃，回水温度为12℃时，引入的误差约为0.2%R。

7.8 批量控制器

7.8.1 用途与特点

FBC10型批量控制器与流量传感器、变送器，电磁阀以及保护开关等配合，能完成定量装桶、装车，定量发料等任务。仪表可引入一路温度输入信号，进行流体温度补偿。仪表有9段折线可用于流量传感器、变送器误差校正，从而可消除流体温度变化、储槽液位高度变化对流量测量准确度的影响。

7.8.2 主要功能

(1) 大小阀控制功能　仪表有两副控制接点，一副控制大阀，一副控制小阀，两台阀并联使用。大阀用于快速发料，小阀用于精确定量。两台阀在仪表中的单片机控制下，协调动作，完成发料任务。

(2) 交替装桶功能　这种控制方式适用于在灌装台上对两个台位的容器进行交替灌装操作。仪表中的两副控制接点分别与两个台位上的电磁阀相连，在单片机的控制下，依次对两个容器灌装。为了使由操作人员手工完成的部分操作在时间上与控制器的操作周期相匹配，在前一台位灌装完毕与开始下一台位灌装之间，安排了一个可以设置的“间歇时间”。使用前可根据具体情况将这一时间由长到短逐步调试，直至最佳。

(3) 小流量监视功能　这一功能是为了灌装和发料的安全而设计的。有时候由于输送泵未进入正常工作状态以及管路上的人工切断阀忘记打开等原因，虽然按了控制器上的“启动”按键，但是相应的瞬时流量并未升起来，这时，操作人员就得去查找原因，有时候一面查找原因，一面还要观察流量是否已经升起来。

(4) 发料量设定范围判别功能　为了消除因发料量设定误操作引起错误发料，可利用仪表中“发料量设定值范围判别功能”。仪表中有两条菜单，一条写入“发料量设定值上限”，另一条写入“发料量设定值下限”，根据使用对象的具体情况合理设置这两个数据。按下控制器的启动按钮后，仪表先对相应窗口内所填写的“本批发料设定值”进行判别，如果落在上限与下限之间，则启动有效，予以执行；如果落在上限与下限所设定的区间之外，则启动无效，控制器相应的指示灯闪烁，提请操作人员处理。

(5) 联锁保护功能　控制器备有一个开关量输入口，用于安全保护和联锁。可与现场的无源接点相连，完成特定的安全保护和联锁任务。例如在易燃易爆场所，常常装有静电接地开关，当输送物料的管道静电接地完好时，接点闭合，否则断开，将该开关与控制器相连，就可完成该项保护。再如，定量装车时常带有槽车液位继电器，在发料时，不管什么原因导致液位继电器动作时，控制器立即将电磁阀关闭，以确保安全。

7.9　流量演算器的检查与校验

7.9.1　概述

计算机等新技术进入流量二次表后，使仪表的准确度大幅度提高，功能大大增强，同时也使仪表的内部变得更加复杂。其实仪表的硬件和软件趋于复杂，同仪表使用者关系并不密切，仪表工程师和仪表维修人员不一定要搞清楚仪表硬件的来龙去脉和控制仪表运行的固化在EPROM内的具体程序，但是需要熟悉仪表外部特性，掌握其输出与各输入变量之间的关系，了解仪表各项功能。

本章仅以多种型号中的流量演算器为例，又由于流体的种类众多，也仅以最常见的几种流体为例进行讨论。目的是介绍一种分析与研究的方法，更多尚未讨论到的内容，请读者自己分析。

7.9.2　流量演算器面板显示数据之间的关系

流量测量方法的多样性和影响流量测量精确度的多种因素，使得流量演算器较复杂，因为流量演算器能对影响测量精确度的多种因素进行补偿，如流体的温度压力补偿；气体压缩系数补偿，湿度补偿；对流量传感器流量系数的非线性进行补偿；对差压式流量计中的可膨胀性系数进行补偿；还能对湿气体的干部分进行计算，对天然气的有关变量进行计算等。多种多样的流量测量方法，不同类型的流体和流量传感器、变送器，其输入输出表达式也不相同。流量演算器面板能够显示的主数据和副数据，不仅包括几个输入的自变量和最终运算结果，而且有主要的运算中间结果，在调试和维修时，如果怀疑最终运算结果不正常，则可逐一检查各有关中间结果和自变量。然后结合自己的经验对照相应的关系式进行分析和判断，查找问题所在。

下面所列举的关系式中，流量测量方法以差压流量计和涡街流量计（模拟输出和脉冲输出）为例，而流体则以过热蒸汽和空气为例。方框中数字为副数据窗口编号。符号定义见（7）。

在对流量演算器进行检查和校验中，这些关系式是很有用的，尤其是在流量显示数据不正常或怀疑其不正常时，可从关系式中各因式所对应的数据窗口读出各中间结果，并对这些结果进行分析，进而找出症结所在。

（1）差压式流量计总关系式

$$\underset{\boxed{03}}{q}=\underset{\boxed{06}}{q_{\mathrm{f}}\,k}\;\underset{\boxed{09}}{k_{\varepsilon}}\;\underset{\boxed{08}}{k_{\alpha}}=\underset{\boxed{15}}{q_{\max}}\underbrace{\sqrt{A_{\mathrm{i}}}}_{\text{第一通道输入信号}}\,k\,k_{\varepsilon}\,k_{\alpha} \tag{7.41}$$

（2）模拟输出的涡街流量计总关系式

$$\underset{\boxed{03}}{q}=\underset{\boxed{06}}{q_{\mathrm{f}}\,k}\;\underset{\boxed{08}}{k_{\alpha}}=\underset{\boxed{15}}{q_{\max}}\underbrace{A_{\mathrm{i}}}_{\text{第一通道输入信号}}\,k\,k_{\alpha} \tag{7.42}$$

（3）脉冲输出的涡街流量计总关系式

$$q=\frac{1}{\underset{\boxed{08}}{k_{\alpha}}}\;\underset{\boxed{06}}{k}\;\underset{\boxed{03}}{q_{\mathrm{f}}}=\frac{1}{k_{\alpha}}\,k\,R_{1}\,\underset{\text{输入频率}}{f}/\underset{\boxed{16}}{K_{\mathrm{t}}} \tag{7.43}$$

（4）流体密度修正系数关系式

① 蒸汽流量

a. 差压式流量计

$$\underset{\boxed{06}}{k}=\sqrt{\frac{\rho_{\mathrm{f}}\ \boxed{37}}{\rho_{\mathrm{d}}\ \boxed{38}}} \tag{7.44}$$

b. 涡街流量计（模拟输入）

$$\underset{\boxed{06}}{k}=\underset{\boxed{37}}{\rho_{\mathrm{f}}}/\underset{\boxed{38}}{\rho_{\mathrm{d}}} \tag{7.45}$$

c. 涡街流量计（频率输入）

$$\underset{\boxed{06}}{k}=\underset{\boxed{37}}{\rho_{\mathrm{f}}} \tag{7.46}$$

② 一般气体

a. 差压式流量计

05 30 42

$$k=\left(\frac{p_f}{p_d}\times\frac{T_d}{T_f}\times\frac{Z_d}{Z_f}\right)^{\frac{1}{2}} \tag{7.47}$$

06 26 04 41

b. 涡街流量计（模拟输入）

05 30 42

$$k=\frac{p_f}{p_d}\times\frac{T_d}{T_f}\times\frac{Z_d}{Z_f} \tag{7.48}$$

06 26 04 41

c. 涡街流量计（频率输入）

05 31 43

$$k=\frac{p_f}{p_n}\times\frac{T_n}{T_f}\times\frac{Z_n}{Z_f} \tag{7.49}$$

06 27 04 41

③ 一般湿气体干部分

a. 差压式流量计

05 30 42

$$k=\frac{p_f-\varphi_f\ p_{sfmax}}{p_d-\varphi_d\ p_{sdmax}}\times\frac{T_d}{T_f}\times\frac{Z_d}{Z_f}\ \sqrt{\frac{\rho_d}{\rho_f}} \tag{7.50}$$

06 26 33 04 41

b. 旋涡流量计（模拟输入）

05 30 42

$$k=\frac{p_f-\varphi_f\ p_{sfmax}}{p_d-\varphi_d\ p_{sdmax}}\times\frac{T_d}{T_f}\times\frac{Z_d}{Z_f} \tag{7.51}$$

06 26 33 04 41

c. 旋涡流量计（频率输入）

05 30 42

$$k=\frac{p_f-\varphi_f\ p_{sfmax}}{p_n}\times\frac{T_n}{T_f}\times\frac{Z_n}{Z_f} \tag{7.52}$$

06 27 04 41

④ 液体

a. 差压式流量计

$$k=\sqrt{1+\mu_1\,(t_f-t_d)+\mu_2\,(t_f-t_d)^2} \tag{7.53}$$

06 48 04 30 49

b. 涡街流量计（模拟输入）

$$k=1+\mu_1(t_f-t_d)+\mu_2(t_f-t_d)^2 \tag{7.54}$$

$\boxed{06}$ $\boxed{48}$ $\boxed{04}$ $\boxed{30}$ $\boxed{49}$

c. 涡街流量计（频率输入）

$$k=1+\mu_1(t_f-t_n)+\mu_2(t_f-t_n)^2 \tag{7.55}$$

$\boxed{06}$ $\boxed{48}$ $\boxed{04}$ $\boxed{31}$ $\boxed{49}$

（5）k_α 是如何求得的　演算器菜单中的第 55 条至第 74 条存放着一幅 $k_\alpha=f(q_i)$ 的折线，演算器定时用查表和线性内插相结合的方法从 q_i 求取 k_α，并用迭代方法保证精确度，计算得到当前 k_α 值。存放在$\boxed{08}$中。

（6）k_ε 是如何求得的　根据 ISO 5167 规定，在差压式流量计中，三种取压方式的可膨胀性系数均可采用下式计算。

$$\varepsilon_1=1-(0.351+0.256\beta^4+0.93\beta^8)\left[\left(1-\frac{p_2}{p_1}\right)^{1/\kappa}\right] \tag{7.56}$$

$\boxed{35}$ $\boxed{35}$ $\boxed{05}$ $\boxed{36}$

$$p_2=p_1-\Delta p \tag{7.57}$$

$\boxed{03}$

$$\Delta p=\left(\frac{q_f}{q_{max}}\right)^2\Delta p_{max} \tag{7.58}$$

$\boxed{15}$ $\boxed{22}$

$\boxed{03}$ $\boxed{22}$ $\boxed{36}$

$$k_\varepsilon=\frac{\varepsilon_f}{\varepsilon_d}=\frac{1}{\varepsilon_d}\left[1-(0.351+0.256\beta^4+0.93\beta^8)\left(1-\left\{1-\left[\frac{1}{p_f}\left(\frac{q_f}{q_{max}}\right)^2\Delta p_{max}\right]\right\}^{1/\kappa}\right)\right. \tag{7.59}$$

$\boxed{09}$ $\boxed{34}$ $\boxed{35}$ $\boxed{35}$ $\boxed{05}$ $\boxed{15}$

式 (7.45)～式 (7.56) 中 p_f、p_d 均应换算成绝对压力再进行计算。

(7) 符号定义　式 (7.41)～式 (7.59) 中所用符号定义如下。

q——瞬时流量 (面板主数据)，单位由设计决定；

q_f——未经补偿流量，单位由设计决定；

k——补偿系数 (意义见文中说明)；

k_ε——可膨胀性系数补偿系数；

k_α——流量系数非线性补偿系数；

q_{max}——满量程流量，单位由设计决定；

A_i——测定流量模拟输入信号，0～100%；

f——测定流量频率输入信号，P/s；

K_t——频率式流量计流量系数，P/L 或 P/m^3；

R_I——瞬时流量单位时间校正系数；

ρ_f——使用状态流体密度，kg/m^3；

ρ_d——设计状态流体密度，kg/m^3；

ρ_n——标准状态流体密度，kg/m^3；

p_f——使用状态流体压力，MPa (绝对值)；

p_d——设计状态流体压力，MPa (绝对值)；

p_n——标准状态流体压力，MPa (绝对值)；

t_f——使用状态流体温度，℃；

t_d——设计状态流体温度，℃；

t_n——标准状态流体温度，℃；

T_f——使用状态热力学温度，K；

T_d——设计状态热力学温度，K；

T_n——标准状态热力学温度，K；

Z_f——使用状态气体压缩系数；

Z_d——设计状态气体压缩系数；

Z_n——标准状态气体压缩系数；

φ_f——使用状态下的湿气体相对湿度，0～1；

φ_d——设计状态下的湿气体相对湿度，0～1；

p_{sfmax}——使用状态下湿气体中饱和水蒸气压力，MPa；

p_{sdmax}——设计状态下湿气体中饱和水蒸气压力，MPa；

μ_1——液体 1 次补偿系数，10^{-2}℃$^{-1}$；

μ_2——液体 2 次补偿系数，10^{-6}℃$^{-2}$；

K'——第二补偿系数 (意义见文中说明)；

ε_f——使用状态气体可膨胀性系数；

ε_d——设计状态气体可膨胀性系数；

β——节流件孔径与管径之比；

Δp_{max}——测定差压最大值 (q_{max}对应的差压)；

κ——使用状态气体等熵指数。

为了弄明白式 (7-41)～式(7-59) 中有关变量在副数据菜单中的位置，表 7-2 列出 FC 6000 型流量演算器的完整菜单。

表 7.2 FC 6000 型流量演算器副数据菜单

C&W FC 6000 型		流量演算器数据记录单		数据记录单号			
				仪表编号			
用户姓名				工位号			
装置名称				填写日期		设计人	
00	报警(ALM)内容						
01	第 1 积算流量(Sum1)			06	补偿系数 k 运算值		
02	第 2 积算流量(Sum2)			07	补偿系数 k' 运算值		
03	未补偿测定流量(q_f)			08	补偿系数 k_α 运算值		
04	测定温度(t_f)			09	补偿系数 k_ε 运算值		
05	测定压力/密度			10	数据设定密码(密码设定)		
11	积算值复位命令(复位时,设定 0)			45	临界压力		
12	功能指定(1)A B C D E F			46	仪表出厂编号		
13	功能指定(2)G H I J K L			47	定时抄表时间(时、分、秒)		
14	功能指定(3)M N O P Q R			48	1 次补偿系数 μ_1		
15	测定流量量程(q_{max})			49	2 次补偿系数 μ_2		
16	频率式流量计流量系数(K_t)			50	天然气密度(G)		
17	测定流量输入滤波时间		s	51	天然气中 CO_2 含量百分比(M_c)		
18	流量模拟显示/再发送流量量程 FS′			52	天然气中 N_2 含量百分比(M_n)		
19				53	使用状态天然气超压缩系数(F_{pvf})		
20	第 1 积算流量倍率 K_{T1}			54	设计状态天然气超压缩系数(F_{pvd})		
21	第 2 积算流量倍率 K_{T2}			55	Flow1 标定点流量 q_0		
22	测定差压最大值(Δp_{max})			56	Flow1 标定点流量 q_1		
23	测定压力/密度最小值			57	Flow1 标定点流量 q_2		
24	测定压力/密度最大值			58	Flow1 标定点流量 q_3		
25	手动设定压力/密度			59	Flow1 标定点流量 q_4		
26	设计状态压力/密度			60	Flow1 标定点流量 q_5		
27	标准状态压力			61	Flow1 标定点流量 q_6		
28	大气压			62	Flow1 标定点流量 q_7		
29	手动设定温度(t_f)		℃	63	Flow1 标定点流量 q_8		
30	设计状态温度(t_d)		℃	64	Flow1 标定点流量 q_9		
31	标准状态温度(t_n)		℃	65	Flow1 标定点流量补偿系数 $k_{\alpha 0}$		
32	标准状态密度(ρ_n)			66	Flow1 标定点流量补偿系数 $k_{\alpha 1}$		
33	设计状态气体相对湿度(φ_d)			67	Flow1 标定点流量补偿系数 $k_{\alpha 2}$		
34	设计状态气体膨胀系数(ε_d)			68	Flow1 标定点流量补偿系数 $k_{\alpha 3}$		
35	孔板开孔直径与管径之比(β)			69	Flow1 标定点流量补偿系数 $k_{\alpha 4}$		
36	使用状态气体等熵指数常用值(κ)			70	Flow1 标定点流量补偿系数 $k_{\alpha 5}$		
37	使用状态蒸汽密度(ρ_f)		kg/m³	71	Flow1 标定点流量补偿系数 $k_{\alpha 6}$		
38	设计状态蒸汽密度(ρ_d)		kg/m³	72	Flow1 标定点流量补偿系数 $k_{\alpha 7}$		
39	使用状态蒸汽比焓(h_f)		MJ/kg	73	Flow1 标定点流量补偿系数 $k_{\alpha 8}$		
40	设计状态蒸汽比焓(h_d)		MJ/kg	74	Flow1 标定点流量补偿系数 $k_{\alpha 9}$		
41	使用状态气体压缩系数(Z_f)			75	仪表通讯站号(No.)		
42	设计状态气体压缩系数(Z_d)			76	仿真设定值		
43	标准状态气体压缩系数(Z_n)			77	仪表时钟(年、月、日)		
44	临界温度		℃	78	仪表时钟(时、分、秒)		

7.9.3 现场检查与校验

在使用现场对流量测量系统进行维修检查，一般可用仪器测量流量传感器、变送器送入流量二次表的流量信号，然后根据满量程流量 q_{max}（对于模拟流量信号）或流量系数 K_t（对于频率流量信号）计算未经补偿流量 q_f，即

$$q_f=q_{max}\sqrt{A_i}\ （差压式流量计）$$

$$q_f=q_{max}A_i\ （模拟输出旋涡流量计）$$

$$q_f=f_i/K_t\ （频率输出旋涡流量计）$$

然后再按

$$q=kq_f$$

的公式计算二次表应有示值 q。

下面举例说明。

为了使误差计算简单些，在现场检查时，一般先将 α 修正和 ε 修正功能暂不使用，使 $k_\alpha=1$，$k_\varepsilon=1$。检查校对完毕，再予恢复。

例 1 有一台差压式流量计，$q_{max}=10000Nm^3/h$，差压变送器送入二次表的信号为 3V（1～5V 信号制），试计算未经补偿流量 q_f。

解 $V_i=3V$ 时

$$A_{i1}=\frac{3-1}{5-1}=0.5$$

$$q_f=q_{max}\sqrt{A_i}=10000\ \sqrt{0.5}=7071Nm^3/h$$

若从二次表的[06]窗口查得

$$k=1.05625$$

则

$$q=kq_f=7469Nm^3/h$$

例 2 有一台涡街流量计用来测量水蒸气流量，其 $K_t=1.3938P/L$（每升脉冲数），从二次表[37]窗口查得水蒸气密度 $\rho_f=3.624kg/m^3$，现场测得变送器送入二次表的频率信号 $f_i=543.34Hz$，计算体积流量 q_f 及质量流量 q。

$$q_f=\frac{f_i\times3600}{K_t\times1000}=\frac{543.34\times3600}{1.3938\times1000}=1403.37m^3/h$$

$$q=q_f\rho_f=1403.37\times3.624=5085.8kg/h$$

7.9.4 用仿真功能进行校验

在使用现场，如果对 FC 6000 仪表运算结果的正确性有怀疑，也可用仪表的仿真功能对仪表的数字运算处理部分进行检查，即用仪表自己发生的一个标准流量信号，代替外部输入的测定流量信号，然后观察运算处理结果与输入的信号是否相符。操作方法如下。

① 将副数据第 14 项功能指定的“M”字位——运转/仿真选择指定为仿真，然后在副数据的第 76 项用设定数据代替测定流量信号。对于组态为模拟流量信号 A_i 输入的情况下，设定 0.000～1.000 数据，就相当于送入了 0～100%的流量信号。对于组态为频率流量信号 f 输入的情况下，第 76 项设定的数据即为频率信号，单位为 Hz。

② 温度、压力仿真信号的输入。当表 7.2 中第 13 项数据（功能指定）的第“I”字位指定温度、压力为手动设定时，仪表取副数据第 29 项（手动设定温度）和第 25 项（手动设定压力）设定数据代替外部输入的温度、压力信号参与运算，因此，这两个信号就相当于温度、压力仿真信号。

送入适当的温度、压力仿真信号，可以检验补偿系数 k 运算结果的准确性。

7.9.5 实验室校验

(1) 实验室校验的特点

① 实验校验与现场校验的差异。在实验室对流量显示仪表进行校验同在现场对同类型仪表进行检查校验有很大差别。首先，目的性与现场检查校验不同，现场校验多数以查找故障和核对主要测量结果的准确性为目的，所以使用的仪器较简单，校验项目往往不够齐全，而工作环境也往往偏离参比条件且相差甚远。

实验室校验强调按规程进行，所用的标准设备强调精确度足够，校验环境强调满足规程要求。而校验的目的，在制造厂是检验即将出厂的产品是否符合出厂标准，对于使用者来说是对即将入库或投入现场使用的计量器具，检定其是否合格。

② 用户的校验与制造厂的校验的差异。由于可编程流量二次表的通用性极强，仪表在出厂校验时，由于被检验的仪表同何种流量传感器、变送器配用合同上一般均未作说明，用来测量何种流体也不清楚，流体工况更是不了解，因此检验只能按企业制定的《检验方法》或《校验方法》进行。而用户对被检定的仪表进行检定，一般都已确定使用对象，即配用的流量传感器、变送器已确定，所测量的流体类型已明确，传感器、变送器测量范围和流体工况也已清楚，所以被检仪表在校验前就可按具体的使用条件进行组态，进行有的放矢的校验。

(2) 仪表校验前的组态　可编程仪表校验前先对其进行组态是仪表投运前必不可少的工作环节。而校验则是检查组态是否正确合理，仪表是否合格的重要工序。

制造厂在仪表出厂前需要对被检表进行组态，这自然无需读者担心，因为他们的质量检验员一直在做此事，而且一种类型的仪表在检验前所做的组态是千篇一律的，既然能通过检验，当然不会错。但是用户在仪表校验前对被校表所做的组态情况就多种多样了。

下面将可编程流量显示表组态中需注意的几个方面作简要说明。

① 首先要合理设计分辨率。例如，有一台流量演算器，其测量范围为 0～1000Nm³/h，在其满量程窗口可以设置 001000Nm³/h、01000.0Nm³/h，以设置后者为宜，因为前者的分辨力太低，为 1Nm³/h。对于 0.2 级流量演算器，如果流量输入信号为脉冲信号，其流量输入通道允许误差 0.1%R，而如果分辨力值定为 1Nm³/h，则精确度就难以通过指标。

流量显示仪表校验时，瞬时流量分辨力值应不大于允许误差绝对值的 1/5，这是完全必要的。但是将分辨力取得太高也没有好处，在上面的例子中，如果满量程值取 1000.00Nm³/h，则会出现末位数字不停地翻动现象，致使无法读数，也无此必要。

压力测量满度值的设置也有类似情况，例如，压力变送器测量范围为 0～4MPa，压力满量程 p_{max} 设定值取 4.000MPa 是适宜的，如果取 0004.00MPa，则分辨力太低。而如果取 04.0000MPa 和 4.00000MPa，则分辨力太高。

累积值误差校验也有分辨力问题，JJG 1003—2005 规定“选择流量输入满量程信号，读取（$n \geqslant 10$min）时间累积流量值，检查分辨力引入的不确定度应优于最大允许误差的 1/5”[8]。因为可编程流量显示表的积算速率（或倍率）可以设置，所以达到规程要求并不困难。

② 其次是要按数字修约的规定处理数据，不能随意忽略一些重要的小数。不能将大气压力 101.325kPa 简化为 100kPa，将 0.5MPa 表压力简单折算到 0.6MPa 绝对压力。曾经有

过某个仪表厂将客户提出的表压1MPa简化成绝压11kgf/cm²，并因此而产生责任事故。在实际校验中常常有因不适当的简化和折算，最后将一台合格的仪表判为不合格的例子，尤其是低压气体和低压蒸汽测量对象。

(3) 标准设备的选取　可以用来检验、检定的标准设备型号多种多样，规程中所作的规定也是原则的。对于电流、电压、电阻信号标准器，使用点绝对误差应不大于被检表基本误差限的1/3。频率信号发生器在使用频率范围内，误差应不超过±0.001%。

(4) 校验单的制作与仪表校验

① 选择检定点。被检表的温度和压力输入通道分别按温度显示仪表和一般数字显示仪表规程选5个点检定，单独填写检定记录。

② 流量检定点应选择包括上限、10%上限在内不少于5个点（流量与输入信号的平方根成线性关系的仪表，检定点应包括上限、25%上限在内不少于5个点）。

③ 设计工况条件下的校验单制作。设计工况即 $t_f=t_d$，$p_f=p_d$，此时可按流量信号的类型分别选择式（7.1）～式(7.3）计算各检定点的应有示值。同脉冲输出的流量传感器、变送器配用的二次表，还应计算各检定点的理论频率。

④ 偏离设计工况条件下的校验单制作。当被测介质为蒸汽时，在设计工况蒸汽密度上下选择两个工况密度，一个为接近饱和蒸汽的高压低温工况，另一个为低压高温的低密度工况。然后代入式（7.41）～式(7.46)（置 $k_\varepsilon=1$、$k_\alpha=1$）计算流量理论值及对应的频率（同脉冲输出的流量传感器配用的二次表），校验时分别按这两种工况的压力和温度值以及流量信号值向被检表送信号，读取流量示值。

对于一般气体，则取使用对象可能达到的最高压力和最低温度、最低压力和最高温度分别代入式（7.10）～式(7.12)，求取两种工况的补偿系数（取 $Z_f=Z_d$），然后代入式（7.31）～式（7.43）（置 $k_\varepsilon=1$、$k_\alpha=1$）计算各检定点的流量理论值以及对应的频率（同脉冲输出的流量传感器、变送器配用的二次表），校验时分别按这两种工况的温度压力值以及流量信号值向被检表送信号，读取流量示值。

⑤ 对于其他被测介质，则按照前述有关公式计算补偿系数，然后代入总关系式计算流量理论值。

本章的7.10节给出了过热蒸汽、一般气体和冷量（热量）表校验单示例供参考。读者可应用这一方法结合自己的实际情况编写制作实用的校验单。其中所使用的符号意义如下：

ρ_d——设计状态流体密度，kg/m³；

p_d——设计状态流体压力，MPa；

t_d——设计状态流体温度，℃；

ρ_f——工作状态流体密度，kg/m³；

K_t——涡街流量计工作状态下的流量系数，P/L；

p_n——标准状态绝对压力，kPa；

t_n——标准状态温度，℃。

(5) 校验接线　流量显示表在实验室校验时，输入信号的规格不同，接线方法也不同。如果被校表输入模拟信号为电流，则此电流信号可以由电流源提供，也可由流量显示表自带的稳压源串入可变电阻来提供（如果流量显示表带外供直流电源）。

图7.16所示的校验接线，被校表模拟流量输入信号和压力输入信号为电流，而且此电流由被校表自己发生，而电流的测量，由标准电阻（0.01级精确度）配数字电压表方法完

成。这样，可得到较高的精确度。

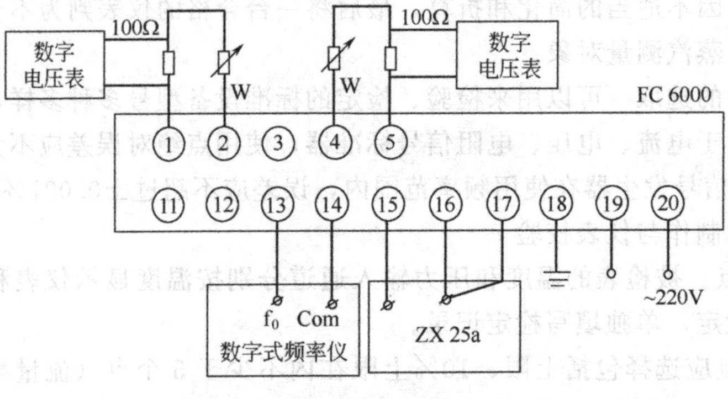

图 7.16　FC 6000 型仪表校验接线

在用频率仪或频率信号发生器向被校表送频率信号时，信号幅值应与流量显示仪表相匹配，如果幅值不够，流量显示表将不会作出响应。

7.10　流量显示仪表校验记录示例

(1) 流量积算仪校验记录

① 已知条件

流体名称：过热蒸汽；

流量计类型：差压式（开平方运算在二次表中完成）；

设计最大流量：$q_{max}=1000$kg/h；

设计工况：$p_d=1.0$MPa，$t_d=250$℃，$\rho_d=4.7509$kg/m³；

最高压力：1.3MPa；

最低压力：0.7MPa；

最高温度：260℃；

最低温度：200℃。

② 瞬时流量

流量信号 (%/mA)	补偿信号1 (MPa)	补偿信号2 (℃)	密度 (kg/m³)	标准值 (kg/h)	仪表显示值 (kg/h)	误差 (%)
20/4.64	1.0	250.0	4.7509	2000		
40/6.56				4000		
60/9.76				6000		
80/14.24				8000		
100/20.00				10000		
100/20.00	1.3	250.0	6.1203	11350		
	0.7		3.4160	8480		
100/20.00	1.0	260.0	4.6466	9890		
		200.0	5.3853	10647		

③ 累积流量

输入信号 $\left(\frac{\%}{mA}\right)$	积算时间 (s)	积算标准值 (kg)	仪表显示值(kg)			误差 (%)
			初始值	终止值	差值	
$\frac{100}{20.00}$	720	2000.0				

(2) 流量积算仪校验记录

① 已知条件

流体名称：过热蒸汽；

流量计类型：涡街流量计（4～20mA 输出）；

设计最大流量：q_{max}＝10000kg/h；

设计工况：p_d＝1.0MPa，t_d＝250℃，ρ_d＝4.7509kg/m^3；

最高压力：1.3MPa；

最低压力：0.7MPa；

最高温度：260℃；

最低温度：200℃。

② 瞬时流量

流量信号 $\left(\frac{\%}{mA}\right)$	补偿信号 1 (MPa)	补偿信号 2 (℃)	密度 (kg/m^3)	标准值 (kg/h)	仪表显示值 (kg/h)	误差 (%)
$\frac{20}{7.20}$	1.0	250.0	4.7509	2000		
$\frac{40}{10.40}$				4000		
$\frac{60}{13.60}$				6000		
$\frac{80}{16.80}$				8000		
$\frac{100}{20.00}$				10000		
$\frac{100}{20.00}$	1.3	250.0	6.1203	12882		
	0.7		3.4160	7190		
$\frac{100}{20.00}$	1.0	260.0	4.6466	9780		
		200.0	5.3853	11335		

③ 累积流量

输入信号 $\left(\frac{\%}{mA}\right)$	积算时间 (s)	积算标准值 (kg)	仪表显示值(kg)			误差 (%)
			初始值	终止值	差值	
$\frac{100}{20.00}$	720	2000.0				

（3）流量积算仪校验记录

① 已知条件

流体名称：过热蒸汽；

流量计类型：涡街流量计（脉冲输出）；

设计最大流量：$q_{max}=10000kg/h$；

设计工况：$p_d=1.0MPa$，$t_d=250℃$，$\rho_d=4.7509kg/m^3$；

最高压力：1.3MPa；

最低压力：0.7MPa；

最高温度：260℃；

最低温度：200℃；

传感器流量系数：$K_t=0.441P/L$。

② 瞬时流量

流量信号 $\left(\frac{\%}{Hz}\right)$	补偿信号 1 （MPa）	补偿信号 2 （℃）	密度 （kg/m³）	标准值 （kg/h）	仪表显示值 （kg/h）	误 差 （%）
$\frac{20}{51.57}$				2000		
$\frac{40}{103.14}$				4000		
$\frac{60}{154.71}$	1.0	250.0	4.7509	6000		
$\frac{80}{206.28}$				8000		
$\frac{100}{257.85}$				10000		
$\frac{100}{257.85}$	1.3	250.0	6.1203	12882		
	0.7		3.4160	7190		
$\frac{100}{257.85}$	1.0	260.0	4.6466	9780		
		200.0	5.3853	11335		

③ 累积流量

输入信号 $\left(\frac{\%}{mA}\right)$	积算时间 （s）	积算标准值 （kg）	仪表显示值(kg)			误 差 （%）
			初始值	终止值	差值	
$\frac{100}{257.85}$	720	2000.0				

(4) 流量积算仪校验记录

① 已知条件

流体名称：压缩空气；

流量计类型：差压式（开平方运算在二次表中完成）；

设计最大流量：$q_{max}=10000m^3/h$；

设计工况：$p_d=0.7MPa$，$t_d=40℃$；

当地平均大气压：101.325kPa A；

最高压力：1.0MPa；

最低压力：0.3MPa；

最高温度：80℃；

最低温度：0℃。

② 瞬时流量

流量信号 $\left(\frac{\%}{mA}\right)$	补偿信号1 (MPa)	补偿信号2 (℃)	密度 (kg/m^3)	标准值 (Nm^3/h)	仪表显示值 (Nm^3/h)	误差 (%)
$\frac{20}{4.64}$	0.7	40.0		2000		
$\frac{40}{6.56}$				4000		
$\frac{60}{9.76}$				6000		
$\frac{80}{14.24}$				8000		
$\frac{100}{20.00}$				10000		
$\frac{100}{20.00}$	1.0	40.0		1.1723		
	0.3			7077		
$\frac{100}{20.00}$	0.7	80.0		9416		
		0.0		10708		

③ 累积流量

输入信号 $\left(\frac{\%}{mA}\right)$	积算时间 (s)	积算标准值 (Nm^3)	仪表显示值(Nm^3)			误差 (%)
			初始值	终止值	差值	
20.00	720	2000.0				

(5) 流量积算仪校验记录

① 已知条件

流体名称：压缩空气；

流量计类型：涡街流量计（4～20mA 输出）；

设计最大流量：$q_{max}=10000m^3/h$；

设计工况：$p_d=0.7MPa$，$t_d=40℃$；

当地平均大气压：101.325kPa A；

最高压力：1.0MPa；

最低压力：0.3MPa；

最高温度：80℃；

最低温度：0℃。

② 瞬时流量

流量信号 $\left(\frac{\%}{mA}\right)$	补偿信号1 (MPa)	补偿信号2 (℃)	密度 (kg/m³)	标准值 (m^3/h)	仪表显示值 (m^3/h)	误差 (%)
20/7.20	0.7	40.0		2000		
40/10.40				4000		
60/13.60				6000		
80/16.80				8000		
100/20.00				10000		
100/20.00	1.0	40.0		13744		
	0.3			5008		
100/20.00	0.7	80.0		8867		
		0.0		11465		

③ 累积流量

输入信号 $\left(\frac{\%}{mA}\right)$	积算时间 (s)	积算标准值 (m^3)	仪表显示值(m^3)			误差 (%)
			初始值	终止值	差值	
20	720	2000.0				

（6）流量积算仪校验记录

① 已知条件

流体名称：压缩空气；

流量计类型：涡街流量计（脉冲输出）；

设计最大流量：$q_{max}=10000m^3/h$；

设计工况：$p_d=0.7MPa$，$t_d=40℃$；

当地平均大气压：101.325kPa A；

最高压力：1.0MPa；

最低压力：0.3MPa；

最高温度：80℃；

最低温度：0℃；

传感器流出系数：$K_t=0.441P/L$。

② 瞬时流量

流量信号 (%/mA)	补偿信号1 (MPa)	补偿信号2 (℃)	密度 (kg/m^3)	标准值 (Nm^3/h)	仪表显示值 (Nm^3/h)	误 差 (%)
20/33.094	0.7	40.0		2000		
40/66.188				4000		
60/99.282				6000		
80/132.376				8000		
100/165.47				10000		
100/165.47	1.0	40.0		13744		
	0.3			5008		
100/165.47	0.7	80.0		8867		
		0.0		11465		

③ 累积流量

输入信号 (%/Hz)	积算时间 (s)	积算标准值 (Nm^3)	仪表显示值(Nm^3)			误 差 (%)
			初始值	终止值	差值	
100/165.47	720	2000.0				

(7) 流量（热量）显示仪表校验记录（流量名称：淡水；流量计类型：差压式，开平方在二次表中完成）

① 瞬时流量校验记录

设计工况：供水温度 $t_g=130℃$；回水温度$t_h=65℃$；流体压力 $p=1.6MPa$

设计最大流量：$q_{vmax}=10000t/h$

流量输入信号		热量理论值 (GJ/h)	热量显示值 (GJ/h)			示值误差 (%)
(%q_{vmax})	(mA)					
25	5.00	684.7				
40	6.56	1095.4				
60	9.76	1643.2				
80	14.24	2190.9				
100	20.00	2738.6				

② 总量校验记录

流量输入信号 (mA)	热量理论值 (GJ/h)	累积时间 (min)	总量理论值 GJ	总量显示值 (GJ)	示值误差 (%)
20.00	2738.6	12	547.7		

(8) 流量（冷量）显示仪表校验记录（流量名称：淡水；流量计类型：电磁流量计，频率输出）

① 瞬时流量校验记录

设计工况：供水温度 $t_g=6℃$；回水温度 $t_h=12℃$；流体压力 $p=0.6MPa$；流量计安装在回水管上

设计最大流量：$q_{vmax}=1000m^3/h$；对应频率 1000Hz

流量系数：$K_t=3600P/m^3$

流量输入信号		冷量理论值	冷量显示值			示值误差
($\%q_{vmax}$)	(Hz)	(GJ/h)	(GJ/h)			(%)
10	100	2.517				
30	300	7.551				
50	500	12.586				
70	700	17.620				
100	1000	25.171				

注：回水密度 $\rho=999.74kg/m^3$；供水焓值 $h=25.818kJ/kg$；回水温度焓值 $h=50.989kJ/kg$。

② 总量校验记录

流量输入信号 (Hz)	热量理论值 (GJ/h)	累积时间 (min)	总量理论值 (GJ)	总量显示值 (GJ)	示值误差 (%)
1000	25.171	12	5.034		

(9) 流量（冷量）显示仪表校验记录（流量名称：盐水；流量计类型：电磁流量计，频率输出）

① 瞬时流量校验记录

设计工况：供水温度 $t_g=-15℃$；回水温度 $t_h=-8℃$；流量计安装在回水管上

设计最大流量：$q_{vmax}=1000m^3/h$；对应频率 1000Hz

流量系数：$K_t=3600P/m^3$

流量输入信号		冷量理论值	冷量显示值			示值误差
($\%q_{vmax}$)	(Hz)	(GJ/h)	(GJ/h)			(%)
10	100	2.501				
30	300	7.503				
50	500	12.505				
70	700	17.508				
100	1000	25.011				

注：工艺专业提供数据，流体在$-15℃$时的密度为 $1255kg/m^3$，平均比热容为 $2.847kJ/(kg·℃)$。

② 总量校验记录

流量输入信号 (Hz)	冷量理论值 (GJ/h)	累积时间 (min)	总量理论值 (GJ)	总量显示值 (GJ)	示值误差 (%)
1000	25.011	12	5.002		

参 考 文 献

[1] GB/T 18215.1 城镇人工煤气主要管道流量测量. 第一部分：采用标准节流装置的方法.

[2] GB/T 2624—2006 用安装在圆形截面管道中的差压装置测量满管流体流量.

[3] 纪纲，蔡武昌. 流量演算器. 自动化仪表，2000，21 (9)：20—25.

[4] 蔡武昌，孙淮清，纪纲. 流量测量方法和仪表的选用. 北京：化学工业出版社，2001.

[5] 骆美珍，龚毅，陈少华. 提高差压法流量测量精确度点滴. 石油化工自动化，1998，(5).

[6] 纪纲，章小风，郝建庆. 孔板流量计扩大范围度的一种方法. 自动化仪表，1998，19，(6)：7—10.

[7] 国家质检总局组编. 2008 全国能源计量优秀论文集. 北京：中国计量出版社，2008.

[8] JJG 1003—2005 流量积算仪检定规程.

第 8 章　提高流量测量精确度的实用方法

各种流量计由于工作原理的原因、加工制造精密度的原因、被测介质物性的原因、流体流动状态的原因等，在现场使用时都会产生不同程度的误差。人们很早以前就开始寻找消除或减小这些误差的方法，尤其是计算机技术进入流量仪表后，为实现这一愿望增添了灵活而方便的手段。其中有些误差已在流量变送器或转换器中得到校正，因而流量测量精确度得到明显提高，例如在科氏力质量流量计中，由于流体温度和压力对流量测量的影响得到补偿，从而使其流量测量精确度有了显著提高。但是在有些流量计中，流量传感器或变送器自身不具备这种功能，因而流量测量精确度受到制约或因工况等条件变化，测量精确度难以保证。对于后一种情况，有时候可在流量二次表中进行补救，从而使流量测量系统的精确度得到提高。

本章各节所介绍的方法，仅仅是将流量二次表与特定的流量传感器、变送器配合，然后设法提高测量精确度的应用举例。由于流量计的种类多，影响流量测量精确度的因素更多，这里不可能一一列举，但作为方法来说是有普遍意义的，只要搞清楚具体的影响因素同流量示值之间的确切关系，并将这些因素用传感器测量出来引入流量二次表，就可得到合适的校正，提高流量测量精确度。

8.1　雷诺数与测量误差的关系及补偿方法

流体在封闭管道中流动时，其速度分布会明显影响差压流量计、超声流量计等。这种速度分布同雷诺数 Re_D 之间有对应的关系，因此研究者将这种影响转化成同雷诺数之间的关系，并用函数式或图表予以描述。例如超声流量计有自带微处理器，能对雷诺数的影响作自动校正，以提高低流速时的测量精确度。本节主要对使用广泛的孔板流量计和涡街流量计作较深入的讨论。

8.1.1　孔板流量计流出系数同雷诺数的关系

在本书的 3.1 节中，式（3.1）给出孔板流量计流量值同各个自变量的关系，其中流出系数 C 就同管道雷诺数有关。其实 C 并不是一个常数，而是随雷诺数 Re_D 变化的一个变量。一副孔板制作完成并经检验合格后，其直径比 β 即为常数，其流出系数同雷诺数的关系可用一条 $C=f(Re_D)$ 关系曲线来表示，如图 8.1 所示。

在传统的孔板流量计中，由于数据处理功能不强，要将 C 当作变量来处理，是极其困难的，为了使实际使用流量范围内的流出系数变化尽可能小，在规定的范围内，常常采用下面的措施。

a. 将差压上限 Δp_{max} 尽可能取大一些，从而使 β 小一些。

b. 缩小管径，提高流速，从而使节流装置在较高雷诺数条件下使用。

c. 限制流量计的使用下限（结合差压计精确度的约束条件，传统的共识是测量下限不低于 30%FS），因为流量越小，C 与常用流出系数 C_{com} 的差异越大。在文献［1］中，由于 C 的在线计算或自动修正难以实施，所以在设计节流装置时设法将流量测量下限对应的 C 和 C_{com} 之间的偏差规定为≤0.5%[2]，这样就产生了老版本节流装置设计手册中的 $m=f(Re_D)$ 界限雷诺数图[1]。

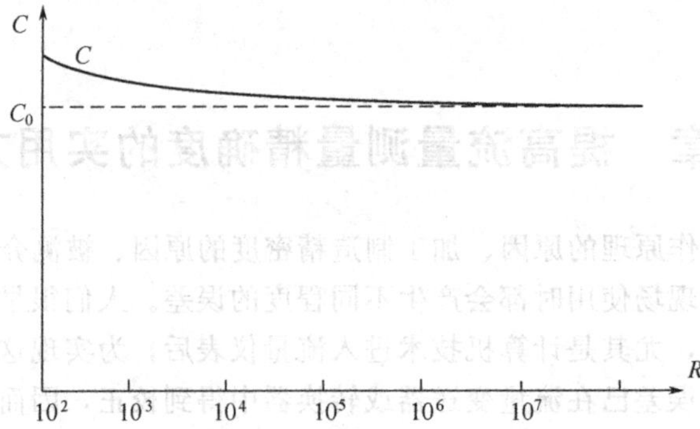

图 8.1 C-Re_D 关系曲线

随着微电子技术和传感器技术的发展以及计算机技术对仪表的渗透，差压式流量测量技术获得了一次飞跃，其显著的标志是差压变送器精确度大大提高，从以前的 1.5 级提高到现在的 0.1 级甚至 0.075 级；其次是流量二次表实现智能化，数据处理能力和精确度获得了极大的提高，这些都为孔板流量计的测量低端的精确度的提高创造了充分的条件，在 GB/T 2624—1993 中给出了孔板流出系数随雷诺数变化的关系式（以角接取压为例）[2]，如式 (7.27) 所示。

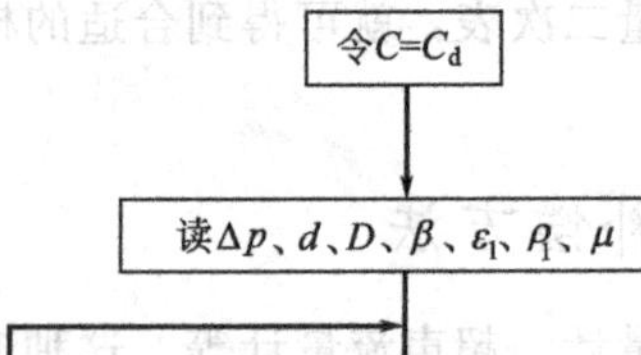

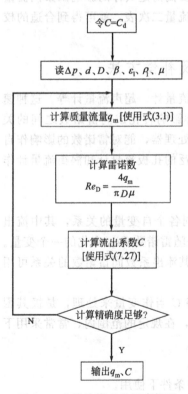

图 8.2 在线计算 C 的程序框图

应用这一公式实现雷诺数变化对流量测量影响的修正常用两种方法，一种是 C 的在线计算法，另一种是 C 的离线计算法。

(1) C 的在线计算法　这一方法是利用流量二次表内单片机的高速计算能力，用迭代法精确计算当前的流出系数并进一步计算流量值。采用迭代法是因为 C 是 Re_D 的函数，而 Re_D 是质量流量 q_m 的函数，而 q_m 又是 C 的函数。其计算程序框图如图 8.2 所示。其中 C_d 为孔板计算书中的 C 值。

此图中突出了计算 C 的部分，其实，ε_1、ρ_1 甚至 d 都是变量，都由相应的计算子程序计算得到。

(2) C 的离线计算修正法[3]　C 的离线计算通常是在整个流量测量范围内选 10 个或 16 个（由流量二次表中折线校正坐标系取的点数定）典型测量点 q_i，并计算出各点的雷诺数，然后按式 (7.27) 计算各点的流出系数，最后按下式计算出各点的 C 修正系数 k_α。

$$k_\alpha = C_i / C_d \tag{8.1}$$

式中　C_i——各典型测量点流出系数；

C_d——孔板计算书中的流量系数。

(3) C 的离线计算修正法举例[3]

① 已知条件

被测流体名称：饱和水蒸气；

最大质量流量：$q_{mmax} = 1.7500\text{kg/s}$；

最小质量流量：$q_{mmin} = 0.1750\text{kg/s}$；

工作压力：$p_{1g} = 6.9066 \times 10^5\text{Pa}$（表面值）；

工作温度：$t_1=170℃$；

工作状态下被测流体相对湿度：$\varphi=0$；

工作状态下被测流体密度：$\rho_1=4.123\text{kg/m}^3$；

工作状态下被测流体黏度：$\mu_1=14.97\times10^{-6}\text{Pa}\cdot\text{s}$；

工作状态下被测流体等熵指数：$\kappa=1.30$；

当地全年平均大气压：$p_a=101.33\text{kPa}$；

20℃情况下管道内径：$D_{20}=150\text{mm}$；

管道材质：20 钢；

差压计差压上限：$\Delta p_{max}=40\text{kPa}$；

节流装置的取压方式：角接取压；

管道材质的线膨胀系数：$\lambda_D=12.3\times10^{-6}℃^{-1}$；

孔板材质的线膨胀系数：$\lambda_d=16\times10^{-6}℃^{-1}$。

② 求孔板开孔直径 d（见图 8.3）

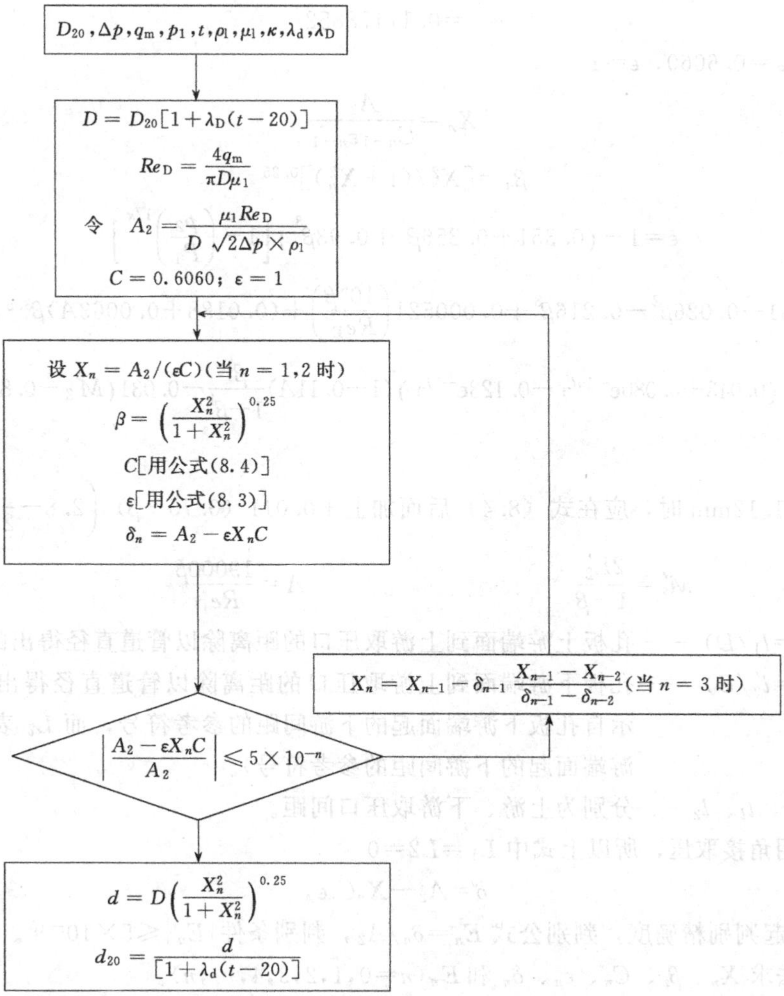

图 8.3 计算开孔直径 d 的程序框图

a. 求工作状态下管道内径

$$D = D_{20}[1+\lambda_D(t_1-20)]$$
$$=150\times[1+12.3\times10^{-6}\times(170-20)]$$
$$=150.28\text{mm}=0.15028\text{m}$$

b. 求最大流量条件下雷诺数

$$Re_D=\frac{4q_{\text{mmax}}}{\pi D\mu_1} \tag{8.2}$$

$$Re_D=\frac{4\times1.7500}{\pi\times0.15028\times14.97\times10^{-6}}$$
$$=990433.1791$$

c. 求 A_2 值

$$A_2=\frac{\mu_1 Re_D}{D\sqrt{2\Delta p_{\max}\rho_1}}$$
$$=\frac{14.97\times10^{-6}\times990433.1791}{0.15028\sqrt{2\times40000\times4.123}}$$
$$=0.17178852$$

d. 设 $C_\infty=0.6060$，$\varepsilon=1$

e. 据

$$X_n=\frac{A_2}{C_{n-1}\varepsilon_{n-1}}$$

$$\beta_n=[X_n^2/(1+X_n^2)]^{0.25}$$

$$\varepsilon=1-(0.351+0.256\beta^4+0.93\beta^8)\left[1-\left(\frac{p_2}{P_1}\right)^{1/\kappa}\right] \tag{8.3}$$

$$C=0.5961+0.026\beta^2-0.216\beta^8+0.000521\left(\frac{10^6\beta}{Re_D}\right)+(0.0188+0.0063A)\beta^{3.5}\left(\frac{10^6}{Re_D}\right)^{0.3}$$
$$+(0.043+0.080e^{-10L_1}-0.123e^{-7L_1})(1-0.11A)\frac{\beta^4}{1-\beta^4}-0.031(M'_2-0.8M'^{1.1}_2)\beta^{1.3} \tag{8.4}$$

当 $D\leqslant71.12$mm 时，应在式（8.4）后面加上 $+0.011(0.75-\beta)\left(2.8-\frac{D}{25.4}\right)$

$$M'_2=\frac{2L'_2}{1-\beta} \qquad A=\frac{19000\beta}{Re_D}$$

式中 L_1（$=l_1/D$）——孔板上游端面到上游取压口的距离除以管道直径得出的商；

L'_2（$=l'_2/D$）——孔板下游端面到上游取压口的距离除以管道直径得出的商（L'_2表示自孔板下游端面起的下游间距的参考符号，而 L_2 表示自孔板上游端面起的下游间距的参考符号）。

l_l、l_2——分别为上游、下游取压口间距。

因为采用角接取压，所以上式中 $L_1=L'_2=0$

$$\delta=A_2-X_nC_n\varepsilon_n$$

从 $n=3$ 起判别精确度，判别公式 $E_n=\delta_n/A_2$，判别条件 $|E_n|\leqslant5\times10^{-10}$。

用迭代法求 X_n、β_n、C_n、ε_n、δ_n 和 $E_n(n=0,1,2,3,4,\cdots,n)$。

在精确度足够后，得到

$$\beta=0.5264755$$
$$\varepsilon=0.985299128$$

$$C=0.604407407$$

f. 求 d

$$d=D\beta=79.1164849\text{mm}$$

g. 求 d_{20}

$$d_{20}=\frac{d}{1+\lambda_d(t-20)}$$

$$=\frac{79.1164849}{1+0.000016\times(170-20)}$$

$$=78.92760\text{mm}$$

③ 求各典型测量点流出系数的修正系数 k_α

a. 按式（8.2）计算各典型测量点雷诺数；

b. 用前面计算得到的 β 值和各典型测量点雷诺数，分别代入式（8.4），得到各点 C，并按式（8.1）计算 k_α；

以上计算结果列于表 8.1。

表 8.1　C 及 k_α 数据表

$\%q_{mmax}$	Re_D	C	k_α	$\%q_{mmax}$	Re_D	C	k_α
10	99043	0.607933598	1.00583	60	594260	0.604894715	1.00081
20	198087	0.606427019	1.00334	70	693303	0.604735961	1.00054
30	297130	0.605765472	1.00225	80	792347	0.604606946	1.00033
40	396173	0.605369493	1.00159	90	891390	0.604499237	1.00015
50	495217	0.605097291	1.00114	100	990433	0.604407425	1.00000

对于一副已有的节流装置，其计算书中已列出计算 k_α 的必要数据，则可省去上述第②步，直接从第③步计算 k_α。

8.1.2　雷诺数对涡街流量计的影响

（1）雷诺数对涡街流量计的影响　在一定的雷诺数范围之内，涡街流量计输出频率信号同流过测量管的体积流量之间的关系不受流体物性（密度、黏度）和组分的影响，即流量系数只与旋涡发生体及管道的形状尺寸有关，因此，只需在一种典型介质中标定其流量系数而适用于各种介质，这是涡街流量计的一大优点。但若雷诺数超过这一范围，就要产生影响了。

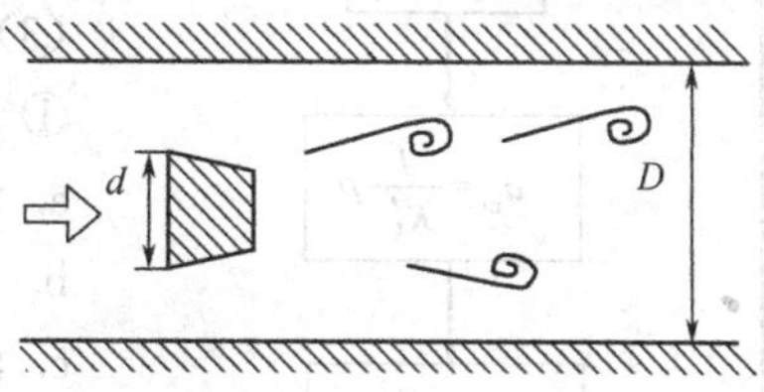

图 8.4　卡曼涡街

图 8.4 所示为涡街流量计工作原理。在流体流动的管道中设置一个旋涡发生体（阻流体），于是在发生体下游的两侧就会交替地产生有规则的旋涡。这种旋涡称为卡曼涡街。此旋涡的频率同各因素的关系可用式（8.5）表述，即

$$f=Srv/d \tag{8.5}$$

式中　f——发生体一侧产生的卡曼涡街频率；

Sr——斯特罗哈尔数（无量纲数）；

v——流体的流速；

d——旋涡发生体的宽度。

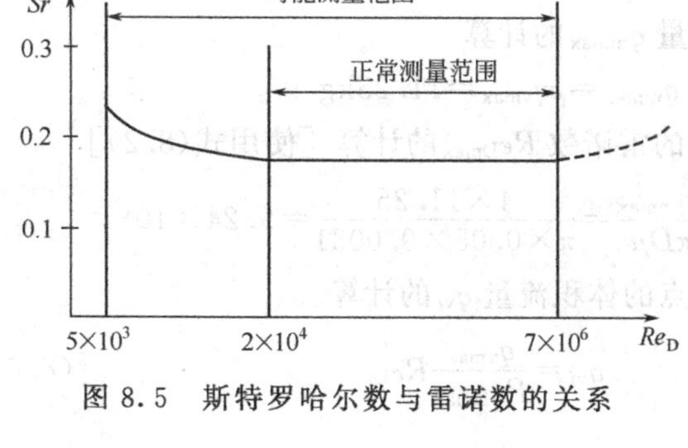

图 8.5　斯特罗哈尔数与雷诺数的关系

图 8.5 所示为圆柱状旋涡发生体的斯特罗哈尔数同雷诺数的关系。由图可见，在 $Re_D=2\times10^4\sim7\times10^6$ 范围内，是曲线的平坦部分（$Sr=1.7$），卡曼涡街频率与流速成正比，这是仪表正常工作范围。在 $Re_D=5\times10^3\sim2\times10^4$ 范围内，旋涡能稳定发生，但因斯特罗哈尔数增大，所以流量系数需经校正后才能保证流量测量精确度。当 $Re_D<5\times10^3$ 后旋涡不发生或不能稳定地发生。

本节讨论的是 $Re_D=5\times10^3\sim2\times10^4$ 的区间如何提高流量测量精确度的问题。如能获得可靠的校正系数并用适当的方式实现在线校正，就能将测量精确度提高，将范围度显著扩大。

（2）雷诺数影响的校正　表 8.2 给出了 YF 100 系列涡街流量计低雷诺数测量段的校正系数表。使用这一表格的方式也有在线计算和离线计算之分。其中在线计算法多在带 CPU 的涡街流量变送器（传感器）中使用，离线计算多在流量显示表中用折线法实现校正时使用。

表 8.2　雷诺数校正系数

雷诺数 Re_{Di}	校正系数 A	雷诺数 Re_{Di}	校正系数 A
5.5×10^3	0.886	2.0×10^4	0.990
8.0×10^3	0.935	4.0×10^4	1.000
1.2×10^4	0.964		

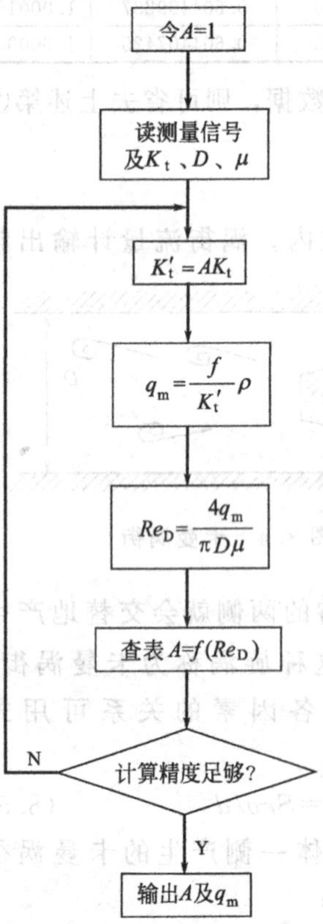

图 8.6　在线计算校正系数的程序框图

图 8.6 所示为在线计算校正系数的程序框图。图中的 K_t 为流量系数，D 为测量管内径，μ 为流体黏度，q_m 为质量流量。

离线计算就是计算满量程的雷诺数和各典型流量点的流量值，然后制作折线，填入仪表的程序菜单，仪表运行后，实现自动校正。

（3）举例

① 已知条件

a. 流体名称：柴油

b. 流体温度：30℃

c. 流体密度：$\rho=810\text{kg/m}^3$

d. 流体黏度：$\mu=0.0031\text{Pa}\cdot\text{s}$

e. 管道内径：$D=0.05\text{m}$

f. 最大流量：$q_{vmax}=50\text{m}^3/\text{h}$

② 计算

a. 最大质量流量 q_{mmax} 的计算

$$q_{mmax}=\rho q_{vmax}=11.25\text{kg/s}$$

b. 最大流量时的雷诺数 Re_{Dmax} 的计算［使用式(8.2)］

$$Re_{Dmax}=\frac{4q_{mmax}}{\pi D\mu}=\frac{4\times11.25}{\pi\times0.05\times0.0031}=9.24\times10^4$$

c. 各典型流量点的体积流量 q_{vi} 的计算

$$q_{vi}=\frac{q_{vmax}}{Re_{Dmax}}Re_{Di}\tag{8.6}$$

将表 8.2 中各典型流量点雷诺数代入式（8.6）得各点流量 q_{vi}，列于表 8.3 中。

表 8.3　各特征点校正系数

流量值 q_{vi}/(m³/h)	雷诺数 Re_{Di}	校正系数 A	流量值 q_{vi}/(m³/h)	雷诺数 Re_{Di}	校正系数 A
2.976	5.5×10^3	0.886	10.823	2.0×10^4	0.990
4.329	8.0×10^3	0.935	21.645	4.0×10^4	1.000
6.494	1.2×10^4	0.964	50.000	9.24×10^3	1.000

这一方法可用来对黏度比水高一些的液体低流速段进行误差校正。

（4）在流量传感器（变送器）中的实现　上面所述的雷诺数影响的校正是在流量二次表中完成的，适用于涡街流量计本身无校正能力的测量系统。随着计算机技术渗透到流量一次表，有些涡街流量计本身也具备了这种校正功能。例如横河公司的 YF100 系列 E 型涡街流量计中，是用 4 段折线实现此项校正。折线的横坐标为旋涡频率 f，其纵坐标为校正系数 A，如图 8.7 所示。

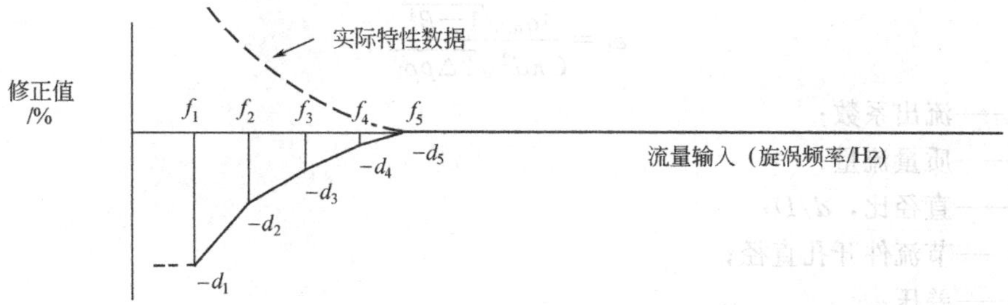

图 8.7　校正值与旋涡频率的关系

在表 8.3 所示的例子中，可从表 8.3 中的流量值 q_{vi} 按下式求取各特征点频率 f_i。

$$f_i = q_{vi} K_t$$

式中　q_{vi}——体积流量，L/h 或 m³/h；

K_t——流量系数，P/L 或 P/m³。

然后将各点频率和所对应的校正值填入涡街流量计（变送器）菜单（第 D21～D30 条），并在“REYNOLDS ADJ”（雷诺数校正）项指定“1”（执行），仪表运行后，就能将雷诺数对流量系数 K_t 的影响自动按下式进行校正。

$$K_t' = A K_t$$

式中　K_t'——校正后的流量系数，P/L 或 P/m³；

A——校正值；

K_t——未经校正的流量系数，P/L 或 P/m³。

8.2　可膨胀性系数的自动校正

差压式流量计（孔板、喷嘴、文丘里管等）在用来测气体和蒸汽流量时，流体流过节流装置，在节流件两边都要产生一定的压差，节流件的下游静压降低，因而出现流束膨胀，流束的这种膨胀使得节流装置的输出（差压）-输入（流量）关系同不可压缩流体之间存在一定的偏差，如果不对这种偏差进行校正，将会导致流量示值偏高千分之几到百分之几，在 β 和 $\Delta p/p_1$ 均较大的情况下甚至可高达 10%。可膨胀性系数（expansibility factor）ε 就是为修正此偏差而引入的变量。

此变量有节流件上游可膨胀性系数 ε_1 和节流件下游可膨胀性系数 ε_2 之分，在流量表达式中若用 ε_1，则流体密度必须采用上游流体密度 ρ_1，如式（3.1）所示；若用 ε_2，则必须采用下游流体密度 ρ_2，如式（3.23）所示。节流件上游的可膨胀性系数和节流件下游的可膨胀性系数之间的关系如式（3.24）所示。

式（3.23）和式（3.1）是等价的，这在 3.1.6 节中已经作了分析。在实际应用中较多地使用 ε_1，因为相关的压力测量也较多地使用节流件上游取压口平面上的参数。

孔板的 ε_1 值是用实验方法确定的，这是一项严格而复杂的测试工作。只有在测得流量系数 α 的基础上，用不同气体，在不同的工作压力下才能测得。考虑到流体的可压缩性，对给定的节流装置利用可压缩流体（气体）进行标定时，由式（8.7）可求得 $\varepsilon_1 C$ 值，该值取决于雷诺数、差压值和气体等熵指数。式中流出系数 C 为在相同雷诺数、用液体直接标定而确定的数值，因此可膨胀性系数为由式（8.8）所确定的一个系数。

$$\varepsilon_1 C=\frac{4q_{\mathrm{m}}\sqrt{1-\beta^4}}{\pi d^2\sqrt{2\Delta p\rho_1}} \tag{8.7}$$

$$\varepsilon_1=\frac{4q_{\mathrm{m}}\sqrt{1-\beta^4}}{C\pi d^2\sqrt{2\Delta p\rho_1}} \tag{8.8}$$

式中 C——流出系数；

q_{m}——质量流量；

β——直径比，d/D；

d——节流件开孔直径；

Δp——差压；

ρ_1——节流件上游取压口平面上的密度。

当流体是不可压缩流体时，ε_1 等于 1；当流体是可压缩流体时，ε_1 小于 1。

式(8.8) 使用起来还不够方便，研究者提出了不少经验公式，ISO5167 和 GB/T 2624—2006 中给出的孔板的 ε_1 值，对于角接取压法、法兰取压法和 D-D/2 取压法使用同一个经验公式计算，即

$$\varepsilon_1=1-(0.351+0.256\beta^4+0.93\beta^8)\left[1-\left(\frac{p_2}{p_1}\right)^{1/\kappa}\right] \tag{8.9}$$

式中 κ——等熵指数；

p_1——节流件上游取压口平面上的绝对静压；

p_2——节流体下游取压口平面上的绝对静压；

其余符号的意义同式（8.8）。

此公式仅在 $p_2/p_1\geqslant 0.75$ 时才适用。

该公式是根据空气、水蒸气和天然气的试验结果得出的，已知等熵指数的其他气体和蒸汽可参照使用。

流量在一定的范围内变化时，差压 Δp 相应变化，而设计计算时只是假定 ε 是个常数 ε_{d}，为了对这个假定可能引入的误差进行校正，引入了一个可膨胀性系数校正系数，即

$$k_\varepsilon=\varepsilon_1/\varepsilon_{\mathrm{d}} \tag{8.10}$$

式中 k_ε——可膨胀性系数校正系数；

ε_1——实际可膨胀性系数；

ε_{d}——设计计算时可膨胀性系数。

使用式（8.9）计算当前可膨胀性系数一般在流量二次表内进行。将孔板计算书中的 β 和 κ 写入菜单中的指定窗口，p_1 则由流量二次表的压力输入信号计算得到。而 Δp 由流量二次表的差压输入信号按下式计算得到。

$$\Delta p = A_i \Delta p_{max} \tag{8.11}$$

式中　A_i——差压输入信号，0～1；

Δp_{max}——差压上限值。

Δp_{max}以及 ε_d 值也可由孔板计算书得到，写入流量二次表菜单的指定窗口，仪表运行后，按式（8.9）计算得到当前的 ε_1 值，然后代入式（8.10）计算 k_ε。

表 8.4 所列为 8.1 节中的一台蒸汽流量计各流量点的 ε_1 值和相应的 k_ε 值，主要是要说明流量在较大范围内变化时，ε_1 变化显著，进行 ε_1 的在线计算和自动校正很有必要。

表 8.4　各点 ε_1 及 k_ε 值

$\%q_{mmax}$	ε_1	k_ε	$\%q_{mmax}$	ε_1	k_ε
10	0.999853853	1.01477	60	0.994727878	1.00957
20	0.999415308	1.01433	70	0.992818534	1.00763
30	0.998684059	1.01358	80	0.990611755	1.00539
40	0.997659590	1.01254	90	0.988105911	1.00285
50	0.996341176	1.01121	100	0.985299128	1.00000

喷嘴和文丘里管的 ε_1 与孔板的 ε_1 值不同，它是用热力学通用能量方程计算出来的，详细情况请参阅参考文献［2］。

8.3　气体压缩系数对流量测量的影响

(1) 问题的提出　有一路来自氨蒸发器的气态氨，在用涡街流量计测得其工作状态下体积流量 q_{vf}后，要将其换算到标准状态下的体积流量 q_{vn}，并进而计算其质量流量，采用如式（8.12）所示的理想气态方程是否可行？答案是否定的。

$$q_{vn} = \frac{p_f T_n}{p_n T_f} q_{vf} \tag{8.12}$$

式中　T_f、p_f、q_{vf}——工作状态下气体绝对温度、绝对压力、体积流量；

T_n、p_n、q_{vn}——标准状态下气体绝对温度、绝对压力、体积流量。

因为临界温度较高临界压力较低的气体，其温度、压力、体积三者之间的关系偏离理想气态方程较严重，如果不对这种偏离进行补偿，必将引起较大误差。

气体压缩系数 Z 就是对这种偏离现象进行修正。例如在涡街流量计中，可用式（8.13）进行修正：

$$q_{vn} = \frac{p_f T_n Z_n}{p_n T_f Z_f} q_{vf} \tag{8.13}$$

式中　Z_f——工作状态下气体压缩系数；

Z_n——标准状态下气体压缩系数；

其余符号的意义同式（8.12）。

(2) 压缩系数的求取　气体的压缩系数不仅同该种气体的临界温度、临界压力有关，而且同该气体所处的工况有关，即

$$Z = f(T_c, p_c, T_f, p_f)$$

式中　Z——气体在 T、p 条件下的压缩系数；

T_c——气体临界绝对温度，K；

p_c——气体临界绝对压力，MPa；

T_f——工作状态气体绝对温度，K；

p_f——工作状态气体绝对压力，MPa。

工程上常用查图和计算两种方法求取 Z。其中，在已知气体名称及温度、压力数据后，可用人工查图的方法求取 Z。而在智能流量二次表中，采用计算方法求取 Z 较方便。

从 T_c、p_c、T 和 p 计算压缩系数 Z 通常采用 R-K 方程式（Redlich-Kwong），即

$$Z=\frac{1}{1-h}-\frac{4.934}{T_r^{1.5}}\times\frac{h}{1-h} \tag{8.14}$$

式中　h——中间变量，$h=\dfrac{0.0866p_r}{Z-T_r}$；　(8.15)

T_r——对比温度，$T_r=T/T_c$；

p_r——对比压力，$p_r=p/p_c$。

计算步骤如下：先从 T 和 T_c 计算 T_r，从 p 和 p_c 计算 p_r，再令 $Z=1$，代入式（8.15）得 h，再代入式（8.14）得 Z 计算值，然后将此值再代入式（8.15）并经多次迭代得到精确的 Z。

(3) 压缩系数补偿在智能二次表中的实施　很多智能流量二次表都有压缩系数补偿功能，仪表中已固化有从 T_c、p_c、T 和 p 求取 Z 的程序，例如 FC 6000 型通用流量演算器中 T_c 存放在第 44 条菜单中，p_c 存放在第 45 条菜单中，仪表人员只需根据气体名称从理化手册中查出相应的 T_c 和 p_c，分别写入第 44、45 条菜单，并在功能指定窗口指定 Z 用计算法补偿，则仪表运行后就会从 T_c、p_c、T_n、p_n 计算 Z_n，从 T_c、p_c、T_f、p_f 计算 Z_f，并且根据流量传感器、变送器类型自动计算出标准状态体积流量以及质量流量（若需计量质量流量，菜单须填入标准状态气体密度 ρ_n）。

(4) 差压式流量计的压缩系数补偿　差压式流量计的压缩系数补偿是对气体的工况偏离设计工况后压缩系数的变化进行补偿。补偿后的流量 q 与压缩系数之间的关系为

$$q=q_f\sqrt{\frac{p_f}{p_d}\times\frac{T_d}{T_f}\times\frac{Z_d}{Z_f}} \tag{8.16}$$

式中　T_d、p_d、Z_d——设计状态气体绝对温度、绝对压力、压缩系数；

q_f——未经补偿的流量。

在 FC 6000 型流量演算器菜单的第 30 条和第 26 条分别填入 T_d、p_d，并按式（8.16）自动进行补偿。

压缩系数补偿对乙烯、丙烯、丁烷、乙炔等临界温度较高、临界压力较低的气体来说尤为重要。

8.4　孔板流量计变更量程与不确定度的变化

8.4.1　概述

涡街流量计、电磁流量计实现智能化以后，变更量程就变得非常简单，只需通过转换器上的操作键或手持终端对表内有关数据进行修改即可。但是节流式差压流量计要变更量程就不那么简单了，尽管差压变送器也实现了智能化，改变其差压范围也是非常简单的事，但是不能只对差压变送器的差压范围作调整就万事大吉，这是因为孔板流量计量程变更后，管道中的常用流速等参数发生变化，流出系数等也相应有所变化，因此必须综合考虑。

下面是上海某石化厂的一个实例。该厂有一台蒸汽流量计，原测量范围为 0～70t/h，

后因工艺调整，实际使用流量值大大减小，从该台仪表读得的流量值最大未超过25t/h，常用流量值仅为7t/h，显然实际使用的流量太小，精确度难以保证，厂方提出将测量范围改为0～35t/h。

8.4.2 变更量程举例

(1) 已知条件（从节流装置计算书查得）

a. 管道内径：$D_{20}=201\text{mm}$；

b. 管道内径膨胀系数：$\lambda_D=0.000011℃^{-1}$；

c. 孔板开孔直径膨胀系数：$\lambda_d=0.000016℃^{-1}$；

d. 流量测量上限：$q_{mmax}=70\text{t/h}$；

e. 常用流量：$q_{mcom}=14\text{t/h}$；

f. 流体常用压力：$p_{1g}=3.58\text{MPa}$（表面值）；

当地全年平均大气压：$p_a=101.325\text{kPa}$；

g. 流体常用温度：$t=380℃$；

h. 流体常用密度：$\rho_1=12.9530\text{kg/m}^3$；

i. 流体黏度：$\mu_1=0.000024\text{Pa}\cdot\text{s}$；

j. 等熵指数：$\kappa=1.286$；

k. 差压上限：$\Delta p_{max}=100\text{kPa}$（由智能差压变送器测量）；

l. 可膨胀性系数：$\varepsilon_1=0.9996$；

m. 直径比：$\beta=0.7303519$；

n. 孔板开孔直径：$d_{20}=146.5380\text{mm}$；

o. 流出系数：$C=0.599231607$；

p. 取压方式：角接取压。

(2) 其他已知条件

a. 量程变更后流量测量上限：$q'_{mmax}=35\text{t/h}$；

b. 量程变更后常用流量：$q_{mcom}=7\text{t/h}$。

(3) 利用迭代法计算差压上限 Δp_{max}　测量范围变更后，从已知节流装置数据和其他有关流量数据计算新的差压上限 $\Delta p'_{max}$ 是典型的差压式流量计计算命题。如果计算机内已经装有计算程序，则填入已知数据后就能很快得到结果，如果没有现成程序，也可利用图8.8所示的程序框图手算。

a. 计算工作状态下管道内径 D

$$\begin{aligned}D&=D_{20}[1+\lambda_D(t-20)]\\&=201[1+0.000011(380-20)]\\&=201.7960\text{mm}\end{aligned}$$

b. 计算工作状态下节流件开孔直径 d

$$\begin{aligned}d&=d_{20}[1+\lambda_d(t-20)]\\&=146.610481\times[1+0.000016(380-20)]\\&=147.4549573\text{mm}\end{aligned}$$

c. 计算流体常用绝对压力 p_1

$$\begin{aligned}p_1&=p_{1g}+p_a\\&=3.58+0.101325\\&=3.681325\text{MPa}\end{aligned}$$

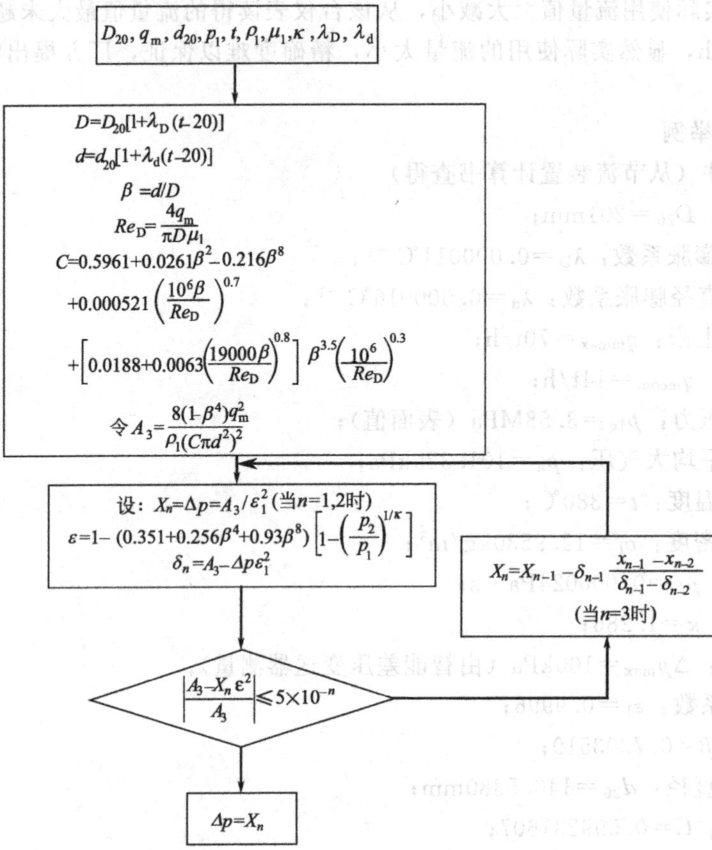

图 8.8 计算差压 Δp 的程序框图

d. 计算量程变更后常用流量条件下雷诺数 Re'_{Dcom}

$$Re'_{Dcom}=\frac{4q_{mcom}}{\pi D'\mu}$$

$$=\frac{4\times7000/3600}{\pi\times0.2018\times0.000024}=5.114386\times10^5$$

e. 按式（8.4）计算量程变更后常用流量条件下的流出系数 C'。因为采用角接取压，所以式（8.4）中 $L_1=L'_2=0$。

将 β 和 Re'_{Dcom} 代入式（8.4）得

$$C'=0.601002347$$

f. 令

$$A_3=\frac{8(1-\beta^4)q_m^2}{\rho(C\pi d^2)^2}$$

$$=\frac{8(1-0.730712984^4)\times(7000/3600)^2}{12.9530\times(0.601002347\times\pi\times0.1465380^2)^2}$$

$$=1015.562912$$

g. 据 $X_n=\Delta p=A_3/\varepsilon^2$（$n$=1,2 时）

$$\varepsilon=1-(0.351+0.256\beta^4+0.93\beta^8)\left[1-\left(\frac{p_2}{p_1}\right)^{1/\kappa}\right]$$

经多次迭代，直至

$$\left|\frac{X_3-X_n\varepsilon^2}{A_3}\right|\leqslant 5\times 10^{-n}$$

得

$$\Delta p'_{\text{com}}=993.4873503$$

$$\varepsilon=0.999895253$$

h. 计算差压上限

$$\begin{aligned}\Delta p'_{\max}&=\Delta p'_{\text{com}}/(q'_{\text{mcom}}/q'_{\text{mmax}})^2\\&=993.4873503/(7000/35000)^2\\&=24837.18376\text{Pa}\end{aligned}$$

8.4.3 量程变更后的不确定度

量程变更后的不确定度变化计算，是变更量程操作可行性研究的基础。如果不确定度增大太多，就不宜用重新计算差压上限的方法改变量程，这时就得重新设计孔板。

(1) 流出系数不确定度的变化 从式 (8.4) 可知，流出系数 C 仅与 β 和 Re_D 有关，这是在假定前后直管段经过精密加工的基础上的，如果前后直管内壁较粗糙，则应引入粗糙度 K/D 的修正。

用重新计算 $\Delta p_{\max}$ 的方法实现量程变更，由于孔板的 d、D、β 未做变更，常用流量重新确定后 Re_D 变化，相应地重新计算流出系数 C，所以量程变更后，$\delta C/C$ 保持变更前的数据，按 GB/T 2624—2006 的规定，流出系数 C 值的百分率不确定度[2]：

对于 $0.1\leqslant\beta<0.2$，为 $(0.7-\beta)\%$；

对于 $0.2\leqslant\beta<0.6$，为 0.5%；

对于 $0.6\leqslant\beta<0.75$，为 $(1.667\beta-0.5)\%$。

若 $D<71.12$mm (2.8in)，上述值应算术相加下列相对不确定度：

$$0.9\ (0.15-\beta)\left(2.8-\frac{D}{25.4}\right)\%$$

若 $\beta>0.5$ 和 $Re_D<10000$，上述值应算术相加 0.5%相对不确定度。

(2) 可膨胀性系数的不确定度　如果不考虑 β、$(\Delta p/p_1)$ 和 κ 的不确定度，可膨胀性系数 ε_1 值的百分率不确定度 $\delta\varepsilon_1/\varepsilon_1$ 等于 $\pm(4\Delta p/p_1)\%$。

在上面的例子中，Δp 缩小到量程变更前的 1/4，$\Delta p/p_1$ 成比例缩小，所以 $\delta\varepsilon_1/\varepsilon_1$ 相应减小。如果量程扩大，$\Delta p/p_1$ 相应增大，$\delta\varepsilon_1/\varepsilon_1$ 也增大。

(3) 差压测量误差引入的不确定度　差压测量误差引入的不确定度为 $0.5\delta\Delta p/\Delta p$，在上面的例子中，由于差压上限 $\Delta p_{\max}$ 缩小的同时，常用流量所对应的差压值相应缩小，而所使用的智能差压变送器相对误差 $\delta\Delta p/\Delta p$ 未变，所以从关系式来看不确定度也未变。

其实不然，现场的情况十分复杂，表达式中的差压测量误差 $\delta\Delta p$ 不仅仅是差压变送器准确度等级引入的误差，还应包括其他因素引入的测量误差。尤其是用来测量蒸汽流量时，两个冷凝器高度的不一致，引压管线中介质温度的差异等，引起差压信号传送失真，都会导致 $\delta\Delta p$ 增大，所以用缩小差压上限 $\Delta p_{\max}$ 的方法变更量程是有限度的。对于蒸汽流量计来讲，差压上限一般应不低于 20kPa。对于干燥气体来讲，由于不存在严重的信号传送失真，差压上限可以小得多。

(4) 关于扩大量程问题　用扩大差压上限的方法变更量程，在多数情况下不确定度不会成为问题，限制的因素是压损。

当常用流量扩大时，Re_D 相应增大，C 在平坦的线段延伸，有利于不确定度的减小。

当常用流量扩大时，常用差压 Δp_{com} 相应增大，ε_1 的不确定度有一定程度的增加，同时有利于减小差压测量的百分率误差。

最大的不良后果是压损增大，从关系式可知，流量扩大到原来的 2 倍，压损约增加到原来的 4 倍。这一问题应同工艺专业沟通好。

用改变差压上限的方法变更流量计量程，是差压式流量计应用中经常碰到的事情，如果量程变更倍数不大，一般可按标准重新计算差压上限 $\Delta p'_{max}$，但若简单地按

$$\Delta p'_{max}=\left(\frac{q'_{mmax}}{q_{mmax}}\right)^2\Delta p_{max} \tag{8.17}$$

的公式计算差压上限，一般都要引入一定的误差。

量程变更后，$\delta C/C$、$\delta\varepsilon_1/\varepsilon_1$ 和 $\delta\Delta p/\Delta p$ 会有一定变化，采用重新确定 Δp_{max} 的方法，能使这些变化对系统不确定度影响得到补偿。

用改变差压上限的方法将量程扩大和缩小都有一定的制约因素。量程扩大时，压损相应增大；量程缩小时，Re_D 减小，对流出系数和差压测量误差都可能会有影响，所以最好还是重新设计节流装置。

本节所举例子为角接取压孔板，由于式 (8.4) 中的 L_1 和 L_2 是变量，当采用 1in (1in＝0.0254m) 法兰取压时，$L_1=25.4\text{mm}/D$，$L_2=25.4\text{mm}/D$；当采用 D-$D/2$ 取压时，$L_1=1$，$L_2=1/2$，因此，此方法适用于三种取压方式。如果将式 (8.4) 换成喷嘴或文丘里管流出系数表达式，此方法也适用于喷嘴和文丘里管。

8.5　节流件开孔直径和管径的误差校正

节流装置在加工制造过程中总是存在一些偏差，其中与流量测量精确度密切相关的有节流件开孔直径 d 和靠近节流装置的直管段内径 D。

当 d 和 D 实际尺寸偏离设计尺寸后，传统的做法是将此误差代入不确定度计算公式，然后对由此引起的不确定度增大的数值进行估算，这是一种被动的和无可奈何的方法。

在计算机技术进入流量仪表之后，这一沿用几十年的传统做法可采用积极的措施，不是承认这一误差并估算对测量不确定度的影响，而是将其对测量产生影响的最终结果在流量显示仪表中予以校正。

实际上 d 和 D 偏离设计值造成的后果就是流量测量系统的满度值产生了变化。如果将 d 和 D 的实际值测量出来，然后代入公式计算出与此实际值相对应的流量满度值，然后用新的满度值代替原设计值，置入流量显示仪表或 DCS 等，则系统运行后尺寸误差对测量系统的影响就得到了完全的校正。下面介绍具体计算方法[4]。

从 20℃时开孔直径设计值 d_{20} 和管道内径设计值 D_{20} 用式 (8.18) 和式 (8.19) 计算工作状态下的开孔直径 d 和管道内径 D 以及直径比 β 为

$$d=d_{20}[1+\lambda_d(t-20)] \tag{8.18}$$

$$D=D_{20}[1+\lambda_D(t-20)] \tag{8.19}$$

$$\beta=d/D \tag{8.20}$$

式中　λ_d——节流件材料膨胀系数；

t——流体温度；

λ_D——管道的材料膨胀系数；

β——工作状态下的直径比。

用同样的方法从 20℃时开孔直径实测值 d'_{20} 和管道内径实测值 D'_{20} 分别计算工作状态下的实际开孔直径 d' 和实际管道内径 D'，并进而计算工作状态下的实际直径比 β'。

$$\beta' = d'/D' \tag{8.21}$$

在作 β 误差修正时，忽略雷诺数的影响，于是第 7 章中的式（7.27）的流出系数表达式简化为

$$C = 0.5961 + 0.0261\beta^2 - 0.216\beta^8 \tag{8.22}$$

同样，用式（7.27）由 β' 可计算实际流出系数 C'。

为了计算方便，将第 3 章中的式（3.1）改写为

$$q_m = \frac{C}{\sqrt{1-\beta^4}}\varepsilon_1 \times \frac{\pi}{4}d^2\sqrt{2\Delta p\rho_1} \tag{8.23}$$

$$= \frac{C}{\sqrt{1-\beta^4}}d^2 u$$

式中

$$u = \varepsilon_1 \times \frac{\pi}{4}\sqrt{2\Delta p\rho_1} = q_m\left(\frac{C}{\sqrt{1-\beta^4}}d^2\right)^{-1} \tag{8.24}$$

当流量为满度值时，$q_m = q_{mmax}$，将此值和计算得到的 C、β、d 代入式（8.24）得到 u，然后将计算得到 C'、β'、d' 和 u 代入式（8.25），即

$$q'_{mmax} = \frac{C'}{\sqrt{1-(\beta')^4}}(d')^2 u \tag{8.25}$$

式中　q'_{mmax}——与 d' 和 D' 对应的流量上限值。

在对流量二次表组态时，只需将 q'_{mmax} 值填入满量程菜单，仪表运行后，就完成了开孔直径和管道内径加工误差的自动校正。

例如有一节流装置，孔板开孔直径和管道内径的设计值和实际值分别为：$d=30.00\text{mm}$；$d'=29.99\text{mm}$；$D=50.00\text{mm}$，$D'=50.02\text{mm}$；$q_{mmax}=1000\text{kg/h}$。则 β 设计值为 0.6，而 $\beta'=d'/D'=0.59956$，将上述数据代入式（8.21）、式（8.22）、式（8.24）、式（8.25）中得 $q'_{mmax}=999.12\text{kg/h}$。

显然，d 和 D 的加工误差还是引入了 0.088%R 的流量测量误差。

本节中关于流出系数的公式都是以标准孔板为例，如果节流装置是喷嘴或文丘里管，流出系数公式可参阅相关参考文献。

8.6　从涡街流量计标定数据推算流体设计工况

模拟输出涡街流量计用来测量蒸汽或气体流量时，只有在使用工况同设计工况一致的情况下才不需进行工况补偿。在实际使用的这种仪表中，使用工况同设计工况一致的例子极为少见，而绝大多数的系统都需进行工况补偿。

工况补偿一般在流量二次表或 DCS 中进行，补偿所使用的公式如下。

对于过热蒸汽

$$k = \frac{\rho_f}{\rho_d} \tag{8.26}$$

$$\rho_f = f(p_f, t_f) \tag{8.27}$$

$$\rho_d = f(p_d, t_d) \tag{8.28}$$

对于一般气体

$$k=\frac{p_{\mathrm{f}}T_{\mathrm{d}}Z_{\mathrm{d}}}{p_{\mathrm{d}}T_{\mathrm{f}}Z_{\mathrm{f}}} \tag{8.29}$$

式中　k——补偿系数；

ρ_{f}、ρ_{d}——使用状态、设计状态蒸汽密度，$\mathrm{kg/m^3}$；

p_{f}、p_{d}——使用状态、设计状态气体绝对压力，MPa；

T_{f}、T_{d}——使用状态、设计状态气体绝对温度，K；

Z_{f}、Z_{d}——使用状态、设计状态气体压缩系数。

本来，设计工况是由用户提出的已知条件，并不需要倒过来推算。流量计制造厂从用户提出的工况条件和测量上限（仪表输出 20mA 时所对应的流量值）计算设计工况条件下的体积流量，再引入涡街流量计的流量系数，计算出流量计 20mA 输出时所对应的频率值。用户使用时只要将 p_{d}、t_{d} 及满度流量值等写入流量二次表，并将 p_{f}、t_{f} 测量信号引入仪表，就可完成流量演算和工况补偿。遗憾的是天长日久或人事变动等原因将设计工况数据丢失，不得不从流量计的标定数据（来自标定检验报告）反过来推算设计工况。下面举例说明。

(1) 蒸汽设计工况的推算　有一台 YF 110 型旋涡流量计用来测量蒸汽流量，其流量系数 $K_{\mathrm{t}}=1.3938\mathrm{P/L}$，其输出 4～20mA 对应于 0～6000kg/h，仪表标定检验报告上写明 20mA 输出对应的输入频率 $f_{\mathrm{imax}}=488.96\mathrm{P/s}$，现推算其设计工况。

① 计算满度对应的体积流量 q_{vmax}。

$$q_{\mathrm{vmax}}=\frac{f_{\mathrm{imax}}}{K_{\mathrm{t}}}=\frac{488.96\times3.6}{1.3938}$$
$$=1262.92\mathrm{m^3/h}$$

② 从满度对应的质量流量 q_{mmax}和体积流量 q_{vmax}计算设计状态流体密度 ρ_{d}。

$$\rho_{\mathrm{d}}=q_{\mathrm{mmax}}/q_{\mathrm{vmax}}=6000/1262.92$$
$$=4.7509\mathrm{kg/m^3}$$

③ 假定一个流体温度 t_{d}，由 ρ_{d} 查蒸汽密度表推算 p_{d}。

a. 先令 $t_{\mathrm{d}}=300℃$，由 $\rho_{\mathrm{d}}=4.7509\mathrm{kg/m^3}$ 查密度表得 $p_{\mathrm{d}}=1.117\mathrm{MPa}$（表压，下同），此结论有可能同仪表订货时提的原始条件不一致，因为订货时压力条件一般均取整数，所以再次推算。

b. 再令 $t_{\mathrm{d}}=250℃$，由 $\rho_{\mathrm{d}}=4.7509\mathrm{kg/m^3}$ 查密度表得 $p_{\mathrm{d}}=1.0\mathrm{MPa}$。本次推算得到的数据，温度和压力都是整数，故极有可能同原来提的设计工况相符。其实从式 (8.26) 可知，补偿系数 k 仅取决于 ρ_{f} 和 ρ_{d} 之比，而 ρ_{d} 是由流量二次表根据 p_{d}、t_{d} 查表得到，所以不作第二次推算也不要紧，这时就以 $p_{\mathrm{d}}=1.117\mathrm{MPa}$，$t_{\mathrm{d}}=300℃$写入流量二次表，仪表运算后查密度表，也能得到 $\rho_{\mathrm{d}}=4.7509\mathrm{kg/m^3}$ 的结果，从而进行正确的补偿。

(2) 空气设计工况的推算　一般气体推算 p_{d}、t_{d} 比过热蒸汽更容易，一般先假定 $Z_{\mathrm{f}}=Z_{\mathrm{d}}=1$。

例如有一台 YF 115 型旋涡流量计用来测量空气流量，其流量系数 $K_{\mathrm{t}}=0.4417\mathrm{P/L}$，其输出 20mA 对应满度流量 $q_{\mathrm{vmax}}=20000\mathrm{Nm^3/h}$，仪表标定校验报告上写明 20mA 输出对应的输入频率 $f_{\mathrm{imax}}=377.99\mathrm{P/s}$，现推算其设计工况 p_{d}、t_{d}。

① 计算设计工况条件下满度对应的体积流量 q_{vd}。

$$q_{\mathrm{vd}}=\frac{f_{\mathrm{imax}}}{K_{\mathrm{t}}}=\frac{377.99\times3.6}{0.4417}$$

$=3080.77m^3/h$

② q_{vd}和q_{vmax}为不同工况条件下的体积流量，有下面关系式成立。

$$q_{vmax}/q_{vd}=\frac{p_d T_n Z_n}{p_n T_d Z_d} \tag{8.30}$$

式中 p_n、T_n、Z_n——流体标准状态绝对压力、绝对温度、压缩系数。

根据有关标准取 $p_n=101.35kPa$（绝压）；

$T_n=293K$（若设计文件中注明标准状态温度为0℃，则取$T_n=273K$）；

$Z_n=1$。

令$Z_d=1$，将这些数据和q_{vmax}、q_{vd}数据代入式（8.30）得

$$\frac{p_d T_n Z_n}{p_n T_d Z_d}=\frac{293p_d}{101.325T_d}=\frac{20000}{3080.77} \tag{8.31}$$

从q_{vmax}同q_{vd}相差约7倍的关系初步估算$p_d=0.6MPa$（表压力），并将其代入式（8.31）得

$$T_d=313K=40℃$$

由于p_d转换到表压和T_d转换到摄氏度后均为整数，所以认为估算正确。

空气在压力为0.6MPa，温度为40℃条件下，压缩系数近似为1，所以上述假定条件$Z_d=1$成立。

（3）从智能涡街流量计所设置的菜单查阅设计工况数据　上面所述从有关数据推算工况的方法对非智能型涡街流量计来说是很有用的，当然，如果通过电话向制造厂查询就能获得设计数据，也就不必再花时间去逆向推算。而对于智能型涡街流量计，由于其内部已装入流量计算所必需的数据，查阅这些数据，可以便捷而准确地得到设计工况数据。

目前市场上销售的涡街流量计，基本上都是体积流量计。对于用来测量蒸汽质量流量的涡街流量计，在其以4～20mA信号输出时，20mA所对应的满度质量流量q_{mmax}其实是其体积流量上限q_{vmax}同蒸汽常用密度ρ_f（即设计状态密度ρ_d）的乘积，因此在其菜单中可以查到q_{mmax}和ρ_d值。另外，为了对其流量系数进行温度修正，其菜单中还必须写入流体常用温度t_f（即设计状态温度t_d），所以在其菜单必定可查到t_d值。那么，就可以从ρ_d、t_d查蒸汽密度表，推算流体设计状态压力p_d。

对于用来测量一般气体的涡街流量计，其流量单位一般用Nm^3/h等表示。在其以4～20mA信号输出时，20mA所对应的满量程体积流量q_{vmax}，其实是将实际工况下的体积流量（$q_v=f_{imax}/K_t$）按式（8.30）换算到标准状态体积流量的，因此，其菜单中必须写入q_{vmax}、常用温度（设计状态温度）t_d、标准状态温度t_n、设计状态压缩系数Z_d（或偏离系数Z_d/Z_n），而标准状态压力一般是默认101.325kPa（A），因此，查到q_{vmax}、t_d、p_d、Z_d/Z_n就可在流量二次表中使用。

当然，也可根据需要在智能涡街流量计菜单中重新设置q_{vmax}、t_d、p_d、Z_d/Z_n等数据，流量二次表中使用同样的数据，这样可完全避免推算设计工况这道工序。

8.7 配套仪表的配校及误差校正

（1）配套仪表的配校及误差校正　一个测量系统往往由相互独立的几台仪表组成，各台仪表有各自的技术指标和精确度等级，而系统精确度则由各台相关联的仪表的精确度按一定的规律合成。各台仪表一般具有互换性，目前大多数仪表测量系统都是这样组成和运作的。

人们为了提高系统精确度，采用了另一种系统合成的方法，即配套校验后配套使用。所谓配套校验就是将配套使用的若干台相互独立的合格仪表组合起来，各台仪表被看作是一台仪表中的一个部分，配校中出现的误差在其中个别仪表的可调部分作微小调整，从而提高系统精确度。

配校的方法很早就已经在测量技术中应用，只是在计算机技术进入仪表后，出现了更先进的校正误差的手段。利用这个手段可以使各校验点的误差得到全面校正，从而使系统精确度大大提高。

配校所包含的仪表台数，依据具体使用条件可多可少，能包含得多一些当然最好，但标准器应有足够的精确度。下面举两个实例。

例 1 差压变送器与流量显示仪表配校

差压式流量计由节流装置、差压变送器和流量显示表等组成。由于绝大多数单位都无流量标准装置，不具备将三台表配套校验的条件，但是将差压变送器与流量显示表配套校验的条件一般是具备的。图 8.9 所示的是利用 0.02 级气动浮球式标准压力计作标准实现配校的系统，使用两台标准器是因为相对流量较小时，压力信号值较小，一台高量程标准压力计输出小信号时精确度不够，所以另配一台低量程标准器。将各个规定校验点的误差测出后，计算各校验点的校正值，然后以校验点流量值为横坐标，以校验点对应的校正值为纵坐标，将数据填入智能流量显示表的误差校正菜单，仪表运行后，用 9 段（或 15 段）折线实现误差自动校正。表 8.5 所示即为某一实例中各校验点差压值 Δp、应有流量示值 q、校正前流量示值、校正系数和校正后误差值。从校正后数据可以看出，经过校正，最大误差小于 0.01%。但是在仪表系统实际使用时仍需注意下面几点才能获得较高精确度。

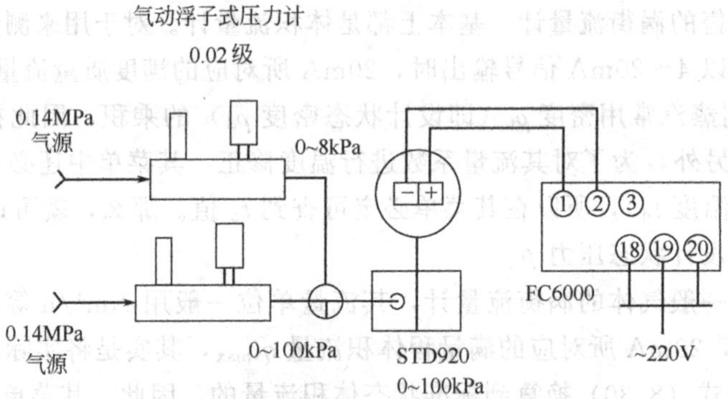

图 8.9 流量显示表与差压变送器配校连接

表 8.5 校验记录一例（开平方运算由变送器完成）

标准表示值			被校表示值	显示表校正系数	校正后示值	校正后误差
Δp/kPa	q/%	q/(t/h)	/(t/h)	k_α	/(t/h)	/%FS
0	0	0.000	0.000	0.99681	0.000	±0.00
1	10	12.50	12.54	0.99681	12.51	0.01
4	20	25.00	25.02	0.99920	25.01	0.01
9	30	37.50	37.53	0.99920	37.50	0.00
16	40	50.00	50.00	1.00000	50.00	0.00
25	50	62.50	62.52	0.99968	62.50	0.00
36	60	75.00	74.99	1.00013	75.00	0.00
49	70	87.50	87.48	1.00023	87.50	0.00
64	80	100.00	99.97	1.00030	100.00	0.00
100	100	125.00	124.97	1.00024	125.01	−0.01

① 配校的各台仪表应具有较高的重复性、较小的时漂和环境温度影响。

② 使用条件尽可能与配校时一致。火电行业习惯将变送器集中安装在装有空调的变送器室，这是个好办法，至少可以消除由于环境温度偏离校验（参比）条件引入的误差。

③ 经配校的仪表配套使用，如有更换，需重新配校。

例 2 将涡街流量计实流标定误差在流量显示表中予以校正

3.3.3 节使用的将校验点足够多的涡街流量计实流标定数据经处理，计算出各点校正值，然后在流量显示表中用 9 段折线实现误差自动校正，其实质也是配校，因为涡街流量计送出的频率信号送入流量显示表后，计算流量值，其计算属数字量运算，如果表内晶体振荡器品质较好，一般可获得优于 0.01% 的精确度，所以经此校正后，系统误差主要取决于流量传感器的重复性。

上面举的仅仅是两个例子，实际上可以应用配校的方法提高系统精确度的流量计种类还有很多。

(2) 折线校正的综合应用　前面 8.1 节讨论了利用流量显示表中的 9 段折线实现雷诺数变化对流出系数影响的自动校正，本节又讨论了利用这 9 段折线实现配套仪表校验误差的自动校正，如果这两个校正方法在同一套仪表上都要实施应如何实现？

首先，答案是肯定的，不仅两个校正方法可同时实施，甚至 3 个、4 个用同一组折线实现校正都是可行的，重要的是这几个校正所用的横坐标取的点数需相同，数值也相同，然后将对应点的若干个校正系数相乘，即得总校正系数。表 8.6 所列即为既使用雷诺数校正又使用配校校正的例子。

表 8.6　孔板流量计综合校正例（雷诺数校正和配校校正）

标准表示值			雷诺数校正系数 k_α	配校校正系数 k'_α	综合校正系数 k''_α
Δp/kPa	q/%	q/(t/h)			
0	0	0.000	1.00452	0.99681	1.00132
1	10	12.50	1.00452	0.99681	1.00132
4	20	25.00	1.00230	0.99920	1.00150
9	30	37.50	1.00144	0.99920	1.00064
16	40	50.00	1.00097	1.00000	1.00097
25	50	62.50	1.00067	0.99968	1.00035
36	60	75.00	1.00046	1.00013	1.00059
49	70	87.50	1.00030	1.00023	1.00053
64	80	100.00	1.00018	1.00030	1.00048
100	100	125.00	1.00000	1.00024	1.00024

8.8　容积式流量计磨损误差的预估

预估技术在自动调节和质量控制等领域已有多年的研究和应用历史，但在计量方面此项技术的应用还不多。

预估技术的核心是根据过去预测未来，即按照一定的规律、模型对即将发生的变化作出预测。在原油交接计量中，由于涉及到的吨位大，金额多，所以对计量精确度的要求特别高，假设有 0.1% 的误差，就有可能引发数千万元的盈亏。为了保证计量精确度，传统的仪表选型是容积式流量计。

由于原油的组分复杂，其中细砂之类的固态物质硬度较高，对容积式流量计的转子及壳体有摩擦，天长日久，转子和壳体产生不同程度的磨损，使两者之间的间隙增大，内泄量相应增大，测量误差向“负”向变化。有些原理的容积式流量计，转子磨损导致计量室容积增大，测量误差也是向“负”向变化。

现行的流量计检定规程只是判定计量器具的合格与不合格，对于一些关键的计量点，供需双方都特别关注。往往是在同一根输油管道上供需双方各装由同一家公司生产的相同型号、相同口径的流量计，甚至可能是由同一个计量检定机构检定合格的仪表，而供需双方计量数据差量较大，导致产生纠纷，申请上级管理部门仲裁的事情屡有发生。

原油计量站中，若干台并联使用的容积式流量计往往都配有一台用于检定的标准体积管，每年对工作计量器具检定一次。若有超差或误差较大，则通过流量计的调整机构予以调整。

在发生计量纠纷之后，仲裁人员对有关数据进行分析计算时，经常采用下面的几个提高计量精确度的方法。

① 选用恰当的流量计系数 K。由于流量计在全量程范围内的各检定点仪表系数并非完全相同，而流量计通常是在基本固定的瞬时流量条件下使用，因此应按此常用流量选定流量计系数 K。如果容积式流量计无瞬时流量显示，则可用一段时间间隔内的总量除以时间间隔计算得到。

② 采用流量计平均误差计算差量。计算原油量的公式中的流量计系数 K 取该台流量计检定证书上的流量计系数 K_f 值与下一次检定未作调整前的流量计系数 K_1 的算术平均数，即运行期间的流量计平均系数。例如[5]，4# 流量计在常用流量点 $K_f=0.9980$，则相对误差 $E_1=(1-0.9980)/0.9980=0.0020$；$K_1=0.9989$，则相对误差 $E_2=(1-0.9989)/0.9989=0.0011$。则运行期间流量计平均误差

$$\bar{E}=(E_1+E_2)/2=(0.0020+0.0011)/2=0.00155$$

这期间流量计累积计量油量为

$$V=1661654+657064+1045928+499051+2024422=5888119\text{m}^3$$

故其差量为

$$\begin{aligned}\Delta V&=\bar{E}V\\&=0.00155\times5888119\\&=9126.6\text{m}^3\end{aligned}$$

③ 在检定时对流量计系数调整计入磨损影响。容积式流量计用于测量原油等容易产生磨损而引起示值偏低的流体时，将逐次检定资料积累起来，分析计算示值偏低随时间变化的速率，在被测流体性质基本不变的情况下，可对下次检定时的示值偏差作出预估，从而在本次检定对 K 作调整时，在流量计合格的前提下使其有一个最佳的“正”向偏差，此偏差值应为预定运行周期内磨损引起的示值偏低量的一半，从而减少纠纷。

这一方法讲的是用于原油交接的容积式流量计，其实对于用于其他液体计量的容积式流量计，也存在机械磨损导致示值偏低的问题，可以参照使用。

参考文献

[1] 上海工业自动化仪表研究所. 流量测量节流装置设计手册. 北京：机械工业出版社. 1973.

[2] GB/T 2624—2006 用安装在圆形截面管道中的差压装置测量满管流体流量.

[3] 纪纲，章小凤，郝建庆. 孔板流量计扩大范围度的一种方法. 自动化仪表，1998，(6)：7—10.

[4] 骆美珍，龚毅，陈少华. 提高差压法流量测量精确度点滴. 石油化工自动化，1998，5：41—43.

[5] 郑灿亭. 容积式流量计运行磨损与其测量精确度变化的关系. 石油化工自动化，2002，1：69—83.

第9章 流量测量系统误差的生成与处理

流量测量系统由一次装置、二次装置及其附件组成，制造中的缺陷，安装不合理，未调试好，数据设置差错，工况条件超过允许范围，长期运行造成的磨损、结垢、堵塞，维护保养不及时和不到位等都会引起测量误差增大。

9.1 涡街流量计工况变化和旋涡发生体状况变化对流量示值的影响

9.1.1 流体温度变化对涡街流量计的影响

（1）流体温度变化对涡街流量计流量系数产生影响的原因　流体温度变化后，其密度相应变化，因而给差压式流量计以及速度式流量计的质量流量测量带来误差，可以通过密度补偿来解决，这在第3章已作了介绍。除此之外，流体温度变化还引起流量计测量部分几何尺寸变化，并因此而引入误差。

温度引起金属材料几何尺寸变化，一般约为 $10^{-5}℃^{-1}$，但当流量计被用来测量蒸汽流量时，由于可能的温度变化大，所引起的影响就很可观，一般都需另作修正。

涡街流量计的测量原理如图8.4所示，流量系数同流体温度的关系如式(9.1)和表9.1所示。流量系数受流体温度的影响由两个部分组成，一是由发生体宽度 d 变化引起，另一个是由管道内径 D 变化引起。从式(8.5)中可看出，f 与 d 成反比，流体温度升高后，d 增大，f 成反比地减小，所以示值偏低；K 与 D^2 成反比，流体温度升高后，D 增大，发生体两边的流通截面积增大，K 相应减小，流量示值偏低。有些仪表制造商根据自己的产品所用的材质提供了流量系数随流体温度变化的关系，如 YF 100 和 DY 系列为

$$K_t=[1-4.81\times10^{-5}(t-t_0)]K_m \tag{9.1}$$

式中　K_t——流体温度为 t 时的流量系数，P/L；

K_m——流体温度为 t_0 时的平均流量系数，P/L；

t——工作温度，℃；

t_0——校准温度，常取15℃。

8800D型涡街流量计也可根据用户输入的介质温度对 K 系数进行自动修正，表9.1给出了介质温度与参考温度（25℃）每相差50℃ K 系数变化的百分比（对于直接脉冲）。

表 9.1　8800D 型仪表的介质温度影响

材　料	每50℃ K 系数变化的百分比/%	材　料	每50℃ K 系数变化的百分比/%
316L $t<25℃$	+0.20	哈氏合金 C $t<25℃$	+0.20
316L $t>25℃$	−0.24	哈氏合金 C $t>25℃$	−0.20

（2）重新计算 K_t　实际使用的流体温度往往同设计时预计的流体温度有明显的差异，例如有的热网在设计时所有用户的蒸汽计量表都按 $t=280℃$ 的过热蒸汽计算，系统投运后发现，有1/3的远离热源厂的用户蒸汽已进入饱和状态，其蒸汽压力以0.7MPa（表压）计，相应的温度按170℃计，则按式(9.1)计算温度变化引入的误差为

$$\delta=(K_{td}-K_t)/K_t=(0.9872535K_m-0.992544K_m)/0.992544K_m=-0.53\%$$

式中　K_{td}——按设计条件计算的流量系数，P/L；

K_t——按实际温度计算的流量系数，P/L。

显然，由此引入的误差是可观的。

解决这一问题的方法是按照流体的实际温度重新计算流量系数。如果计量数据用于贸易结算，可能还要编写计算书并履行结算双方确认的手续。

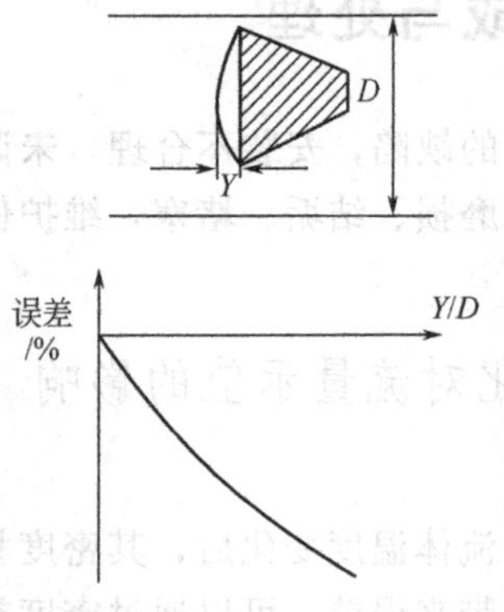

图 9.1　发生体迎流面堆积及影响

9.1.2　发生体迎流面堆积产生的影响

如果被测流体中存在黏性颗粒或夹杂较多纤维状物质，则可能会逐渐堆积在旋涡发生体迎流面上，使其几何形状和尺寸发生变化，因而流量系数也相应变化（见图 9.1）。据日本 Oval 公司工作人员著文透露模拟试验结果，在该公司三角柱发生体端面的堆积物厚度 γ 为 $0.01D$ 时附加误差为 -2%；γ 为 $0.02D$ 时，附加误差为 -3.4%[12,13]。

9.1.3　发生体锐缘磨损产生的影响

涡街流量计旋涡发生体的迎流面的两条棱边正常情况下是锐利的，但若被测流体中含有固形物，则锐缘很容易被磨损而变成圆弧，虽然流量系数 K 对边缘的锐利度的变化不像孔板流量计那样敏感，但由于几何形状和尺寸发生了变化，也会引起流量系数的变化。横河公司对旋涡发生体锐缘变钝同标准孔板锐缘变钝对流量系数的影响做过测试，发现在相同的圆弧半径的情况下，涡街流量计流量系数的相对变化率比孔板流量系数的相对变化率小得多[2]，其相互关系如图 9.2 所示。

从图 9.2 可清楚地看出，随着锐缘半径 r 的增大，孔板的流量系数和涡街流量计的流量系数都相应增大，但因流量系数的定义不相同，对流量测量误差的影响却相反。其中孔板流量系数的增大导致孔板输出差压减小，流量示值变化与流量系数变化成反比；而涡街流量计流量系数的增大却使流量示值成正比地增大。

选择耐磨性优良的材质制造发生体，是改善磨损的积极方法。一旦发现磨损，应对仪表的流量系数重新标定，当磨损严重，流量系数变化太大时，应考虑更换发生体。

9.1.4　管道内径引入的误差

与涡街流量计连接的管道，其内径与涡街流量计测量管内径完全一致的情况并不很多，尤其是大家喜欢使用的进口涡街流量计和引进技术生产的涡街流量计。因为外国的无缝钢管管径标准与中国标准不一致，例如名义管径 6in（1in＝0.0254m）的无缝钢管，国外标准为外径 176mm，而中国为 159mm，相差较多。另一个原因是名义管径标准相同的无缝钢管，由于壁厚规格差别大，内径也产生较大差异。

在实流标定中发现，管道内径等于或略大于涡街流量计测量管内径时，流量示值稳定，流量系数正常。但若管道内径小于测量管内径时，流量示值出现强烈的噪声，这是因为流体流过截面积突变的管段时产生二次流所致，如图 9.3(a) 所示。在管径大于测量管内径时，也有二次流产生，但因二次流存在的部位在测量管之外，对仪表示值影响不明显，如图 9.3(b) 所示。

当管道内径小于测量管内径（3%以内）时，虽然不会对仪表本身所固有的流量系数产生影响，但因流通截面积突变引起表观流速变化而可能产生附加测量误差。这时可通过修正流量系数 K_m 来补偿，其修正系数 F_D 的表达式为[1]

$$F_D=\left(\frac{D_2}{D_1}\right)^2$$

式中　D_1——测量管实际内径；

　　D_2——管道实际内径。

经过修正的流量系数 K_m' 为

$$K_m' = F_D K_m = K_m \left(\frac{D_2}{D_1}\right)^2 \tag{9.2}$$

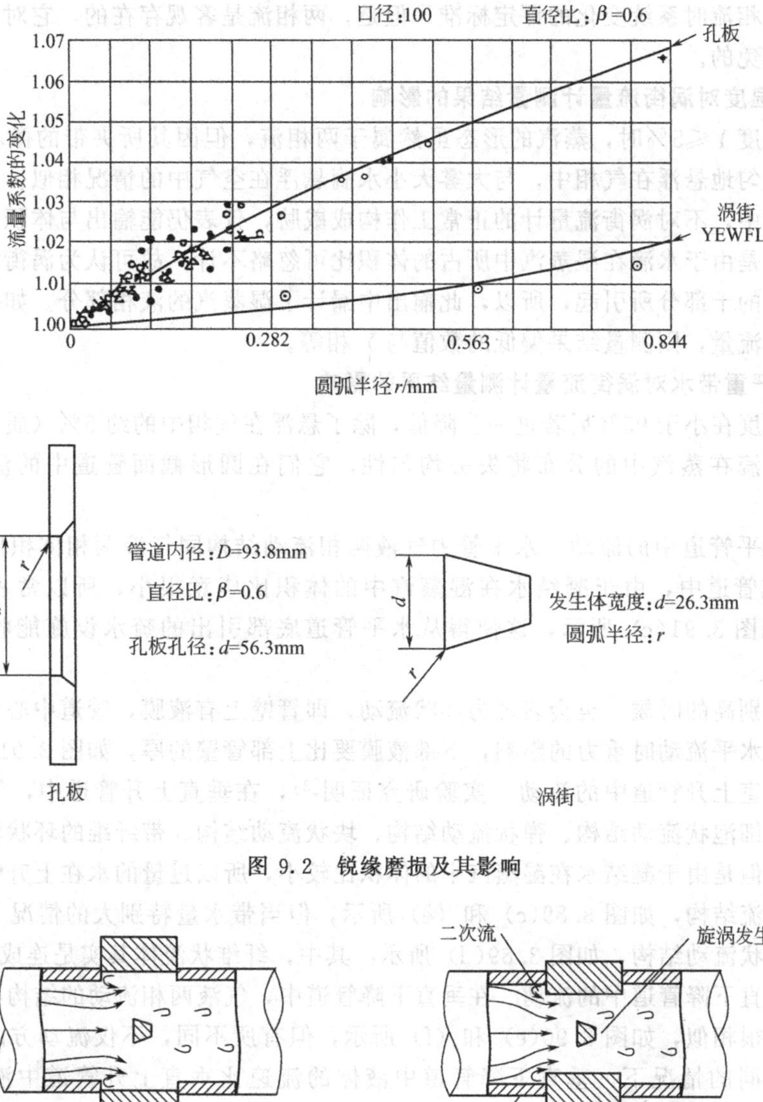

图 9.2　锐缘磨损及其影响

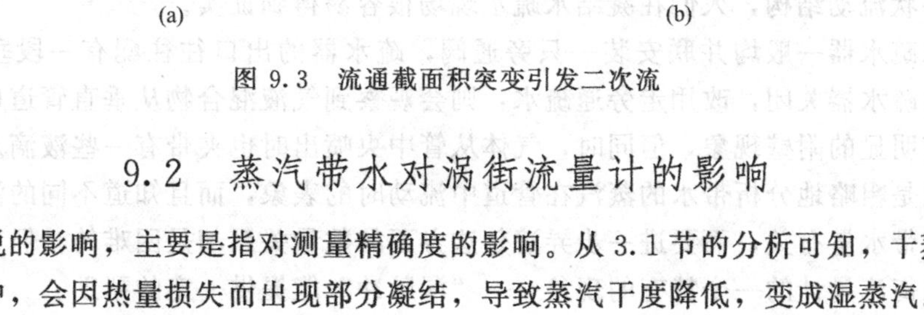

图 9.3　流通截面积突变引发二次流

9.2　蒸汽带水对涡街流量计的影响

这里所说的影响，主要是指对测量精确度的影响。从 3.1 节的分析可知，干蒸汽在长距离输送过程中，会因热量损失而出现部分凝结，导致蒸汽干度降低，变成湿蒸汽。

没有过热器的锅炉，则在锅炉出口的蒸汽中就带有少量的水。

人们用干度 X 来描述湿蒸汽中气相与湿蒸汽总量的质量比，也用湿度 Y 来定义湿蒸汽中水滴与湿蒸汽总量的质量比。

当 $x=100\%$，$y=0$ 时，蒸汽为干蒸汽；当 $x<100\%$，$y>0$ 时，蒸汽为湿蒸汽。湿蒸汽中的水滴是液相，而湿蒸汽的干部分是气相，显然，湿蒸汽属两相流体。

目前使用的流量计都是在单相流动状态下评定其测量性能，还没有以单相流标定的流量计用来测量两相流时系统变化的评定标准。但是，两相流是客观存在的，它对流量测量的影响也是无法避免的。

9.2.1 蒸汽湿度对涡街流量计测量结果的影响

蒸汽的湿度 $Y\leqslant 5\%$时，蒸汽的形态虽然属于两相流，但因其所夹带的微小水滴数量不多，所以能均匀地悬浮在气相中，与大雾天小水滴悬浮在空气中的情况相似。这时的水滴均匀分布在气相中，不对涡街流量计的正常工作构成威胁，仪表仍能输出与体积流量成正比的脉冲信号，只是由于水滴在湿蒸汽中所占的体积比可忽略不计，故可认为涡街流量计的输出完全由湿蒸汽的干部分所引起，所以，此输出中漏计了湿蒸汽的液相部分。如果测量目的为湿蒸汽的质量流量，则测量结果偏低的数值与 Y 相等。

9.2.2 蒸汽严重带水对涡街流量计测量结果的影响

蒸汽的干度在小于 95%后若进一步降低，除了悬浮在气相中的约 5%（质量比）的水滴外，过量的水滴在蒸汽中的分布将失去均匀性，它们在圆形截面管道中的流动状况更加复杂。

（1）在水平管道中的流动　水平管中气液两相流动结构同气液两相体积比及流动速度有关。在蒸汽管道中，由于凝结水在湿蒸汽中的体积比毕竟很小，所以常表现为分层流动，其结构如图 3.91(c) 所示，这使得从水平管道底部引出的疏水设施能收到很好的疏水效果。

当流速特别高的时候，也会表现为环状流动，即管壁上有液膜，管道中心部分为带液滴的气核。由于水平流动时重力的影响，下部液膜要比上部管壁的厚，如图 3.91(f) 所示。

（2）在垂直上升管道中的流动　实验研究证明[3]，在垂直上升管道中，气液两相流动的基本结构有细泡状流动结构、弹状流动结构、块状流动结构、带纤维的环状流动结构和环状流动结构。但是由于凝结水在湿蒸汽中的体积比较小，所以过量的水在上升管道中的流动常表现为环状流结构，如图 3.89(c) 和（e）所示，但当带水量特别大的情况下，也会表现为带纤维的环状流动结构，如图 3.89(d) 所示。其中，纤维状流体其实是连成条的凝结水。

（3）在垂直下降管道中的流动　在垂直下降管道中，气液两相流动的结构与作垂直上升流动时的结构很相似，如图 3.90(e) 和（f）所示，但有所不同，不仅流动方向相反，而且在平均流速相同的情况下，垂直下降管道中液体的流速比垂直上升管道中液体的流速快得多。

这种环状流动结构，人们在凝结水疏水现场很容易得到证实。

凝结水疏水器一般均并联安装一只旁通阀，疏水器的出口往往配有一段垂直向下的短管，如果将疏水器关闭，改用走旁通疏水，则会观察到气液混合物从垂直管道口中流出的表现，液体有明显的附壁现象，但同时，气体从管中央喷出时也夹带有一些液滴。

上面只是粗略地分析带水的蒸汽在管道中流动时的表象，而且知道不同的流动结构同流体的流速和带水量有关，而要进一步弄清楚这方面的数量关系却是困难的。但是，这些粗略的分析对涡街流量计的一个特有的现象——“漏脉冲”能提供一定的帮助。

9.2.3 涡街流量计的"漏脉冲"现象[4]

人们很早就发现蒸汽带水较多时，涡街流量计会出现"漏脉冲"现象。即在蒸汽流速平稳的情况下，涡街流量计应有与流速成正比的稳定的脉冲输出，但是有时却发现仪表的输出脉冲莫名其妙地少了，从记录到的输出脉冲在二维坐标上的分布情况也能清楚看出，应当近似均匀分布的脉冲却在某一处少一个脉冲，严重的时候，是少了很多脉冲，最严重的时候是完全没有脉冲。这可能同分布不均匀的体积较大的液滴撞击旋涡发生体上，抑制了涡列的形成有关。

① 关于"漏脉冲"现象的实例之一　上海某家药业公司组建全厂蒸汽计量网的项目中，碰到了一个令人费解的故障，这个故障发生在一个测量过热蒸汽流量的系统中。这个系统的管道连接如图 9.4 所示。

该工厂的锅炉房除了向全厂供应中压过热蒸汽外，还经减温减压系统向全厂供应 0.4MPa（g）、160℃低压过热蒸汽。FIQ303 就是对这路蒸汽进行计量的仪表。

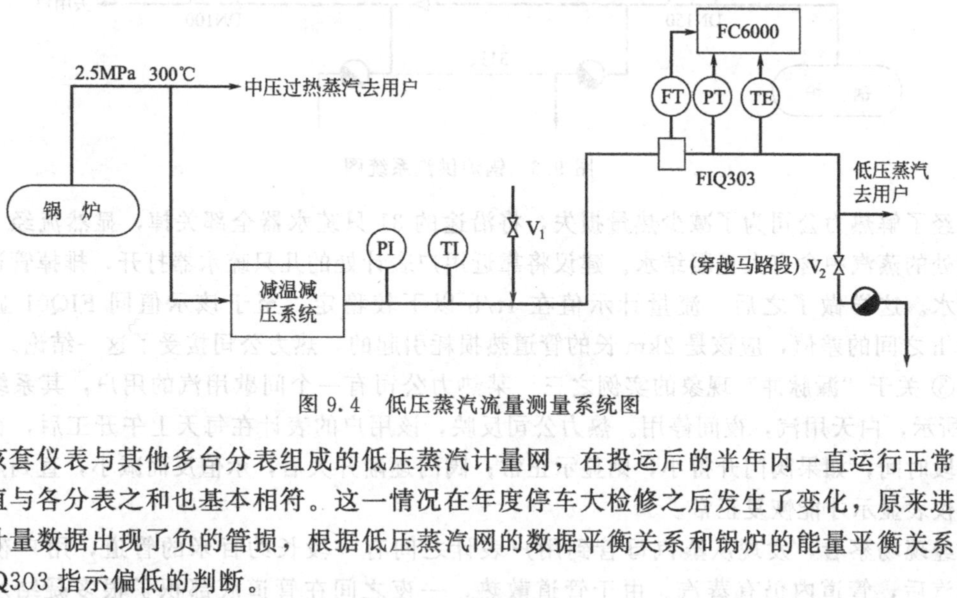

图 9.4　低压蒸汽流量测量系统图

该套仪表与其他多台分表组成的低压蒸汽计量网，在投运后的半年内一直运行正常，总表示值与各分表之和也基本相符。这一情况在年度停车大检修之后发生了变化，原来进出平衡的计量数据出现了负的管损，根据低压蒸汽网的数据平衡关系和锅炉的能量平衡关系作出了 FIQ303 指示偏低的判断。

在检查了各台仪表之后，发现各台仪表均正常。于是请涡街流量计制造厂上门服务，经检查发现这台 DN350 的涡街流量计有"漏脉冲"现象存在，在正常的流量范围内，记录到数次如图 9.5 所示的输出波形。

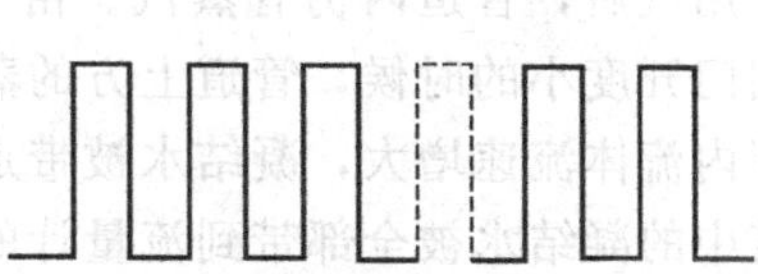

图 9.5　示波器记录到的波形

根据制造厂的经验，这种情况的存在可能是蒸汽带水引起的。

能源科工程师否定了涡街流量计安装处蒸汽带水的可能性，理由是减温减压系统都有自动调节来保证其运行参数，于是一时没有结论。又过一个星期，事态有了进一步的发展。从 FC 6000 型流量演算器中的海量存储器查阅到的历史数据表明，该路流量示值逐渐减小，甚至有时减小到零，而这时全厂生产照常进行，蒸汽一点不少用。

进一步的检查焦点主要集中在蒸汽是否带水方面。能源科主要强调减温减压系统出口处的温度、压力参数。经查减温器出口温度、压力显示正确。但是根据 FC 6000 型仪表显示的温度、压力数据分析，涡街流量计安装处的蒸汽的确已进入饱和状态，于是要求打开疏水器验证。能源科人员坚持认为疏水器不可能排出水，但为了说服仪表人员，还是同意打开疏水器的切断阀（图 9.4 中的 V_2）试一试。

疏水阀打开后，大量凝结水喷出，20min 也未排光，于是真相大白。

经查在减温器出口到流量计之间只有一根装有阀 V_1 的管道与外界相通，这根管道里有水，大检修之后，V_1 阀可能有泄漏，导致冷水入侵。

这一事情的最后处理方法是在穿越马路前的管道最低处增设一个疏水器，从而使流量计恢复正常测量。

② 关于“漏脉冲”现象的实例之二　上海某热力公司新增一个热源厂。该厂生产的是饱和蒸汽，锅炉投运后对一个远在 2km 处的用户供汽。其管网如图 9.6 所示。

热力公司怀疑流量计不准，因为锅炉房出口的流量计 FIQ01 稳定显示 2.5t/h 左右的流量，而用户端流量计 FIQ02 显示时有时无，流量最大时也只有 0.75 t/h。

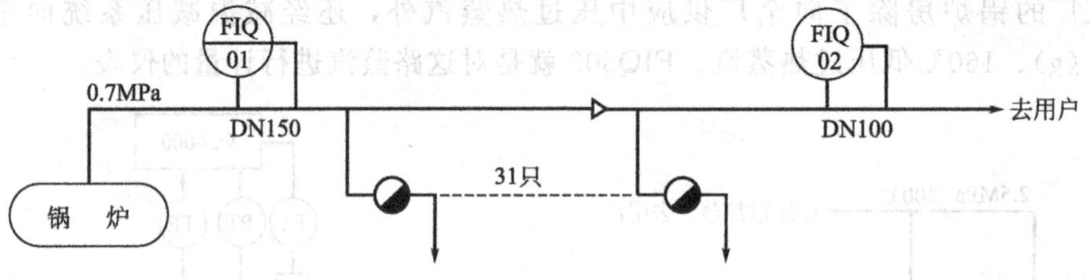

图 9.6　锅炉供汽系统图

经了解热力公司为了减少热量损失，将沿途的 31 只疏水器全部关掉，显然流经 FIQ02 仪表处的蒸汽中含有大量凝结水。建议将靠近用户表计处的几只疏水器打开，排掉管道中的凝结水。这样做了之后，流量计示值在 1t/h 以下较稳定，至于该示值同 FIQ01 显示的 2.5t/h 之间的差值，应该是 2km 长的管道热损耗引起的，热力公司接受了这一结论。

③ 关于“漏脉冲”现象的实例之三　某热力公司有一个间歇用汽的用户，其系统如图 9.7 所示，白天用汽，夜间停用。热力公司反映，该用户的表计在每天上午开工后，在开始的一段时间，如果阀门开得小，则显示正常；阀门逐渐开大后，示值反而减小，直到热管完毕，仪表显示才能恢复正常。

经现场察看，发现从蒸汽母管到用户表计之间有一段长约百米的管道，用户夜间停止用汽后，管道内仍有蒸汽。由于管道散热，一夜之间在管道底部积了很多凝结水，在阀门开度小的时候，管道上方的蒸汽流经涡街流量计，表计显示正常；阀门开度增大后，管内流体流速增大，凝结水被带走，流经涡街流量计时，导致严重的“漏脉冲”；但当管道中的凝结水被全部带到流量计的下游后，与旋涡发生体接触的全部为蒸汽，仪表显示又恢复正常。

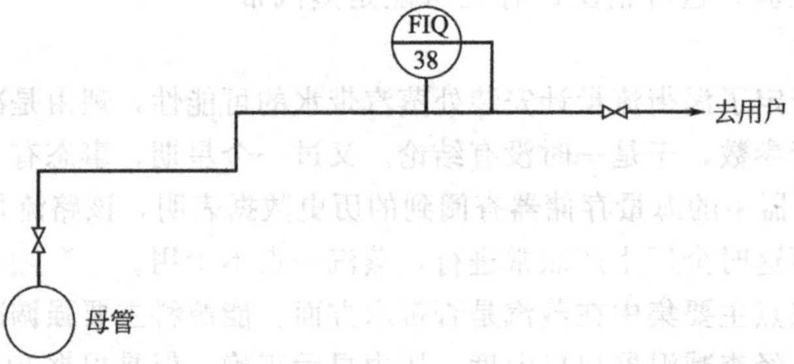

图 9.7　间歇用汽用户供汽系统图

9.2.4 对策

(1) $X>95\%$情况下的对策　在$X>95\%$的情况下，涡街流量计输出的脉冲数仅仅是湿蒸汽的干部分流量，因此，如果想将湿蒸汽流量全部测量出来，只需补入涡街流量计少计的部分。

① 脉冲输出的涡街流量计中的补偿方法　脉冲输出涡街流量计测量饱和蒸汽流量，是根据其输出的旋涡频率计算出体积流量 q_v

$$q_v=\frac{3.6f}{K_t} \tag{9.3}$$

式中　q_v——体积流量，m^3/h；

f——涡街流量计输出频率，P/s；

K_t——工作状态下涡街流量计流量系数，P/L。

然后由蒸汽压力（或温度）查临界饱和状态密度表得到 ρ_s，并在流量演算器中相乘得质量流量 q_{ms}，即

$$q_{ms}=q_v\rho_s \tag{9.4}$$

从定义知，蒸汽的干度 X 为气态部分的流量 q_{ms}与其总流量之比，即

$$X=\frac{q_{ms}}{q_m}$$

将式(9.4) 代入此式得

$$X=\frac{q_v\rho_s}{q_m} \tag{9.5}$$

所以

$$q_m=\frac{q_v\rho_s}{X} \tag{9.6}$$

因为 $x=1-y$，所以

$$q_m=\frac{q_v\rho_s}{1-y} \tag{9.7}$$

式中　q_{ms}——蒸汽干部分质量流量，kg/h；

q_m——蒸汽（干湿两部分）总流量，kg/h；

q_v——蒸汽体积流量，m^3/h；

ρ_s——蒸汽干部分密度，kg/m^3；

X——蒸汽干度；

Y——蒸汽湿度。

将式(9.6) 与式(9.4) 相比，湿蒸汽质量流量测量只需将临界饱和状态蒸汽密度除以蒸汽干度即可实现。

具体实施时，在流量演算器中设置一个窗口，由用户根据实际情况人工写入湿度值 y，仪表运行后就可自动进行湿度补偿[4]。

② 模拟输出涡街流量计测量湿蒸汽质量流量的原理　模拟输出涡街流量计测量饱和蒸汽质量流量，0～100%输出对应 $0\sim q_{mmax}$是建立在蒸汽密度为设计密度 ρ_d 基础上的，因此，质量流量测量上限实际上是对应一个体积流量 $q_{v\,max}$，即

$$q_{vmax}=q_{mmax}/\rho_d \tag{9.8}$$

式中　q_{vmax}——体积流量测量上限，m^3/h；

q_{mmax}——质量流量测量上限，kg/h；

ρ_d——设计状态蒸汽密度，kg/m^3。

其实，q_{mmax}还对应一个频率上限 f_{max}，从式(9.3) 可知：

$$f_{max}=\frac{1}{3.6}q_{vmax}K_t=\frac{1}{3.6}\times\frac{q_{mmax}}{\rho_d}K_t \tag{9.9}$$

式中　f_{max}——测量上限对应的脉冲频率，P/s。

涡街流量计制造厂在仪表出厂前的流量标定中，按用户提供的常用压力（或常用温度）数据查临界饱和状态蒸汽密度表得到 ρ_d，并按式(9.9) 计算 f_{max}。而实际使用时，在相同的压力（温度）条件下，湿蒸汽密度要比 ρ_d大，因此需进行密度补偿，补偿公式为

$$q_m=A_iq_{mmax}\times\frac{\rho_f}{\rho_d} \tag{9.10}$$

式中　ρ_f——工作状态蒸汽密度，kg/m³；

A_i——经无量纲处理的模拟输入信号，0～100%。

当蒸汽为干度等于100%的饱和蒸汽时，ρ_f 由蒸汽压力（或温度）查饱和蒸汽密度表得到；当蒸汽为湿蒸汽时，$\rho_f=\rho_{fw}$，ρ_f 可用下式计算：

$$\rho_f=\rho_{sf}/X \tag{9.11}$$

式中　ρ_f——湿蒸汽平均密度，kg/m³；

ρ_{sf}——工作状态下气相部分密度，kg/m³。

在流量演算器的一个指定窗口中写入湿度值 y，仪表运行后，就可自动进行湿度补偿。

(2) $X\leqslant95\%$情况下的对策

① 对策　上面所述 $X>95\%$情况下的补偿，如果不做，仅仅是悬浮在蒸汽中的均匀分布的小水滴计不出，但是在 $X<95\%$的情况下，如果不采取任何措施，测量结果就有可能大幅度偏低，甚至没有输出。

在 $X<95\%$的情况下，采取措施的目的是使流量计实现正常测量。采取的措施是在流量计前充分疏水。

疏水是否充分的标志是蒸汽管中是否排得出凝结水。如图 9.8 所示的配置中，如果只有极少的水排出，则表明管道内已无分层流动的水。

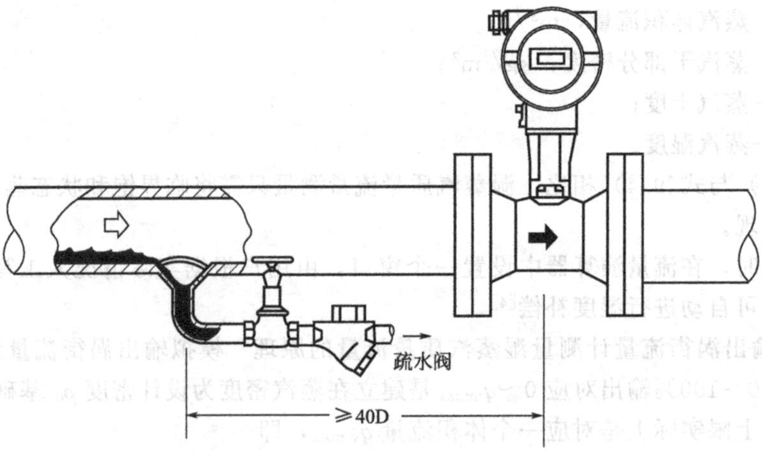

图 9.8　蒸汽是否严重带水的验证

② 疏水点的合理布置　疏水点的合理布置对充分疏水有关键性的作用。在图 9.9(a) 所示的实例中，凝结水的捕捉口太细，与蒸汽一起高速流动的凝结水可能会有一部分不被捕捉

口所收集，而流到下游。

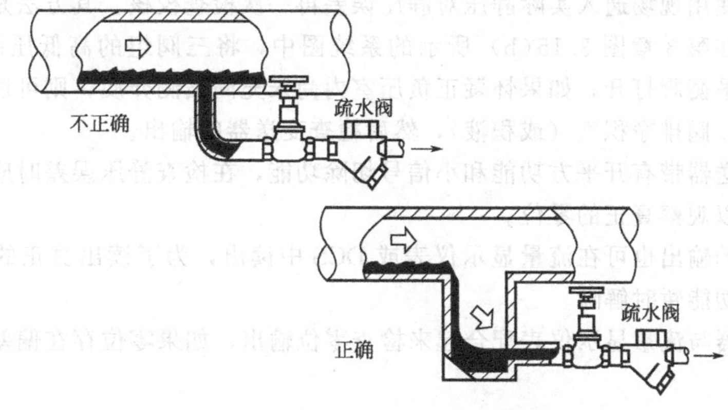

图 9.9　蒸汽管道疏水器布置实例

③ 湿度 Y 值估算　从上面的分析可知，湿蒸汽对流量测量结果的影响都与湿度 Y 有关，所以要进行湿度补偿须有当前的湿度值。

要用实测的方法得到 Y 目前还有困难，所以实施中还只能根据蒸汽的状况由人工估计。估计方法如下：

a. 当设置在蒸汽管底部的疏水阀能排出水的情况下，$X<95\%$；

b. 当上述疏水阀排不出水，而蒸汽的温度、压力的关系由流量显示表已经判定蒸汽为饱和蒸汽时，$95\%<X<100\%$；

c. 当疏水阀中有较多的水排出时，干度比 95%低得多。

(3) 设备的安全　在图 9.7 所示的实例中，还可能存在设备损坏的危险性。因为系统启动时，高速流动的蒸汽夹带着凝结水冲向涡街流量计的旋涡发生体，由于水的密度大，所以冲击力惊人，极易导致旋涡发生体损坏。

解决的办法是：在开阀前先将凝结水排放掉，而且开阀的速度应足够缓慢，避免撞击。

9.3　差压式流量计的静压误差及其校正

差压变送器的差压刻度通常是在负压室通大气的条件下校验的，安装到现场通入实际使用静压校零时，往往发现零位输出与负压室通大气校验时的零位输出不一致。这种正负压室通入相同静压得到的零位输出偏离通入大气校验时的零位称为静压误差。

差压变送器的静压误差是由其正负压室膜盒有效面积不相等引起的。在 DDZ-Ⅲ型差压变送器中，静压误差可高达±0.5%FS。在智能型差压变送器中，由于装有静压传感器，并且通过实验的方法测出静压在规定的范围内变化时零位输出的偏离值，然后在表内的单片机中将静压误差予以校正。经过静压误差在线校正的差压变送器，残存的静压误差一般可降低到±0.1%以下，从而使其性能得到显著改善。

差压变送器的静压误差如果不作校正，将会给流量测量带来误差，尤其是在相对流量较小时，影响更可观。例如有一台 DDZ-Ⅲ型差压变送器同节流装置一起组成差压式流量计，在常用压力条件下其静压误差为 0.5%FS，因未对此静压误差作调整就投入运行，则实际流量为零时，仪表的流量示值就可能达到 7.1%FS，虽然小信号切除功能能将这一矛盾掩盖掉，但是其影响客观上是存在的，而且在全量程范围内±0.5%FS 的差压偏离总是在起作用。

差压变送器在制造厂出厂前零点作为一个重要指标检验过，但是残存的静压误差在仪表投运时还必须在使用现场通入实际静压对静压误差再一次检查校核。其方法是向正负压室通入相同的静压，在第 3 章图 3.15(b) 所示的系统图中，将三阀组的高低压阀中一个打开，另一个关闭，将平衡阀打开，如果怀疑正负压室内尚未充满被测介质，则可通过正负压室上的排气（或排液）阀排净积气（或积液），然后检查变送器的输出。

有的差压变送器带有开平方功能和小信号切除功能，在检查静压误差时应将小信号切除功能暂时解除，以观察真正的零位。

差压变送器的输出也可在流量显示仪表或 DCS 中读出，为了读出真正的零位输出，也需将小信号切除功能暂时解除。

将差压变送器与流量显示仪表配合起来检查零位输出，如果零位存在偏差，则可能的原因如下。

① 差压变送器静压误差。

② 差压变送器安装位置偏离正确位置引起零点偏移。

③ 流量显示仪表零点偏差。

这种偏差的代数和不会很大，最终是通过差压变送器的零点校准予以消除。因此仪表投运前这一检查校准环节是开表投运操作中的重要一环。

差压式流量计经过上述的静压误差及零点检查校准后，就可关闭平衡阀，开足高低压阀，投入运行。

9.4 节流装置导压管引向对仪表示值的影响

节流装置导压管的作用是将节流装置所产生的差压信号不失真地传递到差压变送器，但从现场的实际情况来看，导压管的配置这看似简单的事情还是存在很大问题。

最严重的问题是安装在垂直管路上的测量蒸汽流量的节流装置，按照信号不失真传递的要求，导压管的结构应如图 9.10 所示。

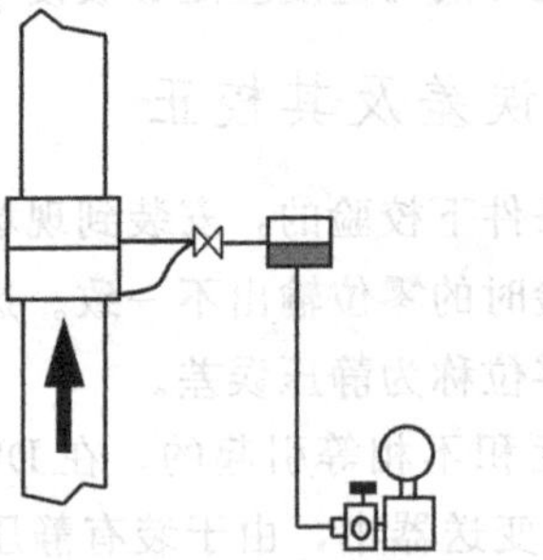

图 9.10 正确的导压管连接

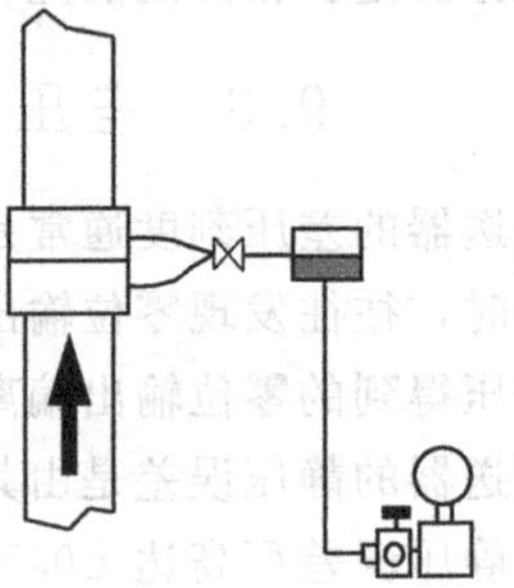

图 9.11 不正确的导压管形状

GB/T 2624—2006 中规定的差压式流量计工艺管道全为水平方向，但实际应用中，垂直方向的管道无法避免，因此按照信号不失真传递的原理就有了如图 9.10 所示的结构[5]。在该图中，切断阀采用直通阀（直通闸阀或球阀）后，只要冷凝器一端导压管略高于节流装置的一端，则从冷凝器溢出的冷凝液就可通畅地流回母管，两只冷凝器中的液位可保持等高，管中的蒸汽也可正常地向冷凝器的上部补充，从而实现正常的汽液交换。但是有不少仪表厂供应的却是如图 9.11 所示的结构，这种导压管连接方式的优点是外观漂亮，但却损害了它的基本功能。

在图 9.11 中，正端导压管内冷凝液仍可通畅地流回母管，但负端导压管却不能，一定要到管内积满冷凝液后才会向母管溢出，因此两只冷凝器中的液位高度不一致，假定负端冷凝器中的液位高度同导压管左端一样高，则负压端冷凝器中的液柱高度就比正压端高度约高 16.5mm，因为环室上两个管口之间的距离为 33mm。其实，负压端冷凝器内的液位高度并非总是同导压管左端一样高，而是可能高些，也可能低一些，因此就增加了不确定因素。

导压管连接的不正确，使得流量计在相对流量较小时出现明显的偏低。例如有一台差压式流量计，$\Delta p_{max}=20kPa$，在 $q_m=20\%q_{mmax}$ 时，节流装置送出的差压信号为 800Pa，由负端冷凝器内液位偏高引起的附加差压以 165Pa 计，则相应的流量示值就减为 17.8%FS。

在使用现场，法兰 1in 取压也用得较多。由于这种取压节流装置的两个取压口之间的距离比环室取压大得多，所以上述的导压管引向不合理引起的误差相应增大，即附加差压约为 249Pa，相应的流量示值减为 16.6%FS。

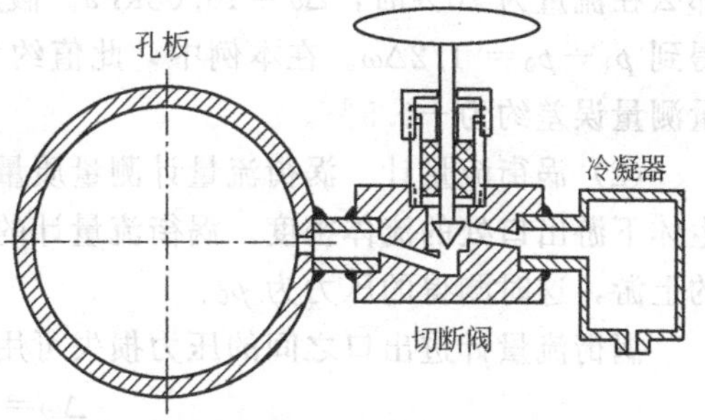

图 9.12　汽液交换不畅的例子

图中导压管上的切断阀大多选配针型阀，其结构如图 9.12 所示，在阀柄向上的情况下，流路弯曲，导致汽液交换不畅。冷凝器中的液位高度不像图 9.10 所示的那样同溢流口一致，而是有许多不确定因素，带来的影响是相对流量较小时，仪表示值不稳定，也会引起误差。有些仪表人员将阀门手柄转到水平方向，将原来高低起伏的流路转换成在水平面上弯曲的流路，从而可使汽液交换情况有所改善。在一些文献中，推荐采用闸阀和球阀，因流路完全没有弯曲，而且通径大，所以完全用不着担心切断阀引起汽液交换不畅的情况。从现场使用效果来看，相对流量为 10%FS 时，都能稳定指示。

9.5　取压点设置不合理引入的误差

在蒸汽和气体流量测量中，用于流体密度求取的压力信号的测压点必须设置在正确的位置。在 3.1 节中，讨论了测压点位置的合理选定问题，本节讨论如果选得不合理将会引入多少误差。

(1) 差压式流量计　差压式流量计的一般表达式(3.1) 中，流体的密度是指节流装置正端取压口处的密度 ρ_1，它与该处的流体温度 t_1、流体压力 p_1 有关，如果是一般气体，还与被测气体的压缩系数有关。

如果取压点不是选在正端取压口，而是选在节流件上游 1D 处的管道上，得到的静压就不是 p_1，而是 p_0（见图 9.13）。显然是偏低的。

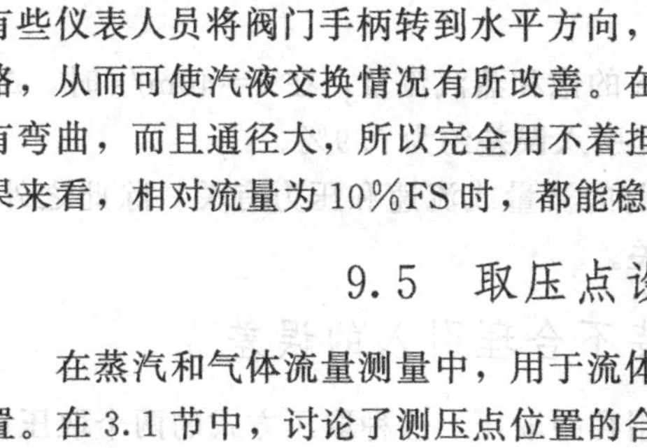

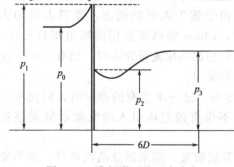

图 9.13　孔板附近的压力分布

在图 9.13 中，p_2 为节流装置负端取压口压力，p_3 为节流件下游 6D 处的压力。从定义可得到式(9.12) 和式(9.13)：

$$\Delta p = p_1 - p_2 \tag{9.12}$$

$$\Delta\omega = p_0 - p_3 \tag{9.13}$$

式中　Δp——节流装置输出的差压，Pa；

$\Delta\omega$——永久性压力损失，Pa。

孔板和喷嘴的压力损失可用式 (9.14) 计算[6]。

$$\Delta\omega=\frac{\sqrt{1-\beta^4(1-C^2)}-C\beta^2}{\sqrt{1-\beta^4(1-C^2)}+C\beta^2}\Delta p \tag{9.14}$$

式中 β——直径比；

C——流出系数；

Δp——差压，Pa。

孔板也可采用简化公式

$$\Delta\omega=(1-\beta^{1.9})\Delta p \tag{9.15}$$

例如有一套 $\beta=0.5$ 的孔板流量计，其差压上限 Δp_{max} 为 60kPa，其 p_1 为绝压 0.8MPa，那么在流量为 70%时，$\Delta\omega=16.08$kPa。假定图 9.13 中 p_1-p_0 值与 p_3-p_2 值相等，则可得到 $p_1-p_0=1/2\Delta\omega$。在本例中，此值约为 8kPa。显然，如果用 p_0 参与求取，引入的流量测量误差约为−0.5%。

(2) 涡街流量计　涡街流量计测量质量流量的一般表达式(3.16) 中，ρ_f 指的是旋涡发生体下游出口处的流体密度。涡街流量计的现场应用，常见的失误是将取压选在旋涡发生体的上游，这时测得的压力为 p_0。

涡街流量计进出口之间的压力损失可用式(9.16) 计算。

$$\Delta\omega=1.08\times\rho_f v^2 \tag{9.16}$$

式中 $\Delta\omega$——压力损失，Pa；

ρ_f——流体密度，kg/m³。

v——流速，m/s。

例如有一台涡街流量计用来测量绝压为 0.8MPa 的饱和蒸汽流量，在 $v=40$m/s 时，$\Delta\omega$ 为 7.19kPa。如果取压点选在流量计的上游，则由此引入误差约为 0.9%。

综上所述，取压点不合理所引入的误差都与当前的流量或流速和压力有关。除此之外，差压式流量计还与 β 有关，涡街流量计还与密度有关。

9.6　径距取压节流装置安装不合理引入的误差

大口径节流装置的取压方式，人们往往喜欢采用径距取压。这种取压方式的两个取压口之间相距 1.5D，而管径又较大，所以取压口之间的距离较大。在安装过程中稍有疏忽，就会引入误差。

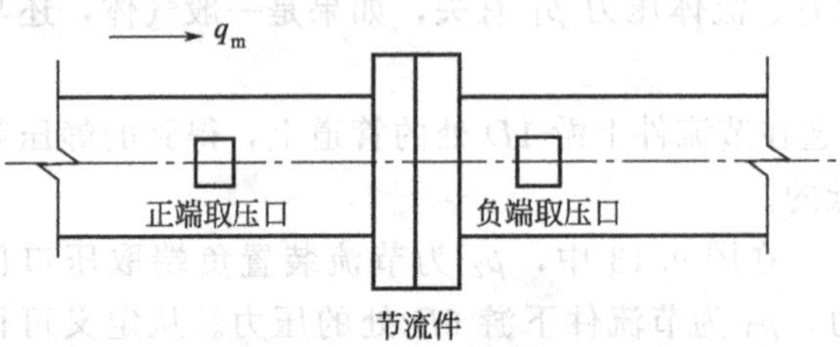

图 9.14　水平安装的径距取压节流装置

图 9.14 所示为水平安装的径距取压节流装置，用来测量蒸汽流量。规范要求，正端和负端取压管在母管上的开口高度应相同，两个冷凝罐的高度也应一致。但由于施工人员的疏忽，监理人员的大意，10mm 的高度差用肉眼也难以分辨，最后引起实际流量为零时，仍有 100Pa 左右的输出。

如果差压上限 Δp_{max} 为 60kPa，在流量为 70%FS 时，这一不应有的差压引入的流量示值误差约为 0.17%；而在流量为 20%FS 时，这一不应有的差压引入的流量示值误差达 4.2%，因此应引起注意。

图 9.15 所示为一个垂直管道上安装的径距取压节流装置，用来测量蒸汽流量。如果安装不合理，引入的误差更是惊人。

在图9.15中，正压管的垂直部分管内应充满蒸汽，或蒸汽以缓慢的速度向冷凝罐补充，而冷凝罐内的凝结水经溢流口沿着垂直管的内壁流回母管。但若这导管的坡度不合理或选用针型阀作为取压阀，很容易导致凝结水在垂直管内憋住，引起惊人的测量误差。

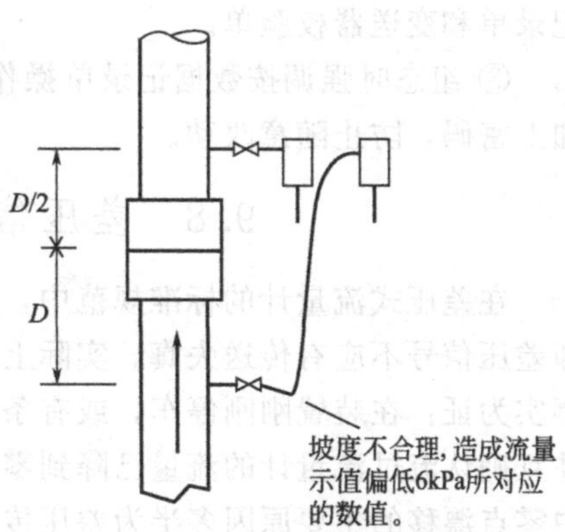

D/2
D
坡度不合理，造成流量示值偏低6kPa所对应的数值。

图9.15 垂直管道上安装的径距取压节流装置

下面以一个实例来说明安装时应注意的重要问题。

某石化公司的热电厂经一根*DN*400的管道向化工厂供汽，供方在管道始端、需方在管道终端各装一套由同一个仪表厂制造的*DN*400蒸汽流量计，两套仪表的孔板计算书表明，两副孔板的计算参数完全相同，可是仪表投入运行后，供方的一套流量计示值严重偏低，只能违背常规以接收方表计数据作为计算依据。有关人员对这套仪表的各个部分进行多次检查，均未查出原因所在，最后，仪表维修工只能将差压变送器的零点向负方迁移来凑答数。巧合的是测量起点迁移到−6kPa左右，两套流量示值就趋一致，而且流量变化时，仍能基本保持一致。

怀疑应当充满蒸汽的正端导压管管内被凝结水占据，从而产生6kPa的偏移。于是建议拆开保温层检查导压管内究竟是蒸汽还是凝结水。待拆开保温层后，发现这段垂直导压管是冷冰冰的，只在排污扫线时导管才是烫的，显然，这段管道内本来被凝结水占据。进一步分析垂直段积水的原因，发现所配用的根部阀是针型阀，而且安装根部阀的一段不仅没有合理的坡度，相反在导管的转弯处还略稍低了一些。后来建议将垂直段导管截去数厘米，使根部阀处的水平段左低右高，满足坡度要求。

经改装后，仪表重新投运，获得成功。

9.7 差压式流量计重复开方引入的误差

差压式流量计总是要有开平方运算这一环节，但若在差压变送器开了平方后，在流量二次表中再开一次平方，就会产生相当大的误差。表9.2所列即为各典型试验点重复开方后理论输出值的对照表。

表9.2 重复开方后的理论输出值对照表

差压值/%	开方后的流量值/%	重复开方后的输出值/%	差压值/%	开方后的流量值/%	重复开方后的输出值/%	差压值/%	开方后的流量值/%	重复开方后的输出值/%
0	0	0	16	40	63.25	64	80	89.44
1	10	31.62	25	50	70.71	81	90	94.87
4	20	44.72	36	60	77.46	100	100	100
9	30	54.77	49	70	83.67			

重复开方的错误一般发生在差压变送器带开方功能的系统中，是由于疏忽引起的，一般是在物料平衡计算中出现严重问题而怀疑流量示值大幅度偏高时才进行检查，并最后得到纠正。

避免重复开方错误的有效方法如下。

① 更新认识。许多老的仪表人员对差压变送器功能的认识习惯性地停留在“差压变送”上面，意即仅为差压测量而已，故习惯性将二次表设置为开平方特性。

② 加强基础资料管理。基础资料不仅包括二次表校验单，还应包括二次表的组态数据

记录单和变送器校验单。

③ 组态时强调按数据记录单操作，避免即兴操作。并在组态完毕与记录单校对无误后加上密码，防止随意改动。

9.8 差压信号传送失真及引入的误差

在差压式流量计的标准规范中，对引压管的敷设和仪表的安装一般只简单地提到一句，即差压信号不应有传送失真。实际上要真正做到差压信号的不失真传送是非常不容易的。有事实为证：在装置刚刚停车，或有条件将装有差压式流量计一次装置的管道上阀门关闭时，并且确认流过流量计的流量已降到零，从具体流量计读数来看，真正示值为零的并不多。其中零点漂移的主要原因多半为差压传送过程中的失真。

差压信号的传送失真使得差压变送器上接收到的差压信号与节流装置所产生的差压信号不相等，从而引起附加误差。

差压信号传送失真包括稳态值失真和动态失真。在稳定流条件下只存在稳态值失真，在脉动流条件下，既可能存在稳态值失真又会有动态失真。本节主要讨论稳态值失真。稳态值失真可能引起的部位和原因有导压管引向不合理，切断阀设置不当，冷凝器高度不相等，隔离液液位高度不相等，正负压引压管坡度不合理，管内介质密度不相等，三阀组积液等。

(1) 导压管引向不合理和切断阀设置不当引起的误差　差压式蒸汽流量计中导压管引向不合理和切断阀设置不当引入的误差已在 9.4 节中作了讨论。

均速管差压流量计用来测量有可能析出冷凝液的低压气体流量时，水平设置的针形切断阀可能导致凝液积于阀内堵塞气路的情况已在 3.5.2 节作了分析。

(2) 冷凝器高度不相等引起的误差　正负压管上的两只冷凝器结构应对称，安装高度应相等，从而有可能使得两只冷凝器内液位高度相等，因为液位高度相差 1mm 就会引入 10Pa 的差压失真。但在使用现场不仅两只冷凝器安装高度不相等的情况常有所见，甚至有的将冷凝器倒置，根本没有起到冷凝器的作用。

弯管流量计的正负取压口一个开在弯管的外圈，另一个开在弯管的内圈，在管径较大时，很容易引起高度不相等，由于弯管流量计的差压信号本来就很小，所以差压信号传送失真从差压的绝对数值来说虽不太大，但引起的流量测量相对误差却是可观的。

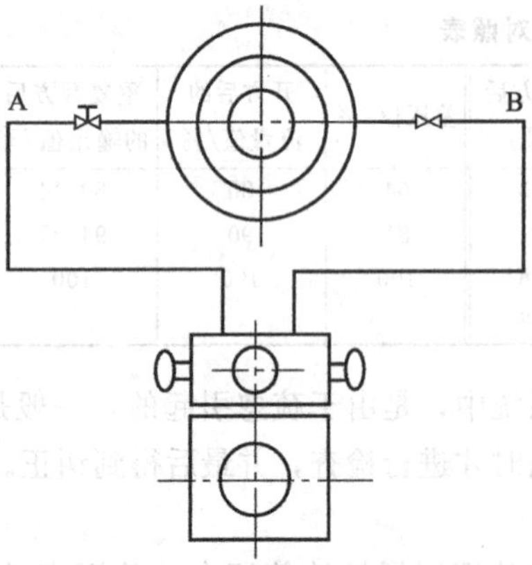

图 9.16　双向引出的孔板在管道上的安装

图 9.16 所示是来自使用现场的另一个实例。被测流体为蒸汽，节流装置为 ILVA 型线性孔板。正负压导压管从圆周的两个水平方向引出，虽然没用冷凝罐，但图中垂直导压管以下部分管内是充满凝结水的。在施工队安装时，如果缺少检验手段，AB 两点之间很容易出现高度差，而且即使存在 20mm 的高度差也难以用肉眼分辨。此高度差转换成液柱差，从而引起差压信号的传递失真。

(3) 隔离液液位高度不相等引起的误差　引压管线中带隔离器是为了利用隔离液将腐蚀性介质同差压变送器隔离，如图 9.17 所示。隔离液刚刚充灌时，通过三阀组的平衡阀能使两只隔离容器中的隔离液液位高度相等，但运行一段时间后由于隔离液泄漏或在运行时误开平衡阀，导致隔离液液位高度不相等，从而引入附加差压。其值可用式(9.17)计算。

$$dp=(h_1-h_2)(\rho_2-\rho_1)g \tag{9.17}$$

式中 dp——附加差压，Pa；

h_1——正压管中隔离液液位高度，m；

h_2——负压管中隔离液液位高度，m；

ρ_1——被测介质密度，kg/m^3；

ρ_2——隔离液密度，kg/m^3；

g——重力加速度，m/s^2。

(4) 引压管线引起的传送失真　保证引压管线合理的坡度是为了使管内可能出现的气泡较快地升到气体收集器内或母管内，使管内可能出现的凝液较快地下沉到沉降器、排污阀或母管内。

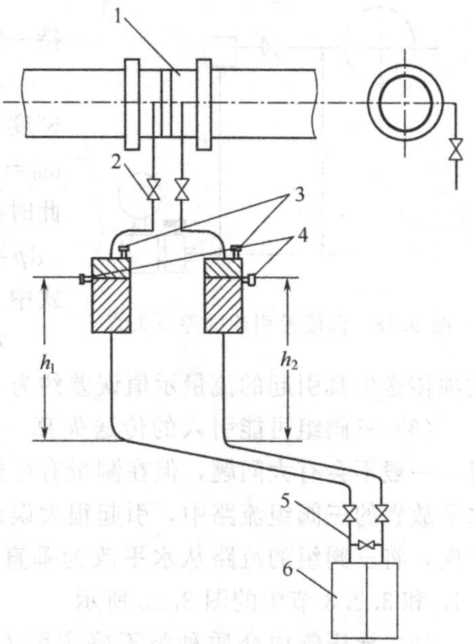

图 9.17　充隔离液差压式流量计管线连接

1—节流装置；2—阀门；3—隔离容器注液口；4—溢流口；5—三阀组；6—差压变送器

引压管线的内径和被测流体的性质与总长度有关，如表 9.3 所示。引压管线应垂直或倾斜敷设，其坡度应不少于 1∶12，对黏度较高的流体，其坡度还应增大，当引压管线的传送距离大于 30m 时，应分段倾斜，并在最高点和最低点分别安装气体收集器（或排气阀）和沉降器（或排污阀）。

表 9.3　差压信号管路内径和长度[7]

被测流体 \ 内径/mm \ 引压管线长度/mm	<16000	16000～45000	45000～90000
水、水蒸气、干气体	7～9	10	13
湿气体	13	13	13
低、中黏度的油品	13	19	25
脏的液体或气体	25	25	38

为了避免正负压信号管内介质温度不一致，导致密度出现差异，引起传送失真，正负压管线应尽量靠近敷设，尤其是引压管线中的介质为液体时。引压管线中的液体有些会因环境温度太低而凝固、结晶或结冰，因此需要伴热保温。

伴热保温常用电热带、蒸汽及热水作热源，此项工作很多人都认为太简单了，只要做了就行，不会有什么严重后果。其实从现场的情况看并非如此，主要问题如下。

① 不对称加热。为了使正、负压管内液体温度尽量相等，提供热源的电热带、热水管或伴热蒸汽管应敷设在两根引压管线之间，尽量保持等距离，但有的安装人员为了贪方便，却将正负压管保持数十厘米距离，而将伴热管同信号管中的一根靠得很近，以致两根信号管中的液体温差很大。

② 将信号管和伴热管分别做绝热保温，导致伴热管的热量传不到信号管上，丧失伴热作用。

③ 用通有蒸汽的紫铜管直接绕在信号管上，可能导致介质部分汽化，管中密度变得很低，出现虚假差压。

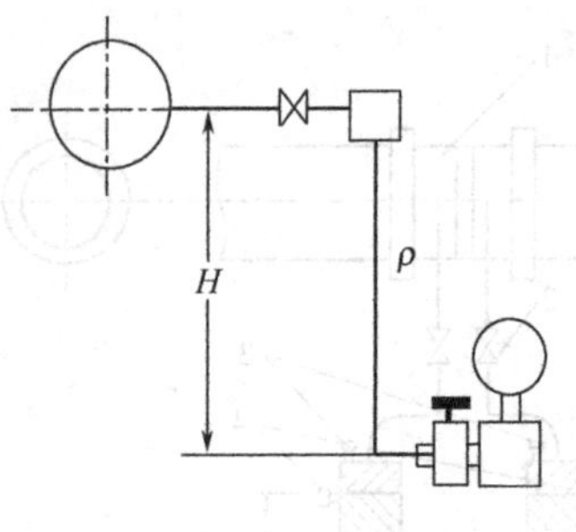

图 9.18 温度差引起的差压失真

下面举一个实例说明正、负引压管线中液体温度保持一致的重要性。

有一台差压式蒸汽流量计，正端引压管内液温 30℃，密度 $\rho_{30}=995.7kg/m^3$，负端引压管内液温 40℃，密度 $\rho_{40}=992.2kg/m^3$，引压管高度差 H 为 6m（见图 9.18），此时正负压引压管内介质温差引入的附加差压为

$$dp=(\rho_{30}-\rho_{40})Hg=(995.7-992.2)\times 6\times 9.8=206Pa$$

式中 g——重力加速度。

如果仪表的差压上限为 20kPa，在流量为 70%FS 时，此项传送失真引起的流量示值误差约为 1%R。

(5) 三阀组可能引入的传送失真　三阀组的通径很小，在测量干燥气体、蒸汽和液体时，一般不会有大问题，但在测量有可能析出凝液的低压气体时，往往会因一滴冷凝液堵在水平放置的三阀组流路中，引起很大误差。解决此问题的简单方法是改变差压变送器的安装方向，将三阀组的流路从水平改为垂直，并将差压变送器安装在高处，如 3.2.1 节中的图 3.15 和 3.2.3 节中的图 3.23 所示。

(6) 导压管内介质种类不确定引入的传递失真　图 9.19 所示是一种一体化差压流量计的设计。这种设计的流量计用来测量干气体流量时完全没有问题，但用来测量蒸汽流量时却可能存在导压管内介质种类不确定的问题。如果能使导压管内充满蒸汽，则不会出现差压信号的传递失真。如果导压管内的介质为蒸汽、水、空气的混合物，由于正负压内介质密度不能做到完全对称，则可能会引起差压信号的传递失真。

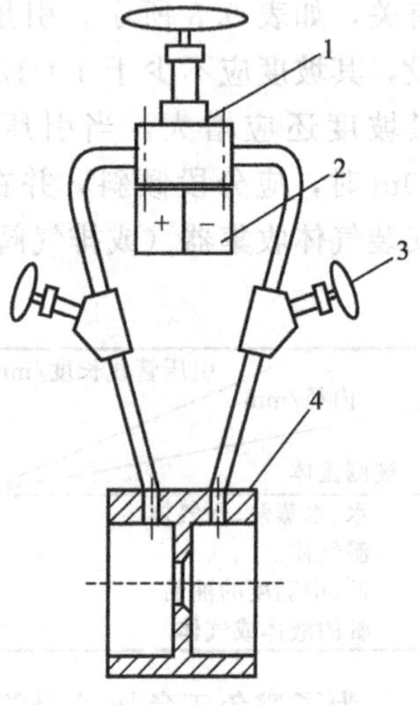

图 9.19　一体化差压流量计的一种结构

1—平衡阀；2—差压变送器；3—切断阀；4—节流件

对于差压变送器放置在节流装置上方的差压式流量计，用来测量蒸汽流量时，从工作原理分析，垂直（或倾斜）导压管内必须充满蒸汽，才能使变送器接收到的差压与节流件所产生的差压相等，这就要求导压管内径足够大，而且正负压端切断阀采用闸阀或球阀，只有这样，导压管内的凝结水才不致被“吊”在管内。如果这段管内未充满蒸汽，具体表现是切断阀以上部分的导管温度低于 100℃，这时占据管内空间的是凝结水，导压管的最高点应当还会有一些空气，由于正负压管内气液介质无法保证完全对称，从而引入差压信号的传递失真。

在图 9.19 中，切断阀以下的导压管内的介质种类也往往不确定，因为凝结水也容易因管道内径太细而被“吊”在管内。

这种结构的流量计在流量较大时，上述的传递失真往往不被人们察觉，因为传递失真引起的零流量时的残余差压同大流量时的差压相比毕竟很小，但在相对流量较小或零流量时，这种失真就会被突出地显示出来。

这种结构的流量计用于测量蒸汽流量时，如果将安装位置旋转 90°，垂直导压管转到水平方向，上述的传递失真将会大大减小，但应注意差压变送器高低容室的充分排气。

9.9　孔板前积水对流量示值的影响

(1) 孔板前积水的原因　用来测量饱和水蒸气流量和湿气体流量的标准孔板流量计，在

节流装置拆卸检查时往往发现孔板 A 面（迎流面）有积水的痕迹。有的自控设计人员估计到具体的检测点孔板前有可能会积水，所以节流装置订货时已要求节流件下方开疏水孔，照理可用不着担心积水，可是拆开节流装置后往往还是发现孔板 A 面有积水痕迹。究其原因有两个，一是安装人员不知道疏水孔派何用场，所以未将疏水孔放在正下方；二是疏水孔虽然安放位置正确，但因孔径太小，极易被从上游带来的焊渣、氧化铁等固形物堵死。此疏水孔内径一般只有 2.5～3mm，若孔径太大，容易引起流量示值产生负偏差，人们在设法避免积水的同时，也应对积水引入的误差进行估算。

(2) 孔板前积水引入的误差估算　根据 ISO/TR 5168：1998《流体的流量测量——不确定度的估算》中的关系式可知，孔板前积水会改变流量系数，即孔板前积水管道有效截面积减小，导致等效直径比 β 增大，引起流出系数 C 以及流量系数 $C/\sqrt{1-\beta^4}$ 偏离原设计计算值。以下举例说明。

【例】 有一副标准孔板节流装置用来测量湿气体流量，已知

管道内径：$D=200$mm

孔板开孔直径：$d=100$mm

取压方式：角接取压

常用流量雷诺数：$Re_{\mathrm{Dcom}}=10^6$

孔板前积水高度：$h=20$mm

孔板前积水如图 9.20 中 S_1 所示，试估算积水引起的误差。

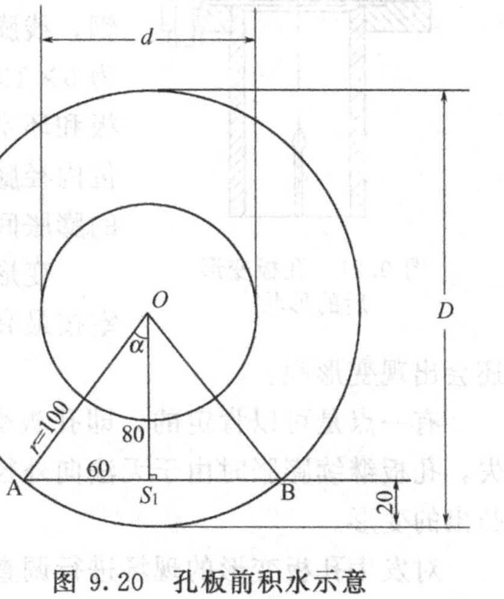

图 9.20　孔板前积水示意

解： ① 积水后等效直径比计算

积水（弓形）面积 S_1 经计算为

$$S_1=16.35\text{cm}^2$$

积水前管道截面积为

$$S_2=\pi D^2/4=314.16\text{cm}^2$$

积水后管道有效面积

$$S_3=S_2-S_1=297.81\text{cm}^2$$

积水后管道等效直径

$$D'=\sqrt{4S_3/\pi}=194.726\text{mm}$$

积水后等效直径比

$$\beta'=d/D'=0.513541$$

② 计算积水前流出系数。将 β 和 Re_{Dcom} 值代入式(8.4) 计算得

$$C=0.602972$$

③ 计算积水后流出系数。将 β' 和 Re_{Dcom} 值代入式(8.4) 计算得

$$C'=0.603256$$

④ 计算积水引起的流量系数误差

$$\delta_\alpha=\left(\frac{C'}{\sqrt{1-(\beta')^4}}-\frac{C}{\sqrt{1-\beta^4}}\right)\Bigg/\frac{C}{\sqrt{1-\beta^4}}$$

$$=\frac{0.603256/\sqrt{1-0.513542^4}-0.602972/\sqrt{1-0.5^4}}{0.602972\sqrt{1-0.5^4}}=0.43\%$$

⑤ 计算结果的讨论。孔板前积水导致流量系数增大，在流量未变的情况下，节流装置输出的差压约减小 0.86%。总的来说影响还不是十分大。

9.10 孔板变形对流量测量的影响

(1) 孔板变形的原因 孔板变形的事件发生得并不多。标准孔板变形常常表现为 A 面(迎流面)下凹，B 面突出，严重时就像脱了底的铁锅。如图 9.21中的虚线所示。

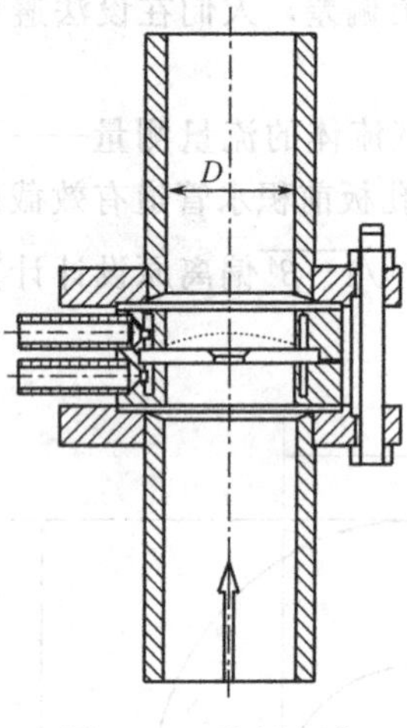

图 9.21 孔板变形后的形状

发生变形的孔板往往口径较大，流体温度高，例如过热蒸汽，孔板厚度相对较薄的环室取压的节流装置。由于加工制造时孔板和环室温度低，接近室温，而在实际使用时温度高，因此它们的几何尺寸都发生了显著的变化。由于环室的材质一般为碳钢，线膨胀系数一般以 11×10^{-6}℃$^{-1}$计，而孔板的材质为不锈钢，线膨胀系数一般以 16×10^{-6}℃$^{-1}$计，所以膨胀系数的差值为 5×10^{-6}℃$^{-1}$。当节流装置投入使用后，与高温流体接触，孔板和环室都相应膨胀，其中孔板外径膨胀的增量要比环室相应部位内径膨胀的增量大，所以，加工制造时必须通过计算留有足够的膨胀间隙。

变形孔板拆开检查时往往发现上述间隙并不小，将孔板与环室按最高工作温度计算，仍然有一定的间隙，既然如此，为什么还会出现变形呢?

有一点是可以肯定的，即孔板变形是由于受热膨胀后，孔板外径与环室之间的间隙消失，孔板继续膨胀时由于无法向外径方向扩大，于是在孔板两边差压的作用下，产生出口侧凸出的变形。

对发生孔板变形的现场进行调查时，常常会发现相关联的线索。

① 同正负环室结合处泄漏有关。无法用旋紧螺栓的方法消除泄漏，于是拆下节流装置更换密封垫片，然后发现孔板变形。

② 同天气有关。节流装置本来无泄漏现象，由于天气暴冷，西北风劲吹，引起正负环室结合处泄漏。

③ 同节流装置处绝热保温不佳有关。保温良好的节流装置未出现泄漏现象。

将上述相关线索联系起来可对孔板变形原因作出推理分析。节流装置设计计算时，孔板外径与环室配合处的间隙留得足够大是假定孔板和环室温度相同，但实际上不可能相同，孔板被环室包围着，而且有高温流体为其提供热量，所以温度高，得到充分膨胀。而环室内圆与流体接触，但外圆与大气接触，加上“保温不佳”、“天气暴冷”、“西北风劲吹”等因素，使其温度降得很低，从而导致预留的间隙不够用，引起孔板变形。

孔板变形与正负环室处泄漏相关联，如果不是因为密封垫片损坏造成泄漏，就是因为孔板变形后导致正负环室之间的间隙增大，密封垫片与环室之间出现缝隙。

(2) 孔板变形的解决方法 在找到了孔板变形的根本原因之后，预防孔板变形就有了简单而有效的方法，即设计计算时，考虑到环室的温度可能比孔板低得多的实际情况，合理计算间隙。计算时环室外圆处温度不应高于 100℃。

对于已经变形而检定不合格的孔板只能报废。

(3) 孔板变形引起的流量测量误差估算 孔板变形对流量测量示值的影响，现在还没有标准，也无实验数据，但是影响方向是显而易见的。

孔板变形的程度差异较大，严重变形时，其形状与喷嘴有些相似，从节流装置的标准知，标准孔板的流出系数约0.6多一些，而喷嘴的流出系数约为0.99，以此为基础进行分析，孔板变形后其实际流出系数相应增大，流量示值相应偏低。严重变形时，如果假定其流出系数与喷嘴接近，则流量示值将要降低到应有示值的60%左右。因此有理由说孔板变形后流量示值可能会比应有示值低0～40%R。

9.11 测温误差对蒸汽流量测量的影响

在间接法蒸汽质量流量测量中，蒸汽密度的求取是关键。而从蒸汽温度、压力求取蒸汽密度的操作中，蒸汽温度和压力的测量是基础。测量总是存在误差，那么温度测量误差对间接法蒸汽质量流量测量影响有多大，这是有必要讨论的重要问题。

(1) 测温误差对流量测量结果的影响　按照ISO 5168的公式对流量测量不确定度进行估算，流体温度测量不确定度是通过流体密度测量的不确定度起作用的，对于差压式流量计，则

$$\frac{\delta q_m}{q_m}=\frac{1}{2}\times\frac{\delta\rho}{\rho}$$

式中　δq_m——质量流量测量误差，kg/h；

q_m——质量流量，kg/h；

$\delta\rho$——流体密度测量误差，kg/m^3；

ρ——流体密度，kg/m^3。

同理，对于涡街流量计，则

$$\frac{\delta q_m}{q_m}=\frac{\delta\rho}{\rho}$$

对于过热蒸汽，蒸汽温度在较小的范围内变化时，其密度可近似看作同其绝对温度成反比，因此，温度测量不确定度同流量测量不确定度的关系，对于过热蒸汽来说影响并不大，例如常用温度为250℃的过热蒸汽，测温误差为1℃，在作温度补偿时对应的流量测量不确定度约为0.096%R（差压式流量）～0.19%R（涡街流量计）。影响较大的是温度信号用于饱和蒸汽流量测量中的补偿，例如压力为0.7MPa的饱和蒸汽，其平衡温度为170.5℃，对应密度为$4.132kg/m^3$，如果测温误差为－1℃，并据此查饱和蒸汽密度表，则查得密度为$4.038kg/m^3$，引起流量测量误差约为－1.14%R（差压式流量计）～－2.27%R（涡街流量计）。

(2) 测温元件精确度对补偿精确度的影响　测温元件的误差同其精确度等级和被测温度数值有关，例如压力为0.7MPa的饱和蒸汽，如果用A级铂热电阻测温，其误差限为±0.49℃，如果用此测量结果查饱和蒸汽密度表，以进行流量计补偿，则此误差限引起的流量补偿误差约为±0.56%R（差压式流量计）～±1.11%R（涡街流量计）。而若用B级铂热电阻测温，其误差限就增为±1.15℃，则此误差限引起的流量测量不确定度就增为±1.31%R（差压式流量计）～±2.61%R（涡街流量计）。显然，B级铂热电阻用于此类用途可能引起的误差是可观的，一般不宜采用。

这里仅就不同精确度等级的测温元件作相对比较。当然，这里所说的流量测量不确定度

还仅为测温元件这一环节，至于流量测量系统的误差，还须计入流量二次表、流量传感器、流量变送器等的影响。

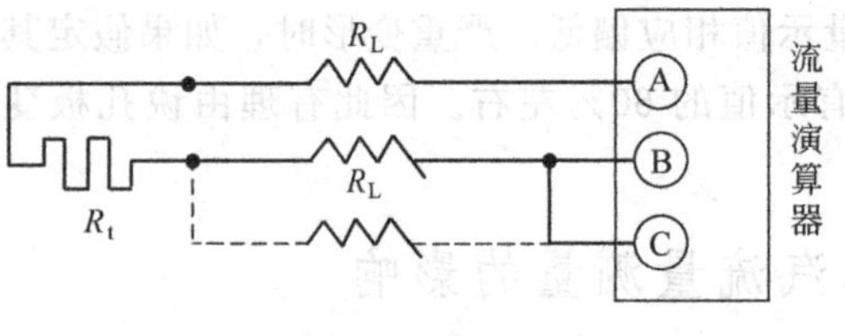

图 9.22 热电阻三线制连接不规范

(3) 引入测温误差的其他因素 从流量计使用现场的情况来看，温度测量误差除了测温元件固有误差之外，还同安装的不规范有关。例如，测温铂热电阻插入深度不够，安装铂热电阻的管道上保温层被拆掉未及时恢复等，都导致测温偏低，有时也存在热电阻三线制连接不规范，导致测温偏高的现象，如图 9.22 所示。

热电阻三线制连接不规范现象往往发生在由电工安装的项目中，这是因为电工头脑中没有三线制的概念。

9.12 将过热蒸汽误作饱和蒸汽进行补偿带来的影响

将过热蒸汽误作饱和蒸汽进行补偿，一般发生在原来是饱和蒸汽，后经较大幅度减压，流体因绝热膨胀而变成过热蒸汽的事例中。设计人员对蒸汽状态变化认识不清，认为锅炉送出的是饱和蒸汽，那么送到用户处也总是饱和蒸汽。这一错误带来的影响从下面的一个事例中可以看出。

图 3.13 所示的例子是锅炉房供压力为 1MPa 的饱和蒸汽。蒸汽总管在进装置时先经减压阀减压（稳压）到 0.42MPa（相应的饱和蒸汽温度 153℃），设计人员认为此时仍为饱和蒸汽，为了节约投资，选用流体温度作自变量对工况进行补偿。仪表投运后二次表根据测温结果 $t_2=162.4℃$ 查饱和蒸汽密度表得 $\rho_2=3.4528\text{kg/m}^3$，而按照 t_2 和 p_2 两个测量值查过热蒸汽密度表，得密度 $\rho_2'=2.7082\text{kg/m}^3$，所以质量流量计算结果出现 27.49%的误差，即

$$\delta_{\text{mt}}=\frac{\rho_2-\rho_2'}{\rho_2'}=27.49\%$$

在本例中，如果采用压力补偿，则根据 $p_2=0.42\text{MPa}$ 的信号查饱和蒸汽密度表，应得到 $\rho_2''=2.7761\text{kg/m}^3$，则补偿误差为

$$\delta_{\text{mp}}=\frac{\rho_2''-\rho_2'}{\rho_2'}=2.51\%$$

解决这一问题的办法有两个。

① 上述蒸汽未经减压时，其状态应为饱和蒸汽，将流量计安装在减压阀之前，按饱和蒸汽补偿方法，可保证测量精确度。

② 如果流量计只能安装在减压阀后面，则可增装一台压力变送器，进行温度压力补偿(取压点放在旋涡流量计后面)[8]。

9.13 蒸汽密度求取处理不当引入的误差

用间接式质量流量计测量蒸汽流量时，都需要根据蒸汽的状态由蒸汽的压力或（和）温度求取蒸汽密度。

在微处理器进入流量仪表之前，求取蒸汽密度一般采用数学模型法。数学模型的种类五花八门，有的较复杂，有的较简单，有的精确度高，有的精确度低，有的仅适用于一定工况

范围。由于精确数学模型太复杂，难以在模拟式仪表中实施，所以只能采用简化模型，相应的精确度低一些。

微处理器进入流量仪表后，为在仪表中计算机查表提供了技术手段，将国际蒸汽表写入仪表内存，在CPU的控制下，从蒸汽压力或（和）温度查得密度（一般还需辅之以线性内插），具有人工查表相同的精确度。

不管是人工查表还是计算机自动查表，在用查表法求取蒸汽密度的过程中如果操作不当，都会引入误差。其中最容易发生的处理不当如将表压力当绝对压力处理，从非法定计量单位到法定计量单位的不当换算以及过度简化等[9]。

(1) 从表压到绝压的换算处理不当引入的误差　国际蒸汽表中的自变量压力均以绝压表示，而工程上习惯使用表压力，压力测量采用表压力变送器，成千上万台普通压力表显示的也都是表压力，操作人员习惯用表压力进行操作，因此就产生了从表压力到绝对压力的换算问题。按照原理，一台表压力变送器或一台普通压力表所测压力如果用绝压表示，应为其表压力示值加上仪表周围的大气压，但是此大气压是每时每刻都在变化的，工程上用仪表所在地区的全年平均大气压来代表此周围大气压，这样处理虽对当前值有少许影响，但在一年期间由于影响值有正有负，正负相抵，全年平均影响值近似为零。在此项处理中容易引起误解的有如下几个方面。

① 用标准大气压代替当地大气压。在流量二次表出厂校验时，往往因不明了具体的一台仪表最终用户在何处以及某个地区当地全年平均大气压数值，而将当地全年平均大气压设定为标准大气压101.325kPa (A)，如果在仪表开表投运时不将此压力值修改为当地全年平均大气压的实际数据，就会因此而引入少许误差。

② 查表时过度简化，用100kPa代表当地大气压。在制作仪表校验单时，需人工查密度表，容易犯的错误是将表压力值简单地加上100kPa即作为绝对压力，然后去查密度表，而被检表中的当地全年平均大气压仍为101.325kPa，因此出现了1.325kPa的计算误差和相应的密度误差。曾经发生过计量检定机构因为简化操作而将本来合格的仪表判为不合格的事情。

按照关系式计算，当被检表为0.2级时，压力在0.55MPa(G)以下的检定点都会因此引起不合格。

检定人员如此查表也有他们的理由，有的出版物上面提供的蒸汽密度表特别强调一句话，即“本表不供精确内插，更不允许外推”。为了不违背作者的忠告，下面的方法可以解决这一矛盾，即检定时将被检表中的当地全年平均大气压也设定为100kPa，这样，计算机查表和人工查表就能得到相同的结果。但应注意，检定证书上应标明当地全年平均大气压为100kPa这一检定条件，而且在该二次表投入使用时应当用当地全年平均大气压的实际值代替检定时的“假定值”。

(2) 将绝对压力值当作表压力处理引入的误差　在流量二次表中一般具有选择压力计量单位和指定压力属于表压力或绝对压力的能力，由于配套使用的压力变送器一般均为表压力变送器，所以压力输入通道理所当然应指定为“表压力”，但在差压式流量计中，进行压力补偿还得在菜单中填入设计状态压力，一般可从节流装置计算书中查到，遗憾的是有时计算书中并未注明是表压力还是绝对压力，问题往往出在设计计算时，取的是绝对压力，而做流量演算器组态时却将此压力值当作表面压力来处理。

将绝对压力当作表面压力处理（或与之相反，将表面压力当作绝对压力处理）带来的误差是显著的，而且操作压力越低，影响越大。

例如，有一台差压式流量计用来测量饱和蒸汽流量，设计状态压力 $p_d = 0.8\text{MPa}$（绝对值），相应的密度为 $\rho_d = 4.162\text{kg/m}^3$，将此压力当作表压力处理后 $p_d' = 0.8\text{MPa}$（表面值），则 $\rho_d' = 4.655\text{kg/m}^3$，那么在实际操作压力为 0.8MPa（绝对值）时，仪表示值仅为应有值的 $\sqrt{\rho_d/\rho_d'}$，即 94.56%。

如果流量计为模拟输出的涡街流量计，犯这一错误带来的误差更可观，按关系式可知，仪表示值仅为应有值的 ρ_d/ρ_d' 倍。

在实际工作中如果碰到此类问题，最有效的办法是从计算书提供的流体密度数据去查对。在上面的例子中，如果计算书中列出的工作状态下流体密度为 4.162kg/m^3，在查对蒸汽密度表后，毫不费力地就可作出判断。

(3) 用非法定计量单位压力代替法定计量单位压力引入的误差　曾经由于这种不当操作引发过一件事。某电厂的一台蒸汽流量计已使用多年，在一次计量周期检定中发现孔板计算书中的“蒸汽密度”值有 2%左右的误差，经向节流装置制造厂追查，原来计算机中装的密度表其压力单位还是 kgf/cm^2，后来由流量显示仪表制造厂根据既定的蒸汽密度反推出设计状态蒸汽压力，并出具计算书，经有关方面确认后，了结了一场风波。

9.14 电磁流量计误差生成的几个原因

电磁流量计有许多优点，但若选型、安装、使用不当，将会引起误差增大，示值不稳，甚至表体损坏[10,11]。

(1) 管内液体未充满　由于背压不足或流量传感器安装位置不良，致使其测量管内液体未能充满，故障现象因不充满程度和流动状况有不同表现。若少量气体在水管管道中呈分层流或波状流，故障现象表现为误差增加，即流量测量值与实际值不符；若流动是气泡流或塞状流，故障现象除测量值与实际值不符外，还会因气相瞬间遮盖电极表面而出现输出晃动；若水平管道分层流动中流通截面积气相部分增大，即液体未满管程度增大，也会出现输出晃动，若液体未满管情况较严重，以致液面在电极以下，则会出现输出超满度现象。

实例 1　某造船厂有一台 *DN*80mm 电磁流量计测量水流量，运行人员反映关闭阀门后流量为零时，输出反而达到满度值。现场检查发现传感器下游仅有一段短管，水直接排入大气，截止阀却装在传感器上游（如图 9.23 虚线 1 位置），阀门关闭后传感器测量管内水全部排空。将阀门改装到位置 2，故障便迎刃而解。这类故障原因在制造厂售后服务事例中是经常碰到的，当属工程设计之误。

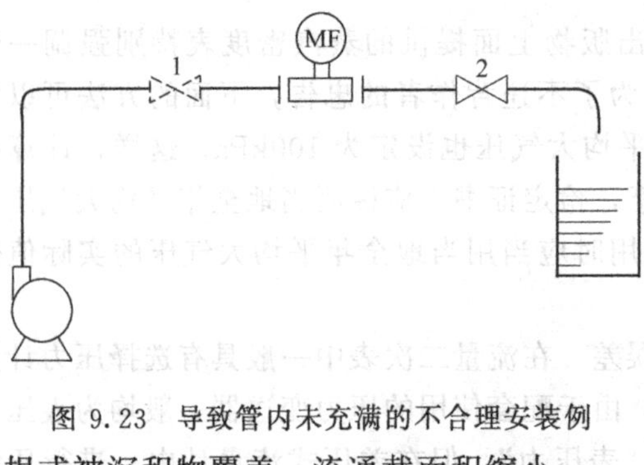

图 9.23　导致管内未充满的不合理安装例

(2) 液体中含有固相　液体中含有粉状、颗粒或纤维等固体，可能产生的故障有：①浆液噪声；②电极表面玷污；③导电沉积层或绝缘沉积层覆盖电极或衬里；④衬里被磨损或被沉积物覆盖，流通截面积缩小。

实例 2　导电沉积层短路效应。电磁流量传感器测量管绝缘衬里若沉积导电物质，流量信号将被短路而使仪表失效。由于导电物质是逐渐沉积，本类故障通常不会出现在调试期，而要运行一段时期后才显露出来。

某柴油机厂工具车间电解切削工艺试验装置上，用 *DN*80mm 仪表测量和控制饱和食盐电解液流量以获取最佳切削效率。起初该仪表运行正常，间断使用 2 个月后，感到流量显示值越来越小，直到流量信号接近为零。现场检查，发现绝缘层表面沉积一层黄锈，擦拭清洁后仪表运行正常。黄锈层是电解液中大量氧化铁沉积所致。

本实例属运行期故障，虽非多见故障，然而若黑色金属管道锈蚀严重，沉积锈层，也会有此短路效应。凡是开始运行正常，随着时间推移，流量显示越来越小，就应分析有此类故障的可能性。

（3）有可能结晶的液体，电磁流量计应慎用　有些易结晶化工物料在温度正常的情况下能正常测量，由于输送流体的导管都有良好的伴热保温，在保温正常时不会结晶，但是电磁流量传感器的测量管难以实施伴热保温，因此，流体流过测量管时易因降温而引起内壁结上一层固体。由于改用其他原理的流量计测量也同样存在结晶问题，所以在无其他更好方法的情况下，可选用测量管长度非常短的一种“环形”（o-ring）❶电磁流量传感器，并将流量计的上游管道伴热保温予以强化。在管道连接方法上，考虑流量传感器拆装方便，一旦发生结晶能方便地拆下维护。

实例 3　因液体结晶引起电磁流量计无法正常工作的例子并不少见。例如，湖南某冶炼厂安装一批电磁流量计测量溶液流量，因电磁流量传感器的测量管难以实施伴热保温，数星期后内壁和电极上就结上一层结晶物，导致信号源内阻变得很大，仪表示值失常。因这批电磁流量计口径较大，频繁拆洗不堪忍受，所以最后还是改用明渠流量计。

（4）电极和接地环材质选择不当引发的问题　因材质与被测介质不匹配而引发故障的电磁流量计与介质接触的零部件有电极与接地环。匹配失当除耐腐蚀问题外，主要是电极表面效应。表面效应有：①化学反应（表面形成钝化膜等）；②电化学和极化现象（产生电势）；③触媒作用（电极表面生成气雾等）。接地环也有这些效应，但影响程度要小些。

实例 4　上海某化工（冶炼）厂用 20 余台哈氏合金 B 电极电磁流量计测量浓度较高的盐酸溶液，出现输出信号不稳的晃动现象。现场检查确认仪表正常，也排除了会产生输出晃动的其他干扰原因。但是其他用户用哈氏合金 B 电极仪表测量盐酸时运行良好。在分析故障原因是否由盐酸浓度差别上引起时，因当时尚无盐酸浓度对电极表面效应影响方面的经验，尚不能作出判断。为此仪表制造厂和使用单位一起利用化工厂现场条件，做改变盐酸浓度的实流试验。盐酸浓度逐渐增加，低浓度时仪表输出稳定，当浓度增加到 15％～20％时，仪表输出开始晃动起来。浓度到 25％时，输出晃动量高达 20％。改用钽电极电磁流量计后运行正常。

（5）液体电导率超过允许范围引发的问题　液体导电率若接近下限值也有可能出现晃动现象。因为制造厂仪表规范（specification）规定的下限值是在各种使用条件较好状态下可测出的最低值，而实际条件不可能都很理想，于是就多次遇到测量低度蒸馏水或去离子水，其导电率接近电磁流量计规范规定的下限值 $5\mu S/cm$，使用时却出现输出晃动。通常认为能稳定测量的导电率下限值要高 1～2 个数量级。

液体电导率可查阅有关手册，缺少现成数据则可取样用电导率仪测定。但有时候也有从管线上取样去实验室测定认为可用，而实际电磁流量计不能工作的情况。这是由于测电导率时的液体与管线内液体已有差别，譬如液体已吸收了大气中的 CO_2 或 NO_x，生成碳酸或硝酸，电导率增大。

对于含有颗粒或纤维液体产生的噪声浆液，采取提高激励频率的方法能有效地改善输出

---

❶ 制造商命名——编著者注。

晃动。表 9.4 所示是频率可调的 IFM 3080F 型 *DN*300 电磁流量计，测量浓度 3.5%瓦楞纸板浆液，在现场以不同激励频率测量所显示瞬时流量晃动量。当频率较低，为 50/32Hz 时，晃动高达 10.7%；频率提高到 50/2Hz 时，晃动降低至 1.9%，效果十分明显。

表 9.4 不同激励频率下瞬时流量晃动量[12,13]

激励频率/Hz	显示流量(峰值晃动范围)/(m^3/h)	与平均值的百分比	激励频率/Hz	显示流量(峰值晃动范围)/(m^3/h)	与平均值的百分比
50/32	180～223	10.7	50/6	190～220	7.3
50/18	200～224	5.6	50/2	255～265	1.9

参 考 文 献

[1] 池兆明．流量仪表系数 *K* 及其影响因素．自动化仪表，1998，(3)：8-11.

[2] [日] 横河電機．計装メーカが書いたフイールド機器・虎の卷．工業技術社，2001.

[3] 林宗虎编著．气液固多相流测量．北京：中国计量出版社，1988.

[4] 国家质检总局组编．2008 全国能源计量优秀论文集．北京：中国计量出版社，2008.

[5] 上海工业自动化仪表研究所．流量测量节流装置设计手册．北京：机械工业出版社，1966.

[6] GB/T 2624—2006 用安装在圆形截面管道中的差压装置测量满管流体流量．

[7] 翟秀贞，谢纪绩，王自和，肖汉卿．差压型流量计．北京：中国计量出版社，1995.

[8] 汪里迈，纪纲．蒸汽流量测量中的温压补偿实施方案．石油化工自动化，1998，(3)：39-42.

[9] 许麦青，王建忠，纪纲．流量测量中蒸汽密度的求取．化学世界，2002，10 增刊．

[10] 蔡武昌．电磁流量计使用中常见和罕见故障例．自动化仪表，2001，(1)：28-30，32.

[11] 蔡武昌．电磁流量计应用失误例．炼油化工自动化，1984，(1)．

[12] 蔡武昌．流量仪表应用常见失误情况分析．石油化工自动化，2002，5：71-74，84.

[13] GUP，YAN X. Neural network approach to the reconstruction of freeform Surface for reverse engineering [J]. Computer-Aided Designing，1995，27 (1)：59-64.

第 10 章 通信技术在流量测量中的应用

现代通信技术是建立在数字技术基础上的一门新兴技术，将其引入测量和控制领域，大大推动了测量和控制技术的发展。用数字通信的方法传送信息与仪表中用模拟信号传送信息相比具有明显的优越性。

① 准确。用数字通信的方法传送数据，辅之以检错技术，一旦获得成功，就不存在模拟信号传送中的误差。

② 节约通信线缆。在传统的仪表中用模拟信号传送信息，一对线一般只能传送一路信号。而现代通信技术中，用分时的方法传送信息，一对线能传送的信息量可达成千上万，甚至更大，因而可大大节约传送信号用的介质。

在数显仪表中，一般采用串行通信，通信速率虽然只能达到 10^3～10^4 bps，但因测量仪表中需要传送的数据量一般并不很大，通信时间间隔也要求不高，因此能够满足需要。

下面简要介绍通信技术在流量测量中的应用。

10.1 流量变送器中的通信

20 世纪 80 年代以来，许多仪表公司相继推出自己的具有通信能力的流量变送器产品，所采用的通信协议也有多种，其中最著名的是由 Rosemount 公司提出的 HART 协议（可寻址远程传感器数据公路），它是在 4～20mA 电流上叠加 1200Hz 和 2200Hz 两个独立的频率信号，分别代表数字 1 和 0。该频率信号呈正弦波形，幅值为±0.5mA，所以其平均值为 0，故将其调制于 4～20mA 之上却不影响 4～20mA 的平均值，这样就使 HART 通信可以和 4～20mA 信号并存而互不干涉。

具有通信能力的流量变送器可同手持终端配合实现与 4～20mA 并存条件下的数字通信，也可经接口与 PC 机或 DCS 相连，实现全数字通信，完成多项任务。

10.1.1 与手持终端器（HHT）或智能现场通信器（SFC）通信

手持终端器或智能现场通信器是以微处理器为基础的与智能变送器进行数字通信的接口装置，是一种新型调试工具，利用它能在现场（或控制室）对智能变送器进行组态、测试、调整、校验、查看自诊断信息。图 10.1 所示为与手持终端器的连接。现在多家仪表公司都有此类产品，用户对变送器进行维修、校验极为方便。

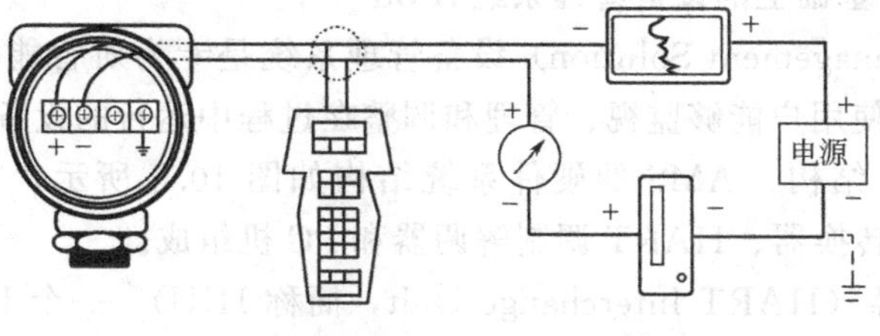

图 10.1 智能变送器与手持终端器通信的连接

10.1.2 与流量演算器一起组成多量程流量计

差压式流量计现在仍然是应用最广泛的一种流量计，但是它的范围度较小，不能满足要求较大范围度的很多测量对象。例如，我国北方有不少以取暖设备为主要耗热设备的热用户，夏季的耗热量往往比冬季耗热量的1/5还要低，这样，计量仪表在夏季如果使用与冬季相同的测量范围，那么仅差压变送器误差一项就会给夏季计量带来无法容许的系统误差，所以有许多单位使用多量程流量计。像上面的例子是冬季使用高量程，夏季使用低量程。

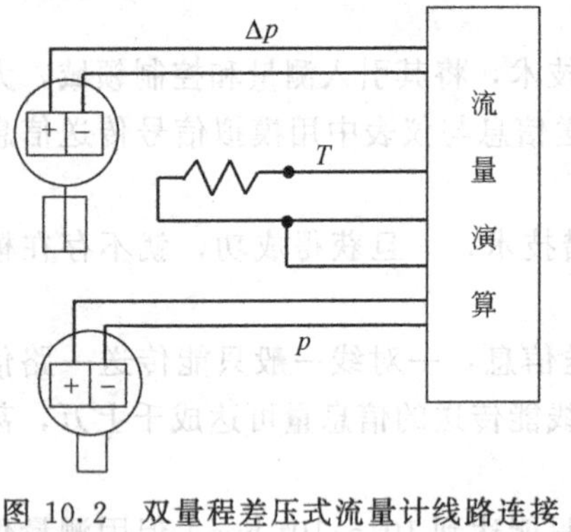

图 10.2　双量程差压式流量计线路连接

现在有多种智能差压变送器都能采用通信的方法变更其量程，有些变送器量程可调比高达40倍以上，为多量程流量计的实现创造了良好条件。如图10.2所示的双量程差压式流量计中，流量演算器与差压变送器之间的两根连接线既是变送器电源线，又是4～20mA模拟信号传输线，同时承担HART通信中传送±0.5mA数字信号的任务。

流量演算器设定有高量程流量上限值q_{uh}和低量程流量上限值q_{ul}，并且分别与差压变送器的高低量程差压上限值Δp_{uh}和Δp_{ul}相对应。演算器中还设定有高低量程流量切换值q_{ex}，当差压变送器处于高量程状态时，演算器用q_{uh}参与计算流量，如果计算得到的流量值小于等于q_{ex}，则演算器作出切换到低量程的决策，并按设计好的程序采用通信的方法将差压变送器切换到低量程，开始用q_{ul}参与计算流量。以后如遇流量值大于q_{ex}，又采用通信的方法将差压变送器切回到高量程。

在具体实施的时候一般还要设置一个切换差，以防高低量程之间的频繁切换。而且需考虑低流量时的雷诺数修正，以保证测量精确度。

10.1.3　与计算机联网组成数采系统

国外有的公司推出用于HART协议通信的硬件产品，例如PCSMART模块，将其插入PC机空余槽口中，其输出可与15台SMART设备构成多站网络。例如和5台智能差压变送器、5台智能压力变送器、5台智能温度变送器构成5点的带温度压力补偿流量测量系统。该系统由于采用了高精确度、宽量程的智能变送和运算能力极强的PC机，因此测量精确度高，而且扩大了范围度。

用数字通信的方法读取变送器的测量结果要比用模拟信号传送测量信号精确度明显提高。例如，现在各主要仪表公司都能生产的0.1级智能差压变送器，其数字量输出精确度可达±0.075%，而若取电流输出，变送器精确度为±0.1%FS，而此信号进入流量二次表或DCS的I/O口，由于模拟信号放大和A/D转换，还要损失0.05%～0.1%的精确度。由于数字通信技术这一突出优点，大大促进了现场总线的发展和推广应用。

10.1.4　建立在通信基础上的设备管理系统AMS

AMS（Asset Management Solution）设备管理系统是专为对智能化仪表进行管理和维护而设计的系统，它使用户能够监视、管理和调整在过程中运行的设备和过程本身。

（1）AMS的硬件结构　AMS的硬件系统结构如图10.3所示，它由HART转换器、RS-232/RS-485通信转换器、HART调制解调器和PC机组成。

① HART转换器（HART Interchange Unit，简称HIU）。一个HART转换器可带32台HART设备。一个网络最多可带31台HIU，即可带992台HART设备。一旦通电，每台HIU即建立一个连接设备的内部表。当用软件扫描设备时，需要从现场设备中获取过程变量的状态信息。这些信息先储存到HIU的内存中，再传送到PC机中。

② RS-232/RS-485转换器。RS-232/RS-485转换器用来连接HART转换器与PC机的

通信口，因为 RS-485 网络具有传输距离长、抗干扰能力强等优点，现场采用 RS-485 网络通信。而普通的 PC 机只有 RS-232 接口，所以两者之间需要使用转换器。

③ HART 调制解调器（HART Modem）。HART 调制解调器是一种结构紧凑、牢固的外部接口，可满足现场和车间维护的需要，它提供了单台设备与 AMS 相连的手段，它装在一个 DB-9 外壳内，附有一个 9 针的 RS-232 接口。它是隔离的、电流限制的、与极性无关、无干扰的连接方式。HART 调制解调器适用于台式和笔记本 PC 机，无需外部供电，可与任何 HART 设备以轮询或突发方式进行通信。

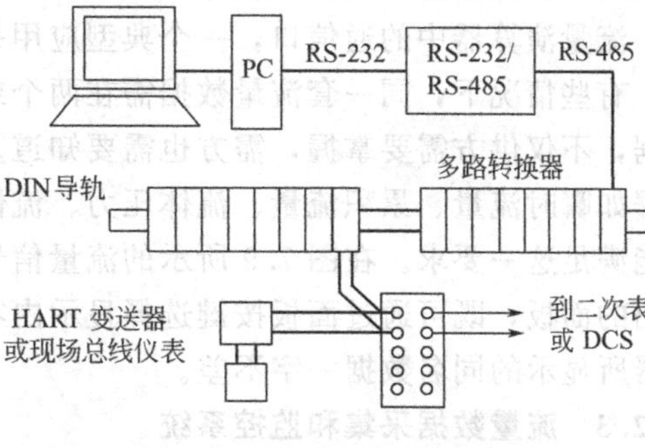

图 10.3　AMS 的硬件系统结构

(2) AMS 的软件功能

① 组态（configuration）。在软件的支持下，通过 PC 机对现场的智能化仪表进行组态。

② 仪表校准及维护。维修人员不需将仪表从安装地点拆下，也不需将压力等信号输入仪表，在控制室或办公室就可实现仪表的校准和检查维护。

③ 位号查询；状态查询；回路检测与设备资源检测；向 HART 手持终端下载信息；自动维护文档；查看设备历史信息等。

(3) AMS 的特点

① AMS 软件以现场服务器为平台的 T 形结构，为用户提供一个图形化界面。

② AMS 为现场设备数据在工厂不同地点之间的交换带来方便。

③ AMS 通过一个集中数据库获取现场设备数据，从而提高劳动效率。

④ AMS 通过在线获取现场设备的状态和诊断信息，改进了设备的可用性。

10.2　流量演算器与外部设备的通信

流量演算器是流量测量中的一个重要环节，它的任务是对流量输入信号和与此信号有关的流体温度、压力、密度信号进行处理，并将处理得到的质量流量信号或标准状态体积流量信号转换成模拟信号送调节器或 DCS。该路模拟输出信号只能传送一路信号，如果要将演算器中更多的信号也传送给相关的仪表或计算机，就需要依靠数字通信。

10.2.1 流量数据打印

流量数据打印输出是流量演算器通信功能最常见的应用之一。打印内容通常有设备号、打印日期、时间、累积流量、瞬时流量、流体压力、流体温度等。其线路连接如图 10.4 所示。

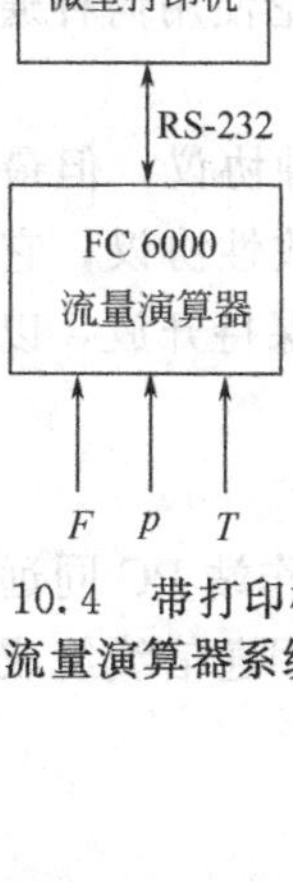

图 10.4　带打印机的流量演算器系统

在流量数据用于贸易结算或技术经济指标考核时，常常要求流量演算器具备打印功能。

在热力公司，用户对供热品质要求较高时，也常常配备打印机。其中有个“越限加速打印功能”，常常用于供热品质的监视，即演算器中某个变量满足指定的表达式的要求时，演算器自动将打印间隔时间缩短为“加速打印间隔时间”。例如，某台演算器用来处理蒸汽流量信号，设置正常打印间隔时间 8h，以满足考核和结算的需要。当流体压力低于设定压力（供方保证的最低压力或维持正常生产的最低压力）

时，每5min打印一次，于是可将越限加速打印间隔时间设置为5min，从而使打印机兼有划线记录仪的部分功能。

10.2.2 流量数据的同步显示

流量演算器中的通信口，一个典型应用是传送同步显示信号。

有些情况下，同一套流量数据需在两个或数个地方同步显示，例如贸易结算使用的流量数据，不仅供方需要掌握，需方也需要知道。增设一台同步显示器，将流量演算器中必要的数据如瞬时流量、累积流量、流体压力、流体温度等数据用通信的方法传送给同步显示器，就能满足这一要求。在图7.9所示的流量信号同步显示系统中，同步显示器具有流量演算器相同的面板，既可通过面板按键选择显示内容，又可自动循环显示。所显示的数据与流量演算器所显示的同名数据一字不差。

10.2.3 流量数据采集和监控系统

数据采集和监控系统（SCADA）常被用于远程数据采集和监控，监控诸如输气管、输油管、供热管、供水管、输电网等，应用时操作者可能身处被监控点几公里、几百公里甚至更远的地方。

操作站的PC机按规定的程序定时去远程终端装置采集有关数据并保存和处理。操作员通过人机界面发出控制指令，经远程终端装置，控制阀门开度、泵的启停以及其他装置的动作。

10.2.3.1 SCADA系统的组成[2]

一个SCADA系统包括5个主要部分：上位机和辅助设备组成的操作站、人机界面（MMI）软件、若干远程终端装置（RTU）、一个通信协议和一个将RTU同操作站连接起来的通信系统。

(1) 操作站和MMI软件　操作站PC通常是一台个人PC，运行于Windows 98、Windows 2000或Windows NT系统下。这台PC安装了MMI软件，如Citect、Fix、Intouch、Genesis或Lookout，应用该软件可以根据实时过程数据，建立动态的过程图形显示。几乎任何流行的MMI软件都可应用于SCADA，可以依据当地所能提供的支持和价格进行选择。

(2) 远程终端装置　RTU是安放在远处，将过程变量传送给操作站的装置，该装置带有开关量和电流输出口，在接受操作站的指令后，控制泵、阀门和其他装置。为流量数据采集与监控服务的远程终端装置通常是具有通信能力的能对流量信号进行复杂处理的可编程的流量显示仪表，如智能流量演算器，流量积算仪，智能热量表（冷量表）等。有些具有通信能力的智能流量变送器、转换器等也能作为终端装置为系统提供测量数据。

(3) 通信系统　最常使用的通信介质是专用通信电缆、无线电和公共电话网，拨号电话和卫星通信也变得越来越普及。选用何种通信系统是根据距离远近、获取难易、初始费用和运行费用而定的。当需要传输大量数据时，数据通过能力也是要考虑的一个因素。例如无线电系统一般有较大的数据通信能力，但比电话线需要更大的初始投资。不论使用何种通信系统，操作站和RTU都要有调制解调器或通信接口。

(4) 通信协议　协议是RTU和MMI用以交换数据的语言。有几十种协议，但最好的是那些在公共领域成为事实上标准的协议。Modbus是使用最为普遍的开放性协议，它得到所有MMI软件供应商和多数RTU公司的支持。Modbus使SCADA系统保持开放，以获得竞争优势和最低的价格。

10.2.3.2 由专用通信线组成的系统

前面所述的SCADA系统的共同特点是均有5个组成部分，但依其操作站PC同远程终端的连接介质不同，所组成的系统也有很大差别，各具特点。其中有用专用通信线组成的系统；由无线通信方法组成的系统；利用公共电话网组成的系统；利用局域网组成的系统；利用卫星通信方法组成的系统等。

(1) 系统的组成　图 10.5 所示为典型的由专用通信线缆组成的 SCADA 系统，图中的远程终端装置能送入过程变量流量、温度、压力等。AO 口可送出 4～20mA 电流，控制调节阀，DO 口可送出无源接点信号，控制电磁阀、泵等。远程终端装置与操作站之间用金属屏蔽双绞线连接，具有较强的抗干扰和抗雷击性能。由于 RS-485 标准串口通信传送的距离比 RS-232 远，所以远程终端装置的通信口标准均为 RS-485。由于计算机通信口采用的是 RS-232 标准，因此计算机同 RS-485 通信线之间须设置一台 RS-232/RS-485 通信转换器。

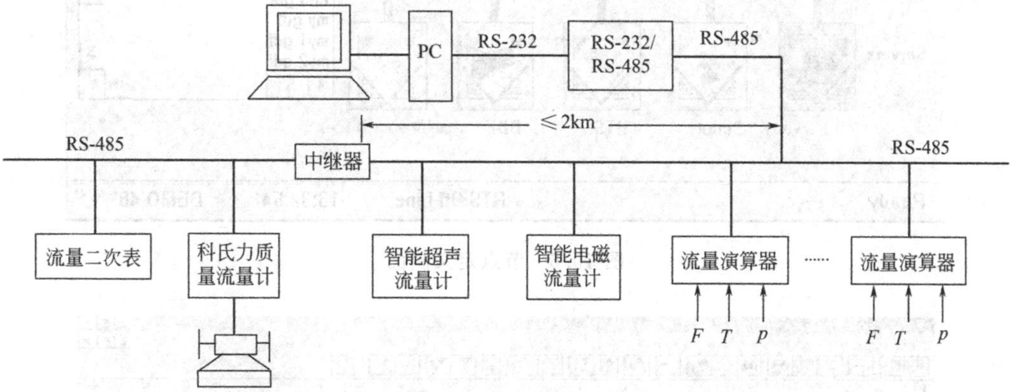

图 10.5　专用通信线缆连接的 SCADA 系统

通信信号在线路上传输都有一定的衰减，因此，从上位机出发每隔 2km 长的线路就需设置一个中继器（RS-485 Repeater）。

上位机通过通信端口定时、循环地以广播方式逐一对下位机各站点进行呼叫（各站点均具有一个各自不同的站号，站点总数不超过 255），在得到计算机发出的远程终端通信站号后，被叫到的一台远程终端装置自动把需采集的流量累计值、流量瞬时值、流体温度值、流体压力值、下位机报警代码等有关数据，按 Modbus 协议方式打包成可以被计算机接收的报文，再把该报文发送给计算机，供计算机使用。

计算机按系统设置的远程终端站号，通过通信转换器来连接具体的远程终端，再通过通信转换器回收远程终端的报文，并进行相应的处理，得到具体的数据，完成具体的任务。

该方案的优点是实时性好、安全可靠、运行成本低，但需专门敷设通信线，所以一次性投资较大。

(2) 软件配置　下面的实例，其软件配置为 Windows 98 平台，Genesis for Windows 工控软件包，Microsoft Office 97 软件包。

(3) 软件功能　该系统是在 Windows 98 平台上用 Genesis for Windows 工控软件包进行组态，通过 Excel 的后台 VBA 应用软件及 Excel 的控件编制的应用软件，它具有的功能如下。

① Genesis 的组态

a. 进入 I/O Server 定义输入/输出节点（增加检测点时用）（见图 10.6）。

用鼠标左键双击 Address 处，进入 Port Configurater（通信口组态）（见图 10.7）。

Ports 配置：Name＝由用户根据实际情况设定 comm1 或 comm2，Port ＃：＝根据 Ports 的值选择 comm1 或 comm2，Baud rate＝9600，Parity＝None，Flow control ＝ None，

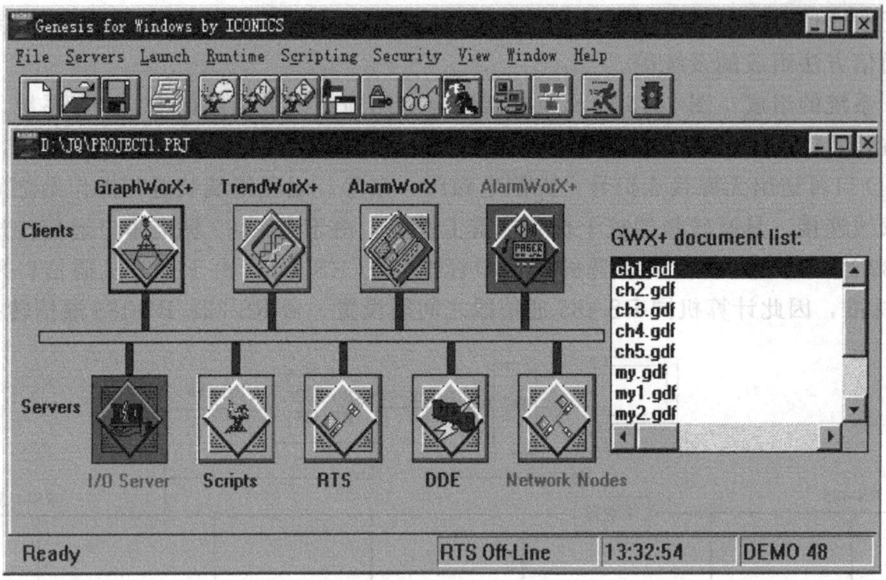

图 10.6　节点定义画面

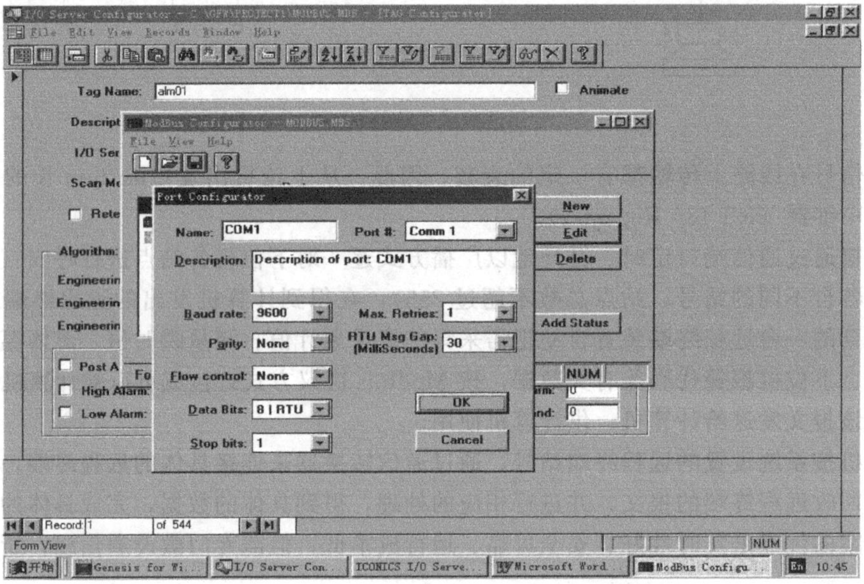

图 10.7　通信口配置画面

Data Bits＝81RTU，Stop Bits＝1，Max Retries＝3，RTU Msg Gap ＝ 30。

Devices 配置：Device Name 由用户自己设定，Device Type ＝ Modbus，Address 是用户检测点的站号，Comm Port 根据上面设定选择 com1 或 com2，Scan Rate＝1，Float Format＝Binary，Timeout＝2，Write Wait Time＝100，Word Swup＝1。

Signals 配置 ：Device 根据实际情况选择，Number of Singal＝8，Memory Area：＝4xxx OR Output / Holding Registers，Offset＝1，Type＝Float 。

I/O Server 配置（见图 10.8）：Tag Name 由用户定义，I/O Server：＝Modbus，Address 根据情况选择，Scan Mode＝Scan Continuous，Scan Rate＝1，Atgorithm＝Analog Input/Output，并根据实际情况定义最大、最小、上限报警、下限报警等数据值。

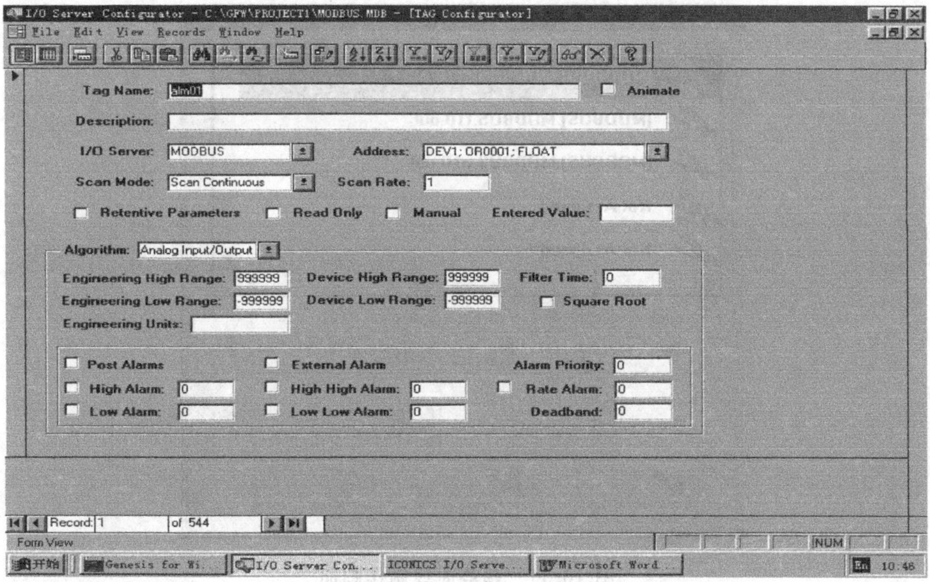

图 10.8 I/O 服务器配置画面

进入 Graphworx+组态（见图 10.9）。

数据显示：选择 Tool—Toolbars—Dynamic 后，按下“485”按钮，进入 Point Name Selection 画面（见图 10.10），Server=［modbus］. modbus，Point Name=［modbus］. modbus，Select Tag =变量名 . out。

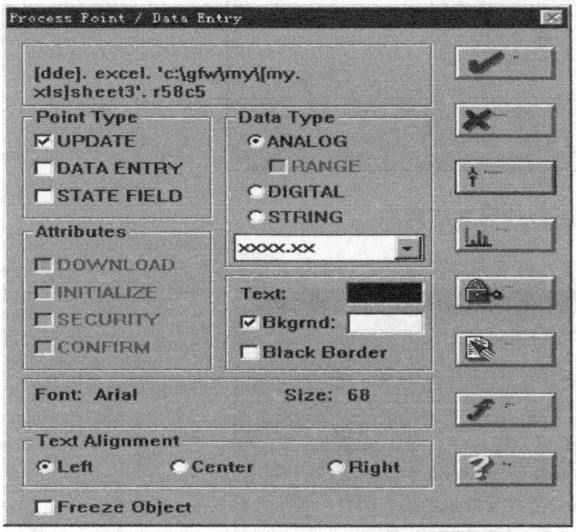

图 10.9 图形组态画面

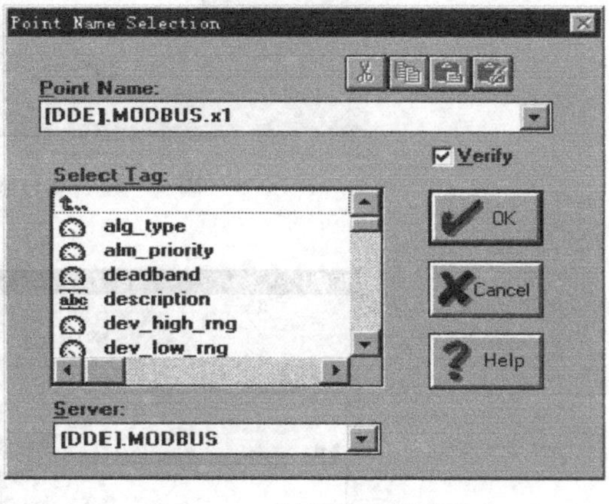

图 10.10 过程点选择画面

曲线制作：按下“Trend Worx+Windows”按钮，定义记录笔（见图 10.11）。

b. 进入运行组态：按下“Runtime”按钮，选择 Configure，然后把需要直接运行的任务加入到 Windows to be Loaded at Runtime 窗口中。运行时的环境安装画面及首幅画面指定分别如图 10.12 和图 10.13 所示。

② 采集数据的显示：按下“Runtime”按钮，选择 RUN，系统自动运行。

③ 实时曲线和历史曲线的显示：在运行状态下，选择实时曲线或历史曲线即可。

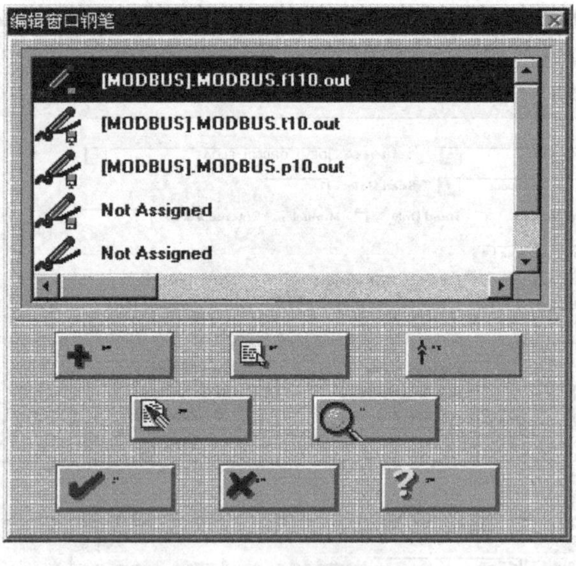

图 10.11　趋势曲线制作画面

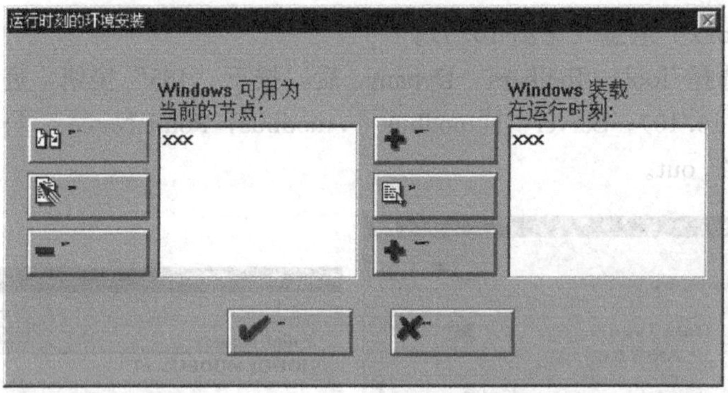

图 10.12　运行时刻的环境安装画面

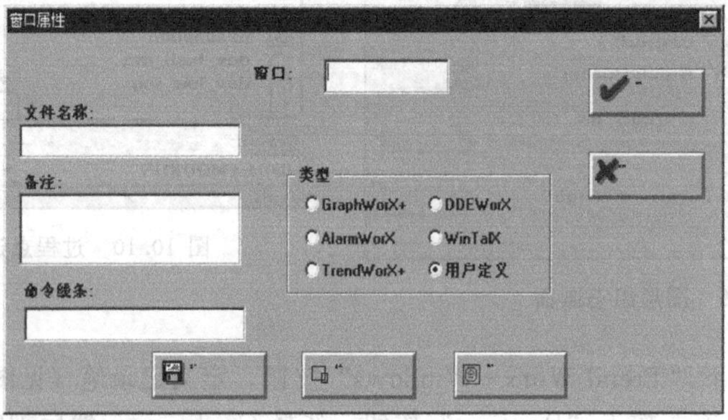

图 10.13　运行的首幅画面指定

④ 报表制作：用 Excel 及后台的 VBA 软件进行编制。

a. 在需显示的数据单元中输入＝IOSDDE｜modbus. modbus！ p10. out，则该单元在运行时显示 P10 的数据。

b. 选择报表则系统自动按用户要求进行报表处理，打印相应的数据报表。

(4) 主要画面

① 检测控制点地理分布画面。该画面可使有关人员对系统中全部检测控制点的地理分布概貌有一个直观的认识。画面中用不同的色标显示该点“状态正常”或“状态异常”。点击图中的任何一个检测控制点，可立即弹出关于该点详细信息的画面，如图 10.14 所示。

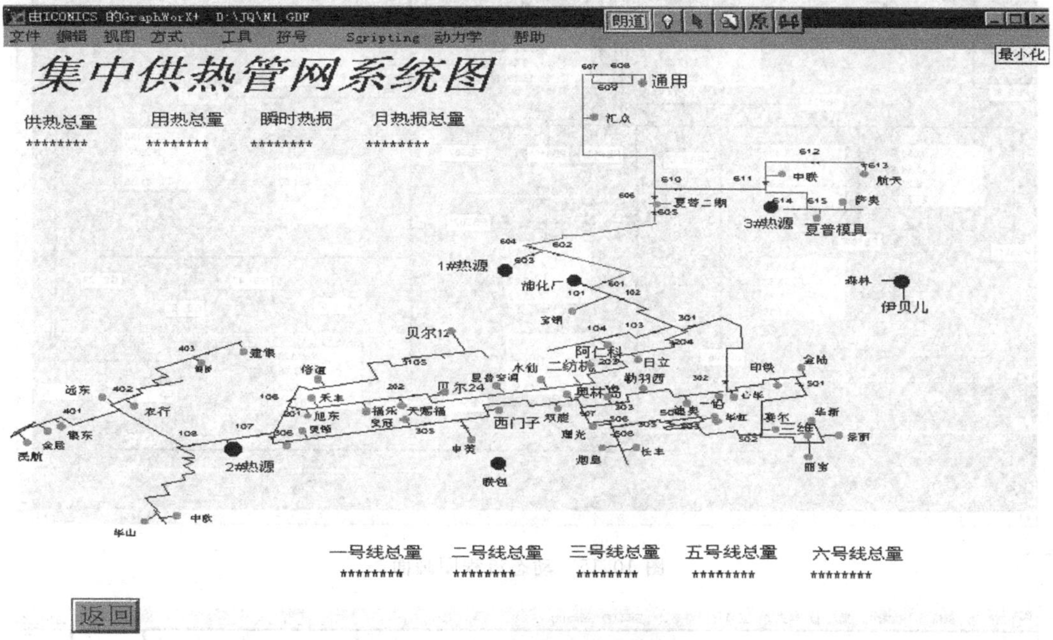

图 10.14 检测控制点地理分布画面

② 动态流程图画面。从该幅画面可看出各检测控制点在流程中的位置及与流程之间的关系。每个检测控制点有一个数据显示窗口，显示代表该点主要特征的动态数据，数据还可以设置超限报警，用闪动的红色表示超限，以引起操作者注意。

图 10.15 所示为楼宇中的供热供冷系统典型画面，其中水平虚线表示楼层。

③ 历史曲线画面。点击标题栏中的“历史曲线”按钮就可弹出关于历史曲线的对话框，在对话框中选择变量名和日期，确认后就显示相应检测点的历史曲线。点击画面中的“前一天”和“后一天”按钮，就可实现翻页。画面中的纵坐标是自动生成的，当某变量相对于标尺上限的相对值较小时，可自动改变标尺，使画面得以展开，以便清晰读数，如图 10.16 所示。

④ 数据画面。将各个检测控制点的关键数据当前值依次列表，可以在一幅画面中密集显示有关数据和状态，借助滚动条，可使表格向下延伸，从而可将整个系统的数据集中于一幅画面。画面中的数据数秒钟更新一次，可使操作人员及时了解最新信息，如图 10.17 所示。

⑤ 事件查询画面。前面所述的数据显示画面中有一列是显示每一个远程终端故障诊断结果的“事件代码”，代码为 0 时，该点正常，代码不为 0 时，则有事件发生。对每个代码的含义，有专门的定义，如果记不住其定义，则可点击“数据显示画面”中的“报警”按钮查询，对话框中用中文显示报警内容，如图 10.18 所示。

⑥ 历史数据抄录画面。系统中特别重要的数据为了确保不漏采、不丢失，除了操作站进行实时采集外，远程终端装置内的海量存储器还将测量结果定时保存。例如，FC 6000

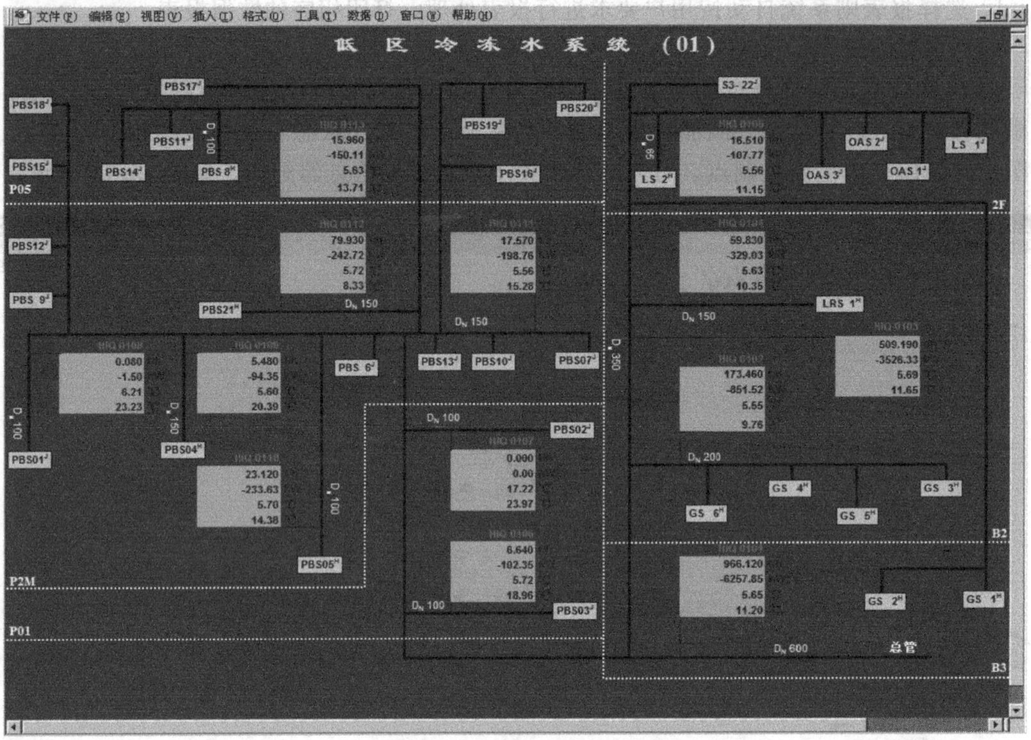

图 10.15　动态流程图画面

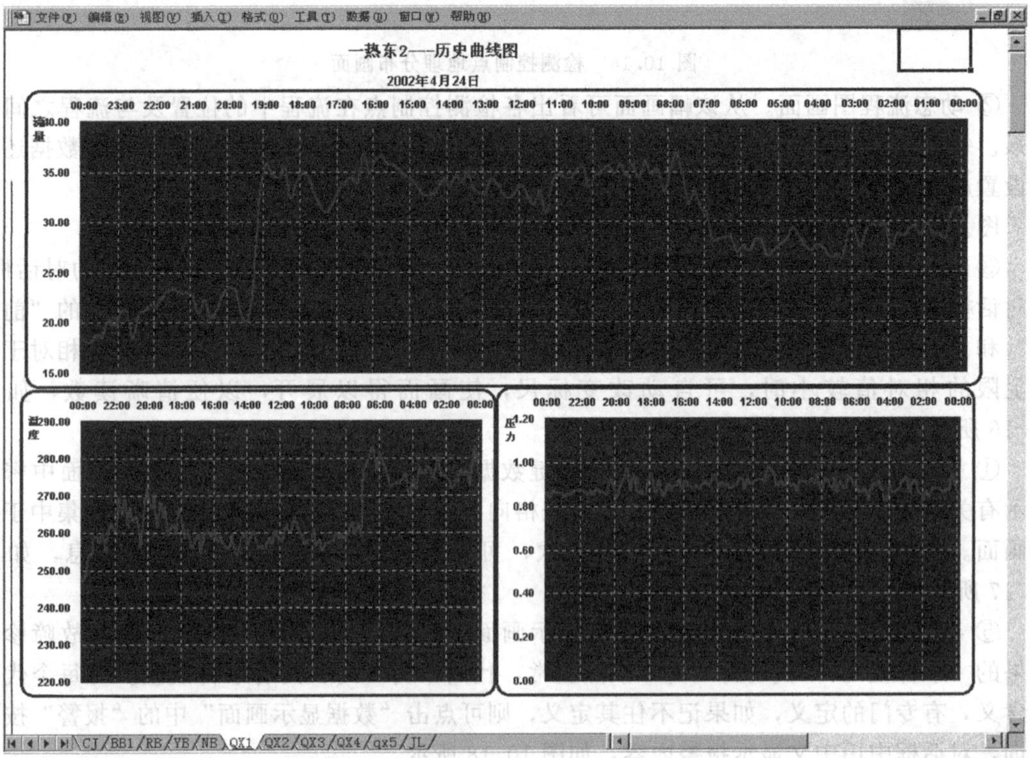

图 10.16　历史曲线画面

文件(F) 编辑(E) 视图(V) 插入(I) 格式(O) 工具(T) 数据(D) 窗口(W) 帮助(H)

大厦能量计量数据管理系统　2002-07-11 11:47:19

位号	计量点名称	站号	累积流量	瞬时流量	累积能量	瞬时能量	供水温度	回水温度	事件代码	倍率
HIQ 0101	CHW低区 总管	1	256432	966.12	6515300	-6257.85	5.65	11.20	0	100
HIQ 0102	CHW低区 GS3,4,5,6	2	180727	173.46	1122100	-851.52	5.55	9.76	0	100
HIQ 0103	CHW低区 塔楼总管	3	733407	509.19	3798100	-3526.33	5.69	11.65	0	100
HIQ 0104	CHW低区 LRS1	4	185946	59.83	410734	-329.03	5.63	10.35	0	1
HIQ 0105	CHW低区 LS2	5	26125	16.51	174513	-107.77	5.56	11.15	0	1
HIQ 0106	CHW低区 PBS3	6	19475	6.64	177398	-102.35	5.72	18.96	0	1
HIQ 0107	CHW低区 PBS2	7	3259	0.00	21881	0.00	17.22	23.97	0	1
HIQ 0108	CHW低区 PBS1	8	13087	0.08	49009	-1.50	6.21	23.23	0	1
HIQ 0109	CHW低区 PBS4	9	35427	5.48	221153	-94.35	5.60	20.39	0	1
HIQ 0110	CHW低区 PBS5	10	31240	23.12	248020	-233.63	5.70	14.38	0	1
HIQ 0111	CHW低区 PBS7	11	86013	17.57	336265	-198.76	5.56	15.28	0	1
HIQ 0112	CHW低区 PBS21	12	77016	79.93	326649	-242.72	5.72	8.33	0	1
HIQ 0113	CHW低区 PBS8	13	62726	15.96	287081	-150.11	5.63	13.71	0	1
HIQ 0201	CHW高区 总管	14	332709	1134.57	6979500	-6073.52	5.84	10.43	0	100
HIQ 0202	CHW高区 51F总管	15	155448	799.52	5048500	-3379.26	5.95	9.59	0	100
HIQ 0203	CHW高区 OAS4,5,6	16	92740	147.72	391600	-855.91	5.89	10.86	0	100
HIQ 0301	CHW HOTEL SUPPORT 88F AC1	17	19447	4.37	51571	-30.54	6.61	12.61	0	1
HIQ 0302	CHW HOTEL SUPPORT S89	18	108499	88.05	476861	-425.14	6.73	10.85	0	1
HIQ 0303	CHW HOTEL SUPPORT AC17	19	25053	4.87	36585	-1.94	6.70	7.04	0	1
HIQ 0501	HW低区 总管	20	0	0.00	0	0.00	27.07	26.39	0	100
HIQ 0502	HW低区 KS3,4 和 GS5	21	3990	0.00	20248	0.00	25.49	26.90	0	1
HIQ 0503	HW低区 LRS1	22	0	0.00	0	0.00	25.25	27.38	0	1
HIQ 0601	HW高区 总管	23	2065	0.00	100	0.00	36.35	30.32	0	100
HIQ 0701	HW裙房 总管	24	3258	0.00	292437	0.00	31.96	31.86	0	1
HIQ 0702	HW裙房 一楼连廊和走廊	25	1140	0.04	1371	-0.06	28.42	29.90	0	1
HIQ 0703	HW裙房 展示厅	26	2756	0.00	19151	0.00	21.78	21.56	0	1
HIQ 0704	HW裙房 演示厅	27	1841	0.00	716	0.00	28.33	28.36	0	1

图 10.17 数据画面

PLUS 仪表内的海量存储器可以存储 11520 组最新数据，每组数据除了时间坐标外，还可有仪表的 4 个测量值。PC 机因故漏采一段时间的数据（可从历史曲线中发现），可启动任何一幅画面中的“历史数据抄录”按钮，去远程终端装置内的海量存储器抄录，从而用 1∶1 冗余的方法提高数据的安全可靠性。

操作方法如下：点击任何一幅画面中的“历史数据抄录”按钮，随即弹出对话框，在用画面中的选择条选中远程终端装置后，再键入抄录的起讫日期，在得到确认后，PC 机即运用通信的方法去相应的海量存储器自动抄录历史数据，依次存放在数据库内相应的单元。

⑦ 下位机掉电报告画面。用于贸易结算的流量二次表，一般均有掉电记录功能，如 7.5 节所述。每一次掉电事件的记录包含掉电的起始日期和时间、恢复供电的日期和时间。这些记录在流量二次表（下位机）中是按照时间顺序排列的。这些记录读到计算机后，就形成按照时间先后排序的报告。

按照时间排序的报告经过处理，就可得到各个采集点最新一次掉电记录的报告，以供值班人员及时了解最新动态，及时处理由掉电引发的问题。

⑧ 下位机菜单监视画面。流量二次表（下位机）内的菜单中所设置的数据，是进行准确计量的基础，也是使其具有规定功能的需要，有些数据是根据供用双方协商一致的内容而设置，任何一方无权擅自修改。由于二次表一般安装在用户端，供方要到现场调阅数据费时费力。为了预防有人对这些数据擅自做修改，在数据采集系统中设计了一幅下位机菜单监视画面。计算机将下位机内的菜单数据定时读入（每班一次或每天一次），生成与下位机内一样的菜单并保存。将读入的菜单与该计量点的原始菜单进行比较，如果某条数据有差异，则在监视画面中显示，并通知值班人员。

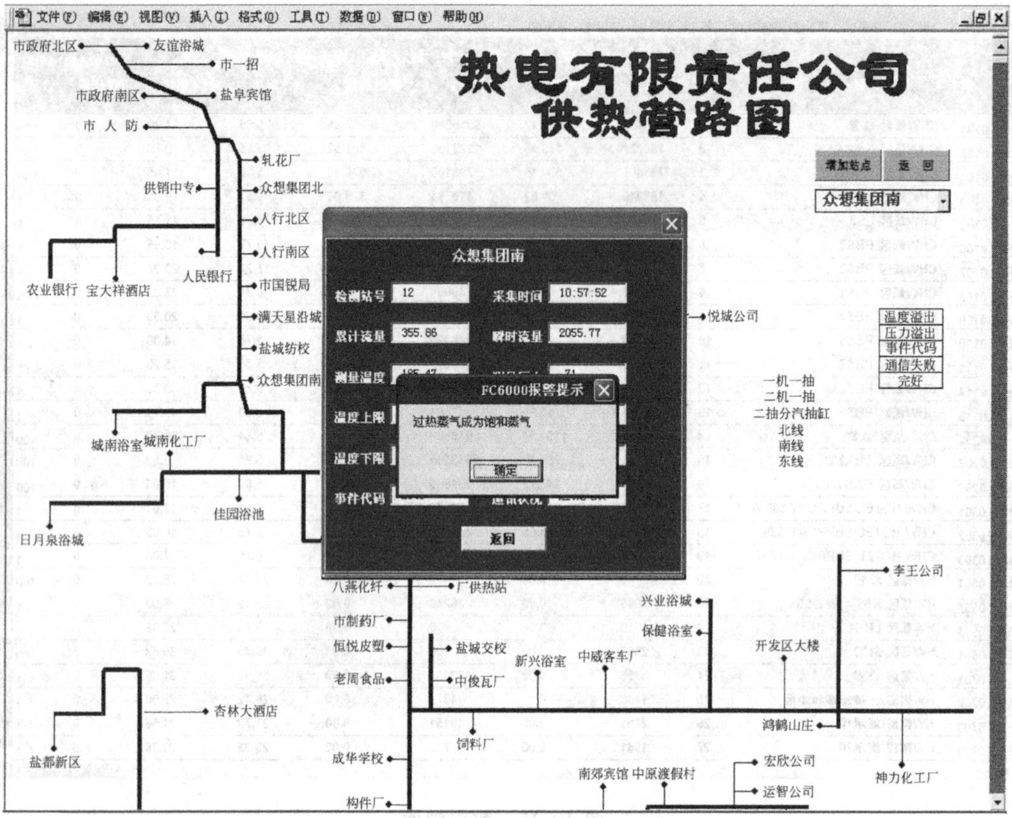

图 10.18　事件查询画面

⑨ 报表画面。根据使用要求，报表可以很简单，也可以很丰富，除了日报表、月报表、年报表之外，还可以有平衡差计算报表、管路损耗计算报表以及由用户提出表达式的各种技术经济效益分析报表等。

每一幅报表都可自动生成，定时自动打印；也可按照程序安排，打印输出前由操作员先预览打印画面，启动“打印”按钮后，再打印输出。

⑩ 监控画面。监控画面是操作人员经远程终端对被控参数进行控制的界面。画面中显示被控参数的当前测量值、给定值、历史曲线，调节阀当前阀位、阀位给定值、阀位曲线以及位式阀和泵的开关状态等，典型画面如图 10.19 所示。

⑪ 操作记录画面。操作记录画面是为确保系统安全，明确操作责任而设计的。

在监控画面中，设置有操作按钮，当操作人员点击操作按钮后，画面随即弹出对话框，要求键入操作员自己的密码，当操作员的权限得到确认后，计算机就将本次操作登录在“操作记录”中，包括操作日期及时间、操作员代码和操作内容等。典型记录如图 10.20 所示。

(5) SCADA 系统的联网　在图 10.5 所示的系统中，计算机经集线器（HUB）与局域网连接，这样，可将有限的画面在网上发布，便于调度部门、计量管理部门、生产计划部门和经理层使用。

(6) 信号来源的扩大　在图 10.5 所示的系统中，计算机所采集的数据直接来自远程终端，这是已投入运行的系统的通常做法。而在某些过程工业中，大量的信息已经进入 DCS，如果充分利用这些信息，则可节约一大笔因增设远程终端装置和测量仪表而需要的开支。图 10.21 所示是直接采集与间接采集相结合的系统[3]。

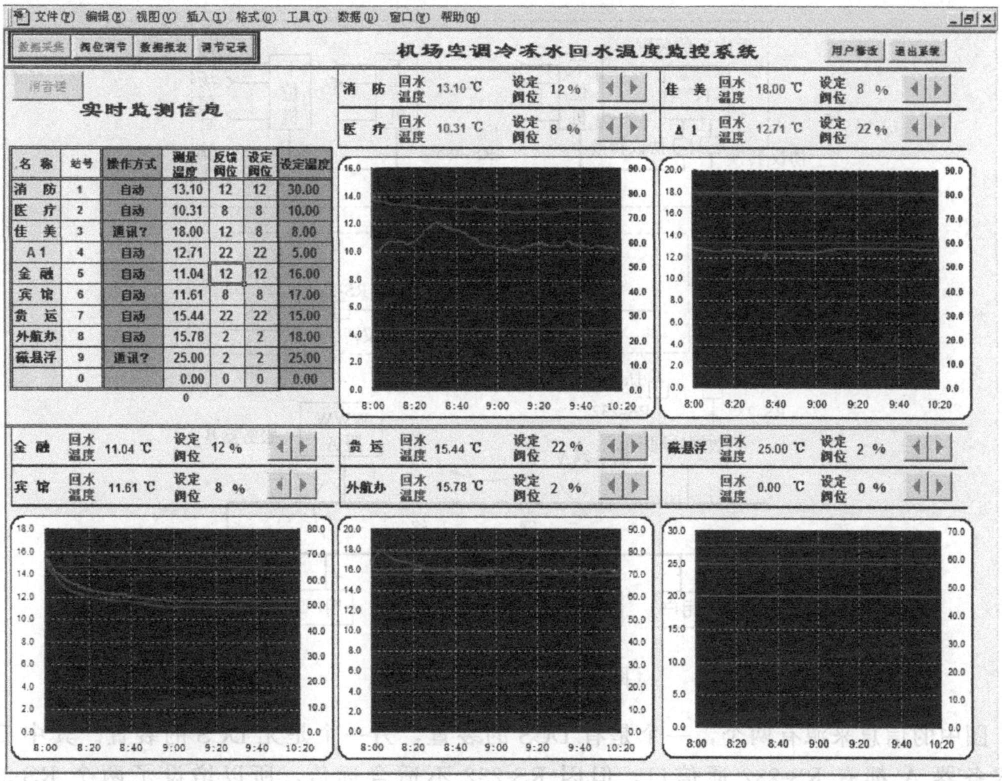

图 10.19　监控画面

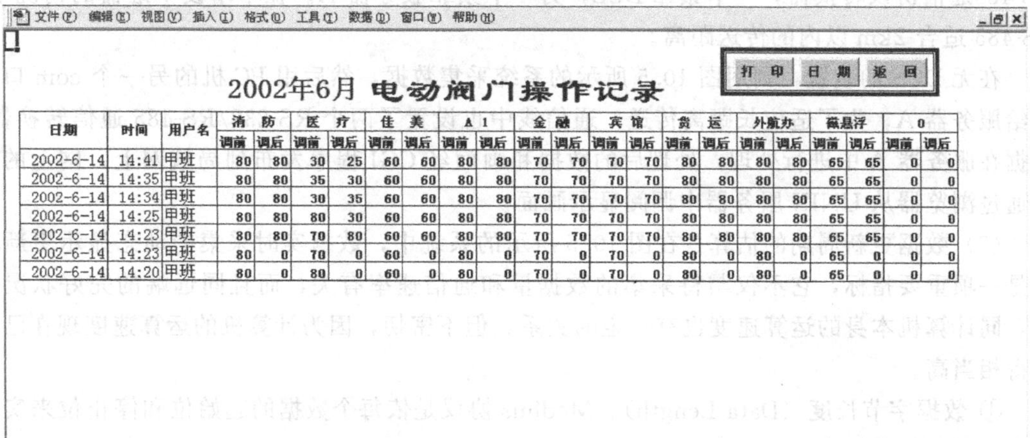

2002年6月 电动阀门操作记录

日期	时间	用户名	消防		医疗		佳美		A1		金融		宾馆		货运		外航办		藏悬浮		0	
			调前	调后	调前	调后	调前	调后	调前	调后	调前	调后	调前	调后	调前	调后	调前	调后	调前	调后	调前	调后
2002-6-14	14:41	甲班	80	80	30	25	60	60	80	80	70	70	70	70	80	80	80	80	65	65	0	0
2002-6-14	14:35	甲班	80	80	35	30	60	60	80	80	70	70	70	70	80	80	80	80	65	65	0	0
2002-6-14	14:34	甲班	80	80	30	35	60	60	80	80	70	70	70	70	80	80	80	80	65	65	0	0
2002-6-14	14:25	甲班	80	80	80	30	60	60	80	80	70	70	70	70	80	80	80	80	65	65	0	0
2002-6-14	14:23	甲班	80	80	70	80	60	60	80	80	70	70	70	70	80	80	80	80	65	65	0	0
2002-6-14	14:23	甲班	80	0	70	0	60	0	80	0	70	0	70	0	80	0	80	0	65	0	0	0
2002-6-14	14:20	甲班	80	0	80	0	60	0	80	0	70	0	70	0	80	0	80	0	65	0	0	0

图 10.20　操作记录画面

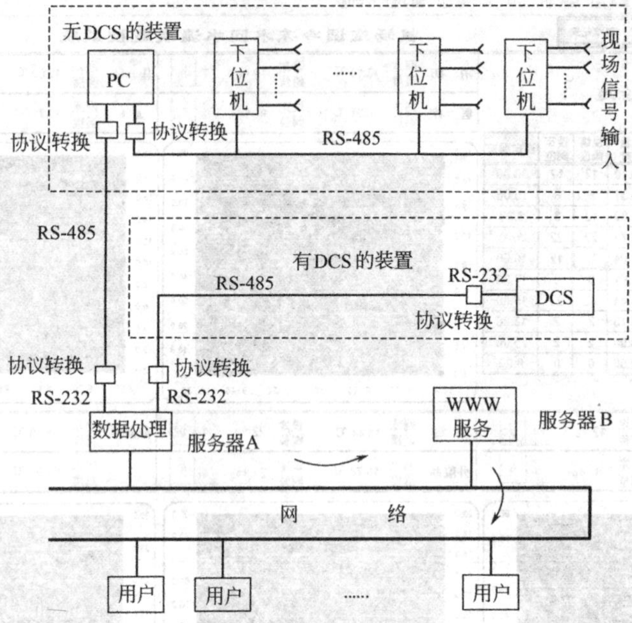

图 10.21　混合数采系统

图中的信息来源有两个，一个是有 DCS 的装置，另一个是无 DCS 的装置。其中 DCS 和服务器 A 都有 RS-232 通信口，但因 RS-232 不适合远传，所以增设了两个 RS-232/RS-485通信协议转换器，一个紧靠 DCS，另一个紧靠服务器 A。在不增设中继器的情况下，RS-485 适合 2km 以内的传送距离。

在无 DCS 的装置，则用图 10.5 所示的系统采集数据，然后用 PC 机的另一个 com 口传送给服务器 A，为了适应长距离传送，通信线中也设置了两个 RS-232/RS-485 通信转换器。数据在服务器 A 中进行处理，处理后的数据和画面经 CGI 程序发布到局域网上。网上的用户通过浏览器从 UNIX 服务器中调阅显示画面。

(7) 数据更新周期的估算　在图 10.5 所示的系统中，数据实时采集的动态显示更新周期是一项重要指标，它不仅与待采集的数据量和通信速率有关，而且同远端的完好状况有关，同计算机本身的运算速度也有一定的关系，但不密切，因为计算机的运算速度现在已经做得相当高。

① 数据字节长度（Data Length）。Modbus 协议是依每个数据的起始位和停止位来实现同步，属起停同期式(Start-Stop Synchronisation)。

串行接口在不传输信号时，信号点一直处于高电位。如果不使用起始符号，系统无法识别以高电位开始的数据，因此起停同期式将第一个低电位比特规定为起始符。数据开始的第一个低电位比特只标志着数据的开始，不作为数据的一部分。当起始符后的 8 比特传送完毕后有一个终止符，它是高电位比特。随后再出现的下一个低电位比特就是下一个数据的起始符，如图 10.22 所示。

Modbus 有 RTU（Remote Terminal Unit）和 ASC II 两种传送方式。传送同样的指令，RTU 方式所用的字节数比 ASC II 方式短得多，因此，RTU 方式通信速度快，用得更广泛。在使用 RTU 方式时，数据字节长度为 8 比特，加上起始符和终止符，每个数据字节长度为 10 比特。相邻两个字节之间还要保留一定的距离，这个距离并非固定不变，其平均距离一

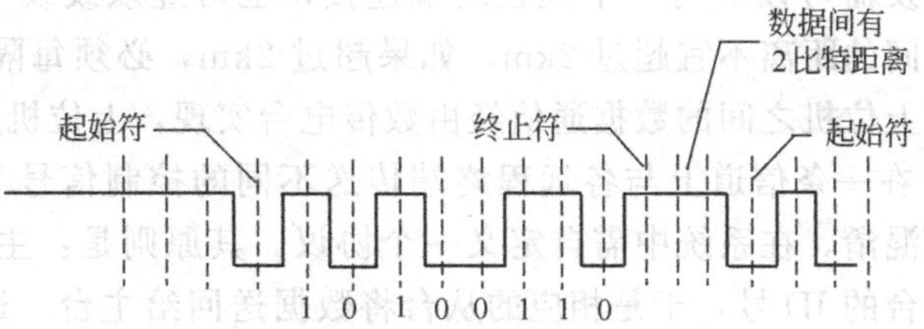

图 10.22 数据字节长度

般可按 6 比特计算，因此，一个字节的平均长度可按 16 比特计算。

② 通信失败对通信时间的影响。某台设备如果一次通信成功，则只需将规定字节数的数据传输到对方，但若一次通信失败，在 CPU 控制下进行第二次尝试，如果连续 3 次失败，则该点通信报错并进行下一台设备的通信，这里，重复通信次数由编程决定，可以多于也可以少于 3 次。所以，通信失败就意味着消耗较多的时间。估算扫描时间时可按正常通信 3 倍计。

③ 通信最短时间估算。计算机对远程终端设备数据采集一遍所需要的最短时间可按式(10.1)估算。

$$T = \sum_{i=1}^{i=n}(bL_iN_{is} + abL_iN_{if})/\lambda \tag{10.1}$$

式中 T——数据采集一遍最短时间，s；

b——数据字节平均长度，比特/字节；

L_i——第 i 种设备通信内容长度，字节/台；

N_{is}——第 i 种设备实现正常通信的台数，台；

a——预置的重复采集次数；

N_{if}——第 i 种设备通信失败的台数，台；

λ——波特率，比特/s。

以下举例说明。

有一系统其数据来自 50 台 FC 6000 型流量演算器和 50 台 FC 3000 智能流量积算仪，其中有 2 台 FC 3000 型仪表通信失败。因前者数据长度为 37 字节，后者数据长度为 17 字节，则 $i=1$时，$L_1=37$ 字节，$N_{1s}=50$ 台，$N_{1f}=0$；$i=2$ 时，$L_2=17$ 字节，$N_{2s}=48$ 台，$N_{2f}=2$ 台。令 $\lambda=9600$ 比特/s，因 $b=16$ 比特/字节，取 $a=3$，代入式(10.1) 计算得 $T=4.5$s。该计算结果仅为采样一遍所需的最短时间，实际上，在完成当前点数据采集之后，还要预留出一段时间以便进行存盘、数据处理等项操作，因此，数据更新一次所需要的时间要比采样一遍所需要的最短时间长，一般可按最短时间的 1.2～1.3 倍估算。

10.2.3.3 用无线电作传输介质的系统

前面所述的用专用通信线将远程终端与上位机（操作站）连接起来组成的 SCADA 系统具有抗干扰能力强、可靠性高等优点，但是如果远程终端与操作站之间距离遥远，要为 SCADA 系统专门敷设通信线，就有可能投资太大，不尽合理，或根本无法实现，在这种情况下，以无线电作传输介质将远程终端与上位机连接起来的方案显示了其独特的优越性。

(1) 系统组成　以无线电作传输介质组成的系统，其硬件结构分两部分，即上位机经 com 口与无线收发器连接，远程终端（下位机）经 RS-485 通信口与从台的无线收发器连接，一个从台无线收发器可以只与一个远程终端连接，也可经双绞线与若干个远程终端连接，但与远程终端之间的距离不宜超过 2km，如果超过 2km，必须每隔 2km 增设一台中继器。远程终端装置与上位机之间的数据通信经由数传电台实现，上位机采用分时制脉冲编码调制（PCM）技术，在一条信道上与各远程终端传送不同的控制信号与数据，为了使各个数据从台的数据不致混淆，在系统中需自定义一个协议，其原则是：主台以广播方式呼叫，呼叫数据包中包含从台的 ID 号，于是相应的从台将数据送回给主台。远程终端通过标准串行口 RS-485 与数据从台通信，其典型结构图如图 10.23 所示。

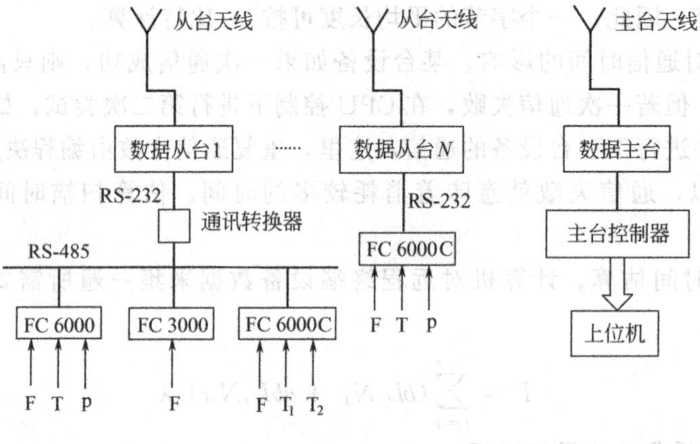

图 10.23　数据从台与主台

(2) 天线的架设　主台的天线应架设在操作站附近最高建筑物的顶部，为直立式无向天线。从台的天线根据地形架设在相应的高处，为有向天线，其通信聚焦对准主台。需要注意的是要避免高于周围的避雷装置。

(3) 具有无线通信接口的设备　在有些 SCADA 系统中，有时并无独立的无线收发器。这是因为将无线收发器与计算机做在一起，将无线收发器与远程终端做在一起，成为具有无线通信能力的专用设备，如图 10.25 中所示的设备。图中虽然看不到独立的无线收发器，但无线收发的功能却是具备的，程序设计的差别也不大。

10.2.3.4　*以卫星通信方式组成的 SCADA 系统*

图 10.23 所示的无线通信系统是以无线电波在大气层中传播的方式传递信号，根据电台功率的不同，有效距离也不同，目前 SCADA 系统中使用的定型产品其有效距离有 10～15km（7W，1200bps）和 15～35km（25W，1200bps）等几种。

以卫星通信的方式组成的 SCADA 系统从结构原理来说与图 10.23 相似，但由于通信频率的悬殊，通信设备也不相同，需租用卫星通讯公司的通信信道。

10.2.3.5　*以光缆为传输介质所组成的 SCADA 系统*

与电缆相比，用光缆传送数字信号可以获得高几个数量级的传输速率。这需要在上位机与光缆之间以及下位机与光缆之间增设光电调制解调器，如图 10.24 所示。这样的系统结构只在已经敷设的光缆有多余而又不想另外敷设电缆的情况下才采用，因为流量显示仪表的通信速率不高，使用较多的是 9.6Kbps，所以将光缆当一根电缆使用完全是大材小用。

在有些应用对象中，现场仪表的信号先送到数据采集站，经处理后再由采集站经光缆送到主控室或上位机。光缆除了传送若干采集站的信息之外，还传送挂在光缆上的其他设备所提供的信息，因而其优越性得到了发挥。

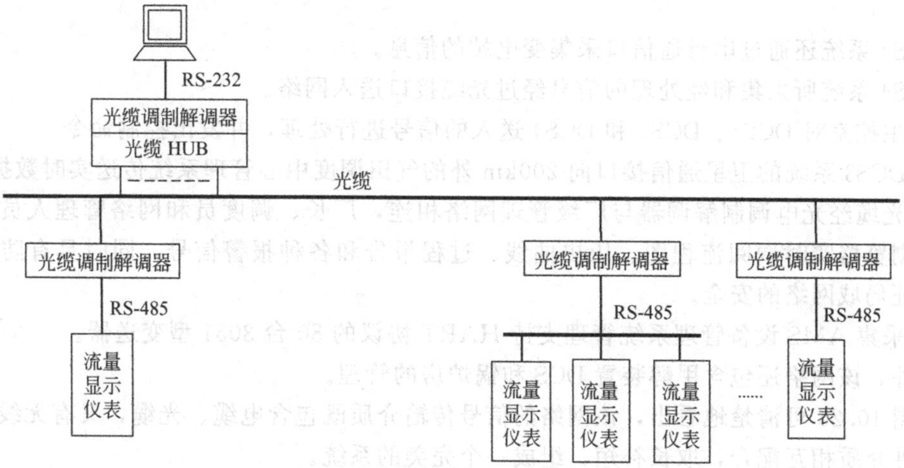

图 10.24　以光缆为传输介质的 SCADA 系统

10.2.3.6　多种传输介质结合的系统

在规模较大的 SCADA 系统中，往往由于数据采集点和使用这些数据的部门较多，而且较分散，只采用一种传输介质往往难以奏效，这时，可将多种传输介质有机地结合起来，发挥各种传输介质的长处，组成经济高效的系统。

图 10.25 所示是艾默生过程管理公司为西气东输工程中某天然气净化厂提供的工厂管控一体化网络，主要完成下列任务。

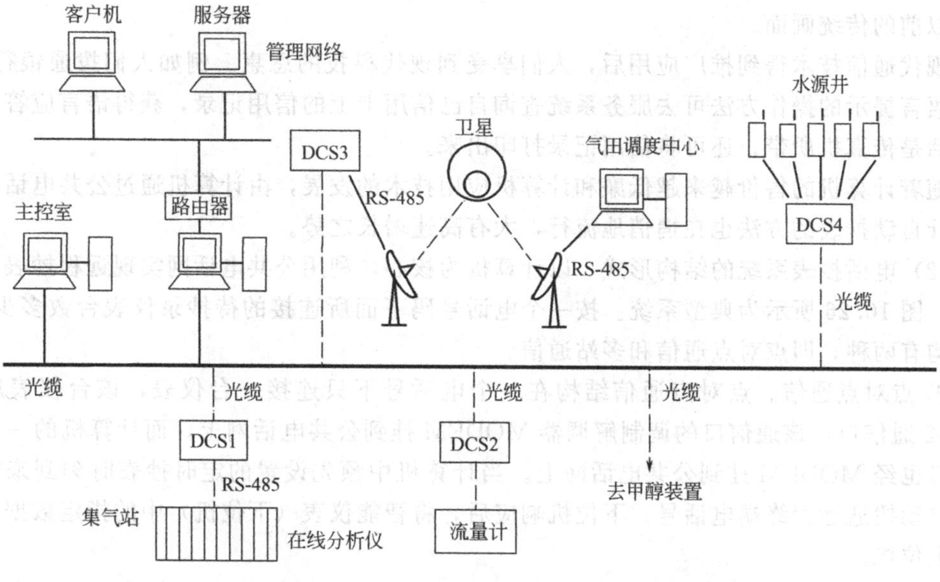

图 10.25　多种传输介质结合所组成的 SCADA 系统实例

① DCS1 系统通过 Modbus 通信接口接收多台在线分析仪送入的天然气组分信号，用于监视和校正天然气测量流量。DCS1 经其光缆接口将信息送入网络。

② DCS2 系统通过 Modbus 通信接口接收多台流量计送入的信号，并将天然气的温度、压力和组分等信号进行综合计算，计算结果经光缆接口送入网络。

③ DCS4 系统的无线通信接口与相距 5km 的 5 个水源井的 5 个无线从站实现数据双向

传送。

DCS4 系统还通过串行通信口采集变电站的信息。

DCS4 系统所采集和经处理的信息经过光缆接口送入网络。

④ 主控室对 DCS1、DCS2 和 DCS4 送入的信号进行处理，并发出控制命令。

⑤ DCS3 系统的卫星通信接口向 200km 外的气田调度中心管理系统传送实时数据。

⑥ 光缆经光电调制解调器与厂级管理网络相连，厂长、调度员和网络管理人员可以通过网络浏览器实时调阅流程图、历史曲线、过程报告和各种报警信号，同时具有防火墙功能，保证局域网络的安全。

⑦ 采集 AMS 设备管理系统管理支持 HART 协议的 80 台 3051 型变送器。

此外，该网络还包含甲醇装置 DCS 和锅炉房的管理。

从图 10.25 可清楚地看出，该网络的信号传输介质既包含电缆、光缆，又有无线电和卫星，各种介质相互配合，取长补短，组成一个完美的系统。

10.2.3.7　*以公共电话网为介质组成的 SCADA 系统*

以公共电话网为介质组成的 SCADA 系统一般用于上位机去下位机（远程终端装置）抄录有关数据，但也可完成监控任务，甚至修改下位机的组态。

(1) 电话抄表的历史与现状　在工厂的调度室中，调度人员需对全厂生产、环保、物资、储运等各部门的状态进行监测，并编写操作运行报表，因而需从生产现场获取大量数据。调度人员为了免除长距离奔波，提高劳动效率，减轻劳动强度，往往喜欢通过打电话问数据，即调度人员拨打目的地的电话，对方操作人员接听后，根据调度人员的要求去表盘上读取相关表计的数据，告诉对方。然后调度人员做好记录，完成一次电话抄表程序。这是很多年以前的传统画面。

现代通信技术得到推广应用后，人们享受到现代科技的恩惠。例如人们拨通银行电话，按照语言提示的操作方法可去服务系统查询自己信用卡上的信用记录，获得语言应答，如果此电话是传真机所带，还可将信用记录打印出来。

随着计算机的售价越来越低廉和计算机应用技术的发展，由计算机通过公共电话网去现场表计自动抄表的方法也在悄悄地流行，大有高速增长之势。

(2) 电话抄表系统的结构形式　以计算机为核心，利用公共电话网实现远程抄表属主从通信。图 10.26 所示为典型系统。按一个电话号码下面所连接的待抄录仪表台数多少分类，其结构有两种，即点对点通信和多站通信。

① 点对点通信。点对点通信结构在一个电话号下只连接一台仪表，该台仪表应带有 RS-232 通信口，该通信口的调制解调器 MODEM 挂到公共电话网上。而计算机的一个串行通信口也经 MODEM 挂到公共电话网上。当计算机中预先设置的定时抄表时刻到来时，计算机自动拨通远程终端电话号，下位机响应后，将智能仪表（下位机）中的指定数据打包传送给上位机。

② 多站通信。多站通信结构是在一个电话号下面连接多台具有通信能力的仪表。多台仪表之间可能相距较远，一般用 RS-485 标准，由于 MODEM 只能与 RS-232 通信口连接，所以在 MODEM 与仪表之间需增设 RS-485/RS-232 通信转换器。各台仪表通信口的两根线 H 和 L 相互并联后接到通信转换器的 RS-485 侧相应的端子上。各台仪表与 MODEM 之间的距离最多为 2km，如果超过 2km 就须增设中继器。

(3) 电话抄表的特点　电话抄表这一技术之所以引起人们的广泛兴趣并迅速获得现场应用是因为它有许多独特的优点。

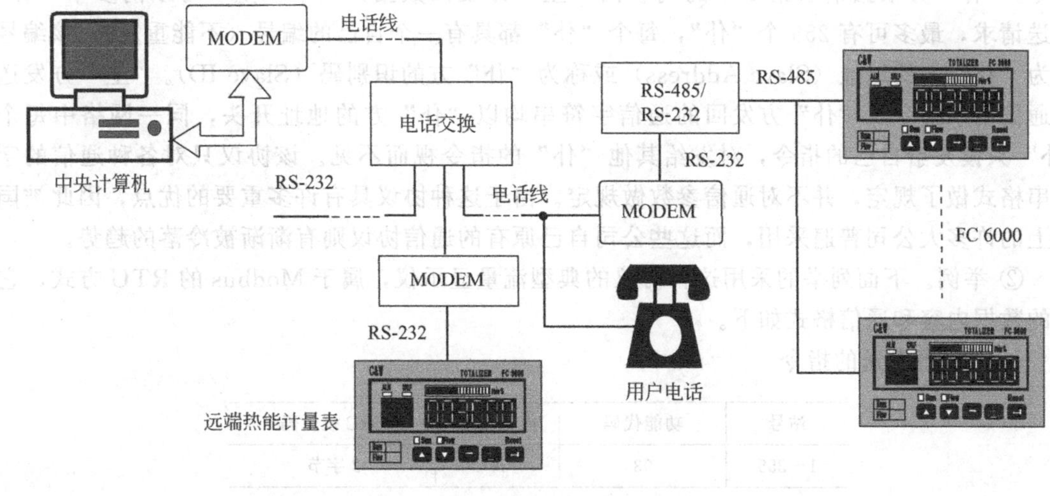

图 10.26　计算机远程抄表系统

① 通信不受空间限制。以往的数据采集一般都是靠专门敷设的通信电缆，但若距离很远而采样点又不多，单独敷设一路电缆线就不合算了。在有的情况下，即使有钱想敷设一路专用通信线也难以实现。例如上海浦东某热力公司在敷设热能数据采集专用电缆时，有几幢宾馆大厦的周围已用大块的精美大理石装饰完毕，不可能开沟埋设电缆，更不可能用架空的方法敷设电缆，最后，电话抄表就成为解决困难的有效方法。

电话抄表不受空间限制，只要公共电话网到达之处，都能应用。

② 通信质量高。电话抄表具有有线通信的各种优点，不易受到外界干扰，通信质量高。

③ 利用内线电话实现电话抄表无需支付话费，既省事又省钱。

④ 抄录内容可根据用户需要在下位机中约定，并据此形成通信协议。下面将要对典型流量仪表（远程终端）的通信协议作简单介绍。

⑤ 电话抄表也可根据需要将下位机故障诊断结果抄入计算机，从而实现对相关仪表的运行状态进行监视，并由计算机编制事件记录日报表、月报表等各种报表。

⑥ 电话抄表技术同带有海量存储器的智能仪表配合，一次通信可以抄录相当长一段时间内的历史数据，由计算机绘制各指定变量的24h记录曲线，从而可取代一个计量点设置一台打印机的传统方法，节省投资。

⑦ 计算机通过公共电话网自动抄表客观准确，增强买方对数据的信任度，完全杜绝由于抄表人员的疏忽和遗漏造成的差错。

(4) 电话抄表的实施

① 通信协议。数据通信系统协议控制着网络内所有设备所共用的语言结构和报文格式，是实现通信的关键。协议决定如何建立或中断主从设备之间的联系，如何使发送和接收装置协调一致，如何井然有序地交换报文，如何检测错误。图 10.27 所示为协议控制的主从设备询问应答环路。

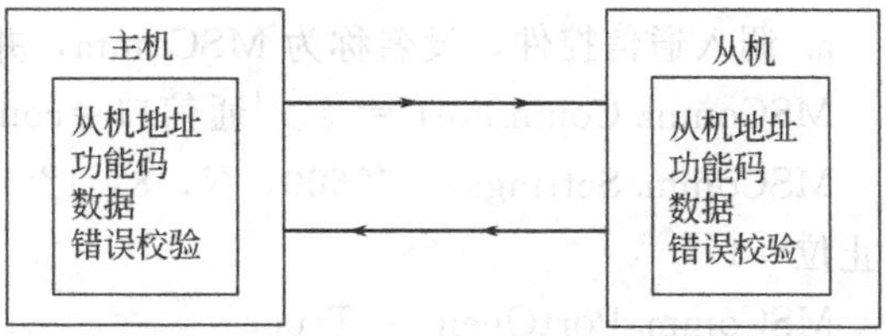

图 10.27　主从设备询问应答环路

Modbus 通信协议是 GOULD INC. 注册的通信协议商标，它的特点是将通信参与者规定为“主”(Master) 和“仆”(Slave)，“主”的一方要首先向“仆”的一方发送通信请求指令，“仆”方根据请求指令中的内容向“主”方发回数据，一个“主”可以向多个“仆”发送请求，最多可有255个“仆”，每个“仆”都具有一个自己的编号（不能重复），该编号称为“仆”方的地址（Slave Address）或称为“仆”方的识别码（Slave ID）。“主”方发送的通信请求指令及“仆”方发回的通信字符串均以“仆”方的地址开头，同一网络中每个“仆”只读发给自己的指令，对发给其他“仆”的指令视而不见。该协议只对各种通信的字符串格式做了规定，并不对通信参数做规定。由于这种协议具有许多重要的优点，因此被国际上的许多大公司普遍采用，而这些公司自己原有的通信协议则有渐渐被冷落的趋势。

② 举例。下面列举的采用这种协议的典型流量显示仪，属于 Modbus 的 RTU 方式，它们的数据内容和通信格式如下。

a. 上位机发送的指令

站号	功能代码	内容长度	CRC 校验码
1～255	03	*N*	2字节

b. FC 6000 型通用流量演算器

通信内容：事件代码、累积流量、瞬时流量、累积热量、瞬时热量（热流量）、流体温度、流体压力、流体密度共8个数据。

通信长度为37个字节，其格式为：

站号	功能代码	内容长度
1～255	3	32

事件代码	……	流体密度	CRC 校验码
8个4字节（浮点数）			2字节

c. FC 3000 型智能流量积算仪

通信内容：事件代码、累积流量、瞬时流量共3个数据。

通信长度为17个字节，其格式为：

站号	功能代码	内容长度
1～255	3	12

事件代码	累积流量	瞬时流量	CRC 校验码
3个4字节（浮点数）			2字节

③ 使用常用高级语言 VB 编写的实用程序举例

a. 调入通信控件，设名称为 MSComm，并初始化 com 口进行设计：

MSComm. CommPort = 1　'通信口=com1

MSComm. Settings= “9600，N，8，1”　'通信速率=9600，奇偶位=N，数据位=8，停止位=1

MSComm. PortOpen = True

MSComm. NullDiscard = False

MSComm. InputMode = comInputModeBinary

b. 向 com 口发指令：

```
IBYTE=37 或 17
fc(0)=1  '站号
fc(1)=3  '功能代码
CRCR=65535
For I=0 To X  '发送报文CRC校验
CRCCAL=ARR (I) Xor CRCR And 255
CRCCAL=crc(CRCCAL)
CRCR=(CRCR And 65280)/256
CRCR=CRCR Xor CRCCAL
Next
CRCL=CRCR And 255
CRCH=(CRCR And 65280)/256fc(2)=CRCL
fc(3)=CRCH
outbuf=fc
MSComm. InputLen=37
MSComm. RThreshold=0
MSComm. Output=outbuf  '输出报文到端口
MSComm. InBufferCount=0
```

c. 接收下位机发回的通信报文进行处理：

```
If (MSComm. InBufferCount=IBYTE) Then  '接收报文
BUFFER=MSComm. Input
ARR=BUFFER
CRCR=65535
For I=0 To IBYTE-3  '回收报文CRC校验
CRCCAL=ARR (I) Xor CRCR And 255
CRCCAL=crc (CRCCAL)
CRCR=(CRCR And 65280)/256
CRCR=CRCR Xor CRCCAL
Next
If (ARR(IBYTE-2)=CRCL)
  And (ARR(IBYTE-1)=CRCH) Then
********  '数据处理
End If
End If
```

④ 系统功能

a. 系统数据的设定。对上位机的操作系统来说，识别下位机是由电话号码及检测点站号来确定的，为此在系统运行之前必须进行设定，用鼠标点击“站点修改”按钮，系统弹出“站点修改”对话框，按要求输入检测点名称、检测点站号、电话号码等有关数据，为进行数据采集及计算提供依据。

b. 手动采集实时数据。用鼠标点击一下画面中的“手动实时”按钮，系统弹出“采集站号”对话框，按要求输入，系统就会对该检测点进行实时数据采集，并在画面中显示有关数据（显示的内容为当前下位机中显示的实时数据：累计流量、瞬时流量、流体温度、流体压力、流体密度、该检测点事件等）。此项操作是自动采集实时数据的补充，当自动采集过程中遇某一门电话忙而暂时无法接通时，则可通过此项操作来完成数据采集。

c. 手动采集历史数据。该按钮按下后，系统弹出“输入采集日期，输入站号”对话框，按要求输入，系统就会对该检测点历史数据进行采集，并存放有关的数据（采集的内容为海量存储器中存储的输入日期前一天 8：00 到第二天 8：00，每隔 10min 存储一次累计流量、瞬时流量、流体压力、流体温度 4 个存储数据）。此项操作是自动采集历史数据的补充，当自动采集过程中某一门电话忙而暂时无法接通时，则可通过此项操作来完成数据采集。

d. 自动采集实时数据。该按钮按下后，系统就会自动有序地逐一对所有的下位机进行实时数据采集，并在画面中显示有关的数据（显示的内容为当前检测点中显示的实时数据：累计流量、瞬时流量、流体压力、流体温度、流体密度、该检测点事件等有关数据）。

e. 自动采集历史数据。该按钮按下后，系统弹出“输入采集日期”对话框，按要求输入需采集数据的年份、月份、日期，系统就会自动有序地逐一对所有的检测点进行历史数据采集，并存放有关的数据（采集的内容为海量存储器中存储的输入日期前一天 8：00 到第二天 8：00，每隔 10min 存储一次累计流量、瞬时流量、流体压力、流体温度 4 个存储数据）。

f. 趋势曲线。该按钮按下后，系统弹出“输入采集日期”对话框，输入日期，再选择相应的检测点，系统显示的曲线为该日期的趋势曲线，按要求可选择瞬时流量、流体温度、流体压力按钮，系统自动显示瞬时流量曲线、流体温度曲线、流体压力曲线。

g. 报表处理。先输入日期，选择画面中的“报表处理”按钮，系统自动生成并显示该日期的有关报表。

h. 系统数据存储。系统自动把抄表数据存储到数据库中。

（5）结束语

① 利用通信技术和公共电话网实现电话抄表，方法简单，工作可靠，操作方便，投资节省，省却了通信专线敷设和维护的繁重而琐碎的劳动。

② 花不多的钱就可对能源计量网实现监视，历史数据存储统计和有关变量趋势曲线绘制，数据查询，打印制表，数据平衡计算等，做到科学管理，提高工效，数据客观，尤其适合实时性要求不高的能源计量管理。

③ 这种系统在热力、石化、冶金、化工等行业投入实际应用，均收到良好效果。

④ 这种方法也适用于能源计量网以外的对象，做到远距离监视。

10.2.3.8 *以 GPRS 为介质的 SCADA 系统*

GPRS 是通用无线分组业务（General Packet Radio System）的缩写，是介于第二代和第三代之间的一种技术，通常称为 2.5G。GPRS 采用与 GSM 相同的频段、频带宽度、突发结构、无线调制标准、跳频规则以及相同的 TDMA 帧结构。因此，在 GSM 系统的基础上构建 GPRS 系统时，GSM 系统中的绝大部分部件都不需要做硬件改动，只需做软件升级。

（1）优点

① 高速数据传输。速度 10 倍于 GSM，更可满足用户的需求，还可以稳定地传送大容量的高质量音频与视频文件，可谓不一般的巨大进步。

② 永远在线。由于建立新的连接几乎无需任何时间（即无需为每次数据的访问建立呼叫连接），因而用户随时都可与网络保持联系。例如，若无 GPRS 的支持，当您正在网上漫游，而此时恰有电话接入，大部分情况下您不得不断线后接通来电，通话完毕后重新拨号上网。这对大多数人来说的确是件非常令人恼火的事。而有了 GPRS，您就能轻而易举地解决

这个冲突。

③ 按数据流量计费。即根据您传输的数据量（如网上下载信息时间）来计费，而不是按上网时间计费，也就是说，只要不进行数据传输，哪怕您一直“在线”，也无需付费。做个“打电话”的比方，在使用GSM＋WAP手机上网时，就好比电话接通便开始计费；而使用GPRS＋WAP上网则要合理得多，就像电话接通并不收费，只有对话时才计算费用。总之，它真正体现了少用少付费的原则。

(2) 工作原理　GPRS是在原有的基于电路交换（CSD）方式的GSM网络上引入两个新的网络节点：GPRS服务支持节点（SGSN）和网关支持节点（GGSN）。SGSN和MSC在同一等级水平，并跟踪单个MS的存储单元实现安全功能和接入控制，且通过帧中继连接到基站系统。GGSN支持与外部分组交换网的互通，并经由基于IP的GPRS骨干网和SGSN连通。图10.28给出了GPRS与Internet连接原理框图。

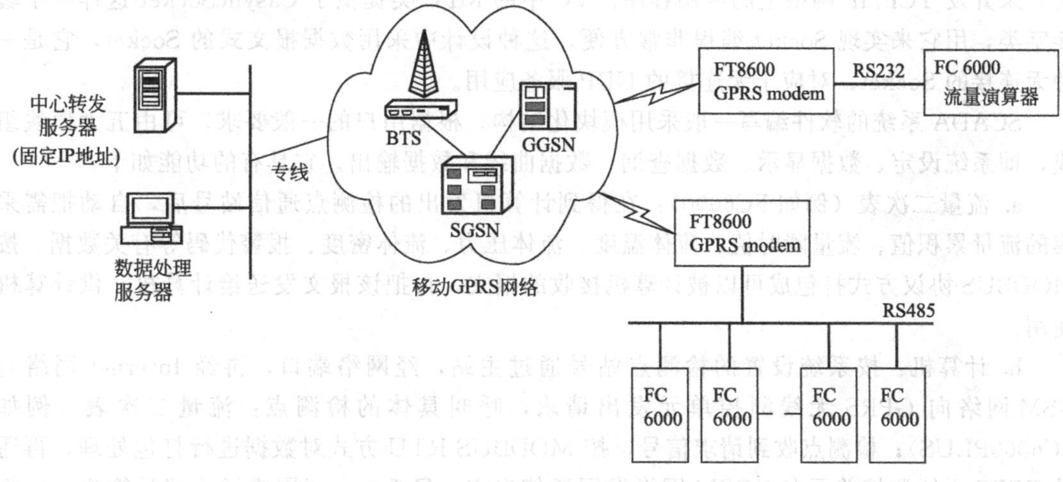

图10.28　GPRS与Internet连接原理框图

GPRS终端通过接口从客户系统取得数据，处理后的GPRS分组数据发送到GSM基站。分组数据经SGSN封装后，SGSN通过GPRS骨干网与网关支持接点GGSN进行通信。GGSN对分组数据进行相应的处理，再发送到目的网络，如Internet或X.25网络。若分组数据是发送到另一个GPRS终端，则数据由GPRS骨干网发送到SGSN，再经BSS发送到GPRS终端。

(3) TCP/IP协议的嵌入　有很多种方法可以完成协议转换，例如利用在嵌入式实时操作系统RTX51中移植部分IP和PPP协议来增强系统的可扩展性和产品开发的可延续性。

TCP/IP协议是一个标准协议套件，可以用分层模型来描述。数据打包处理数据时，每一层把自己的信息添加到一个数据头中，而这个数据头又被下一层中的协议包装到数据体中。数据解包处理程序接收到GPRS数据时，把相应的数据头剥离，并把数据包的其余部分当作数据体对待。

考虑到嵌入式系统的特点，系统集成商往往采用系统开销较小的IP＋UDP协议来实现GPRS通信。主机发送的UDP数据报文经GPRS通道传送给GPRS通信模块，GPRS通信模块负责对数据报文进行解析，解析后的数据按照一定的波特率串行传送给用户终端。

① 数据处理。数据包在主机和GPRS服务器群中传输，使用的是基于IP的分组，即所有的数据报文都要基于IP包。但明文传送IP包不可取，故一般使用PPP协议进行传输。

模块向网关发送 PPP 报文都会传送到 Internet 网中相应的地址，而从 Internet 传送过来的应答帧也同样会根据 IP 地址传送到 GPSR 模块，从而实现采集数据和 Internet 网络通过 GPRS 模块的透明传输。

② 上位机监控中心的设计。监控中心的功能是实现 GPRS 信息的接收和保存。设计语言采用 Microsoft 公司的 Visual basic 编程语言，应用灵活，功能强大，并对网络编程和数据库有强大的支持。

由于通过 GPRS 中心监控部分可以直接访问互联网，所以监控部分并不需要再设置 GPRS 模块。中心只需通过中心软件侦听网络，接收 GPRS 无线模块传来的 UDP 协议的 IP 包和发送上位机控制信息，以实现与 GPRS 终端的 IP 协议通信。接收到的信息要保存到中心的数据库中，以备询查历史记录。

Socket 接口是 TCP/IP 网络的 API。Socket 接口定义了许多函数和例程，程序员可以利用它来开发 TCP/IP 网络上的应用程序。VC 中的 MFC 类提供了 CasyncSocket 这样一个套接字类，用它来实现 Socket 编程非常方便。这种设计中采用数据报文式的 Socket，它是一种无连接的 Socket，对应于无连接的 UDP 服务应用。

SCADA 系统的软件编写一般采用模块化结构。根据用户的一般要求，可由五大模块组成，即系统设定、数据显示、数据查询、数据曲线和数据输出。它具有的功能如下。

a. 流量二次表（例如 FC6000）：在得到计算机发出的检测点通信站号后，自动把需采集的流量累积值、流量瞬时值、流体温度、流体压力、流体密度、报警代码等有关数据，按 MODBUS 协议方式打包成可以被计算机接收的报文，再把该报文发送给计算机，供计算机使用。

b. 计算机：按系统设置的检测点站号通过主站，经网络端口，再经 Internet 网络与 GSM 网络向 GPRS 无线测控单元发出请求，呼叫具体的检测点：流量二次表（例如 FC6000PLUS）；检测点收到请求信号，按 MODBUS RTU 方式对数据进行打包处理，再通过 GPRS 无线测控单元向 GGSM 网络发回通信报文，经 Internet 网络送连接计算机，计算机对收回的数据进行 CRC 校验处理，显示有关的信息。完成具体的任务。

c. 服务器：因 GSM 网络需合理利用资源，每过 3min 会对没有信息交流的 GPRS 无线测控单元进行断开或重新连接。断开后 GPRS 无线测控单元重新上网时，GPRS 无线测控单元重新获得一个新的 IP 地址，此时采集计算机就无法对该 GPRS 无线测控单元进行操作。为此要设立一个具有固定 IP 地址的服务器，GPRS 无线测控单元重新上网时连接到固定 IP 地址的服务器上，服务器可以及时更新该 GPRS 无线测控单元 IP 地址；同样，采集计算机在上网过程中 IP 地址也有可能变化，为此也必须连接到固定 IP 地址的服务器，才能和动态变化的 GPRS 无线测控单元连接。

d. 结构分类：按一个 GPRS 无线测控单元所连接的待抄录仪表台数多少分类，其结构有两种，即点对点通信和多站通信。

- 点对点通信：点对点通信结构在一个 GPRS 无线测控单元下只连接一台仪表，该台仪表应带有 RS-232 通信口，该 GPRS 无线测控单元挂到 GSM 网上和中心转发服务器连接，而计算机挂到 Internet 网络上连接到中心转发服务器上。当计算机中预先设置的定时抄表时刻到来时，计算机自动通过群发、选择发送的方式把需采集的站点发送给中心转发服务器，中心转发服务器再将内容转发给下位机，下位机响应后，将智能仪表（下位机）中的指定数据打包传送给中心转发服务器，中心转发服务器再转发给采集计算机。
- 多站通信：多站通信结构是在一个 GPRS 无线测控单元下面连接多台具有通信能力

的仪表。多台仪表之间可能相距较远，一般用 RS-485 标准，由于 GPRS 无线测控单元下只能与 RS-232 通信口连接，所以在 GPRS 无线测控单元下与仪表之间需增设 RS485/RS232 通信转换器。各台仪表通信口的两根线 H 和 L 相互并联后接到通信转换器的 RS-485 侧相应的端子上。各台仪表与 GPRS 无线测控单元下之间的距离最多 2km，如果超过 2km 就须增设中继器，其通信方式同上。

10.2.3.9　以无线 Hub 连接方法组成的 SCADA 系统

无线 Hub（Hubble）又称无线集线器，是无线接入器（Access Point）的一种。

无线 Hub 连接方法与前面所述的各种方法相比，有其显著的特点：它不像屏蔽双绞线那样必须敷设电缆；由于它发射的无线电信号功率较小，所以不像应用数传电台那样需申请信道资源，也不像 GPRS 那样需定期支付服务费。它只需在互联的计算机上插上无线网卡，并在需要连接的各台计算机的通信距离均小于无线 Hub 覆盖范围的地点安装一台无线 Hub，就能实现计算机之间的通信。

以这种方法组成的数据采集与监控（SCADA）系统其实只是无线局域网（WLAN：Wireless Local Area Net）在数据采集与监控方面的一种应用。

WLAN 利用电磁波在空气中发送和接收数据而无需线缆介质，数据传送速率现在已经能够达到 11Mbps，传输距离可远至 20km，是对有线联网方式的一种补充和扩展，使网上的计算机有可移动性，能快速、方便地解决以有线方式不易实现的网络连通问题。

① 信号覆盖问题：对于 WLAN 的部署，必须考虑的是信号衰减问题，无线 Hub 的放置地点直接决定是否能获得良好的无线覆盖效果。无线 Hub 最好放在 WLAN 要覆盖范围的中心点，位置尽可能高一些，周围应无障碍物。

② 信道干扰问题：在一个区域允许有多个无线 Hub 同时使用，相邻的一个或几个无线 Hub 要使用不同的信道，这样可以避免无线 Hub 之间的信号干扰。802.11g 产品有三个非重叠信道，分别为 1、6、11，所以如果有多个无线 Hub，建议无线 Hub 之间采用非重叠信道。

③ 无线接入点的数量：无线接入点的使用数量要根据接入用户的数量、每个用户所需的带宽和信号覆盖面积来定。一般 802.11g 无线 Hub 的理论带宽在 54Mbps，实际有效带宽在 20Mbps 左右，考虑到是共享带宽，一般建议最多接入用户不要超过 20 个。

④ 安全问题：WLAN 的安全是用户非常关心的问题，没有加密的 WLAN 是开放的。如果一个公司的某个区域搭建了一个没有经过加密的 WLAN，任何一个外来人员使用无线网卡，在无线覆盖范围内就能轻易地访问网络，网络中的资源和信息将会受到威胁。

目前的 WLAN 有 64/128 位 WEP、802.1x、WPA、MAC 地址过滤、禁用 SSID 广播、无线用户端隔离等加密方式来防止非法用户的接入，保护网络的安全。WEP（Wired Equivalent Privacy：有线对等保密）加密是通过在无线接入器中设置 64 位或 128 位密钥的方式来实现加密，没有密钥的用户就无法接入到网络，安全级别较高。MAC 地址过滤是通过在无线接入器中绑定允许访问网络的计算机网卡地址，没有被绑定地址的计算机就不能接入到网络。但这种方法的灵活性比较差，外来访客或更换无线网卡都需要重新

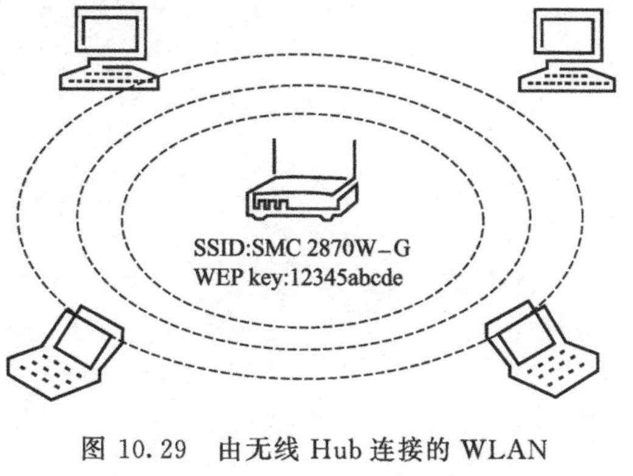

图 10.29　由无线 Hub 连接的 WLAN

写入新的地址。这种方式适合数据采集这类互联关系固定的环境。无线接入器在默认的情况下是对外广播自己的 SSID（Service Set Identifier：服务区标识符），非法用户使用无线网卡就可以扫描到 SSID 并接入网络。隐藏 SSID 之后，非法用户无法扫描到 SSID 就无法接入到网络。

WEP 加密、MAC 地址过滤和禁用 SSID 广播是比较常用的三种安全手段。具体实施时，可以采用几种安全方式相结合的方法来提高网络的安全性。

无线 Hub 有室内型和室外型两种，室内型产品一般自带小功率全向无线，室外型产品用户可自加高增益天线。

图 10.29 所示为典型的由无线 Hub 连接的 WLAN。

参 考 文 献

[1] 斯可克．HART 通讯协议简介．炼油化工自动化，1993，(3)：39-42.

[2] 陈茹．安装 SCADA 系统应考虑的问题．自动化仪表，1999，(5)：44.

[3] 邢军，杨权文．利用网络技术管理维护计量仪表．石油化工自动化，2001，(4)：81，83.

[4] 郑亚平．分散型控制系统与子系统的通讯连接．石油化工自动化，1999，(1)：34-41.

[5] 耿晨歌，汪乐宇，卢奂采．城市管道燃气系统的分布式遥控监测．自动化仪表，1999，(5)：32-41.

[6] 钱川根，纪纲．能源计量网电话抄表的特点与应用．医药工程设计，2001，(3)．

附　　录

附录 A　气体的物理性质

名　称	化学式	相对分子质量	密度 ρ_n/(kg/m³) 20℃ 101.325kPa	理想相对密度 G_i 20℃ 101.325kPa (空气=1)	压缩系数 Z_n 20℃ 101.325kPa	比热容比 κ 20℃ 101.325kPa	沸点 T_b/K 101.325kPa	临界点 温度 T_c/K	临界点 压力 p_c/MPa	临界点 密度 ρ_c/(kg/m³)	临界点 压缩系数 Z_c	偏心因子 ω
空气(干)		28.9626	1.2041	1.0000	0.99963	1.4①	78.8	132.42	3.766	317	0.312	
氮	N_2	28.0135	1.1646	0.9672	0.9997	1.4①	77.35	126.2	3.393	312	0.290	0.039
氧	O_2	31.9988	1.3302	1.1048	0.9993	1.397①	90.17	154.78	5.043	426.2	0.288	0.025
氦	He	4.0026	0.1664	0.1382	1.0005	1.66	4.215	5.19	0.227	69.9	0.301	−0.365
氢	H_2	2.0159	0.0838	0.0696	1.0006	1.412①	20.38	32.2	1.297	31.04	0.305	−0.218
氪	Kr	83.80	3.4835	2.893		1.67	119.79	209.4	5.502	909	0.288	0.005
氙	Xe	131.30	5.4582	4.533		1.666	165.02	289.75	5.874	1105	0.287	0.008
氖	Ne	20.183	0.83914	0.6969	1.0005	1.68	27.09	44.4	2.726	483	0.311	−0.029
氩	Ar	39.948	1.6605	1.379	0.9993	1.68	87.291	150.7	4.864	535	0.291	0.001
甲烷	CH_4	16.043	0.6669	0.5539	0.9981	1.315①	111.6	190.555	4.5998	161.55	0.288	0.0115
乙烷	C_2H_6	30.07	1.2500	1.0382	0.9920	1.18①	184.6	305.83	4.880	202.9	0.285	0.0908
丙烷	C_3H_8	44.097	1.8332	1.5224	0.9834	1.13①	231.05	369.82	4.250	216.6	0.281	0.1454
正丁烷	C_4H_{10}	58.124	2.4163	2.0067	0.9682	1.10①	272.65	425.14	3.784	227.7	0.274	0.1928
异丁烷	C_4H_{10}	58.124	2.4163	2.0067		1.11①	261.45	408.15	3.648	220.5	0.283	0.176
正戊烷	C_5H_{12}	72.151	2.9994	2.4910	0.9474	1.07①	309.25	469.69	3.364	237.9	0.262	0.2510
乙烯	C_2H_4	28.054	1.1660	0.9686	0.9940	1.22①	169.45	283.35	5.042	227	0.276	0.0856
丙烯	C_3H_6	42.081	1.7495	1.4529	0.985	1.15①	225.45	364.85	4.611	232.7	0.275	0.1477
1-丁烯	C_4H_8	56.108	2.3326	1.9373	0.972	1.11①	266.85	419.53	4.023	233.4	0.277	0.1874
顺 2-丁烯	C_4H_8	56.108	2.3327	1.9373	0.969	1.1214①	276.85	433.15	4.20	198.9	0.272	0.202

续表

名　称	化学式	相对分子质量	密度 ρ_n/(kg/m³) 20℃ 101.325kPa	理想相对密度 G_i 20℃ 101.325kPa (空气=1)	压缩系数 Z_n 20℃ 101.325kPa	比热容比 κ 20℃ 101.325kPa	沸点 T_b/K 101.325kPa	临界点 温度 T_c/K	临界点 压力 p_c/MPa	临界点 密度 ρ_c/(kg/m³)	临界点 压缩系数 Z_c	偏心因子 ω
反 2-丁烯	C_4H_8	56.108	2.3327	1.9373	0.969	1.1073①	274.05	428.15	3.99	234.7	0.266	0.205
异丁烯	C_4H_8	56.108	2.3327	1.9373	0.972	1.1058①	266.25	417.85	3.998	234	0.275	0.194
乙炔	C_2H_2	26.038	1.083	0.8990	0.993	1.24	189.13(升华)	309.15	6.247	231	0.270	0.190
苯	C_6H_6	78.114	3.2476	2.6971	0.9326	1.101	353.25	562.16	4.898	302.1	0.271	0.210
一氧化碳	CO	28.0106	1.165	0.9671	0.9996	1.395	81.65	132.85	3.494	300.4	0.295	0.053
二氧化碳	CO_2	44.00995	1.829	1.519	0.9946	1.295	194.75(升华)	304.20	7.382	468.1	0.274	0.239
一氧化氮	NO	30.0061	1.2474	1.036		1.4	121.45	179.15	6.482	52	0.250	0.588
二氧化氮	NO_2	46.0055	1.9121	1.588		1.31	294.35	431.35	10.13	570	0.473	0.834
一氧化二氮	N_2O	44.0128	1.8302	1.520		1.274	184.69	309.71	7.267	457	0.274	0.165
硫化氢	H_2S	34.07994	1.4169	1.1767	0.9911	1.32	212.85	373.2	8.940	338.5	0.284	0.109
氢氰酸	HCN	27.0258	1.1235	0.9331		1.31(65℃)	298.85	456.65	5.374	200		
氧硫化碳	COS	60.0746	2.4973	2.074			222.95	378.15	6.178		0.275	0.105
臭氧	O_3	47.9982	1.9952	1.657			181.2	261.05	5.57	537	0.228	0.691
二氧化硫	SO_2	64.0628	2.726	2.212	0.980	1.25	263.15	430.65	7.885	524	0.269	0.251
氟	F_2	37.9968	1.5798	1.312		1.358	85.03	172.15	5.570	473		0.048
氯	Cl_2	70.906	2.9476	2.448		1.35	238.55	417.15	7.708	573	0.285	0.090
氯甲烷	CH_3Cl	50.488	2.0990	1.7432		1.28	249.39	416.15	6.678	353	0.269	0.156
氯乙烷	C_2H_5Cl	64.515	2.6821	2.2275		1.19(16℃, 0.3～0.5atm)	285.45	455.95	5.266	330	0.274	0.190
氨	NH_3	17.0306	0.7080	0.5880	0.989	1.32	239.75	405.65	11.28	235		0.250
氟里昂-11	CCl_3F	137.3686	5.7110	4.7430		1.135	296.95	471.15	4.374	554	0.297	0.189
氟里昂-12	CCl_2F_2	120.914	5.0269	4.1748		1.138	243.35	385.15	3.923	558	0.280	0.204
氟里昂-13	$CClF_3$	104.4594	4.3428	3.6067		1.150(10℃)	191.75	302.05	3.864	578	0.278	0.198
氟里昂-113	CCl_2FCClF_2	187.3765	7.7900	6.4696			320.75	487.25	3.413	576		

① 15.6℃，101.325kPa。

附录 B　液体的物理性质

名　称	分子式	相对分子质量	密度 ρ_{20} /(kg/m³) 20℃	沸点 t_b/℃ 101.325kPa	临界点 温度 t_c/℃			体积膨胀系数 $\alpha_V \times 10^5$/℃$^{-1}$
					温度 t_c/℃	压力 p_c /MPa	密度 ρ_c /(kg/m³)	
水	H_2O	18.0	998.3	100.00	374.15	22.129	317	18
水银	Hg	200.6	13545.7	356.95	1460	10.55	5000	18.1
溴	Br_2	159.8	3120	58.8	311	10.336	1180	113
硫酸	H_2SO_4	98.1	1834	340 分解				57
硝酸	HNO_3	63.0	1512	86.0				124
盐酸(30%)	HCl	36.47	1149.3					
环丁砜	$C_4H_8SO_2$	120	1261(30℃)	285				
丙酮	CH_3COCH_5	58.08	791	56.2	235	4.766	268	143
甲乙酮	$CH_3COC_2H_5$	72.11	803	79.6	260	3.874		
酚	C_6H_5OH	94.1	1050(50℃)	181.8	419	6.139		
二硫化碳	CS_2	76.13	1262	46.3	277.7	7.404	440	119
乙醇胺	$NH_2CH_2CH_2OH$	61.1		170.5				
甲醇	CH_3OH	32.04	791.3	64.7	240	7.973	272	119
乙醇	C_2H_5OH	46.07	789.2	78.3	243.1	6.315	275.5	110
乙二醇	$C_2H_4(OH)_2$	62.1	1113	197.6				
正丙醇	$CH_3CH_2CH_2OH$	60.10	804.4	97.2	265.8	5.080	273	98
异丙醇	$CH_3CHOHCH_3$	60.10	785.1	82.2	273.5	5.384	274	
正丁醇	$CH_3CH_2CH_2CH_2OH$	74.12	809.6	117.8	287.1	4.923		
乙腈	CH_3CN	41	783	81.6	274.7	4.835	240	
正戊醇	$CH_3CH_2CH_2CH_2CH_2OH$	88.15	813.0	138.0	315.0			88
乙醛	CH_3CHO	44.05	783	20.2	188.0			
丙醛	CH_3CH_2CHO	58.08	808	48.9				
环己酮	$C_6H_{10}O$	98.15	946.6	155.7				
二乙醚	$(C_2H_5)_2O$	74.12	714	34.6	194.7	3.677	264	162
甘油	$C_3H_5(OH)_3$	92.09	1261.3	290 分解				50
邻甲酚	$C_6H_4OHCH_3$	108.14	1020(50℃)	191.0	422.3	5.011		
间甲酚	$C_6H_4OHCH_3$	108.14	1034.1	202.2	432.0	4.560		
对甲酚	$C_6H_4OHCH_3$	108.14	1011(50℃)	202.0	426.0	5.158		
甲酸甲酯	CH_3OOCH	60.05	975	31.8	212.0	5.992	349	124
醋酸甲酯	CH_3OOCCH_3	74.08	934	57.1	235.8	4.697		
丙酸甲酯	$CH_3OOCC_2H_5$	88.11	915	79.7	261.0	4.001		
甲酸	HCOOH	46.03	1220	100.7				102
乙酸	CH_3COOH	60.05	1049	118.1	321.5	5.786		
丙酸	C_2H_5COOH	74.08	993	141.3	339.5	5.305	320	
苯胺	$C_6H_3NH_2$	93.13	1021.7	184.4	425.7	5.305	340	
丙腈	C_3H_5N	55.08	781.8	97.2	291.2	4.197		
丁腈	C_4H_7N	69.11	790	117.6	309.1	3.785		
噻吩	$(CH)_2S(CH)_2$	84.14	1065	84.1	317.3	4.835		
二氯甲烷	CH_2Cl_2	84.93	1325.5	40.2	237.5	6.168		
氯仿	$CHCl_3$	119.38	1490	61.2	260.0	5.452	496	128
四氯化碳	CCl_4	153.82	1594	76.8	283.2	4.560	558	122
邻二甲苯	C_8H_{10}	106.16	880	144	358.4	3.736		97

续表

名 称	分子式	相对分子质量	密度 ρ_{20} /(kg/m³) 20℃	沸点 t_b/℃ 101.325kPa	临界点			体积膨胀系数 $\alpha_V\times10^5$/℃$^{-1}$
					温度 t_c/℃	压力 p_c /MPa	密度 ρ_c /(kg/m³)	
间二甲苯	C_8H_{10}	106.16	864	139.2	346	3.648		99
对二甲苯	C_8H_{10}	106.16	861	138.4	345	3.540		102
甲苯	C_7H_8	92.1	866	110.7	320.6	4.217	290	108
邻氯甲苯	C_7H_7Cl	126.6	1081	159				89
间氯甲苯	C_7H_7Cl	126.6	1072	162.2				
环己烷	C_6H_{12}	84.1	778	80.8	280	4.050	273	120
己烷	C_6H_{14}	86.2	660	68.73	234.7	3.030	234	135
庚烷	C_7H_{16}	100.2	684	98.4	267.0	2.736	235	124
辛烷	C_8H_{18}	114.2	702	125.7	296.7	2.491	233	114

附录C 水和蒸汽性质[1]

表 C1 水和水蒸气性质参数的名称、符号和单位

性质参数名称	符 号	单位符号	备 注
热力学温度	T	K	$t=T-T_0$
摄氏温度	t	℃	$T_0=273.16$℃
绝对压力	p	Pa(MPa)	t_s—饱和温度
比体积	v	m^3/kg	"′"—饱和水参数
密度	ρ	kg/m^3	"″"—饱和水蒸气参数
焓	h	kJ/kg	表C4中，粗水平线上区为不饱
蒸发热	r	kJ/kg	和过冷水参数，下区为过热蒸汽

表 C2 饱和水和饱和蒸汽的热力学基本参数（按温度排列）

t/℃	T/K	p/MPa	v'/(m^3/kg)	v''/(m^3/kg)	h'/(kJ/kg)	h''/(kJ/kg)	r/(kJ/kg)
0.00	273.15	0.0006108	0.00100022	206.305	−0.04	2501.6	2501.6
0.01	273.16	0.0006112	0.00100022	206.163	0.00	2501.6	2501.6
1	274.15	0.0006566	0.0010001	192.607	4.17	2503.4	2499.2
2	275.15	0.0007055	0.0010001	179.923	8.39	2505.2	2496.8
3	276.15	0.0007575	0.0010001	168.169	12.60	2507.1	2494.5
4	277.15	0.0008129	0.0010000	157.272	16.80	2508.9	2492.1
5	278.15	0.0008718	0.0010000	147.163	21.01	2510.7	2489.7
6	279.15	0.0009345	0.0010000	137.780	25.21	2512.6	2487.4
7	280.15	0.0010012	0.0010001	129.064	29.41	2514.4	2485.0
8	281.15	0.0010720	0.0010001	120.966	33.60	2516.2	2482.6
9	282.15	0.0011472	0.0010002	113.435	37.80	2518.1	2480.3
10	283.15	0.0012270	0.0010003	106.430	41.99	2519.9	2477.9
11	284.15	0.0013116	0.0010003	99.909	46.19	2521.7	2475.5
12	285.15	0.0014014	0.0010004	93.835	50.38	2523.6	2473.2
13	286.15	0.0014965	0.0010006	88.176	54.57	2525.4	2470.8
14	287.15	0.0015973	0.0010007	82.900	58.75	2527.2	2468.5
15	288.15	0.0017039	0.0010008	77.978	62.94	2529.1	2466.1
16	289.15	0.0018168	0.0010010	73.384	67.13	2530.9	2463.8
17	230.15	0.0019362	0.0010012	69.095	71.31	2532.7	2461.4
18	291.15	0.0020624	0.0010013	65.087	75.50	2534.5	2459.0
19	292.15	0.0021957	0.0010015	61.341	79.68	2536.4	2456.7
20	293.15	0.0023366	0.0010017	57.838	83.86	2538.2	2454.3
21	294.15	0.0024853	0.0010019	54.561	88.04	2540.0	2452.0
22	295.15	0.0026422	0.0010022	51.492	92.23	2541.8	2449.6
23	296.15	0.0028076	0.0010024	48.619	96.41	2543.6	2447.2

[1] 引自钟史明，汪孟乐，范仲元编著. 具有佃参数的水和水蒸气性质参数手册. 北京：水利电力出版社，1989

续表

t/℃	T/K	p/MPa	v'/(m^3/kg)	v''/(m^3/kg)	h'/(kJ/kg)	h''/(kJ/kg)	r/(kJ/kg)
24	297.15	0.0029821	0.0010026	45.926	100.59	2545.5	2444.9
25	298.15	0.0031660	0.0010029	43.402	104.77	2547.3	2442.5
26	299.15	0.0033597	0.0010032	41.034	108.95	2549.1	2440.2
27	300.15	0.0035636	0.0010034	38.813	113.13	2550.9	2437.8
28	301.15	0.0037782	0.0010037	36.728	117.31	2552.7	2435.4
29	302.15	0.0040040	0.0010040	34.769	121.48	2554.5	2433.1
30	303.15	0.0042415	0.0010043	32.929	125.66	2556.4	2430.7
31	304.15	0.0044911	0.0010046	31.199	129.84	2558.2	2428.3
32	305.15	0.0047534	0.0010049	29.572	134.02	2560.0	2425.9
33	306.15	0.0050288	0.0010053	28.042	138.20	2561.8	2423.6
34	307.15	0.0053180	0.0010056	26.601	142.38	2563.6	2421.2
35	308.15	0.0056216	0.0010060	25.245	146.56	2565.4	2418.8
36	309.15	0.0059400	0.0010063	23.967	150.74	2567.2	2416.4
37	310.15	0.0062739	0.0010067	22.763	154.92	2569.0	2414.1
38	311.15	0.0066240	0.0010070	21.627	159.09	2570.8	2411.7
39	312.15	0.0069908	0.0010074	20.557	163.27	2572.6	2409.3
40	313.15	0.0073750	0.0010078	19.546	167.45	2574.4	2406.9
41	314.15	0.0077773	0.0010082	18.592	171.63	2576.2	2404.5
42	315.15	0.0081985	0.0010086	17.692	175.81	2577.9	2402.1
43	316.15	0.0086391	0.0010090	16.841	179.99	2579.7	2399.7
44	317.15	0.0091001	0.0010094	16.036	184.17	2581.5	2397.3
45	318.15	0.0095820	0.0010099	15.276	188.35	2583.3	2394.9
46	319.15	0.010086	0.0010103	14.5572	192.53	2585.1	2392.5
47	320.15	0.010612	0.0010107	13.8768	196.71	2586.9	2390.1
48	321.15	0.011162	0.0010112	13.2329	200.89	2588.6	2387.7
49	322.15	0.011736	0.0010117	12.6232	205.07	2590.4	2385.3
50	323.15	0.012335	0.0010121	12.0457	209.26	2592.2	2382.9
51	324.15	0.012961	0.0010126	11.4985	213.44	2593.9	2380.5
52	325.15	0.013613	0.0010131	10.9798	217.62	2595.7	2378.1
53	326.15	0.014293	0.0010136	10.4880	221.80	2597.5	2375.7
54	327.15	0.015002	0.0010140	10.0215	225.99	2599.2	2373.2
55	328.15	0.015741	0.0010145	9.5789	230.17	2601.0	2370.8
56	329.15	0.016511	0.0010150	9.1587	234.35	2602.7	2368.4
57	330.15	0.017313	0.0010156	8.7598	238.54	2604.5	2365.9
58	331.15	0.018147	0.0010161	8.3808	242.72	2606.2	2363.5
59	332.15	0.019016	0.0010166	8.0208	246.91	2608.0	2361.1
60	333.15	0.019920	0.0010171	7.6785	251.09	2609.7	2358.6
61	334.15	0.020861	0.0010177	7.3532	255.28	2611.4	2356.2
62	335.15	0.021838	0.0010182	7.0437	259.46	2613.2	2353.7
63	336.15	0.022855	0.0010188	6.7493	263.65	2614.9	2351.3

续表

t/℃	T/K	p/MPa	v'/(m³/kg)	v''/(m³/kg)	h'/(kJ/kg)	h''/(kJ/kg)	r/(kJ/kg)
64	337.15	0.023912	0.0010193	6.4690	267.84	2616.6	2348.8
65	338.15	0.025009	0.0010199	6.2023	272.03	2618.4	2346.3
66	339.15	0.026150	0.0010205	5.9482	276.21	2620.1	2343.9
67	340.15	0.027334	0.0010211	5.7062	280.40	2621.8	2341.4
68	341.15	0.028563	0.0010217	5.4756	284.59	2623.5	2338.9
69	342.15	0.029838	0.0010223	5.2558	288.78	2625.2	2336.4
70	343.15	0.031162	0.0010228	5.0463	292.97	2626.9	2334.0
71	344.15	0.032535	0.0010235	4.8464	297.16	2628.6	2331.5
72	345.15	0.033958	0.0010241	4.6557	301.36	2630.3	2329.0
73	346.15	0.035434	0.0010247	4.4737	305.55	2632.0	2326.5
74	347.15	0.036964	0.0010253	4.3000	309.74	2633.7	2324.0
75	348.15	0.038549	0.0010259	4.1341	313.94	2635.4	2321.5
76	349.15	0.040191	0.0010266	3.9757	318.13	2637.1	2318.9
77	350.15	0.041891	0.0010272	3.8243	322.33	2638.7	2316.4
78	351.15	0.043652	0.0010279	3.6796	326.52	2640.4	2313.9
79	352.15	0.045474	0.0010285	3.5413	330.72	2642.1	2311.4
80	353.15	0.047360	0.0010292	3.4091	334.92	2643.8	2308.8
81	354.15	0.049311	0.0010299	3.2826	339.11	2645.4	2306.3
82	355.15	0.051329	0.0010305	3.1616	343.31	2647.1	2303.8
83	356.15	0.053416	0.0010312	3.0458	347.51	2648.7	2301.2
84	357.15	0.055573	0.0010319	2.9350	351.72	2650.4	2298.6
85	358.15	0.057803	0.0010326	2.8288	355.92	2652.0	2296.1
86	359.15	0.060108	0.0010333	2.7272	360.12	2653.6	2293.5
87	360.15	0.062489	0.0010340	2.6298	364.32	2655.3	2290.9
88	361.15	0.064948	0.0010347	2.5365	368.53	2656.9	2288.4
89	362.15	0.067487	0.0010354	2.4470	372.73	2658.5	2285.8
90	363.15	0.070109	0.0010361	2.3613	376.94	2660.1	2283.2
91	364.15	0.072815	0.0010369	2.2791	381.15	2661.7	2280.6
92	365.15	0.075608	0.0010376	2.2002	385.36	2663.4	2278.0
93	366.15	0.078489	0.0010384	2.1245	389.57	2665.0	2275.4
94	367.15	0.081461	0.0010391	2.0519	393.78	2666.6	2272.8
95	368.15	0.084526	0.0010399	1.9822	397.99	2668.1	2270.2
96	369.15	0.087686	0.0010406	1.9153	402.20	2669.7	2267.5
97	370.15	0.090944	0.0010414	1.8510	406.42	2671.3	2264.9
98	371.15	0.094301	0.0010421	1.7893	410.63	2672.9	2262.2
99	372.15	0.097761	0.0010429	1.7300	414.85	2674.4	2259.6
100	373.15	0.101325	0.0010437	1.6730	419.07	2676.0	2256.9
101	374.15	0.104996	0.0010445	1.6182	423.28	2677.6	2254.3
102	375.15	0.108777	0.0010453	1.5655	427.50	2679.1	2251.6
103	376.15	0.112670	0.0010461	1.5149	431.73	2680.7	2248.9

续表

t/℃	T/K	p/MPa	v'/(m^3/kg)	v''/(m^3/kg)	h'/(kJ/kg)	h''/(kJ/kg)	r/(kJ/kg)
104	377.15	0.116676	0.0010469	1.4662	435.95	2682.2	2246.3
105	378.15	0.120800	0.0010477	1.4193	440.17	2683.7	2243.6
106	379.15	0.125044	0.0010485	1.3742	444.40	2685.3	2240.9
107	380.15	0.129409	0.0010494	1.3307	448.63	2686.8	2238.2
108	381.15	0.133900	0.0010502	1.2889	452.85	2688.3	2235.4
109	382.15	0.138518	0.0010510	1.2487	457.08	2689.8	2232.7
110	383.15	0.143266	0.0010519	1.2099	461.32	2691.3	2230.0
111	384.15	0.148147	0.0010527	1.1726	465.55	2692.8	2227.3
112	385.15	0.153164	0.0010536	1.1366	469.78	2694.3	2224.5
113	386.15	0.158320	0.0010544	1.1019	474.02	2695.8	2221.8
114	387.15	0.163618	0.0010553	1.0685	478.26	2697.2	2219.0
115	388.15	0.169060	0.0010562	1.0363	482.50	2698.7	2216.2
116	389.15	0.174650	0.0010571	1.0052	486.74	2700.2	2213.4
117	390.15	0.180390	0.0010579	0.97525	490.98	2701.6	2210.7
118	391.15	0.186283	0.0010588	0.94634	495.23	2703.1	2207.9
119	392.15	0.192333	0.0010597	0.91844	499.47	2704.5	2205.1
120	393.15	0.198543	0.0010606	0.89152	503.72	2706.0	2202.2
121	394.15	0.204915	0.0010615	0.86554	507.97	2707.4	2199.4
122	395.15	0.211454	0.0010625	0.84045	512.22	2708.8	2196.6
123	396.15	0.218162	0.0010634	0.81623	516.47	2710.2	2193.7
124	397.15	0.225042	0.0010643	0.79283	520.73	2711.6	2190.9
125	398.15	0.232098	0.0010652	0.77023	524.99	2713.0	2188.0
126	399.15	0.239333	0.0010662	0.74840	529.25	2714.4	2185.2
127	400.15	0.246751	0.0010671	0.72730	533.51	2715.8	2182.3
128	401.15	0.254354	0.0010681	0.70691	537.77	2717.2	2179.4
129	402.15	0.262147	0.0010691	0.68720	542.04	2718.5	2176.5
130	403.15	0.270132	0.0010700	0.66814	546.31	2719.9	2173.6
131	404.15	0.278314	0.0010710	0.64971	550.58	2721.3	2170.7
132	405.15	0.286696	0.0010720	0.63188	554.85	2722.6	2167.8
133	406.15	0.295280	0.0010730	0.61464	559.12	2723.9	2164.8
134	407.15	0.30407	0.0010740	0.59795	563.40	2725.3	2161.9
135	408.15	0.31308	0.0010750	0.58181	567.68	2726.6	2158.9
136	409.15	0.32229	0.0010760	0.56618	571.96	2727.9	2155.9
137	410.15	0.33173	0.0010770	0.55105	576.24	2729.2	2153.0
138	411.15	0.34138	0.0010780	0.53641	580.53	2730.5	2150.0
139	412.15	0.35127	0.0010790	0.52223	584.82	2731.8	2147.0
140	413.15	0.36138	0.0010801	0.50849	589.11	2733.1	2144.0
141	414.15	0.37172	0.0010811	0.49519	593.40	2734.3	2140.9
142	415.15	0.38231	0.0010821	0.48230	597.69	2735.6	2137.9
143	416.15	0.39313	0.0010832	0.46981	601.99	2736.9	2134.9

续表

t/℃	T/K	p/MPa	v′/(m³/kg)	v″/(m³/kg)	h′/(kJ/kg)	h″/(kJ/kg)	r/(kJ/kg)
144	417.15	0.40420	0.0010843	0.45771	606.29	2738.1	2131.8
145	418.15	0.41552	0.0010853	0.44597	610.59	2739.3	2128.7
146	419.15	0.42709	0.0010864	0.43460	614.90	2740.6	2125.7
147	420.15	0.43892	0.0010875	0.42357	619.21	2741.8	2122.6
148	421.15	0.45101	0.0010886	0.41288	623.52	2743.0	2119.5
149	422.15	0.46337	0.0010897	0.40251	627.83	2744.2	2116.3
150	423.15	0.47600	0.0010908	0.39245	632.15	2745.4	2113.2
151	424.15	0.48890	0.0010919	0.38269	636.47	2746.5	2110.1
152	425.15	0.50208	0.0010930	0.37322	640.79	2747.7	2106.9
153	426.15	0.51554	0.0010941	0.36402	645.12	2748.9	2103.8
154	427.15	0.52929	0.0010953	0.35510	649.44	2750.0	2100.6
155	428.15	0.54333	0.0010964	0.34644	653.78	2751.2	2097.4
156	429.15	0.55767	0.0010976	0.33802	658.11	2752.3	2094.2
157	430.15	0.57230	0.0010987	0.32987	662.45	2753.4	2091.0
158	431.15	0.58725	0.0010999	0.32194	666.79	2754.5	2087.7
159	432.15	0.60250	0.0011011	0.31424	671.13	2755.6	2084.5
160	433.15	0.61806	0.0011022	0.30676	675.47	2756.7	2081.3
161	434.15	0.63395	0.0011034	0.29949	679.82	2757.8	2078.0
162	435.15	0.65016	0.0011046	0.29242	684.18	2758.9	2074.7
163	436.15	0.66669	0.0011058	0.28556	688.53	2759.9	2071.4
164	437.15	0.68356	0.0011070	0.27889	692.89	2761.0	2068.1
165	438.15	0.70077	0.0011082	0.27240	697.25	2762.0	2064.8
166	439.15	0.71831	0.0011095	0.26609	701.62	2763.1	2061.4
167	440.15	0.73621	0.0011107	0.25996	705.99	2764.1	2058.1
168	441.15	0.75445	0.0011119	0.25400	710.36	2765.1	2054.7
169	442.15	0.77306	0.0011132	0.24820	714.74	2766.1	2051.3
170	443.15	0.79202	0.0011145	0.24255	719.12	2767.1	2047.9
171	444.15	0.81135	0.0011157	0.23706	723.50	2768.0	2044.5
172	445.15	0.83106	0.0011170	0.23172	727.89	2769.0	2041.1
173	446.15	0.85114	0.0011183	0.22652	732.28	2769.9	2037.7
174	447.15	0.87160	0.0011196	0.22147	736.67	2770.9	2034.2
175	448.15	0.89244	0.0011209	0.21654	741.07	2771.8	2030.7
176	449.15	0.91368	0.0011222	0.21175	745.47	2772.7	2027.3
177	450.15	0.93532	0.0011235	0.20708	749.88	2773.6	2023.7
178	451.15	0.95736	0.0011248	0.20254	754.29	2774.5	2020.2
179	452.15	0.97980	0.0011262	0.19811	758.70	2775.4	2016.7
180	453.15	1.00266	0.0011275	0.19380	763.12	2776.3	2013.1
181	454.15	1.02594	0.0011289	0.18960	767.54	2777.1	2009.6
182	455.15	1.04964	0.0011302	0.18551	771.96	2778.0	2006.0
183	456.15	1.07377	0.0011316	0.18153	776.39	2778.8	2002.4

续表

t/℃	T/K	p/MPa	v'/(m^3/kg)	v''/(m^3/kg)	h'/(kJ/kg)	h''/(kJ/kg)	r/(kJ/kg)
184	457.15	1.09833	0.0011330	0.17764	780.83	2779.6	1998.8
185	458.15	1.12333	0.0011344	0.17386	785.26	2780.4	1995.2
186	459.15	1.14878	0.0011358	0.17017	789.71	2781.2	1991.5
187	460.15	1.17467	0.0011372	0.16657	794.15	2782.0	1987.8
188	461.15	1.20103	0.0011386	0.16307	798.60	2782.8	1984.2
189	462.15	1.22784	0.0011401	0.15965	803.06	2783.5	1980.5
190	463.15	1.25512	0.0011415	0.15632	807.52	2784.3	1976.7
191	464.15	1.28288	0.0011430	0.15307	811.98	2785.0	1973.0
192	465.15	1.31111	0.0011444	0.14990	816.45	2785.7	1969.3
193	466.15	1.33983	0.0011459	0.14680	820.92	2786.4	1965.5
194	467.15	1.36903	0.0011474	0.14379	825.40	2787.1	1961.7
195	468.15	1.39873	0.0011489	0.14084	829.89	2787.8	1957.9
196	469.15	1.42894	0.0011504	0.13797	834.37	2788.4	1954.1
197	470.15	1.45965	0.0011519	0.13517	838.87	2789.1	1950.2
198	471.15	1.49087	0.0011534	0.13244	843.36	2789.7	1946.4
199	472.15	1.52261	0.0011549	0.12977	847.87	2790.3	1942.5
200	473.15	1.55488	0.0011565	0.12716	852.37	2790.9	1938.6
201	474.15	1.58768	0.0011581	0.12462	856.88	2791.5	1934.6
202	475.15	1.62101	0.0011596	0.12213	861.40	2792.1	1930.7
203	476.15	1.65489	0.0011612	0.11971	865.93	2792.7	1926.7
204	477.15	1.68932	0.0011628	0.11734	870.45	2793.2	1922.8
205	478.15	1.72430	0.0011644	0.11503	874.99	2793.8	1918.8
206	479.15	1.75984	0.0011660	0.11277	879.53	2794.3	1914.7
207	480.15	1.79595	0.0011676	0.11056	884.07	2794.8	1910.7
208	481.15	1.83263	0.0011693	0.10840	888.62	2795.3	1906.6
209	482.15	1.86989	0.0011709	0.10630	893.17	2795.7	1902.6
210	483.15	1.90774	0.0011726	0.10424	897.74	2796.2	1898.5
211	484.15	1.94618	0.0011743	0.10223	902.30	2796.6	1894.3
212	485.15	1.98522	0.0011760	0.10026	906.88	2797.1	1890.2
213	486.15	2.02486	0.0011777	0.098340	911.45	2797.5	1886.0
214	487.15	2.06511	0.0011794	0.096461	916.04	2797.9	1881.8
215	488.15	2.10598	0.0011811	0.094625	920.63	2798.3	1877.6
216	489.15	2.14748	0.0011829	0.092830	925.23	2798.6	1873.4
217	490.15	2.18961	0.0011846	0.091075	929.83	2799.0	1869.1
218	491.15	2.23237	0.0011864	0.089358	934.44	2799.3	1864.9
219	492.15	2.27577	0.0011882	0.087680	939.05	2799.6	1860.6
220	493.15	2.31983	0.0011900	0.086038	943.68	2799.9	1856.2
221	494.15	2.36454	0.0011918	0.084432	948.30	2800.2	1851.9
222	495.15	2.40992	0.0011936	0.082861	952.94	2800.5	1847.5
223	496.15	2.45596	0.0011954	0.081324	957.58	2800.7	1843.1

t/℃	T/K	p/MPa	v'/(m^3/kg)	v''/(m^3/kg)	h'/(kJ/kg)	h''/(kJ/kg)	r/(kJ/kg)
224	497.15	2.50269	0.0011973	0.079820	962.23	2800.9	1838.7
225	498.15	2.55009	0.0011992	0.078349	966.88	2801.2	1834.3
226	499.15	2.59819	0.0012010	0.076909	971.55	2801.4	1829.8
227	500.15	2.64698	0.0012029	0.075500	976.21	2801.5	1825.3
228	501.15	2.69648	0.0012048	0.074121	980.89	2801.7	1820.8
229	502.15	2.74668	0.0012068	0.072771	985.58	2801.8	1816.3
230	503.15	2.79760	0.0012087	0.071450	990.27	2802.0	1811.7
231	504.15	2.84925	0.0012107	0.070156	994.97	2802.1	1807.1
232	505.15	2.90163	0.0012127	0.068890	999.67	2802.2	1802.5
233	506.15	2.95475	0.0012147	0.067649	1004.4	2802.2	1797.9
234	507.15	3.00861	0.0012167	0.066435	1009.1	2802.3	1793.2
235	508.15	3.06323	0.0012187	0.065245	1013.8	2802.3	1788.5
236	509.15	3.11860	0.0012207	0.064081	1018.6	2802.3	1783.8
237	510.15	3.17474	0.0012228	0.062940	1023.3	2802.3	1779.0
238	511.15	3.23165	0.0012249	0.061822	1028.1	2802.3	1774.2
239	512.15	3.28935	0.0012270	0.060727	1032.8	2802.3	1769.4
240	513.15	3.34783	0.0012291	0.059654	1037.6	2802.2	1764.6
241	514.15	3.40711	0.0012312	0.058603	1042.4	2802.1	1759.7
242	515.15	3.46719	0.0012334	0.057574	1047.2	2802.0	1754.9
243	516.15	3.52808	0.0012355	0.056564	1052.0	2801.9	1749.9
244	517.15	3.58979	0.0012377	0.055575	1056.8	2801.8	1745.0
245	518.15	3.65232	0.0012399	0.054606	1061.6	2801.6	1740.0
246	519.15	3.71568	0.0012422	0.053655	1066.4	2801.4	1735.0
247	520.15	3.77988	0.0012444	0.052724	1071.2	2801.2	1730.0
248	521.15	3.84493	0.0012467	0.051811	1076.1	2801.0	1724.9
249	522.15	3.91084	0.0012490	0.050915	1080.9	2800.7	1719.8
250	523.15	3.97760	0.0012513	0.050037	1085.8	2800.4	1714.6
251	524.15	4.04524	0.0012536	0.049177	1090.7	2800.1	1709.5
252	525.15	4.11375	0.0012560	0.048332	1095.5	2799.8	1704.3
253	526.15	4.18314	0.0012584	0.047504	1100.4	2799.5	1699.1
254	527.15	4.25343	0.0012608	0.046692	1105.3	2799.1	1693.8
255	528.15	4.32462	0.0012632	0.045896	1110.2	2798.7	1688.5
256	529.15	4.39672	0.0012656	0.045114	1115.2	2798.3	1683.2
257	530.15	4.46973	0.0012681	0.044348	1120.1	2797.9	1677.8
258	531.15	4.54367	0.0012706	0.043596	1125.0	2797.4	1672.4
259	532.15	4.61853	0.0012731	0.042858	1130.0	2796.9	1666.9
260	533.15	4.69434	0.0012756	0.042134	1134.9	2796.4	1661.5
261	534.15	4.77109	0.0012782	0.041423	1139.9	2795.9	1656.0
262	535.15	4.84880	0.0012808	0.040726	1144.9	2795.3	1650.4
263	536.15	4.92747	0.0012834	0.040041	1149.9	2794.7	1644.8

续表

t/℃	T/K	p/MPa	v'/(m^3/kg)	v''/(m^3/kg)	h'/(kJ/kg)	h''/(kJ/kg)	r/(kJ/kg)
264	537.15	5.00711	0.0012861	0.039369	1154.9	2794.1	1639.2
265	538.15	5.08773	0.0012887	0.038710	1159.9	2793.5	1633.5
266	539.15	5.16934	0.0012914	0.038062	1165.0	2792.8	1627.8
267	540.15	5.25194	0.0012942	0.037427	1170.0	2792.1	1622.1
268	541.15	5.33555	0.0012969	0.036803	1175.1	2791.4	1616.3
269	542.15	5.42017	0.0012997	0.036190	1180.1	2790.6	1610.5
270	543.15	5.50581	0.0013025	0.035588	1185.2	2789.9	1604.6
271	544.15	5.59248	0.0013053	0.034997	1190.3	2789.1	1598.7
272	545.15	5.68018	0.0013082	0.034416	1195.4	2788.2	1592.8
273	546.15	5.76893	0.0013111	0.033846	1200.6	2787.4	1586.8
274	547.15	5.85874	0.0013141	0.033286	1205.7	2786.5	1580.7
275	548.15	5.94960	0.0013170	0.032736	1210.9	2785.5	1574.7
276	549.15	6.04154	0.0013200	0.032196	1216.0	2784.6	1568.5
277	550.15	6.13456	0.0013231	0.031664	1221.2	2783.6	1562.4
278	551.15	6.22867	0.0013261	0.031143	1226.4	2782.6	1556.2
279	552.15	6.32387	0.0013292	0.030630	1231.6	2781.5	1549.9
280	553.15	6.42018	0.0013324	0.030126	1236.8	2780.4	1543.6
281	554.15	6.51760	0.0013356	0.029631	1242.1	2779.3	1537.2
282	555.15	6.61615	0.0013388	0.029144	1247.3	2778.1	1530.8
283	556.15	6.71583	0.0013420	0.028666	1252.6	2777.0	1524.3
284	557.15	6.81665	0.0013453	0.028195	1257.9	2775.7	1517.8
285	558.15	6.91863	0.0013487	0.027733	1263.2	2774.5	1511.3
286	559.15	7.02176	0.0013520	0.027279	1268.5	2773.2	1504.6
287	560.15	7.12606	0.0013554	0.026832	1273.9	2771.8	1498.0
288	561.15	7.23154	0.0013589	0.026392	1279.2	2770.5	1491.2
289	562.15	7.33821	0.0013624	0.025960	1284.6	2769.1	1484.5
290	563.15	7.44607	0.0013659	0.025535	1290.0	2767.6	1477.6
291	564.15	7.55514	0.0013695	0.025117	1295.4	2766.2	1470.7
292	565.15	7.66543	0.0013732	0.024706	1300.9	2764.6	1463.8
293	566.15	7.77695	0.0013769	0.024302	1306.3	2763.1	1456.8
294	567.15	7.88969	0.0013806	0.023904	1311.8	2761.5	1449.7
295	568.15	8.00369	0.0013844	0.023513	1317.3	2759.8	1442.6
296	569.15	8.1189	0.0013882	0.023128	1322.8	2758.2	1435.4
297	570.15	8.2355	0.0013921	0.022749	1328.3	2756.4	1428.1
298	571.15	8.3532	0.0013960	0.022376	1333.9	2754.7	1420.8
299	572.15	8.4723	0.0014000	0.022010	1339.5	2752.9	1413.4
300	573.15	8.5927	0.0014041	0.021649	1345.1	2751.0	1406.0
301	574.15	8.7144	0.0014082	0.021293	1350.7	2749.1	1398.5
302	575.15	8.8374	0.0014123	0.020944	1356.3	2747.2	1390.9
303	576.15	8.9617	0.0014166	0.020600	1362.0	2745.2	1383.2

t/℃	T/K	p/MPa	v'/(m^3/kg)	v''/(m^3/kg)	h'/(kJ/kg)	h''/(kJ/kg)	r/(kJ/kg)
304	577.15	9.0873	0.0014208	0.020261	1367.7	2743.2	1375.5
305	578.15	9.2144	0.0014252	0.019927	1373.4	2741.1	1367.7
306	579.15	9.3427	0.0014296	0.019599	1379.2	2739.0	1359.8
307	580.15	9.4725	0.0014341	0.019275	1384.9	2736.8	1351.9
308	581.15	9.6036	0.0014387	0.018957	1390.7	2734.6	1343.9
309	582.15	9.7361	0.0014433	0.018643	1396.5	2732.3	1335.8
310	583.15	9.8700	0.0014480	0.018334	1402.4	2730.0	1327.6
311	584.15	10.005	0.0014527	0.018029	1408.3	2727.6	1319.4
312	585.15	10.142	0.0014576	0.017730	1414.2	2725.2	1311.0
313	586.15	10.280	0.0014625	0.017434	1420.1	2722.7	1302.6
314	587.15	10.420	0.0014675	0.017143	1426.1	2720.2	1294.1
315	588.15	10.561	0.0014726	0.016856	1432.1	2717.6	1285.5
316	589.15	10.704	0.0014778	0.016573	1438.1	2714.9	1276.8
317	590.15	10.848	0.0014831	0.016294	1444.2	2712.2	1268.0
318	591.15	10.993	0.0014885	0.016019	1450.3	2709.4	1259.1
319	592.15	11.140	0.0014939	0.015747	1456.4	2706.6	1250.2
320	593.15	11.289	0.0014995	0.015480	1462.6	2703.7	1241.1
321	594.15	11.439	0.0015052	0.015216	1468.8	2700.7	1231.9
322	595.15	11.591	0.0015109	0.014956	1475.1	2697.6	1222.6
323	596.15	11.744	0.0015168	0.014699	1481.3	2694.5	1213.1
324	597.15	11.899	0.0015228	0.014445	1487.7	2691.3	1203.6
325	598.15	12.056	0.0015289	0.014195	1494.0	2688.0	1194.0
326	599.15	12.214	0.0015352	0.013948	1500.4	2684.6	1184.2
327	600.15	12.373	0.0015416	0.013704	1506.9	2681.1	1174.2
328	601.15	12.535	0.0015481	0.013463	1513.4	2677.6	1164.2
329	602.15	12.698	0.0015547	0.013225	1519.9	2673.9	1154.0
330	603.15	12.863	0.0015615	0.012989	1526.5	2670.2	1143.6
331	604.15	13.029	0.0015684	0.012757	1533.2	2666.3	1133.1
332	605.15	13.197	0.0015755	0.012527	1539.9	2662.3	1122.5
333	606.15	13.367	0.0015827	0.012300	1546.6	2658.3	1111.7
334	607.15	13.538	0.0015902	0.012076	1553.4	2654.1	1100.7
335	608.15	13.712	0.0015978	0.011854	1560.3	2649.7	1089.5
336	609.15	13.887	0.0016055	0.011635	1567.2	2645.3	1078.1
337	610.15	14.064	0.0016135	0.011418	1574.2	2640.7	1066.6
338	611.15	14.242	0.0016217	0.0011203	1581.2	2636.0	1054.8
339	612.15	14.423	0.0016301	0.010991	1588.3	2631.2	1042.9
340	613.15	14.605	0.0016387	0.010780	1595.5	2626.2	1030.7
341	614.15	14.789	0.0016476	0.010573	1602.7	2621.0	1018.3
342	615.15	14.976	0.0016567	0.010367	1610.1	2615.7	1005.7
343	616.15	15.164	0.0016661	0.010164	1617.5	2610.3	992.8

续表

t/℃	T/K	p/MPa	v'/(m^3/kg)	v''/(m^3/kg)	h'/(kJ/kg)	h''/(kJ/kg)	r/(kJ/kg)
344	617.15	15.354	0.0016758	0.009962	1624.9	2604.7	979.7
345	618.15	15.545	0.0016858	0.009763	1632.5	2598.9	966.4
346	619.15	15.739	0.0016961	0.009566	1640.2	2593.0	952.8
347	620.15	15.935	0.0017067	0.009371	1648.0	2586.9	938.9
348	621.15	16.133	0.0017178	0.009178	1655.8	2580.7	924.8
349	622.15	16.333	0.0017292	0.008988	1663.8	2574.2	910.4
350	623.15	16.535	0.0017411	0.008799	1672.0	2567.7	895.7
351	624.15	16.739	0.0017532	0.008609	1680.4	2560.8	880.3
352	625.15	16.945	0.0017661	0.008420	1689.3	2553.5	864.2
353	626.15	17.154	0.0017796	0.008232	1698.4	2546.1	847.7
354	627.15	17.364	0.0017937	0.008045	1707.5	2538.4	830.9
355	628.15	17.577	0.0018085	0.007859	1716.6	2530.4	813.8
356	629.15	17.792	0.0018241	0.007674	1725.9	2522.1	796.2
357	630.15	18.009	0.0018406	0.007490	1735.2	2513.5	778.3
358	631.15	18.229	0.0018580	0.007306	1744.7	2504.6	759.9
359	632.15	18.451	0.0018764	0.007123	1754.4	2495.2	740.9
360	633.15	18.675	0.0018959	0.006940	1764.2	2485.5	721.3
361	634.15	18.902	0.0019167	0.006757	1774.2	2475.2	701.0
362	635.15	19.131	0.0019388	0.006573	1784.6	2464.4	679.8
363	636.15	19.362	0.0019626	0.006388	1795.3	2453.0	657.8
364	637.15	19.596	0.0019882	0.006201	1806.4	2440.9	634.6
365	638.15	19.833	0.0020160	0.006012	1818.0	2428.0	610.0
366	639.15	20.072	0.0020464	0.005819	1830.2	2414.1	583.9
367	640.15	20.313	0.0020802	0.005621	1843.3	2399.0	555.7
368	641.15	20.557	0.0021181	0.005416	1857.3	2382.4	525.1
369	642.15	20.804	0.0021618	0.005201	1872.8	2363.9	491.1
370	643.15	21.054	0.0022136	0.004973	1890.2	2342.8	452.6
371	644.15	21.306	0.0022778	0.004723	1910.5	2317.9	407.4
372	645.15	21.562	0.0023636	0.004439	1935.6	2287.0	351.4
373	646.15	21.820	0.0024963	0.004084	1970.5	2244.1	273.5
374	647.15	22.081	0.0028426	0.003466	2046.7	2156.2	109.5
374.15	647.30	22.12	0.00317		2107.4		

表 C3 饱和水和饱和蒸汽的热力学基本参数(按压力排列)

p/MPa	t/℃	v'/(m^3/kg)	v''/(m^3/kg)	h'/(kJ/kg)	h''/(kJ/kg)	r/(kJ/kg)
0.0010	6.9828	0.0010001	129.209	29.34	2514.4	2485.0
0.0015	13.0356	0.0010006	87.982	54.71	2525.5	2470.7
0.0020	17.5127	0.0010012	67.006	73.46	2533.6	2460.2
0.0025	21.0963	0.0010020	54.256	88.45	2540.2	2451.7
0.0030	24.0996	0.0010027	45.667	101.00	2545.6	2444.6

续表

p/MPa	t/℃	v'/(m³/kg)	v''/(m³/kg)	h'/(kJ/kg)	h''/(kJ/kg)	r/(kJ/kg)
0.0035	26.6936	0.0010033	39.479	111.85	2550.4	2438.5
0.0040	28.9826	0.0010040	34.802	121.41	2554.5	2433.1
0.0045	31.0348	0.0010046	31.141	129.99	2558.2	2428.2
0.0050	32.8976	0.0010052	28.194	137.77	2561.6	2423.8
0.0055	34.6052	0.0010058	25.771	144.91	2564.7	2419.8
0.0060	36.1832	0.0010064	23.741	151.50	2567.5	2416.0
0.0065	37.6512	0.0010069	22.016	157.64	2570.2	2412.5
0.0070	39.0246	0.0010074	20.531	163.38	2572.6	2409.2
0.0075	40.3156	0.0010079	19.239	168.77	2574.9	2406.2
0.0080	41.5343	0.0010084	18.105	173.86	2577.1	2403.2
0.0085	42.6891	0.0010089	17.100	178.69	2579.2	2400.5
0.0090	43.7867	0.0010094	16.204	183.28	2581.1	2397.9
0.0095	44.8329	0.0010098	15.400	187.65	2583.0	2395.3
0.010	45.8328	0.0010102	14.675	191.83	2584.8	2392.9
0.011	47.7099	0.0010111	13.416	199.68	2588.1	2388.4
0.012	49.4458	0.0010119	12.362	206.94	2591.2	2384.3
0.013	51.0617	0.0010126	11.466	213.70	2594.0	2380.3
0.014	52.5743	0.0010133	10.694	220.02	2596.7	2376.7
0.015	53.9971	0.0010140	10.023	225.97	2599.2	2373.2
0.016	55.3410	0.0010147	9.4331	231.60	2601.6	2370.0
0.017	56.6149	0.0010154	8.9110	236.93	2603.8	2366.9
0.018	57.8264	0.0010160	8.4452	241.99	2605.9	2363.9
0.019	58.9818	0.0010166	8.0272	246.83	2607.9	2361.1
0.020	60.0864	0.0010172	7.6498	251.45	2609.9	2358.4
0.021	61.1450	0.0010178	7.3073	255.88	2611.7	2355.8
0.022	62.1615	0.0010183	6.9951	260.14	2613.5	2353.3
0.023	63.1395	0.0010189	6.7093	264.23	2615.2	2350.9
0.024	64.0819	0.0010194	6.4467	268.18	2616.8	2348.6
0.025	64.9916	0.0010199	6.2045	271.99	2618.3	2346.4
0.026	65.8709	0.0010204	5.9803	275.67	2619.9	2344.2
0.027	66.7220	0.0010209	5.7724	279.24	2621.3	2342.1
0.028	67.5467	0.0010214	5.5788	282.69	2622.7	2340.0
0.029	68.3469	0.0010219	5.3982	286.05	2624.1	2338.1
0.030	69.1240	0.0010223	5.2293	289.30	2625.4	2336.1
0.032	70.6147	0.0010232	4.9223	295.55	2628.0	2332.4
0.034	72.0286	0.0010241	4.6504	301.48	2630.4	2328.9
0.036	73.3740	0.0010249	4.4078	307.12	2632.6	2325.5
0.038	74.6576	0.0010257	4.1900	312.50	2634.8	2322.3
0.040	75.8856	0.0010265	3.9934	317.65	2636.9	2319.2
0.045	78.7432	0.0010284	3.5762	329.64	2641.7	2312.0

p/MPa	t/℃	v'/(m^3/kg)	v''/(m^3/kg)	h'/(kJ/kg)	h''/(kJ/kg)	r/(kJ/kg)
0.050	81.3453	0.0010301	3.2402	340.56	2646.0	2305.4
0.055	83.7375	0.0010317	2.9636	350.61	2649.9	2299.3
0.060	85.9539	0.0010333	2.7318	359.93	2653.6	2293.6
0.065	88.0209	0.0010347	2.5346	368.62	2656.9	2288.3
0.070	89.9591	0.0010361	2.3647	376.77	2660.1	2283.3
0.075	91.7851	0.0010375	2.2169	384.45	2663.0	2278.6
0.080	93.5124	0.0010387	2.0870	391.72	2665.8	2274.0
0.085	95.1520	0.0010400	1.9719	398.63	2668.4	2269.8
0.090	96.7134	0.0010412	1.8692	405.21	2670.0	2265.6
0.095	98.2044	0.0010423	1.7770	411.49	2673.2	2261.7
0.10	99.632	0.0010434	1.6937	417.51	2675.4	2257.9
0.11	102.317	0.0010455	1.5492	428.84	2679.6	2250.8
0.12	104.808	0.0010476	1.4281	439.36	2683.4	2244.1
0.13	107.133	0.0010495	1.3251	449.19	2687.0	2237.8
0.14	109.315	0.0010513	1.2363	458.42	2690.3	2231.9
0.15	111.372	0.0010530	1.1590	467.13	2693.4	2226.2
0.16	113.320	0.0010547	1.0911	475.38	2696.2	2220.9
0.17	115.170	0.0010563	1.0309	483.22	2699.0	2215.7
0.18	116.933	0.0010579	0.97723	490.70	2701.5	2210.8
0.19	118.617	0.0010594	0.92900	497.85	2704.0	2206.1
0.20	120.231	0.0010608	0.88544	504.70	2706.3	2201.6
0.21	121.780	0.0010623	0.84590	511.29	2708.5	2197.2
0.22	123.270	0.0010636	0.80984	517.62	2710.6	2193.0
0.23	124.705	0.0010650	0.77681	523.73	2712.6	2188.9
0.24	126.091	0.0010663	0.74645	529.63	2714.5	2184.9
0.25	127.430	0.0010675	0.71844	535.34	2716.4	2181.0
0.26	128.727	0.0010688	0.69251	540.87	2718.2	2177.3
0.27	129.984	0.0010700	0.66844	546.24	2719.9	2173.6
0.28	131.203	0.0010712	0.64604	551.44	2721.5	2170.1
0.29	132.388	0.0010724	0.62513	556.51	2723.1	2166.6
0.30	133.540	0.0010735	0.60556	561.43	2724.7	2163.2
0.31	134.661	0.0010746	0.58722	566.23	2726.1	2159.9
0.32	135.754	0.0010757	0.56999	570.90	2727.6	2156.7
0.33	136.819	0.0010768	0.55376	575.46	2729.0	2153.5
0.34	137.858	0.0010779	0.53846	579.92	2730.3	2150.4
0.35	138.873	0.0010789	0.52400	584.27	2731.6	2147.4
0.36	139.865	0.0010799	0.51032	588.53	2732.9	2144.4
0.37	140.835	0.0010809	0.49736	592.69	2734.1	2141.4
0.38	141.784	0.0010819	0.48505	596.76	2735.3	2138.6
0.39	142.713	0.0010829	0.47336	600.76	2736.5	2135.7

续表

p/MPa	t/℃	v'/(m³/kg)	v''/(m³/kg)	h'/(kJ/kg)	h''/(kJ/kg)	r/(kJ/kg)
0.40	143.623	0.0010839	0.46222	604.67	2737.6	2133.0
0.41	144.515	0.0010848	0.45162	608.51	2738.7	2130.2
0.42	145.390	0.0010858	0.44150	612.27	2739.8	2127.5
0.43	146.248	0.0010867	0.43184	615.97	2740.9	2124.9
0.44	147.090	0.0010876	0.42260	619.60	2741.9	2122.3
0.45	147.917	0.0010885	0.41375	623.16	2742.9	2119.7
0.46	148.729	0.0010894	0.10528	626.67	2743.9	2117.2
0.47	149.528	0.0010903	0.39716	630.11	2744.8	2114.7
0.48	150.313	0.0010911	0.38936	633.50	2745.7	2112.2
0.49	151.084	0.0010920	0.38188	636.83	2746.6	2109.8
0.50	151.844	0.0010928	0.37468	640.12	2747.5	2107.4
0.52	153.327	0.0010945	0.36108	646.53	2749.3	2102.7
0.54	154.765	0.0010961	0.34846	652.76	2750.9	2098.1
0.56	156.161	0.0010977	0.00671	658.81	2752.5	2093.3
0.58	157.518	0.0010993	0.32574	664.69	2754.0	2089.3
0.60	158.838	0.0011009	0.31547	670.42	2755.5	2085.0
0.62	160.123	0.0011024	0.30585	676.01	2756.9	2080.9
0.64	161.376	0.0011039	0.29681	681.46	2758.2	2076.8
0.66	162.598	0.0011053	0.28830	686.78	2759.5	2072.7
0.68	163.791	0.0011068	0.28027	691.98	2760.8	2068.8
0.70	164.956	0.0011082	0.27268	697.06	2762.0	2064.9
0.72	166.095	0.0011096	0.26550	702.04	2763.2	2061.1
0.74	167.209	0.0011110	0.25870	706.90	2764.3	2057.4
0.76	168.300	0.0011123	0.25224	711.68	2765.4	2053.7
0.78	169.368	0.0011137	0.24610	716.35	2766.4	2050.1
0.80	170.415	0.0011150	0.24026	720.94	2767.5	2046.5
0.82	171.441	0.0011163	0.23469	725.44	2768.5	2043.0
0.84	172.448	0.0011176	0.22938	729.85	2769.4	2039.6
0.86	173.436	0.0011188	0.22430	734.19	2770.4	2036.2
0.88	174.405	0.0011201	0.21945	738.45	2771.3	2032.8
0.90	175.358	0.0011213	0.21481	742.64	2772.1	2029.5
0.92	176.294	0.0011226	0.21036	746.77	2773.0	2026.2
0.94	177.214	0.0011238	0.20610	750.82	2773.8	2023.0
0.96	178.119	0.0011250	0.20201	754.81	2774.6	2019.8
0.98	179.009	0.0011262	0.19807	758.74	2775.4	2016.7
1.00	179.884	0.0011274	0.19429	762.61	2776.2	2013.6
1.05	182.015	0.0011303	0.18545	772.03	2778.0	2005.9
1.10	184.067	0.0011331	0.17738	781.13	2779.7	1998.5
1.15	186.048	0.0011359	0.16999	789.92	2781.3	1991.3
1.20	187.961	0.0011386	0.16320	798.43	2782.7	1984.3

续表

p/MPa	t/℃	v'/(m³/kg)	v''/(m³/kg)	h'/(kJ/kg)	h''/(kJ/kg)	r/(kJ/kg)
1.25	189.814	0.0011412	0.15693	806.69	2784.1	1997.4
1.30	191.609	0.0011438	0.15113	814.70	2785.4	1970.7
1.35	193.350	0.0011464	0.14574	822.49	2786.6	1964.2
1.40	195.042	0.0011489	0.14072	830.07	2787.8	1957.7
1.45	196.688	0.0011514	0.13604	837.46	2788.9	1951.4
1.50	198.289	0.0011539	0.13166	844.67	2789.9	1945.2
1.55	199.850	0.0011563	0.12755	851.70	2790.8	1939.2
1.60	201.372	0.0011586	0.12369	858.56	2791.7	1933.2
1.65	202.857	0.0011610	0.12005	865.28	2792.6	1927.3
1.70	204.307	0.0011633	0.11662	871.84	2793.4	1921.5
1.75	205.725	0.0011656	0.11338	878.28	2794.1	1915.9
1.80	207.111	0.0011678	0.11032	884.57	2794.8	1910.3
1.85	208.468	0.0011701	0.10741	890.75	2795.5	1904.7
1.90	209.797	0.0011723	0.10465	896.81	2796.1	1899.3
1.95	211.099	0.0011744	0.10203	902.75	2796.7	1893.9
2.00	212.375	0.0011766	0.099536	908.59	2797.2	1888.6
2.05	213.626	0.0011787	0.097158	914.33	2797.7	1883.4
2.10	214.855	0.0011809	0.094890	919.96	2798.2	1878.2
2.15	216.060	0.0011830	0.092723	925.50	2798.6	1873.1
2.20	217.244	0.0011850	0.090652	930.95	2799.1	1868.1
2.25	218.408	0.0011871	0.088669	936.32	2799.4	1863.1
2.30	219.552	0.0011892	0.086769	941.60	2799.8	1858.2
2.35	220.676	0.0011912	0.084948	946.81	2800.1	1853.3
2.40	221.783	0.0011932	0.083199	951.93	2800.4	1848.5
2.45	222.871	0.0011952	0.081520	956.98	2800.7	1843.7
2.50	223.943	0.0011972	0.079905	961.96	2800.9	1839.0
2.55	224.998	0.0011991	0.078352	966.88	2801.2	1834.3
2.60	226.037	0.0012011	0.076856	971.72	2801.4	1829.6
2.65	227.061	0.0012031	0.075415	976.50	2801.6	1825.0
2.70	228.071	0.0012050	0.074025	981.22	2801.7	1820.5
2.75	229.066	0.0012069	0.072684	985.88	2801.9	1816.0
2.80	230.047	0.0012088	0.071389	990.49	2802.0	1811.5
2.85	231.014	0.0012107	0.070138	995.03	2802.1	1807.0
2.90	231.969	0.0012126	0.068928	999.53	2802.2	1802.6
2.95	232.911	0.0012145	0.067758	1003.97	2802.2	1798.2
3.0	233.841	0.0012163	0.066626	1008.4	2802.3	1793.9
3.1	235.666	0.0012200	0.064467	1017.0	2802.3	1785.4
3.2	237.445	0.0012237	0.062439	1025.4	2802.3	1776.9
3.3	239.183	0.0012274	0.060529	1033.7	2802.3	1768.6
3.4	240.881	0.0012310	0.058728	1041.8	2802.1	1760.3

续表

p/MPa	t/℃	v'/(m³/kg)	v''/(m³/kg)	h'/(kJ/kg)	h''/(kJ/kg)	r/(kJ/kg)
3.5	242.540	0.0012345	0.057025	1049.8	2802.0	1752.2
3.6	244.164	0.0012381	0.055415	1057.6	2801.7	1744.2
3.7	245.754	0.0012416	0.053888	1065.2	2801.4	1736.2
3.8	247.311	0.0012451	0.052438	1072.7	2801.1	1728.4
3.9	248.836	0.0012486	0.051061	1080.1	2800.8	1720.6
4.0	250.333	0.0012521	0.049749	1087.4	2800.3	1712.9
4.1	251.800	0.0012555	0.048500	1094.6	2799.9	1705.8
4.2	253.241	0.0012589	0.047307	1101.6	2799.4	1697.8
4.3	254.656	0.0012623	0.046168	1108.5	2798.9	1690.3
4.4	256.045	0.0012657	0.045079	1115.4	2798.3	1682.9
4.5	257.411	0.0012691	0.044037	1122.1	2797.7	1675.6
4.6	258.754	0.0012725	0.043038	1123.8	2797.0	1668.8
4.7	260.074	0.0012758	0.042081	1135.8	2796.4	1661.1
4.8	261.373	0.0012792	0.041161	1141.8	2795.7	1653.9
4.9	262.652	0.0012825	0.040278	1148.2	2794.9	1646.8
5.0	263.911	0.0012858	0.039429	1154.5	2794.2	1639.7
5.1	265.151	0.0012891	0.038611	1160.7	2793.4	1632.7
5.2	266.373	0.0012924	0.037824	1166.9	2792.6	1625.7
5.3	267.576	0.0012957	0.037066	1172.9	2791.7	1618.8
5.4	268.763	0.0012990	0.036334	1178.9	2790.8	1611.9
5.5	269.933	0.0013023	0.035628	1184.9	2789.9	1605.0
5.6	271.086	0.0013056	0.034946	1190.8	2789.0	1598.2
5.7	272.224	0.0013089	0.034288	1196.6	2788.0	1591.4
5.8	273.347	0.0013121	0.033651	1202.4	2787.0	1584.7
5.9	274.456	0.0013154	0.033034	1208.1	2786.0	1578.0
6.0	275.550	0.0013187	0.032438	1213.7	2785.0	1571.3
6.1	276.630	0.0013219	0.031860	1219.3	2783.9	1564.7
6.2	277.697	0.0013252	0.031300	1224.8	2782.9	1558.0
6.3	278.750	0.0013285	0.030757	1230.3	2781.8	1551.5
6.4	279.791	0.0013317	0.030230	1235.8	2780.6	1544.9
6.5	280.820	0.0013350	0.029719	1241.1	2779.5	1538.4
6.6	281.837	0.0013383	0.029223	1246.5	2778.3	1531.8
6.7	282.842	0.0013415	0.028741	1251.8	2777.1	1525.4
6.8	283.836	0.0013448	0.028272	1257.0	2775.9	1518.9
6.9	284.818	0.0013481	0.027817	1262.2	2774.7	1512.5
7.0	285.790	0.0013513	0.027373	1267.4	2773.5	1506.0
7.1	286.751	0.0013546	0.026942	1272.6	2772.2	1499.6
7.2	287.702	0.0013579	0.026522	1277.6	2770.9	1493.2
7.3	288.643	0.0013611	0.026113	1282.7	2769.6	1486.9
7.4	289.574	0.0013644	0.025715	1287.7	2768.3	1480.5

p/MPa	t/℃	v'/(m³/kg)	v''/(m³/kg)	h'/(kJ/kg)	h''/(kJ/kg)	r/(kJ/kg)
7.5	290.496	0.0013677	0.025327	1292.7	2766.9	1474.2
7.6	291.408	0.0013710	0.024949	1297.6	2765.5	1467.9
7.7	292.311	0.0013743	0.024580	1302.6	2764.2	1461.6
7.8	293.205	0.0013776	0.024220	1307.4	2762.8	1455.3
7.9	294.091	0.0013809	0.023868	1312.3	2761.3	1449.0
8.0	294.968	0.0013842	0.023525	1317.1	2759.9	1442.8
8.1	295.836	0.0013876	0.023190	1321.9	2758.4	1436.6
8.2	296.697	0.0013909	0.022863	1326.6	2757.0	1430.3
8.3	297.549	0.0013942	0.022544	1331.4	2755.5	1424.1
8.4	298.394	0.0013976	0.022231	1336.1	2754.0	1417.9
8.5	299.231	0.0014009	0.021926	1340.7	2752.5	1411.7
8.6	300.069	0.0014043	0.021627	1345.4	2750.0	1405.5
8.7	300.882	0.0014077	0.021335	1350.0	2749.4	1399.3
8.8	301.097	0.0014111	0.021049	1354.6	2747.8	1393.2
8.9	302.505	0.0014145	0.020769	1359.2	2746.2	1387.0
9.0	303.306	0.0014179	0.020495	1363.7	2744.6	1380.9
9.1	304.100	0.0014213	0.020227	1368.3	2743.0	1374.7
9.2	304.888	0.0014247	0.019964	1372.8	2741.3	1368.6
9.3	305.668	0.0014281	0.019707	1377.2	2739.7	1362.5
9.4	306.443	0.0014316	0.019455	1381.7	2738.0	1356.3
9.5	307.211	0.0014351	0.019208	1386.1	2736.4	1350.2
9.6	307.973	0.0014385	0.018965	1390.6	2734.7	1344.1
9.7	308.729	0.0014420	0.018728	1395.0	2733.0	1338.0
9.8	309.479	0.0014455	0.018494	1399.3	2731.2	1331.9
9.9	310.222	0.0014490	0.018266	1403.7	2729.5	1325.8
10.0	310.961	0.0014526	0.018041	1408.0	2727.7	1319.7
10.2	312.420	0.0014597	0.017605	1416.7	2724.2	1307.5
10.4	313.858	0.0014668	0.017184	1425.2	2720.6	1295.3
10.6	315.274	0.0014741	0.016778	1433.7	2716.9	1283.1
10.8	316.670	0.0014814	0.016385	1442.2	2713.1	1270.9
11.0	318.045	0.0014887	0.016006	1450.6	2709.3	1258.7
11.2	319.402	0.0014962	0.015639	1458.9	2705.4	1246.5
11.4	320.740	0.0015037	0.015284	1467.2	2701.5	1234.3
11.6	322.059	0.0015113	0.014940	1475.4	2697.4	1222.0
11.8	323.361	0.0015190	0.014607	1483.6	2693.3	1209.7
12.0	324.646	0.0015268	0.014283	1491.8	2689.2	1197.4
12.2	325.914	0.0015346	0.013969	1499.9	2684.9	1185.0
12.4	327.165	0.0015426	0.013664	1508.0	2680.6	1172.6
12.6	328.401	0.0015507	0.013367	1516.0	2676.1	1160.1
12.8	329.622	0.0015589	0.013078	1524.0	2671.6	1147.6
13.0	330.827	0.0015672	0.012797	1532.0	2667.0	1135.0
13.2	332.018	0.0015756	0.012523	1540.0	2662.3	1122.3
13.4	333.194	0.0015842	0.012256	1547.9	2657.4	1109.5
13.6	334.357	0.0015928	0.011996	1555.8	2652.5	1096.7
13.8	335.506	0.0016017	0.011743	1563.8	2647.5	1083.8

续表

p/MPa	t/℃	v'/(m^3/kg)	v''/(m^3/kg)	h'/(kJ/kg)	h''/(kJ/kg)	r/(kJ/kg)
14.0	336.642	0.0016106	0.011495	1571.6	2642.4	1070.7
14.2	337.764	0.0016197	0.011253	1579.5	2637.1	1057.6
14.4	338.874	0.0016290	0.011017	1587.4	2631.8	1044.4
14.6	339.972	0.0016385	0.010786	1595.3	2626.3	1031.0
14.8	341.057	0.0016481	0.010561	1603.1	2620.7	1017.6
15.0	342.131	0.0016579	0.010340	1611.0	2615.0	1004.0
15.2	343.193	0.0016679	0.010125	1618.9	2609.2	990.3
15.4	344.243	0.0016782	0.009914	1626.8	2603.3	976.5
15.6	345.282	0.0016886	0.009707	1634.7	2597.3	962.6
15.8	346.311	0.0016993	0.009505	1642.6	2591.1	948.5
16.0	347.328	0.0017103	0.009308	1650.5	2584.9	934.3
16.2	348.336	0.0017216	0.009114	1658.5	2578.5	920.0
16.4	349.332	0.0017331	0.008925	1666.5	2572.1	905.5
16.6	350.319	0.0017448	0.008738	1674.5	2565.5	891.0
16.8	351.296	0.0017570	0.008553	1683.0	2558.6	875.6
17.0	352.263	0.0017696	0.008371	1691.7	2551.6	859.9
17.2	353.220	0.0017826	0.008191	1700.4	2544.4	844.1
17.4	354.168	0.0017961	0.008014	1709.0	2537.1	828.1
17.6	355.107	0.0018101	0.007839	1717.6	2529.5	811.9
17.8	356.036	0.0018247	0.007667	1726.2	2521.8	795.6
18.0	356.957	0.0018399	0.007498	1734.8	2513.9	779.1
18.2	357.869	0.0018556	0.007330	1743.5	2505.8	762.3
18.4	358.772	0.0018721	0.007165	1752.1	2497.4	745.3
18.6	359.666	0.0018893	0.007001	1760.9	2488.8	727.9
18.8	360.553	0.0019072	0.006839	1769.7	2479.9	710.1
19.0	361.431	0.0019260	0.006678	1778.7	2470.6	692.0
19.2	362.301	0.0019458	0.006517	1787.8	2461.1	673.3
19.4	363.163	0.0019666	0.006358	1797.0	2451.1	654.1
19.6	364.017	0.0019886	0.006198	1806.6	2440.7	634.2
19.8	364.863	0.0020120	0.006038	1816.3	2429.8	613.5
20.0	365.702	0.0020370	0.005877	1826.5	2418.4	591.9
20.2	366.533	0.0020639	0.005714	1837.0	2406.2	569.2
20.4	367.357	0.0020931	0.005548	1848.1	2393.3	545.1
20.6	368.173	0.0021252	0.005379	1859.9	2379.4	519.5
20.8	368.982	0.0021610	0.005205	1872.5	2364.2	491.7
21.0	369.784	0.0022015	0.005023	1886.3	2347.6	461.3
21.2	370.580	0.0022488	0.004831	1901.5	2328.9	427.4
21.4	371.368	0.0023061	0.004624	1919.0	2307.4	388.4
21.6	372.149	0.0023793	0.004392	1940.0	2281.6	341.6
21.8	372.924	0.0024832	0.004115	1967.2	2248.0	280.8
22.0	373.692	0.0026713	0.003728	2011.1	2195.6	184.5
22.12	374.15	0.00317		2107.4		

表 C4 水和过热蒸汽热力学基本参数

t /℃	0. 10MPa t_s=99. 632℃		0. 12MPa t_s=104. 808℃		0. 14MPa t_s=109. 315℃		0. 16MPa t_s=113. 320℃		0. 18MPa t_s=116. 993℃		0. 20MPa t_s=120. 231℃	
	v' 0. 0010434 v'' 1. 6937 /(m³/kg)	h' 417. 51 h'' 2675. 4 /(kJ/kg)	v' 0. 0010476 v'' 1. 4281 /(m³/kg)	h' 439. 36 h'' 2683. 5 /(kJ/kg)	v' 0. 0010513 v'' 1. 2363 /(m³/kg)	h' 458. 42 h'' 2690. 3 /(kJ/kg)	v' 0. 0010547 v'' 1. 0911 /(m³/kg)	h' 475. 38 h'' 2696. 2 /(kJ/kg)	v' 0. 0010579 v'' 0. 9772 /(m³/kg)	h' 490. 70 h'' 2701. 5 /(kJ/kg)	v' 0. 0010608 v'' 0. 88544 /(m³/kg)	h' 504. 70 h'' 2706. 3 /(kJ/kg)
0	0. 0010002	0. 06	0. 0010002	0. 08	0. 0010002	0. 10	0. 0010001	0. 12	0. 0010001	0. 14	0. 0010001	0. 16
10	0. 0010002	42. 09	0. 0010002	42. 11	0. 0010002	42. 13	0. 0010002	42. 15	0. 0010002	42. 17	0. 0010002	42. 19
20	0. 0010017	83. 95	0. 0010017	83. 97	0. 0010017	83. 99	0. 0010017	84. 01	0. 0010016	84. 03	0. 0010016	84. 05
30	0. 0010043	125. 75	0. 0010043	125. 77	0. 0010042	125. 79	0. 0010042	125. 81	0. 0010042	125. 82	0. 0010042	125. 84
40	0. 0010078	167. 53	0. 0010078	167. 55	0. 0010078	167. 57	0. 0010077	167. 59	0. 0010077	167. 60	0. 0010077	167. 62
50	0. 0010121	209. 33	0. 0010121	209. 35	0. 0010121	209. 37	0. 0010120	209. 38	0. 0010120	209. 40	0. 0010120	209. 42
60	0. 0010171	251. 16	0. 0010171	251. 18	0. 0010171	251. 19	0. 0010171	251. 21	0. 0010171	251. 23	0. 0010171	251. 24
70	0. 0010228	293. 03	0. 0010228	293. 05	0. 0010228	293. 06	0. 0010228	293. 08	0. 0010228	293. 09	0. 0010228	293. 11
80	0. 0010292	334. 96	0. 0010292	334. 97	0. 0010291	334. 99	0. 0010291	335. 01	0. 0010291	335. 02	0. 0010291	335. 04
90	0. 0010361	376. 96	0. 0010361	376. 98	0. 0010361	376. 99	0. 0010361	377. 01	0. 0010361	377. 03	0. 0010361	377. 04
100	1. 6955	2676. 2	0. 0010437	419. 08	0. 0010437	419. 09	0. 0010437	419. 11	0. 0010437	419. 12	0. 0010437	419. 14
110	1. 7443	2696. 4	1. 4494	2694. 1	1. 2388	2691. 7	0. 0010519	461. 33	0. 0010518	461. 34	0. 0010518	461. 36
120	1. 7927	2716. 5	1. 4901	2714. 4	1. 2740	2712. 3	1. 1119	2710. 1	0. 9858	2708. 0	0. 0010606	503. 72
130	1. 8408	2736. 5	1. 5306	2734. 6	1. 3090	2732. 7	1. 1428	2730. 8	1. 0135	2728. 9	0. 91000	2726. 9
140	1. 8886	2756. 4	1. 5708	2754. 7	1. 3437	2753. 0	1. 1734	2751. 3	1. 0409	2749. 6	0. 93488	2747. 8
150	1. 9363	2776. 3	1. 6107	2774. 8	1. 3782	2773. 2	1. 2038	2771. 7	1. 0681	2770. 1	0. 95954	2768. 5
160	1. 9838	2796. 2	1. 6505	2794. 8	1. 4125	2793. 4	1. 2340	2792. 0	1. 0951	2790. 5	0. 98400	2789. 1
170	2. 0311	2816. 0	1. 6902	2814. 7	1. 4467	2813. 4	1. 2640	2812. 2	1. 1220	2810. 9	1. 00830	2809. 6
180	2. 0783	2835. 8	1. 7297	2834. 6	1. 4807	2833. 5	1. 2939	2832. 3	1. 1487	2831. 1	1. 03245	2830. 0
190	2. 1254	2855. 6	1. 7691	2854. 5	1. 5146	2853. 5	1. 3237	2852. 4	1. 1753	2851. 3	1. 05648	2850. 3
200	2. 1723	2875. 4	1. 8084	2874. 4	1. 5484	2873. 4	1. 3534	2872. 4	1. 2017	2871. 5	1. 08040	2870. 5
210	2. 2192	2895. 2	1. 8476	2894. 3	1. 5821	2893. 4	1. 3830	2892. 5	1. 2281	2891. 6	1. 10424	2890. 7
220	2. 2660	2915. 0	1. 8867	2914. 1	1. 6157	2913. 3	1. 4125	2912. 5	1. 2544	2911. 7	1. 12799	2910. 8
230	2. 3128	2934. 8	1. 9257	2934. 0	1. 6493	2933. 3	1. 4420	2932. 5	1. 2807	2931. 7	1. 15167	2931. 0
240	2. 3595	2954. 6	1. 9647	2953. 9	1. 6828	2953. 2	1. 4713	2952. 5	1. 3069	2951. 8	1. 17530	2951. 1
250	2. 4061	2974. 5	2. 0037	2973. 9	1. 7163	2973. 2	1. 5007	2972. 5	1. 3330	2971. 9	1. 19887	2971. 2
260	2. 4527	2994. 4	2. 0426	2993. 8	1. 7497	2993. 2	1. 5300	2992. 6	1. 3591	2992. 0	1. 22240	2991. 4
270	2. 4993	3014. 4	2. 0815	3013. 8	1. 7831	3013. 2	1. 5592	3012. 7	1. 3852	3012. 1	1. 24589	3011. 5
280	2. 5458	3034. 4	2. 1203	3033. 8	1. 8164	3033. 3	1. 5885	3032. 7	1. 4112	3032. 2	1. 26934	3031. 7
290	2. 5923	3054. 4	2. 1591	3053. 9	1. 8497	3053. 4	1. 6176	3052. 9	1. 4372	3052. 4	1. 29277	3051. 9

t /℃	0. 10MPa t_s=99. 632℃		0. 12MPa t_s=104. 808℃		0. 14MPa t_s=109. 315℃		0. 16MPa t_s=113. 320℃		0. 18MPa t_s=116. 993℃		0. 20MPa t_s=120. 231℃	
	v' 0. 0010434 v'' 1. 6937 /(m³/kg)	h' 417. 51 h'' 2675. 4 /(kJ/kg)	v' 0. 0010476 v'' 1. 4281 /(m³/kg)	h' 439. 36 h'' 2683. 5 /(kJ/kg)	v' 0. 0010513 v'' 1. 2363 /(m³/kg)	h' 458. 42 h'' 2690. 3 /(kJ/kg)	v' 0. 0010547 v'' 1. 0911 /(m³/kg)	h' 475. 38 h'' 2696. 2 /(kJ/kg)	v' 0. 0010579 v'' 0. 9772 /(m³/kg)	h' 490. 70 h'' 2701. 5 /(kJ/kg)	v' 0. 0010608 v'' 0. 88544 /(m³/kg)	h' 504. 70 h'' 2706. 3 /(kJ/kg)
300	2. 6387	3074. 5	2. 1979	3074. 0	1. 8830	3073. 5	1. 6468	3073. 0	1. 4631	3072. 6	1. 31616	3072. 1
310	2. 6852	3094. 6	2. 2366	3094. 1	1. 9163	3093. 7	1. 6760	3093. 2	1. 4891	3092. 8	1. 33954	3092. 3
320	2. 7316	3114. 8	2. 2754	3114. 3	1. 9495	3113. 9	1. 7051	3113. 5	1. 5150	3113. 1	1. 36289	3112. 6
330	2. 7780	3135. 0	2. 3141	3134. 6	1. 9827	3134. 2	1. 7342	3133. 8	1. 5409	3133. 4	1. 38622	3133. 0
340	2. 8244	3155. 3	2. 3528	3154. 9	2. 0159	3154. 5	1. 7633	3154. 1	1. 5667	3153. 7	1. 40954	3153. 3
350	2. 8708	3175. 6	2. 3915	3175. 3	2. 0491	3174. 9	1. 7923	3174. 5	1. 5926	3174. 1	1. 43284	3173. 8
360	2. 9172	3196. 0	2. 4301	3195. 7	2. 0823	3195. 3	1. 8214	3195. 0	1. 6185	3194. 6	1. 45613	3194. 2
370	2. 9635	3216. 5	2. 4688	3216. 1	2. 1154	3215. 8	1. 8504	3215. 5	1. 6443	3215. 1	1. 47940	3214. 8
380	3. 0098	3237. 0	2. 5075	3236. 7	2. 1486	3236. 3	1. 8795	3236. 0	1. 6701	3235. 7	1. 50267	3235. 4
390	3. 0562	3257. 6	2. 5461	3257. 3	2. 1817	3256. 9	1. 9085	3256. 6	1. 6959	3256. 3	1. 52592	3256. 0
400	3. 1025	3278. 2	2. 5847	3277. 9	2. 2149	3277. 6	1. 9375	3277. 3	1. 7218	3277. 0	1. 54916	3276. 7
410	3. 1488	3298. 9	2. 6233	3298. 6	2. 2480	3298. 3	1. 9665	3298. 0	1. 7476	3297. 7	1. 57240	3297. 4
420	3. 1951	3319. 7	2. 6619	3319. 4	2. 2811	3319. 1	1. 9955	3318. 8	1. 7733	3318. 5	1. 59563	3318. 3
430	3. 2414	3340. 5	2. 7006	3340. 2	2. 3142	3340. 0	2. 0245	3339. 7	1. 7991	3339. 4	1. 61885	3339. 1
440	3. 2877	3361. 4	2. 7391	3361. 1	2. 3473	3360. 9	2. 0535	3360. 6	1. 8249	3360. 3	1. 64206	3360. 1
450	3. 3340	3382. 4	2. 7777	3382. 1	2. 3804	3381. 8	2. 0824	3381. 6	1. 8507	3381. 3	1. 66527	3381. 1
460	3. 3803	3403. 4	2. 8163	3403. 1	2. 4135	3402. 9	2. 1114	3402. 6	1. 8764	3402. 4	1. 68847	3402. 1
470	3. 4265	3424. 5	2. 8549	3424. 2	2. 4466	3424. 0	2. 1404	3423. 8	1. 9022	3423. 5	1. 71167	3423. 3
480	3. 4728	3445. 6	2. 8935	3445. 4	2. 4797	3445. 2	2. 1693	3444. 9	1. 9280	3444. 7	1. 73486	3444. 5
490	3. 5191	3466. 9	2. 9321	3466. 6	2. 5128	3466. 4	2. 1983	3466. 2	1. 9537	3465. 9	1. 75805	3465. 7
500	3. 5653	3488. 1	2. 9706	3487. 9	2. 5458	3487. 7	2. 2273	3487. 5	1. 9795	3487. 3	1. 78123	3487. 0
510	3. 6116	3509. 5	3. 0092	3509. 3	2. 5789	3509. 1	2. 2562	3508. 9	2. 0052	3508. 7	1. 80441	3508. 4
520	3. 6578	3530. 9	3. 0477	3530. 7	2. 6120	3530. 5	2. 2851	3530. 3	2. 0309	3530. 1	1. 82758	3529. 9
530	3. 7041	3552. 4	3. 0863	3552. 2	2. 6450	3552. 0	2. 3141	3551. 8	2. 0567	3551. 6	1. 85075	3551. 4
540	3. 7503	3574. 0	3. 1248	3573. 8	2. 6781	3573. 6	2. 3430	3573. 4	2. 0824	3573. 2	1. 87392	3573. 0
550	3. 7965	3595. 6	3. 1634	3595. 4	2. 7111	3595. 2	2. 3719	3595. 0	2. 1081	3594. 9	1. 89708	3594. 7
560	3. 8428	3617. 3	3. 2019	3617. 1	2. 7442	3616. 9	2. 4009	3616. 8	2. 1339	3616. 6	1. 92024	3616. 4

续表

t /℃	0. 22MPa t_s=123. 270℃		0. 24MPa t_s=126. 091℃		0. 26MPa t_s=128. 727℃		0. 28MPa t_s=131. 203℃		0. 30MPa t_s=133. 540℃		0. 32MPa t_s=135. 754℃	
	v' 0. 0010636 v'' 0. 80984 /(m³/kg)	h' 517. 62 h'' 2710. 6 /(kJ/kg)	v' 0. 0010663 v'' 0. 74645 /(m³/kg)	h' 529. 63 h'' 2714. 5 /(kJ/kg)	v' 0. 0010688 v'' 0. 69251 /(m³/kg)	h' 540. 87 h'' 2718. 2 /(kJ/kg)	v' 0. 0010712 v'' 0. 64604 /(m³/kg)	h' 551. 44 h'' 2721. 5 /(kJ/kg)	v' 0. 0010735 v'' 0. 60556 /(m³/kg)	h' 561. 43 h'' 2724. 7 /(kJ/kg)	v' 0. 0010757 v'' 0. 56999 /(m³/kg)	h' 570. 90 h'' 2727. 6 /(kJ/kg)
0	0. 0010001	0. 18	0. 0010001	0. 20	0. 0010001	0. 22	0. 0010001	0. 24	0. 0010001	0. 26	0. 0010001	0. 29
10	0. 0010001	42. 21	0. 0010001	42. 23	0. 0010001	42. 25	0. 0010001	42. 27	0. 0010001	42. 29	0. 0010001	42. 31
20	0. 0010016	84. 07	0. 0010016	84. 09	0. 0010016	84. 10	0. 0010016	84. 12	0. 0010016	84. 14	0. 0010016	84. 16
30	0. 0010042	125. 86	0. 0010042	125. 88	0. 0010042	125. 90	0. 0010042	125. 91	0. 0010042	125. 93	0. 0010042	125. 95
40	0. 0010077	167. 64	0. 0010077	167. 66	0. 0010077	167. 68	0. 0010077	167. 69	0. 0010077	167. 71	0. 0010077	167. 73
50	0. 0010120	209. 43	0. 0010120	209. 45	0. 0010120	209. 47	0. 0010120	209. 49	0. 0010120	209. 50	0. 0010120	209. 52
60	0. 0010171	251. 26	0. 0010170	251. 28	0. 0010170	251. 29	0. 0010170	251. 31	0. 0010170	251. 33	0. 0010170	251. 34
70	0. 0010228	293. 13	0. 0010228	293. 14	0. 0010227	293. 16	0. 0010227	293. 18	0. 0010227	293. 19	0. 0010227	293. 21
80	0. 0010291	335. 05	0. 0010291	335. 07	0. 0010291	335. 09	0. 0010291	335. 10	0. 0010291	335. 12	0. 0010291	335. 13
90	0. 0010361	377. 06	0. 0010361	377. 07	0. 0010361	377. 09	0. 0010360	377. 10	0. 0010360	377. 12	0. 0010360	377. 13
100	0. 0010436	419. 15	0. 0010436	419. 17	0. 0010436	419. 18	0. 0010436	419. 20	0. 0010436	419. 21	0. 0010436	419. 23
110	0. 0010518	461. 37	0. 0010518	461. 39	0. 0010518	461. 40	0. 0010518	461. 42	0. 0010518	461. 43	0. 0010518	461. 44
120	0. 0010608	503. 73	0. 0010606	503. 75	0. 0010606	503. 76	0. 0010606	503. 78	0. 0010606	503. 79	0. 0010606	503. 80
130	0. 82533	2724. 9	0. 75476	2722. 9	0. 69503	2720. 9	0. 0010700	546. 31	0. 0010700	546. 33	0. 0010700	546. 34
140	0. 84814	2746. 0	0. 77583	2744. 2	0. 71464	2742. 4	0. 66218	2740. 6	0. 61670	2738. 8	0. 57689	2736. 9
150	0. 87071	2766. 9	0. 79667	2765. 3	0. 73402	2763. 7	0. 68030	2762. 1	0. 63374	2760. 4	0. 59299	2758. 8
160	0. 89309	2787. 7	0. 81731	2786. 2	0. 75319	2784. 8	0. 69822	2783. 3	0. 65057	2781. 8	0. 60887	2780. 3
170	0. 91529	2808. 3	0. 83778	2807. 0	0. 77219	2805. 6	0. 71596	2804. 3	0. 66722	2803. 0	0. 62457	2801. 6
180	0. 93736	2828. 8	0. 85810	2827. 6	0. 79104	2826. 4	0. 73355	2825. 2	0. 68372	2824. 0	0. 64012	2822. 7
190	0. 95929	2849. 2	0. 87830	2848. 1	0. 80976	2847. 0	0. 75101	2845. 9	0. 70009	2844. 8	0. 65553	2843. 7
200	0. 98113	2869. 5	0. 89839	2868. 5	0. 82838	2867. 5	0. 76837	2866. 5	0. 71635	2865. 5	0. 67084	2864. 5
210	1. 00286	2889. 8	0. 91838	2888. 9	0. 84690	2887. 9	0. 78562	2887. 0	0. 73251	2886. 1	0. 68604	2885. 2
220	1. 02452	2910. 0	0. 93830	2909. 2	0. 86534	2908. 3	0. 80280	2907. 5	0. 74859	2906. 6	0. 70116	2905. 8
230	1. 04611	2930. 2	0. 95814	2929. 4	0. 88371	2928. 7	0. 81990	2927. 9	0. 76460	2927. 1	0. 71621	2926. 3
240	1. 06764	2950. 4	0. 97793	2949. 7	0. 90201	2948. 9	0. 83694	2948. 2	0. 78054	2947. 5	0. 73120	2946. 8
250	1. 08912	2970. 6	0. 99766	2969. 9	0. 92027	2969. 2	0. 85393	2968. 6	0. 79644	2967. 9	0. 74613	2967. 2
260	1. 11055	2990. 7	1. 01734	2990. 1	0. 93847	2989. 5	0. 87087	2988. 9	0. 81228	2988. 2	0. 76101	2987. 6
270	1. 13194	3010. 9	1. 03699	3010. 3	0. 95664	3009. 8	0. 88777	3009. 2	0. 82808	3008. 6	0. 77585	3008. 0
280	1. 15330	3031. 1	1. 05660	3030. 6	0. 97477	3030. 0	0. 90464	3029. 5	0. 84385	3028. 9	0. 79066	3028. 4
290	1. 17463	3051. 3	1. 07618	3050. 8	0. 99287	3050. 3	0. 92147	3049. 8	0. 85959	3049. 3	0. 80544	3048. 8

续表

t /℃	0.22MPa t_s=123.270℃		0.24MPa t_s=126.091℃		0.26MPa t_s=128.727℃		0.28MPa t_s=131.203℃		0.30MPa t_s=133.540℃		0.32MPa t_s=135.754℃	
	v' 0.0010636 v'' 0.80984 /(m³/kg)	h' 517.62 h'' 2710.6 /(kJ/kg)	v' 0.0010663 v'' 0.74645 /(m³/kg)	h' 529.63 h'' 2714.5 /(kJ/kg)	v' 0.0010688 v'' 0.69251 /(m³/kg)	h' 540.87 h'' 2718.2 /(kJ/kg)	v' 0.0010712 v'' 0.64604 /(m³/kg)	h' 551.44 h'' 2721.5 /(kJ/kg)	v' 0.0010735 v'' 0.60556 /(m³/kg)	h' 561.43 h'' 2724.7 /(kJ/kg)	v' 0.0010757 v'' 0.56999 /(m³/kg)	h' 570.90 h'' 2727.6 /(kJ/kg)
300	1.19593	3071.6	1.09573	3071.1	1.01095	3070.6	0.93828	3070.1	0.87529	3069.7	0.82018	3069.2
310	1.21720	3091.9	1.11526	3091.4	1.02900	3091.0	0.95506	3090.5	0.89098	3090.0	0.83491	3089.6
320	1.23846	3112.2	1.13477	3111.8	1.04702	3111.3	0.97182	3110.9	0.90664	3110.5	0.84961	3110.0
330	1.25969	3132.5	1.15425	3132.1	1.06503	3131.7	0.98856	3131.3	0.92228	3130.9	0.86429	3130.5
340	1.28091	3152.9	1.17372	3152.6	1.08303	3152.2	1.00528	3151.8	0.93791	3151.4	0.87895	3151.0
350	1.30212	3173.4	1.19318	3173.0	1.10100	3172.6	1.02199	3172.3	0.95352	3171.9	0.89360	3171.5
360	1.32331	3193.9	1.21262	3193.5	1.11896	3193.2	1.03869	3192.8	0.96911	3192.4	0.90824	3192.1
370	1.34448	3214.4	1.23205	3214.1	1.13692	3213.7	1.05537	3213.4	0.98470	3213.1	0.92286	3212.7
380	1.36565	3235.0	1.25147	3234.7	1.15485	3234.4	1.07204	3234.0	1.00027	3233.7	0.93747	3233.4
390	1.38681	3255.7	1.27088	3255.4	1.17278	3255.0	1.08870	3254.7	0.01583	3254.4	0.95207	3254.1
400	1.40795	3276.4	1.29028	3276.1	1.19070	3275.8	1.10536	3275.5	1.03139	3275.2	0.96666	3274.9
410	1.42909	3297.2	1.30967	3296.9	1.20861	3296.6	1.12200	3296.3	1.04693	3296.0	0.98125	3295.7
420	1.45022	3318.0	1.32905	3317.7	1.22652	3317.4	1.13863	3317.1	1.06247	3316.8	0.99582	3316.6
430	1.47134	3338.9	1.34842	3338.6	1.24441	3338.3	1.15526	3338.0	1.07800	3337.8	1.01039	3337.5
440	1.49246	3359.8	1.36779	3359.5	1.26230	3359.3	1.17188	3359.0	1.09352	3358.8	1.02495	3358.5
450	1.51357	3380.8	1.38715	3380.6	1.28019	3380.3	1.18850	3380.1	1.10904	3379.8	1.03951	3379.5
460	1.53468	3401.9	1.40651	3401.6	1.29806	3401.4	1.20511	3401.2	1.12455	3400.9	1.05406	3400.7
470	1.55577	3423.0	1.42586	3422.8	1.31593	3422.6	1.22171	3422.3	1.14005	3422.1	1.06860	3421.8
480	1.57687	3444.2	1.44521	3444.0	1.33380	3443.8	1.23831	3443.5	1.15555	3443.3	1.08314	3443.1
490	1.59796	3465.5	1.46455	3465.3	1.35166	3465.0	1.25490	3464.8	1.17105	3464.6	1.09767	3464.4
500	1.61904	3486.8	1.48388	3486.6	1.36952	3486.4	1.27149	3486.2	1.18654	3486.0	1.11220	3485.7
510	1.64012	3508.2	1.50322	3508.0	1.38737	3507.8	1.28808	3507.6	1.20202	3507.4	1.12672	3507.2
520	1.66120	3529.7	1.52254	3529.5	1.40522	3529.3	1.30466	3529.1	1.21751	3528.9	1.14125	3528.7
530	1.68227	3551.2	1.54187	3551.0	1.42307	3550.8	1.32124	3550.6	1.23298	3550.4	1.15576	3550.2
540	1.70334	3572.8	1.56119	3572.6	1.44091	3572.4	1.33781	3572.2	1.24846	3572.0	1.17028	3571.8
550	1.72440	3594.5	1.58051	3594.3	1.45875	3594.1	1.35438	3593.9	1.26393	3593.7	1.18479	3593.5
560	1.74547	3616.2	1.59982	3616.0	1.47658	3615.8	1.37095	3615.7	1.27940	3615.5	1.19929	3615.3

续表

t /℃	0.34MPa t_s=137.858℃		0.36MPa t_s=139.865℃		0.38MPa t_s=141.784℃		0.40MPa t_s=143.623℃		0.42MPa t_s=145.390℃		0.44MPa t_s=147.090℃	
	v' 0.0010779 v'' 0.53846 /(m³/kg)	h' 579.92 h'' 2730.3 /(kJ/kg)	v' 0.0010799 v'' 0.51032 /(m³/kg)	h' 588.53 h'' 2732.9 /(kJ/kg)	v' 0.0010819 v'' 0.48505 /(m³/kg)	h' 596.76 h'' 2735.3 /(kJ/kg)	v' 0.0010839 v'' 0.46222 /(m³/kg)	h' 604.67 h'' 2737.6 /(kJ/kg)	v' 0.0010858 v'' 0.44150 /(m³/kg)	h' 612.27 h'' 2739.8 /(kJ/kg)	v' 0.0010876 v'' 0.42260 /(m³/kg)	h' 619.60 h'' 2741.9 /(kJ/kg)
0	0.0010001	0.31	0.0010000	0.33	0.0010000	0.35	0.0010000	0.37	0.0010000	0.39	0.0010000	0.41
10	0.0010001	42.32	0.0010001	42.34	0.0010001	42.36	0.0010001	42.38	0.0010001	42.40	0.0010000	42.42
20	0.0010016	84.18	0.0010016	84.20	0.0010016	84.22	0.0010015	84.24	0.0010015	84.25	0.0010015	84.27
30	0.0010042	125.97	0.0010041	125.99	0.0010041	126.01	0.0010041	126.02	0.0010041	126.04	0.0010041	126.06
40	0.0010077	167.75	0.0010077	167.76	0.0010076	167.78	0.0010076	167.80	0.0010076	167.82	0.0010076	167.83
50	0.0010120	209.54	0.0010120	209.56	0.0010119	209.57	0.0010119	209.59	0.0010119	209.61	0.0010119	209.62
60	0.0010170	251.36	0.0010170	251.38	0.0010170	251.39	0.0010170	251.41	0.0010170	251.43	0.0010170	251.44
70	0.0010227	293.22	0.0010227	293.24	0.0010227	293.26	0.0010227	293.27	0.0010227	293.29	0.0010227	293.31
80	0.0010291	335.15	0.0010290	335.16	0.0010290	335.18	0.0010290	335.20	0.0010290	335.21	0.0010290	335.23
90	0.0010360	377.15	0.0010360	377.16	0.0010360	377.18	0.0010360	377.19	0.0010360	377.21	0.0010360	377.23
100	0.0010436	419.24	0.0010436	419.26	0.0010436	419.27	0.0010436	419.29	0.0010435	419.30	0.0010435	419.32
110	0.0010518	461.46	0.0010517	461.47	0.0010517	461.49	0.0010517	461.50	0.0010517	461.52	0.0010517	461.53
120	0.0010605	503.82	0.0010605	503.83	0.0010605	503.85	0.0010605	503.86	0.0010605	503.88	0.0010605	503.89
130	0.0010700	546.35	0.0010700	546.37	0.0010700	546.38	0.0010699	546.39	0.0010699	546.41	0.0010699	546.42
140	0.54176	2735.1	0.51052	2733.2	0.0010800	589.12	0.0010800	589.13	0.0010800	589.14	0.0010800	589.16
150	0.55702	2757.1	0.52504	2755.4	0.49642	2753.7	0.47066	2752.0	0.44734	2750.3	0.42614	2748.5
160	0.57207	2778.8	0.53935	2777.3	0.51007	2775.8	0.48371	2774.2	0.45985	2772.7	0.43816	2771.1
170	0.58693	2800.3	0.55347	2798.9	0.52352	2797.5	0.49657	2796.1	0.47217	2794.7	0.44999	2793.3
180	0.60164	2821.5	0.56743	2820.3	0.53682	2819.0	0.50926	2817.8	0.48433	2816.5	0.46166	2815.2
190	0.61621	2842.6	0.58126	2841.4	0.54998	2840.3	0.52182	2839.2	0.49635	2838.0	0.47318	2936.9
200	0.63067	2863.5	0.59497	2862.4	0.56302	2861.4	0.53426	2860.4	0.50824	2859.3	0.48459	2858.3
210	0.64503	2884.2	0.60858	2883.3	0.57596	2882.4	0.54660	2881.4	0.52004	2880.5	0.49589	2879.5
220	0.65931	2904.9	0.62211	2904.1	0.58882	2903.2	0.55885	2902.3	0.53174	2901.5	0.50709	2900.6
230	0.67351	2925.5	0.63556	2924.7	0.60160	2923.9	0.57103	2923.1	0.54337	2922.3	0.51823	2921.5
240	0.68765	2946.1	0.64895	2945.3	0.61431	2944.6	0.58314	2943.9	0.55494	2943.1	0.52930	2942.4
250	0.70174	2966.5	0.66228	2965.9	0.62697	2965.2	0.59519	2964.5	0.56644	2963.8	0.54030	2963.1
260	0.71577	2987.0	0.67556	2986.4	0.63958	2985.7	0.60720	2985.1	0.57790	2984.5	0.55127	2983.8
270	0.72977	3007.4	0.68881	3006.8	0.65215	3006.2	0.61916	3005.6	0.58932	3005.1	0.56218	3004.5
280	0.74373	3027.8	0.70201	3027.3	0.66469	3026.7	0.63109	3026.2	0.60070	3025.6	0.57306	3025.1
290	0.75766	3048.3	0.71519	3047.7	0.67719	3047.2	0.64298	3046.7	0.61204	3046.2	0.58391	3045.7

t /℃	0.34MPa t_s=137.858℃		0.36MPa t_s=139.865℃		0.38MPa t_s=141.784℃		0.40MPa t_s=143.623℃		0.42MPa t_s=145.390℃		0.44MPa t_s=147.090℃	
	v' 0.0010779 v'' 0.53846 /(m³/kg)	h' 579.92 h'' 2730.3 /(kJ/kg)	v' 0.0010799 v'' 0.51032 /(m³/kg)	h' 588.53 h'' 2732.9 /(kJ/kg)	v' 0.0010819 v'' 0.48505 /(m³/kg)	h' 596.76 h'' 2735.3 /(kJ/kg)	v' 0.0010839 v'' 0.46222 /(m³/kg)	h' 604.67 h'' 2737.6 /(kJ/kg)	v' 0.0010858 v'' 0.44150 /(m³/kg)	h' 612.27 h'' 2739.8 /(kJ/kg)	v' 0.0010876 v'' 0.42260 /(m³/kg)	h' 619.60 h'' 2741.9 /(kJ/kg)
300	0.77156	3068.7	0.72833	3068.2	0.68966	3067.7	0.65485	3067.2	0.62336	3066.7	0.59473	3066.2
310	0.78543	3089.1	0.74145	3088.7	0.70211	3088.2	0.66669	3087.7	0.63465	3087.3	0.60552	3086.8
320	0.79928	3109.6	0.75455	3109.1	0.71453	3108.7	0.67851	3108.3	0.64592	3107.8	0.61629	3107.4
330	0.81312	3130.1	0.76763	3129.7	0.72694	3029.2	0.69031	3128.8	0.65717	3128.4	0.62704	3128.0
340	0.82693	3150.6	0.78070	3150.2	0.73932	3149.8	0.70209	3149.4	0.66840	3149.0	0.63777	3148.6
350	0.84074	3171.1	0.79374	3170.8	0.75170	3170.4	0.71385	3170.0	0.67962	3169.6	0.64849	3169.2
360	0.85452	3191.7	0.80678	3191.4	0.76406	3191.0	0.72561	3190.6	0.69082	3190.3	0.65919	3189.9
370	0.86830	3212.4	0.81980	3212.0	0.77640	3211.7	0.73735	3211.3	0.70201	3211.0	0.66988	3210.6
380	0.88206	3233.0	0.83281	3232.7	0.78874	3232.4	0.74907	3232.1	0.71319	3231.7	0.68056	3231.4
390	0.89581	3253.8	0.84580	3253.5	0.80106	3253.1	0.76079	3252.8	0.72435	3252.5	0.69123	3252.2
400	0.90956	3274.6	0.85879	3274.2	0.81337	3273.9	0.77250	3273.6	0.73551	3273.3	0.70189	3273.0
410	0.92329	3295.4	0.87177	3295.1	0.82568	3294.8	0.78420	3294.5	0.74666	3294.2	0.71254	3293.9
420	0.93702	3316.3	0.88475	3316.0	0.83798	3315.7	0.79589	3315.4	0.75780	3315.1	0.72318	3314.9
430	0.95074	3337.2	0.89771	3336.9	0.85027	3336.7	0.80757	3336.4	0.76894	3336.1	0.73382	3335.9
440	0.96445	3358.2	0.91067	3358.0	0.86255	3357.7	0.81925	3357.4	0.78007	3357.2	0.74445	3356.9
450	0.97816	3379.3	0.92362	3379.0	0.87483	3378.8	0.83092	3378.5	0.79119	3378.3	0.75507	3378.0
460	0.99186	3400.4	0.93657	3400.2	0.88710	3399.9	0.84258	3399.7	0.80230	3399.4	0.76568	3399.2
470	1.00555	3421.6	0.94951	3421.4	0.89937	3421.1	0.85424	3420.9	0.81341	3420.6	0.77629	3420.4
480	1.01924	3442.8	0.96245	3442.6	0.91163	3442.4	0.86590	3442.1	0.82452	3441.9	0.78690	3441.7
490	1.03293	3464.1	0.97538	3463.9	0.92389	3463.7	0.87755	3463.5	0.83562	3463.2	0.79750	3463.0
500	1.04661	3485.5	0.98831	3485.3	0.93614	3485.1	0.88919	3484.9	0.84671	3484.6	0.80810	3484.4
510	1.06029	3507.0	1.00123	3506.7	0.94839	3506.5	0.90083	3506.3	0.85780	3506.1	0.81869	3505.9
520	1.07396	3528.5	1.01415	3528.2	0.96063	3528.0	0.91247	3527.8	0.86889	3527.6	0.82927	3527.4
530	1.08763	3550.0	1.02706	3549.8	0.97287	3549.6	0.92410	3549.4	0.87997	3549.2	0.83986	3549.0
540	1.10129	3571.6	1.03997	3571.5	0.98511	3571.3	0.93573	3571.1	0.89105	3570.9	0.85044	3570.7
550	1.11495	3593.3	1.05288	3593.2	0.99734	3593.0	0.94735	3592.8	0.90213	3592.6	0.86101	3592.4
560	1.12861	3615.1	1.06578	3614.9	1.00957	3614.7	0.95897	3614.6	0.91320	3614.4	0.87101	3614.2

续表

t /℃	0.46MPa t_s=148.729℃		0.48MPa t_s=150.313℃		0.50MPa t_s=151.844℃		0.55MPa t_s=155.468℃		0.60MPa t_s=158.838℃		0.65MPa t_s=161.990℃	
	v' 0.0010894 v'' 0.40528 /(m³/kg)	h' 626.67 h'' 2743.9 /(kJ/kg)	v' 0.0010911 v'' 0.38936 /(m³/kg)	h' 633.50 h'' 2745.7 /(kJ/kg)	v' 0.0010928 v'' 0.37468 /(m³/kg)	h' 640.12 h'' 2747.5 /(kJ/kg)	v' 0.0010969 v'' 0.34248 /(m³/kg)	h' 655.80 h'' 2751.7 /(kJ/kg)	v' 0.0011009 v'' 0.31547 /(m³/kg)	h' 670.42 h'' 2755.5 /(kJ/kg)	v' 0.0011046 v'' 0.29249 /(m³/kg)	h' 684.14 h'' 2758.9 /(kJ/kg)
0	0.0010000	0.43	0.0010000	0.45	0.0010000	0.47	0.0009999	0.52	0.0009999	0.57	0.0009999	0.62
10	0.0010000	42.44	0.0010000	42.46	0.0010000	42.48	0.0010000	42.53	0.0010000	42.58	0.0009999	42.63
20	0.0010015	84.29	0.0010015	84.31	0.0010015	84.33	0.0010015	84.38	0.0010015	84.42	0.0010014	84.47
30	0.0010041	126.08	0.0010041	126.10	0.0010041	126.12	0.0010041	126.16	0.0010040	126.21	0.0010040	126.25
40	0.0010076	167.85	0.0010076	167.87	0.0010076	167.89	0.0010076	167.93	0.0010075	167.98	0.0010075	168.02
50	0.0010119	209.64	0.0010119	209.66	0.0010119	209.68	0.0010119	209.72	0.0010119	209.76	0.0010118	209.80
60	0.0010169	251.46	0.0010169	251.48	0.0010169	251.49	0.0010169	251.54	0.0010169	251.58	0.0010169	251.62
70	0.0010226	293.32	0.0010226	293.34	0.0010226	293.36	0.0010226	293.40	0.0010226	293.44	0.0010226	293.48
80	0.0010290	335.24	0.0010290	335.26	0.0010290	335.28	0.0010289	335.32	0.0010289	335.36	0.0010289	335.40
90	0.0010360	377.24	0.0010359	377.26	0.0010359	377.27	0.0010359	377.31	0.0010359	377.35	0.0010359	377.39
100	0.0010435	419.33	0.0010435	419.35	0.0010435	419.36	0.0010435	419.40	0.0010434	419.44	0.0010434	419.48
110	0.0010517	461.55	0.0010517	461.56	0.0010517	461.57	0.0010516	461.61	0.0010516	461.65	0.0010516	461.68
120	0.0010605	503.90	0.0010605	503.92	0.0010605	503.93	0.0010604	503.97	0.0010604	504.00	0.0010604	504.04
130	0.0010699	546.43	0.0010699	546.45	0.0010699	546.46	0.0010699	546.50	0.0010698	546.53	0.0010698	546.56
140	0.0010800	589.17	0.0010800	589.18	0.0010800	589.20	0.0010799	589.23	0.0010799	589.26	0.0010799	589.29
150	0.40677	2746.8	0.0010908	632.15	0.0010908	632.16	0.0010907	632.20	0.0010907	632.23	0.0010907	632.26
160	0.41835	2769.5	0.40019	2768.0	0.38347	2766.4	0.34698	2762.3	0.31655	2758.2	0.0011022	675.49
170	0.42974	2791.9	0.41117	2790.5	0.39408	2789.1	0.35677	2785.4	0.32567	2781.8	0.29933	2778.0
180	0.44096	2814.0	0.42198	2812.7	0.40451	2811.4	0.36639	2808.1	0.33461	2804.8	0.30770	2801.5
190	0.45203	2835.7	0.43264	2834.6	0.41480	2833.4	0.37586	2830.4	0.34339	2827.5	0.31591	2824.4
200	0.46298	2857.2	0.44318	2856.2	0.42496	2855.1	0.38519	2852.5	0.35204	2849.7	0.32398	2847.0
210	0.47383	2878.6	0.45361	2877.6	0.43501	2876.6	0.39442	2874.2	0.36058	2871.7	0.33194	2869.2
220	0.48459	2899.7	0.46396	2898.8	0.44497	2898.0	0.40355	2895.7	0.36903	2893.5	0.33980	2891.2
230	0.49527	2920.7	0.47422	2919.9	0.45486	2919.1	0.41260	2917.1	0.37739	2915.0	0.34758	2912.9
240	0.50588	2941.6	0.48442	2940.9	0.46467	2940.1	0.42159	2938.3	0.38568	2936.4	0.35529	2934.4
250	0.51644	2962.4	0.49456	2961.8	0.47443	2961.1	0.43051	2959.3	0.39391	2957.6	0.36293	2955.8
260	0.52694	2983.2	0.50465	2982.5	0.48414	2981.9	0.43938	2980.3	0.40208	2978.7	0.37052	2977.0
270	0.53741	3003.9	0.51470	3003.3	0.49380	3002.7	0.44821	3001.2	0.41021	2999.7	0.37806	2998.1
280	0.54783	3024.5	0.52470	3024.0	0.50343	3023.4	0.45700	3022.0	0.41831	3020.6	0.38556	3019.2
290	0.55822	3045.1	0.53468	3044.6	0.51302	3044.1	0.46575	3042.8	0.42636	3041.5	0.39303	3040.1

续表

t /℃	0.46MPa t_s=148.729℃		0.48MPa t_s=150.313℃		0.50MPa t_s=151.844℃		0.55MPa t_s=155.468℃		0.60MPa t_s=158.838℃		0.65MPa t_s=161.990℃	
	v' 0.0010894 v'' 0.40528 /(m³/kg)	h' 626.67 h'' 2743.9 /(kJ/kg)	v' 0.0010911 v'' 0.38936 /(m³/kg)	h' 633.50 h'' 2745.7 /(kJ/kg)	v' 0.0010928 v'' 0.37468 /(m³/kg)	h' 640.12 h'' 2747.5 /(kJ/kg)	v' 0.0010969 v'' 0.34248 /(m³/kg)	h' 655.80 h'' 2751.7 /(kJ/kg)	v' 0.0011009 v'' 0.31547 /(m³/kg)	h' 670.42 h'' 2755.5 /(kJ/kg)	v' 0.0011046 v'' 0.29249 /(m³/kg)	h' 684.14 h'' 2758.9 /(kJ/kg)
300	0.56859	3065.7	0.54462	3065.2	0.52258	3064.8	0.47448	3063.5	0.43439	3062.3	0.40047	3061.0
310	0.57892	3086.3	0.55454	3085.9	0.53211	3085.4	0.48317	3084.2	0.44239	3083.1	0.40788	3081.9
320	0.58924	3107.0	0.56444	3106.5	0.54163	3106.1	0.49185	3105.0	0.45037	3103.9	0.41527	3102.8
330	0.59953	3127.6	0.57432	3127.2	0.55112	3126.7	0.50051	3125.7	0.45832	3124.6	0.42263	3123.6
340	0.60981	3148.2	0.58418	3147.8	0.56060	3147.4	0.50914	3146.4	0.46626	3145.4	0.42998	3144.4
350	0.62007	3168.9	0.59402	3168.5	0.57005	3168.1	0.51776	3167.2	0.47419	3166.2	0.43731	3165.3
360	0.63032	3189.6	0.60385	3189.2	0.57950	3188.8	0.52637	3187.9	0.48209	3187.0	0.44463	3186.1
370	0.64055	3210.3	0.61367	3209.9	0.58893	3209.6	0.53496	3208.7	0.48999	3207.9	0.45193	3207.0
380	0.65078	3231.1	0.62347	3230.7	0.59835	3230.4	0.54354	3229.6	0.49787	3228.7	0.45922	3227.9
390	0.66099	3251.9	0.63327	3251.5	0.60776	3251.2	0.55212	3250.4	0.50574	3249.6	0.46650	3248.8
400	0.67119	3272.7	0.64305	3272.4	0.61716	3272.1	0.56068	3271.3	0.51361	3270.6	0.47378	3269.8
410	0.68139	3293.6	0.65283	3293.3	0.62655	3293.0	0.56923	3292.3	0.52146	3291.6	0.48104	3290.8
420	0.69157	3314.6	0.66260	3314.3	0.63594	3314.0	0.57777	3313.3	0.52931	3312.6	0.48829	3311.9
430	0.70175	3335.6	0.67236	3335.3	0.64531	3335.0	0.58631	3334.3	0.53714	3333.7	0.49554	3333.0
440	0.71192	3356.6	0.68211	3356.4	0.65468	3356.1	0.59484	3355.4	0.54497	3354.8	0.50278	3354.1
450	0.72209	3377.7	0.69186	3377.5	0.66405	3377.2	0.60337	3376.6	0.55280	3376.0	0.51001	3375.3
460	0.73225	3398.9	0.70160	3398.7	0.67340	3398.4	0.61189	3397.8	0.56062	3397.2	0.51724	3396.6
470	0.74240	3420.2	0.71134	3419.9	0.68276	3419.7	0.62040	3419.1	0.56843	3418.5	0.52446	3417.9
480	0.75255	3441.4	0.72107	3441.2	0.69210	3441.0	0.62891	3440.4	0.57624	3439.8	0.53168	3439.2
490	0.76270	3462.8	0.73079	3462.6	0.70144	3462.3	0.63741	3461.8	0.58404	3461.2	0.53889	3460.6
500	0.77284	3484.2	0.74052	3484.0	0.71078	3483.8	0.64591	3483.2	0.59184	3482.7	0.54610	3482.1
510	0.78297	3505.7	0.75023	3505.5	0.72011	3505.3	0.65440	3504.7	0.59964	3504.2	0.55330	3503.7
520	0.79310	3527.2	0.75995	3527.0	0.72944	3526.8	0.66289	3526.3	0.60743	3525.8	0.56050	3525.3
530	0.80323	3548.8	0.76966	3548.6	0.73877	3548.4	0.67138	3547.9	0.61521	3547.4	0.56769	3546.9
540	0.81335	3570.5	0.77936	3570.3	0.74809	3570.1	0.67986	3569.6	0.62300	3569.1	0.57488	3568.6
550	0.82348	3592.2	0.78906	3592.0	0.75741	3591.8	0.68834	3591.4	0.63078	3590.9	0.58207	3590.4
560	0.83359	3614.0	0.79876	3613.8	0.76672	3613.6	0.69681	3613.2	0.63855	3612.7	0.58926	3612.3

续表

t /℃	0.70MPa t_s=164.956℃		0.75MPa t_s=167.758℃		0.80MPa t_s=170.415℃		0.85MPa t_s=172.944℃		0.90MPa t_s=175.358℃		0.95MPa t_s=177.668℃	
	v' 0.0011082 v'' 0.27268 /(m^3/kg)	h' 697.06 h'' 2762.0 /(kJ/kg)	v' 0.0011116 v'' 0.25543 /(m^3/kg)	h' 709.30 h'' 2764.8 /(kJ/kg)	v' 0.0011150 v'' 0.24026 /(m^3/kg)	h' 720.94 h'' 2767.5 /(kJ/kg)	v' 0.0011182 v'' 0.22681 /(m^3/kg)	h' 732.03 h'' 2769.9 /(kJ/kg)	v' 0.0011213 v'' 0.21481 /(m^3/kg)	h' 742.64 h'' 2772.1 /(kJ/kg)	v' 0.0011244 v'' 0.20403 /(m^3/kg)	h' 752.82 h'' 2774.2 /(kJ/kg)
0	0.0009999	0.67	0.0009998	0.73	0.0009998	0.78	0.0009998	0.83	0.0009998	0.88	0.0009997	0.93
10	0.0009999	42.68	0.0009999	42.73	0.0009999	42.77	0.0009999	42.82	0.0009998	42.87	0.0009998	42.92
20	0.0010014	84.52	0.0010014	84.57	0.0010014	84.61	0.0010013	84.66	0.0010013	84.71	0.0010013	84.75
30	0.0010040	126.30	0.0010040	126.34	0.0010040	126.39	0.0010039	126.43	0.0010039	126.48	0.0010039	126.53
40	0.0010075	168.07	0.0010075	168.11	0.0010075	168.15	0.0010074	168.20	0.0010074	168.24	0.0010074	168.29
50	0.0010118	209.85	0.0010118	209.89	0.0010118	209.93	0.0010117	209.98	0.0010117	210.02	0.0010117	210.06
60	0.0010168	251.66	0.0010168	251.70	0.0010168	251.93	0.0010168	251.79	0.0010167	251.83	0.0010167	251.87
70	0.0010225	293.52	0.0010225	293.56	0.0010225	293.60	0.0010225	293.64	0.0010224	293.68	0.0010224	293.72
80	0.0010289	335.43	0.0010289	335.47	0.0010288	335.51	0.0010288	335.55	0.0010288	335.59	0.0010288	335.63
90	0.0010358	377.43	0.0010358	377.47	0.0010358	377.50	0.0010358	377.54	0.0010357	377.58	0.0010357	377.62
100	0.0010434	419.51	0.0010434	419.55	0.0010433	419.59	0.0010433	419.63	0.0010433	419.66	0.0010433	419.70
110	0.0010516	461.72	0.0010515	461.76	0.0010515	461.79	0.0010515	461.83	0.0010514	461.87	0.0010514	461.90
120	0.0010603	504.07	0.0010603	504.11	0.0010603	504.14	0.0010603	504.18	0.0010602	504.21	0.0010602	504.25
130	0.0010698	546.60	0.0010697	546.63	0.0010697	546.66	0.0010697	546.70	0.0010696	546.73	0.0010696	546.77
140	0.0010798	589.33	0.0010798	589.36	0.0010798	589.39	0.0010797	589.42	0.0010797	589.46	0.0010797	589.49
150	0.0010906	632.99	0.0010906	632.32	0.0010906	632.35	0.0010905	632.38	0.0010905	632.41	0.0010905	632.44
160	0.0011022	675.52	0.0011021	375.55	0.0011021	675.58	0.0011021	675.61	0.0011020	675.64	0.0011020	675.67
170	0.27673	2774.2	0.25713	2770.4	0.0011144	719.12	0.0011144	719.15	0.0011144	719.18	0.0011143	719.20
180	0.28461	2798.0	0.26459	2794.6	0.24706	2791.1	0.23158	2787.5	0.21781	2783.9	0.20548	2780.2
190	0.29234	2821.4	0.27190	2818.2	0.25400	2815.1	0.23820	2811.9	0.22414	2808.6	0.21156	2805.3
200	0.29992	2844.2	0.27905	2841.4	0.26079	2838.6	0.24466	2835.7	0.23032	2832.7	0.21748	2829.8
210	0.30738	2866.7	0.28609	2864.2	0.26746	2861.6	0.25100	2859.0	0.23637	2856.3	0.22328	2853.7
220	0.31475	2888.9	0.29303	2886.6	0.27402	2884.2	0.25724	2881.9	0.24231	2879.5	0.00896	2877.0
230	0.32203	2910.8	0.29988	2908.7	0.28049	2906.6	0.26338	2904.4	0.24816	2902.2	0.23454	2900.0
240	0.32923	2932.5	0.30665	2930.6	0.28688	2928.6	0.26944	2926.6	0.25393	2924.6	0.24005	2922.6
250	0.33637	2954.0	0.31336	2952.2	0.29321	2950.4	0.27543	2948.6	0.25963	2946.8	0.24548	2944.9
260	0.34346	2975.4	0.32001	2973.7	0.29948	2972.1	0.28137	2970.4	0.26527	2968.7	0.25086	2967.0
270	0.35050	2996.6	0.32661	2995.1	0.30571	2993.5	0.28726	2992.0	0.27086	2990.4	0.25618	2988.8
280	0.35750	3017.7	0.33317	3016.3	0.31189	3014.9	0.29310	3013.4	0.27640	3012.0	0.26146	3010.5
290	0.36446	3038.8	0.33970	3037.4	0.31803	3036.1	0.29891	3034.7	0.28191	3033.4	0.26670	3032.0

续表

t /℃	0.70MPa t_s=164.956℃		0.75MPa t_s=167.758℃		0.80MPa t_s=170.415℃		0.85MPa t_s=172.944℃		0.90MPa t_s=175.358℃		0.95MPa t_s=177.668℃	
	v' 0.0011082 v'' 0.27268 /(m³/kg)	h' 697.06 h'' 2762.0 /(kJ/kg)	v' 0.0011116 v'' 0.25543 /(m³/kg)	h' 709.30 h'' 2764.8 /(kJ/kg)	v' 0.0011150 v'' 0.24026 /(m³/kg)	h' 720.94 h'' 2767.5 /(kJ/kg)	v' 0.0011182 v'' 0.22681 /(m³/kg)	h' 732.03 h'' 2769.9 /(kJ/kg)	v' 0.0011213 v'' 0.21481 /(m³/kg)	h' 742.64 h'' 2772.1 /(kJ/kg)	v' 0.0011244 v'' 0.20403 /(m³/kg)	h' 752.82 h'' 2774.2 /(kJ/kg)
300	0.37139	3059.8	0.34619	3058.5	0.32414	3057.3	0.30468	3056.0	0.28739	3054.7	0.27191	3053.4
310	0.37830	3080.7	0.35266	3079.5	0.33023	3078.3	0.31043	3077.2	0.29283	3076.0	0.27709	3074.8
320	0.38518	3101.6	0.35910	3100.5	0.33629	3099.4	0.31615	3098.3	0.29825	3097.1	0.28224	3096.0
330	0.39204	3122.5	0.36552	3121.5	0.34232	3120.4	0.32185	3119.3	0.30365	3118.3	0.28737	3117.2
340	0.39888	3143.4	0.37193	3142.4	0.34834	3141.4	0.32753	3140.4	0.30903	3139.4	0.29248	3138.4
350	0.40571	3164.3	0.37831	3163.4	0.35434	3162.4	0.33320	3161.4	0.31440	3160.5	0.29757	3159.5
360	0.41252	3185.2	0.38468	3184.3	0.36033	3183.4	0.33884	3182.5	0.31974	3181.5	0.30265	3180.6
370	0.41931	3206.1	0.39104	3205.3	0.36631	3204.4	0.34448	3203.5	0.32508	3202.6	0.30772	3201.8
380	0.42610	3227.1	0.39739	3226.2	0.37227	3225.4	0.35010	3224.6	0.33040	3223.7	0.31277	3222.9
390	0.43287	3248.0	0.40372	3247.2	0.37822	3246.4	0.35571	3245.6	0.33571	3244.8	0.31781	3244.0
400	0.43964	3269.0	0.41005	3268.3	0.38416	3267.5	0.36131	3266.7	0.34101	3266.0	0.32284	3265.2
410	0.44639	3290.1	0.41636	3289.3	0.39009	3288.6	0.36691	3287.8	0.34630	3287.1	0.32786	3286.4
420	0.45314	3311.2	0.42267	3310.4	0.39601	3309.7	0.37249	3309.0	0.35158	3308.3	0.33287	3307.6
430	0.45988	3332.3	0.42897	3331.6	0.40193	3330.9	0.37807	3330.2	0.35686	3329.5	0.33788	3328.8
440	0.46661	3353.4	0.43527	3352.8	0.40784	3352.1	0.38364	3351.5	0.36212	3350.8	0.34288	3350.1
450	0.47334	3374.7	0.44155	3374.0	0.41374	3373.4	0.38920	3372.7	0.36739	3372.1	0.34787	3371.5
460	0.48006	3395.9	0.44783	3395.3	0.41964	3394.7	0.39476	3394.1	0.37264	3393.5	0.35285	3392.8
470	0.48677	3417.3	0.45411	3416.7	0.42553	3416.1	0.40031	3415.5	0.37789	3414.9	0.35783	3414.3
480	0.49348	3438.6	0.46038	3438.1	0.43141	3437.5	0.40585	3436.9	0.38314	3436.3	0.36281	3435.7
490	0.50019	3460.1	0.46664	3459.5	0.43729	3459.0	0.41140	3458.4	0.38838	3457.8	0.36778	3457.3
500	0.50689	3481.6	0.47290	3481.0	0.44317	3480.5	0.41693	3479.9	0.39861	3479.4	0.37274	3478.8
510	0.51358	3503.1	0.47916	3502.6	0.44904	3502.1	0.42246	3501.5	0.39884	3501.0	0.37771	3500.5
520	0.52027	3524.7	0.48541	3524.2	0.45491	3523.7	0.42799	3523.2	0.40407	3522.7	0.38266	3522.2
530	0.52696	3546.4	0.49166	3545.9	0.46077	3545.4	0.43352	3544.9	0.40929	3544.4	0.38762	3543.9
540	0.53365	3568.1	0.49791	3567.7	0.46663	3567.2	0.43904	3566.7	0.41451	3566.2	0.39256	3565.7
550	0.54033	3589.9	0.50415	3589.5	0.47249	3589.0	0.44456	3588.5	0.41973	3588.1	0.39751	3587.6
560	0.54700	3611.8	0.51038	3611.3	0.47834	3610.9	0.45007	3610.4	0.42494	3610.0	0.40245	3609.5

续表

t /℃	1.00MPa t_s=179.884℃		1.05MPa t_s=182.015℃		1.10MPa t_s=184.067℃		1.15MPa t_s=186.048℃		1.20MPa t_s=187.961℃		1.25MPa t_s=189.814℃	
	v' 0.0011274 v'' 0.19429 /(m³/kg)	h' 762.61 h'' 2776.2 /(kJ/kg)	v' 0.0011303 v'' 0.18545 /(m³/kg)	h' 772.03 h'' 2778.0 /(kJ/kg)	v' 0.0011331 v'' 0.17738 /(m³/kg)	h' 781.13 h'' 2779.7 /(kJ/kg)	v' 0.0011359 v'' 0.16999 /(m³/kg)	h' 789.92 h'' 2781.3 /(kJ/kg)	v' 0.0011386 v'' 0.16320 /(m³/kg)	h' 798.43 h'' 2782.7 /(kJ/kg)	v' 0.0011412 v'' 0.15693 /(m³/kg)	h' 806.69 h'' 2784.1 /(kJ/kg)
0	0.0009997	0.98	0.0009997	1.03	0.0009997	1.08	0.0009996	1.13	0.0009996	1.18	0.0009996	1.24
10	0.0009998	42.97	0.0009998	43.02	0.0009997	43.07	0.0009997	43.12	0.0009997	43.16	0.0009997	43.21
20	0.0010013	84.80	0.0010012	84.85	0.0010012	84.89	0.0010012	84.94	0.0010012	84.99	0.0010012	85.04
30	0.0010039	126.57	0.0010038	126.62	0.0010038	126.66	0.0010038	126.71	0.0010038	126.75	0.0010038	126.80
40	0.0010074	168.33	0.0010073	168.37	0.0010073	168.42	0.0010073	168.46	0.0010073	168.51	0.0010073	168.55
50	0.0010117	210.11	0.0010116	210.15	0.0010116	210.19	0.0010116	210.24	0.0010116	210.28	0.0010116	210.32
60	0.0010167	251.91	0.0010167	251.95	0.0010167	252.00	0.0010166	252.04	0.0010166	252.08	0.0010166	252.12
70	0.0010224	293.76	0.0010224	293.80	0.0010223	293.84	0.0010223	293.89	0.0010223	293.93	0.0010223	293.97
80	0.0010287	335.67	0.0010287	335.71	0.0010287	335.75	0.0010287	335.79	0.0010286	335.83	0.0010286	335.87
90	0.0010357	377.66	0.0010357	377.70	0.0010356	377.74	0.0010356	377.77	0.0010356	377.81	0.0010356	377.85
100	0.0010432	419.74	0.0010432	419.78	0.0010432	419.81	0.0010432	419.85	0.0010431	419.89	0.0010431	419.93
110	0.0010514	461.94	0.0010514	461.97	0.0010513	462.01	0.0010513	462.05	0.0010513	462.08	0.0010513	462.12
120	0.0010602	504.28	0.0010601	504.32	0.0010601	504.35	0.0010601	504.39	0.0010601	504.42	0.0010600	504.46
130	0.0010696	546.80	0.0010695	546.83	0.0010695	546.87	0.0010695	546.90	0.0010695	546.94	0.0010694	546.97
140	0.0010796	589.52	0.0010796	589.55	0.0010796	589.59	0.0010795	589.62	0.0010795	589.65	0.0010795	589.68
150	0.0010904	632.47	0.0010904	632.51	0.0010903	632.54	0.0010903	632.57	0.0010903	632.60	0.0010902	632.63
160	0.0011019	675.70	0.0011019	675.73	0.0011019	675.76	0.0011018	675.79	0.0011018	675.82	0.0011018	675.84
170	0.0011143	719.23	0.0011142	719.26	0.0011142	719.29	0.0011142	719.31	0.0011141	719.34	0.0011141	719.37
180	0.19436	2776.5	0.0011275	763.14	0.0011274	763.17	0.0011274	763.19	0.0011274	763.22	0.0011273	763.24
190	0.20022	2802.0	0.18995	2798.6	0.18061	2795.2	0.17207	2791.7	0.16424	2788.2	0.15702	2784.6
200	0.20592	2826.8	0.19545	2823.8	0.18592	2820.7	0.17722	2817.6	0.16923	2814.4	0.16188	2811.2
210	0.21148	2851.0	0.20080	2848.2	0.19109	2845.5	0.18222	2842.7	0.17408	2839.8	0.16659	2837.0
220	0.21693	2874.6	0.20604	2872.1	0.19614	2869.6	0.18710	2867.1	0.17880	2864.5	0.17117	2861.9
230	0.22228	2897.8	0.21119	2895.5	0.20109	2893.2	0.19187	2891.0	0.18342	2888.6	0.17564	2886.3
240	0.22755	2920.6	0.21624	2918.5	0.20596	2916.4	0.19656	2914.4	0.18795	2912.2	0.18002	2910.1
250	0.23275	2943.0	0.22122	2941.2	0.21075	2939.3	0.20118	2937.4	0.19240	2935.4	0.18433	2933.5
260	0.23789	2965.2	0.22615	2963.5	0.21547	2961.8	0.20573	2960.0	0.19679	2958.2	0.18856	2956.5
270	0.24297	2987.2	0.23102	2985.6	0.22015	2984.0	0.21022	2982.4	0.20112	2980.8	0.19274	2979.1
280	0.24801	3009.0	0.23584	3007.5	0.22477	3006.0	0.21467	3004.5	0.20540	3003.0	0.19688	3001.5
290	0.25301	3030.6	0.24062	3029.3	0.22936	3027.9	0.21907	3026.5	0.20964	3025.1	0.20097	3023.6

续表

t /℃	1.00MPa t_s=179.884℃		1.05MPa t_s=182.015℃		1.10MPa t_s=184.067℃		1.15MPa t_s=186.048℃		1.20MPa t_s=187.961℃		1.25MPa t_s=189.814℃	
	v' 0.0011274 v'' 0.19429 /(m³/kg)	h' 762.61 h'' 2776.2 /(kJ/kg)	v' 0.0011303 v'' 0.18545 /(m³/kg)	h' 772.03 h'' 2778.0 /(kJ/kg)	v' 0.0011331 v'' 0.17738 /(m³/kg)	h' 781.13 h'' 2779.7 /(kJ/kg)	v' 0.0011359 v'' 0.16999 /(m³/kg)	h' 789.92 h'' 2781.3 /(kJ/kg)	v' 0.0011386 v'' 0.16320 /(m³/kg)	h' 798.43 h'' 2782.7 /(kJ/kg)	v' 0.0011412 v'' 0.15693 /(m³/kg)	h' 806.69 h'' 2784.1 /(kJ/kg)
300	0.25798	3052.1	0.24537	3050.8	0.23391	3049.6	0.22344	3048.2	0.21385	3046.9	0.20502	3045.6
310	0.26291	3073.5	0.25009	3072.3	0.23843	3071.1	0.22779	3069.9	0.21803	3068.7	0.20905	3067.4
320	0.26782	3094.9	0.25478	3093.7	0.24293	3092.6	0.23210	3091.4	0.22217	3090.3	0.21304	3089.1
330	0.27271	3116.1	0.25945	3115.1	0.24740	3114.0	0.23639	3112.9	0.22630	3111.8	0.21701	3110.7
340	0.27758	3137.4	0.26410	3136.3	0.25185	3135.3	0.24066	3134.3	0.23040	3133.2	0.22097	3132.2
350	0.28243	3158.5	0.26874	3157.6	0.25628	3156.6	0.24491	3155.6	0.23449	3154.6	0.22490	3153.7
360	0.28727	3179.7	0.27335	3178.8	0.26070	3177.9	0.24915	3176.9	0.23856	3176.0	0.22881	3175.1
370	0.29209	3200.9	0.27795	3200.0	0.26510	3199.1	0.25337	3198.2	0.24261	3197.3	0.23272	3196.4
380	0.29690	3222.0	0.28255	3221.2	0.26949	3220.3	0.25758	3219.5	0.24665	3218.7	0.23660	3217.8
390	0.30170	3243.2	0.28712	3242.4	0.27387	3241.6	0.26177	3240.8	0.25068	3240.0	0.24048	3239.2
400	0.30649	3264.4	0.29169	3263.6	0.27824	3262.9	0.26596	3262.1	0.25470	3261.3	0.24435	3260.5
410	0.31127	3285.6	0.29625	3284.9	0.28260	3284.1	0.27014	3283.4	0.25872	3282.6	0.24820	3281.9
420	0.31604	3306.9	0.30080	3306.1	0.28695	3305.4	0.27431	3304.7	0.26272	3304.0	0.25205	3303.3
430	0.32080	3328.1	0.30535	3327.4	0.29130	3326.8	0.27847	3326.1	0.26671	3325.4	0.25589	3324.7
440	0.32555	3349.5	0.30988	3348.8	0.29563	3348.1	0.28262	3347.4	0.27070	3346.8	0.25973	3346.1
450	0.33030	3370.8	0.31441	3370.2	0.29996	3369.5	0.28677	3368.9	0.27468	3368.2	0.26355	3367.6
460	0.33505	3392.2	0.31893	3391.6	0.30429	3391.0	0.29091	3390.3	0.27865	3389.7	0.26737	3389.1
470	0.33978	3413.6	0.32345	3413.0	0.30860	3412.4	0.29505	3411.8	0.28262	3411.2	0.27119	3410.6
480	0.34452	3435.1	0.32796	3434.6	0.31292	3434.0	0.29918	3433.4	0.28658	3432.8	0.27500	3432.2
490	0.34924	3456.7	0.33247	3456.1	0.31722	3455.6	0.30330	3455.0	0.29054	3454.4	0.27880	3453.9
500	0.35396	3478.3	0.33697	3477.7	0.32153	3477.2	0.30742	3476.6	0.29450	3476.1	0.28260	3475.5
510	0.35868	3499.9	0.34147	3499.4	0.32583	3498.9	0.31154	3498.3	0.29844	3497.8	0.28640	3497.3
520	0.36340	3521.6	0.34597	3521.1	0.33012	3520.6	0.31565	3520.1	0.30239	3519.6	0.29019	3519.1
530	0.36811	3543.4	0.35046	3542.9	0.33441	3542.4	0.31976	3541.9	0.30633	3541.4	0.29397	3540.9
540	0.37281	3565.2	0.35494	3564.7	0.33870	3564.3	0.32386	3563.8	0.31027	3563.3	0.29776	3562.8
550	0.37752	3587.1	0.35943	3586.6	0.34298	3586.2	0.32797	3585.7	0.31420	3585.2	0.30154	3584.7
560	0.38222	3609.0	0.36391	3608.6	0.34726	3608.1	0.33206	3607.7	0.31813	3607.2	0.30531	3606.8

续表

t /℃	1.30MPa t_s=191.609℃		1.35MPa t_s= 193.350℃		1.40MPa t_s=195.042℃		1.45MPa t_s=196.688℃		1.50MPa t_s=198.289℃		1.55MPa t_s=199.850℃	
	v' 0.0011438 v'' 0.15113 /(m³/kg)	h' 814.70 h'' 2785.4 /(kJ/kg)	v' 0.0011464 v'' 0.14574 /(m³/kg)	h' 822.49 h'' 2786.6 /(kJ/kg)	v' 0.0011489 v'' 0.14072 /(m³/kg)	h' 830.07 h'' 2787.8 /(kJ/kg)	v' 0.0011514 v'' 0.13604 /(m³/kg)	h' 837.46 h'' 2788.9 /(kJ/kg)	v' 0.0011539 v'' 0.13166 /(m³/kg)	h' 844.67 h'' 2789.9 /(kJ/kg)	v' 0.0011563 v'' 0.12755 /(m³/kg)	h' 851.70 h'' 2790.8 /(kJ/kg)
0	0.0009996	1.29	0.0009995	1.34	0.0009995	1.39	0.0009995	1.44	0.0009995	1.49	0.0009994	1.54
10	0.0009996	43.26	0.0009996	43.31	0.0009996	43.36	0.0009996	43.41	0.0009995	43.46	0.0009995	43.51
20	0.0010011	85.08	0.0010011	85.13	0.0010011	85.18	0.0010011	85.22	0.0010010	85.27	0.0010010	85.32
30	0.0010037	126.84	0.0010037	126.89	0.0010037	126.93	0.0010037	126.98	0.0010036	127.03	0.0010036	127.07
40	0.0010072	168.60	0.0010072	168.64	0.0010072	168.68	0.0010072	168.73	0.0010071	168.77	0.0010071	168.82
50	0.0010115	210.36	0.0010115	210.41	0.0010115	210.45	0.0010115	210.49	0.0010114	210.54	0.0010114	210.58
60	0.0010166	252.16	0.0010165	252.21	0.0010165	252.25	0.0010165	252.29	0.0010165	252.33	0.0010164	252.37
70	0.0010223	294.01	0.0010222	294.05	0.0010222	294.09	0.0010222	294.13	0.0010222	294.17	0.0010221	294.21
80	0.0010286	335.91	0.0010286	335.95	0.0010285	335.99	0.0010285	336.03	0.0010285	336.07	0.0010285	336.11
90	0.0010355	377.89	0.0010355	277.93	0.0010355	377.97	0.0010355	378.01	0.0010354	378.04	0.0010354	378.08
100	0.0010431	419.96	0.0010431	420.00	0.0010430	420.04	0.0010430	420.08	0.0010430	420.11	0.0010429	420.15
110	0.0010512	462.16	0.0010512	462.19	0.0010512	462.23	0.0010511	462.27	0.0010511	462.30	0.0010511	462.34
120	0.0010600	504.49	0.0010600	504.53	0.0010599	504.56	0.0010599	504.60	0.0010599	504.63	0.0010598	504.67
130	0.0010694	547.00	0.0010694	547.04	0.0010693	547.07	0.0010693	547.11	0.0010693	547.14	0.0010692	547.17
140	0.0010794	589.72	0.0010794	589.75	0.0010794	589.78	0.0010794	589.81	0.0010793	589.84	0.0010793	589.88
150	0.0010902	632.66	0.0010902	632.69	0.0010901	632.72	0.0010901	632.75	0.0010901	632.78	0.0010900	632.81
160	0.0011017	675.87	0.0011017	675.90	0.0011016	675.93	0.0011016	675.96	0.0011016	675.99	0.0011015	676.02
170	0.0011140	719.40	0.0011140	719.42	0.0011140	719.45	0.0011139	719.48	0.0011139	719.51	0.0011138	719.53
180	0.0011273	763.27	0.0011272	763.29	0.0011272	763.32	0.0011271	763.35	0.0011271	763.37	0.0011270	763.40
190	0.0011415	807.54	0.0011414	807.56	0.0011414	807.58	0.0011413	807.61	0.0011413	807.63	0.0011412	807.65
200	0.15509	2808.0	0.14879	2804.7	0.14294	2801.4	0.13748	2798.1	0.13238	2794.7	0.12761	2791.3
210	0.15966	2834.1	0.15325	2831.1	0.14729	2828.2	0.14173	2825.2	0.13654	2822.2	0.13168	2819.1
220	0.16411	2859.3	0.15758	2856.7	0.15151	2854.0	0.14585	2851.3	0.14056	2848.6	0.13562	2845.9
230	0.16845	2883.9	0.16179	2881.6	0.15561	2879.1	0.14985	2876.7	0.14447	2874.3	0.13943	2871.8
240	0.17270	2908.0	0.16592	2905.8	0.15962	2903.6	0.15375	2901.4	0.14827	2899.2	0.14314	2896.9
250	0.17687	2931.5	0.16996	2929.5	0.16355	2927.6	0.15757	2925.5	0.15199	2923.5	0.14677	2921.5
260	0.18097	2954.7	0.17394	2952.8	0.16740	2951.0	0.16132	2949.2	0.15564	2947.3	0.15032	2945.5
270	0.18501	2977.5	0.17785	2975.8	0.17120	2974.1	0.16501	2972.4	0.15923	2970.7	0.15382	2969.0
280	0.18901	3000.0	0.18172	2998.4	0.17495	2996.6	0.16865	2995.3	0.16276	2993.7	0.15725	2992.2
290	0.19296	3022.2	0.18554	3020.8	0.17865	3019.4	0.17224	3017.9	0.16625	3016.5	0.16065	3015.0

续表

t /℃	1.30MPa t_s=191.609℃		1.35MPa t_s=193.350℃		1.40MPa t_s=195.042℃		1.45MPa t_s=196.688℃		1.50MPa t_s=198.289℃		1.55MPa t_s=199.850℃	
	v' 0.0011438 v'' 0.15113 /(m³/kg)	h' 814.70 h'' 2785.4 /(kJ/kg)	v' 0.0011464 v'' 0.14574 /(m³/kg)	h' 822.49 h'' 2786.6 /(kJ/kg)	v' 0.0011489 v'' 0.14072 /(m³/kg)	h' 830.07 h'' 2787.8 /(kJ/kg)	v' 0.0011514 v'' 0.13604 /(m³/kg)	h' 837.46 h'' 2788.9 /(kJ/kg)	v' 0.0011539 v'' 0.13166 /(m³/kg)	h' 844.67 h'' 2789.9 /(kJ/kg)	v' 0.0011563 v'' 0.12755 /(m³/kg)	h' 851.70 h'' 2790.8 /(kJ/kg)
300	0.19687	3044.3	0.18933	3043.0	0.18232	3041.6	0.17579	3040.3	0.16970	3038.9	0.16400	3037.6
310	0.20076	3066.2	0.19308	3064.9	0.18595	3063.7	0.17931	3062.4	0.17312	3061.2	0.16732	3059.9
320	0.20461	3088.0	0.19681	3086.8	0.18956	3085.6	0.18281	3084.4	0.17651	3083.3	0.17061	3082.1
330	0.20844	3109.6	0.20051	3108.5	0.19314	3107.4	0.18628	3106.3	0.17987	3105.2	0.17388	3104.1
340	0.21225	3131.2	0.20419	3130.1	0.19670	3129.1	0.18972	3128.0	0.18321	3127.0	0.17712	3125.9
350	0.21605	3152.7	0.20785	3151.7	0.20024	3150.7	0.19315	3149.7	0.18653	3148.7	0.18034	3147.7
360	0.21982	3174.1	0.21149	3173.2	0.20376	3172.3	0.19656	3171.3	0.18984	3170.4	0.18355	3169.4
370	0.22358	3195.6	0.21512	3194.7	0.20727	3193.8	0.19995	3192.9	0.19313	3192.0	0.18674	3191.1
380	0.22733	3217.0	0.21874	3216.1	0.21076	3215.3	0.20333	3214.4	0.19640	3213.5	0.18992	3212.7
390	0.23106	3238.3	0.22234	3237.5	0.21424	3236.7	0.20670	3235.9	0.19967	3235.1	0.19308	3234.3
400	0.23479	3259.7	0.22594	3259.0	0.21772	3258.2	0.21006	3257.4	0.20292	3256.6	0.19624	3255.8
410	0.23850	3281.1	0.22954	3280.4	0.22118	3279.6	0.21341	3278.9	0.20616	3278.1	0.19938	3277.4
420	0.24221	3302.5	0.23309	3301.8	0.22463	3301.1	0.21675	3300.4	0.20940	3299.7	0.20252	3298.9
430	0.24591	3324.0	0.23666	3323.3	0.22808	3322.6	0.22008	3321.9	0.21262	3321.2	0.20564	3320.5
440	0.24960	3345.4	0.24022	3344.8	0.23151	3344.1	0.22341	3343.4	0.21584	3342.8	0.20876	3342.1
450	0.25328	3366.9	0.24378	3366.3	0.23495	3365.6	0.22672	3365.0	0.21905	3364.3	0.21187	3363.7
460	0.25696	3388.5	0.24732	3387.8	0.23838	3387.2	0.23003	3386.6	0.22226	3385.9	0.21498	3385.3
470	0.26063	3410.0	0.25086	3409.4	024181	3408.8	0.23333	3408.3	0.22546	3407.6	0.21808	3407.0
480	0.26430	3431.6	0.25440	3431.0	0.24524	3430.5	0.23663	3430.0	0.00866	3429.3	0.22118	3428.7
490	0.26796	3453.3	0.25793	3452.7	0.24866	3452.2	0.23992	3451.7	0.23185	3451.1	0.22427	3450.4
500	0.27162	3475.0	0.26146	3474.4	0.25208	3474.0	0.24321	3473.5	0.23504	3472.9	0.22735	3472.2
510	0.27528	3496.7	0.26498	3496.2	0.25550	3495.8	0.24649	3495.3	0.23822	3494.7	0.23043	3494.1
520	0.27892	3518.5	0.26850	3518.0	0.25891	3517.6	0.24977	3517.1	0.24140	2516.6	0.23351	3516.0
530	0.28257	3540.4	0.27201	3539.9	0.26232	3539.5	0.25304	3539.0	0.24457	3538.5	0.23658	3537.9
540	0.28621	3562.3	0.27552	3561.8	0.26572	3561.4	0.25631	3561.9	0.24774	3560.5	0.23965	3559.9
550	0.28985	3584.3	0.27903	3583.8	0.26912	3583.4	0.25957	3583.9	0.25090	3582.5	0.24272	3581.9
560	0.29348	3606.3	0.28253	3605.8	0.27251	3605.4	0.26283	3605.9	0.25406	3604.5	0.24578	3604.0

续表

t /℃	1.60MPa t_s=201.372℃ v' 0.0011586 v'' 0.12369 /(m³/kg)	h' 858.56 h'' 2791.7 /(kJ/kg)	1.65MPa t_s=202.857℃ v' 0.0011610 v'' 0.12005 /(m³/kg)	h' 865.28 h'' 2792.6 /(kJ/kg)	1.70MPa t_s=204.307℃ v' 0.0011633 v'' 0.11662 /(m³/kg)	h' 871.84 h'' 2793.4 /(kJ/kg)	1.75MPa t_s=205.725℃ v' 0.0011656 v'' 0.11338 /(m³/kg)	h' 878.28 h'' 2794.1 /(kJ/kg)	1.80MPa t_s=207.111℃ v' 0.0011678 v'' 0.11032 /(m³/kg)	h' 884.57 h'' 2794.8 /(kJ/kg)	1.85MPa t_s=209.468℃ v' 0.0011701 v'' 0.10741 /(m³/kg)	h' 890.75 h'' 2795.5 /(kJ/kg)
0	0.0009994	1.59	0.0009994	1.64	0.0009994	1.70	0.0009993	1.75	0.0009993	1.80	0.0009993	1.85
10	0.0009995	43.55	0.0009995	43.60	0.0009995	43.65	0.0009994	43.70	0.0009994	43.75	0.0009994	43.80
20	0.0010010	85.36	0.0010010	85.41	0.0010010	85.46	0.0010009	85.51	0.0010009	85.55	0.0010009	85.60
30	0.0010036	127.12	0.0010036	127.16	0.0010036	127.21	0.0010035	127.25	0.0010035	127.30	0.0010035	127.34
40	0.0010071	168.86	0.0010071	168.91	0.0010071	168.95	0.0010070	168.99	0.0010070	169.04	0.0010070	169.08
50	0.0010114	210.62	0.0010114	210.67	0.0010114	210.71	0.0010113	210.75	0.0010113	210.79	0.0010113	210.84
60	0.0010164	252.42	0.0010164	252.46	0.0010164	252.50	0.0010164	252.54	0.0010163	252.58	0.0010163	252.62
70	0.0010221	294.25	0.0010221	294.29	0.0010221	294.33	0.0010220	294.38	0.0010220	294.42	0.0010220	294.46
80	0.0010284	336.15	0.0010284	336.19	0.0010284	336.23	0.0010284	336.27	0.0010283	336.31	0.0010283	336.35
90	0.0010354	378.12	0.0010354	378.16	0.0010353	378.20	0.0010353	378.24	0.0010353	378.28	0.0010353	378.31
100	0.0010429	420.19	0.0010429	420.23	0.0010429	420.26	0.0010428	420.30	0.0010428	420.34	0.0010428	420.38
110	0.0010511	462.37	0.0010510	462.41	0.0010510	462.45	0.0010510	462.48	0.0010510	462.52	0.0010509	462.56
120	0.0010598	504.70	0.0010598	504.74	0.0010598	504.78	0.0010597	504.81	0.0010597	504.85	0.0010597	504.88
130	0.0010692	547.21	0.0010692	547.24	0.0010691	547.27	0.0010691	547.31	0.0010691	547.34	0.0010691	547.38
140	0.0010793	589.91	0.0010792	589.94	0.0010792	589.97	0.0010792	590.01	0.0010791	590.04	0.0010791	590.07
150	0.0010900	632.85	0.0010900	632.88	0.0010899	632.91	0.0010899	632.94	0.0010899	632.97	0.0010898	633.00
160	0.0011015	676.05	0.0011015	676.08	0.0011014	676.11	0.0011014	676.14	0.0011013	676.17	0.0011013	676.20
170	0.0011138	719.56	0.0011138	719.59	0.0011137	719.62	0.0011137	719.64	0.0011136	719.67	0.0011136	719.70
180	0.0011270	763.42	0.0011270	763.45	0.0011269	763.47	0.0011269	763.50	0.0011268	763.52	0.0011268	763.55
190	0.0011412	807.68	0.0011411	807.70	0.0011411	807.72	0.0011410	807.75	0.0011410	807.77	0.0011409	807.79
200	0.0011564	852.39	0.0011564	852.41	0.0011563	852.43	0.0011563	852.45	0.0011562	852.47	0.0011562	852.49
210	0.12712	2816.0	0.12284	2812.9	0.11880	2809.7	0.11498	2806.5	0.11138	2803.3	0.10796	2800.0
220	0.13098	2843.1	0.12661	2840.3	0.12250	2837.5	0.00862	2834.6	0.11496	2831.7	0.11148	2828.8
230	0.13470	2869.3	0.13026	2866.8	0.12608	2864.2	0.12213	2861.6	0.11840	2859.1	0.11487	2856.4
240	0.13833	2894.7	0.13381	2892.4	0.12955	2890.1	0.12554	2887.8	0.12174	2885.4	0.11815	2883.1
250	0.14187	2919.4	0.13727	2917.4	0.13294	2915.3	0.12885	2913.2	0.12499	2911.0	0.12133	2908.9
260	0.14534	2943.6	0.14065	2941.7	0.13624	2939.8	0.13208	2937.9	0.12815	2935.9	0.12443	2934.0
270	0.14874	2967.3	0.14397	2965.6	0.13949	2963.8	0.13525	2962.1	0.13125	2960.3	0.12747	2958.5
280	0.15209	2990.6	0.14724	2989.0	0.14267	2987.4	0.13837	2985.8	0.13430	2984.1	0.13045	2982.5
290	0.15539	3013.5	0.15046	3012.1	0.14581	3010.6	0.14143	3009.1	0.13729	3007.6	0.13337	3006.1

续表

t /℃	1.60MPa t_s=201.372℃		1.65MPa t_s=202.857℃		1.70MPa t_s=204.307℃		1.75MPa t_s=205.725℃		1.80MPa t_s=207.111℃		1.85MPa t_s=209.468℃	
	v' 0.0011586 v'' 0.12369 /(m³/kg)	h' 858.56 h'' 2791.7 /(kJ/kg)	v' 0.0011610 v'' 0.12005 /(m³/kg)	h' 865.28 h'' 2792.6 /(kJ/kg)	v' 0.0011633 v'' 0.11662 /(m³/kg)	h' 871.84 h'' 2793.4 /(kJ/kg)	v' 0.0011656 v'' 0.11338 /(m³/kg)	h' 878.28 h'' 2794.1 /(kJ/kg)	v' 0.0011678 v'' 0.11032 /(m³/kg)	h' 884.57 h'' 2794.8 /(kJ/kg)	v' 0.0011701 v'' 0.10741 /(m³/kg)	h' 890.75 h'' 2795.5 /(kJ/kg)
300	0.15866	3036.2	0.15364	3034.8	0.14891	3033.5	0.14445	3032.1	0.14024	3030.7	0.13626	3029.3
310	0.16189	3058.6	0.15678	3057.4	0.15197	3056.1	0.14744	3054.8	0.14316	3053.5	0.13911	3052.2
320	0.16509	3080.9	0.15989	3079.7	0.15501	3078.5	0.15040	3077.3	0.14605	3076.1	0.14193	3074.8
330	0.16826	3102.9	0.16298	3101.8	0.15801	3100.7	0.15333	3099.6	0.14890	3098.4	0.14472	3097.3
340	0.17141	3124.9	0.16605	3123.8	0.16100	3122.8	0.15624	3121.7	0.15174	3120.6	0.14748	3119.6
350	0.17454	3146.7	0.16909	3145.7	0.16396	3144.7	0.15912	3143.7	0.15455	3142.7	0.15023	3141.7
360	0.17766	3168.5	0.17212	3167.5	0.16691	3166.6	0.16199	3165.6	0.15735	3164.7	0.15296	3163.7
370	0.18075	3190.2	0.17513	3189.3	0.16984	3188.4	0.16484	3187.5	0.16013	3186.6	0.15567	3185.6
380	0.18384	3211.8	0.17813	3211.0	0.17275	3210.1	0.16768	3209.2	0.16290	3208.4	0.15837	3207.5
390	0.18691	3233.4	0.18111	3232.6	0.17565	3231.8	0.17051	3231.0	0.16565	3230.1	0.16105	3229.3
400	0.18997	3255.0	0.18409	3254.2	0.17855	3253.5	0.17332	3252.7	0.16839	3251.9	0.16373	3251.1
410	0.19302	3276.6	0.18705	3275.9	0.18143	3275.1	0.17613	3274.3	0.17112	3273.6	0.16639	3272.8
420	0.19606	3298.2	0.19001	3297.5	0.18430	3296.8	0.17892	3296.0	0.17385	3295.3	0.16904	3294.6
430	0.19910	3319.8	0.19295	3319.1	0.18717	3318.4	0.18171	3317.7	0.17656	3317.0	0.17169	3316.3
440	0.20213	3341.4	0.19589	3340.7	0.19002	3340.1	0.18449	3339.4	0.17927	3338.7	0.17432	3338.0
450	0.20515	3363.0	0.19882	3362.4	0.19287	3361.7	0.18726	3361.1	0.18197	3360.4	0.17696	3359.8
460	0.20816	3384.7	0.20175	3384.1	0.19572	3383.4	0.19003	3382.8	0.18466	3382.2	0.17958	3381.6
470	0.21117	3406.4	0.20467	3405.8	0.19856	3405.2	0.19279	3404.6	0.18735	3404.0	0.18220	3403.4
480	0.21417	3428.1	0.20759	3427.5	0.20139	3426.9	0.19555	3426.4	0.19003	3425.8	0.18481	3425.2
490	0.21717	3449.9	0.21049	3449.3	0.20422	3448.7	0.19830	3448.2	0.19271	3447.6	0.18742	3447.0
500	0.22016	3471.7	0.21340	3471.1	0.20704	3470.6	0.20104	3470.0	0.19538	3469.5	0.19002	3468.9
510	0.22315	3493.5	0.21630	2493.0	0.20986	3492.5	0.20378	3491.9	0.19805	3491.4	0.19262	3490.9
520	0.22613	3515.4	0.21920	3514.9	0.21267	3514.4	0.20652	3513.9	0.20071	3513.4	0.19521	3512.8
530	0.22911	3537.4	0.22209	3536.9	0.21548	3536.4	0.20925	3535.9	0.20337	3535.4	0.19780	3534.9
540	0.23208	3559.4	0.22498	3558.9	0.21829	3558.4	0.21198	3557.9	0.20602	3557.4	0.20039	3556.9
550	0.23506	3581.4	0.22786	3581.0	0.22109	3580.5	0.21471	3580.0	0.20868	3579.5	0.20297	3579.1
560	0.23803	3603.5	0.23074	3603.1	0.22389	3602.6	0.21743	3602.2	0.21132	3601.7	0.20555	3601.2

续表

t /℃	1.90MPa t_s=209.797℃		1.95MPa t_s=211.099℃		2.0MPa t_s=212.375℃		2.1MPa t_s=214.855℃		2.2MPa t_s=217.244℃		2.3MPa t_s=219.552℃	
	v' 0.0011723 v'' 0.10465 /(m³/kg)	h' 896.81 h'' 2796.1 /(kJ/kg)	v' 0.0011744 v'' 0.10203 /(m³/kg)	h' 902.75 h'' 2796.7 /(kJ/kg)	v' 0.0011766 v'' 0.099536 /(m³/kg)	h' 908.59 h'' 2797.2 /(kJ/kg)	v' 0.0011809 v'' 0.094890 /(m³/kg)	h' 919.96 h'' 2798.2 /(kJ/kg)	v' 0.0011850 v'' 0.090652 /(m³/kg)	h' 930.95 h'' 2799.1 /(kJ/kg)	v' 0.0011892 v'' 0.086769 /(m³/kg)	h' 941.60 h'' 2799.8 /(kJ/kg)
0	0.0009993	1.90	0.0009992	1.95	0.0009992	2.00	0.0009992	2.10	0.0009991	2.21	0.0009991	2.31
10	0.0009994	43.85	0.0009993	43.90	0.0009993	43.94	0.0009993	44.04	0.0009992	44.14	0.0009992	44.24
20	0.0010009	85.65	0.0010008	85.69	0.0010008	85.74	0.0010008	85.83	0.0010007	85.93	0.0010007	86.02
30	0.0010035	127.39	0.0010034	127.44	0.0010034	127.48	0.0010034	127.57	0.0010033	127.66	0.0010033	127.75
40	0.0010070	169.13	0.0010069	169.17	0.0010069	169.21	0.0010069	169.30	0.0010068	169.39	0.0010068	169.48
50	0.0010113	210.88	0.0010112	210.92	0.0010112	210.97	0.0010112	211.05	0.0010111	211.14	0.0010111	211.22
60	0.0010163	252.67	0.0010163	252.71	0.0010162	252.75	0.0010162	252.83	0.0010161	252.92	0.0010161	253.00
70	0.0010220	294.50	0.0010220	294.54	0.0010219	294.58	0.0010219	294.66	0.0010218	294.74	0.0010218	294.82
80	0.0010283	336.39	0.0010283	336.43	0.0010282	336.47	0.0010282	336.55	0.0010282	336.63	0.0010281	336.71
90	0.0010352	378.35	0.0010352	378.39	0.0010352	378.43	0.0010351	378.51	0.0010351	378.59	0.0010350	378.66
100	0.0010428	420.41	0.0010427	420.45	0.0010427	420.49	0.0010427	420.56	0.0010426	420.64	0.0010426	420.71
110	0.0010509	462.59	0.0010509	462.63	0.0010508	462.67	0.0010508	462.74	0.0010507	462.81	0.0010507	462.88
120	0.0010596	504.92	0.0010596	504.95	0.0010596	504.99	0.0010595	505.06	0.0010595	505.13	0.0010594	505.20
130	0.0010690	547.41	0.0010690	547.44	0.0010690	547.48	0.0010689	547.55	0.0010688	547.61	0.0010688	547.68
140	0.0010791	590.11	0.0010790	590.14	0.0010790	590.17	0.0010789	590.24	0.0010789	590.30	0.0010788	590.37
150	0.0010898	633.03	0.0010898	633.06	0.0010897	633.09	0.0010897	633.16	0.0010896	633.22	0.0010895	633.28
160	0.0011013	676.23	0.0011012	676.26	0.0011012	676.28	0.0011011	676.34	0.0011011	676.40	0.0011010	676.46
170	0.0011136	719.73	0.0011135	719.75	0.0011135	719.78	0.0011134	719.84	0.0011133	719.89	0.0011132	719.95
180	0.0011267	763.57	0.0011267	763.60	0.0011267	763.62	0.0011266	763.68	0.0011265	763.73	0.0011264	763.78
190	0.0011409	807.81	0.0011408	807.84	0.0011408	807.86	0.0011407	807.91	0.0011406	807.95	0.0011405	808.00
200	0.0011561	852.51	0.0011561	852.53	0.0011560	852.55	0.0011559	852.59	0.0011558	852.63	0.0011557	852.68
210	0.10473	2796.7	0.0011726	897.75	0.0011725	897.77	0.0011724	897.80	0.0011723	897.84	0.0011722	897.87
220	0.10819	2825.9	0.10506	2822.9	0.102091	2819.9	0.096560	2813.8	0.091520	2807.5	0.086907	2801.2
230	0.11152	2853.8	0.10834	2851.1	0.105321	2848.4	0.099700	2843.0	0.094581	2837.4	0.089897	2831.8
240	0.11474	2880.7	0.11151	2878.3	0.108434	2875.9	0.102720	2871.0	0.097517	2866.0	0.092759	2860.9
250	0.11787	2906.7	0.11458	2904.6	0.111449	2902.4	0.105638	2897.9	0.100349	2893.4	0.095513	2888.9
260	0.12091	2932.0	0.11756	2930.1	0.114381	2928.1	0.108471	2924.0	0.103093	2920.0	0.098177	2915.8
270	0.12388	2956.7	0.12048	2954.9	0.117243	2953.1	0.111232	2949.4	0.105763	2945.7	0.100765	2941.9
280	0.12680	2980.9	0.12333	2979.2	0.120044	2977.5	0.113931	2974.2	0.108369	2970.8	0.103288	2967.3
290	0.12966	3004.6	0.12614	3003.0	0.122795	3001.5	0.116577	2998.4	0.110922	2995.3	0.105756	2992.1

续表

t /℃	1.90MPa t_s=209.797℃		1.95MPa t_s=211.099℃		2.0MPa t_s=212.375℃		2.1MPa t_s=214.855℃		2.2MPa t_s=217.244℃		2.3MPa t_s=219.552℃	
	v' 0.0011723 v'' 0.10465 /(m³/kg)	h' 896.81 h'' 2796.1 /(kJ/kg)	v' 0.0011744 v'' 0.10203 /(m³/kg)	h' 902.75 h'' 2796.7 /(kJ/kg)	v' 0.0011766 v'' 0.099536 /(m³/kg)	h' 908.59 h'' 2797.2 /(kJ/kg)	v' 0.0011809 v'' 0.094890 /(m³/kg)	h' 919.96 h'' 2798.2 /(kJ/kg)	v' 0.0011850 v'' 0.090652 /(m³/kg)	h' 930.95 h'' 2799.1 /(kJ/kg)	v' 0.0011892 v'' 0.086769 /(m³/kg)	h' 941.60 h'' 2799.8 /(kJ/kg)
300	0.13249	3027.9	0.12890	3026.5	0.125501	3025.0	0.119179	3022.2	0.100349	3019.3	0.108176	3016.4
310	0.13527	3050.9	0.13163	3049.6	0.128170	3048.2	0.121742	3045.6	0.115896	3042.9	0.110557	3040.2
320	0.13803	3073.6	0.13432	3072.4	0.130806	3071.2	0.124271	3068.7	0.118329	3066.2	0.112902	3063.7
330	0.14075	3096.1	0.13699	3095.0	0.133413	3093.8	0.126772	3091.5	0.120733	3089.2	0.115218	3086.8
340	0.14345	3118.5	0.13963	3117.4	0.135996	3116.3	0.129248	3114.1	0.123111	3111.9	0.117507	3109.7
350	0.14614	3140.7	0.14225	3139.7	0.138558	3138.6	0.131702	3136.6	0.125467	3134.5	0.119774	3132.4
360	0.14880	3162.8	0.14485	3161.8	0.141101	3160.8	0.134136	3158.9	0.127804	3156.9	0.122021	3155.0
370	0.15144	3184.7	0.14744	3183.8	0.143628	3182.9	0.136554	3181.1	0.130123	3179.2	0.124251	3177.3
380	0.15408	3206.6	0.15001	3205.8	0.146140	3204.9	0.138957	3203.1	0.132428	3201.4	0.126465	3199.6
390	0.15670	3228.5	0.15256	3227.6	0.148638	3226.8	0.141347	3225.1	0.134718	3223.5	0.128666	3221.8
400	0.15930	3250.3	0.15511	3249.5	0.151126	3248.7	0.143725	3247.1	0.136997	3245.5	0.130854	3243.9
410	0.16190	3272.1	0.15765	3271.3	0.153602	3270.5	0.146093	3269.0	0.139266	3267.5	0.133032	3265.9
420	0.16449	3293.8	0.16017	3293.1	0.156070	3292.4	0.148451	3290.9	0.141524	3289.4	0.135200	3288.0
430	0.16707	3315.6	0.16269	3314.9	0.158528	3314.2	0.150800	3312.8	0.143774	3311.4	0.137359	3310.0
440	0.16964	3337.4	0.16520	3336.7	0.160979	3336.0	0.153142	3334.6	0.146016	3333.3	0.139510	3331.9
450	0.17221	3359.1	0.16770	3358.5	0.163423	3357.8	0.155476	3356.5	0.148251	3355.2	0.141654	3353.9
460	0.17477	3380.9	0.17020	3380.3	0.165861	3379.7	0.157804	3378.4	0.150479	3377.1	0.143791	3375.9
470	0.17732	3402.7	0.17269	3402.1	0.168292	3401.5	0.160126	3400.3	0.152701	3399.1	0.145922	3397.9
480	0.17987	3424.6	0.17517	3424.0	0.170718	3423.4	0.162442	3422.2	0.154918	3421.1	0.148048	3419.9
490	0.18241	3446.5	0.17765	3445.9	0.173139	3445.3	0.164753	3444.2	0.157129	3443.0	0.150168	3441.9
500	0.18494	3468.4	0.18013	3467.8	0.175555	3467.3	0.167059	3466.2	0.159335	3465.1	0.152283	3464.0
510	0.18748	3490.3	0.18260	3489.8	0.177966	3489.3	0.169360	3488.2	0.161537	3487.1	0.154394	3486.0
520	0.19001	3512.3	0.18507	3511.8	0.180373	3511.3	0.171658	3510.3	0.163734	3509.2	0.156500	3508.2
530	0.19253	3534.4	0.18753	3533.9	0.182776	3533.4	0.173951	3532.4	0.165928	3531.3	0.158602	3530.3
540	0.19505	3556.5	0.18999	3556.0	0.185175	3555.5	0.176240	3554.5	0.168117	3553.5	0.160701	3552.5
550	0.19757	3578.6	0.19244	3578.1	0.187571	3577.6	0.178526	3576.7	0.170303	3575.7	0.162796	3574.8
560	0.20008	3600.8	0.19489	3600.3	0.189963	3599.9	0.180808	3598.9	0.172486	3598.0	0.164887	3597.1

续表

t /℃	2. 4MPa t_s=211. 783℃		2. 5MPa t_s=223. 943℃		2. 6MPa t_s=226. 037℃		2. 7MPa t_s=228. 071℃		2. 8MPa t_s=230. 047℃		2. 9MPa t_s=231. 969℃	
	v' 0. 0011932 v'' 0. 083199 /(m³/kg)	h' 951. 93 h'' 2800. 4 /(kJ/kg)	v' 0. 0011972 v'' 0. 079905 /(m³/kg)	h' 961. 96 h'' 2800. 9 /(kJ/kg)	v' 0. 0012011 v'' 0. 076856 /(m³/kg)	h' 971. 72 h'' 2801. 4 /(kJ/kg)	v' 0. 0012050 v'' 0. 074025 /(m³/kg)	h' 981. 22 h'' 2801. 7 /(kJ/kg)	v' 0. 0012088 v'' 0. 071389 /(m³/kg)	h' 990. 49 h'' 2802. 0 /(kJ/kg)	v' 0. 0012126 v'' 0. 068928 /(m³/kg)	h' 999. 53 h'' 2802. 2 /(kJ/kg)
0	0. 0009990	2. 41	0. 0009990	2. 51	0. 0009989	2. 61	0. 0009989	2. 72	0. 0009988	2. 82	0. 0009988	2. 92
10	0. 0009991	44. 33	0. 0009991	44. 43	0. 0009990	44. 53	0. 0009990	44. 63	0. 0009989	44. 72	0. 0009989	44. 82
20	0. 0010006	86. 12	0. 0010006	86. 21	0. 0010005	86. 30	0. 0010005	86. 40	0. 0010005	86. 49	0. 0010004	86. 59
30	0. 0010032	127. 84	0. 0010032	127. 94	0. 0010032	128. 03	0. 0010031	128. 12	0. 0010031	128. 21	0. 0010030	128. 30
40	0. 0010067	169. 57	0. 0010067	169. 66	0. 0010067	169. 75	0. 0010066	169. 83	0. 0010066	169. 92	0. 0010065	170. 01
50	0. 0010110	211. 31	0. 0010110	211. 40	0. 0010110	211. 48	0. 0010109	211. 57	0. 0010109	211. 65	0. 0010108	211. 74
60	0. 0010161	253. 09	0. 0010160	253. 17	0. 0010160	253. 25	0. 0010159	253. 34	0. 0010159	253. 42	0. 0010158	253. 50
70	0. 0010217	294. 91	0. 0010217	294. 99	0. 0010216	295. 07	0. 0010216	295. 15	0. 0010216	295. 23	0. 0010215	295. 31
80	0. 0010281	336. 78	0. 0010280	336. 86	0. 0010280	336. 94	0. 0010279	337. 02	0. 0010279	337. 10	0. 0010278	337. 18
90	0. 0010350	378. 74	0. 0010349	378. 82	0. 0010349	378. 89	0. 0010348	378. 97	0. 0010348	379. 05	0. 0010347	379. 13
100	0. 0010425	420. 79	0. 0010425	420. 86	0. 0010424	420. 94	0. 0010423	421. 01	0. 0010423	421. 09	0. 0010422	421. 16
110	0. 0010506	462. 96	0. 0010506	463. 03	0. 0010505	463. 10	0. 0010505	463. 18	0. 0010504	463. 25	0. 0010504	463. 32
120	0. 0010594	505. 27	0. 0010593	505. 34	0. 0010592	505. 41	0. 0010592	505. 48	0. 0010591	505. 55	0. 0010591	505. 62
130	0. 0010687	547. 75	0. 0010687	547. 82	0. 0010686	547. 88	0. 0010685	547. 95	0. 0010685	548. 02	0. 0010684	548. 09
140	0. 0010787	590. 43	0. 0010787	590. 50	0. 0010786	590. 56	0. 0010785	590. 63	0. 0010785	590. 69	0. 0010784	590. 76
150	0. 0010894	633. 34	0. 0010894	633. 40	0. 0010893	633. 47	0. 0010892	633. 53	0. 0010892	633. 59	0. 0010891	633. 65
160	0. 0011009	676. 52	0. 0011008	676. 58	0. 0011008	676. 64	0. 0011007	676. 70	0. 0011006	676. 75	0. 0011005	676. 81
170	0. 0011132	720. 00	0. 0011131	720. 06	0. 0011130	720. 11	0. 0011129	720. 17	0. 0011128	720. 22	0. 0011128	720. 28
180	0. 0011263	763. 83	0. 0011262	763. 88	0. 0011261	763. 93	0. 0011260	763. 98	0. 0011260	764. 03	0. 0011259	764. 08
190	0. 0011404	808. 05	0. 0011403	808. 09	0. 0011402	808. 14	0. 0011401	808. 18	0. 0011400	808. 23	0. 0011400	808. 28
200	0. 0011556	852. 72	0. 0011555	852. 76	0. 0011554	852. 80	0. 0011553	852. 84	0. 0011552	852. 88	0. 0011551	852. 92
210	0. 0011720	897. 91	0. 0011719	897. 94	0. 0011718	897. 97	0. 0011717	898. 01	0. 0011716	898. 04	0. 0011715	898. 08
220	0. 0011899	943. 70	0. 0011897	943. 72	0. 0011896	943. 75	0. 0011895	943. 78	0. 0011898	943. 81	0. 0011892	943. 83
230	0. 085595	2826. 0	0. 081628	2820. 1	0. 077957	2814. 1	0. 174549	2808. 0	0. 0012087	990. 27	0. 0012086	990. 29
240	0. 088390	2855. 7	0. 084364	2850. 5	0. 080640	2845. 2	0. 077185	2839. 7	0. 073970	2834. 2	0. 070969	2828. 6
250	0. 091075	2884. 2	0. 086985	2879. 5	0. 083205	2874. 7	0. 079698	2869. 9	0. 076437	3864. 9	0. 073395	2859. 9
260	0. 093666	2911. 6	0. 089511	2907. 4	0. 085671	2903. 0	0. 082111	2898. 7	0. 078800	2894. 2	0. 075714	2889. 7
270	0. 096180	2938. 1	0. 091957	2934. 2	0. 088055	2930. 3	0. 084439	2926. 4	0. 081077	2922. 3	0. 077943	2918. 3
280	0. 098626	2963. 8	0. 094335	2960. 3	0. 090370	2956. 7	0. 086695	2953. 1	0. 083280	2949. 5	0. 080098	2945. 8
290	0. 101017	2988. 9	0. 096654	2985. 7	0. 092625	2982. 4	0. 088891	2979. 1	0. 085421	2975. 7	0. 082189	2972. 4

续表

t /℃	2.4MPa t_s=211.783℃		2.5MPa t_s=223.943℃		2.6MPa t_s=226.037℃		2.7MPa t_s=228.071℃		2.8MPa t_s=230.047℃		2.9MPa t_s=231.969℃	
	v' 0.0011932 v'' 0.083199 /(m³/kg)	h' 951.93 h'' 2800.4 /(kJ/kg)	v' 0.0011972 v'' 0.079905 /(m³/kg)	h' 961.96 h'' 2800.9 /(kJ/kg)	v' 0.0012011 v'' 0.076856 /(m³/kg)	h' 971.72 h'' 2801.4 /(kJ/kg)	v' 0.0012050 v'' 0.074025 /(m³/kg)	h' 981.22 h'' 2801.7 /(kJ/kg)	v' 0.0012088 v'' 0.071389 /(m³/kg)	h' 990.49 h'' 2802.0 /(kJ/kg)	v' 0.0012126 v'' 0.068928 /(m³/kg)	h' 999.53 h'' 2802.2 /(kJ/kg)
300	0.103359	3013.4	0.098925	3010.4	0.094830	3007.4	0.091036	3004.4	0.087510	3001.3	0.084226	2998.2
310	0.105660	3037.5	0.101154	3034.7	0.096992	3031.9	0.093136	3029.1	0.089554	3026.3	0.086218	3023.4
320	0.107926	3061.1	0.103346	3058.6	0.099117	3056.0	0.095199	3053.4	0.091560	3050.8	0.088170	3048.1
330	0.110161	3084.5	0.105507	3082.1	0.101210	3079.7	0.097229	3077.2	0.093532	3074.8	0.090089	3072.3
340	0.112369	3107.5	0.107641	3105.3	0.103275	3103.0	0.099232	3100.8	0.095476	3098.5	0.091978	3096.2
350	0.114554	3130.4	0.109751	3128.2	0.105317	3126.1	0.101210	3124.0	0.097395	3121.9	0.093843	3119.7
360	0.116719	3153.0	0.111841	3151.0	0.107337	3149.0	0.103166	3147.0	0.099293	3145.0	0.095685	3143.0
370	0.118867	3175.5	0.113913	3173.6	0.109340	3171.7	0.105104	3169.8	0.101171	3167.9	0.097508	3166.0
380	0.120999	3197.8	0.115969	3196.1	0.111326	3194.3	0.107026	3192.5	0.103033	3190.7	0.099315	3188.9
390	0.123117	3220.1	0.118011	3218.4	0.113298	3216.7	0.108934	3215.0	0.104881	3213.3	0.101106	3211.6
400	0.125223	3242.3	0.120041	3240.7	0.115258	3239.0	0.110828	3237.4	0.106715	3235.8	0.102885	3234.1
410	0.127317	3264.4	0.122060	3262.9	0.117206	3261.3	0.112711	3259.8	0.108538	3258.2	0.104652	3256.6
420	0.129402	3286.5	0.124068	3285.0	0.119144	3283.5	0.114584	3282.0	0.110350	3280.5	0.106408	3279.0
430	0.131478	3308.5	0.126068	3307.1	0.121073	3305.7	0.116448	3304.3	0.112154	3302.8	0.108155	3301.4
440	0.133546	3330.6	0.128059	3329.2	0.122994	3327.8	0.118304	3326.5	0.113948	3325.1	0.109893	3323.7
450	0.135607	3352.6	0.130043	3351.3	0.124907	3349.9	0.120152	3348.6	0.115736	3347.3	0.111624	3346.0
460	0.137661	3374.6	0.132020	3373.3	0.126814	3372.1	0.121993	3370.8	0.117516	3369.5	0.113348	3368.2
470	0.139708	3396.6	0.133991	3395.4	0.128714	3394.2	0.123827	3393.0	0.119290	3391.7	0.115065	3390.5
480	0.141750	3418.7	0.135957	3417.5	0.130608	3416.3	0.125656	3415.1	0.121058	3413.9	0.116777	3412.8
490	0.143787	3440.8	0.137916	3439.6	0.132497	3438.5	0.127480	3437.3	0.122820	3436.2	0.118482	3435.0
500	0.145819	3462.9	0.139871	3461.7	0.134382	3460.6	0.129298	3459.5	0.124578	3458.4	0.120183	3457.3
510	0.147846	3485.0	0.141822	3483.9	0.136261	3482.8	0.131112	3481.8	0.126331	3480.7	0.121879	3479.6
520	0.149869	3507.1	0.143768	3506.1	0.138136	3505.1	0.132921	3504.0	0.128079	3503.0	0.123571	3501.9
530	0.151887	3529.3	0.145710	3528.3	0.140007	3527.3	0.134727	3526.3	0.129824	3525.3	0.125259	3524.3
540	0.153902	3551.6	0.147648	3550.6	0.141874	3549.6	0.136528	3548.6	0.131564	3547.6	0.126942	3546.7
550	0.155913	3573.8	0.149582	3572.9	0.143737	3571.9	0.128326	3571.0	0.133301	3570.0	0.128622	3569.1
560	0.157921	3596.2	0.151513	3595.2	0.145597	3594.3	0.140120	3593.4	0.135034	3592.5	0.130299	3591.5

续表

t /℃	3.0MPa t_s=233.841℃		3.1MPa t_s=235.666℃		3.2MPa t_s=237.445℃		3.3MPa t_s=239.183℃		3.4MPa t_s=240.881℃		3.5MPa t_s=242.540℃	
	v' 0.0012163 v'' 0.066626 /(m^3/kg)	h' 1008.36 h'' 2802.3 /(kJ/kg)	v' 0.0012200 v'' 0.064467 /(m^3/kg)	h' 1016.99 h'' 2802.3 /(kJ/kg)	v' 0.0012237 v'' 0.062439 /(m^3/kg)	h' 1025.43 h'' 2802.3 /(kJ/kg)	v' 0.0012274 v'' 0.060529 /(m^3/kg)	h' 1033.71 h'' 2802.3 /(kJ/kg)	v' 0.0012310 v'' 0.0858728 /(m^3/kg)	h' 1041.81 h'' 2802.1 /(kJ/kg)	v' 0.0012345 v'' 0.057025 /(m^3/kg)	h' 1049.76 h'' 2802.0 /(kJ/kg)
0	0.0009987	3.02	0.00099987	3.12	0.0009986	3.23	0.0009986	3.33	0.0009985	3.43	0.0009985	3.53
10	0.0009988	44.92	0.0009988	45.02	0.0009987	45.11	0.0009987	45.21	0.0009987	45.31	0.0009986	45.41
20	0.0010004	86.68	0.0010003	86.77	0.0010003	86.87	0.0010002	86.96	0.0010002	87.05	0.0010001	87.15
30	0.0010030	128.39	0.0010029	128.48	0.0010029	128.57	0.0010028	128.66	0.0010028	128.75	0.0010028	128.85
40	0.0010065	170.10	0.0010064	170.19	0.0010064	170.28	0.0010063	170.36	0.0010063	170.45	0.0010063	170.54
50	0.0010108	211.83	0.0010107	211.91	0.0010107	212.00	0.0010106	212.09	0.0010106	212.17	0.0010106	212.26
60	0.0010158	253.59	0.0010157	253.67	0.0010157	253.76	0.0010157	253.84	0.0010156	253.92	0.0010156	254.01
70	0.0010215	295.39	0.0010214	295.48	0.0010214	295.56	0.0010213	295.64	0.0010213	295.72	0.0010212	295.80
80	0.0010278	337.26	0.0010277	337.34	0.0010277	337.42	0.0010276	337.50	0.0010276	337.58	0.0010275	337.66
90	0.0010347	379.20	0.0010346	379.28	0.0010346	379.36	0.0010345	379.44	0.0010345	379.51	0.0010344	379.59
100	0.0010422	421.24	0.0010421	421.31	0.0010421	421.39	0.0010420	421.47	0.0010420	421.54	0.0010419	421.62
110	0.0010503	463.39	0.0010502	463.47	0.0010502	463.54	0.0010501	463.61	0.0010501	463.68	0.0010500	463.76
120	0.0010590	505.69	0.0010590	505.76	0.0010589	505.83	0.0010588	505.90	0.0010588	505.97	0.0010587	506.04
130	0.0010684	548.16	0.0010683	548.22	0.0010682	548.29	0.0010682	548.36	0.0010681	548.43	0.0010681	548.50
140	0.0010783	590.82	0.0010783	590.89	0.0010782	590.95	0.0010782	591.02	0.0010781	591.08	0.0010780	591.15
150	0.0010890	633.71	0.0010890	633.78	0.0010889	633.84	0.0010888	633.90	0.0010888	633.96	0.0010887	634.03
160	0.0011005	676.87	0.0011004	676.93	0.0011003	676.99	0.0011002	677.05	0.0011002	677.11	0.0011001	677.17
170	0.0011127	720.33	0.0011126	720.39	0.0011125	720.44	0.0011125	720.50	0.0011124	720.55	0.0011123	720.61
180	0.0011258	764.13	0.0011257	764.19	0.0011256	764.24	0.0011255	764.29	0.0011254	764.34	0.0011254	764.39
190	0.0011399	808.32	0.0011398	808.37	0.0011397	808.42	0.0011396	808.46	0.0011395	808.51	0.0011394	808.56
200	0.0011550	852.96	0.0011549	853.00	0.0011548	853.04	0.0011547	853.09	0.0011546	853.13	0.0011545	853.17
210	0.0011714	898.11	0.0011712	898.15	0.0011711	898.18	0.0011710	898.22	0.0011709	898.25	0.0011708	898.29
220	0.0011891	943.86	0.0011890	943.89	0.0011888	943.92	0.0011887	943.95	0.0011886	943.97	0.0011885	944.00
230	0.0012084	990.30	0.0012083	990.32	0.0012081	990.34	0.0012080	990.36	0.0012079	990.38	0.0012077	990.40
240	0.068162	2822.9	0.065530	2817.1	0.063055	2811.2	0.060723	2805.1	0.0012290	1037.61	0.0012288	1037.62
250	0.070551	2854.8	0.067885	2849.6	0.065380	2844.4	0.063021	2839.0	0.060796	2833.6	0.058693	2828.1
260	0.072829	2885.1	0.070125	2880.5	0.067587	2875.8	0.065198	2871.0	0.062945	2866.2	0.060818	2861.3
270	0.075015	2914.1	0.072272	2910.0	0.069697	2905.7	0.067275	2901.4	0.064992	2897.1	0.062836	2892.7
280	0.077124	2942.0	0.074340	2938.2	0.071727	2934.4	0.069269	2930.5	0.066954	2926.6	0.064768	2922.6
290	0.079169	2968.9	0.076342	2965.5	0.073689	2962.0	0.071194	2958.5	0.068844	2954.9	0.066626	2951.3

续表

t /℃	3.0MPa t_s=233.841℃		3.1MPa t_s=235.666℃		3.2MPa t_s=237.445℃		3.3MPa t_s=239.183℃		3.4MPa t_s=240.881℃		3.5MPa t_s=242.540℃	
	v' 0.0012163 v'' 0.066626 /(m³/kg)	h' 1008.36 h'' 2802.3 /(kJ/kg)	v' 0.0012200 v'' 0.064467 /(m³/kg)	h' 1016.99 h'' 2802.3 /(kJ/kg)	v' 0.0012237 v'' 0.062439 /(m³/kg)	h' 1025.43 h'' 2802.3 /(kJ/kg)	v' 0.0012274 v'' 0.060529 /(m³/kg)	h' 1033.71 h'' 2802.3 /(kJ/kg)	v' 0.0012310 v'' 0.0858728 /(m³/kg)	h' 1041.81 h'' 2802.1 /(kJ/kg)	v' 0.0012345 v'' 0.057025 /(m³/kg)	h' 1049.76 h'' 2802.0 /(kJ/kg)
300	0.081159	2995.1	0.078287	2991.9	0.075593	2988.7	0.073061	2985.5	0.070675	2982.2	0.068424	2979.0
310	0.083102	3020.5	0.080185	3017.6	0.077449	3014.7	0.074878	3011.7	0.072456	3008.7	0.070171	3005.7
320	0.085005	3045.4	0.082043	3042.7	0.079264	3040.0	0.076652	3037.3	0.074193	3034.5	0.071873	3031.8
330	0.086874	3069.9	0.083865	3067.4	0.081043	3064.8	0.078391	3062.3	0.075894	3059.7	0.073538	3057.2
340	0.088713	3093.9	0.085657	3091.5	0.082791	3089.2	0.080098	3086.8	0.077563	3084.4	0.075171	3082.0
350	0.090526	3117.5	0.087423	3115.4	0.084513	3113.2	0.081778	3110.9	0.079204	3108.7	0.076776	3106.5
360	0.092318	3140.9	0.089167	3138.9	0.086212	3136.8	0.083435	3134.7	0.080822	3132.7	0.078357	3130.6
370	0.094089	3164.1	0.090890	3162.1	0.087890	3160.2	0.085072	3158.2	0.082419	3156.3	0.079916	3154.3
380	0.095844	3187.0	0.092597	3185.2	0.089552	3183.4	0.086691	3181.5	0.083998	3179.7	0.081458	3177.8
390	0.097584	3209.8	0.094288	3208.1	0.091197	3206.4	0.088294	3204.6	0.085561	3202.8	0.082983	3201.1
400	0.099310	3232.5	0.095965	3230.8	0.092829	3229.2	0.089883	3227.5	0.087110	3225.9	0.084494	3224.2
410	0.101024	3255.1	0.097631	3253.5	0.094449	3251.9	0.091460	3250.3	0.088646	3248.7	0.085993	3247.1
420	0.102728	3277.5	0.099286	3276.0	0.096058	3274.5	0.093026	3273.0	0.090172	3271.5	0.087480	3270.0
430	0.104423	3299.9	0.100931	3298.5	0.097657	3297.1	0.094582	3295.6	0.091687	3294.2	0.088958	3292.7
440	0.106108	3322.3	0.102568	3320.9	0.099248	3319.5	0.096129	3318.2	0.093194	3316.8	0.090426	3315.4
450	0.107787	3344.6	0.104196	3343.3	0.100830	3342.0	0.097668	3340.6	0.094692	3339.3	0.091886	3338.0
460	0.109457	3367.0	0.105818	3365.7	0.102406	3364.4	0.099200	3363.1	0.096183	3361.8	0.093339	3360.5
470	0.111122	3389.3	0.107433	3388.0	0.103975	3386.8	0.100726	3385.5	0.097668	3384.3	0.094785	3383.1
480	0.112781	3411.6	0.109042	3410.4	0.105538	3409.2	0.102245	3408.0	0.099146	3406.8	0.096225	3405.6
490	0.114434	3433.9	0.110646	3432.7	0.107095	3431.6	0.103759	3430.4	0.100619	3429.2	0.097659	3428.1
500	0.116082	3456.2	0.112244	3455.1	0.108647	3454.0	0.105267	3452.8	0.102087	3451.7	0.099088	3450.6
510	0.117725	3478.5	0.113838	3477.4	0.110194	3476.4	0.106771	3475.3	0.103549	3474.2	0.100512	3473.1
520	0.119363	3500.9	0.115427	3499.8	0.111737	3498.8	0.108270	3497.7	0.105008	3496.7	0.101931	3495.6
530	0.120998	3523.3	0.117012	3522.3	0.113276	3521.2	0.109765	3520.2	0.106462	3519.2	0.103347	3518.2
540	0.122629	3545.7	0.118593	3544.7	0.114810	3543.7	0.111256	3542.7	0.107912	3541.8	0.104758	3540.8
550	0.124256	3568.1	0.120171	3567.2	0.116341	3566.2	0.112744	3565.3	0.109358	3564.3	0.106165	3563.4
560	0.125879	3590.6	0.121745	3589.7	0.117869	3588.8	0.114228	3587.8	0.110801	3586.9	0.107570	3586.0

续表

t /℃	3.6MPa t_s=244.164℃		3.7MPa t_s=245.754℃		3.8MPa t_s=247.311℃		3.9MPa t_s=248.836℃		4.0MPa t_s=250.333℃		4.1MPa t_s=251.800℃	
	v' 0.0012381 v'' 0.055415 /(m³/kg)	h' 1057.56 h'' 2801.7 /(kJ/kg)	v' 0.0012416 v'' 0.053888 /(m³/kg)	h' 1065.22 h'' 2801.4 /(kJ/kg)	v' 0.0012451 v'' 0.052438 /(m³/kg)	h' 1072.74 h'' 2801.1 /(kJ/kg)	v' 0.0012486 v'' 0.051061 /(m³/kg)	h' 1080.13 h'' 2800.8 /(kJ/kg)	v' 0.0012521 v'' 0.049749 /(m³/kg)	h' 1087.41 h'' 2800.3 /(kJ/kg)	v' 0.0012555 v'' 0.048500 /(m³/kg)	h' 1094.56 h'' 2799.9 /(kJ/kg)
0	0.0009984	3.63	0.0009984	3.73	0.0009983	3.84	0.0009983	3.94	0.0009982	4.04	0.0009982	4.14
10	0.0009986	45.50	0.0009985	45.60	0.0009985	45.70	0.0009984	45.79	0.0009984	45.89	0.0009983	45.99
20	0.0010001	87.24	0.0010000	87.34	0.0010000	87.43	0.0010000	87.52	0.0009999	87.62	0.0009999	87.71
30	0.0010027	128.94	0.0010027	129.03	0.0010026	129.12	0.0010026	129.21	0.0010025	129.30	0.0010025	129.39
40	0.0010062	170.63	0.0010062	170.72	0.0010061	170.81	0.0010061	170.89	0.0010060	170.98	0.0010060	171.07
50	0.0010105	212.34	0.0010105	212.43	0.0010104	212.51	0.0010104	212.60	0.0010103	212.69	0.0010103	212.77
60	0.0010155	254.09	0.0010155	254.17	0.0010154	254.26	0.0010154	254.34	0.0010153	254.43	0.0010153	254.51
70	0.0010212	295.88	0.0010211	295.97	0.0010211	296.05	0.0010210	396.13	0.0010210	296.21	0.0010210	296.29
80	0.0010275	337.74	0.0010274	337.82	0.0010274	337.90	0.0010273	337.98	0.0010273	338.06	0.0010272	338.14
90	0.0010344	379.67	0.0010343	379.74	0.0010343	379.82	0.0010342	379.90	0.0010342	379.98	0.0010341	380.05
100	0.0010419	421.69	0.0010418	421.77	0.0010418	421.84	0.0010417	421.92	0.0010417	421.99	0.0010416	422.07
110	0.0010500	463.83	0.0010499	463.90	0.0010499	463.98	0.0010498	464.05	0.0010498	464.12	0.0010497	464.19
120	0.0010587	506.11	0.0010586	506.18	0.0010586	506.25	0.0010585	506.32	0.0010584	506.39	0.0010584	506.47
130	0.0010680	548.56	0.0010679	548.63	0.0010679	548.70	0.0010678	548.77	0.0010677	548.84	0.0010677	548.90
140	0.0010780	591.21	0.0010779	591.28	0.0010778	591.34	0.0010778	591.41	0.0010777	591.47	0.0010776	591.54
150	0.0010886	634.09	0.0010886	634.15	0.0010885	634.21	0.0010884	634.27	0.0010883	634.34	0.0010883	634.40
160	0.0011000	677.23	0.0010999	677.28	0.0010999	677.34	0.0010998	677.40	0.0010997	677.46	0.0010997	677.52
170	0.0011122	720.66	0.0011121	720.72	0.0011121	720.77	0.0011120	720.83	0.0011119	720.88	0.0011118	720.94
180	0.0011253	764.44	0.0011252	764.49	0.0011251	764.54	0.0011250	764.60	0.0011249	764.65	0.0011248	764.70
190	0.0011393	808.60	0.0011392	808.65	0.0011391	808.70	0.0011390	808.74	0.0011389	808.79	0.0011388	808.84
200	0.0011544	853.21	0.0011543	853.25	0.0011542	853.29	0.0011541	853.33	0.0011540	853.38	0.0011539	853.42
210	0.0011707	898.32	0.0011706	898.36	0.0011704	898.40	0.0011703	898.43	0.0011702	898.47	0.0011701	898.50
220	0.0011883	944.03	0.0011882	944.06	0.0011881	944.09	0.0011880	944.11	0.0011878	944.14	0.0011877	944.17
230	0.0012076	990.42	0.0012074	990.44	0.0012073	990.46	0.0012072	990.48	0.0012070	990.50	0.0012069	990.52
240	0.0012287	1037.62	0.0012285	1037.63	0.0012284	1037.64	0.0012282	1037.65	0.0012280	1037.66	0.0012279	1037.67
250	0.056702	2822.5	0.054812	2816.8	0.053017	2811.0	0.051308	2805.1	0.0012512	1085.79	0.0012511	1085.78
260	0.058804	2856.3	0.056895	2851.3	0.055082	2846.1	0.053358	2840.9	0.051716	2835.6	0.050150	2830.3
270	0.060797	2888.2	0.058864	2883.7	0.057030	2879.1	0.055287	2874.5	0.053628	2869.8	0.052047	2865.0
280	0.062700	2918.6	0.060742	2914.5	0.058885	2910.4	0.057120	2906.3	0.055441	2902.0	0.053841	2897.8
290	0.064530	2947.7	0.062544	2944.0	0.060661	2940.3	0.058872	2936.5	0.057171	2932.7	0.055550	2928.8

续表

t /℃	3.6MPa t_s=244.164℃		3.7MPa t_s=245.754℃		3.8MPa t_s=247.311℃		3.9MPa t_s=248.836℃		4.0MPa t_s=250.333℃		4.1MPa t_s=251.800℃	
	v' 0.0012381 v'' 0.055415 /(m^3/kg)	h' 1057.56 h'' 2801.7 /(kJ/kg)	v' 0.0012416 v'' 0.053888 /(m^3/kg)	h' 1065.22 h'' 2801.4 /(kJ/kg)	v' 0.0012451 v'' 0.052438 /(m^3/kg)	h' 1072.74 h'' 2801.1 /(kJ/kg)	v' 0.0012486 v'' 0.051061 /(m^3/kg)	h' 1080.13 h'' 2800.8 /(kJ/kg)	v' 0.0012521 v'' 0.049749 /(m^3/kg)	h' 1087.41 h'' 2800.3 /(kJ/kg)	v' 0.0012555 v'' 0.048500 /(m^3/kg)	h' 1094.56 h'' 2799.9 /(kJ/kg)
300	0.066297	2975.6	0.064282	2972.3	0.062372	2968.9	0.060558	2965.5	0.058833	2962.0	0.057191	2958.5
310	0.068011	3002.7	0.065967	2999.6	0.064029	2996.5	0.062188	2993.4	0.060439	2990.2	0.058773	2987.0
320	0.069681	3028.9	0.067606	3026.1	0.065639	3023.3	0.063771	3020.4	0.061996	3017.5	0.060306	3014.6
330	0.071312	3054.6	0.069206	3051.9	0.067209	3049.3	0.065314	3046.7	0.063513	3044.0	0.061798	3041.3
340	0.072911	3099.6	0.070773	3077.2	0.068746	3074.8	0.066823	3072.3	0.064994	3069.8	0.063255	3067.3
350	0.074482	3104.2	0.072311	3102.0	0.070254	3099.7	0.068302	3097.4	0.066446	3095.1	0.064680	3092.8
360	0.076028	3128.4	0.073825	3126.3	0.071736	3124.2	0.069755	3122.0	0.067872	3119.9	0.066080	3117.7
370	0.077553	3152.3	0.075316	3150.3	0.073197	3148.3	0.071186	3146.3	0.069275	3144.3	0.067456	3142.3
380	0.079059	3175.9	0.076789	3174.1	0.074638	3172.2	0.072597	3170.3	0.070658	3168.4	0.068813	3166.4
390	0.080549	3199.3	0.078245	3197.5	0.076063	3195.7	0.073992	3194.0	0.072024	3192.1	0.070152	3190.3
400	0.082024	3222.5	0.079687	3220.8	0.077473	3219.1	0.075372	3217.4	0.073376	3215.7	0.071476	3214.0
410	0.083487	3245.5	0.081116	3243.9	0.078870	3242.3	0.076738	3240.7	0.074713	3239.1	0.072787	3237.4
420	0.084938	3268.4	0.082533	3266.9	0.080255	3265.4	0.078093	3263.8	0.076039	3262.3	0.074085	3260.7
430	0.086379	3291.2	0.083941	3289.8	0.081630	3288.3	0.079437	3286.8	0.077355	3285.4	0.075373	3283.9
440	0.087812	3314.0	0.085339	3312.6	0.082995	3311.2	0.080772	3309.7	0.078660	3308.3	0.076651	3306.9
450	0.089236	3336.6	0.086728	3335.3	0.084353	3333.9	0.082099	3332.6	0.079958	3331.2	0.077921	3329.9
460	0.090652	3359.2	0.088110	3357.9	0.085702	3356.6	0.083418	3355.3	0.081247	3354.0	0.079183	3352.7
470	0.092062	3381.8	0.089486	3380.6	0.087045	3379.3	0.084730	3378.1	0.082530	3376.8	0.080437	3375.6
480	0.093465	3404.4	0.090855	3403.2	0.088382	3402.0	0.086035	3400.8	0.083806	3399.6	0.081686	3398.4
490	0.094863	3426.9	0.092218	3425.8	0.089712	3424.6	0.087335	3423.4	0.085076	3422.3	0.082928	3421.1
500	0.096255	3449.5	0.093576	3448.4	0.091038	3447.2	0.088629	3446.1	0.086341	3445.0	0.084165	3443.9
510	0.097643	3472.0	0.094929	3470.9	0.092358	3469.9	0.089919	3468.8	0.087601	3467.7	0.085397	3466.6
520	0.099026	3494.6	0.096277	3493.5	0.093674	3492.5	0.091203	3491.4	0.088857	3490.4	0.086624	3489.3
530	0.100405	3517.2	0.097622	3516.2	0.094985	3515.1	0.092484	3514.1	0.090108	3513.1	0.087847	3512.1
540	0.101779	3539.8	0.098962	3538.8	0.096293	3537.8	0.093760	3536.8	0.091354	3535.8	0.089066	3534.8
550	0.103150	3562.4	0.100298	3561.5	0.097596	3560.5	0.095033	3559.5	0.092598	3558.6	0.090281	3557.6
560	0.104518	3585.1	0.101631	3584.1	0.098896	3583.2	0.096302	3582.3	0.093837	3581.4	0.091492	3580.4

续表

t /℃	4.2MPa t_s=253.241℃ v' 0.0012589 v'' 0.047307 /(m^3/kg)	h' 1101.61 h'' 2799.4 /(kJ/kg)	4.3MPa t_s=254.656℃ v' 0.0012623 v'' 0.046168 /(m^3/kg)	h' 1108.54 h'' 2798.9 /(kJ/kg)	4.4MPa t_s=256.045℃ v' 0.0012657 v'' 0.045079 /(m^3/kg)	h' 1115.38 h'' 2798.3 /(kJ/kg)	4.5MPa t_s=257.411℃ v' 0.0012691 v'' 0.044037 /(m^3/kg)	h' 1122.12 h'' 2797.7 /(kJ/kg)	4.6MPa t_s=258.754℃ v' 0.0012725 v'' 0.043038 /(m^3/kg)	h' 1128.76 h'' 2797.0 /(kJ/kg)	4.7MPa t_s=260.074℃ v' 0.0012758 v'' 0.042081 /(m^3/kg)	h' 1135.31 h'' 2796.4 /(kJ/kg)
0	0.0009981	4.24	0.0009981	4.35	0.0009980	4.45	0.0009980	4.55	0.009979	4.65	0.0009979	4.75
10	0.0009983	46.09	0.0009982	46.18	0.0009982	46.28	0.0009981	46.38	0.0009981	46.48	0.0009980	46.57
20	0.0009998	87.80	0.0009998	87.90	0.0009997	87.99	0.0009997	88.09	0.0009996	88.18	0.0009996	88.27
30	0.0010024	129.48	0.0010024	129.57	0.0010024	129.66	0.0010023	129.75	0.0010023	129.85	0.0010022	129.94
40	0.0010060	171.16	0.0010059	171.25	0.0010059	171.34	0.0010058	171.42	0.0010058	171.51	0.0010057	171.60
50	0.0010102	212.86	0.0010102	212.94	0.0010102	213.03	0.0010101	213.12	0.0010101	213.20	0.0010100	213.29
60	0.0010152	254.59	0.0010152	254.68	0.0010152	254.76	0.0010151	254.84	0.0010151	254.93	0.0010150	255.01
70	0.0010209	296.37	0.0010209	296.46	0.0010208	296.54	0.0010208	296.62	0.0010207	296.70	0.0010207	296.78
80	0.0010272	338.21	0.0010271	338.29	0.0010271	338.37	0.0010271	338.45	0.0010270	338.53	0.0010270	338.61
90	0.0010341	380.13	0.0010340	380.21	0.0010340	380.29	0.0010339	380.36	0.0010339	380.44	0.0010338	380.52
100	0.0010416	422.14	0.0010415	422.22	0.0010415	422.29	0.0010414	422.37	0.0010414	422.44	0.0010413	422.52
110	0.0010496	464.27	0.0010496	464.34	0.0010495	464.41	0.0010495	464.49	0.0010494	464.56	0.0010494	464.63
120	0.0010583	506.54	0.0010583	506.61	0.0010582	506.68	0.0010582	506.75	0.0010581	506.82	0.0010580	506.89
130	0.0010676	548.97	0.0010676	549.04	0.0010675	549.11	0.0010674	549.18	0.0010674	549.24	0.0010673	549.31
140	0.0010776	591.60	0.0010775	591.67	0.0010775	591.73	0.0010774	591.80	0.0010773	591.86	0.0010773	591.93
150	0.0010882	634.46	0.0010881	634.52	0.0010881	634.59	0.0010880	634.65	0.0010879	634.71	0.0010879	634.77
160	0.0010996	677.58	0.0010995	677.64	0.0010994	677.70	0.0010994	677.76	0.0010993	677.82	0.0010992	677.88
170	0.0011117	721.00	0.0011117	721.05	0.0011116	721.11	0.0011115	721.16	0.0011114	721.22	0.0011113	721.27
180	0.0011248	764.75	0.0011247	764.80	0.0011246	764.85	0.0011245	764.90	0.0011244	764.95	0.0011243	765.01
190	0.0011387	808.88	0.0011386	808.93	0.0011386	808.98	0.0011385	809.02	0.0011384	809.07	0.0011383	809.12
200	0.0011538	853.54	0.0011537	853.50	0.0011536	853.54	0.0011535	853.58	0.0011534	853.62	0.0011533	853.67
210	0.0011700	898.54	0.0011699	898.57	0.0011698	898.61	0.0011697	898.64	0.0011695	898.68	0.0011694	898.71
220	0.0011876	944.20	0.0011875	944.23	0.0011873	944.26	0.0011872	944.28	0.0011871	944.31	0.0011870	944.34
230	0.0012067	990.54	0.0012066	990.56	0.0012064	990.58	0.0012063	990.60	0.0012062	990.62	0.0012060	990.64
240	0.0012277	1037.68	0.0012275	1037.69	0.0012274	1037.70	0.0012272	1037.71	0.0012271	1037.72	0.0012269	1037.73
250	0.0012509	1085.78	0.0012507	1085.78	0.0012505	1085.78	0.0012503	1085.77	0.0012501	1085.77	0.0012500	1085.77
260	0.048654	2824.8	0.047223	2819.2	0.045853	2813.6	0.044540	2807.9	0.043278	2802.0	0.0012756	1134.94
270	0.050537	2860.2	0.049095	2855.3	0.047715	2850.3	0.046392	2845.3	0.045124	2840.2	0.043907	2835.0
280	0.052314	2893.5	0.050857	2889.1	0.049463	2884.7	0.048128	2880.2	0.046849	2875.6	0.045622	2871.0
290	0.054005	2925.0	0.052530	2921.0	0.051120	2917.1	0.049770	2913.0	0.048477	2909.0	0.047237	2904.9

续表

t /℃	4.2MPa t_s=253.241℃		4.3MPa t_s=254.656℃		4.4MPa t_s=256.045℃		4.5MPa t_s=257.411℃		4.6MPa t_s=258.754℃		4.7MPa t_s=260.074℃	
	v' 0.0012589 v'' 0.047307 /(m³/kg)	h' 1101.61 h'' 2799.4 /(kJ/kg)	v' 0.0012623 v'' 0.046168 /(m³/kg)	h' 1108.54 h'' 2798.9 /(kJ/kg)	v' 0.0012657 v'' 0.045079 /(m³/kg)	h' 1115.38 h'' 2798.3 /(kJ/kg)	v' 0.0012691 v'' 0.044037 /(m³/kg)	h' 1122.12 h'' 2797.7 /(kJ/kg)	v' 0.0012725 v'' 0.043038 /(m³/kg)	h' 1128.76 h'' 2797.0 /(kJ/kg)	v' 0.0012758 v'' 0.042081 /(m³/kg)	h' 1135.31 h'' 2796.4 /(kJ/kg)
300	0.055625	2955.0	0.054130	2951.4	0.052702	2947.8	0.051336	2944.2	0.050027	2940.5	0.048772	2936.8
310	0.057185	2983.8	0.055670	2980.6	0.054223	2977.3	0.052838	2974.0	0.051512	2970.7	0.050242	2967.3
320	0.058696	3011.6	0.057159	3008.7	0.055692	3005.7	0.054288	3002.6	0.052944	2999.6	0.051657	2996.5
330	0.060164	3038.6	0.058606	3035.8	0.057117	3033.1	0.055693	3030.3	0.054331	3027.5	0.053025	3024.7
340	0.061597	3064.8	0.060015	3062.3	0.058505	3059.7	0.057061	3057.2	0.055679	3054.6	0.054355	3052.0
350	0.062998	3090.4	0.061393	3088.1	0.059861	3085.7	0.058396	3083.3	0.056994	3080.9	0.055651	3078.5
360	0.064373	3115.5	0.062744	3113.3	0.061190	3111.1	0.059703	3108.9	0.058281	3106.7	0.056919	3104.4
370	0.065724	3140.2	0.064072	3138.1	0.062495	3136.1	0.060987	3134.0	0.059544	3131.9	0.058162	3129.8
380	0.067056	3164.5	0.065379	3162.6	0.063779	3160.6	0.062249	3158.7	0.060785	3156.7	0.059384	3154.8
390	0.068369	3188.5	0.066669	3186.7	0.065045	3184.9	0.063493	3183.0	0.062008	3181.2	0.060586	3179.3
400	0.069667	3212.3	0.067942	3210.5	0.066295	3208.8	0.064721	3207.1	0.063215	3205.3	0.061773	3203.6
410	0.070952	3235.8	0.069202	3234.2	0.067531	3232.5	0.065935	3230.9	0.064407	3229.2	0.062945	3227.6
420	0.072224	3259.2	0.070449	3257.6	0.068755	3256.0	0.067136	3254.5	0.065587	3252.9	0.064104	3251.3
430	0.073486	3282.4	0.071686	3280.9	0.069968	3279.4	0.068326	3277.9	0.066755	3276.4	0.065251	3274.9
440	0.074738	3305.5	0.072913	3304.1	0.071171	3302.6	0.069506	3301.2	0.067914	3299.8	0.066389	3298.3
450	0.075981	3328.5	0.074131	3327.1	0.072365	3325.8	0.070677	3324.4	0.069063	3323.0	0.067517	3321.6
460	0.077216	3351.4	0.075341	3350.1	0.073551	3348.8	0.071841	3347.5	0.070204	3346.2	0.068638	3344.9
470	0.078444	3374.3	0.076544	3373.0	0.074730	3371.8	0.072996	3370.5	0.071338	3369.3	0.069751	3368.0
480	0.079666	3397.1	0.077741	3395.9	0.075902	3394.7	0.074146	3393.5	0.072465	3392.3	0.070857	3391.1
490	0.080882	3419.9	0.078931	3418.8	0.077069	3417.6	0.075289	3416.4	0.073587	3415.3	0.071957	3414.1
500	0.082092	3442.7	0.080116	3441.6	0.078229	3440.5	0.076427	3439.3	0.074702	3438.2	0.073051	3437.1
510	0.083298	3465.5	0.081296	3464.4	0.079385	3463.3	0.077559	3462.2	0.075812	3461.1	0.074140	3460.0
520	0.084498	3488.3	0.082471	3487.2	0.080536	3486.2	0.078687	3485.1	0.076918	3484.1	0.075224	3483.0
530	0.085694	3511.1	0.083642	3510.0	0.081682	3509.0	0.079810	3508.0	0.078019	3507.0	0.076304	3505.9
540	0.086887	3533.9	0.084808	3532.9	0.082825	3531.9	0.080929	3530.9	0.079116	3529.9	0.077380	3528.9
550	0.088075	3556.7	0.085971	3555.7	0.083963	3554.7	0.082044	3553.8	0.080209	3552.8	0.078452	3551.9
560	0.089259	3579.5	0.087130	3578.6	0.085098	3577.6	0.083156	3576.7	0.081298	3575.8	0.079520	3574.8

续表

t /℃	4.8MPa t_s=261.373℃		4.9MPa t_s=262.652℃		5.0MPa t_s=263.911℃		5.2MPa t_s=266.373℃		5.4MPa t_s=268.763℃		5.6MPa t_s=271.086℃	
	v' 0.0012792 v'' 0.041161 /(m³/kg)	h' 1141.78 h'' 2795.7 /(kJ/kg)	v' 0.0012825 v'' 0.040278 /(m³/kg)	h' 1148.16 h'' 2794.9 /(kJ/kg)	v' 0.0012858 v'' 0.039429 /(m³/kg)	h' 1154.47 h'' 2794.2 /(kJ/kg)	v' 0.0012924 v'' 0.037824 /(m³/kg)	h' 1166.85 h'' 2792.6 /(kJ/kg)	v' 0.0012990 v'' 0.036334 /(m³/kg)	h' 1178.94 h'' 2790.8 /(kJ/kg)	v' 0.0013056 v'' 0.034946 /(m³/kg)	h' 1190.77 h'' 2789.0 /(kJ/kg)
0	0.0009978	4.85	0.0009978	4.06	0.0009977	5.06	0.0009976	5.26	0.0009975	5.46	0.0009974	5.67
10	0.0009980	46.67	0.0009980	46.77	0.0009979	46.86	0.0009978	47.06	0.0009977	47.25	0.0009976	47.45
20	0.0009996	88.37	0.0009995	88.46	0.0009995	88.55	0.0009994	88.74	0.0009993	88.93	0.0009992	89.12
30	0.0010022	130.03	0.0010021	130.12	0.0010021	130.21	0.0010020	130.39	0.0010119	130.57	0.0010018	130.75
40	0.0010057	171.69	0.0010056	171.78	0.0010056	171.87	0.0010055	172.04	0.0010054	172.22	0.0010053	172.40
50	0.0010100	213.37	0.0010099	213.46	0.0010099	213.55	0.0010098	213.72	0.0010097	213.89	0.0010096	214.06
60	0.0010150	255.10	0.0010149	255.18	0.0010149	255.26	0.0010148	255.43	0.0010147	255.60	0.0010146	255.77
70	0.0010206	296.86	0.0010206	296.94	0.0010205	297.03	0.0010204	297.19	0.0010204	297.35	0.0010203	297.52
80	0.0010269	338.69	0.0010269	338.77	0.0010268	338.85	0.0010267	339.01	0.0010266	339.17	0.0010265	339.33
90	0.0010338	380.59	0.0010337	380.67	0.0010337	380.75	0.0010336	380.90	0.0010335	381.06	0.0010334	381.21
100	0.0010413	422.59	0.0010412	422.67	0.0010412	422.74	0.0010411	422.89	0.0010410	423.04	0.0010408	423.19
110	0.0010493	464.71	0.0010493	464.78	0.0010492	464.85	0.0010491	465.00	0.0010490	465.14	0.0010489	465.29
120	0.0010580	506.96	0.0010579	507.03	0.0010579	507.10	0.0010578	507.24	0.0010576	507.38	0.0010575	507.52
130	0.0010673	549.38	0.0010672	549.45	0.0010671	549.52	0.0010670	549.65	0.0010669	549.79	0.0010668	549.92
140	0.0010772	592.00	0.0010771	592.06	0.0010771	592.13	0.0010769	592.26	0.0010768	592.39	0.0010767	592.52
150	0.0010878	634.84	0.0010877	634.90	0.0010877	634.96	0.0010875	635.09	0.0010874	635.21	0.0010873	635.34
160	0.0010991	677.93	0.0010991	677.99	0.0010990	678.05	0.0010989	678.17	0.0010987	678.29	0.0010986	678.41
170	0.0011113	721.33	0.0011112	721.38	0.0011111	721.44	0.0011110	721.55	0.0011108	721.66	0.0011106	721.77
180	0.0011243	765.06	0.0011242	765.11	0.0011241	765.16	0.0011239	765.26	0.0011237	765.37	0.0011236	765.47
190	0.0011382	809.16	0.0011381	809.21	0.0011380	809.26	0.0011378	809.35	0.0011376	809.45	0.0011374	809.54
200	0.0011532	853.71	0.0011531	853.75	0.0011530	853.79	0.0011528	853.88	0.0011526	853.96	0.0011524	854.04
210	0.0011693	898.75	0.0011692	898.79	0.0011691	898.82	0.0011689	898.89	0.0011687	898.97	0.0011684	899.04
220	0.0011868	944.37	0.0011867	944.40	0.0011866	944.43	0.0011863	944.49	0.0011861	944.54	0.0011858	944.60
230	0.0012059	990.66	0.0012057	990.68	0.0012056	990.70	0.0012053	990.74	0.0012050	990.78	0.0012048	990.83
240	0.0012268	1037.74	0.0012266	1037.75	0.0012264	1037.76	0.0012261	1037.78	0.0012258	1037.81	0.0012255	1037.83
250	0.0012498	1085.77	0.0012496	1085.77	0.0012494	1085.77	0.0012490	1085.76	0.0012487	1085.76	0.0012483	1085.76
260	0.0012754	1134.93	0.0012752	1134.91	0.0012750	1134.89	0.0012746	1134.86	0.0012741	1134.83	0.0012737	1134.79
270	0.042736	2829.7	0.041610	2824.3	0.040526	2818.9	0.038471	2807.7	0.036553	2796.1	0.0013023	1185.20
280	0.044443	2866.4	0.043310	2861.7	0.042219	2856.9	0.040156	2847.1	0.038235	2837.0	0.036439	2826.7
290	0.046047	2900.7	0.044903	2896.5	0.043803	2892.2	0.041725	2883.6	0.039792	2874.7	0.037989	2865.6

续表

t /℃	4. 8MPa t_s=261. 373℃		4. 9MPa t_s=262. 652℃		5. 0MPa t_s=263. 911℃		5. 2MPa t_s=266. 373℃		5. 4MPa t_s=268. 763℃		5. 6MPa t_s=271. 086℃	
	v' 0. 0012792 v'' 0. 041161 /(m³/kg)	h' 1141. 78 h'' 2795. 7 /(kJ/kg)	v' 0. 0012825 v'' 0. 040278 /(m³/kg)	h' 1148. 16 h'' 2794. 9 /(kJ/kg)	v' 0. 0012858 v'' 0. 039429 /(m³/kg)	h' 1154. 47 h'' 2794. 2 /(kJ/kg)	v' 0. 0012924 v'' 0. 037824 /(m³/kg)	h' 1166. 85 h'' 2792. 6 /(kJ/kg)	v' 0. 0012990 v'' 0. 036334 /(m³/kg)	h' 1178. 94 h'' 2790. 8 /(kJ/kg)	v' 0. 0013056 v'' 0. 034946 /(m³/kg)	h' 1190. 77 h'' 2789. 0 /(kJ/kg)
300	0. 047569	2933. 1	0. 064612	2929. 3	0. 045301	2925. 5	0. 043201	3917. 8	0. 041251	2909. 8	0. 039434	2901. 7
310	0. 049023	2963. 9	0. 047853	2960. 5	0. 046728	2957. 0	0. 044604	3950. 0	0. 042633	2942. 9	0. 040798	2935. 6
320	0. 050422	2993. 4	0. 049236	2990. 3	0. 048097	2987. 2	0. 045947	2980. 8	0. 043952	2974. 3	0. 042096	2967. 7
330	0. 051773	3021. 8	0. 050572	3019. 0	0. 049417	3016. 1	0. 047239	3010. 3	0. 045219	3004. 4	0. 043340	2998. 4
340	0. 053085	3049. 4	0. 051867	3046. 7	0. 050697	3044. 1	0. 048489	3038. 7	0. 046442	3033. 3	0. 044539	3027. 7
350	0. 054364	3076. 1	0. 053128	3073. 6	0. 051941	3071. 2	0. 049703	3066. 2	0. 047628	3061. 2	0. 045700	3056. 1
360	0. 055613	3102. 2	0. 054360	3099. 9	0. 053156	3097. 6	0. 050887	3093. 0	0. 048783	3088. 3	0. 046828	3083. 6
370	0. 056837	3127. 7	0. 055566	3125. 6	0. 054346	3123. 4	0. 052044	3119. 1	0. 049911	3114. 8	0. 047929	3110. 4
380	0. 058040	3152. 8	0. 056755	3150. 8	0. 055513	3148. 8	0. 053178	3144. 8	0. 051016	3140. 7	0. 049006	3136. 6
390	0. 059223	3177. 5	0. 057916	3175. 6	0. 056660	3173. 7	0. 054293	3169. 9	0. 052100	3166. 1	0. 050062	3162. 2
400	0. 060390	3201. 8	0. 059064	3200. 0	0. 057791	3198. 3	0. 055390	3194. 7	0. 053166	3191. 1	0. 051100	3187. 5
410	0. 061543	3225. 9	0. 060198	3224. 2	0. 058906	3222. 5	0. 056472	3219. 2	0. 054217	3215. 7	0. 052122	3212. 3
420	0. 062682	3249. 7	0. 061318	3248. 1	0. 060009	3246. 5	0. 057540	3243. 3	0. 055254	3240. 1	0. 053130	3236. 9
430	0. 063810	3273. 4	0. 062427	3271. 9	0. 061099	3270. 4	0. 058597	3267. 3	0. 056279	3264. 2	0. 054126	3261. 2
440	0. 064927	3296. 9	0. 063526	3295. 4	0. 062180	3294. 0	0. 059643	3291. 1	0. 057293	3288. 2	0. 055111	3285. 2
450	0. 066036	3320. 3	0. 064615	3318. 9	0. 063250	3317. 5	0. 060679	3314. 7	0. 058297	3311. 9	0. 056085	3309. 1
460	0. 067136	3343. 5	0. 065696	3342. 2	0. 064313	3340. 9	0. 061707	3338. 2	0. 059293	3335. 5	0. 057051	3332. 9
470	0. 068229	3366. 7	0. 066769	3365. 4	0. 065368	3364. 2	0. 062727	3361. 6	0. 060281	3359. 0	0. 058009	3356. 5
480	0. 069315	3389. 8	0. 067836	3388. 6	0. 066416	3387. 4	0. 063740	3384. 9	0. 061262	3382. 5	0. 058960	3380. 0
490	0. 070395	3412. 9	0. 068896	3411. 7	0. 067458	3410. 5	0. 064746	3408. 2	0. 062236	3405. 8	0. 059904	3403. 4
500	0. 074469	3435. 9	0. 069951	3434. 8	0. 068494	3433. 7	0. 065747	3431. 4	0. 063204	3429. 1	0. 060843	3426. 8
510	0. 072537	3458. 9	0. 071000	3457. 8	0. 069524	3456. 7	0. 066743	3454. 5	0. 064167	3452. 3	0. 061776	3450. 1
520	0. 073601	3481. 9	0. 072045	3480. 9	0. 070550	3479. 8	0. 067733	3477. 7	0. 065125	3475. 6	0. 062703	3473. 4
530	0. 074661	3504. 9	0. 073085	3503. 9	0. 071571	3502. 9	0. 068720	3500. 8	0. 066079	3498. 8	0. 063626	3496. 7
540	0. 075716	3527. 9	0. 074120	3526. 9	0. 072589	3525. 9	0. 069701	3523. 9	0. 067028	3521. 9	0. 064545	3519. 9
550	0. 076768	3550. 9	0. 075152	3549. 9	0. 073602	3549. 0	0. 070679	3547. 1	0. 067973	3545. 1	0. 065460	3543. 2
560	0. 077815	3573. 9	0. 076181	3573. 0	0. 074611	3572. 0	0. 071653	3570. 2	0. 068914	3568. 3	0. 066371	3566. 4

续表

t /℃	5.8MPa t_s=273.347℃		6.0MPa t_s=275.550℃		6.2MPa t_s=277.697℃		6.4MPa t_s=279.791℃		6.6MPa t_s=281.837℃		6.8MPa t_s=283.836℃	
	v' 0.0013121 v'' 0.033651 /(m³/kg)	h' 1202.35 h'' 2787.0 /(kJ/kg)	v' 0.00123187 v'' 0.032438 /(m³/kg)	h' 1213.70 h'' 2785.0 /(kJ/kg)	v' 0.0013252 v'' 0.031300 /(m³/kg)	h' 1224.83 h'' 2782.9 /(kJ/kg)	v' 0.0013317 v'' 0.030230 /(m³/kg)	h' 1235.75 h'' 2780.6 /(kJ/kg)	v' 0.0013383 v'' 0.029223 /(m³/kg)	h' 1246.48 h'' 2778.3 /(kJ/kg)	v' 0.0013448 v'' 0.028272 /(m³/kg)	h' 1257.04 h'' 2775.9 /(kJ/kg)
0	0.0009973	5.87	0.0009972	6.07	0.0009971	6.28	0.0009970	6.48	0.0009969	6.68	0.0009968	6.88
10	0.0009975	47.64	0.0009974	47.83	0.0009973	48.03	0.0009973	48.22	0.0009972	48.42	0.0009971	48.61
20	0.0009991	89.30	0.0009990	89.49	0.0009989	89.68	0.0009988	89.87	0.0009987	90.05	0.0009987	90.24
30	0.0010017	130.94	0.0010016	131.12	0.0010016	131.30	0.0010015	131.48	0.0010014	131.66	0.0010013	131.84
40	0.0010053	172.57	0.0010052	172.75	0.0010051	172.93	0.0010050	173.10	0.0010049	173.28	0.0010048	173.45
50	0.0010095	214.23	0.0010094	214.41	0.0010094	214.58	0.0010093	214.75	0.0010092	214.92	0.0010091	215.09
60	0.0010145	255.93	0.0010144	256.10	0.0010143	256.27	0.0010143	256.43	0.0010142	256.60	0.0010141	256.77
70	0.0010202	297.68	0.0010201	297.84	0.0010200	298.01	0.0010199	298.17	0.0010198	298.33	0.0010197	298.49
80	0.0010264	339.49	0.0010263	339.64	0.0010262	339.80	0.0010261	339.96	0.0010261	340.12	0.0010260	340.28
90	0.0010333	381.37	0.0010332	381.52	0.0010331	381.68	0.0010330	381.83	0.0010329	381.99	0.0010328	382.14
100	0.0010407	423.34	0.0010406	423.49	0.0010405	423.64	0.0010404	423.79	0.0010403	423.95	0.0010402	424.10
110	0.0010488	465.43	0.0019487	465.58	0.0010486	465.73	0.0010485	465.87	0.0010484	466.02	0.0010482	466.16
120	0.0010574	507.66	0.0010573	507.81	0.0010572	507.95	0.0010571	508.09	0.0010570	508.23	0.0010569	508.37
130	0.0010667	550.06	0.0010665	550.20	0.0010664	550.33	0.0010663	550.47	0.0010662	550.61	0.0010661	550.74
140	0.0010766	592.65	0.0010764	592.78	0.0010763	592.91	0.0010762	593.04	0.0010761	593.17	0.0010759	593.30
150	0.0010871	635.46	0.0010870	635.59	0.0010869	635.71	0.0010867	635.84	0.0010866	635.96	0.0010865	636.09
160	0.0010984	678.53	0.0010983	678.65	0.0010981	678.76	0.0010980	678.88	0.0010978	679.00	0.0010977	679.12
170	0.0011105	721.89	0.0011103	722.00	0.0011102	722.11	0.0011100	722.22	0.0011099	722.33	0.0011097	722.44
180	0.0011234	765.57	0.0011232	765.68	0.0011231	765.78	0.0011229	765.89	0.0011227	765.99	0.0011226	766.09
190	0.0011373	809.64	0.0011371	809.73	0.0011369	809.82	0.0011367	809.92	0.0011365	810.01	0.0011363	810.11
200	0.0011522	854.13	0.0011519	854.21	0.0011517	854.30	0.0011515	854.38	0.0011513	854.47	0.0011512	854.55
210	0.0011682	899.11	0.0011680	899.18	0.0011678	899.26	0.0011675	899.33	0.0011673	899.40	0.0011671	899.47
220	0.0011856	944.66	0.0011853	944.72	0.0011851	944.78	0.0011849	944.84	0.0011846	944.90	0.0011844	944.96
230	0.0012045	990.87	0.0012042	990.91	0.0012039	990.95	0.0012037	991.00	0.0012034	991.04	0.0012031	991.08
240	0.0012252	1037.85	0.0012249	1037.87	0.0012245	1037.90	0.0012242	1037.92	0.0012239	1037.94	0.0012236	1037.97
250	0.0012480	1085.76	0.0012476	1085.76	0.0012472	1085.75	0.0012469	1085.75	0.0012465	1085.76	0.0012462	1085.76
260	0.0012733	1134.76	0.0012729	1134.73	0.0012724	1134.70	0.0012720	1134.67	0.0012716	1134.64	0.0012712	1134.62
270	0.0013018	1185.13	0.0013013	1185.06	0.0013008	1185.00	0.0013003	1184.93	0.0012998	1184.86	0.0012993	1184.80
280	0.034756	2816.0	0.033173	2804.9	0.031679	2793.5	0.030365	2781.6	0.0013319	1236.74	0.0013313	1236.62
290	0.036301	2856.3	0.034718	2846.7	0.033227	2836.8	0.031821	2826.6	0.030490	2816.1	0.029226	2805.3

续表

t /℃	5.8MPa t_s=273.347℃		6.0MPa t_s=275.550℃		6.2MPa t_s=277.697℃		6.4MPa t_s=279.791℃		6.6MPa t_s=281.837℃		6.8MPa t_s=283.836℃	
	v' 0.0013121 v'' 0.033651 /(m³/kg)	h' 1202.35 h'' 2787.0 /(kJ/kg)	v' 0.00123187 v'' 0.032438 /(m³/kg)	h' 1213.70 h'' 2785.0 /(kJ/kg)	v' 0.0013252 v'' 0.031300 /(m³/kg)	h' 1224.83 h'' 2782.9 /(kJ/kg)	v' 0.0013317 v'' 0.030230 /(m³/kg)	h' 1235.75 h'' 2780.6 /(kJ/kg)	v' 0.0013383 v'' 0.029223 /(m³/kg)	h' 1246.48 h'' 2778.3 /(kJ/kg)	v' 0.0013448 v'' 0.028272 /(m³/kg)	h' 1257.04 h'' 2775.9 /(kJ/kg)
300	0.037736	2893.5	0.036145	2885.0	0.034650	2876.3	0.033241	2867.5	0.031911	2858.3	0.030652	2849.0
310	0.039085	2928.2	0.037481	2920.7	0.035975	2913.0	0.034559	2905.1	0.033223	2897.1	0.031960	2888.9
320	0.040364	2961.0	0.038744	2954.2	0.037224	2947.3	0.035796	2940.3	0.034450	2933.1	0.033180	2925.8
330	0.041588	2992.3	0.039949	2986.1	0.038413	2979.8	0.036970	2973.4	0.035644	2966.9	0.034329	2960.3
340	0.042764	3022.2	0.041105	3016.5	0.039551	3010.8	0.038092	3004.9	0.036718	2999.0	0.035423	2993.1
350	0.043902	3051.0	0.042222	3045.8	0.034648	3040.5	0.039170	3035.1	0.037781	3029.7	0.036470	3024.2
360	0.045006	3078.9	0.043304	3074.0	0.041710	3069.2	0.040213	3064.2	0.038806	3059.2	0.037480	3054.2
370	0.046082	3106.0	0.044357	3101.5	0.042742	3097.0	0.041226	3092.4	0.039800	3087.8	0.038457	3083.1
380	0.047134	3132.4	0.045385	3128.3	0.043748	3124.0	0.042212	3119.8	0.040768	3115.5	0.039407	3111.1
390	0.048164	3158.4	0.046391	3154.4	0.044732	3150.5	0.043175	3146.5	0.041712	3142.5	0.040333	3138.4
400	0.049176	3183.8	0.047379	3180.1	0.045697	3176.4	0.044119	3172.7	0.042636	3168.9	0.041239	3165.1
410	0.050171	3208.9	0.048350	3205.4	0.046645	3201.9	0.045045	3198.4	0.043542	3194.8	0.042127	3191.2
420	0.051153	3233.6	0.049306	3230.3	0.047578	3227.0	0.045957	3223.7	0.044434	3220.3	0.042999	3216.9
430	0.052121	3258.0	0.050249	3254.9	0.048498	3251.8	0.046855	3248.6	0.045311	3245.4	0.042858	3242.2
440	0.053078	3282.3	0.051181	3279.3	0.049406	3276.3	0.047741	3273.3	0.046177	3270.3	0.044704	3267.2
450	0.054026	3306.3	0.052103	3303.5	0.050304	3300.6	0.048617	3297.7	0.047031	3294.9	0.045539	3292.0
460	0.054964	3330.2	0.053016	3327.4	0.051192	3324.7	0.049483	3322.0	0.047877	3319.2	0.046364	3316.5
470	0.055894	3353.9	0.053920	3351.3	0.052073	3348.7	0.050341	3346.1	0.048713	3343.4	0.047181	3340.8
480	0.056817	3377.5	0.054817	3375.0	0.052946	3372.5	0.051191	3370.0	0.049542	3367.5	0.047990	3365.0
490	0.057734	3401.0	0.055707	3398.6	0.053812	3396.2	0.052034	3393.8	0.050364	3391.4	0.048792	3389.0
500	0.058644	3424.5	0.056592	3422.2	0.054671	3419.9	0.052871	3417.6	0.051180	3415.2	0.049588	3412.9
510	0.059549	3447.9	0.057470	3445.7	0.055525	3443.5	0.053702	3441.2	0.051989	3439.0	0.050377	3436.7
520	0.060448	3471.3	0.058344	3469.1	0.056374	3467.0	0.054528	3464.8	0.052794	3462.7	0.051161	3460.5
530	0.061343	3494.6	0.059212	3492.5	0.057218	3490.5	0.055349	3488.4	0.053593	3486.3	0.051941	3484.2
540	0.062234	3517.9	0.060076	3515.9	0.058058	3513.9	0.056166	3511.9	0.054388	3509.9	0.052715	3507.9
550	0.063120	3541.2	0.060937	3539.3	0.058894	3537.4	0.056978	3535.4	0.055179	3533.5	0.053486	3531.5
560	0.064003	3564.6	0.061793	3562.7	0.059725	3560.8	0.057787	3558.9	0.055966	3557.0	0.054252	3555.1

续表

t /℃	7.0MPa t_s=285.790℃		7.2MPa t_s=287.702℃		7.4MPa t_s=289.574℃		7.6MPa t_s=291.408℃		7.8MPa t_s=293.205℃		8.0MPa t_s=294.968℃	
	v' 0.0013513 v'' 0.027373 /(m³/kg)	h' 1267.42 h'' 2773.5 /(kJ/kg)	v' 0.0013579 v'' 0.026522 /(m³/kg)	h' 1277.64 h'' 2770.9 /(kJ/kg)	v' 0.0013644 v'' 0.025715 /(m³/kg)	h' 1287.71 h'' 2768.3 /(kJ/kg)	v' 0.0013710 v'' 0.024949 /(m³/kg)	h' 1297.64 h'' 2765.5 /(kJ/kg)	v' 0.0013776 v'' 0.024220 /(m³/kg)	h' 1307.44 h'' 2762.8 /(kJ/kg)	v' 0.0013842 v'' 0.023525 /(m³/kg)	h' 1317.10 h'' 2759.9 /(kJ/kg)
0	0.0009967	7.09	0.0009966	7.29	0.0009965	7.49	0.0009964	7.69	0.0009963	7.90	0.0009962	8.10
10	0.0009970	48.80	0.0009969	49.00	0.0009968	49.19	0.0009967	49.39	0.0009966	49.58	0.0009965	49.77
20	0.0009986	90.43	0.0009985	90.61	0.0009984	90.80	0.0009983	90.99	0.0009982	91.17	0.0009981	91.36
30	0.0010012	132.03	0.0010011	132.81	0.0010010	132.39	0.0010009	132.57	0.0010009	132.75	0.0010008	132.93
40	0.0010047	173.63	0.0010046	173.63	0.0010046	173.98	0.0010045	174.10	0.0010044	174.34	0.0010043	174.51
50	0.0010090	215.27	0.0010089	215.44	0.0010088	215.61	0.0010087	215.78	0.0010087	215.95	0.0010086	216.12
60	0.0010140	256.94	0.0010139	256.10	0.0010138	257.27	0.0010137	257.44	0.0010136	257.61	0.0010135	257.77
70	0.0010196	298.66	0.0010195	298.82	0.0010194	298.98	0.0010193	299.15	0.0010193	299.31	0.0010192	299.47
80	0.0010259	340.44	0.0010258	340.60	0.0010257	340.76	0.0010256	340.92	0.0010255	341.08	0.0010254	341.23
90	0.0010327	382.30	0.0010326	382.45	0.0010325	382.61	0.0010324	382.76	0.0010323	382.91	0.0010322	383.07
100	0.0010401	424.25	0.0010400	424.40	0.0010399	424.55	0.0010398	424.70	0.0010397	424.85	0.0010396	425.00
110	0.0010481	466.31	0.0010480	466.46	0.0010479	466.60	0.0010478	466.75	0.0010477	466.89	0.0010476	467.04
120	0.0010567	508.51	0.0010566	508.65	0.0010565	508.79	0.0010564	508.94	0.0010563	509.08	0.0010562	509.22
130	0.0010660	550.88	0.0010658	551.01	0.0010657	551.15	0.0010656	551.29	0.0010655	551.42	0.0010654	551.56
140	0.0010758	593.43	0.0010757	593.57	0.0010755	593.70	0.0010754	593.83	0.0010753	593.96	0.0010752	594.09
150	0.0010863	636.21	0.0010862	636.34	0.0010860	636.46	0.0010859	636.59	0.0010858	636.71	0.0010856	636.84
160	0.0010976	679.24	0.0010974	679.36	0.0010973	679.48	0.0010971	679.60	0.0010970	679.72	0.0010968	679.83
170	0.0011096	722.56	0.0011094	722.67	0.0011092	722.78	0.0011091	722.89	0.0011089	723.00	0.0011088	723.12
180	0.0011224	766.20	0.0011222	766.30	0.0011221	766.41	0.0011219	766.51	0.0011217	766.61	0.0011216	766.72
190	0.0011362	810.20	0.0011360	810.30	0.0011358	810.40	0.0011356	810.49	0.0011354	810.59	0.0011353	810.68
200	0.0011510	854.64	0.0011508	854.72	0.0011506	854.81	0.0011504	854.89	0.0011502	854.98	0.0011500	855.06
210	0.0011669	899.55	0.0011667	899.62	0.0011664	899.69	0.0011662	899.27	0.0011660	899.84	0.0011658	899.92
220	0.0011841	945.02	0.0011839	945.08	0.0011836	945.14	0.0011834	945.20	0.0011831	945.26	0.0011829	945.32
230	0.0012028	991.13	0.0012026	991.17	0.0012023	991.24	0.0012020	991.26	0.0012018	991.30	0.0012015	991.35
240	0.0012233	1037.99	0.0012230	1038.02	0.0012227	1038.04	0.0012224	1038.07	0.0012221	1038.10	0.0012218	1038.12
250	0.0012458	1085.76	0.0012455	1085.76	0.0012451	1085.76	0.0012448	1085.76	0.0012444	1085.77	0.0012441	1085.77
260	0.0012708	1134.59	0.0012704	1134.56	0.0012700	1134.54	0.0012696	1134.51	0.0012692	1134.48	0.0012687	1134.46
270	0.0012988	1184.73	0.0012983	1184.67	0.0012978	1184.61	0.0012973	1184.55	0.0012969	1184.49	0.0012964	1184.43
280	0.0013307	1236.51	0.0013301	1236.40	0.0013295	1236.29	0.0013289	1236.18	0.0013283	1236.08	0.0013277	1235.97
290	0.028024	2794.1	0.026878	2782.5	0.025781	2770.5	0.0013654	1289.88	0.0013647	1289.71	0.0013639	1289.54

续表

t /℃	7. 0MPa t_s=285. 790℃		7. 2MPa t_s=287. 702℃		7. 4MPa t_s=289. 574℃		7. 6MPa t_s=291. 408℃		7. 8MPa t_s=293. 205℃		8. 0MPa t_s=294. 968℃	
	v' 0. 0013513 v'' 0. 027373 /(m³/kg)	h' 1267. 42 h'' 2773. 5 /(kJ/kg)	v' 0. 0013579 v'' 0. 026522 /(m³/kg)	h' 1277. 64 h'' 2770. 9 /(kJ/kg)	v' 0. 0013644 v'' 0. 025715 /(m³/kg)	h' 1287. 71 h'' 2768. 3 /(kJ/kg)	v' 0. 0013710 v'' 0. 024949 /(m³/kg)	h' 1297. 64 h'' 2765. 5 /(kJ/kg)	v' 0. 0013776 v'' 0. 024220 /(m³/kg)	h' 1307. 44 h'' 2762. 8 /(kJ/kg)	v' 0. 0013842 v'' 0. 023525 /(m³/kg)	h' 1317. 10 h'' 2759. 9 /(kJ/kg)
300	0. 029457	2839. 4	0. 028321	2829. 5	0. 027238	2819. 3	0. 026204	2808. 8	0. 025214	2798. 0	0. 024264	2786. 8
310	0. 030765	2880. 5	0. 029630	2871. 9	0. 028551	2863. 1	0. 027522	2854. 0	0. 026541	2844. 8	0. 025602	2835. 2
320	0. 031978	2918. 3	0. 030839	2910. 7	0. 029757	2903. 0	0. 028728	2895. 0	0. 027747	2887. 0	0. 026811	2878. 7
330	0. 033118	2953. 6	0. 031970	2946. 8	0. 030882	2939. 9	0. 029847	2932. 9	0. 028863	2925. 7	0. 027924	2918. 4
340	0. 034199	2987. 0	0. 033041	2980. 8	0. 031943	2974. 6	0. 030901	2968. 2	0. 029909	2961. 8	0. 028965	2955. 3
350	0. 035233	3018. 7	0. 034063	3013. 1	0. 032954	3007. 4	0. 031901	3001. 6	0. 030900	2995. 8	0. 029948	2989. 9
360	0. 036228	3049. 1	0. 035044	3043. 9	0. 033922	3038. 7	0. 032858	3033. 4	0. 031847	3028. 1	0. 030885	3022. 7
370	0. 037190	3078. 4	0. 035991	3073. 6	0. 034856	3068. 8	0. 033780	3063. 9	0. 032757	3059. 0	0. 031784	3054. 0
380	0. 038123	3106. 7	0. 036910	3102. 3	0. 035761	3097. 8	0. 034671	3093. 3	0. 033636	3088. 8	0. 032652	3084. 2
390	0. 039033	3134. 3	0. 037804	3130. 2	0. 036640	3126. 0	0. 035537	3121. 8	0. 034489	3117. 6	0. 033493	3113. 3
400	0. 039922	3161. 2	0. 038676	3157. 4	0. 037497	3153. 5	0. 036380	3149. 6	0. 035319	3145. 6	0. 034310	3141. 6
410	0. 040792	3187. 6	0. 039530	3184. 0	0. 038336	3180. 3	0. 037204	3176. 6	0. 036130	3172. 9	0. 035108	3169. 2
420	0. 041646	3213. 5	0. 040368	3210. 1	0. 039158	3206. 6	0. 038011	3203. 2	0. 036923	3199. 7	0. 035888	3196. 2
430	0. 042487	3239. 0	0. 041191	3235. 8	0. 039966	3232. 5	0. 038804	3229. 2	0. 037701	3225. 9	0. 036653	3222. 6
440	0. 043315	3264. 2	0. 042002	3261. 1	0. 040760	3258. 0	0. 039583	3254. 9	0. 038466	3251. 8	0. 037405	3248. 7
450	0. 044131	3239. 1	0. 042802	3286. 1	0. 041544	3283. 2	0. 040351	3280. 3	0. 039220	3277. 3	0. 038145	3274. 3
460	0. 044938	3313. 7	0. 043591	3310. 9	0. 042317	3308. 1	0. 041109	3305. 3	0. 039963	3302. 5	0. 038874	3299. 7
470	0. 045737	3338. 1	0. 044372	3335. 5	0. 043081	3332. 8	0. 041857	3330. 1	0. 040696	3327. 4	0. 039593	3324. 7
480	0. 046527	3362. 4	0. 045144	3359. 9	0. 043837	3357. 3	0. 042597	3354. 7	0. 041422	3352. 2	0. 040304	3349. 6
490	0. 047310	3386. 5	0. 045910	3384. 1	0. 044585	3381. 7	0. 043330	3379. 2	0. 042139	3376. 7	0. 041008	3374. 3
500	0. 048086	3410. 6	0. 046668	3408. 2	0. 045327	3405. 9	0. 044056	3403. 5	0. 042850	3401. 1	0. 041704	3398. 8
510	0. 048857	3434. 5	0. 047421	3432. 2	0. 046063	3430. 0	0. 044776	3427. 7	0. 043554	3425. 4	0. 042394	3423. 1
520	0. 049622	3458. 3	0. 048168	3456. 2	0. 046793	3454. 0	0. 045490	3451. 8	0. 044253	3449. 6	0. 043079	3447. 4
530	0. 050382	3482. 1	0. 048910	3480. 0	0. 047518	3477. 9	0. 046199	3475. 8	0. 044947	3473. 7	0. 043758	3471. 6
540	0. 051138	3505. 9	0. 049648	3503. 8	0. 048238	3501. 8	0. 046903	3499. 8	0. 045636	3497. 7	0. 044432	3495. 7
550	0. 051889	3529. 6	0. 050381	3527. 6	0. 048954	3525. 7	0. 047603	3523. 7	0. 046320	3521. 7	0. 045102	3519. 7
560	0. 052636	3553. 3	0. 051110	3551. 4	0. 049666	3549. 5	0. 048298	3547. 6	0. 047001	3545. 7	0. 045768	3543. 8

续表

t /℃	8.2MPa t_s=294.968℃		8.4MPa t_s=298.394℃		8.6MPa t_s=300.060℃		8.8MPa t_s=301.697℃		9.0MPa t_s=303.306℃		9.2MPa t_s=304.888℃	
	v' 0.0013909 v'' 0.022863 /(m³/kg)	h' 1326.65 h'' 2757.0 /(kJ/kg)	v' 0.0013976 v'' 0.022231 /(m³/kg)	h' 1336.07 h'' 2754.0 /(kJ/kg)	v' 0.0014043 v'' 0.021627 /(m³/kg)	h' 1345.40 h'' 2750.9 /(kJ/kg)	v' 0.0014111 v'' 0.021049 /(m³/kg)	h' 1354.61 h'' 2747.8 /(kJ/kg)	v' 0.0014179 v'' 0.020495 /(m³/kg)	h' 1363.74 h'' 2744.6 /(kJ/kg)	v' 0.0014247 v'' 0.019964 /(m³/kg)	h' 1372.76 h'' 2741.3 /(kJ/kg)
0	0.0009961	8.30	0.0009961	8.50	0.0009960	8.71	0.0009959	8.91	0.0009958	9.11	0.0009957	9.31
10	0.0009964	49.97	0.0009963	50.16	0.0009962	50.35	0.0009961	50.55	0.0009960	50.74	0.0009960	50.93
20	0.0009980	91.55	0.0009979	91.74	0.0009979	91.92	0.0009978	92.11	0.0009977	92.30	0.0009976	92.48
30	0.0010007	133.11	0.0010006	133.29	0.0010005	133.47	0.0010004	133.66	0.0010003	133.84	0.0010002	134.02
40	0.0010042	174.69	0.0010041	174.87	0.0010040	175.04	0.0010039	175.22	0.0010039	175.39	0.0010038	175.57
50	0.0010085	216.30	0.000084	216.47	0.0010083	216.64	0.0010082	216.81	0.0010081	216.98	0.0010080	217.15
60	0.0010135	257.94	0.0010134	258.11	0.0010133	258.28	0.0010132	258.44	0.0010131	258.61	0.0010130	258.78
70	0.0010191	299.64	0.0010190	299.80	0.0010189	299.96	0.0010188	300.13	0.0010187	300.29	0.0010186	300.45
80	0.0010253	341.39	0.0010252	341.55	0.0010251	341.71	0.0010250	341.87	0.0010249	342.03	0.0010248	342.19
90	0.0010321	383.22	0.0010320	383.38	0.0010319	383.53	0.0010318	383.69	0.0010317	383.84	0.0010316	384.00
100	0.0010395	425.15	0.0010394	425.30	0.0010393	425.45	0.0010392	425.60	0.0010391	425.75	0.0010390	425.90
110	0.0010475	467.19	0.0010474	467.33	0.0010473	467.48	0.0010472	467.62	0.0010471	467.77	0.0010470	467.92
120	0.0010561	509.36	0.0010560	509.50	0.0010558	509.64	0.0010557	509.79	0.0010556	509.93	0.0010555	510.07
130	0.0010652	551.70	0.0010651	551.83	0.0010650	551.97	0.0010649	552.11	0.0010648	552.24	0.0010647	552.38
140	0.0010750	594.22	0.0010749	594.35	0.0010748	594.48	0.0010747	594.62	0.0010745	594.75	0.0010744	594.88
150	0.0010855	636.96	0.0010854	637.09	0.0010852	637.21	0.0010851	637.34	0.0010850	637.47	0.0010849	637.59
160	0.0010967	679.95	0.0010965	680.07	0.0010964	680.19	0.0010963	680.31	0.0010961	680.43	0.0010960	680.55
170	0.0011086	723.23	0.0011085	723.34	0.0011083	723.45	0.0011082	723.57	0.0011080	723.68	0.0011079	723.79
180	0.0011214	766.82	0.0011212	766.93	0.0011211	767.03	0.0011209	767.14	0.0011207	767.24	0.0011206	767.35
190	0.0011351	810.78	0.0011349	810.87	0.0011347	810.97	0.0011345	811.07	0.0011344	811.16	0.0011342	811.26
200	0.0011498	855.15	0.0011496	855.23	0.0011494	855.32	0.0011492	855.41	0.0011490	855.49	0.0011488	855.58
210	0.0011656	899.99	0.0011654	900.07	0.0011651	900.14	0.0011649	900.21	0.0011647	900.29	0.0011645	900.36
220	0.0011827	945.38	0.0011824	945.44	0.0011822	945.50	0.0011819	945.56	0.0011817	945.62	0.0011815	945.69
230	0.0012012	991.39	0.0012009	991.44	0.0012007	991.49	0.0012004	991.53	0.0012001	991.58	0.0011999	991.62
240	0.0012215	1038.15	0.0012212	1038.18	0.0012209	1038.20	0.0012206	1038.23	0.0012203	1038.26	0.0012200	1038.29
250	0.0012437	1085.78	0.0012434	1085.78	0.0012430	1085.78	0.0012427	1085.79	0.0012423	1085.80	0.0012420	1085.80
260	0.0012683	1134.44	0.0012679	1134.41	0.0012675	1134.39	0.0012671	1134.37	0.0012667	1134.35	0.0012663	1134.38
270	0.0012959	1184.37	0.0012954	1184.31	0.0012950	1184.25	0.0012945	1184.19	0.0012940	1184.14	0.0012935	1184.08
280	0.0013272	1235.86	0.0013266	1235.76	0.0013260	1235.66	0.0013255	1235.56	0.0013249	1235.46	0.0013243	1235.36
290	0.0013632	1289.37	0.0013625	1289.21	0.0013618	1289.04	0.0013611	1288.88	0.0013604	1288.72	0.0013597	1288.56

续表

t /℃	8.2MPa t_s=294.968℃		8.4MPa t_s=298.394℃		8.6MPa t_s=300.060℃		8.8MPa t_s=301.697℃		9.0MPa t_s=303.306℃		9.2MPa t_s=304.888℃	
	v' 0.0013909 v'' 0.022863 /(m³/kg)	h' 1326.65 h'' 2757.0 /(kJ/kg)	v' 0.0013976 v'' 0.022231 /(m³/kg)	h' 1336.07 h'' 2754.0 /(kJ/kg)	v' 0.0014043 v'' 0.021627 /(m³/kg)	h' 1345.40 h'' 2750.9 /(kJ/kg)	v' 0.0014111 v'' 0.021049 /(m³/kg)	h' 1354.61 h'' 2747.8 /(kJ/kg)	v' 0.0014179 v'' 0.020495 /(m³/kg)	h' 1363.74 h'' 2744.6 /(kJ/kg)	v' 0.00134247 v'' 0.019964 /(m³/kg)	h' 1372.76 h'' 2741.3 /(kJ/kg)
300	0.023350	2775.2	0.022469	2763.1	0.0014040	1345.05	0.0014031	1344.80	0.0014022	1344.56	0.0014013	1344.31
310	0.024702	2825.4	0.023838	2815.4	0.023007	2805.0	0.022207	2794.3	0.021434	2783.2	0.020686	2771.7
320	0.025916	2870.2	0.025058	2861.6	0.024236	2852.7	0.023446	2843.6	0.022685	2834.3	0.021952	2824.7
330	0.027028	2911.0	0.026171	2903.4	0.025350	2895.6	0.024563	2887.8	0.023807	2879.7	0.023081	2871.4
340	0.028064	2948.6	0.027203	2941.9	0.026380	2935.0	0.025592	2928.0	0.024836	2920.9	0.024110	2913.7
350	0.029040	2983.9	0.028173	2977.8	0.027345	2971.6	0.026552	2965.4	0.025792	2959.0	0.025064	2952.6
360	0.029968	3017.2	0.029094	3011.7	0.028258	3006.1	0.027459	3000.4	0.026694	2994.7	0.025961	2988.9
370	0.030858	3049.0	0.029974	3043.9	0.029130	3038.8	0.028323	3033.6	0.027551	3028.4	0.029812	3023.1
380	0.031715	3079.5	0.030821	3074.8	0.029968	3070.1	0.029153	3065.3	0.028372	3060.5	0.027625	3055.7
390	0.032544	3109.0	0.031640	3104.7	0.030777	3100.3	0.029952	3095.8	0.029163	3091.4	0.028408	3086.9
400	0.033350	3137.6	0.032435	3133.5	0.031561	3129.4	0.030727	3125.3	0.029929	3121.2	0.029165	3117.0
410	0.034136	3165.4	0.033209	3161.6	0.032325	3157.8	0.031480	3154.0	0.030673	3150.1	0.029900	3146.2
420	0.034904	3192.6	0.033965	3189.1	0.033070	3185.5	0.032215	3181.9	0.031398	3178.2	0.030615	3174.6
430	0.035656	3219.3	0.034706	3215.9	0.033799	3212.5	0.032934	3209.1	0.032106	3205.7	0.031314	3202.3
440	0.036395	3245.5	0.035432	3242.3	0.034514	3239.1	0.033638	3235.9	0.032800	3232.7	0.031998	3229.4
450	0.037121	3271.3	0.036147	3268.3	0.035217	3265.3	0.034329	3262.2	0.033480	3259.2	0.032668	3256.1
460	0.037837	3296.8	0.036850	3293.9	0.035908	3291.1	0.035009	3288.2	0.034150	3285.3	0.033328	3282.4
470	0.038544	3322.0	0.037544	3319.3	0.036590	3316.5	0.035680	3313.8	0.034809	3311.0	0.033977	3308.3
480	0.039241	3347.0	0.038229	3344.4	0.037263	3341.8	0.036341	3339.1	0.035460	3336.5	0.034617	3333.9
490	0.039931	3371.8	0.038906	3369.3	0.037928	3366.8	0.036994	3364.3	0.036102	3361.7	0.035248	3359.2
500	0.040614	3396.4	0.039576	3394.0	0.038586	3391.6	0.037640	3389.2	0.036737	3386.8	0.035872	3384.4
510	0.041291	3420.9	0.040239	3418.6	0.039237	3416.3	0.038280	3413.9	0.037365	3411.6	0.036490	3409.3
520	0.041961	3445.2	0.040897	3443.0	0.039882	3440.8	0.038913	3438.6	0.037987	3436.3	0.037101	3434.1
530	0.042627	3469.5	0.041549	3467.3	0.040522	3465.2	0.039541	3463.1	0.038604	3460.9	0.037707	3458.8
540	0.043287	3493.7	0.042197	3491.6	0.041157	3489.5	0.040164	3487.5	0.039215	3485.4	0.038308	3483.4
550	0.043943	3517.8	0.042839	3515.8	0.041787	3513.8	0.040782	3511.8	0.039822	3509.8	0.038904	3507.8
560	0.044595	3541.8	0.043478	3539.9	0.042413	3538.0	0.041396	3536.1	0.040425	3534.2	0.039495	3532.3

续表

t /℃	9.4MPa t_s=306.443℃ v' 0.0014316 v'' 0.019455 /(m^3/kg)	h' 1381.70 h'' 2738.0 /(kJ/kg)	9.6MPa t_s=307.973℃ v' 0.0014385 v'' 0.018965 /(m^3/kg)	h' 1390.56 h'' 2734.7 /(kJ/kg)	9.8MPa t_s=309.479℃ v' 0.0014455 v'' 0.018494 /(m^3/kg)	h' 1399.34 h'' 2731.2 /(kJ/kg)	10.0MPa t_s=310.961℃ v' 0.0014526 v'' 0.018041 /(m^3/kg)	h' 1408.05 h'' 2727.7 /(kJ/kg)	10.5MPa t_s=314.568℃ v' 0.0014704 v'' 0.016979 /(m^3/kg)	h' 1429.51 h'' 2718.7 /(kJ/kg)
0	0.0009956	9.51	0.0009955	9.72	0.0009954	9.92	0.0009953	1012	0.0009950	10.62
10	0.0009959	51.13	0.0009958	51.32	0.0009957	51.51	0.0009956	51.71	0.0009954	52.19
20	0.0009975	92.67	0.0009974	92.86	0.0009973	93.04	0.0009972	93.23	0.0009970	93.70
30	0.0010002	134.20	0.0010001	134.38	0.0010000	134.56	0.0009999	134.74	0.0009997	135.20
40	0.0010037	175.75	0.0010036	175.92	0.0010035	176.10	0.0010034	176.28	0.0010032	176.72
50	0.0010080	217.33	0.0010079	217.50	0.0010078	217.67	0.0010077	217.84	0.0010075	218.27
60	0.0010129	258.95	0.0010128	259.11	0.0010127	259.28	0.0010127	259.45	0.0010124	259.87
70	0.0010185	300.62	0.0010184	300.78	0.0010183	300.94	0.0010183	301.10	0.0010180	301.51
80	0.0010247	342.35	0.0010246	342.51	0.0010245	342.66	0.0010245	342.82	0.0010242	343.22
90	0.0010315	384.15	0.0010314	384.31	0.0010313	384.46	0.0010312	384.62	0.0010310	385.00
100	0.0010389	426.05	0.0010388	426.20	0.0010387	426.35	0.0010386	426.50	0.0010384	426.88
110	0.0010469	468.06	0.0010468	468.21	0.0010467	468.36	0.0010465	468.50	0.0010463	468.87
120	0.0010554	510.21	0.0010553	510.35	0.0010552	510.49	0.0010551	510.63	0.0010548	510.99
130	0.0010645	552.52	0.0010644	552.65	0.0010643	552.79	0.0010642	552.93	0.0010639	553.27
140	0.0010743	595.01	0.0010742	595.14	0.0010740	595.27	0.0010739	595.41	0.0010736	595.73
150	0.0010847	637.72	0.0010846	637.84	0.0010845	637.97	0.0010843	638.10	0.0010840	638.41
160	0.0010958	680.72	0.0010957	680.79	0.0010956	680.91	0.0010954	681.03	0.0010951	681.33
170	0.0011077	723.90	0.0011076	724.02	0.0011074	724.13	0.0011073	724.24	0.0011069	724.52
180	0.0011204	767.45	0.0011202	767.56	0.0011201	767.66	0.0011199	767.77	0.0011195	768.03
190	0.0011340	811.35	0.0011338	811.45	0.0011336	811.55	0.0011335	811.64	0.0011330	811.89
200	0.0011486	855.67	0.0011484	855.75	0.0011482	855.84	0.0011480	855.93	0.0011475	856.14
210	0.0011643	900.44	0.0011641	900.52	0.0011639	900.59	0.0011636	900.67	0.0011631	900.86
220	0.0011812	945.75	0.0011810	945.81	0.0011808	945.87	0.0011805	945.94	0.0011799	946.09
230	0.0011996	991.67	0.0011993	991.72	0.0011991	991.77	0.0011988	991.81	0.0011982	991.93
240	0.0012197	1038.32	0.0012194	1038.34	0.0012191	1038.37	0.0012188	1038.40	0.0012180	1038.48
250	0.0012416	1085.81	0.0012413	1085.82	0.0012410	1085.82	0.0012406	1085.83	0.0012398	1085.85
260	0.0012659	1134.31	0.0012655	1134.29	0.0012652	1134.27	0.0012648	1134.25	0.0012638	1134.20
270	0.0012931	1184.03	0.0012926	1183.98	0.0012922	1183.92	0.0012917	1183.87	0.0012905	1183.74
280	0.0013238	1235.26	0.0013232	1235.16	0.0013227	1235.06	0.0013221	1234.97	0.0013207	1234.74
290	0.0013590	1288.40	0.0013583	1288.25	0.0013577	1288.09	0.0013570	1287.94	0.0013553	1287.57

续表

t /℃	9.4MPa t_s=306.443℃ v' 0.0014316 v'' 0.019455 /(m³/kg)	h' 1381.70 h'' 2738.0 /(kJ/kg)	9.6MPa t_s=307.973℃ v' 0.0014385 v'' 0.018965 /(m³/kg)	h' 1390.56 h'' 2734.7 /(kJ/kg)	9.8MPa t_s=309.479℃ v' 0.0014455 v'' 0.018494 /(m³/kg)	h' 1399.34 h'' 2731.2 /(kJ/kg)	10.0MPa t_s=310.961℃ v' 0.0014526 v'' 0.018041 /(m³/kg)	h' 1408.05 h'' 2727.7 /(kJ/kg)	10.5MPa t_s=314.568℃ v' 0.0014704 v'' 0.016979 /(m³/kg)	h' 1429.51 h'' 2718.7 /(kJ/kg)
300	0.0014005	1344.07	0.0013996	1343.84	0.0013987	1343.60	0.0013979	1343.37	0.0013957	1342.80
310	0.019961	2759.9	0.019257	2747.5	0.018570	2734.7	0.0014472	1402.17	0.0014444	1401.30
320	0.021245	2814.8	0.020561	2804.7	0.019899	2794.3	0.019256	2783.5	0.017726	2754.9
330	0.022381	2863.0	0.021706	2854.4	0.021055	2845.6	0.020425	2836.5	0.018935	2812.8
340	0.023412	2906.3	0.022740	2898.8	0.022093	2891.2	0.021468	2883.4	0.019997	2863.1
350	0.024364	2946.0	0.023692	2939.4	0.023044	2932.6	0.022421	2925.8	0.020956	2908.1
360	0.025257	2983.0	0.024581	2977.0	0.023931	2970.9	0.023305	2964.8	0.021838	2949.1
370	0.026102	3017.7	0.025421	3012.3	0.024766	3006.8	0.024137	3001.3	0.022662	2987.1
380	0.026909	3050.7	0.026221	3045.8	0.025561	3040.8	0.024926	3035.7	0.023440	3022.8
390	0.027684	3082.3	0.026990	3077.8	0.026322	3073.1	0.025681	3068.5	0.024182	3056.6
400	0.028433	3112.8	0.027731	3108.5	0.027056	3104.2	0.026408	3099.9	0.024893	3089.0
410	0.029159	3142.2	0.028448	3138.3	0.027766	3134.3	0.027111	3130.3	0.025580	3120.1
420	0.029865	3170.9	0.029146	3167.2	0.028456	3163.4	0.027793	3159.7	0.026245	3150.2
430	0.030555	3198.8	0.029827	3195.3	0.029129	3191.8	0.028458	3188.3	0.026891	3179.4
440	0.031229	3226.2	0.030493	3222.9	0.029786	3219.6	0.029107	3216.2	0.027521	3207.9
450	0.031891	3253.0	0.031145	3249.9	0.030429	3246.8	0.029742	3243.6	0.028137	3235.7
460	0.032540	3279.4	0.031785	3276.5	0.031061	3273.5	0.030365	3270.5	0.028741	3263.1
470	0.033179	3305.5	0.032415	3302.7	0.031681	3299.9	0.030977	3297.0	0.029333	3289.9
480	0.033809	3331.2	0.033035	3328.5	0.032293	3325.9	0.031580	3323.2	0.029915	3316.4
490	0.034431	3356.7	0.033647	3354.1	0.032895	3351.6	0.032174	3349.0	0.030489	3342.6
500	0.035045	3381.9	0.034252	3379.5	0.033491	3377.0	0.032760	3374.6	0.031054	3368.4
510	0.035652	3407.0	0.034849	3404.7	0.034079	3402.3	0.033339	3400.0	0.031612	3394.1
520	0.036253	3431.9	0.035440	3429.6	0.034660	3427.4	0.033912	3425.1	0.032164	3419.5
530	0.036849	3456.6	0.036026	3454.5	0.035236	3452.3	0.034479	3450.2	0.032710	3444.7
540	0.037439	3481.3	0.036606	3479.2	0.035807	3477.1	0.035040	3475.1	0.033250	3469.8
550	0.038024	3505.9	0.037182	3503.9	0.036373	3501.9	0.035597	3499.8	0.033786	3494.8
560	0.038606	3530.3	0.037753	3528.4	0.036935	3526.5	0.036149	3524.5	0.034317	3519.7

附录D 水的焓值和密度表

表 D1 p=0.60000MPa时水的焓值和密度

温度/℃	密度/(kg/m³)	焓/(kJ/kg)	温度/℃	密度/(kg/m³)	焓/(kJ/kg)	温度/℃	密度/(kg/m³)	焓/(kJ/kg)
1	1000.2	4.7841	51	987.80	214.03	101	957.86	423.76
2	1000.2	8.9963	52	987.33	218.21	102	957.14	427.97
3	1000.2	13.206	53	986.87	222.39	103	956.41	432.19
4	1000.2	17.412	54	986.39	226.57	104	955.67	436.41
5	1000.2	21.616	55	985.91	230.75	105	954.93	440.63
6	1000.2	25.818	56	985.42	234.94	106	954.19	444.85
7	1000.1	30.018	57	984.93	239.12	107	953.44	449.07
8	1000.1	34.215	58	984.43	243.30	108	952.69	453.30
9	1000.0	38.411	59	983.93	247.48	109	951.93	457.52
10	999.94	42.605	60	983.41	251.67	110	951.17	461.75
11	999.84	46.798	61	982.90	255.85	111	950.40	465.98
12	999.74	50.989	62	982.37	260.04	112	949.63	470.20
13	999.61	55.178	63	981.84	264.22	113	948.86	474.44
14	999.48	59.367	64	981.31	268.41	114	948.08	478.67
15	999.34	63.554	65	980.77	272.59	115	947.29	482.90
16	999.18	67.740	66	980.22	276.78	116	946.51	487.14
17	999.01	71.926	67	979.67	280.97	117	945.71	491.37
18	998.83	76.110	68	979.12	285.15	118	944.92	495.61
19	998.64	80.294	69	978.55	289.34	119	944.11	499.85
20	998.44	84.476	70	977.98	293.53	120	943.31	504.09
21	998.22	88.659	71	977.41	297.72	121	942.50	508.34
22	998.00	92.840	72	976.83	301.91	122	941.68	512.58
23	997.77	97.021	73	976.25	306.10	123	940.86	516.83
24	997.52	101.20	74	975.66	310.29	124	940.04	521.08
25	997.27	105.38	75	975.06	314.48	125	939.21	525.33
26	997.01	109.56	76	974.46	318.68	126	938.38	529.58
27	996.74	113.74	77	973.86	322.87	127	937.54	533.83
28	996.46	117.92	78	973.25	327.06	128	936.70	538.09
29	996.17	122.10	79	972.63	331.26	129	935.86	542.35
30	995.87	126.28	80	972.01	335.45	130	935.01	546.61
31	995.56	130.46	81	971.39	339.65	131	934.15	550.87
32	995.25	134.63	82	970.76	343.85	132	933.29	555.13
33	994.93	138.81	83	970.12	348.04	133	932.43	559.40
34	994.59	142.99	84	969.48	352.24	134	931.56	563.67
35	994.25	147.17	85	968.84	356.44	135	930.69	567.93
36	993.91	151.35	86	968.19	360.64	136	929.81	572.21
37	993.55	155.52	87	967.53	364.84	137	928.93	576.48
38	993.19	159.70	88	966.87	369.04	138	928.05	580.76
39	992.81	163.88	89	966.21	373.25	139	927.16	585.04
40	992.44	168.06	90	965.54	377.45	140	926.26	589.32
41	992.05	172.24	91	964.86	381.65	141	925.37	593.60
42	991.65	176.41	92	964.18	385.86	142	924.46	597.88
43	991.25	180.59	93	963.50	390.07	143	923.56	602.17
44	990.85	184.77	94	962.81	394.27	144	922.64	606.46
45	990.43	188.95	95	962.12	398.48	145	921.73	610.76
46	990.01	193.13	96	961.42	402.69	146	920.81	615.05
47	989.58	197.31	97	960.72	406.90	147	919.88	619.35
48	989.14	201.49	98	960.01	411.11	148	918.95	623.65
49	988.70	205.67	99	959.30	415.33	149	918.02	627.95
50	988.25	209.85	100	958.58	419.54	150	917.08	632.26

表 D2　当 $p = 1.60000\mathrm{MPa}$ 时水的焓值和密度

温度/℃	密度 /(kg/m³)	焓 /(kJ/kg)	温度/℃	密度 /(kg/m³)	焓 /(kJ/kg)	温度/℃	密度 /(kg/m³)	焓 /(kJ/kg)
1	1000.7	5.7964	51	988.23	214.89	101	958.33	424.51
2	1000.7	10.0040	52	987.77	219.07	102	957.61	428.72
3	1000.7	14.2090	53	987.30	223.25	103	956.88	432.93
4	1000.7	18.4110	54	986.83	227.42	104	956.15	437.15
5	1000.7	22.6110	55	985.35	231.60	105	955.41	441.37
6	1000.7	26.8080	56	985.86	235.78	106	954.67	445.59
7	1000.6	31.0040	57	985.37	239.96	107	953.92	449.81
8	1000.6	35.1970	58	984.87	244.14	108	953.17	454.03
9	1000.5	39.3890	59	984.36	248.33	109	952.41	458.25
10	1000.4	43.5790	60	983.85	252.51	110	951.65	462.48
11	1000.3	47.7680	61	983.33	256.69	111	950.89	466.70
12	1000.2	51.9560	62	982.81	260.87	112	950.12	470.93
13	1000.1	56.1420	63	982.28	265.05	113	949.34	475.16
14	999.95	60.3270	64	981.75	269.24	114	948.57	479.39
15	999.80	64.5110	65	981.21	273.42	115	947.78	483.62
16	999.64	68.6930	66	980.66	277.61	116	947.00	487.85
17	999.47	72.8750	67	980.11	281.79	117	946.21	492.08
18	999.29	77.0570	68	979.55	285.98	118	945.41	496.32
19	999.10	81.2370	69	978.99	290.16	119	944.61	500.56
20	998.89	85.4170	70	978.43	294.35	120	943.81	504.80
21	998.68	89.5960	71	977.85	298.54	121	943.00	509.04
22	998.45	93.7740	72	977.27	302.72	122	942.19	513.28
23	998.22	97.9520	73	976.69	306.91	123	941.37	517.52
24	997.98	102.130	74	976.10	311.10	124	940.55	521.77
25	997.72	106.310	75	975.51	315.29	125	939.72	526.02
26	997.46	110.480	76	974.91	319.48	126	938.89	530.27
27	997.19	114.660	77	974.30	323.67	127	938.06	534.52
28	996.91	118.840	78	973.70	327.86	128	937.22	538.77
29	996.62	123.010	79	973.08	332.06	129	936.37	543.03
30	996.32	127.190	80	972.46	336.25	130	935.52	547.28
31	996.01	131.360	81	971.84	340.44	131	934.67	551.54
32	995.69	135.540	82	971.76	344.64	132	933.82	555.80
33	995.37	139.720	83	970.21	348.83	133	932.95	560.07
34	995.04	143.890	84	969.93	353.03	134	932.09	564.33
35	994.69	148.070	85	969.29	357.23	135	931.22	568.60
36	994.35	152.240	86	968.64	361.42	136	930.35	572.87
37	993.99	156.420	87	967.99	365.62	137	929.47	577.14
38	993.62	160.590	88	967.33	369.82	138	928.58	581.41
39	993.25	164.770	89	966.66	374.02	139	927.70	585.69
40	992.87	168.940	90	965.99	378.22	140	926.81	589.96
41	992.49	173.120	91	965.32	382.43	141	925.91	594.24
42	992.09	177.300	92	964.64	386.63	142	925.01	598.53
43	991.69	181.470	93	963.96	390.83	143	924.10	602.81
44	991.28	185.650	94	963.27	395.04	144	923.19	607.10
45	990.87	189.820	95	962.58	399.24	145	922.28	611.39
46	990.44	194.000	96	961.88	403.45	146	921.36	615.68
47	990.02	198.180	97	961.18	407.66	147	920.44	619.97
48	989.58	202.360	98	960.48	411.87	148	919.51	624.27
49	989.14	206.530	99	959.77	416.08	149	918.58	628.57
50	988.69	210.710	100	955.55	420.29	150	917.65	632.87

附录E　热系数表

［压力 $p=0.6\mathrm{MPa}$，单位 $\mathrm{kW\cdot h/(m^3\cdot ℃)}$］

进口温度/℃	出口温度/℃ 94	93	92	91	90	89	88	87	86	85	84	83
95	1.125	1.126	1.127	1.127	1.128	1.129	1.129	1.130	1.131	1.131	1.132	1.132
94		1.126	1.127	1.127	1.128	1.128	1.129	1.130	1.130	1.131	1.132	1.132
93			1.126	1.127	1.128	1.128	1.129	1.130	1.130	1.131	1.132	1.132
92				1.127	1.128	1.128	1.129	1.130	1.130	1.131	1.131	1.132
91					1.127	1.128	1.129	1.129	1.130	1.131	1.131	1.132
90						1.128	1.129	1.129	1.130	1.131	1.131	1.132
89							1.128	1.129	1.130	1.130	1.131	1.132
88								1.129	1.130	1.130	1.131	1.132
87									1.130	1.130	1.131	1.131
86										1.130	1.131	1.131
85											1.131	1.131
84												1.131
83												
82												
81												
80												
79												
78												
77												
76												
75												
74												
73												
72												
71												
70												
69												
68												
67												
66												
65												
64												
63												
62												
61												
60												
59												
58												
57												
56												
55												
54												
53												
52												
51												
50												

续表

进口温度/℃	出口温度/℃											
	82	81	80	79	78	77	76	75	74	73	72	71
95	1.133	1.134	1.134	1.135	1.136	1.136	1.137	1.137	1.138	1.139	1.139	1.140
94	1.133	1.134	1.134	1.135	1.135	1.136	1.137	1.137	1.138	1.138	1.139	1.140
93	1.133	1.133	1.134	1.135	1.135	1.136	1.137	1.137	1.138	1.138	1.139	1.139
92	1.133	1.133	1.134	1.135	1.135	1.136	1.136	1.137	1.138	1.138	1.139	1.139
91	1.133	1.133	1.134	1.134	1.135	1.136	1.136	1.137	1.137	1.138	1.139	1.139
90	1.132	1.133	1.134	1.134	1.135	1.136	1.136	1.137	1.137	1.138	1.139	1.139
89	1.132	1.133	1.134	1.134	1.135	1.135	1.136	1.137	1.137	1.138	1.138	1.139
88	1.132	1.133	1.133	1.134	1.135	1.135	1.136	1.137	1.137	1.138	1.138	1.139
87	1.132	1.133	1.133	1.134	1.135	1.135	1.136	1.136	1.137	1.138	1.138	1.139
86	1.132	1.133	1.133	1.134	1.134	1.135	1.136	1.136	1.137	1.138	1.138	1.139
85	1.132	1.133	1.133	1.134	1.134	1.135	1.136	1.136	1.137	1.137	1.138	1.139
84	1.132	1.132	1.133	1.134	1.134	1.135	1.135	1.136	1.137	1.137	1.138	1.138
83	1.132	1.132	1.133	1.134	1.134	1.135	1.135	1.136	1.137	1.137	1.138	1.138
82		1.132	1.133	1.133	1.134	1.135	1.135	1.136	1.137	1.137	1.138	1.138
81			1.133	1.133	1.134	1.135	1.135	1.136	1.136	1.137	1.138	1.138
80				1.133	1.134	1.134	1.135	1.136	1.136	1.137	1.138	1.138
79					1.134	1.134	1.135	1.136	1.136	1.137	1.137	1.138
78						1.134	1.135	1.136	1.136	1.137	1.137	1.138
77							1.135	1.135	1.136	1.137	1.137	1.138
76								1.135	1.136	1.137	1.137	1.138
75									1.136	1.136	1.137	1.138
74										1.136	1.137	1.138
73											1.137	1.137
72												1.137
71												
70												
69												
68												
67												
66												
65												
64												
63												
62												
61												
60												
59												
58												
57												
56												
55												
54												
53												
52												
51												
50												

续表

进口温度/℃	出口温度/℃											
	70	69	68	67	66	65	64	63	62	61	60	59
95	1.140	1.141	1.141	1.142	1.143	1.143	1.144	1.144	1.145	1.145	1.146	1.146
94	1.140	1.141	1.141	1.142	1.142	1.143	1.144	1.144	1.145	1.145	1.146	1.146
93	1.140	1.141	1.141	1.142	1.142	1.143	1.143	1.144	1.144	1.145	1.146	1.146
92	1.140	1.141	1.141	1.142	1.142	1.143	1.143	1.144	1.144	1.145	1.145	1.146
91	1.140	1.140	1.141	1.142	1.142	1.143	1.143	1.144	1.144	1.145	1.145	1.146
90	1.140	1.140	1.141	1.141	1.142	1.143	1.143	1.144	1.144	1.145	1.145	1.146
89	1.140	1.140	1.141	1.141	1.142	1.142	1.143	1.144	1.144	1.145	1.145	1.146
88	1.139	1.140	1.141	1.141	1.142	1.142	1.143	1.143	1.144	1.144	1.145	1.146
87	1.139	1.140	1.141	1.141	1.142	1.142	1.143	1.143	1.144	1.144	1.145	1.145
86	1.139	1.140	1.140	1.141	1.142	1.142	1.143	1.143	1.144	1.144	1.145	1.145
85	1.139	1.140	1.140	1.141	1.141	1.142	1.143	1.143	1.144	1.144	1.145	1.145
84	1.139	1.140	1.140	1.141	1.141	1.142	1.142	1.143	1.144	1.144	1.145	1.145
83	1.139	1.140	1.140	1.141	1.141	1.142	1.142	1.143	1.143	1.144	1.145	1.145
82	1.139	1.139	1.140	1.141	1.141	1.142	1.142	1.143	1.143	1.144	1.144	1.145
81	1.139	1.139	1.140	1.141	1.141	1.142	1.142	1.143	1.143	1.144	1.144	1.145
80	1.139	1.139	1.140	1.140	1.141	1.142	1.142	1.143	1.143	1.144	1.144	1.145
79	1.139	1.139	1.140	1.140	1.141	1.141	1.142	1.143	1.143	1.144	1.144	1.145
78	1.138	1.139	1.140	1.140	1.141	1.141	1.142	1.143	1.143	1.144	1.144	1.145
77	1.138	1.139	1.140	1.140	1.141	1.141	1.142	1.142	1.143	1.143	1.144	1.145
76	1.138	1.139	1.139	1.140	1.141	1.141	1.142	1.142	1.143	1.143	1.144	1.144
75	1.138	1.139	1.139	1.140	1.141	1.141	1.142	1.142	1.143	1.143	1.144	1.144
74	1.138	1.139	1.139	1.140	1.140	1.141	1.142	1.142	1.143	1.143	1.144	1.144
73	1.138	1.139	1.139	1.140	1.140	1.141	1.142	1.142	1.143	1.143	1.144	1.144
72	1.138	1.139	1.139	1.140	1.140	1.141	1.141	1.142	1.143	1.143	1.144	1.144
71	1.138	1.138	1.139	1.140	1.140	1.141	1.141	1.142	1.142	1.143	1.144	1.144
70		1.138	1.139	1.140	1.140	1.141	1.141	1.142	1.142	1.143	1.143	1.144
69			1.139	1.139	1.140	1.141	1.141	1.142	1.142	1.143	1.143	1.144
68				1.139	1.140	1.141	1.141	1.142	1.142	1.143	1.143	1.144
67					1.140	1.140	1.141	1.142	1.142	1.143	1.143	1.144
66						1.140	1.141	1.142	1.142	1.143	1.143	1.144
65							1.141	1.141	1.142	1.143	1.143	1.144
64								1.141	1.142	1.143	1.143	1.144
63									1.142	1.142	1.143	1.144
62										1.142	1.143	1.143
61											1.143	1.143
60												1.143
59												
58												
57												
56												
55												
54												
53												
52												
51												
50												

续表

进口温度/℃	出口温度/℃											
	58	57	56	55	54	53	52	51	50	49	48	47
95	1.147	1.147	1.148	1.148	1.149	1.149	1.150	1.150	1.151	1.151	1.152	1.152
94	1.147	1.147	1.148	1.148	1.149	1.149	1.150	1.150	1.150	1.151	1.151	1.152
93	1.147	1.147	1.148	1.148	1.149	1.149	1.150	1.150	1.150	1.151	1.151	1.152
92	1.146	1.147	1.147	1.148	1.148	1.149	1.149	1.150	1.150	1.151	1.151	1.152
91	1.146	1.147	1.147	1.148	1.148	1.149	1.149	1.150	1.150	1.151	1.151	1.152
90	1.146	1.147	1.147	1.148	1.148	1.149	1.149	1.150	1.150	1.151	1.151	1.152
89	1.146	1.147	1.147	1.148	1.148	1.149	1.149	1.150	1.150	1.151	1.151	1.151
88	1.146	1.147	1.147	1.148	1.148	1.149	1.149	1.150	1.150	1.150	1.151	1.151
87	1.146	1.146	1.147	1.147	1.148	1.148	1.149	1.149	1.150	1.150	1.151	1.151
86	1.146	1.146	1.147	1.147	1.148	1.148	1.149	1.149	1.150	1.150	1.151	1.151
85	1.146	1.146	1.147	1.147	1.148	1.148	1.149	1.149	1.150	1.150	1.151	1.151
84	1.146	1.146	1.147	1.147	1.148	1.148	1.149	1.149	1.150	1.150	1.151	1.151
83	1.146	1.146	1.147	1.147	1.148	1.148	1.149	1.149	1.150	1.150	1.150	1.151
82	1.145	1.146	1.147	1.147	1.148	1.148	1.148	1.149	1.149	1.150	1.150	1.151
81	1.145	1.146	1.146	1.147	1.147	1.148	1.148	1.149	1.149	1.150	1.150	1.151
80	1.145	1.146	1.146	1.147	1.147	1.148	1.148	1.149	1.149	1.150	1.150	1.151
79	1.145	1.146	1.146	1.147	1.147	1.148	1.148	1.149	1.149	1.150	1.150	1.151
78	1.145	1.146	1.146	1.147	1.147	1.148	1.148	1.149	1.149	1.150	1.150	1.151
77	1.145	1.146	1.146	1.147	1.147	1.148	1.148	1.149	1.149	1.150	1.150	1.151
76	1.145	1.146	1.146	1.147	1.147	1.148	1.148	1.148	1.149	1.149	1.150	1.150
75	1.145	1.145	1.146	1.146	1.147	1.147	1.148	1.148	1.149	1.149	1.150	1.150
74	1.145	1.145	1.146	1.146	1.147	1.147	1.148	1.148	1.149	1.149	1.150	1.150
73	1.145	1.145	1.146	1.146	1.147	1.147	1.148	1.148	1.149	1.149	1.150	1.150
72	1.145	1.145	1.146	1.146	1.147	1.147	1.148	1.148	1.149	1.149	1.150	1.150
71	1.145	1.145	1.146	1.146	1.147	1.147	1.148	1.148	1.149	1.149	1.150	1.150
70	1.145	1.145	1.146	1.146	1.147	1.147	1.148	1.148	1.149	1.149	1.149	1.150
69	1.144	1.145	1.146	1.146	1.147	1.147	1.148	1.148	1.148	1.149	1.149	1.150
68	1.144	1.145	1.145	1.146	1.146	1.147	1.147	1.148	1.148	1.149	1.149	1.150
67	1.144	1.145	1.145	1.146	1.146	1.147	1.147	1.148	1.148	1.149	1.149	1.150
66	1.144	1.145	1.145	1.146	1.146	1.147	1.147	1.148	1.148	1.149	1.149	1.150
65	1.144	1.145	1.145	1.146	1.146	1.147	1.147	1.148	1.148	1.149	1.149	1.150
64	1.144	1.145	1.145	1.146	1.146	1.147	1.147	1.148	1.148	1.149	1.149	1.150
63	1.144	1.145	1.145	1.146	1.146	1.147	1.147	1.148	1.148	1.149	1.149	1.150
62	1.144	1.145	1.145	1.146	1.146	1.147	1.147	1.148	1.148	1.149	1.149	1.149
61	1.144	1.144	1.145	1.146	1.146	1.147	1.147	1.148	1.148	1.148	1.149	1.149
60	1.144	1.144	1.145	1.145	1.146	1.146	1.147	1.147	1.148	1.148	1.149	1.149
59	1.144	1.144	1.145	1.145	1.146	1.146	1.147	1.147	1.148	1.148	1.149	1.149
58		1.144	1.145	1.145	1.146	1.146	1.147	1.147	1.148	1.148	1.149	1.149
57			1.145	1.145	1.146	1.146	1.147	1.147	1.148	1.148	1.149	1.149
56				1.145	1.146	1.146	1.147	1.147	1.148	1.148	1.149	1.149
55					1.146	1.146	1.147	1.147	1.148	1.148	1.149	1.149
54						1.146	1.147	1.147	1.148	1.148	1.149	1.149
53							1.147	1.147	1.148	1.148	1.149	1.149
52								1.147	1.148	1.148	1.149	1.149
51									1.147	1.148	1.148	1.149
50										1.148	1.148	1.149

续表

进口温度/℃	出口温度/℃											
	46	45	44	43	42	41	40	39	38	37	36	35
95	1.152	1.153	1.153	1.154	1.154	1.155	1.155	1.155	1.156	1.156	1.156	1.157
94	1.152	1.153	1.153	1.154	1.154	1.154	1.155	1.155	1.156	1.156	1.156	1.157
93	1.152	1.153	1.153	1.154	1.154	1.154	1.155	1.155	1.156	1.156	1.156	1.157
92	1.152	1.153	1.153	1.153	1.154	1.154	1.155	1.155	1.155	1.156	1.156	1.157
91	1.152	1.153	1.153	1.153	1.154	1.154	1.155	1.155	1.155	1.156	1.156	1.156
90	1.152	1.152	1.153	1.153	1.154	1.154	1.154	1.155	1.155	1.156	1.156	1.156
89	1.152	1.152	1.153	1.153	1.154	1.154	1.154	1.155	1.155	1.156	1.156	1.156
88	1.152	1.152	1.153	1.153	1.153	1.154	1.154	1.155	1.155	1.155	1.156	1.156
87	1.152	1.152	1.153	1.153	1.153	1.154	1.154	1.155	1.155	1.155	1.156	1.156
86	1.152	1.152	1.152	1.153	1.153	1.154	1.154	1.155	1.155	1.155	1.156	1.156
85	1.152	1.152	1.152	1.153	1.153	1.154	1.154	1.154	1.155	1.155	1.156	1.156
84	1.151	1.152	1.152	1.153	1.153	1.154	1.154	1.154	1.155	1.155	1.155	1.156
83	1.151	1.152	1.152	1.153	1.153	1.153	1.154	1.154	1.155	1.155	1.155	1.156
82	1.151	1.152	1.152	1.153	1.153	1.153	1.154	1.154	1.155	1.155	1.155	1.156
81	1.151	1.152	1.152	1.152	1.153	1.153	1.154	1.154	1.155	1.155	1.155	1.156
80	1.151	1.152	1.152	1.152	1.153	1.153	1.154	1.154	1.154	1.155	1.155	1.156
79	1.151	1.151	1.152	1.152	1.153	1.153	1.154	1.154	1.154	1.155	1.155	1.155
78	1.151	1.151	1.152	1.152	1.153	1.153	1.153	1.154	1.154	1.155	1.155	1.155
77	1.151	1.151	1.152	1.152	1.153	1.153	1.153	1.154	1.154	1.155	1.155	1.155
76	1.151	1.151	1.152	1.152	1.153	1.153	1.153	1.154	1.154	1.155	1.155	1.155
75	1.151	1.151	1.152	1.152	1.152	1.153	1.153	1.154	1.154	1.154	1.155	1.155
74	1.151	1.151	1.152	1.152	1.152	1.153	1.153	1.154	1.154	1.154	1.155	1.155
73	1.151	1.151	1.151	1.152	1.152	1.153	1.153	1.154	1.154	1.154	1.155	1.155
72	1.151	1.151	1.151	1.152	1.152	1.153	1.153	1.153	1.154	1.154	1.155	1.155
71	1.150	1.151	1.151	1.152	1.152	1.153	1.153	1.153	1.154	1.154	1.155	1.155
70	1.150	1.151	1.151	1.152	1.152	1.153	1.153	1.153	1.154	1.154	1.155	1.155
69	1.150	1.151	1.151	1.152	1.152	1.152	1.153	1.153	1.154	1.154	1.154	1.155
68	1.150	1.151	1.151	1.152	1.152	1.152	1.153	1.153	1.154	1.154	1.154	1.155
67	1.150	1.151	1.151	1.152	1.152	1.152	1.153	1.153	1.154	1.154	1.154	1.155
66	1.150	1.151	1.151	1.151	1.152	1.152	1.153	1.153	1.154	1.154	1.154	1.155
65	1.150	1.151	1.151	1.151	1.152	1.152	1.153	1.153	1.153	1.154	1.154	1.155
64	1.150	1.150	1.151	1.151	1.152	1.152	1.153	1.153	1.153	1.154	1.154	1.155
63	1.150	1.150	1.151	1.151	1.152	1.152	1.153	1.153	1.153	1.154	1.154	1.155
62	1.150	1.150	1.151	1.151	1.152	1.152	1.153	1.153	1.153	1.154	1.154	1.154
61	1.150	1.150	1.151	1.151	1.152	1.152	1.152	1.153	1.153	1.154	1.154	1.154
60	1.150	1.150	1.151	1.151	1.152	1.152	1.152	1.153	1.153	1.154	1.154	1.154
59	1.150	1.150	1.151	1.151	1.152	1.152	1.152	1.153	1.153	1.154	1.154	1.154
58	1.150	1.150	1.151	1.151	1.151	1.152	1.152	1.153	1.153	1.154	1.154	1.154
57	1.150	1.150	1.151	1.151	1.151	1.152	1.152	1.153	1.153	1.153	1.154	1.154
56	1.150	1.150	1.151	1.151	1.151	1.152	1.152	1.153	1.153	1.153	1.154	1.154
55	1.150	1.150	1.150	1.151	1.151	1.152	1.152	1.153	1.153	1.153	1.154	1.154
54	1.150	1.150	1.150	1.151	1.151	1.152	1.152	1.153	1.153	1.153	1.154	1.154
53	1.149	1.150	1.150	1.151	1.151	1.152	1.152	1.153	1.153	1.153	1.154	1.154
52	1.149	1.150	1.150	1.151	1.151	1.152	1.152	1.152	1.153	1.153	1.154	1.154
51	1.149	1.150	1.150	1.151	1.151	1.152	1.152	1.152	1.153	1.153	1.154	1.154
50	1.149	1.150	1.150	1.151	1.151	1.152	1.152	1.152	1.153	1.153	1.154	1.154

续表

进口温度/℃	出口温度/℃											
	34	33	32	31	30	29	28	27	26	25	24	23
95	1.157	1.157	1.158	1.158	1.158	1.159	1.159	1.159	1.160	1.160	1.160	1.160
94	1.157	1.157	1.158	1.158	1.158	1.159	1.159	1.159	1.160	1.160	1.160	1.160
93	1.157	1.157	1.158	1.158	1.158	1.159	1.159	1.159	1.159	1.160	1.160	1.160
92	1.157	1.157	1.158	1.158	1.158	1.158	1.159	1.159	1.159	1.160	1.160	1.160
91	1.157	1.157	1.157	1.158	1.158	1.158	1.159	1.159	1.159	1.160	1.160	1.160
90	1.157	1.157	1.157	1.158	1.158	1.158	1.159	1.159	1.159	1.159	1.160	1.160
89	1.157	1.157	1.157	1.158	1.158	1.158	1.159	1.159	1.159	1.159	1.160	1.160
88	1.157	1.157	1.157	1.158	1.158	1.158	1.158	1.159	1.159	1.159	1.160	1.160
87	1.156	1.157	1.157	1.157	1.158	1.158	1.158	1.159	1.159	1.159	1.160	1.160
86	1.156	1.157	1.157	1.157	1.158	1.158	1.158	1.159	1.159	1.159	1.159	1.160
85	1.156	1.157	1.157	1.157	1.158	1.158	1.158	1.159	1.159	1.159	1.159	1.160
84	1.156	1.157	1.157	1.157	1.158	1.158	1.158	1.158	1.159	1.159	1.159	1.160
83	1.156	1.156	1.157	1.157	1.157	1.158	1.158	1.158	1.159	1.159	1.159	1.159
82	1.156	1.156	1.157	1.157	1.157	1.158	1.158	1.158	1.159	1.159	1.159	1.159
81	1.156	1.156	1.157	1.157	1.157	1.158	1.158	1.158	1.159	1.159	1.159	1.159
80	1.156	1.156	1.157	1.157	1.157	1.158	1.158	1.158	1.158	1.159	1.159	1.159
79	1.156	1.156	1.157	1.157	1.157	1.158	1.158	1.158	1.158	1.159	1.159	1.159
78	1.156	1.156	1.156	1.157	1.157	1.157	1.158	1.158	1.158	1.159	1.159	1.159
77	1.156	1.156	1.156	1.157	1.157	1.157	1.158	1.158	1.158	1.159	1.159	1.159
76	1.156	1.156	1.156	1.157	1.157	1.157	1.158	1.158	1.158	1.159	1.159	1.159
75	1.156	1.156	1.156	1.157	1.157	1.157	1.158	1.158	1.158	1.158	1.159	1.159
74	1.156	1.156	1.156	1.157	1.157	1.157	1.158	1.158	1.158	1.158	1.159	1.159
73	1.155	1.156	1.156	1.156	1.157	1.157	1.157	1.158	1.158	1.158	1.159	1.159
72	1.155	1.156	1.156	1.156	1.157	1.157	1.157	1.158	1.158	1.158	1.159	1.159
71	1.155	1.156	1.156	1.156	1.157	1.157	1.157	1.158	1.158	1.158	1.159	1.159
70	1.155	1.156	1.156	1.156	1.157	1.157	1.157	1.158	1.158	1.158	1.158	1.159
69	1.155	1.156	1.156	1.156	1.157	1.157	1.157	1.158	1.158	1.158	1.158	1.159
68	1.155	1.156	1.156	1.156	1.157	1.157	1.157	1.157	1.158	1.158	1.158	1.159
67	1.155	1.155	1.156	1.156	1.156	1.157	1.157	1.157	1.158	1.158	1.158	1.159
66	1.155	1.155	1.156	1.156	1.156	1.157	1.157	1.157	1.158	1.158	1.158	1.159
65	1.155	1.155	1.156	1.156	1.156	1.157	1.157	1.157	1.158	1.158	1.158	1.159
64	1.155	1.155	1.156	1.156	1.156	1.157	1.157	1.157	1.158	1.158	1.158	1.158
63	1.155	1.155	1.156	1.156	1.156	1.157	1.157	1.157	1.158	1.158	1.158	1.158
62	1.155	1.155	1.156	1.156	1.156	1.157	1.157	1.157	1.158	1.158	1.158	1.158
61	1.155	1.155	1.156	1.156	1.156	1.157	1.157	1.157	1.157	1.158	1.158	1.158
60	1.155	1.155	1.155	1.156	1.156	1.156	1.157	1.157	1.157	1.158	1.158	1.158
59	1.155	1.155	1.155	1.156	1.156	1.156	1.157	1.157	1.157	1.158	1.158	1.158
58	1.155	1.155	1.155	1.156	1.156	1.156	1.157	1.157	1.157	1.158	1.158	1.158
57	1.155	1.155	1.155	1.156	1.156	1.156	1.157	1.157	1.157	1.158	1.158	1.158
56	1.155	1.155	1.155	1.156	1.156	1.156	1.157	1.157	1.157	1.158	1.158	1.158
55	1.155	1.155	1.155	1.156	1.156	1.156	1.157	1.157	1.157	1.158	1.158	1.158
54	1.155	1.155	1.155	1.156	1.156	1.156	1.157	1.157	1.157	1.158	1.158	1.158
53	1.154	1.155	1.155	1.156	1.156	1.156	1.157	1.157	1.157	1.158	1.158	1.158
52	1.154	1.155	1.155	1.156	1.156	1.156	1.157	1.157	1.157	1.157	1.158	1.158
51	1.154	1.155	1.155	1.155	1.156	1.156	1.157	1.157	1.157	1.157	1.158	1.158
50	1.154	1.155	1.155	1.155	1.156	1.156	1.156	1.157	1.157	1.157	1.158	1.158

续表

进口温度/℃	出口温度/℃											
	22	21	20	19	18	17	16	15	14	13	12	11
95	1.161	1.161	1.161	1.161	1.162	1.162	1.162	1.162	1.162	1.162	1.163	1.163
94	1.161	1.161	1.161	1.161	1.161	1.162	1.162	1.162	1.162	1.162	1.162	1.163
93	1.160	1.161	1.161	1.161	1.161	1.162	1.162	1.162	1.162	1.162	1.162	1.163
92	1.160	1.161	1.161	1.161	1.161	1.161	1.162	1.162	1.162	1.162	1.162	1.162
91	1.160	1.161	1.161	1.161	1.161	1.161	1.162	1.162	1.162	1.162	1.162	1.162
90	1.160	1.160	1.161	1.161	1.161	1.161	1.162	1.162	1.162	1.162	1.162	1.162
89	1.160	1.160	1.161	1.161	1.161	1.161	1.161	1.162	1.162	1.162	1.162	1.162
88	1.160	1.160	1.161	1.161	1.161	1.161	1.161	1.162	1.162	1.162	1.162	1.162
87	1.160	1.160	1.160	1.161	1.161	1.161	1.161	1.161	1.162	1.162	1.162	1.162
86	1.160	1.160	1.160	1.161	1.161	1.161	1.161	1.161	1.162	1.162	1.162	1.162
85	1.160	1.160	1.160	1.161	1.161	1.161	1.161	1.161	1.162	1.162	1.162	1.162
84	1.160	1.160	1.160	1.161	1.161	1.161	1.161	1.161	1.161	1.162	1.162	1.162
83	1.160	1.160	1.160	1.160	1.161	1.161	1.161	1.161	1.161	1.162	1.162	1.162
82	1.160	1.160	1.160	1.160	1.161	1.161	1.161	1.161	1.161	1.162	1.162	1.162
81	1.160	1.160	1.160	1.160	1.161	1.161	1.161	1.161	1.161	1.162	1.162	1.162
80	1.160	1.160	1.160	1.160	1.160	1.161	1.161	1.161	1.161	1.161	1.162	1.162
79	1.159	1.160	1.160	1.160	1.160	1.161	1.161	1.161	1.161	1.161	1.162	1.162
78	1.159	1.160	1.160	1.160	1.160	1.161	1.161	1.161	1.161	1.161	1.161	1.162
77	1.159	1.160	1.160	1.160	1.160	1.161	1.161	1.161	1.161	1.161	1.161	1.162
76	1.159	1.160	1.160	1.160	1.160	1.160	1.161	1.161	1.161	1.161	1.161	1.162
75	1.159	1.160	1.160	1.160	1.160	1.160	1.161	1.161	1.161	1.161	1.161	1.161
74	1.159	1.159	1.160	1.160	1.160	1.160	1.161	1.161	1.161	1.161	1.161	1.161
73	1.159	1.159	1.160	1.160	1.160	1.160	1.161	1.161	1.161	1.161	1.161	1.161
72	1.159	1.159	1.160	1.160	1.160	1.160	1.160	1.161	1.161	1.161	1.161	1.161
71	1.159	1.159	1.160	1.160	1.160	1.160	1.160	1.161	1.161	1.161	1.161	1.161
70	1.159	1.159	1.159	1.160	1.160	1.160	1.160	1.161	1.161	1.161	1.161	1.161
69	1.159	1.159	1.159	1.160	1.160	1.160	1.160	1.161	1.161	1.161	1.161	1.161
68	1.159	1.159	1.159	1.160	1.160	1.160	1.160	1.161	1.161	1.161	1.161	1.161
67	1.159	1.159	1.159	1.160	1.160	1.160	1.160	1.160	1.161	1.161	1.161	1.161
66	1.159	1.159	1.159	1.160	1.160	1.160	1.160	1.160	1.161	1.161	1.161	1.161
65	1.159	1.159	1.159	1.160	1.160	1.160	1.160	1.160	1.161	1.161	1.161	1.161
64	1.159	1.159	1.159	1.159	1.160	1.160	1.160	1.160	1.161	1.161	1.161	1.161
63	1.159	1.159	1.159	1.159	1.160	1.160	1.160	1.160	1.161	1.161	1.161	1.161
62	1.159	1.159	1.159	1.159	1.160	1.160	1.160	1.160	1.160	1.161	1.161	1.161
61	1.159	1.159	1.159	1.159	1.160	1.160	1.160	1.160	1.160	1.161	1.161	1.161
60	1.159	1.159	1.159	1.159	1.160	1.160	1.160	1.160	1.160	1.161	1.161	1.161
59	1.159	1.159	1.159	1.159	1.160	1.160	1.160	1.160	1.160	1.161	1.161	1.161
58	1.159	1.159	1.159	1.159	1.160	1.160	1.160	1.160	1.160	1.161	1.161	1.161
57	1.158	1.159	1.159	1.159	1.159	1.160	1.160	1.160	1.160	1.161	1.161	1.161
56	1.158	1.159	1.159	1.159	1.159	1.160	1.160	1.160	1.160	1.161	1.161	1.161
55	1.158	1.159	1.159	1.159	1.159	1.160	1.160	1.160	1.160	1.161	1.161	1.161
54	1.158	1.159	1.159	1.159	1.159	1.160	1.160	1.160	1.160	1.161	1.161	1.161
53	1.158	1.159	1.159	1.159	1.159	1.160	1.160	1.160	1.160	1.160	1.161	1.161
52	1.158	1.159	1.159	1.159	1.159	1.160	1.160	1.160	1.160	1.160	1.161	1.161
51	1.158	1.159	1.159	1.159	1.159	1.160	1.160	1.160	1.160	1.160	1.161	1.161
50	1.158	1.159	1.159	1.159	1.159	1.160	1.160	1.160	1.160	1.160	1.161	1.161

进口温度/℃	出口温度/℃					
	10	9	8	7	6	5
95	1.163	1.163	1.163	1.163	1.163	1.163
94	1.163	1.163	1.163	1.163	1.163	1.163
93	1.163	1.163	1.163	1.163	1.163	1.163
92	1.163	1.163	1.163	1.163	1.163	1.163
91	1.162	1.163	1.163	1.163	1.163	1.163
90	1.162	1.163	1.163	1.163	1.163	1.163
89	1.162	1.162	1.163	1.163	1.163	1.163
88	1.162	1.162	1.163	1.163	1.163	1.163
87	1.162	1.162	1.162	1.163	1.163	1.163
86	1.162	1.162	1.162	1.162	1.163	1.163
85	1.162	1.162	1.162	1.162	1.163	1.163
84	1.162	1.162	1.162	1.162	1.162	1.163
83	1.162	1.162	1.162	1.162	1.162	1.162
82	1.162	1.162	1.162	1.162	1.162	1.162
81	1.162	1.162	1.162	1.162	1.162	1.162
80	1.162	1.162	1.162	1.162	1.162	1.162
79	1.162	1.162	1.162	1.162	1.162	1.162
78	1.162	1.162	1.162	1.162	1.162	1.162
77	1.162	1.162	1.162	1.162	1.162	1.162
76	1.162	1.162	1.162	1.162	1.162	1.162
75	1.162	1.162	1.162	1.162	1.162	1.162
74	1.162	1.162	1.162	1.162	1.162	1.162
73	1.162	1.162	1.162	1.162	1.162	1.162
72	1.161	1.162	1.162	1.162	1.162	1.162
71	1.161	1.162	1.162	1.162	1.162	1.162
70	1.161	1.162	1.162	1.162	1.162	1.162
69	1.161	1.162	1.162	1.162	1.162	1.162
68	1.161	1.161	1.162	1.162	1.162	1.162
67	1.161	1.161	1.162	1.162	1.162	1.162
66	1.161	1.161	1.162	1.162	1.162	1.162
65	1.161	1.161	1.162	1.162	1.162	1.162
64	1.161	1.161	1.162	1.162	1.162	1.162
63	1.161	1.161	1.161	1.162	1.162	1.162
62	1.161	1.161	1.161	1.162	1.162	1.162
61	1.161	1.161	1.161	1.162	1.162	1.162
60	1.161	1.161	1.161	1.162	1.162	1.162
59	1.161	1.161	1.161	1.162	1.162	1.162
58	1.161	1.161	1.161	1.162	1.162	1.162
57	1.161	1.161	1.161	1.162	1.162	1.162
56	1.161	1.161	1.161	1.162	1.162	1.162
55	1.161	1.161	1.161	1.162	1.162	1.162
54	1.161	1.161	1.161	1.161	1.162	1.162
53	1.161	1.161	1.161	1.161	1.162	1.162
52	1.161	1.161	1.161	1.161	1.162	1.162
51	1.161	1.161	1.161	1.161	1.162	1.162
50	1.161	1.161	1.161	1.161	1.162	1.162

附录F　流量积算仪检定规程[1]

1　范围

本规程适用于流量积算仪（以下简称积算仪）的型式评价、样机试验、首次检定、后续检定和使用中检验。

2　引用文献

本规程引用下列文献：

JJF 1015—2002　计量器具型式评价和型式批准通用规范

JJF 1016—2002　计量器具型式评价大纲编写导则

GB/T 13639—1992　工业过程测量和控制系统用模拟输入数字式指示仪表

GB 2423—1989　电子产品基本环境试验

GB 6587—1989　电子测量仪表环境试验

GB/T 17626—1998　电磁兼容试验和测量技术

使用本规程时应注意使用上述引用文献的现行有效版本。

3　术语及定义

3.1　断电保护　power outage protection

仪表在供电电源断电期间，积算仪内设参数及积算仪累积流量等数据能够可靠保存起来的功能。

3.2　采样周期　sampling period

相邻两次采样之间的时间间隔，单位：s。

3.3　小信号切除　low flowrate cut off

本规程中是指积算仪，为克服干扰、变送器或传感器的零漂影响或为保证流量计系统正常运行而设置的功能。低于特定流量值时仪表按零值处理，高于此值时仪表正常运行。

3.4　补偿参量显示　accessorial display parameter

积算仪中为显示介质工作状态（如压力、温度等）而设置的辅助显示。

4　概述

4.1　工作原理

积算仪的工作原理：通过对与之配套的流量变送器、流量传感器和其他变送器（温度、压力等）输出电信号的采集，用一定的数学模型计算出瞬时流量、累积流量等，并进行显示和储存。有的积算仪还具有将瞬时流量转换成电信号进行输出和进行定量控制的功能。

与其配套的传感器通常有标准节流装置、涡轮、涡街、电磁、超声波流量传感器或变送器等，及补偿用的压力变送器、差压变送器、温度变送器等。

4.2　结构

积算仪主要由输入输出单元、计算单元、显示单元和操作键等组成。输入输出单元包含流量传感器信号输入、温度、压力等补偿信号输入、流量等信号输出等。

4.3　流量信号输入形式

积算仪的输入信号一般有模拟输入信号和脉冲信号两种形式，也可使用说明书中给出的其他形式。

模拟信号：电流 DC（0～10）mA 或 DC（4～20）mA。

---

[1] 引自 JJG 1003—2005 流量积算仪。图、表、公式编号前的F是编者所加。

电压 DC（0～5）V，DC（1～5）V。

脉冲信号：电流脉冲　低电平为（4±0.25）mA，高电平为（20±1）mA。

电压脉冲　低电平一般不大于 2V，高电平一般不小于 4.5V。

其频率通常为 10kHz 以下。

5　计量性能要求

5.1　积算仪的准确度等级

积算仪根据基本误差限划分准确度等级，如表 F1 所示。主示值为瞬时流量、累积流量、输出电流、定量控制中的一个或几个示值。除主示值以外的以上示值及辅助参数测量值误差限以使用说明书中规定为准。

表 F1　积算仪准确度等级与误差限对照表

准确度等级	0.05 级	0.1 级	0.2 级	0.5 级	1.0 级
主示值基本误差限	±0.05%	±0.1%	±0.2%	±0.5%	±1.0%

注：表中规定的误差限对模拟信号输入的是指引用误差；对脉冲信号输入的是指相对误差。

5.2　电源变化影响

对于交流 220V 供电的仪表，电源电压变化±10%时；对直流 24V 供电的仪表，电源变化±5%时；仪表的瞬时压力、温度、流量等示值与正常电压下示值相比，变化值不得超过基本误差限的一半。

6　通用技术要求

6.1　外观检查

6.1.1　积算仪应有详细的使用说明书，说明书上注明适用流量计（传感器）的种类、输出信号的形式、调校方法、操作步骤、适用介质及是否带有温度压力补偿及其他功能，提供引用的标准或计算依据。

6.1.2　积算仪外壳、铭牌、接线柱应经过良好的表面处理，不得有镀层脱落、锈蚀、划伤、沾污等缺陷。显示部分文字、数字、符号、标志应清晰鲜明、无重叠，仪表显示亮度均匀，不应有缺等划等现象。

6.1.3　仪表铭牌应有制造计量器具许可证标志及厂名、型号、编号、准确度等级、出厂年月等。

6.2　功能检查

6.2.1　仪表流量系数（或密度、传感器系数等）的有效数字，应不少于 4 位。瞬时流量显示应有足够的分辨力，累积流量显示位数不少于 6 位。

6.2.2　用于贸易结算的积算仪，与流量和累计流量相关的参数的设置应有密码或能够加封印。安装于网络中的贸易结算用流量积算仪，不能直接从上位机、网络终端修改仪表内设参数和累积流量；网络终端数据与流量显示仪数据一致并且同步。

6.3　小信号切除

允许有小信号切除，配套传感器为标准节流装置切除点应不大于设计工况下最大流量的 8%，配套传感器为其他类型的切除点应不大于设计工况下最大流量的 5%。

6.4　绝缘电阻

在环境温度为（15～35)℃、相对湿度（45～75)%、大气压力（86～106）kPa 条件下，各端子与外壳之间绝缘电阻不小于 20MΩ。

6.5　绝缘强度

试验环境条件同 6.4 条，其各端子之间及与外壳之间施加表 F2 所规定的试验电压，保持 1min，不出现击穿或飞弧现象。

表 F2　绝缘强度试验适用试验电压表

仪表端子电压公称值/V	试验电压/kV	仪表端子电压公称值/V	试验电压/kV
＜60	0.5	130～＜250	1.5
60～＜130	1.0	250～＜650	2.0

7 计量器具控制

7.1 型式评价、样机试验

型式评价、样机试验应按 JJF 1015—2002《计量器具型式评价和型式批准通用规范》及 JJF 1016—2002《计量器具型式评价大纲编写导则》进行。附录 A 给出了型式评价、样机试验的项目及方法。

7.2 首次检定、后续检定和使用中检验

7.2.1 检定条件

7.2.1.1 主要检定设备

1）标准电流表

最大允许误差小于被检积算仪允许误差限的 1/5。

2）标准电压表

最大允许误差小于被检积算仪允许误差限的 1/5。

3）通用计数器

计数范围：0～99999；分辨力：1 个字。

4）标准电阻箱

最大允许误差小于被检积算仪允许误差限的 1/5。

5）计时器　分辨力优于 0.01s。

7.2.1.2 附属设备

1）直流信号源

可输出三路 DC（0～20）mA［或 DC（0～5）V］连续可调信号，稳定度：0.05%/2h。

2）频率信号发生器

频率范围：（0～100）kHz，最大允许误差：$\pm1\times10^{-5}$。

3）毫伏发生器

输出范围：DC（0～50）mV，最大允许误差：$\pm1\times10^{-4}$。

4）绝缘电阻表

输出电压 500V、10 级。

5）耐压测试仪

电压范围：（0～5）kV，±5%，频率：（45～55）Hz，功率不低于 0.25kW。

6）稳压电源

DC（0～30）V 可调；AC（0～220）V 可调；最大允许误差：±1%。

7）电阻箱

（0～9999.99）Ω，优于 1.0 级。

7.2.2 检定环境条件

7.2.2.1 环境温度（20±5）℃，环境湿度（45～75）%RH。

7.2.2.2　交流电源（220±22）V，频率（50±1）Hz。

7.2.2.3　除地磁场外应无其他磁场干扰，无振动等其他干扰。

7.2.3　检定项目

积算仪的检定项目列于表 F3 中。

表 F3　积算仪的检定项目

序号	检定项目	首次检定	后续检定及使用中检验
1	外观及功能检查	+	+
2	基本误差	+	+
3	小信号切除功能	+	+
4	电源变化影响	+	−
5	绝缘电阻	+	*
6	绝缘强度	+	−

注：“+”表示应检定，“−”表示可不检定，“*”表示经大修理后，应增加该项检定，后续和使用中可不做此项。

7.2.4　检定方法

7.2.4.1　外观及功能检查

用目测的方法检查铭牌、外观和功能，应符合本规程 6.1、6.2 条的要求。

7.2.4.2　基本误差的检定

检定前按图 F1 连接好线，通常被检仪表通电预热 10min。如产品说明书对预热时间另有规定的，则按说明书规定的时间预热。

1）瞬时流量

a. 试验点取流量传感器（或变送器）最大流量对应的输入信号的 0.2 倍、0.4 倍、0.6 倍、0.8 倍、1 倍量限附近；具有压力、温度补偿功能的以上检定点是在设计状态下，另外应在压力不变，温度在设计范围内任取两点，流量为最大；温度不变，压力在设计范围内任取两点，流量为最大情况下分别进行两次检定。

注：流量传感器（或变送器）输出信号选取的点如果不在流量范围内，可将 0.2 倍点提为与流量下限相一致的点。

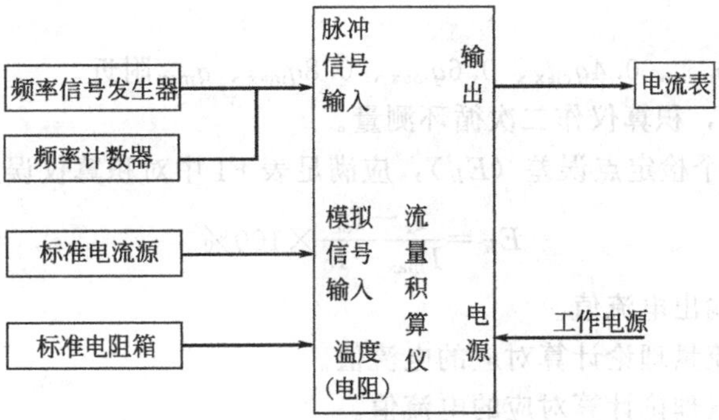

图 F1　积算仪检定接线示意图

b. 按选取检定点，积算仪作二次循环测量。

c. 按下式计算每个流量点的误差（E_{ni} 或 E_{ci}），模拟信号输入的按公式(F1)、脉冲信号输入的按公式(F2) 计算，应满足表 F1 中对积算仪误差限的要求。

$$E_{ni}=\frac{q_i-q_{si}}{q_{max}}\times 100\% \qquad (F1)$$

式中 q_i——该流量检定点的流量积算仪示值；

q_{max}——该积算仪在设计状态下最大流量；

q_{si}——该流量检定点的流量的理论计算值。

$$E_{ci}=\frac{q_i-q_{si}}{q_{si}}\times 100\% \quad (F2)$$

注：q_{si}的计算应根据使用流量计的型式及被测介质在检定点实际工况，依据该种流量计国家有关标准和计量检定规程进行计算、本规程在附录B中规定了几种典型流量计的检定参数设置。

2）累积流量

原则累积流量检定在任何状态下均可进行。选择流量输入满量程信号，读取 n（$n\geqslant$ 10min）时间累积流量值，检定分辨力引入的不确定度应优于最大允许误差的1/5，应满足表F1中对积算仪差限的要求。累积流量误差（E_Q）按下式计算：

$$E_Q=\frac{Q_i-Q_{si}}{Q_{si}}\times 100\% \quad (F3)$$

式中 Q_i——积算仪累积流量示值。

Q_{si}——积算仪累积流量理论计算值。

3）补偿参量显示值

a. 试验点取 $0.2A_{max}$、$0.4A_{max}$、$0.6A_{max}$、$0.8A_{max}$、A_{max}附近。

注：1. A_{max}为模拟输入信号的上限值。

2. 如果 $0.2A_{max}$对应的输入信号为零时，则可取 $0.3A_{max}$。

3. 对于温度信号采用热电阻和热电偶的，A_{max}取500℃对应的模拟量。

b. 按选取检定点，积算仪作二次循环测量。

c. 按下式计算每个检定点误差（E_{Ai}），应满足使用说明书中对积算仪误差限的要求。

$$E_{Ai}=\frac{A_i-A_{si}}{A_{max}}\times 100\% \quad (F4)$$

式中 A_i——检定点积算仪示值。

A_{si}——检定点输入信号对应的理论计算值。

A_{max}——输入信号对应的理论计算的最大值。

4）输出电流

a. 试验点取 $0.2q_{max}$、$0.4q_{max}$、$0.6q_{max}$、$0.8q_{max}$、q_{max}附近。

b. 按选取检定点，积算仪作二次循环测量。

c. 按下式计算每个检定点误差（E_{Ii}），应满足表F1中对积算仪误差限的要求。

$$E_{Ii}=\frac{I_i-I_{si}}{I_{max}-I_0}\times 100\% \quad (F5)$$

式中 I_i——检定点输出电流值。

I_{si}——检定点流量理论计算对应的电流值。

I_{max}——最大流量理论计算对应的电流值。

I_0——流量零点对应的电流值。

5）定量控制

a. 试验点取 $0.2q_{max}$、$0.5q_{max}$、q_{max}附近。

b. 按选取检定点，积算仪作二次循环测量。

c. 按下式计算每个检定点误差（E_{si}），应满足表F1中对积算仪误差限的要求。

$$E_{si}=\frac{S_i-S_{si}}{S_{si}}\times 100\% \quad (F6)$$

式中　S_{si}——检定点起控制作用的总量理论计算值。

S_i——设定值。

7.2.4.3　小信号切除

接线及检定方法同图F1。在切除点附近由低到高缓慢改变输入信号，直至积算仪有对应参数显示，然后缓慢减少输入信号，积算仪有对应参数显示突然降为零。此时流量值为切除点，其数据应符合6.3条的要求。

7.2.4.4　电源变化影响

可在基本误差检定时同时进行。首先被检仪表按正常值供电，读取仪表示值，然后分别提高和降低至仪表允许供电电源上限值、下限值，此时仪表的示值分别与正常供电值相比，变化不得超过误差限的一半。

7.2.4.5　绝缘电阻

仪表电源开关处于接通位置，各路输入端子间、输出端子间、电源端子间分别短接。采用额定直流电压500V的绝缘电阻表按下述之间端子进行检定，检定结果应满足6.4条之规定。

输入端子—外壳

输出端子—外壳

电源端子—外壳

注：电源端子指交流电源端子。

7.2.4.6　绝缘强度

采用(45～55)Hz的交流电压，试验电压按表F2规定。

试验应在7.2.4.5规定的接线端子之间进行。

7.2.5　检定结果的处理

按照本规程的规定和要求合格的积算仪，签发检定证书，对于用于贸易结算的积算仪在能改变积算仪设置的部位加以封印或者密码；不合格的签发检定结果通知书，并注明不合格项目。

7.2.6　检定周期

积算仪检定周期为1年。

附录G 检定记录格式

受检单位____________________ 型号规格____________________

制 造 厂____________________ 准确度等级____________________

出厂编号____________________

（一）数据记录

测量介质______________________________

配套仪表情况：1. ______________________________

2. ______________________________

3. ______________________________

（二）检定记录

1. 外观及功能检查：______________________________

2. 瞬时流量

流量信号（ ）	补偿信号1（ MPa）	补偿信号2（ ℃）	密 度（kg/m^3）	标准值（ ）	仪表显示值（ ）	误 差（%）

3. 累积流量

输入信号（ ）	积算时间（s）	积算标准值（ ）	仪表显示值（ ）			误 差（%）
			初始值	终止值	差值	

4. 输出电流

流量显示值						
输出电流（mA）	1					
	2					

5. 定量控制

瞬时流量				
设定值				
累计流量	1			
理论计算值	2			

6. 补偿参数显示值

输入信号			$0.2A_{max}$	$0.4A_{max}$	$0.6A_{max}$	$0.8A_{max}$	A_{max}
第一通道	理论计算值						
	实测值	1					
		2					
	最大误差						
第二通道	理论计算值						
	实测值	1					
		2					
	最大误差						

7. 小信号切除：切出点____________________

8. 电源变化影响：________________________________

9. 绝缘电阻

输入端子—外壳：______________ 输出端子—外壳：______________

电源端子—外壳：______________

10. 绝缘强度

输入端子—外壳：______________ 输出端子—外壳：______________

电源端子—外壳：______________

检定结果判定：________________________________

检定员：__________ 核验员：__________ 检定日期：

化学工业出版社仪表类图书推荐

图书信息，请登录 www. cip. com. cn。如要出版新著，请与编辑联系。
地址：北京市东城区青年湖南街 13 号（100011）
购书咨询：010-64518888（传真：010-64519686）
编辑：010-64519263